工业和信息化部“十四五”规划教材
教育部高等学校电工电子基础课程教学指导分委员会推荐教材

高等电磁波理论

陈红胜　沈　炼　林　晓
郑　斌　王作佳　编著

電子工業出版社
Publishing House of Electronics Industry
北京 · BEIJING

内 容 简 介

本书从麦克斯韦方程组出发，以电磁场与电磁波的实际应用作为导向，建立用数学方法解决电磁问题的指导思想。全书分 8 章，主要内容包括：基本电磁理论、均匀介质中波的传播、反射和透射、导波和谐振、辐射、散射、电磁定理和原理、电磁学的相对论效应。每一章节的内容结合电磁场理论及应用领域的案例，帮助读者由浅入深、由片面到全面地理解电磁波在实际场景中的应用，适合国内研究生教学需求。本书提供配套的教学大纲、电子课件 PPT、习题参考答案等。

本书注重基础理论部分，强调物理概念上的理解和实际领域中的应用，让读者牢固掌握电磁场和电磁波方面的基本内容。本书的逻辑严密，概念清晰，内容选取围绕“两个强国”建设需要，难易适中，适合作为研究生高等电磁波理论课程的教材，也可作为相关领域技术人员的参考书。

图书在版编目 (CIP) 数据

高等电磁波理论 / 陈红胜等编著. — 北京：电子工业出版社，2024.4

ISBN 978-7-121-47203-9

Ⅰ. ①高…　Ⅱ. ①陈…　Ⅲ. ①电磁波－高等学校－教材　Ⅳ. ①O441.4

中国国家版本馆 CIP 数据核字（2024）第 031796 号

责任编辑：王晓庆
印　　刷：三河市兴达印务有限公司
装　　订：三河市兴达印务有限公司
出版发行：电子工业出版社
　　　　　北京市海淀区万寿路 173 信箱　　　邮编：100036
开　　本：787×1 092　1/16　印张：18.75　　字数：480 千字
版　　次：2024 年 4 月第 1 版
印　　次：2024 年 4 月第 1 次印刷
定　　价：65.00 元

凡所购买电子工业出版社图书有缺损问题，请向购买书店调换。若书店售缺，请与本社发行部联系，联系及邮购电话：（010）88254888，88258888。

质量投诉请发邮件至 zlts@phei.com.cn，盗版侵权举报请发邮件至 dbqq@phei.com.cn。

本书咨询联系方式：（010）88254113，wangxq@phei.com.cn。

前　言

自迈入 21 世纪以来，全球科技创新进入空前密集活跃的时期，以人工智能、量子信息、移动通信、物联网等为代表的信息技术拓展了时间、空间和认知范围，更赋予了人类现代化全新的未来图景。在新一轮科技革命和产业变革及我国转变发展方式的历史性交汇期，我国必须牢牢把握未来颠覆性科技创新的机遇，把握数字化、网络化、智能化融合发展的契机，抢占先机、直面问题、迎难而上，瞄准世界科技前沿，引领科技发展方向。

"高等电磁波理论"作为一门重要的理论课，是信息产业相关专业研究生阶段课程学习的基础。在国内高校中，电子科学与技术学科下属的许多二级学科都已将这门课程设为研究生学位必修课。电磁波理论课程是国内高校研究生普遍感到极具挑战性的课程之一，其主要原因是电磁场和电磁波涉及的公式众多、推导复杂，且相关数学结论与现实之间的联系十分抽象。与此同时，仿真软件的快速发展虽然能够帮助研究生较为具象地了解电磁场和电磁波，却也导致大部分研究生在未完全理解电磁理论的前提下，就开始利用仿真软件设计电磁器件，部分研究生甚至连最基本的麦克斯韦方程组都没完全明白，作者对这一现象深表担忧。

针对目前电磁理论学习的现状，为满足信息产业相关专业课程学习的需求，本书作者根据多年教学经验和科研阅历，编写了这本《高等电磁波理论》。

本书具有如下特色：

- 以麦克斯韦方程组为主线，由浅入深、由局部到整体地勾画电磁理论的完整框架，最终服务于信息产业科技前沿应用。
- 详细探讨高等电磁波理论，并在部分章节穿插电磁隐身、电磁超散射、自由电子辐射等方面的案例和扩展阅读。
- 采用传统纸质书本与电子课件结合的形式。依照编写逻辑，引入相应的案例和背景介绍，并设计一定数量的研究型题目。在电子课件中提供与案例和课题对应的知识图谱与视频介绍。

本书是"工业和信息化部'十四五'规划教材"，全书分 8 章，较全面地介绍了电磁场和电磁波相关理论知识，主要内容包括：第 1 章从麦克斯韦方程组出发，介绍基本电磁理论，包括电磁波的基本概念、本构关系、边界条件等；第 2 章引入时谐场概念，提出了 *kDB* 坐标系，进而分析电磁波在各种均匀介质中的传播特性，涵盖各向同性介质、各向异性介质及双各向异性介质等；第 3 章分析电磁波在不同均匀介质分界面的反射和透射；第 4 章介绍常见波导中的导波模式和传输特性，以及不同类型谐振腔的电磁特性；第 5 章讨论求解电磁辐射问题的基本原理及方法；第 6 章讨论求解电磁散射问题的基本原理及方法；第 7 章基于麦克斯韦方程组，从唯一性原理出发推导得到分析和求解电磁问题时常用的定理和原理；第 8 章从洛伦兹协变性出发，介绍基于相对性原理的麦克斯韦理论。

本书语言简明扼要、通俗易懂，具有很强的专业性和实用性。本书是作者在"电磁场和电磁波"与"高等电磁波理论"课堂教学的基础上逐年积累编写而成的。在编写本书时，作者始终遵循下列原则。第一，本书并不是要作为一本包罗万象的电磁理论参考书，其应只包含足够的理论知识，使研究生在未来研究复杂课题时有足够的知识储备。各章节内容和相关知识点，以及每一章节穿插的案例，都是作者深思熟虑选取的，确保研究生在由浅入深、由片面到全面地理解本书内容的同时了解前沿科技的发展。第二，本书的综合定位为研究生课程教材、爱好者学习资料及科研工具书（或参考书）。为满足以上多种需求，将综合纸质书本与电子课件的形式。书本侧重基本电磁理论内容，并加入负各向同性介质、双曲色散介质、手征介质及广义斯涅尔定理等内容；电子课件侧重前沿科技，包括异向介质、超构表面、电磁隐身、电磁超散射、自由电子辐射等方面。第三，作者将进一步发挥团队在高等电磁波理论方面的研究背景。编写内容和教学应相辅相成，始终紧扣一个中心——完整的电磁理论是从麦克斯韦方程组出发的，因而在介绍每个主题时，都应该从麦克斯韦方程组或者基于麦克斯韦方程组的定理开始。

本书提供配套的教学大纲、电子课件 PPT、习题参考答案等，请登录华信教育资源网（www.hxedu. com.cn）注册后免费下载，也可联系责任编辑（010-88254113，wangxq@phei.com.cn）获取。

本书由陈红胜、沈炼、林晓、郑斌、王作佳编著。在本书编写过程中，参考和引用的著作与期刊文章只是部分最具代表性的，另一部分参考资料无法确定原出处，故没有在参考文献中一一标注。在此谨向所有作者表示衷心的感谢和真诚的歉意。

由于电磁理论发展历史悠久、内容繁杂，加上作者水平有限，书中难免存在不妥之处，望广大读者给予批评指正。

目　录

第 1 章　基本电磁理论

在经典和宏观范围内，麦克斯韦方程组是反映电磁场和电磁波规律特性的基本定理，也是研究电磁问题的出发点和理论基础。现代电磁理论来源于实践，是在早期电磁场基本实验定律的基础上建立起来的，包括库仑定律、安培定律、高斯定理、毕奥-萨伐尔定律、法拉第电磁感应定律。但电磁理论也高于实践，它在实验的基础上融入科学家们的智慧，通过不断的凝练与修正将基本实验定律融会贯通，并最终由麦克斯韦（James Clerk Maxwell，1831—1879）引入位移电流，从而构成了完整自洽的电磁理论。

1.1　麦克斯韦理论

1.1.1　麦克斯韦方程组

麦克斯韦方程组是麦克斯韦于 1873 年建立的，是一组描述电场和磁场与电荷和电流密度关系的数学方程，由麦克斯韦根据安培（André-Marie Ampère，1775—1836）和法拉第（Michael Faraday，1791—1867）的实验发现与高斯（Johann Carl Friedrich Gauss，1777—1855）定律建立。

利用三维空间中的矢量表示形式，微分形式的麦克斯韦方程组可以写为

$$\nabla \times \boldsymbol{H} = \frac{\partial}{\partial t}\boldsymbol{D} + \boldsymbol{J} \tag{1.1.1}$$

$$\nabla \times \boldsymbol{E} = -\frac{\partial}{\partial t}\boldsymbol{B} \tag{1.1.2}$$

$$\nabla \cdot \boldsymbol{D} = \rho \tag{1.1.3}$$

$$\nabla \cdot \boldsymbol{B} = 0 \tag{1.1.4}$$

在方程组中，$\boldsymbol{E}$、$\boldsymbol{B}$、$\boldsymbol{H}$、$\boldsymbol{D}$、$\boldsymbol{J}$ 和 ρ 是位置与时间的实变函数，其中

$\boldsymbol{E}$——电场强度（V/m）	$\boldsymbol{B}$——磁通密度（$\mathrm{Wb/m^2}$）
$\boldsymbol{H}$——磁场强度（A/m）	$\boldsymbol{D}$——电位移（$\mathrm{C/m^2}$）
$\boldsymbol{J}$——电流密度（$\mathrm{A/m^2}$）	ρ——电荷密度（$\mathrm{C/m^3}$）

方程（1.1.1）为安培定律或广义安培环路定律。方程（1.1.2）为法拉第定律或法拉第电磁感应定律。方程（1.1.3）为库仑定律或电场的高斯定律。方程（1.1.4）为高斯定律或磁场的高斯定律。通常，$\boldsymbol{D}$ 和 $\boldsymbol{E}$ 用于描述电场，$\boldsymbol{B}$ 和 $\boldsymbol{H}$ 用于描述磁场。

麦克斯韦对电磁定律的贡献是在安培定律[方程（1.1.1）]中增加了位移电流项 $\partial \boldsymbol{D}/\partial t$。在初始的安培定律中加入位移电流将产生三个方面的影响。第一，对于含有电容的电路，位移电流保证了电路中交流电的连续性。第二，电流密度 $\boldsymbol{J}$ 和电荷密度 ρ 之间满足连续性定理

$$\nabla \cdot \boldsymbol{J} = -\frac{\partial}{\partial t}\rho \tag{1.1.5}$$

方程（1.1.5）可由方程（1.1.1）和方程（1.1.3），并依据矢量恒等式$\nabla\cdot(\nabla\times\boldsymbol{H})=0$得到，表明电流密度和电荷密度在任何时候都是守恒的。第三，法拉第定律[方程（1.1.2）]指出，在时变磁场周围会产生时变电场。类似地，加入位移电流的安培定律[方程（1.1.1）]表明在时变电场周围会产生时变磁场。电场和磁场之间的相互关系构成了电磁波理论的基础。在此基础上，麦克斯韦首次预测了电磁波的存在。

在自由空间中，电场$\boldsymbol{D}$和$\boldsymbol{E}$通过介电常数相联系，磁场$\boldsymbol{B}$和$\boldsymbol{H}$通过磁导率相联系，满足

$$\boldsymbol{D}=\varepsilon_0\boldsymbol{E} \tag{1.1.6}$$

$$\boldsymbol{B}=\mu_0\boldsymbol{H} \tag{1.1.7}$$

式中，$\varepsilon_0\approx 8.854\times10^{-12}\approx\dfrac{1}{36\pi}\times10^{-9}\ \text{F/m}$，$\mu_0=4\pi\times10^{-7}\ \text{H/m}$，分别为自由空间中的介电常数和磁导率，其数值大小依据国际单位制计算得到。以上两式也称为自由空间的本构关系。

方程（1.1.1）～方程（1.1.7）描述了完整的麦克斯韦理论。麦克斯韦方程组最初是用笛卡儿分量形式表示的，后来由赫维赛德（Oliver Heaviside，1850—1925）将其变成现在的矢量形式。1888年，赫兹（Heinrich Rudolf Hertz，1857—1894）证明了无线电波的存在，并通过实验验证了麦克斯韦理论。1895年，马可尼（Guglielmo Marconi，1874—1937）依据赫兹的电磁波实验发明了无线电报装置。自此以后，电磁理论在计算机、电视、无线通信、雷达、微波加热、遥感及许多实际应用中发挥核心作用。电磁理论的指导和实践探索，对于促进物质文明和科学技术的进步发挥着重要作用，同时对推动深化认识世界和人类思维的发展具有不可或缺的影响。

微分形式的麦克斯韦方程组[方程（1.1.1）～方程（1.1.4）]可以变换为积分形式的麦克斯韦方程组

$$\oint_C \mathrm{d}\boldsymbol{l}\cdot\boldsymbol{H}=\iint_S \mathrm{d}\boldsymbol{S}\cdot\boldsymbol{J}+\iint_S \mathrm{d}\boldsymbol{S}\cdot\frac{\partial\boldsymbol{D}}{\partial t} \tag{1.1.8}$$

$$\oint_C \mathrm{d}\boldsymbol{l}\cdot\boldsymbol{E}=-\iint_S \mathrm{d}\boldsymbol{S}\cdot\frac{\partial}{\partial t}\boldsymbol{B} \tag{1.1.9}$$

$$\oiint_S \mathrm{d}\boldsymbol{S}\cdot\boldsymbol{D}=\iiint_V \mathrm{d}V\nabla\cdot\boldsymbol{D}=\iiint_V \mathrm{d}V\rho \tag{1.1.10}$$

$$\oiint_S \mathrm{d}\boldsymbol{S}\cdot\boldsymbol{B}=\iiint_V \mathrm{d}V\nabla\cdot\boldsymbol{B}=0 \tag{1.1.11}$$

相应的电流连续性方程变为

$$\oiint_S \mathrm{d}\boldsymbol{S}\cdot\boldsymbol{J}=-\iiint_V \mathrm{d}V\frac{\partial}{\partial t}\rho \tag{1.1.12}$$

需要注意的是，积分形式的麦克斯韦方程组描述的是介质中某一体积或某一面积内的电磁场，而微分形式的麦克斯韦方程组描述的是介质中每一点上的电磁场。关于微分形式和积分形式之间的变换，需要用到斯托克斯定理和散度定理，将在1.1.2节矢量分析中进行详细介绍。

1.1.2 矢量分析

电场和磁场作为矢量，是既有大小又有方向的物理量。在深入学习基本电磁理论之前，需要掌握矢量分析的基本知识，以便更好地理解麦克斯韦方程组及相应的电磁场和电磁波。

1．矢量算子和积分定理

假设矢量函数 $\boldsymbol{f}$，其大小和方向随空间位置的变化而变化。矢量函数 $\boldsymbol{f}$ 的散度为一标量，表示场中某一点处的净通量对体积的变化率，记为 $\mathrm{div}\boldsymbol{f}$，由以下极限定义

$$\mathrm{div}\boldsymbol{f}=\nabla\cdot\boldsymbol{f}=\lim_{\Delta V\to 0}\frac{1}{\Delta V}\left[\oiint_S \mathrm{d}\boldsymbol{S}\cdot\boldsymbol{f}\right] \tag{1.1.13}$$

式中，ΔV 表示无限小体积元，S 表示包围该体积元的闭合曲面。微分面元 $\mathrm{d}\boldsymbol{S}$ 垂直于 S，方向由内向外。将式（1.1.13）分别应用于笛卡儿坐标系、柱坐标系和球坐标系中的体积元上，可以得到散度在这三种坐标系中的表达式

$$\nabla\cdot\boldsymbol{f}=\frac{\partial f_x}{\partial x}+\frac{\partial f_y}{\partial y}+\frac{\partial f_z}{\partial z} \tag{1.1.14}$$

$$\nabla\cdot\boldsymbol{f}=\frac{1}{\rho}\frac{\partial(\rho f_\rho)}{\partial\rho}+\frac{\partial f_\phi}{\rho\partial\phi}+\frac{\partial f_z}{\partial z} \tag{1.1.15}$$

$$\nabla\cdot\boldsymbol{f}=\frac{1}{r^2}\frac{\partial}{\partial r}(r^2 f_r)+\frac{1}{r\sin\theta}\frac{\partial}{\partial\theta}(f_\theta\sin\theta)+\frac{1}{r\sin\theta}\frac{\partial f_\phi}{\partial\phi} \tag{1.1.16}$$

$\nabla\cdot\boldsymbol{f}$ 这个记号最早由吉布斯（Josiah Willard Gibbs，1839—1903）用来表示 $\boldsymbol{f}$ 的散度。需要注意的是，$\nabla\cdot\boldsymbol{f}$ 并不是简单的 ∇ 算子和矢量 $\boldsymbol{f}$ 的点乘，若按照点乘的方式理解，则在柱坐标系和球坐标系中推导散度的表达式时很容易出错。

考虑由闭合曲面 S 所包围的有限体积 V，将 V 分解成无数个无限小体积元，如图 1.1.1 所示，在每个体积元上应用式（1.1.13）并求和。需要注意的是，在两个相邻体积元公用的微分曲面上，由于其法线方向相反可以相互抵消，因此对该曲面上的散度进行积分将不会对整体产生影响。若矢量函数 $\boldsymbol{f}$ 和它的一阶导数在体积 V 及闭合曲面 S 上连续，则可以得到

$$\iiint_V \mathrm{d}V\nabla\cdot\boldsymbol{f}=\oiint_S \mathrm{d}\boldsymbol{S}\cdot\boldsymbol{f} \tag{1.1.17}$$

式（1.1.17）称为散度定理或高斯定理，在电磁理论中非常重要。散度定理表明，矢量函数 $\boldsymbol{f}$ 的散度在体积上的体积分等于 $\boldsymbol{f}$ 通过包围体积的闭合曲面 S 的总通量。

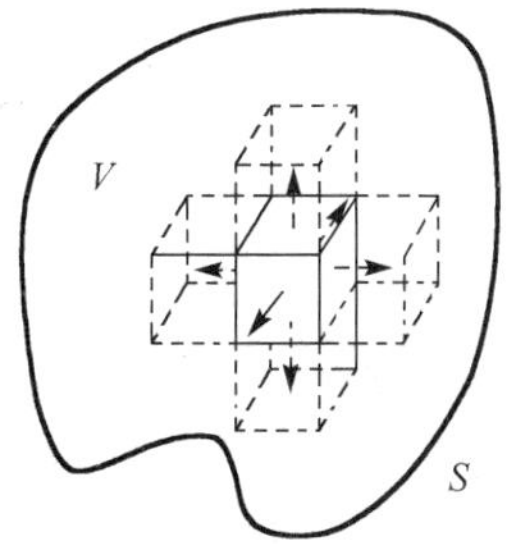

图 1.1.1　散度定理的推导

另一个描述矢量函数 $\boldsymbol{f}$ 变化情况的算子为旋度。旋度表示三维矢量场对空间某一点处的微元造成的旋转程度，记为 $\mathrm{rot}\boldsymbol{f}$。矢量函数 $\boldsymbol{f}$ 的旋度由以下极限定义

$$\mathrm{rot}\boldsymbol{f}=\nabla\times\boldsymbol{f}=\lim_{\Delta V\to 0}\frac{1}{\Delta V}\left[\oiint_S \mathrm{d}\boldsymbol{S}\times\boldsymbol{f}\right] \tag{1.1.18}$$

式中，ΔV 为无限小体积元，S 为包围此体积元的闭合曲面。类似地，$\nabla\times\boldsymbol{f}$ 仅是用来表示 $\boldsymbol{f}$ 的旋度的数学记号，而不是简单的 ∇ 算子和矢量 $\boldsymbol{f}$ 的叉乘。将式（1.1.18）分别应用于笛卡儿坐标系、柱坐标系和球坐标系中的微分体积元上，可以得到旋度的表达式

$$\nabla\times\boldsymbol{f}=\hat{\boldsymbol{x}}\left(\frac{\partial f_z}{\partial y}-\frac{\partial f_y}{\partial z}\right)+\hat{\boldsymbol{y}}\left(\frac{\partial f_x}{\partial z}-\frac{\partial f_z}{\partial x}\right)+\hat{\boldsymbol{z}}\left(\frac{\partial f_y}{\partial x}-\frac{\partial f_x}{\partial y}\right) \tag{1.1.19}$$

$$\nabla\times\boldsymbol{f}=\hat{\boldsymbol{\rho}}\left(\frac{\partial f_z}{\rho\partial\phi}-\frac{\partial f_\phi}{\partial z}\right)+\hat{\boldsymbol{\phi}}\left(\frac{\partial f_\rho}{\partial z}-\frac{\partial f_z}{\partial\rho}\right)+\hat{\boldsymbol{z}}\frac{1}{\rho}\left[\frac{\partial(\rho f_\phi)}{\partial\rho}-\frac{\partial f_\rho}{\partial\phi}\right] \tag{1.1.20}$$

$$\nabla\times\boldsymbol{f}=\hat{\boldsymbol{r}}\frac{1}{r\sin\theta}\left[\frac{\partial}{\partial\theta}(f_\phi\sin\theta)-\frac{\partial f_\theta}{\partial\phi}\right]+\hat{\boldsymbol{\theta}}\frac{1}{r}\left[\frac{1}{\sin\theta}\frac{\partial f_r}{\partial\phi}-\frac{\partial}{\partial r}(rf_\phi)\right]+\hat{\boldsymbol{\phi}}\frac{1}{r}\left[\frac{\partial}{\partial r}(rf_\theta)-\frac{\partial f_r}{\partial\theta}\right] \tag{1.1.21}$$

显然，旋度是一个具有与 $\boldsymbol{f}$ 不同大小、不同方向的矢量。旋度在给定方向 $\hat{\boldsymbol{a}}$ 上的分量可以表示为

$$\hat{\boldsymbol{a}}\cdot(\nabla\times\boldsymbol{f})=\lim_{\Delta S\to0}\frac{1}{\Delta S}\left[\oint_C \mathrm{d}\boldsymbol{l}\cdot\boldsymbol{f}\right] \tag{1.1.22}$$

式中，ΔS 为垂直于 $\hat{\boldsymbol{a}}$ 的无限小面积元，C 为 ΔS 的边界闭曲线。线元 $\mathrm{d}\boldsymbol{l}$ 与轮廓线 C 相切，其方向和 $\hat{\boldsymbol{a}}$ 的方向满足右手定则。将式（1.1.18）应用到与 $\hat{\boldsymbol{a}}$ 垂直且厚度趋于零的无限小圆盘上，就可以得到式（1.1.22）。考虑以封闭轮廓线 C 为边界的曲面 S，把 S 分解成无数无限小面积元 ΔS，如图 1.1.2 所示，在每个小面积元上应用式（1.1.22），然后求和。若矢量 $\boldsymbol{f}$ 和它的一阶导数在曲面 S 及轮廓线 C 上连续，则可以得到

$$\iint_S \mathrm{d}\boldsymbol{S}\cdot(\nabla\times\boldsymbol{f})=\oint_C \mathrm{d}\boldsymbol{l}\cdot\boldsymbol{f} \tag{1.1.23}$$

式（1.1.23）称为斯托克斯定理，它在电磁理论中同样十分重要。旋度定理表明，矢量函数 $\boldsymbol{f}$ 的旋度在曲面上的面积分等于 $\boldsymbol{f}$ 在曲面的封闭轮廓线 C 的环流量。

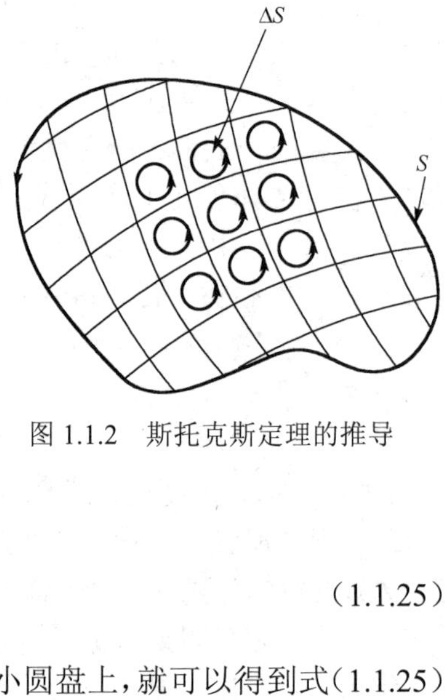

图 1.1.2　斯托克斯定理的推导

在矢量分析中，第三个常用的算子是梯度，它描述的是一个标量函数的变化情况。假设 f 是一个空间坐标标量函数，其梯度指向 f 在空间中变化最快的方向，大小为该方向上 f 的变化率，记为 $\mathrm{grad}\,f$，由以下极限定义

$$\mathrm{grad}\,f=\nabla f=\lim_{\Delta V\to0}\frac{1}{\Delta V}\left[\oiint_S \mathrm{d}\boldsymbol{S}f\right] \tag{1.1.24}$$

表示一个矢量，其在给定方向 $\hat{\boldsymbol{a}}$ 上的分量满足

$$\hat{\boldsymbol{a}}\cdot\nabla f=\frac{\partial f}{\partial a} \tag{1.1.25}$$

将式(1.1.24)应用到法向为 $\hat{\boldsymbol{a}}$ 且厚度和半径均趋于零的无限小圆盘上，就可以得到式(1.1.25)。将式（1.1.24）分别应用于笛卡儿坐标系、柱坐标系和球坐标系中的微分体积元上，可以得到梯度的表达式

$$\nabla f=\hat{\boldsymbol{x}}\frac{\partial f}{\partial x}+\hat{\boldsymbol{y}}\frac{\partial f}{\partial y}+\hat{\boldsymbol{z}}\frac{\partial f}{\partial z} \tag{1.1.26}$$

$$\nabla f=\hat{\boldsymbol{\rho}}\frac{\partial f}{\partial\rho}+\hat{\boldsymbol{\phi}}\frac{\partial f}{\rho\partial\phi}+\hat{\boldsymbol{z}}\frac{\partial f}{\partial z} \tag{1.1.27}$$

$$\nabla f=\hat{\boldsymbol{r}}\frac{\partial f}{\partial r}+\hat{\boldsymbol{\theta}}\frac{\partial f}{r\partial\theta}+\hat{\boldsymbol{\phi}}\frac{1}{r\sin\theta}\frac{\partial f}{\partial\phi} \tag{1.1.28}$$

在矢量分析中，还有一个重要的算子是拉普拉斯算子，用于求一个标量函数的梯度的散度，可以表示为

$$\nabla^2 f = \nabla \cdot (\nabla f) \tag{1.1.29}$$

其在笛卡儿坐标系、柱坐标系和球坐标系中的表达式为

$$\nabla^2 f = \frac{\partial^2 f}{\partial x^2} + \frac{\partial^2 f}{\partial y^2} + \frac{\partial^2 f}{\partial z^2} \tag{1.1.30}$$

$$\nabla^2 f = \frac{1}{\rho}\frac{\partial}{\partial \rho}\left(\rho \frac{\partial f}{\partial \rho}\right) + \frac{1}{\rho^2}\frac{\partial^2 f}{\partial \phi^2} + \frac{\partial^2 f}{\partial z^2} \tag{1.1.31}$$

$$\nabla^2 f = \frac{1}{r^2}\frac{\partial}{\partial r}\left(r^2 \frac{\partial f}{\partial r}\right) + \frac{1}{r^2 \sin\theta}\frac{\partial}{\partial \theta}\left(\sin\theta \frac{\partial f}{\partial 0}\right) + \frac{1}{r^2 \sin\theta}\frac{\partial^2 f}{\partial \phi^2} \tag{1.1.32}$$

2. 符号矢量法

在矢量分析中，经常需要对矢量表达式进行变换，而推导矢量恒等式比较困难的原因之一就是不能把∇算子当成一个矢量，鉴于此，需要对∇算子有更准确的认知，以便更好地理解本小节所引入的符号矢量法。以笛卡儿坐标系为例，∇算子可以表示为

$$\nabla = \hat{\boldsymbol{x}}\frac{\partial}{\partial x} + \hat{\boldsymbol{y}}\frac{\partial}{\partial y} + \hat{\boldsymbol{z}}\frac{\partial}{\partial z} \tag{1.1.33}$$

将∇算子与散度和旋度的表达式比较，散度和旋度似乎是∇算子与矢量进行点乘和叉乘的结果，然而这种认知是错误的，因为$\frac{\partial}{\partial x}\cdot$、$\frac{\partial}{\partial y}\cdot$、$\frac{\partial}{\partial z}\cdot$和$\frac{\partial}{\partial x}\times$、$\frac{\partial}{\partial y}\times$、$\frac{\partial}{\partial z}\times$是没有意义的算符组合。另外，认为$\frac{\partial}{\partial x}$、$\frac{\partial}{\partial y}$、$\frac{\partial}{\partial z}$是标量算子，因而可以越过点乘和叉乘符号直接作用于矢量，也是没有理论依据的。在笛卡儿坐标系中，这种表述方式的错误并不明显，按照这种方式处理一般也不会出现问题，但是当散度和旋度在其他坐标系（如柱坐标系和球坐标系）中时，这种概念产生的错误便会逐渐暴露。∇算子只是一个带有矢量特性的算子，而不是一个真实的矢量，因此当矢量表达式中包含∇算子时，并不能将它当成矢量进行推导。

为了进一步完善矢量分析、解决矢量恒等式推导的问题，引入符号矢量及相应的符号矢量法。符号矢量用$\tilde{\nabla}$表示，其定义如下

$$T(\tilde{\nabla}) = \lim_{\Delta V \to 0}\frac{1}{\Delta V}\left[\oiint_S \mathrm{d}S\, T(\hat{\boldsymbol{n}})\right] \tag{1.1.34}$$

式中，ΔV是无限小体积元，S是包围这个体积元的闭合曲面，$\hat{\boldsymbol{n}}$为S的单位外法向矢量，因而$\mathrm{d}\boldsymbol{S}$可以表示为$\mathrm{d}\boldsymbol{S} = \hat{\boldsymbol{n}}\mathrm{d}S$。$T(\tilde{\nabla})$代表包含符号矢量$\tilde{\nabla}$的一个表达式，如$\tilde{\nabla}\times\boldsymbol{a}$和$\tilde{\nabla}\cdot\boldsymbol{a}$。等式右侧的被积函数$T(\hat{\boldsymbol{n}})$代表用$\hat{\boldsymbol{n}}$替换$\tilde{\nabla}$后的形式完全相同的表达式。例如，对应上面例子中的$T(\tilde{\nabla})$和$T(\hat{\boldsymbol{n}})$，分别为$\hat{\boldsymbol{n}}\times\boldsymbol{a}$和$\hat{\boldsymbol{n}}\cdot\boldsymbol{a}$。

依据式（1.1.34）的定义，不难发现

$$\tilde{\nabla}\cdot\boldsymbol{f} = \lim_{\Delta V \to 0}\frac{1}{\Delta V}\left[\oiint_S \mathrm{d}S\hat{\boldsymbol{n}}\cdot\boldsymbol{f}\right] = \lim_{\Delta V \to 0}\frac{1}{\Delta V}\left[\oiint_S \mathrm{d}S\boldsymbol{f}\cdot\hat{\boldsymbol{n}}\right] = \boldsymbol{f}\cdot\tilde{\nabla} \tag{1.1.35}$$

类似地，可以证明 $\tilde{\nabla} f = f\tilde{\nabla}$ 和 $\tilde{\nabla}\times \boldsymbol{f} = -\boldsymbol{f}\times\tilde{\nabla}$ 。将式（1.1.34）与散度、旋度和梯度的定义进行比较，可以得到

$$\nabla\cdot\boldsymbol{f} = \tilde{\nabla}\cdot\boldsymbol{f} = \boldsymbol{f}\cdot\tilde{\nabla} \tag{1.1.36}$$

$$\nabla\times\boldsymbol{f} = \tilde{\nabla}\times\boldsymbol{f} = -\boldsymbol{f}\times\tilde{\nabla} \tag{1.1.37}$$

$$\nabla f = \tilde{\nabla} f = f\tilde{\nabla} \tag{1.1.38}$$

这些等式给出了符号矢量 $\tilde{\nabla}$ 与矢量算子之间的关系，也进一步表明可以把 $\tilde{\nabla}$ 作为一个普通的矢量来对待，因此所有矢量分析中的处理技巧和恒等式都适用于 $\tilde{\nabla}$ 。对于任意给定的包含这些算子的表达式，可以首先根据式（1.1.36）～式（1.1.38）将算子表达式变换成对应的矢量运算表达式，然后利用代数恒等式进行处理，最后把符号矢量变换成旋度、散度或梯度。例如，考虑 $\tilde{\nabla}\times(\tilde{\nabla}\times\boldsymbol{f})$ ，由于 $\boldsymbol{c}\times(\boldsymbol{a}\times\boldsymbol{b}) = (\boldsymbol{c}\cdot\boldsymbol{b})\boldsymbol{a} - (\boldsymbol{c}\cdot\boldsymbol{a})\boldsymbol{b}$ ，因此有

$$\tilde{\nabla}\times(\tilde{\nabla}\times\boldsymbol{f}) = (\tilde{\nabla}\cdot\boldsymbol{f})\tilde{\nabla} - (\tilde{\nabla}\cdot\tilde{\nabla})\boldsymbol{f} = \tilde{\nabla}(\tilde{\nabla}\cdot\boldsymbol{f}) - \tilde{\nabla}\cdot(\tilde{\nabla}\boldsymbol{f}) \tag{1.1.39}$$

应用式（1.1.36）～式（1.1.38），并结合式（1.1.39），可以得到以下恒等式

$$\nabla\times(\nabla\times\boldsymbol{f}) = \nabla(\nabla\cdot\boldsymbol{f}) - \nabla^2\boldsymbol{f} \tag{1.1.40}$$

若 $T(\tilde{\nabla})$ 除 $\tilde{\nabla}$ 外还包含一个以上的函数，如 a 和 b ，它们可以都是标量或都是矢量，或者一个是标量另一个是矢量，这时可以用 $T(\tilde{\nabla},a,b)$ 来表示符号表达式。当一个矢量表达式包含符号矢量 $\tilde{\nabla}$ 和两个任意函数时，由于 $\tilde{\nabla}$ 作用于两个函数，因此可以用以下链式法则来处理

$$T(\tilde{\nabla},a,b) = T(\tilde{\nabla}_{\rm a},a,b) + T(\tilde{\nabla}_{\rm b},a,b) \tag{1.1.41}$$

式中， $\tilde{\nabla}_{\rm a}$ 是作用于函数 a 的符号矢量， $\tilde{\nabla}_{\rm b}$ 是作用于函数 b 的符号矢量。式（1.1.41）表述的是符号矢量作为算子生成矢量所具有的微分特性，由等式右侧的微分（极限）性质所赋予，源于微分中的链式法则

$$\frac{\partial(ab)}{\partial x} = a\frac{\partial b}{\partial x} + b\frac{\partial a}{\partial x} \tag{1.1.42}$$

根据链式法则[式（1.1.41）]，并考虑表达式 $\nabla\cdot(a\boldsymbol{b})$ ，有

$$\begin{aligned}\tilde{\nabla}\cdot(a\boldsymbol{b}) &= \tilde{\nabla}_{\rm a}\cdot(a\boldsymbol{b}) + \tilde{\nabla}_{\rm b}\cdot(a\boldsymbol{b}) \\ &= \tilde{\nabla}_{\rm a}a\cdot\boldsymbol{b} + a\tilde{\nabla}_{\rm b}\cdot\boldsymbol{b}\end{aligned} \tag{1.1.43}$$

由于 $\tilde{\nabla}\cdot(a\boldsymbol{b}) = \nabla\cdot(a\boldsymbol{b})$ 、 $\tilde{\nabla}_{\rm a}a = \nabla a$ 和 $\tilde{\nabla}_{\rm b}\cdot\boldsymbol{b} = \nabla\cdot\boldsymbol{b}$ ，因此得到矢量恒等式

$$\nabla\cdot(a\boldsymbol{b}) = \boldsymbol{b}\cdot(\nabla a) + a\nabla\cdot\boldsymbol{b} \tag{1.1.44}$$

根据链式法则[式（1.1.41）]和恒等式 $\boldsymbol{c}\times(\boldsymbol{a}\times\boldsymbol{b}) = (\boldsymbol{c}\cdot\boldsymbol{b})\boldsymbol{a} - (\boldsymbol{c}\cdot\boldsymbol{a})\boldsymbol{b}$ ，还可以得到以下两个重要的矢量恒等式

$$\nabla\times(a\boldsymbol{b}) = -\boldsymbol{b}\times(\nabla a) + a\nabla\times\boldsymbol{b} \tag{1.1.45}$$

$$\nabla\times(\boldsymbol{a}\times\boldsymbol{b}) = (\boldsymbol{b}\cdot\nabla)\boldsymbol{a} - \boldsymbol{b}\nabla\cdot\boldsymbol{a} + \boldsymbol{a}\nabla\cdot\boldsymbol{b} - (\boldsymbol{a}\cdot\nabla)\boldsymbol{b} \tag{1.1.46}$$

接下来考虑闭合曲面 S 包围的有限体积 V 。将该体积分解成无数个无限小体积元，对每个体积元都应用式（1.1.34）并求和。若 $T(\tilde{\nabla})$ 所作用的函数在体积 V 中连续，则可以得到

$$\iiint_V \mathrm{d}VT(\tilde{\nabla}) = \oiint_S \mathrm{d}ST(\hat{\boldsymbol{n}}) \tag{1.1.47}$$

式（1.1.47）称为广义高斯定理。从这个定理出发可以推导出许多积分定理。例如，令 $T(\tilde{\nabla}) = \tilde{\nabla}\cdot\boldsymbol{f} = \nabla\cdot\boldsymbol{f}$，可以得到式（1.1.17）所示的高斯定理；令 $T(\tilde{\nabla}) = \tilde{\nabla}\times\boldsymbol{f} = \nabla\times\boldsymbol{f}$，则可以得到旋度定理

$$\iiint_V \mathrm{d}V\nabla\times\boldsymbol{f} = \oiint_S \mathrm{d}\boldsymbol{S}\times\boldsymbol{f} \tag{1.1.48}$$

将式（1.1.48）应用在面积为 S 且厚度趋于零的体积上，就能推导出式（1.1.23）所示的斯托克斯定理。

3．格林定理

假设矢量 $\boldsymbol{f}$ 在体积 V 内及闭合曲面 S 上处处连续可微，可以得到式（1.1.17）所示的散度定理

$$\iiint_V \mathrm{d}V\nabla\cdot\boldsymbol{f} = \oiint_S \mathrm{d}\boldsymbol{S}\cdot\boldsymbol{f} \tag{1.1.49}$$

令 $\boldsymbol{f} = a\nabla b$，其中 a 和 b 是标量函数，应用矢量恒等式（1.1.44），有

$$\iiint_V \mathrm{d}V(a\nabla^2 b + \nabla a\cdot\nabla b) = \oiint_S \mathrm{d}Sa\frac{\partial b}{\partial n} \tag{1.1.50}$$

如果令 n 的单位矢量沿闭合曲面 S 的外法线方向，则式（1.1.50）还可以写为

$$\iiint_V \mathrm{d}V(a\nabla^2 b + \nabla a\cdot\nabla b) = \oiint_S \mathrm{d}\boldsymbol{S}\cdot(a\nabla b) \tag{1.1.51}$$

以上两式称为第一标量格林定理。交换式（1.1.50）中 a 和 b 的位置并与式（1.1.50）相减，可以得到

$$\iiint_V \mathrm{d}V(a\nabla^2 b - b\nabla^2 a) = \oiint_S \mathrm{d}S\left(a\frac{\partial b}{\partial n} - b\frac{\partial a}{\partial n}\right) \tag{1.1.52}$$

如果令 n 的单位矢量沿闭合曲面 S 的外法线方向，则式（1.1.52）还可以写为

$$\iiint_V \mathrm{d}V(a\nabla^2 b - b\nabla^2 a) = \oiint_S \mathrm{d}\boldsymbol{S}\cdot(a\nabla b - b\nabla a) \tag{1.1.53}$$

以上两式称为第二标量格林定理。

若将 $\boldsymbol{f} = \boldsymbol{a}\times\nabla\times\boldsymbol{b}$ 代入式（1.1.17）中，其中 $\boldsymbol{a}$ 和 $\boldsymbol{b}$ 是矢量函数，应用矢量恒等式 $\nabla\cdot(\boldsymbol{a}\times\nabla\times\boldsymbol{b}) = (\nabla\times\boldsymbol{a})\cdot(\nabla\times\boldsymbol{b}) - \boldsymbol{a}\cdot(\nabla\times\nabla\times\boldsymbol{b})$，可以得到

$$\iiint_V \mathrm{d}V\left[(\nabla\times\boldsymbol{a})\cdot(\nabla\times\boldsymbol{b}) - \boldsymbol{a}\cdot(\nabla\times\nabla\times\boldsymbol{b})\right] = \oiint_S \mathrm{d}\boldsymbol{S}\cdot(\boldsymbol{a}\times\nabla\times\boldsymbol{b}) \tag{1.1.54}$$

式（1.1.54）称为第一矢量格林定理。交换式（1.1.54）中 $\boldsymbol{a}$ 和 $\boldsymbol{b}$ 的位置并与式（1.1.54）相减，可以得到

$$\iiint_V \mathrm{d}V\left[\boldsymbol{b}\cdot(\nabla\times\nabla\times\boldsymbol{a}) - \boldsymbol{a}\cdot(\nabla\times\nabla\times\boldsymbol{b})\right] = \oiint_S \mathrm{d}\boldsymbol{S}\cdot(\boldsymbol{a}\times\nabla\times\boldsymbol{b} - \boldsymbol{b}\times\nabla\times\boldsymbol{a}) \tag{1.1.55}$$

式（1.1.55）称为第二矢量格林定理。令 $\boldsymbol{b} = \hat{\boldsymbol{b}}b$，其中 $\hat{\boldsymbol{b}}$ 为一任意方向的单位常矢量，b 为标量函数，代入式（1.1.55），经过运算可以得到

$$
\begin{aligned}
&\iiint_V \mathrm{d}V[b(\nabla\times\nabla\times\boldsymbol{a})+\boldsymbol{a}\nabla^2 b+(\nabla\cdot\boldsymbol{a})\nabla b] \\
&=\oiint_S \mathrm{d}S\left[(\hat{\boldsymbol{n}}\cdot\boldsymbol{a})\nabla b+(\hat{\boldsymbol{n}}\times\boldsymbol{a})\times\nabla b+(\hat{\boldsymbol{n}}\times\nabla\times\boldsymbol{a})b\right]
\end{aligned} \tag{1.1.56}
$$

式（1.1.56）称为标量-矢量格林定理。

格林定理是矢量分析中的重要定理，是研究电磁理论的重要数学工具，是亥姆霍兹定理证明的基础，也是电磁场数值计算的常用公式。在电磁理论中，可以认为格林定理描述的是一个有限区域内存在的两个标量场或两个矢量场之间的关系，因此具有标量和矢量两种形式。从上述公式可以看出，无论是何种形式的格林定理，其等式左侧都为场量在区域V中的体积分，等式右侧都为包围体积V的闭合曲面S上的面积分。对于区域中的电磁场问题，利用格林定理可以将其转换为边界上的电磁场问题进行求解。同时，格林定理还描述了两种场之间存在的关系，当一种场在区域和边界的值确定时，通过格林定理可求解出另一种场。

4. 亥姆霍兹定理

在矢量分析中，可以根据矢量的旋度或散度是否为零对矢量进行分类。如果矢量的旋度处处为零而散度不为零，则称为无旋矢量，可以用$\boldsymbol{F}_\mathrm{i}$表示

$$\nabla\times\boldsymbol{F}_\mathrm{i}=0\,,\quad \nabla\cdot\boldsymbol{F}_\mathrm{i}\neq 0 \tag{1.1.57}$$

如果矢量的散度处处为零而旋度不为零，则称为无散矢量，可以用$\boldsymbol{F}_\mathrm{s}$表示

$$\nabla\cdot\boldsymbol{F}_\mathrm{s}=0\,,\quad \nabla\times\boldsymbol{F}_\mathrm{s}\neq 0 \tag{1.1.58}$$

利用符号矢量法，可以很容易证明以下矢量恒等式

$$\nabla\times(\nabla\varphi)=0 \tag{1.1.59}$$

$$\nabla\cdot(\nabla\times\boldsymbol{A})=0 \tag{1.1.60}$$

这两个恒等式适用于任意连续可微的标量函数φ和矢量函数$\boldsymbol{A}$。显然，标量函数φ的梯度$\nabla\varphi$是无旋矢量，矢量函数$\boldsymbol{A}$的旋度$\nabla\times\boldsymbol{A}$是无散矢量。

无论矢量函数的变化情况有多复杂，都可以证明：一个在无穷远区无限小的光滑矢量函数，可以分解为一个无旋矢量和一个无散矢量的叠加，有

$$\boldsymbol{F}=\boldsymbol{F}_\mathrm{i}+\boldsymbol{F}_\mathrm{s} \tag{1.1.61}$$

对式（1.1.61）分别取散度和旋度，可以得到

$$\nabla\cdot\boldsymbol{F}=\nabla\cdot\boldsymbol{F}_\mathrm{i}\,,\quad \nabla\times\boldsymbol{F}=\nabla\times\boldsymbol{F}_\mathrm{s} \tag{1.1.62}$$

式（1.1.62）表明，矢量的无散分量只与其旋度有关，而无旋分量只与其散度有关。根据式（1.1.59）和式（1.1.60）可以发现，式（1.1.61）等价于

$$\boldsymbol{F}=-\nabla\varphi+\nabla\times\boldsymbol{A} \tag{1.1.63}$$

因此，对于在无穷远区无限小的矢量，当其散度和旋度完全确定时，这个矢量就完全确定了，这就是亥姆霍兹定理。需要注意的是，对于一个有限区域，该矢量在有限区域边界上的分布也是需要考虑的条件之一。

1.2　电磁波的基本概念

1.2.1　亥姆霍兹波动方程和波动解

对于自由空间中的任意一点，微分形式的麦克斯韦方程组始终成立。首先研究麦克斯韦方程组在无源区域中的解，即在 $\boldsymbol{J}=\boldsymbol{0}$ 和 $\rho=0$ 区域中的解。当然这并不意味着在整个空间的任何地方都没有源，而只是在所研究的区域内不存在源。在自由空间的无源区域中，麦克斯韦方程组可以写为

$$\nabla\times\boldsymbol{H}=\varepsilon_0\frac{\partial}{\partial t}\boldsymbol{E} \tag{1.2.1}$$

$$\nabla\times\boldsymbol{E}=-\mu_0\frac{\partial}{\partial t}\boldsymbol{H} \tag{1.2.2}$$

$$\nabla\cdot\boldsymbol{E}=0 \tag{1.2.3}$$

$$\nabla\cdot\boldsymbol{H}=0 \tag{1.2.4}$$

为了推导矢量场 $\boldsymbol{E}$ 的方程，取方程（1.2.2）的旋度并代入方程（1.2.1），可以得到

$$\nabla\times\nabla\times\boldsymbol{E}=-\mu_0\frac{\partial}{\partial t}\nabla\times\boldsymbol{H}=-\mu_0\varepsilon_0\frac{\partial^2}{\partial t^2}\boldsymbol{E} \tag{1.2.5}$$

利用矢量恒等式 $\nabla\times\nabla\times\boldsymbol{E}=\nabla\nabla\cdot\boldsymbol{E}-\nabla^2\boldsymbol{E}$，并注意到 $\nabla\cdot\boldsymbol{E}=0$，可以得到

$$\nabla^2\boldsymbol{E}-\mu_0\varepsilon_0\frac{\partial^2}{\partial t^2}\boldsymbol{E}=0 \tag{1.2.6}$$

式（1.2.6）就是亥姆霍兹波动方程。亥姆霍兹波动方程的解若满足麦克斯韦方程组，则该解即代表电磁波。

考虑笛卡儿坐标系，并将电场 $\boldsymbol{E}$ 写为 $\boldsymbol{E}=\hat{\boldsymbol{x}}E_x+\hat{\boldsymbol{y}}E_y+\hat{\boldsymbol{z}}E_z$ 的形式。为方便起见，假设 $E_y=E_z=0$，且 E_x 是坐标 z 和时间 t 的函数，与坐标 x 和 y 无关，则电场 $\boldsymbol{E}$ 可以写为

$$\boldsymbol{E}=\hat{\boldsymbol{x}}E_x(z,t) \tag{1.2.7}$$

将电场的表达式代入亥姆霍兹波动方程（1.2.6），可以得到

$$\frac{\partial^2}{\partial z^2}E_x-\mu_0\varepsilon_0\frac{\partial^2}{\partial t^2}E_x=0 \tag{1.2.8}$$

满足方程（1.2.8）的最简单解的形式为

$$\boldsymbol{E}=\hat{\boldsymbol{x}}E_x(z,t)=\hat{\boldsymbol{x}}E_0\cos(kz-\omega t) \tag{1.2.9}$$

将式（1.2.9）代入方程（1.2.8），可以得到色散关系

$$k^2=\omega^2\mu_0\varepsilon_0 \tag{1.2.10}$$

色散关系［式（1.2.10）］给出了时间频率 ω 和空间频率 k 之间的重要关系。

1.2.2 时间频率和空间频率

在研究如 $E_x(z,t)$ 等随时间和空间变化的物理量时，通常采用时间和空间两种观察方法。时间观察法是在固定空间点研究物理量随时间的变化，空间观察法是在固定时间点研究物理量随空间的变化。

1. 时间频率

考虑采用时间观察法研究 $E_x(z,t)$ 随时间变化的情况。观察空间中的一个固定点，例如 $z=0$，这个点的电场表示为 $E_x(z=0,t)=E_0\cos(\omega t)$。图 1.2.1 绘制了 $E_x(z=0,t)$ 随 ωt 变化的曲线。对于任意整数 m，每隔 $\omega t = 2m\pi$ 波形就重复一次。如果将时间周期定义为 T，1s 内的周期数定义为频率 f，有 $\omega T = 2\pi$，$f=1/T$，可以得到

$$f=\frac{\omega}{2\pi} \tag{1.2.11}$$

频率 f 的单位是赫兹（Hz），$1\text{Hz}=1\text{s}^{-1}$，表示每秒钟的循环数。由于 $\omega = 2\pi f$，因此 ω 表示电磁波的时间频率。

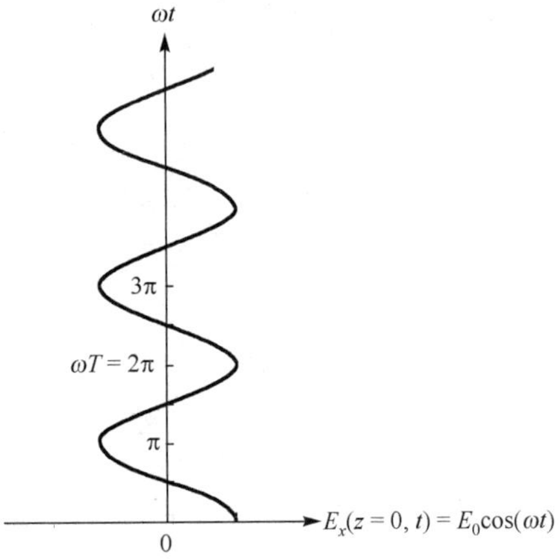

图 1.2.1 $z=0$ 处，$E_x(z=0,t)$ 随 ωt 变化的曲线

在本书中通常用 ω 表示频率，这是因为 ω 比 f 更常见。时间频率 ω 描述了电磁波随时间的变化。图 1.2.2 绘制了不同时间频率 ω 下 $E_x(z=0,t)$ 随时间 t 变化的曲线。需要注意的是，此时表示的曲线不再是随 ωt 变化的曲线。在图 1.2.2（a）中，令 1s 内的波形变化为一个周期，则有 $f=f_0=1\,\text{Hz}$，$\omega=\omega_0=2\pi\text{ rad/s}$。图 1.2.2（b）和（c）分别表示 $\omega=2\omega_0$ 和 $\omega=3\omega_0$ 的情况，即在 1s 内分别包含 2 个和 3 个变化周期。

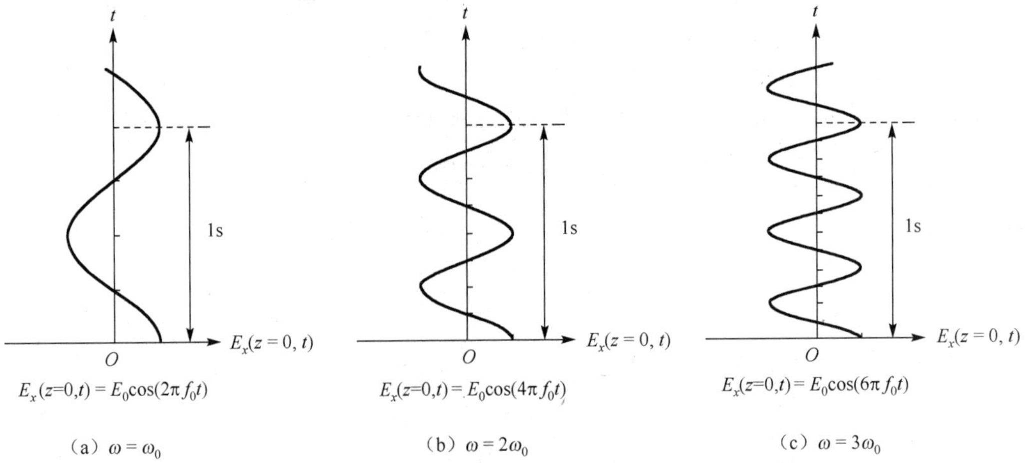

图 1.2.2 不同时间频率 ω 下 $E_x(z=0,t)$ 随时间 t 变化的曲线

2. 空间频率

考虑采用空间观察法研究 $E_x(z,t)$ 随空间变化的情况。令 $t=0$，电场可以表示为

$E_x(z,t=0)=E_0\cos(kz)$，因此电场在空间中发生周期性的变化。图 1.2.3 绘制了 $E_x(z,t=0)$ 随 kz 变化的曲线。对于任意整数 m，每隔 $kz=2m\pi$ 波形就重复一次。空间频率 k 描述了波在空间中的变化特征。如果将一个空间变化周期内传播的距离定义为波长 λ，有 $k\lambda=2\pi$，可以得到

$$k=\frac{2\pi}{\lambda} \tag{1.2.12}$$

k 称为空间频率，它表示电磁场强度的空间变化，与表示电磁场强度时间变化的时间频率类似。空间频率也称为波数，等于每 2π 空间距离内的波长数，其量纲为长度量纲的倒数。

定义空间频率的基本单位 K_0，有

$$1K_0=2\pi\ \text{rad/m} \tag{1.2.13}$$

类似于单位 Hz 在时间变量中表示每秒钟的变化周期数，K_0 在空间变量中表示每米距离的变化周期数。对于在 1m 距离内空间频率为一个周期的波，有 $k=1K_0$。自由空间中 $k=3K_0$ 的电磁波在 1m 距离内具有 3 个变化周期数。

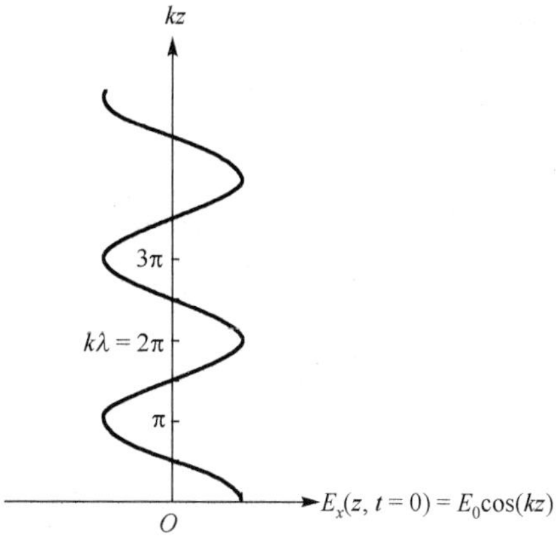

图 1.2.3　$t=0$ 时，$E_x(z,t=0)$ 随 kz 变化的曲线

图 1.2.4 绘制了不同空间频率下 $E_x(z,t=0)$ 随空间 z 变化的曲线。需要注意的是，此时表示的曲线不再是随 kz 变化的曲线。在图 1.2.4（a）中，令 1m 距离内的波形变化为一个周期，由于 $1K_0=2\pi$ rad/m，有 $k=1K_0=2\pi$ rad/m。图 1.2.4（b）和（c）分别绘制了 $k=2K_0$ 和 $k=3K_0$ 的情况，即在 1m 距离内分别包含 2 个和 3 个变化周期。

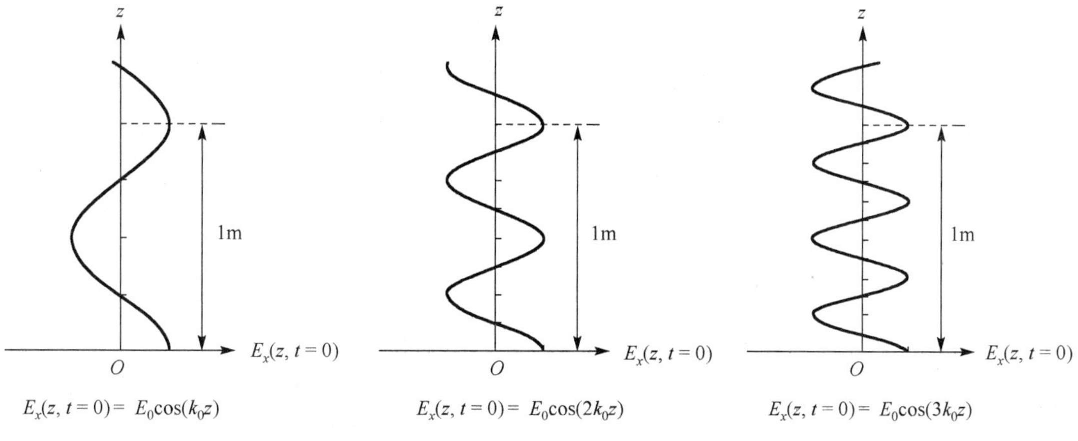

图 1.2.4　不同空间频率 k 下 $E_x(z,t=0)$ 随空间 z 变化的曲线

从电磁波的色散关系［式（1.2.10）］可以发现，空间频率和时间频率可以通过光速相互联系。对于 $1K_0$ 的空间频率，对应的时间频率和波长如下

$$f=3\times10^8\text{Hz},\quad \lambda=1\text{m} \tag{1.2.14}$$

在 0.01～100K_0 的空间频率范围内，电磁波可以用于微波加热、雷达、导航、广播、电视和卫星通信。可见光的空间频率范围为 $1.4\times10^6\sim2.6\times10^6K_0$。图 1.2.5 中绘制了以空间频率（以

K_0为单位）、波长（以 m 为单位）、时间频率（以 Hz 为单位）及能量（以 eV 为单位）所表示的电磁波谱。

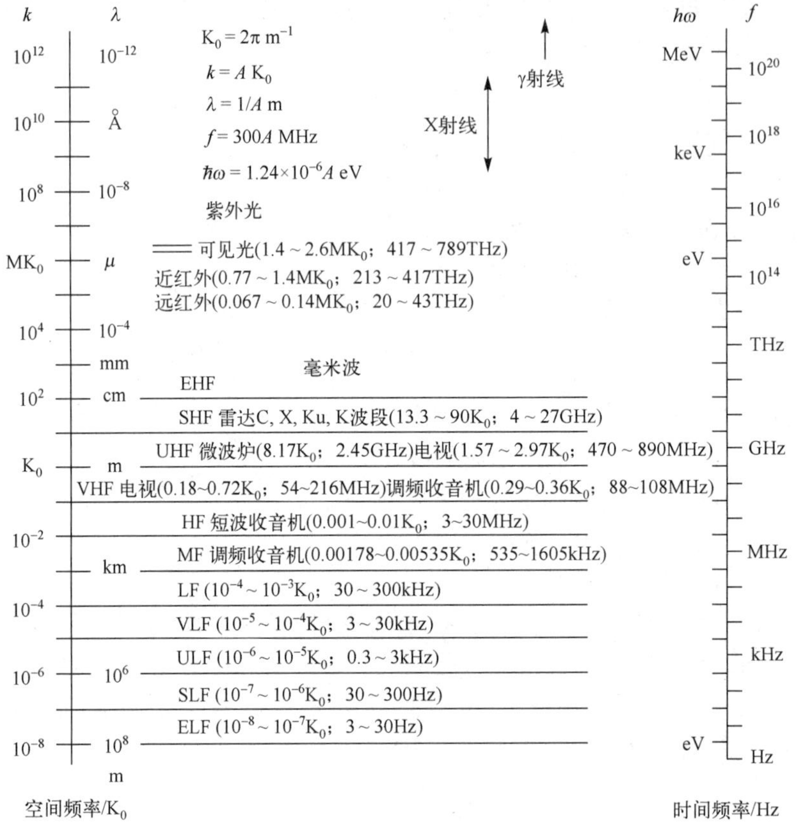

图 1.2.5 电磁波谱

本书非常重视 k 的使用，它在电磁理论中比波长 λ 和频率 f 更为基础与重要。对于 $k = A\mathrm{K}_0$，A 表示电磁波在 1m 的空间距离内变化的周期，波长和频率对应的值分别为

$$\lambda = \frac{2\pi}{k} = \frac{2\pi}{A\mathrm{K}_0} = \frac{1}{A}\,\mathrm{m} \tag{1.2.15}$$

$$f = \frac{ck}{2\pi} = \frac{cA\mathrm{K}_0}{2\pi} = 3\times10^8 A\,\mathrm{Hz} \tag{1.2.16}$$

则光子能量可以根据 $\hbar\omega = \hbar ck$ 计算，其中 $\hbar = 1.05\times10^{-34}$ J/s，是普朗克常数 $h = 6.626\times10^{-34}$ J/s 与 2π 的比值，$q = 1.6\times10^{-19}$ C 为电子所带的电荷量，故有

$$\hbar\omega = \hbar cA\mathrm{K}_0 = \frac{\hbar cA\mathrm{K}_0}{q}\,\mathrm{eV} \approx 1.24\times10^6 A\,\mathrm{eV} \tag{1.2.17}$$

3. 相速和相位延时

图 1.2.6 分别绘制了 $\omega t = 0$、$\omega t = \pi/2$ 和 $\omega t = \pi$ 时 $E_x(z,t)$ 随 kz 变化的曲线。从图中可以观察到 A 处的电场矢量随着时间的推移沿 $\hat{z}$ 方向传播。传播速度 v_p 可以通过令 $kz - \omega t$ 等于常数得到，有

$$v_p = \frac{dz}{dt} = \frac{\omega}{k} \tag{1.2.18}$$

v_p 称为相速。通过色散关系［式（1.2.10）］，可以得到 $v_p = (\mu_0 \varepsilon_0)^{-1/2}$ ，其等于自由空间中的光速 c 。

根据色散关系［式（1.2.10）］，可以通过相位延时 Λ_p 将空间频率 k 与时间频率 ω 联系起来，有

$$\Lambda_p = \frac{k}{\omega} = \sqrt{\mu_0 \varepsilon_0} \tag{1.2.19}$$

它可以用于确定电磁波传播一个单位距离需要用的时间。在自由空间中，$\Lambda_p \approx 3.33 \times 10^{-9}$ s/m，即电磁波传播 1m 的距离需要 3.33ns 的时间。

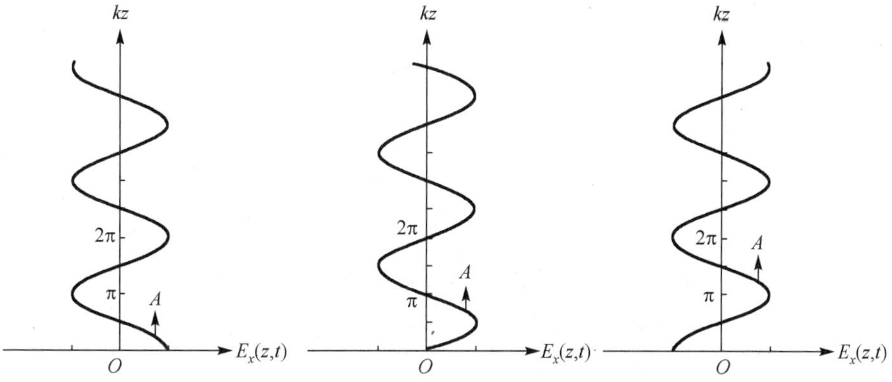

（a）$\omega t = 0$　　（b）$\omega t = \pi/2$　　（c）$\omega t = \pi$

图 1.2.6　不同 ωt 时 $E_x(z,t)$ 随 kz 变化的曲线

1.2.3　极化

在电磁理论中，极化（或偏振）是电磁波的一个重要特性，理解和掌握极化的概念对于在通信、雷达、导航等领域正确使用电磁波是非常重要的。虽然在不同类型的电磁场和电磁波教材中，极化的定义有不同的描述，但其基本含义相同，即极化描述的是在空间固定点处电磁波电场矢量方向随时间的变化情况。根据电磁波电场矢量随时间在空间描绘的轨迹不同，一般可将极化分为线极化、圆极化和椭圆极化等方式；而根据极化轨迹的绕行方向的不同，圆极化和椭圆极化又分为左旋极化和右旋极化两种。

不失一般性，考虑笛卡儿坐标系，并假定电磁波沿 $+\hat{z}$ 方向传播，波动方程的解可以写为

$$\begin{aligned} \boldsymbol{E}(z,t) &= \hat{\boldsymbol{x}}E_x + \hat{\boldsymbol{y}}E_y \\ &= \hat{\boldsymbol{x}}\cos(kz - \omega t) + \hat{\boldsymbol{y}}A\cos(kz - \omega t + \phi) \end{aligned} \tag{1.2.20}$$

式中，$A > 0$ 。采用时间观察法，令 $z = 0$ ，有

$$\boldsymbol{E}(t) = \hat{\boldsymbol{x}}\cos(\omega t) + \hat{\boldsymbol{y}}A\cos(\omega t - \phi) \tag{1.2.21}$$

接下来将根据式（1.2.21）分别对以下几种极化情况进行分析。

（1）当 $\phi = 2m\pi$ 或 $\phi = (2m+1)\pi$ 时，其中 $m = 0,1,2\cdots$ ，沿 $\hat{z}$ 方向观察，电场矢量末端的运

动轨迹为一条直线，这种极化称为线极化。对于$\phi = 2m\pi$的情况，其电场矢量如图 1.2.7（a）所示，对于$\phi = (2m+1)\pi$的情况，其电场矢量如图 1.2.7（b）所示。

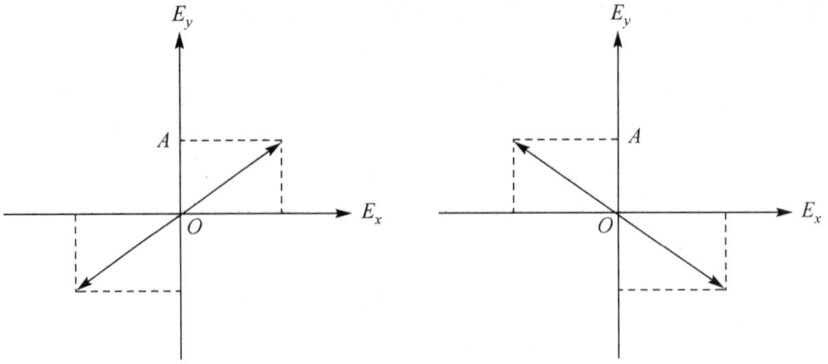

（a）$\phi = 2m\pi$　　（b）$\phi = (2m+1)\pi$

图 1.2.7　线极化

（2）当$\phi = \pi/2$，$A = 1$时，有

$$\boldsymbol{E}(t) = \hat{\boldsymbol{x}}\cos(\omega t) + \hat{\boldsymbol{y}}\sin(\omega t) \tag{1.2.22}$$

从式（1.2.22）可以看出，当x分量达到最大值时，y分量为零。随着时间的推移，y分量增大而x分量减小。电场$\boldsymbol{E}$将从正的E_x轴向正的E_y轴旋转，如图 1.2.8（a）所示。另一方面，从式（1.2.22）的x和y分量中消去时间t，将得到一个半径为 1 的圆，$E_x^2 + E_y^2 = 1$。因此，这种极化称为右旋圆极化。之所以称为“右旋”，是因为若将右手大拇指指向波的传播方向，则其余四指指向电场的旋转方向。

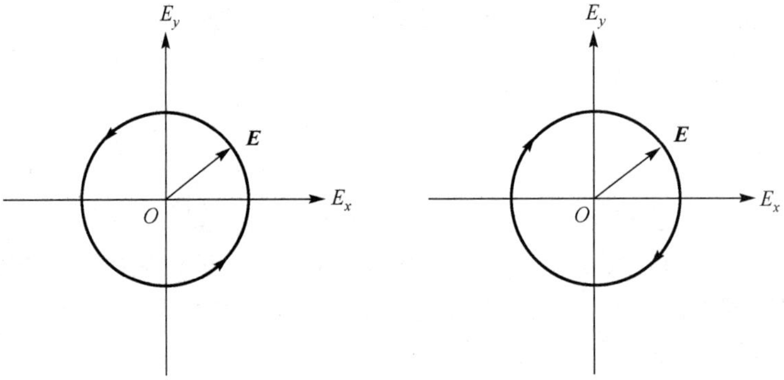

（a）右旋圆极化　　（b）左旋圆极化

图 1.2.8　圆极化

（3）当$\phi = -\pi/2$，$A = 1$时，有

$$\boldsymbol{E}(t) = \hat{\boldsymbol{x}}\cos(\omega t) - \hat{\boldsymbol{y}}\sin(\omega t) \tag{1.2.23}$$

与（2）不同的是，电场$\boldsymbol{E}$将从正的E_x轴到负的E_y轴旋转，如图 1.2.8（b）所示。因此，这种极化称为左旋圆极化。

（4）当$\phi = \pm\pi/2$时，有

$$\boldsymbol{E}(t) = \hat{\boldsymbol{x}}\cos(\omega t) \pm \hat{\boldsymbol{y}}A\sin(\omega t) \tag{1.2.24}$$

从式（1.2.24）的 x 和 y 分量中消去时间 t，将得到一个椭圆，$E_x^2+(E_y/A)^2=1$。类似地，若 $\phi=\pi/2$，对应的电磁波为右旋椭圆极化波，如图 1.2.9（a）所示。若 $\phi=-\pi/2$，对应的电磁波为左旋椭圆极化波，如图 1.2.9（b）所示。

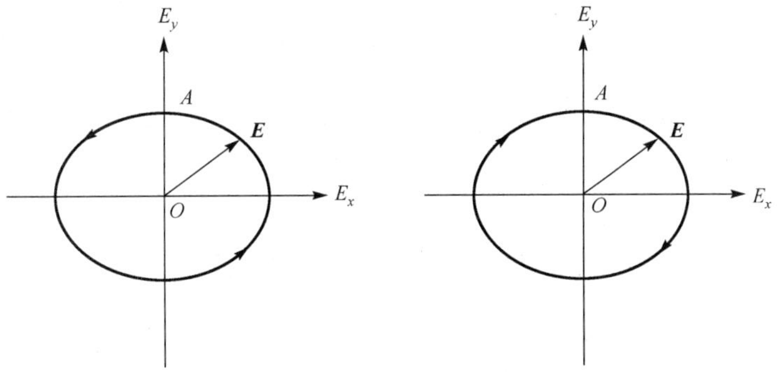

（a）右旋椭圆极化　（b）左旋椭圆极化

图 1.2.9　椭圆极化

图 1.2.10 总结了上述几种情况，并给出了不同幅度 A 和相位差 ϕ 对应的极化情况。在水平轴上，若 $\phi=0$ 或 π，则电磁波为线极化波。若 $A=1$，$\phi=\pi/2$，则电磁波为右旋圆极化波；若 $A=1$，$\phi=-\pi/2$，则电磁波为左旋圆极化波。在其他情况下，电磁波都呈现椭圆极化，右旋极化时相位差在 0 和 π 之间，左旋极化时相位差在 π 和 2π 之间。

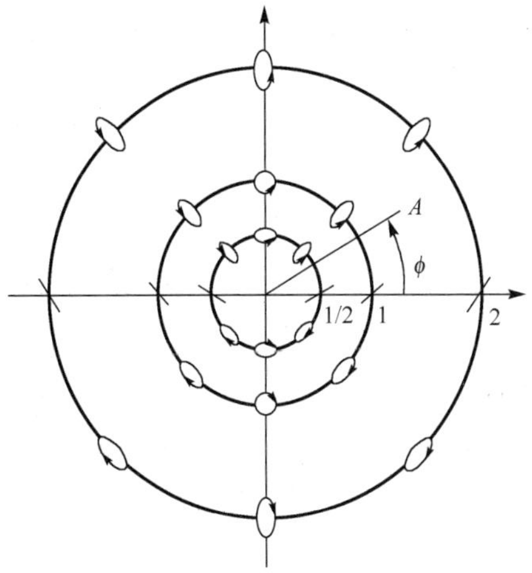

图 1.2.10　不同幅度 A 和相位差 ϕ 的极化图

1.2.4　坡印廷定理

能量和功率是物理中的两个最基本的量，在电磁领域，可以从麦克斯韦方程组出发，建立电磁场与能量和功率之间的关系。根据麦克斯韦方程组，将法拉第定律（1.1.2）点乘 $\boldsymbol{H}$ 后与安培定律（1.1.1）点乘 $\boldsymbol{E}$ 相减，有

$$\boldsymbol{H}\cdot(\nabla\times\boldsymbol{E})-\boldsymbol{E}\cdot(\nabla\times\boldsymbol{H})=-\boldsymbol{E}\cdot\frac{\partial\boldsymbol{D}}{\partial t}-\boldsymbol{H}\cdot\frac{\partial\boldsymbol{B}}{\partial t}-\boldsymbol{E}\cdot\boldsymbol{J}\tag{1.2.25}$$

再利用矢量恒等式 $\nabla\cdot(\boldsymbol{E}\times\boldsymbol{H})=\boldsymbol{H}\cdot(\nabla\times\boldsymbol{E})-\boldsymbol{E}\cdot(\nabla\times\boldsymbol{H})$，可以得到微分形式的坡印廷定理

$$\nabla\cdot(\boldsymbol{E}\times\boldsymbol{H})+\boldsymbol{H}\cdot\frac{\partial\boldsymbol{B}}{\partial t}+\boldsymbol{E}\cdot\frac{\partial\boldsymbol{D}}{\partial t}=-\boldsymbol{E}\cdot\boldsymbol{J}\tag{1.2.26}$$

坡印廷定理是 1884 年由坡印廷（John Henry Poynting，1852—1914）提出的关于电磁场能量守恒的定理。坡印廷矢量定义为

$$\boldsymbol{S}=\boldsymbol{E}\times\boldsymbol{H}\tag{1.2.27}$$

代表功率流密度，表示一个与垂直于电磁波传播方向的单位面积的功率相关的矢量，单位为 $\mathrm{W/m^2}$。$\boldsymbol{H}\cdot(\partial\boldsymbol{B}/\partial t)+\boldsymbol{E}\cdot(\partial\boldsymbol{D}/\partial t)$ 表示存储的电能和磁能密度的时间变化率，式（1.2.26）右侧

的$-\boldsymbol{E}\cdot\boldsymbol{J}$表示电流源$\boldsymbol{J}$提供的功率。

考虑以下波动方程的简单解

$$\boldsymbol{E}=\hat{\boldsymbol{x}}E_0\cos(kz-\omega t) \tag{1.2.28}$$

$$\boldsymbol{H}=\hat{\boldsymbol{y}}H_0\cos(kz-\omega t) \tag{1.2.29}$$

式中，$H_0=E_0/\eta_0$，$\eta_0=\sqrt{\mu_0/\varepsilon_0}$为自由空间的特征阻抗。根据坡印廷矢量的表达式（1.2.27），可以得到

$$\boldsymbol{S}=\boldsymbol{E}\times\boldsymbol{H}=\hat{z}\sqrt{\frac{\varepsilon_0}{\mu_0}}E_0^2\cos^2(kz-\omega t) \tag{1.2.30}$$

在自由空间中，有

$$\boldsymbol{H}\cdot\frac{\partial}{\partial t}(\mu_0\boldsymbol{H})=\frac{\partial}{\partial t}\left(\frac{1}{2}\mu_0\boldsymbol{H}\cdot\boldsymbol{H}\right)=\frac{\partial}{\partial t}W_{\rm m} \tag{1.2.31}$$

$$\boldsymbol{E}\cdot\frac{\partial}{\partial t}(\varepsilon_0\boldsymbol{E})=\frac{\partial}{\partial t}\left(\frac{1}{2}\varepsilon_0\boldsymbol{E}\cdot\boldsymbol{E}\right)=\frac{\partial}{\partial t}W_{\rm e} \tag{1.2.32}$$

对于无源区域，$\boldsymbol{J}=\boldsymbol{0}$，坡印廷定理[式（1.2.26）]可以写为

$$\nabla\cdot(\boldsymbol{E}\times\boldsymbol{H})+\frac{\partial}{\partial t}(W_{\rm m}+W_{\rm e})=0 \tag{1.2.33}$$

式中，存储的电能密度$W_{\rm e}$和磁能密度$W_{\rm m}$分别为

$$W_{\rm e}=\frac{1}{2}\varepsilon_0|\boldsymbol{E}|^2=\frac{1}{2}\varepsilon_0E_0^2\cos^2(kz-\omega t) \tag{1.2.34}$$

$$W_{\rm m}=\frac{1}{2}\mu_0|\boldsymbol{H}|^2=\frac{1}{2}\mu_0H_0^2\cos^2(kz-\omega t) \tag{1.2.35}$$

从以上两式可以看出，存储的电能等于存储的磁能。

坡印廷矢量的时均值为

$$\langle\boldsymbol{S}\rangle=\frac{1}{T}\int_0^T{\rm d}t\boldsymbol{S}=\hat{z}\frac{E_0^2}{2\eta_0}=\hat{z}\frac{1}{2}\eta_0H_0^2=\hat{z}P \tag{1.2.36}$$

式中，$P=\dfrac{E_0^2}{2\eta_0}=\dfrac{1}{2}\eta_0H_0^2$表示电磁波在一个周期内的平均功率流密度，单位为 W/m^2。总的电磁能量密度时均值（单位为 J/m^3）等于电能密度和磁能密度之和，有

$$W=\langle W_{\rm e}\rangle+\langle W_{\rm m}\rangle=\frac{1}{2}\varepsilon_0E_0^2=\frac{1}{2}\mu_0H_0^2 \tag{1.2.37}$$

定义能速$v_{\rm e}$为功率流密度与能量密度之比，可以得到$v_{\rm e}=P/W=1/\sqrt{\mu_0\varepsilon_0}$，其等于自由空间的光速。

为了进一步理解坡印廷定理的物理意义，将散度定理应用于微分形式的坡印廷定理[式（1.2.26）]，可以得到积分形式的坡印廷定理

$$\oint\!\!\!\oint_S{\rm d}\boldsymbol{S}\cdot\boldsymbol{E}\times\boldsymbol{H}=-\iiint_V{\rm d}V\left(\boldsymbol{H}\cdot\frac{\partial\boldsymbol{B}}{\partial t}+\boldsymbol{E}\cdot\frac{\partial\boldsymbol{D}}{\partial t}\right)-\iiint_V{\rm d}V\boldsymbol{E}\cdot\boldsymbol{J} \tag{1.2.38}$$

式中，S为包围体积V的闭合曲面。式（1.2.38）描述的是电磁场中的能量守恒，等式左侧表

示流入或流出闭合曲面 S 的总功率；等式右侧第一项表示体积 V 内部消耗的电能和磁能，用于提供坡印廷功率的流出，第二项表示体积 V 内部电流源 $\boldsymbol{J}$ 产生的功率。

1.3　本构关系

1.3.1　介质的分类

从电磁波的角度来看，科学家所关心的是介质的存在将如何影响电磁场的响应。从数学的角度来说，麦克斯韦方程组支配着电场矢量 $\boldsymbol{D}$ 和 $\boldsymbol{E}$、磁场矢量 $\boldsymbol{B}$ 和 $\boldsymbol{H}$，以及源 $\boldsymbol{J}$ 和 ρ 的行为，满足

$$\nabla \times \boldsymbol{H} = \frac{\partial}{\partial t}\boldsymbol{D} + \boldsymbol{J} \tag{1.3.1}$$

$$\nabla \times \boldsymbol{E} = -\frac{\partial}{\partial t}\boldsymbol{B} \tag{1.3.2}$$

$$\nabla \cdot \boldsymbol{D} = \rho \tag{1.3.3}$$

$$\nabla \cdot \boldsymbol{B} = 0 \tag{1.3.4}$$

$$\nabla \cdot \boldsymbol{J} = -\frac{\partial}{\partial t}\rho \tag{1.3.5}$$

方程（1.3.3）可以通过求解方程（1.3.1）的散度并代入方程（1.3.5）得到，方程（1.3.4）可以通过求解方程（1.3.2）的散度得到。在大部分情况下，产生电磁场的源是已知的，即 $\boldsymbol{J}$ 和 ρ 已知，并且满足方程（1.3.5）。对于麦克斯韦方程组，电场矢量和磁场矢量包含 3 个维度，共 12 个标量。如前所述，方程（1.3.3）和方程（1.3.4）不是相互独立的方程，可由方程（1.3.1）、方程（1.3.2）和方程（1.3.5）推导得到。方程（1.3.1）和方程（1.3.2）是独立的，可以分解为 6 个标量方程。综上所述，若要求解电场和磁场的各个分量，仅有描述电磁波的麦克斯韦方程组是不够的，还需要知道 $\boldsymbol{D}$、$\boldsymbol{E}$、$\boldsymbol{B}$ 和 $\boldsymbol{H}$ 之间的相互关系，即需要加入 6 个标量方程，或称为本构关系，从而为介质的电磁特性提供数学描述。

介质在电磁场的作用下，其内部电荷的运动主要有电极化、磁化和电传导 3 种状态。电极化是介质中的束缚电荷在电磁场作用下的微小运动，其宏观效应可用电偶极矩表示。磁化是介质中的分子电流所形成的分子磁偶极矩受到电磁场的作用，其大小和取向发生变化而出现的宏观磁偶极矩。电传导发生在含有像自由电子和离子这样的自由电荷的介质中，当介质导电时，其内部的自由电荷在电磁场的作用下运动而形成传导电流。电偶极矩、磁偶极矩和传导电流这 3 个物理量虽然物理意义明确，与微观机理密切相关，但不便于测量和分析，因此对于不同介质的宏观电磁特性，通常采用统一的本构方程来进行概括

$$\boldsymbol{D} = \overline{\overline{\boldsymbol{\varepsilon}}} \cdot \boldsymbol{E} + \overline{\overline{\boldsymbol{\xi}}} \cdot \boldsymbol{H} \tag{1.3.6}$$

$$\boldsymbol{B} = \overline{\overline{\boldsymbol{\zeta}}} \cdot \boldsymbol{E} + \overline{\overline{\boldsymbol{\mu}}} \cdot \boldsymbol{H} \tag{1.3.7}$$

式中，$\overline{\overline{\boldsymbol{\varepsilon}}}$、$\overline{\overline{\boldsymbol{\mu}}}$、$\overline{\overline{\boldsymbol{\xi}}}$ 和 $\overline{\overline{\boldsymbol{\zeta}}}$ 是 3×3 矩阵，其矩阵元素为本构参数，表示介质中各方向电磁场量之

间的相互关联，它们可以是复数形式，可以是负值，同时会随频率的变化发生色散现象。依据$\bar{\bar{\varepsilon}}$、$\bar{\bar{\mu}}$、$\bar{\bar{\xi}}$和$\bar{\bar{\zeta}}$的相互关系，可以将介质分为以下不同的类型。

1．各向同性介质

对于各向同性介质，$\bar{\bar{\xi}}=\bar{\bar{\zeta}}=\mathbf{0}$，$\bar{\bar{\varepsilon}}=\varepsilon\bar{\bar{\boldsymbol{I}}}$，$\bar{\bar{\mu}}=\mu\bar{\bar{\boldsymbol{I}}}$，其中$\bar{\bar{\boldsymbol{I}}}$表示 3×3 的单位矩阵。各向同性介质的本构关系可以简化为

$$\boldsymbol{D}=\varepsilon\boldsymbol{E} \tag{1.3.8}$$

$$\boldsymbol{B}=\mu\boldsymbol{H} \tag{1.3.9}$$

式中，ε为介电常数，μ为磁导率。介电常数ε取决于介质的电特性，而磁导率μ取决于介质的磁特性。在各向同性介质中，电场矢量$\boldsymbol{E}$与$\boldsymbol{D}$平行，磁场矢量$\boldsymbol{H}$与$\boldsymbol{B}$平行。在自由空间中，$\varepsilon=\varepsilon_0$，$\mu=\mu_0$，其中$\varepsilon_0\approx8.85\times10^{-12}$ F/m，$\mu_0=4\pi\times10^{-7}$ H/m。

2．各向异性介质

对于各向异性介质，$\bar{\bar{\xi}}=\bar{\bar{\zeta}}=\mathbf{0}$，本构关系可以简化为

$$\boldsymbol{D}=\bar{\bar{\varepsilon}}\cdot\boldsymbol{E} \tag{1.3.10}$$

$$\boldsymbol{B}=\bar{\bar{\mu}}\cdot\boldsymbol{H} \tag{1.3.11}$$

式中，$\bar{\bar{\varepsilon}}$为介电常数张量，$\bar{\bar{\mu}}$为磁导率张量。在各向异性介质中，电场矢量$\boldsymbol{E}$与$\boldsymbol{D}$和磁场矢量$\boldsymbol{H}$与$\boldsymbol{B}$将不再平行。如果介质的介电常数由张量$\bar{\bar{\varepsilon}}$描述，而磁导率由标量μ描述，则称其具有电各向异性；如果其磁导率由张量$\bar{\bar{\mu}}$描述，而介电常数由标量ε描述，则称其具有磁各向异性。介质可以既有电各向异性，又有磁各向异性。

各向异性介质还可以分为单轴各向异性和双轴各向异性。以电各向异性为例，对于实际介质的参数张量，总可以求出其本征值和本征矢量，且 3 个本征矢量构成了介质的 3 个主轴。换句话说，总存在一种坐标变换，能够将对称矩阵变换为对角矩阵。在由主轴组成的坐标系中，参数张量只有 3 个对角元素为非零元素，有

$$\bar{\bar{\varepsilon}}=\begin{bmatrix}\varepsilon_x & 0 & 0\\ 0 & \varepsilon_y & 0\\ 0 & 0 & \varepsilon_z\end{bmatrix} \tag{1.3.12}$$

在由主轴组成的坐标系中，若 3 个非零元素全部相等，则各向异性介质将退化为各向同性介质；若其中两个相等，则此时存在一个方向，当电磁波沿该方向在介质中传播时不发生双折射现象，沿用光学的概念，该方向称为光轴，由于此时介质只有一个光轴，因此称为单轴各向异性介质；若 3 个对角元素均不相等，则由于此时存在两个光轴，因此称为双轴各向异性介质。

3．双各向同性介质

早在 19 世纪，人们就发现光在某些晶体中传播时会出现旋光特性或手征特性。在这类具有旋光特性或手征特性的介质中，位移电流同时与电场和磁场有关，而介质仍具有各向同性特性，故称为双各向同性介质。此时“双”的含义是场矢量$\boldsymbol{D}$或$\boldsymbol{B}$与$\boldsymbol{E}$和$\boldsymbol{H}$两个参量均有关，但这一结论一直都没有引起学术界的重视。直到 20 世纪 80 年代，人们在实

验室内合成了微波波段的手征介质，并将其应用于各种微波器件中，才引起广大学者的进一步研究。

1）Tellegen 介质

1948 年，Tellegen 在电阻器、电容器、电感器和理想变压器之外，引入了一种称为回旋器的元器件，用于描述一个网络。Tellegen 设想了一种具有以下本构关系的介质

$$\boldsymbol{D} = \varepsilon \boldsymbol{E} + \tau \boldsymbol{H} \tag{1.3.13}$$

$$\boldsymbol{B} = \tau \boldsymbol{E} + \mu \boldsymbol{H} \tag{1.3.14}$$

式中，$\tau^2/\mu\varepsilon$ 近似为 1。人们将以上两式描述的介质称为 Tellegen 介质。Tellegen 认为，该介质模型具有相互平行的电偶极子和磁偶极子，因此在外加电磁场时，电磁场可以使电偶极子和磁偶极子具有相同的排列方向。

2）手征介质

手征介质包括多种糖溶液、氨基酸、DNA（脱氧核糖核酸）等天然物质，具有以下本构关系

$$\boldsymbol{D} = \varepsilon \boldsymbol{E} + \chi \frac{\partial \boldsymbol{H}}{\partial t} \tag{1.3.15}$$

$$\boldsymbol{B} = \mu \boldsymbol{H} - \chi \frac{\partial \boldsymbol{E}}{\partial t} \tag{1.3.16}$$

式中，χ 表示手征参数。

如式（1.3.13）～式（1.3.14）或式（1.3.15）～式（1.3.16）描述的介质可以称为双各向同性介质。

4．双各向异性介质

当介质的介电常数、磁导率、手征参数均为张量时，该介质称为双各向异性介质。双各向异性介质提供电场和磁场之间的交叉耦合，当置于电场或磁场中时，双各向异性介质既有极化又有磁化。双各向异性介质的电磁特性可由最具一般性的本构关系描述，有

$$\boldsymbol{D} = \overline{\overline{\varepsilon}} \cdot \boldsymbol{E} + \overline{\overline{\xi}} \cdot \boldsymbol{H} \tag{1.3.17}$$

$$\boldsymbol{B} = \overline{\overline{\zeta}} \cdot \boldsymbol{E} + \overline{\overline{\mu}} \cdot \boldsymbol{H} \tag{1.3.18}$$

式中，$\boldsymbol{D}$ 和 $\boldsymbol{B}$ 都同时与 $\boldsymbol{E}$ 和 $\boldsymbol{H}$ 有关。

1）磁电介质

由朗道（Lev Davidovich Landau，1908—1968）及 Lifshitz 和 Dzyaloshinskii 从理论上预言的磁电介质于 1960 年被 Astrov 通过实验在反铁磁物质氧化铬中发现。由 Dzyaloshinskii 提出的氧化铬的本构关系具有以下形式

$$\boldsymbol{D} = \begin{bmatrix} \varepsilon & 0 & 0 \\ 0 & \varepsilon & 0 \\ 0 & 0 & \varepsilon_z \end{bmatrix} \cdot \boldsymbol{E} + \begin{bmatrix} \xi & 0 & 0 \\ 0 & \xi & 0 \\ 0 & 0 & \xi_z \end{bmatrix} \cdot \boldsymbol{H} \tag{1.3.19}$$

$$\boldsymbol{B}=\begin{bmatrix}\xi & 0 & 0\\ 0 & \xi & 0\\ 0 & 0 & \xi_z\end{bmatrix}\cdot\boldsymbol{E}+\begin{bmatrix}\mu & 0 & 0\\ 0 & \mu & 0\\ 0 & 0 & \mu_z\end{bmatrix}\cdot\boldsymbol{H} \qquad (1.3.20)$$

此后由 Indenbom 和 Birss 证明，有 58 种不同种类的磁性晶体都具有磁电效应。Rado 证明这种效应不局限于反铁磁物质，铁磁性的镓铁氧化物也具有磁电效应。

2）运动介质

运动介质是第一种受到关注的双各向异性介质。1888 年，伦琴（Wilhelm Röentgen，1845—1923）发现在电场中运动的介质会被磁化。1905 年，Wilson 证明在均匀磁场中运动的介质会被极化。几乎任何介质在运动过程中都将呈现出双各向异性的电磁特性，第 8 章将用场矢量的洛伦兹变换对运动介质的本构关系进行推导。从相对论的观点来看，利用双各向异性形式描述介质是非常重要的。相对论原理假定所有物理定律都可以用固定形式的数学方程描述且不依赖观察者而变化。对任意观察者来说，尽管电场或磁场的数值会因为不同的观察者而不同，但是麦克斯韦方程组的形式都是不变的。若本构关系用双各向异性形式写出，则对于任意观察者来说，其形式也是不变的。因此，对于大部分涉及运动介质的电磁波传播问题，可以在适当的边界条件下运用双各向异性介质形式进行求解。

1.3.2 本构矩阵

对于介质的宏观电磁特性，其本构关系的一般形式可以写为

$$c\boldsymbol{D}=\bar{\bar{\boldsymbol{P}}}\cdot\boldsymbol{E}+\bar{\bar{\boldsymbol{L}}}\cdot c\boldsymbol{B} \qquad (1.3.21)$$

$$\boldsymbol{H}=\bar{\bar{\boldsymbol{M}}}\cdot\boldsymbol{E}+\bar{\bar{\boldsymbol{Q}}}\cdot c\boldsymbol{B} \qquad (1.3.22)$$

式中，$c=3\times10^8\,\text{m/s}$ 是真空中的光速，$\bar{\bar{\boldsymbol{P}}}$、$\bar{\bar{\boldsymbol{Q}}}$、$\bar{\bar{\boldsymbol{L}}}$ 和 $\bar{\bar{\boldsymbol{M}}}$ 都是 3×3 矩阵，它们的元素称为本构参数。在本构关系的定义中，本构矩阵 $\bar{\bar{\boldsymbol{L}}}$ 和 $\bar{\bar{\boldsymbol{M}}}$ 与电场和磁场有关。当 $\bar{\bar{\boldsymbol{L}}}$ 和 $\bar{\bar{\boldsymbol{M}}}$ 不等于零时，介质是双各向异性的。当电场和磁场之间没有耦合时，$\bar{\bar{\boldsymbol{L}}}=\bar{\bar{\boldsymbol{M}}}=\boldsymbol{0}$，介质是各向异性的。对于各向异性介质，如果 $\bar{\bar{\boldsymbol{P}}}=c\varepsilon\bar{\bar{\boldsymbol{I}}}$，$\bar{\bar{\boldsymbol{Q}}}=(1/c\mu)\bar{\bar{\boldsymbol{I}}}$，其中 $\bar{\bar{\boldsymbol{I}}}$ 是 3×3 的单位矩阵，则介质是各向同性的。此处将本构关系写成式（1.3.21）和式（1.3.22）的形式主要基于相对论的考虑。首先，场 $\boldsymbol{E}$ 和 $c\boldsymbol{B}$ 及 $\boldsymbol{H}$ 和 $c\boldsymbol{D}$ 都可以在四维空间中组成一个张量；其次，本构关系具有洛伦兹协变性。详细内容将在第 8 章讨论。

式（1.3.21）～式（1.3.22）可以改写为以下形式

$$\begin{bmatrix}c\boldsymbol{D}\\ \boldsymbol{H}\end{bmatrix}=\bar{\bar{\boldsymbol{C}}}\cdot\begin{bmatrix}\boldsymbol{E}\\ c\boldsymbol{B}\end{bmatrix} \qquad (1.3.23)$$

式中，$\bar{\bar{\boldsymbol{C}}}$ 是一个 6×6 的本构矩阵，有

$$\bar{\bar{\boldsymbol{C}}}=\begin{bmatrix}\bar{\bar{\boldsymbol{P}}} & \bar{\bar{\boldsymbol{L}}}\\ \bar{\bar{\boldsymbol{M}}} & \bar{\bar{\boldsymbol{Q}}}\end{bmatrix} \qquad (1.3.24)$$

其量纲为导纳。

本构矩阵 $\bar{\bar{\boldsymbol{C}}}$ 可以是时空坐标的函数，也可以是热力学或电磁场强度的函数。根据 $\bar{\bar{\boldsymbol{C}}}$ 的函数依赖性，可以对介质进行分类：（1）非均匀介质，如果 $\bar{\bar{\boldsymbol{C}}}$ 是空间坐标的函数；（2）非稳态

介质，如果 $\bar{\bar{C}}$ 是时间的函数；（3）时间（或空间）色散介质，如果 $\bar{\bar{C}}$ 是时间（或空间）微分的函数；（4）非线性介质，如果 $\bar{\bar{C}}$ 取决于电磁场。一般情况下，$\bar{\bar{C}}$ 可能是一个积分-微分算子的函数，并且与其他物理分支学科的基本方程相耦合。

本构关系也可以写成用 $\boldsymbol{E}$ 和 $\boldsymbol{H}$ 表示 $\boldsymbol{D}$ 和 $\boldsymbol{B}$ 的函数形式，有

$$\begin{bmatrix} \boldsymbol{D} \\ \boldsymbol{B} \end{bmatrix} = \bar{\bar{\boldsymbol{C}}}_{\mathrm{EH}} \cdot \begin{bmatrix} \boldsymbol{E} \\ \boldsymbol{H} \end{bmatrix} \tag{1.3.25}$$

根据式（1.3.21）和式（1.3.22），可以得到

$$\bar{\bar{\boldsymbol{C}}}_{\mathrm{EH}} = \begin{bmatrix} \bar{\bar{\boldsymbol{\varepsilon}}} & \bar{\bar{\boldsymbol{\xi}}} \\ \bar{\bar{\boldsymbol{\zeta}}} & \bar{\bar{\boldsymbol{\mu}}} \end{bmatrix} = \frac{1}{c}\begin{bmatrix} \bar{\bar{\boldsymbol{P}}} - \bar{\bar{\boldsymbol{L}}} \cdot \bar{\bar{\boldsymbol{Q}}}^{-1} \cdot \bar{\bar{\boldsymbol{M}}} & \bar{\bar{\boldsymbol{L}}} \cdot \bar{\bar{\boldsymbol{Q}}}^{-1} \\ -\bar{\bar{\boldsymbol{Q}}}^{-1} \cdot \bar{\bar{\boldsymbol{M}}} & \bar{\bar{\boldsymbol{Q}}}^{-1} \end{bmatrix} \tag{1.3.26}$$

$\bar{\bar{\boldsymbol{C}}}_{\mathrm{EH}}$ 是用 $\boldsymbol{E}$ 和 $\boldsymbol{H}$ 表示的本构矩阵。如用 $\boldsymbol{D}$ 和 $\boldsymbol{B}$ 来描述 $\boldsymbol{E}$ 和 $\boldsymbol{H}$，有

$$\begin{bmatrix} \boldsymbol{E} \\ \boldsymbol{H} \end{bmatrix} = \bar{\bar{\boldsymbol{C}}}_{\mathrm{DB}} \cdot \begin{bmatrix} \boldsymbol{D} \\ \boldsymbol{B} \end{bmatrix} \tag{1.3.27}$$

式中，

$$\bar{\bar{\boldsymbol{C}}}_{\mathrm{DB}} = \begin{bmatrix} \bar{\bar{\boldsymbol{\kappa}}} & \bar{\bar{\boldsymbol{\chi}}} \\ \bar{\bar{\boldsymbol{\gamma}}} & \bar{\bar{\boldsymbol{\nu}}} \end{bmatrix} = c\begin{bmatrix} \bar{\bar{\boldsymbol{P}}}^{-1} & -\bar{\bar{\boldsymbol{P}}}^{-1} \cdot \bar{\bar{\boldsymbol{L}}} \\ \bar{\bar{\boldsymbol{M}}} \cdot \bar{\bar{\boldsymbol{P}}}^{-1} & \bar{\bar{\boldsymbol{Q}}} - \bar{\bar{\boldsymbol{M}}} \cdot \bar{\bar{\boldsymbol{P}}}^{-1} \cdot \bar{\bar{\boldsymbol{L}}} \end{bmatrix} \tag{1.3.28}$$

$\bar{\bar{\boldsymbol{C}}}_{\mathrm{DB}}$ 是用 $\boldsymbol{D}$ 和 $\boldsymbol{B}$ 表示的本构矩阵。根据 $\boldsymbol{E}$ 和 $\boldsymbol{H}$ 表示的参数，可以得到

$$\bar{\bar{\boldsymbol{\kappa}}} = \left[\bar{\bar{\boldsymbol{\varepsilon}}} - \bar{\bar{\boldsymbol{\xi}}} \cdot \bar{\bar{\boldsymbol{\mu}}}^{-1} \cdot \bar{\bar{\boldsymbol{\zeta}}}\right]^{-1} \tag{1.3.29}$$

$$\bar{\bar{\boldsymbol{\chi}}} = -\bar{\bar{\boldsymbol{\kappa}}} \cdot \bar{\bar{\boldsymbol{\xi}}} \cdot \bar{\bar{\boldsymbol{\mu}}}^{-1} \tag{1.3.30}$$

$$\bar{\bar{\boldsymbol{\nu}}} = \left[\bar{\bar{\boldsymbol{\mu}}} - \bar{\bar{\boldsymbol{\zeta}}} \cdot \bar{\bar{\boldsymbol{\varepsilon}}}^{-1} \cdot \bar{\bar{\boldsymbol{\xi}}}\right]^{-1} \tag{1.3.31}$$

$$\bar{\bar{\boldsymbol{\gamma}}} = -\bar{\bar{\boldsymbol{\nu}}} \cdot \bar{\bar{\boldsymbol{\zeta}}} \cdot \bar{\bar{\boldsymbol{\varepsilon}}}^{-1} \tag{1.3.32}$$

其他形式的表示（如用 $\boldsymbol{H}$ 和 $\boldsymbol{D}$ 来表示 $\boldsymbol{E}$ 和 $\boldsymbol{B}$）在此不做叙述。

【扩展阅读】异向介质

对于介质的本构关系张量，即 $\bar{\bar{\boldsymbol{\varepsilon}}}$、$\bar{\bar{\boldsymbol{\mu}}}$、$\bar{\bar{\boldsymbol{\zeta}}}$、$\bar{\bar{\boldsymbol{\xi}}}$，其分别表示介质中各方向电磁场量之间的相互关联。由于每个张量均包含 9 个实数变量和 9 个虚数变量，因此描述介质本构关系的张量共有 72 个变量，这些变量可以其中一个为负值，也可以多个为负值，由此延伸出许许多多奇异现象。在这些情况中，介质可以是各向同性的，也可以是各向异性的，甚至是双各向异性的，它们一般具有以下电磁特性：（1）本构参数的某些分量为负值；（2）由于负的本构参数产生自然界所不具有的奇特电磁现象，这些电磁现象往往难以在寻常介质中存在，因此此类介质常常被称为超材料或超构材料，其英语名称为 Metamaterial。美国麻省理工学院孔金瓯（Jin Au Kong，1942—2008）在详细研究电磁波在这些介质中传播特性的基础上，建议其中文名称为“异向介质”，以突出这些介质本构关系方程的多样性，以及电磁波在这些介质中传播时所表现出的不同于自然介质的各种“异向”效应与“奇异”特性。

1.4 边界条件

1.4.1 电场和磁场的连续性

假设在两个区域 1 和 2 之间的 $z=0$ 处有一个分界面。需要注意的是，在垂直于分界面的方向，磁场幅度可能是不连续的，而在 xOy 平面上磁场幅度的变化并不显著，因此可以忽略关于 x 和 y 的偏导，只保留关于 z 的偏导。假设分界面上有一个扁平盒子状的小体积，如图 1.4.1 所示，可以得到

$$\begin{aligned}\nabla\times\boldsymbol{H}&=\frac{\partial}{\partial z}\{\hat{z}\times\boldsymbol{H}\}\\&=\lim_{\Delta z\to 0}\frac{1}{\Delta z}\left\{\hat{z}\times\left[\boldsymbol{H}\left(x_0,y_0,z_0+\frac{\Delta z}{2}\right)-\boldsymbol{H}\left(x_0,y_0,z_0-\frac{\Delta z}{2}\right)\right]\right\}\\&=\lim_{\Delta z\to 0}\frac{1}{\Delta z}[\hat{z}\times(\boldsymbol{H}_1-\boldsymbol{H}_2)]\end{aligned}\tag{1.4.1}$$

式中，$\boldsymbol{H}\left(x_0,y_0,z_0+\frac{\Delta z}{2}\right)=\boldsymbol{H}_1$ 表示区域 1 中的场，$\boldsymbol{H}\left(x_0,y_0,z_0-\frac{\Delta z}{2}\right)=\boldsymbol{H}_2$ 表示区域 2 中的场。

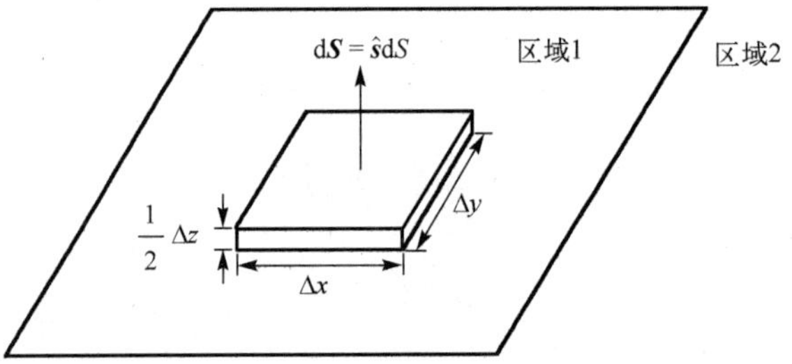

图 1.4.1 利用扁平盒子推导边界条件

根据安培定律，令界面法向矢量 $\hat{\boldsymbol{n}}=\hat{z}$，可以得到

$$\hat{\boldsymbol{n}}\times(\boldsymbol{H}_1-\boldsymbol{H}_2)=\lim_{\Delta z\to 0}\Delta z\left(\frac{\partial\boldsymbol{D}}{\partial t}+\boldsymbol{J}\right)\tag{1.4.2}$$

假设 $\boldsymbol{D}$ 的时间导数 $\partial\boldsymbol{D}/\partial t$ 和电流密度矢量 $\boldsymbol{J}$ 都是有限的，从式（1.4.2）可以得到 $H_{1x}=H_{2x}$，$H_{1y}=H_{2y}$，或者

$$\hat{\boldsymbol{n}}\times(\boldsymbol{H}_1-\boldsymbol{H}_2)=\boldsymbol{0}\tag{1.4.3}$$

因此，磁场 $\boldsymbol{H}$ 的切向分量在分界面上是连续的。用同样的方法对电场 $\boldsymbol{E}$ 进行推导，并利用法拉第定理，可以得到电场 $\boldsymbol{E}$ 的关系

$$\hat{\boldsymbol{n}}\times(\boldsymbol{E}_1-\boldsymbol{E}_2)=\boldsymbol{0}\tag{1.4.4}$$

令扁平盒子的 Δz 趋近于零（图 1.4.1），根据高斯定律可以得到

$$\begin{aligned}\nabla\cdot\boldsymbol{D}&=\lim_{\Delta z\to 0}\frac{1}{\Delta z}\left[D_z\left(x_0,y_0,z_0+\frac{\Delta z}{2}\right)-D_z\left(x_0,y_0,z_0-\frac{\Delta z}{2}\right)\right]\\&=\lim_{\Delta z\to 0}\frac{1}{\Delta z}[\hat{z}\cdot(\boldsymbol{D}_1-\boldsymbol{D}_2)]\end{aligned}\tag{1.4.5}$$

式中，$D_z\left(x_0,y_0,z_0+\dfrac{\Delta z}{2}\right)=D_{1z}$，$D_z\left(x_0,y_0,z_0-\dfrac{\Delta z}{2}\right)=D_{2z}$。根据库仑定律$\nabla\cdot\boldsymbol{D}=\rho$，有

$$\hat{\boldsymbol{n}}\cdot(\boldsymbol{D}_1-\boldsymbol{D}_2)=\lim_{\Delta z\to 0}\rho\Delta z \tag{1.4.6}$$

假设分界面上电荷密度是有限的，可以得到

$$\hat{\boldsymbol{n}}\cdot(\boldsymbol{D}_1-\boldsymbol{D}_2)=0 \tag{1.4.7}$$

同样地，根据高斯定律$\nabla\cdot\boldsymbol{B}=0$，可以得到

$$\hat{\boldsymbol{n}}\cdot(\boldsymbol{B}_1-\boldsymbol{B}_2)=0 \tag{1.4.8}$$

因此，电场$\boldsymbol{D}$的法向分量和磁场$\boldsymbol{B}$的法向分量在分界面上都是连续的。

1.4.2　表面电荷和电流密度

在数学上，定义电场和磁场为零的区域通常是比较方便的，占据这些区域的介质称为完美导体，这是介质的理想化情况，其内部的电磁场非常小，可以忽略不计。假设区域 2 中所有场矢量都为零，即$\boldsymbol{E}_2=\boldsymbol{H}_2=\boldsymbol{B}_2=\boldsymbol{D}_2=\boldsymbol{0}$。电荷和电流主要位于完美导体表面非常薄的一层中，因此在完美导体表面上，可以假设电荷密度ρ无限大。定义表面电荷密度，有

$$\rho_{\mathrm{s}}=\lim_{\Delta z\to 0}\rho\Delta z \tag{1.4.9}$$

其大小有限，且单位为 $\mathrm{C/m^2}$。表面电荷密度的概念具有实际意义，由于$\boldsymbol{D}_2=\boldsymbol{0}$，式（1.4.6）可以简化为

$$\rho_{\mathrm{s}}=\hat{\boldsymbol{n}}\cdot\boldsymbol{D}_1 \tag{1.4.10}$$

因此，位移电流$\boldsymbol{D}$的法向分量在分界面上的不连续性恰好等于表面电荷密度。

在式（1.4.2）右侧，时间导数$\partial D_x/\partial t$和$\partial D_y/\partial t$是有限的。假设J_x和J_y无限大，当$\Delta z\to 0$时，可以得到表面电流密度

$$\boldsymbol{J}_{\mathrm{s}}=\lim_{\substack{\Delta z\to 0\\ J\to\infty}}\boldsymbol{J}\Delta z \tag{1.4.11}$$

根据式（1.4.2）及$\boldsymbol{H}_2=\boldsymbol{0}$，有

$$\boldsymbol{J}_{\mathrm{s}}=\hat{\boldsymbol{n}}\times\boldsymbol{H}_1 \tag{1.4.12}$$

因此，磁场$\boldsymbol{H}$的切向分量在分界面上的不连续性恰好等于表面电流密度。

对于完美导体的情况，边界条件[式（1.4.4）]和[式（1.4.8）]保持不变，有

$$\hat{\boldsymbol{n}}\times\boldsymbol{E}_1=\boldsymbol{0} \tag{1.4.13}$$

$$\hat{\boldsymbol{n}}\cdot\boldsymbol{B}_1=0 \tag{1.4.14}$$

也就是说，磁场$\boldsymbol{B}$的法向分量和电场$\boldsymbol{E}$的切向分量是连续的。

1.4.3　分界面处的边界条件

微分形式的麦克斯韦方程组在均匀介质中的任意位置都是成立的，但在非均匀介质的分界面处，由于场不一定是连续的，需要提供边界条件或初始条件，使微分形式的麦克斯韦方程组成立，其中边界条件可以由麦克斯韦方程组的微分形式或积分形式导出。场矢量$\boldsymbol{E}$、$\boldsymbol{B}$、$\boldsymbol{D}$和$\boldsymbol{H}$是有限的，并在分界面处不连续，此时分界面处的电流和电荷密度将有可能趋于无穷大。类比于完美导体中的情况，可以定义表面电流密度$\boldsymbol{J}_{\mathrm{s}}=\delta\boldsymbol{J}$为在极限$\delta\to 0$和$\boldsymbol{J}\to\infty$时的电流密度

$$\boldsymbol{J}_{\mathrm{s}} = \lim_{\substack{\delta\to 0\\ J\to\infty}} \delta \boldsymbol{J} \tag{1.4.15}$$

表面电荷密度 $\rho_{\mathrm{s}} = \delta\rho$ 为在极限 $\delta \to 0$ 和 $\rho \to \infty$ 时的电荷密度

$$\rho_{\mathrm{s}} = \lim_{\substack{\delta\to 0\\ \rho\to\infty}} \rho\delta \tag{1.4.16}$$

表面电流密度的单位为 $\mathrm{A/m^2}$，表面电荷密度的单位为 $\mathrm{C/m^2}$。

对于区域 1 和区域 2 的分界面，其界面法向矢量 $\hat{\boldsymbol{n}}$ 从区域 2 指向区域 1，边界条件满足

$$\hat{\boldsymbol{n}}\times(\boldsymbol{E}_1 - \boldsymbol{E}_2) = \boldsymbol{0} \tag{1.4.17}$$

$$\hat{\boldsymbol{n}}\times(\boldsymbol{H}_1 - \boldsymbol{H}_2) = \boldsymbol{J}_{\mathrm{s}} \tag{1.4.18}$$

$$\hat{\boldsymbol{n}}\cdot(\boldsymbol{B}_1 - \boldsymbol{B}_2) = 0 \tag{1.4.19}$$

$$\hat{\boldsymbol{n}}\cdot(\boldsymbol{D}_1 - \boldsymbol{D}_2) = \rho_{\mathrm{s}} \tag{1.4.20}$$

式中，下标“1”和“2”分别表示区域 1 和区域 2 中的场。式（1.4.17）和式（1.4.19）表明 $\boldsymbol{E}$ 的切向分量和 $\boldsymbol{B}$ 的法向分量在边界上是连续的，而式（1.4.18）和式（1.4.20）表明 $\boldsymbol{H}$ 的切向分量和 $\boldsymbol{D}$ 的法向分量在边界上是不连续的，其分别等于表面电流密度 $\boldsymbol{J}_{\mathrm{s}}$ 和表面电荷密度 ρ_{s}。

习　题　1

1.1　对于微分形式的麦克斯韦方程组，将所有的场分量写成偏微分形式。利用安培定律和高斯定律推导电流连续性方程。证明在给定连续性定理的条件下，库仑定律可以由安培定理导出。类似地，高斯定理可以由法拉第定理导出及库仑定律和高斯定律不是相互独立的。

1.2　利用斯托克斯定理和散度定理，从微分形式的麦克斯韦方程组推导积分形式的麦克斯韦方程组。

1.3　（1）从散度的定义出发，推导散度在笛卡儿坐标系、柱坐标系和球坐标系中的表达式，然后进一步推导散度定理。

（2）从旋度的定义出发，推导斯托克斯定理。

（3）从梯度的定义出发，推导拉普拉斯算子。

1.4　证明下列矢量恒等式

$$\nabla\times(\nabla\times\boldsymbol{a}) = \nabla(\nabla\cdot\boldsymbol{a}) - \nabla^2\boldsymbol{a}$$

$$\left[\boldsymbol{a}\times(\nabla\times\boldsymbol{b})\right]_i = \boldsymbol{a}_j\partial_i\boldsymbol{b}_j - \left[(\boldsymbol{a}\cdot\nabla)\boldsymbol{b}\right]_i$$

$$\nabla\cdot(\boldsymbol{a}\times\boldsymbol{b}) = \boldsymbol{b}\cdot(\nabla\times\boldsymbol{a}) - \boldsymbol{a}\cdot(\nabla\times\boldsymbol{b})$$

$$\nabla(ab) = a\nabla b + b\nabla a$$

$$\nabla\cdot(a\boldsymbol{b}) = \nabla a\cdot\boldsymbol{b} + a\nabla\cdot\boldsymbol{b}$$

$$\nabla\times(a\boldsymbol{b}) = \nabla a\times\boldsymbol{b} + a\nabla\times\boldsymbol{b}$$

1.5　证明标量-矢量格林定理

$$\iiint_V \mathrm{d}V[b(\nabla\times\nabla\times\boldsymbol{a}) + \boldsymbol{a}\nabla^2 b + (\nabla\cdot\boldsymbol{a})\nabla b] = \oiint_S \mathrm{d}S[(\hat{\boldsymbol{n}}\cdot\boldsymbol{a})\nabla b + (\hat{\boldsymbol{n}}\times\boldsymbol{a})\times\nabla b + (\hat{\boldsymbol{n}}\times\nabla\times\boldsymbol{a})b]$$

1.6　电磁波满足麦克斯韦方程组中的所有方程。在自由空间中，考虑以下电场矢量

$$\boldsymbol{E}_1 = \hat{\boldsymbol{x}}\cos(\omega t - kz)$$

$$E_2 = \hat{z}\cos(\omega t - kz)$$

$$E_3 = (\hat{x} + \hat{z})\cos(\omega t + ky)$$

$$E_4 = (\hat{x} + \hat{z})\cos\left(\omega t + k|x + z|/\sqrt{2}\right)$$

上述电场矢量是否满足所有麦克斯韦方程及亥姆霍兹波动方程？这 4 个场中哪个是真正电磁波的场？对于不是电磁波的场，请指出其违背了麦克斯韦方程组中的哪个方程。

1.7　一电磁波的空间频率为 $k_0 = 100\mathrm{K}_0$，确定其波长（m）和时间频率（GHz）。对一束波长 $\lambda = 0.6328\mu\mathrm{m}$ 的激光，确定其空间频率（用单位 K_0 表示）。对一个工作在 2.4GHz 的微波炉，确定其空间频率（用单位 K_0 表示）。

1.8　考虑一个沿 $+\hat{z}$ 方向传播的电磁波

$$\boldsymbol{E} = \hat{x}e_x\cos(kz - \omega t + \phi_x) + \hat{y}e_y\cos(kz - \omega t + \phi_y)$$

式中，e_x、e_y、ϕ_x 和 ϕ_y 都是实数。

（1）若 $e_x = 2$，$e_y = 1$，$\phi_x = \pi/2$，$\phi_y = \pi/4$，则电磁波是哪种极化？

（2）若 $e_x = 1$，$e_y = \phi_x = 0$，则电磁波为线极化波。证明该线极化波可以表示为一个右旋圆极化波和一个左旋圆极化波的叠加。

（3）若 $e_x = 1$，$\phi_x = \pi/4$，$\phi_y = -\pi/4$，$e_y = 1$，则电磁波为圆极化波。证明该圆极化波可以分解为两个线极化波。

1.9　电磁波的极化可以通过在几个固定时间拍摄一系列静止图片（称为空间视点）或在空间中的一个固定点（称为时间视点）进行观察。现在考虑从空间角度观察电磁波的极化。考虑空间频率 $k_0 = 100\mathrm{K}_0$ 并且沿 $\hat{z}$ 方向传播的电磁波

$$\boldsymbol{E}(\boldsymbol{r},t) = E_0\left[\hat{x}\cos(kz - \omega t) - \hat{y}\sin(kz - \omega t)\right]$$

求电磁波的波长和极化类型。从空间角度来看，通过在 $t = 0$ 时刻拍摄照片，电场矢量的尖端形成螺旋。螺旋是右旋还是左旋？这个螺旋的螺距是多少？在空间中的一个固定点上观察，证明当螺旋线不转动地前进时，电场的尖端描述了与时间视点相同的极化。

1.10　用麦克斯韦方程组证明当 $\boldsymbol{J} = \boldsymbol{0}$、$\rho = 0$ 时

$$\frac{\partial}{\partial t}(\boldsymbol{D} \times \boldsymbol{B}) + \nabla \cdot (W\boldsymbol{I} - \boldsymbol{D}\boldsymbol{E} - \boldsymbol{B}\boldsymbol{H}) = 0$$

式中，总储能密度 $W = (\boldsymbol{D} \cdot \boldsymbol{E} + \boldsymbol{B} \cdot \boldsymbol{H})/2$，$\boldsymbol{D} = \varepsilon_0\boldsymbol{E}$，$\boldsymbol{B} = \mu_0\boldsymbol{H}$。

1.11　对下列每个本构关系，说明给定的介质是否满足：①各向同性/各向异性/双向异性；②线性/非线性；③空间/时间色散；④均匀/非均匀。（此题中，i、j、k、l 表示矢量或张量中的对应分量元素的索引。）

（1）胆甾型液晶可以用螺旋结构建模，其本构关系为

$$\boldsymbol{D} = \begin{bmatrix} \varepsilon[1 + \Delta\cos(Kz)] & \varepsilon\Delta\sin(Kz) & 0 \\ \varepsilon\Delta\sin(Kz) & \varepsilon[1 - \Delta\cos(Kz)] & 0 \\ 0 & 0 & \varepsilon_z \end{bmatrix} \cdot \boldsymbol{E}$$

螺旋方向是沿着 $\hat{z}$ 方向的。

（2）鉴于石英晶体的光学特性，其本构关系在现象学上可以描述为

$$E_j = k_{ij}D_i + \frac{1}{\mu_0\varepsilon_0}G_{ij}\frac{\partial}{\partial t}B_i$$

$$H_j = \frac{1}{\mu_0} B_j - \frac{1}{\mu_0 \varepsilon_0} G_{ij} \frac{\partial}{\partial t} D_i$$

（3）当磁场 $\boldsymbol{B}_0$ 作用于载有电流的导体时，将会产生电场 $\boldsymbol{E}$，这一现象称为霍尔效应，由霍尔于 1879 年发现。假设导体以正比于 $R\sigma\boldsymbol{E}$ 的平均速度 $\boldsymbol{v}$ 运动，考虑霍尔效应的本构关系由下式给出

$$\boldsymbol{J} = \sigma(\boldsymbol{E} + R\sigma\boldsymbol{E} \times \boldsymbol{B}_0)$$

式中，σ 为电导率，R 为霍尔系数。对于铜而言，$\sigma \approx 6.7 \times 10^7$ S/m，$R \approx -5.5 \times 10^{-11}$ m^3/C。

（4）自然界中的旋光现象可以由以下本构关系进行解释

$$D_i = \varepsilon_{ij} E_j + \gamma_{ijk} \frac{\partial E_j}{\partial x_k}$$

式中，ε_{ij} 和 γ_{ijk} 是频率的函数，且 $\gamma_{ijk} = -\gamma_{jik}$。

（5）当对晶体加热时，可以观测到晶体中的热电现象。热电介质的本构关系为

$$\boldsymbol{D} = \boldsymbol{D}_0 + \bar{\bar{\boldsymbol{\varepsilon}}} \cdot \boldsymbol{E}$$

式中，自发项 $\boldsymbol{D}_0$ 即使在没有外场的情况下也存在。

（6）机械应力在晶体中引起偶极矩的现象称为压电。压电介质的特性由压电张量 $\gamma_{i,kl} = \gamma_{i,lk}$ 描述，有

$$D_i = D_{0i} + \varepsilon_{ik} E_k + \gamma_{i,kl} s_{kl}$$

式中，s_{kl} 是电场中的二阶应力张量。所有热电介质都是压电介质。

（7）各向同性介质在电场中会呈现克尔效应。在这种情况下，介电常数可以写为

$$\varepsilon_{ij} = \varepsilon \delta_{ij} + \sigma E_i E_j$$

式中，ε 是未受到干扰时的介电常数，ε_{ij} 的主轴与电场方向重合。

（8）在具有波克尔斯效应的光电介质中，本构关系可以写为

$$D_i = \varepsilon_{ij} E_j + \sigma_{ijk} E_j E_k$$

式中，$\sigma_{ijk} = \sigma_{jik}$ 是一个 i 和 j 对称的三阶张量，因此其有 18 个独立变量。

1.12 （1）为了令线性、均匀、各向同性的无源导电区域内存在电磁场，证明 $\boldsymbol{E}$ 必须满足下列方程

$$\nabla^2 \boldsymbol{E} - \mu\varepsilon \frac{\partial^2 \boldsymbol{E}}{\partial t^2} - \mu\sigma \frac{\partial \boldsymbol{E}}{\partial t} = 0$$

（2）为了令线性、均匀、各向同性的无源导电区域内存在电磁场，证明 $\boldsymbol{H}$ 必须满足下列方程

$$\nabla^2 \boldsymbol{H} - \mu\varepsilon \frac{\partial^2 \boldsymbol{H}}{\partial t^2} - \mu\sigma \frac{\partial \boldsymbol{H}}{\partial t} = 0$$

1.13 本构关系 $\boldsymbol{D} = \bar{\bar{\boldsymbol{\varepsilon}}} \cdot \boldsymbol{E}$ 可以用自由空间部分 $\varepsilon_0 \boldsymbol{E}$ 和极化矢量 $\boldsymbol{P}$ 表示

$$\boldsymbol{D} = \varepsilon_0 \boldsymbol{E} + \boldsymbol{P}$$

对感应偶极矩的情况，极化矢量 $\boldsymbol{P}$ 正比于单位体积中的极化能力 $N\alpha$，其中 N 为单位体积中的偶极子数量，α 为每个偶极子的极化能力

$$\boldsymbol{P} = N\alpha \boldsymbol{E}^{\mathrm{loc}}$$

式中，局域电场 $\boldsymbol{E}^{\mathrm{loc}}$ 是位于感应偶极子处的外加场和周围偶极子产生的场之和。在准静电场

近似条件下，可以证明局域电场为

$$\boldsymbol{E}^{\text{loc}} = \boldsymbol{E} + \frac{\boldsymbol{P}}{3\varepsilon_0}$$

试证明

$$\frac{\varepsilon}{\varepsilon_0} = \frac{1+(2N\alpha/3\varepsilon_0)}{1-(N\alpha/3\varepsilon_0)}$$

这就是著名的克劳修斯-莫索蒂公式或洛伦兹-洛伦茨公式。

1.14　与本构关系表达式 $\boldsymbol{D} = \bar{\bar{\boldsymbol{\varepsilon}}} \cdot \boldsymbol{E} = \varepsilon_0 \boldsymbol{E} + \boldsymbol{P}$ 相似，本构关系 $\boldsymbol{B} = \bar{\bar{\boldsymbol{\mu}}} \cdot \boldsymbol{H}$ 也可以用自由空间部分 $\mu_0 \boldsymbol{H}$ 和磁化矢量 $\boldsymbol{M}$ 表示

$$\boldsymbol{B} = \mu_0 \boldsymbol{H} + \mu_0 \boldsymbol{M}$$

注意，由于 $\boldsymbol{P}$ 和 $\boldsymbol{D}$ 具有相同的量纲，因此 $\boldsymbol{M}$ 和 $\boldsymbol{H}$ 也具有相同的量纲。对介质本身具有永久磁矩的情况，其极化矢量 $\boldsymbol{P}$ 和磁化矢量 $\boldsymbol{M}$ 由朗之万方程给出

$$L(x) = \coth x - \frac{1}{x}$$

对一个具有磁矩 Nm 的顺磁物质

$$M = NmL\left(\frac{mH}{kT}\right)$$

式中，$k = 1.38 \times 10^{-23}$ J/K 为玻耳兹曼常数，T 为用开尔文表示的热力学温度。证明在低场强的极限条件下，由于 $mH \ll kT$，介质是线性的。

1.15　应用斯托克斯定理推导 $\boldsymbol{E}$ 和 $\boldsymbol{H}$ 的边界条件，如题 1.15 图所示。

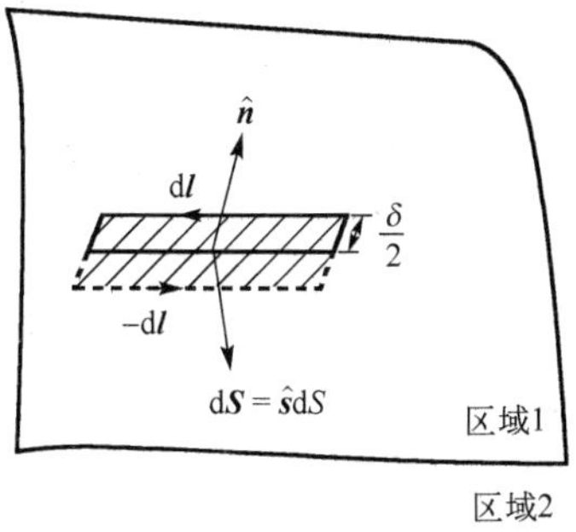

题 1.15 图

第 2 章　均匀介质中波的传播

结合本构关系，并利用微分形式的麦克斯韦方程组可以分析电磁波在均匀介质中的传播特性。对于大多数实际问题，由于涉及复杂的电磁波形式，因此求解麦克斯韦方程组十分困难。平面波作为一种最简单、最基本的电磁波形式，有利于分析并求解麦克斯韦方程组的解析解，同时实际存在的复杂电磁波均可以通过积分变换分解为多个平面波的叠加，因此平面波是研究电磁波传播特性的基础，有着重要的理论价值。本章将考虑一种最简单的情况，即平面波在均匀介质中的传播。

2.1　时　谐　场

2.1.1　时谐场的麦克斯韦方程组

当电磁波处于具有特定频率的稳定状态时，电流、电荷和电磁场以单一频率振荡，电磁场是时谐的。这种时谐的电磁波称为单色波（单频波）或连续波。以下三点原因说明了单色波的重要性：（1）单色波假设可以消去麦克斯韦方程组中的时间项，简化数学处理；（2）通过单色波问题的求解，可以获得频域中的响应特性，从而能够应用傅里叶变换研究电磁波在时域中的情况；（3）单色波表示法覆盖了电磁波的整个频谱。显然，全面理解单色波或时谐场特性对于电磁波现象的研究十分必要。

一般情况下，频率为 ω 的时谐场可以表示为

$$\boldsymbol{E}(\boldsymbol{r},t)=\mathrm{Re}\{\boldsymbol{E}(\boldsymbol{r})\mathrm{e}^{-\mathrm{i}\omega t}\} \tag{2.1.1}$$

式中，Re 表示复数的实部，$\boldsymbol{E}(\boldsymbol{r})$ 表示复数场矢量。需要注意的是，对于其他教材中约定 $\mathrm{e}^{\mathrm{j}\omega t}$ 作为时间项的情况，只需用 –i 替换 j 即可。本书采用 $\mathrm{e}^{-\mathrm{i}\omega t}$ 作为时间变化项对应复平面的上半平面，与一般物理文献的习惯一致。复数场矢量 $\boldsymbol{E}(\boldsymbol{r})$ 只是位置的函数而与时间无关。在本书中，将不会采用不同的符号区分时域的实变量[如 $\boldsymbol{E}(\boldsymbol{r},t)$]和频域的复变量[如 $\boldsymbol{E}(\boldsymbol{r})$]，符号的具体含义可以根据上下文理解。类似的定义也适用于 $\boldsymbol{B}$、$\boldsymbol{D}$、$\boldsymbol{H}$、$\boldsymbol{J}$ 和 ρ 等场量，有

$$\boldsymbol{B}(\boldsymbol{r},t)=\mathrm{Re}\{\boldsymbol{B}(\boldsymbol{r})\mathrm{e}^{-\mathrm{i}\omega t}\} \tag{2.1.2}$$

$$\boldsymbol{D}(\boldsymbol{r},t)=\mathrm{Re}\{\boldsymbol{D}(\boldsymbol{r})\mathrm{e}^{-\mathrm{i}\omega t}\} \tag{2.1.3}$$

$$\boldsymbol{H}(\boldsymbol{r},t)=\mathrm{Re}\{\boldsymbol{H}(\boldsymbol{r})\mathrm{e}^{-\mathrm{i}\omega t}\} \tag{2.1.4}$$

$$\boldsymbol{J}(\boldsymbol{r},t)=\mathrm{Re}\{\boldsymbol{J}(\boldsymbol{r})\mathrm{e}^{-\mathrm{i}\omega t}\} \tag{2.1.5}$$

$$\rho(\boldsymbol{r},t)=\mathrm{Re}\{\rho(\boldsymbol{r})\mathrm{e}^{-\mathrm{i}\omega t}\} \tag{2.1.6}$$

将 $\boldsymbol{E}(\boldsymbol{r},t)$ 和 $\boldsymbol{B}(\boldsymbol{r},t)$ 代入法拉第定律

$$\nabla \times \boldsymbol{E}(\boldsymbol{r},t) = -\frac{\partial}{\partial t}\boldsymbol{B}(\boldsymbol{r},t) \tag{2.1.7}$$

可以得到

$$\mathrm{Re}\left\{\left[\nabla \times \boldsymbol{E}(\boldsymbol{r}) - \mathrm{i}\omega\boldsymbol{B}(\boldsymbol{r})\right]\mathrm{e}^{-\mathrm{i}\omega t}\right\} = 0 \tag{2.1.8}$$

式（2.1.8）对任意时间 t 都成立。需要注意的是，当式（2.1.8）方括号中的复变量与时间变化项 $\mathrm{e}^{-\mathrm{i}\omega t}$ 所有取值的乘积的实部都是零时，方括号内的复变量必定等于零。时谐场的法拉第定律变为

$$\nabla \times \boldsymbol{E}(\boldsymbol{r}) - \mathrm{i}\omega\boldsymbol{B}(\boldsymbol{r}) = 0 \tag{2.1.9}$$

类似的结论也适用于其他麦克斯韦方程。如果省略位置变量 $\boldsymbol{r}$，麦克斯韦方程组可以写为以下形式

$$\nabla \times \boldsymbol{E} = \mathrm{i}\omega\boldsymbol{B} \tag{2.1.10}$$

$$\nabla \times \boldsymbol{H} = -\mathrm{i}\omega\boldsymbol{D} + \boldsymbol{J} \tag{2.1.11}$$

$$\nabla \cdot \boldsymbol{B} = 0 \tag{2.1.12}$$

$$\nabla \cdot \boldsymbol{D} = \rho \tag{2.1.13}$$

电流连续性方程变为

$$\nabla \cdot \boldsymbol{J} = \mathrm{i}\omega\rho \tag{2.1.14}$$

上述变换相当于将微分形式的麦克斯韦方程组中所有对时间的偏导 $\partial/\partial t$ 替换为 $-\mathrm{i}\omega$。对于积分形式的麦克斯韦方程组，使用同样的处理方式也可得到相应的复变量方程；而对于边界条件，因其不含对时间的偏导，所以形式保持不变。通过这些变换，在麦克斯韦方程组中将不再有时间项。此外，对于大多数实际应用中的电磁问题，频域的结果往往比时域的结果更有用，这些结果可从复矢量中直接得到。若要恢复真实时空相关的场矢量也很容易，只需如式（2.1.1）所示将复数场矢量 $\boldsymbol{E}(\boldsymbol{r})$ 乘以 $\mathrm{e}^{-\mathrm{i}\omega t}$ 并取实部即可。

2.1.2　复坡印廷定理

对时谐场来说，场矢量的瞬时值和复数场矢量之间满足式（2.1.1）所示的关系，但这一关系对于包含两个场矢量乘积的量（如功率和能量）是不适用的。为了进一步说明，可以根据方程（2.1.10）和方程（2.1.11），并利用矢量恒等式 $\boldsymbol{H}^* \cdot (\nabla \times \boldsymbol{E}) - \boldsymbol{E} \cdot (\nabla \times \boldsymbol{H}^*) = \nabla \cdot (\boldsymbol{E} \times \boldsymbol{H}^*)$ 得到复坡印廷定理

$$\nabla \cdot (\boldsymbol{E} \times \boldsymbol{H}^*) = \mathrm{i}\omega(\boldsymbol{H}^* \cdot \boldsymbol{B} - \boldsymbol{E} \cdot \boldsymbol{D}^*) - \boldsymbol{E} \cdot \boldsymbol{J}^* \tag{2.1.15}$$

复坡印廷矢量 $\boldsymbol{S}$ 定义为

$$\boldsymbol{S} = \boldsymbol{E} \times \boldsymbol{H}^* \tag{2.1.16}$$

需要指出，复坡印廷矢量 $\boldsymbol{S} = \boldsymbol{E} \times \boldsymbol{H}^*$ 的定义在数学上并不是唯一的。若给 $\boldsymbol{E} \times \boldsymbol{H}^*$ 加上任意旋度场 $\nabla \times \boldsymbol{A}$，则式（2.1.15）仍然成立。在物理意义上，式（2.1.16）定义的复坡印廷矢量指的是一个复功率密度矢量。

复坡印廷定理[式（2.1.15）]右侧最后一项 $\boldsymbol{E} \cdot \boldsymbol{J}^* = \boldsymbol{E} \cdot (\boldsymbol{J}_\mathrm{c}^* + \boldsymbol{J}_\mathrm{f}^*)$ 包括两部分，一部分取决

于欧姆电流 $\boldsymbol{J}_{\mathrm{c}}$，另一部分取决于自由电流 $\boldsymbol{J}_{\mathrm{f}}$。对式（2.1.15）重新排序，可以得到

$$-\boldsymbol{E}\cdot\boldsymbol{J}_{\mathrm{f}}^{*}=\nabla\cdot(\boldsymbol{E}\times\boldsymbol{H}^{*})+\boldsymbol{E}\cdot\boldsymbol{J}_{\mathrm{c}}^{*}+\mathrm{i}\omega(\boldsymbol{E}\cdot\boldsymbol{D}^{*}-\boldsymbol{B}\cdot\boldsymbol{H}^{*}) \tag{2.1.17}$$

考虑一个小的体积单元 V，式（2.1.17）的意义是：等号左侧 $-\boldsymbol{E}\cdot\boldsymbol{J}_{\mathrm{f}}^{*}$ 为 $\boldsymbol{J}_{\mathrm{f}}^{*}$ 提供给体积单元 V 的功率，等号右侧第一项 $\nabla\cdot(\boldsymbol{E}\times\boldsymbol{H}^{*})$ 为流出体积单元 V 的复坡印廷功率的散度，第二项 $\boldsymbol{E}\cdot\boldsymbol{J}_{\mathrm{c}}^{*}$ 为体积单元 V 中耗散的复功率，第三项 $\mathrm{i}\omega(\boldsymbol{E}\cdot\boldsymbol{D}^{*}-\boldsymbol{B}\cdot\boldsymbol{H}^{*})$ 为存储的电磁能量。

虽然场矢量的瞬时值可以直接从式（2.1.1）得到，但是复坡印廷矢量 $\boldsymbol{S}$ 涉及两个场矢量的乘积，其瞬时值并不能用同样的方法得到。为了更深入地了解这个问题，可以将复数场矢量 $\boldsymbol{E}(\boldsymbol{r})$ 和 $\boldsymbol{H}(\boldsymbol{r})$ 用实数场矢量表示，有

$$\boldsymbol{E}(\boldsymbol{r})=\boldsymbol{E}_{\mathrm{R}}(\boldsymbol{r})+\mathrm{i}\boldsymbol{E}_{\mathrm{I}}(\boldsymbol{r}) \tag{2.1.18}$$

$$\boldsymbol{H}(\boldsymbol{r})=\boldsymbol{H}_{\mathrm{R}}(\boldsymbol{r})+\mathrm{i}\boldsymbol{H}_{\mathrm{I}}(\boldsymbol{r}) \tag{2.1.19}$$

式中，$\boldsymbol{E}_{\mathrm{R}}$、$\boldsymbol{E}_{\mathrm{I}}$、$\boldsymbol{H}_{\mathrm{R}}$ 和 $\boldsymbol{H}_{\mathrm{I}}$ 都是实数场矢量，下标“R”和“I”分别表示复数场矢量的实部和虚部。场矢量的瞬时值为

$$\boldsymbol{E}(\boldsymbol{r},t)=\mathrm{Re}\{\boldsymbol{E}(\boldsymbol{r})\mathrm{e}^{-\mathrm{i}\omega t}\}=\boldsymbol{E}_{\mathrm{R}}\cos(\omega t)+\boldsymbol{E}_{\mathrm{I}}\sin(\omega t) \tag{2.1.20}$$

$$\boldsymbol{H}(\boldsymbol{r},t)=\mathrm{Re}\{\boldsymbol{H}(\boldsymbol{r})\mathrm{e}^{-\mathrm{i}\omega t}\}=\boldsymbol{H}_{\mathrm{R}}\cos(\omega t)+\boldsymbol{H}_{\mathrm{I}}\sin(\omega t) \tag{2.1.21}$$

复坡印廷矢量为

$$\boldsymbol{S}=\boldsymbol{E}\times\boldsymbol{H}^{*}=\boldsymbol{E}_{\mathrm{R}}\times\boldsymbol{H}_{\mathrm{R}}+\boldsymbol{E}_{\mathrm{I}}\times\boldsymbol{H}_{\mathrm{I}}+\mathrm{i}(\boldsymbol{E}_{\mathrm{I}}\times\boldsymbol{H}_{\mathrm{R}}-\boldsymbol{E}_{\mathrm{R}}\times\boldsymbol{H}_{\mathrm{I}}) \tag{2.1.22}$$

瞬时坡印廷矢量 $\boldsymbol{S}(\boldsymbol{r},t)$ 定义为

$$\boldsymbol{S}(\boldsymbol{r},t)=\boldsymbol{E}(\boldsymbol{r},t)\times\boldsymbol{H}(\boldsymbol{r},t) \tag{2.1.23}$$

根据式（2.1.20）和式（2.1.21），可以得到

$$\boldsymbol{S}(\boldsymbol{r},t)=\boldsymbol{E}_{\mathrm{R}}\times\boldsymbol{H}_{\mathrm{R}}\cos^{2}(\omega t)+\boldsymbol{E}_{\mathrm{I}}\times\boldsymbol{H}_{\mathrm{I}}\sin^{2}(\omega t)+\left(\boldsymbol{E}_{\mathrm{R}}\times\boldsymbol{H}_{\mathrm{I}}+\boldsymbol{E}_{\mathrm{I}}\times\boldsymbol{H}_{\mathrm{R}}\right)\sin(\omega t)\cos(\omega t) \tag{2.1.24}$$

显然，式（2.1.24）与式（2.1.22）没有直接关系。瞬时坡印廷矢量 $\boldsymbol{S}(\boldsymbol{r},t)$ 是一个与时间相关的实数矢量。为了建立复坡印廷矢量 $\boldsymbol{S}(\boldsymbol{r})$ 和瞬时坡印廷矢量 $\boldsymbol{S}(\boldsymbol{r},t)$ 之间的关系，可以通过求 $\boldsymbol{S}(\boldsymbol{r},t)$ 的时均值消去 $\boldsymbol{S}(\boldsymbol{r},t)$ 中的时间项得到，有

$$\begin{aligned}\left\langle\boldsymbol{S}(\boldsymbol{r},t)\right\rangle&=\frac{1}{2\pi}\int_{0}^{2\pi}\mathrm{d}(\omega t)\boldsymbol{S}(\boldsymbol{r},t)\\&=\frac{1}{2}(\boldsymbol{E}_{\mathrm{R}}\times\boldsymbol{H}_{\mathrm{R}}+\boldsymbol{E}_{\mathrm{I}}\times\boldsymbol{H}_{\mathrm{I}})\\&=\frac{1}{2}\mathrm{Re}\{\boldsymbol{S}(\boldsymbol{r})\}\end{aligned} \tag{2.1.25}$$

式中，第一个等式定义了 $\boldsymbol{S}(\boldsymbol{r},t)$ 的时均值，第二个等式由式（2.1.24）推导得到，第三个等式由式（2.1.22）推导得到。根据上述结果，当复坡印廷矢量 $\boldsymbol{S}=\boldsymbol{E}\times\boldsymbol{H}^{*}$ 已知时，取其实部的一半就可以得到瞬时坡印廷矢量 $\boldsymbol{S}(\boldsymbol{r},t)=\boldsymbol{E}(\boldsymbol{r},t)\times\boldsymbol{H}(\boldsymbol{r},t)$ 的时均值

$$\left\langle\boldsymbol{E}(\boldsymbol{r},t)\times\boldsymbol{H}(\boldsymbol{r},t)\right\rangle=\frac{1}{2}\mathrm{Re}\{\boldsymbol{E}\times\boldsymbol{H}^{*}\} \tag{2.1.26}$$

以上结论可以推广到任意两个场矢量的乘积。

2.1.3　时谐场中的介质

1. 导电介质

在时谐场条件下，描述介质的本构参数通常是复变量。考虑满足欧姆定律 $\boldsymbol{J}_{\rm c}=\sigma\boldsymbol{E}$ 的导电介质，根据麦克斯韦方程

$$\nabla\times\boldsymbol{H}=-{\rm i}\omega\boldsymbol{D}+\boldsymbol{J}_{\rm c}+\boldsymbol{J}_{\rm f} \tag{2.1.27}$$

式中，$\boldsymbol{J}_{\rm f}$ 表示源，可以通过本构关系 $\boldsymbol{D}=\varepsilon\boldsymbol{E}$ 将 $\boldsymbol{J}_{\rm c}$ 并入 $\boldsymbol{D}$ 中，有

$$\nabla\times\boldsymbol{H}=-{\rm i}\omega\left(\varepsilon+{\rm i}\frac{\sigma}{\omega}\right)\boldsymbol{E}+\boldsymbol{J}_{\rm f} \tag{2.1.28}$$

根据式（2.1.28），可以定义一个新的复介电常数

$$\varepsilon_{\rm c}=\varepsilon+{\rm i}\frac{\sigma}{\omega} \tag{2.1.29}$$

用于描述介质的导电性。当 ε 和 σ 均为实数时，σ/ω 构成复介电常数 $\varepsilon_{\rm c}$ 的虚部。

在无源区域，$\boldsymbol{J}_{\rm f}=\boldsymbol{0}$，$\rho=0$，导电介质的麦克斯韦方程组可以简化为

$$\nabla\times\boldsymbol{H}=-{\rm i}\omega\varepsilon_{\rm c}\boldsymbol{E} \tag{2.1.30}$$

$$\nabla\times\boldsymbol{E}={\rm i}\omega\mu\boldsymbol{H} \tag{2.1.31}$$

$$\nabla\cdot\boldsymbol{H}=0 \tag{2.1.32}$$

$$\nabla\cdot\boldsymbol{E}=0 \tag{2.1.33}$$

电场 $\boldsymbol{E}$ 的波动方程为

$$(\nabla^2+\omega^2\mu\varepsilon_{\rm c})\boldsymbol{E}=0 \tag{2.1.34}$$

根据式（2.1.29），波动方程的解 $\boldsymbol{E}=\hat{\boldsymbol{x}}E_x=\hat{\boldsymbol{x}}E_0{\rm e}^{{\rm i}kz}$ 的色散关系满足

$$k^2=\omega^2\mu\varepsilon_{\rm c}=\omega^2\mu\left(\varepsilon+{\rm i}\frac{\sigma}{\omega}\right) \tag{2.1.35}$$

此时，空间频率 k 变为复数，有

$$k=\omega\sqrt{\mu\varepsilon}\left(1+{\rm i}\frac{\sigma}{\omega\varepsilon}\right)^{1/2}=k_{\rm R}+{\rm i}k_{\rm I} \tag{2.1.36}$$

因此，在 $\hat{\boldsymbol{z}}$ 方向上传播的波的解变为

$$\boldsymbol{E}=\hat{\boldsymbol{x}}E_0{\rm e}^{{\rm i}kz}=\hat{\boldsymbol{x}}E_0{\rm e}^{-k_{\rm I}z+{\rm i}k_{\rm R}z} \tag{2.1.37}$$

从式（2.1.37）可以看出，电磁波将在传播方向上呈指数衰减。

根据麦克斯韦方程组，可以得到导电介质中电磁场的解

$$\begin{cases}\boldsymbol{E}=\hat{\boldsymbol{x}}E_0{\rm e}^{-k_{\rm I}z+{\rm i}k_{\rm R}z}\\ \boldsymbol{H}=\hat{\boldsymbol{y}}\dfrac{k_{\rm R}+{\rm i}k_{\rm I}}{\omega\mu}E_0{\rm e}^{-k_{\rm I}z+{\rm i}k_{\rm R}z}\\ \boldsymbol{S}=\hat{\boldsymbol{z}}\dfrac{k_{\rm R}-{\rm i}k_{\rm I}}{\omega\mu}|E_0|^2\,{\rm e}^{-2k_{\rm I}z}\\ \langle\boldsymbol{S}\rangle=\hat{\boldsymbol{z}}\dfrac{k_{\rm R}}{2\omega\mu}|E_0|^2\,{\rm e}^{-2k_{\rm I}z}\end{cases} \tag{2.1.38}$$

在时域中，电场可以表示为

$$\begin{aligned}\boldsymbol{E}(z,t)&=\hat{\boldsymbol{x}}E_x(z,t)=\mathrm{Re}(\hat{\boldsymbol{x}}E_0\mathrm{e}^{-k_\mathrm{I}z+\mathrm{i}k_\mathrm{R}z}\mathrm{e}^{-\mathrm{i}\omega t})\\&=\hat{\boldsymbol{x}}E_0\mathrm{e}^{-k_\mathrm{I}z}\cos(k_\mathrm{R}z-\omega t)\end{aligned} \tag{2.1.39}$$

显然，电磁波沿 $\hat{z}$ 方向传播，并随距离的增大而衰减。图 2.1.1 绘制了 $E_x(z,t)$ 随空间的变化曲线。

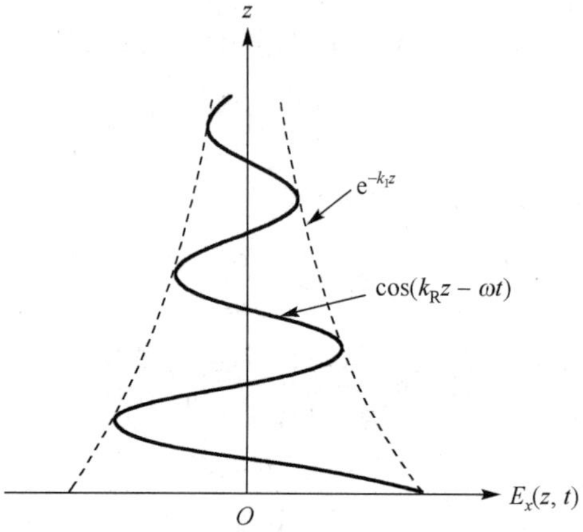

图 2.1.1　$t=0$ 时，导电介质中的波

从上述分析中，可以定义穿透深度

$$d_\mathrm{p}=\frac{1}{k_\mathrm{I}} \tag{2.1.40}$$

表示电磁波对导电介质穿透能力的量度。当电磁波在导电介质内部传播距离 d_p 时，电磁波的幅度将衰减到最初幅度的 $1/\mathrm{e}$（约为 37%）。现在考虑两种极限情况：$\sigma/\omega\varepsilon\gg1$ 和 $\sigma/\omega\varepsilon\ll1$。对于 $\sigma/\omega\varepsilon\gg1$ 的导电介质，式（2.1.36）近似为

$$k=k_\mathrm{R}+\mathrm{i}k_\mathrm{I}\approx\omega\sqrt{\mu\varepsilon}\left(\mathrm{i}\frac{\sigma}{\omega\varepsilon}\right)^{1/2}=\sqrt{\frac{\omega\mu\sigma}{2}}(1+\mathrm{i}) \tag{2.1.41}$$

穿透深度为

$$d_\mathrm{p}=\sqrt{\frac{2}{\omega\mu\sigma}}=\delta \tag{2.1.42}$$

这通常是一个极小的数值，也可以称为趋肤深度。

对于 $\sigma/\omega\varepsilon\ll1$ 的导电介质，式（2.1.36）近似为

$$k=k_\mathrm{R}+\mathrm{i}k_\mathrm{I}\approx\omega\sqrt{\mu\varepsilon}\left(1+\mathrm{i}\frac{\sigma}{2\omega\varepsilon}\right)=\omega\sqrt{\mu\varepsilon}+\mathrm{i}\frac{\sigma}{2}\sqrt{\frac{\mu}{\varepsilon}} \tag{2.1.43}$$

穿透深度为

$$d_\mathrm{p}=\frac{2}{\sigma}\sqrt{\frac{\varepsilon}{\mu}} \tag{2.1.44}$$

需要注意的是，式（2.1.44）表示的穿透深度与频率 ω 无关。

根据恒等式 $\sqrt{1+\mathrm{i}A}=\sqrt{\frac{1}{2}\left(\sqrt{1+A^2}+1\right)}+\mathrm{i}\sqrt{\frac{1}{2}\left(\sqrt{1+A^2}-1\right)}$，可以得到式（2.1.36）中 k_R 和 k_I 的通解

$$k_\mathrm{R}=\omega\sqrt{\mu\varepsilon}\left[\frac{1}{2}\left(\sqrt{1+\frac{\sigma^2}{\varepsilon^2\omega^2}}+1\right)\right]^{1/2} \tag{2.1.45}$$

$$k_\mathrm{I}=\omega\sqrt{\mu\varepsilon}\left[\frac{1}{2}\left(\sqrt{1+\frac{\sigma^2}{\varepsilon^2\omega^2}}-1\right)\right]^{1/2} \tag{2.1.46}$$

对于 $\sigma/\omega\varepsilon\gg1$ 的导电介质，以上两式简化为式（2.1.41）；而对于 $\sigma/\omega\varepsilon\ll1$ 的导电介质，则可以简化为式（2.1.43）。

2. 等离子体

等离子体是部分或完全电离的气体，由大量自由电子和正离子及中性原子、分子组成，所含正、负电荷数处处相等，宏观上近似电中性。电离后的正离子和自由电子的密度相等，但由于离子的质量比电子大得多，因此可以假设只需要考虑自由电子和电磁波之间的相互作用。令等离子体的电子密度为 N，电子质量为 9.1×10^{-31}kg，电子电荷为 $q=-1.6\times10^{-19}\mathrm{C}$，那么等离子体的本构关系可以通过计算极化矢量 $\boldsymbol{P}=Nq\boldsymbol{r}$ 推导得到。

在外加电磁场的作用下，电子受到洛伦兹力 $\boldsymbol{f}=q(\boldsymbol{E}+\boldsymbol{v}\times\boldsymbol{B})$ 的作用。对于 $v/c\ll1$ 的情况，第二项可以忽略不计，这是因为对于自由空间中的平面波，虽然 $\boldsymbol{v}\times\boldsymbol{B}$ 和 $\boldsymbol{E}$ 方向不同，但是仍有 $|\boldsymbol{B}|=|\boldsymbol{E}|/c$，$|\boldsymbol{v}\times\boldsymbol{B}|\approx(v/c)|\boldsymbol{E}|\ll|\boldsymbol{E}|$。根据牛顿第二定律，可以得到

$$q\boldsymbol{E}\approx\boldsymbol{f}=\frac{\mathrm{d}}{\mathrm{d}t}(m\boldsymbol{v})=m\frac{\mathrm{d}^2}{\mathrm{d}t^2}\boldsymbol{r}=-m\omega^2\boldsymbol{r} \tag{2.1.47}$$

极化矢量为

$$\boldsymbol{P}=Nq\boldsymbol{r}=-\frac{Nq^2}{m\omega^2}\boldsymbol{E} \tag{2.1.48}$$

根据无源麦克斯韦方程

$$\nabla\times\boldsymbol{H}=-\mathrm{i}\omega\boldsymbol{D}=-\mathrm{i}\omega(\varepsilon_0\boldsymbol{E}+\boldsymbol{P})=-\mathrm{i}\omega\varepsilon_0\left(1-\frac{Nq^2}{m\varepsilon_0\omega^2}\right)\boldsymbol{E} \tag{2.1.49}$$

可以得到等离子体的介电常数

$$\varepsilon_\mathrm{p}(\omega)=\varepsilon_0\left(1-\frac{\omega_\mathrm{p}^2}{\omega^2}\right) \tag{2.1.50}$$

式中，ω_p 表示等离子体频率，有

$$\omega_\mathrm{p}=\sqrt{\frac{Nq^2}{m\varepsilon_0}}\approx56.4\sqrt{N} \tag{2.1.51}$$

式（2.1.50）表明介电常数 ε_{p} 是频率的函数，并且 ε_{p} 总小于 ε_0。

等离子体中的电场 $\boldsymbol{E}$ 满足波动方程

$$(\nabla^2+\omega^2\mu\varepsilon_{\mathrm{p}})\boldsymbol{E}=0 \tag{2.1.52}$$

色散关系为

$$k^2=\omega^2\mu_0\varepsilon_0\left(1-\frac{\omega_{\mathrm{p}}^2}{\omega^2}\right) \tag{2.1.53}$$

对于 $\omega>\omega_{\mathrm{p}}$ 的情况，在 $\hat{\boldsymbol{z}}$ 方向上传播的平面波的解为

$$\begin{cases} k=\dfrac{\omega}{c}\sqrt{1-\dfrac{\omega_{\mathrm{p}}^2}{\omega^2}} \\ \boldsymbol{E}=\hat{\boldsymbol{x}}E_0\mathrm{e}^{\mathrm{i}kz} \\ \boldsymbol{H}=\hat{\boldsymbol{y}}\dfrac{k}{\omega\mu}E_0\mathrm{e}^{\mathrm{i}kz} \\ \boldsymbol{S}=\hat{\boldsymbol{z}}\dfrac{k}{\omega\mu}|E_0|^2 \\ \langle\boldsymbol{S}\rangle=\hat{\boldsymbol{z}}\dfrac{k}{2\omega\mu}|E_0|^2 \end{cases} \tag{2.1.54}$$

对于 $\omega<\omega_{\mathrm{p}}$ 的情况，k 为虚数，式（2.1.54）变为

$$\begin{cases} k=\mathrm{i}k_{\mathrm{I}}=\mathrm{i}\dfrac{\omega}{c}\sqrt{\dfrac{\omega_{\mathrm{p}}^2}{\omega^2}-1} \\ \boldsymbol{E}=\hat{\boldsymbol{x}}E_0\mathrm{e}^{-k_{\mathrm{I}}z} \\ \boldsymbol{H}=\hat{\boldsymbol{y}}\dfrac{\mathrm{i}k_{\mathrm{I}}}{\omega\mu}E_0\mathrm{e}^{-k_{\mathrm{I}}z} \\ \boldsymbol{S}=\hat{\boldsymbol{z}}\dfrac{-\mathrm{i}k_{\mathrm{I}}}{\omega\mu}|E_0|^2\,\mathrm{e}^{-2k_{\mathrm{I}}z} \\ \langle\boldsymbol{S}\rangle=0 \end{cases} \tag{2.1.55}$$

从式（2.1.55）可以发现，坡印廷矢量的时均值为零，这个结果意义重大。需要强调的是，在 $\hat{\boldsymbol{z}}$ 方向上呈指数衰减并且不传输时均功率的波称为倏逝波。

3. 色散介质

色散是大多数介质在电磁场的作用下，本构参数随着频率或波长的变化而变化的现象。举例来说，当频率从近似零的频段增大到光学频段时，水的介电常数将从 $80\,\varepsilon_0$ 降低至约 $1.8\,\varepsilon_0$。造成介电常数发生这种变化的原因是，具有永久偶极矩的水分子在缓慢变化的场中的重新排列比光频段显著。同样地，可以认为导电介质和等离子体都是色散介质，因为它们的介电常数是频率的函数。

在电场作用下，电子的运动方程为

$$q\boldsymbol{E}=m\left(\frac{\mathrm{d}^2\boldsymbol{r}}{\mathrm{d}t^2}+\gamma\frac{\mathrm{d}\boldsymbol{r}}{\mathrm{d}t}+\omega_0^2\boldsymbol{r}\right) \tag{2.1.56}$$

式中，γ 是阻尼常数，小于束缚频率或谐振频率 ω_0。极化矢量为

$$\boldsymbol{P}=Nq\boldsymbol{r}=-\frac{Nq^2/m}{\omega^2-\omega_0^2+\mathrm{i}\omega\gamma}\boldsymbol{E} \tag{2.1.57}$$

根据无源麦克斯韦方程

$$\nabla\times\boldsymbol{H}=-\mathrm{i}\omega(\varepsilon_0\boldsymbol{E}+\boldsymbol{P})=-\mathrm{i}\omega\varepsilon_{\mathrm{d}}(\omega)\boldsymbol{E} \tag{2.1.58}$$

可以得到介电常数的表达式

$$\varepsilon_{\mathrm{d}}(\omega)=\varepsilon_0\left(1-\frac{\omega_{\mathrm{p}}^2}{\omega^2-\omega_0^2+\mathrm{i}\omega\gamma}\right) \tag{2.1.59}$$

式中，$\omega_{\mathrm{p}}^2=Nq^2/m\varepsilon_0$。在高频极限条件 $\omega\gg\omega_0$ 下，介电常数近似为式（2.1.50）。

对于导体，$\omega_0=0$，有

$$\varepsilon_{\mathrm{d}}(\omega)=\varepsilon_0\left(1-\frac{\omega_{\mathrm{p}}^2}{\omega^2+\mathrm{i}\omega\gamma}\right) \tag{2.1.60}$$

令 $\varepsilon_{\mathrm{p}}=\varepsilon_0(1+\mathrm{i}\sigma/\omega)$，在低频极限条件 $\omega\to 0$ 下，有

$$\sigma=\varepsilon_0\frac{\omega_{\mathrm{p}}^2}{\gamma-\mathrm{i}\omega}\approx\varepsilon_0\frac{\omega_{\mathrm{p}}^2}{\gamma}=\frac{Nq^2}{m\gamma} \tag{2.1.61}$$

以铜为例，$\sigma\approx 7\times10^7$ S/m，$N=8\times10^{28}\ \mathrm{m}^{-3}$，可以得到 $\gamma\approx 3.2\times10^{13}$ Hz。若考虑绝缘体，$\omega_0\neq 0$，在低频条件下极化矢量为 $\boldsymbol{P}=\varepsilon_0\omega_{\mathrm{p}}^2\boldsymbol{E}/\omega_0^2=Nq^2\boldsymbol{E}/m\omega_0^2$。

根据式（2.1.59），可以得到

$$\begin{aligned}\varepsilon_{\mathrm{d}}(\omega)&=\varepsilon_{\mathrm{R}}+\mathrm{i}\varepsilon_{\mathrm{I}}\\&=\varepsilon_0\left[1-\frac{(\omega^2-\omega_0^2)\omega_{\mathrm{p}}^2}{(\omega^2-\omega_0^2)^2+(\omega\gamma)^2}\right]+\mathrm{i}\frac{\omega\gamma\omega_{\mathrm{p}}^2}{(\omega^2-\omega_0^2)^2+(\omega\gamma)^2}\end{aligned} \tag{2.1.62}$$

图 2.1.2 绘制了介电常数的实部和虚部随时间频率 ω 的变化曲线。在一定频率范围内，若 ε_{R} 随频率的增大而增大，则称为正常色散；若 ε_{R} 随频率的增大而减小，则称为反常色散。反常色散发生在谐振频率（$\omega=\omega_0$）附近，此时 $\varepsilon_{\mathrm{I}}=\mathrm{Im}\{\varepsilon_{\mathrm{d}}(\omega)\}$ 较大，将引起较强的能量耗散，即谐振吸收。

若 $\varepsilon_{\mathrm{R}}\leqslant 0$，则可以根据式（2.1.62）得到

$$(\omega^2-\omega_0^2)^2-(\omega^2-\omega_0^2)(\omega_{\mathrm{p}}^2-\gamma^2)+\omega^2\gamma^2\leqslant 0 \tag{2.1.63}$$

对于 $\gamma=0$ 的情况，当 $\omega_0^2\leqslant\omega^2\leqslant\omega_0^2+\omega_{\mathrm{p}}^2$ 时，ε_{R} 为负数。

4．相速和群速

在色散介质中，空间频率 k 是时间频率 ω 的非线性函数。等离子体作为一种色散介质，其色散关系可以表示为

$$k(\omega)=\frac{\omega}{c}\sqrt{1-\frac{\omega_{\mathrm{p}}^2}{\omega^2}},\quad \omega>\omega_{\mathrm{p}} \tag{2.1.64}$$

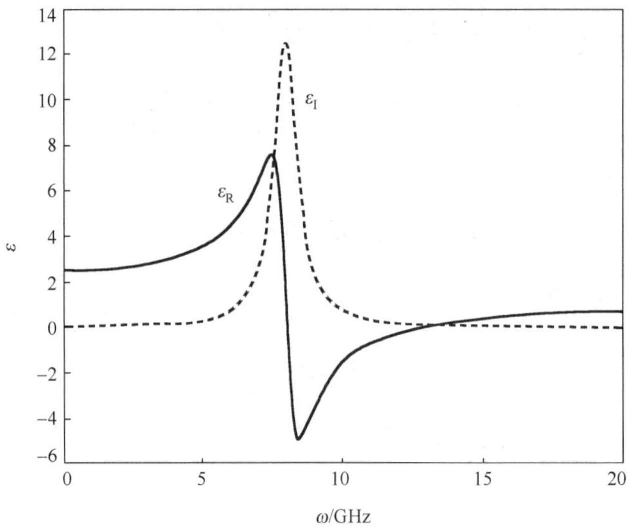

图 2.1.2 介电常数的实部和虚部随时间频率 ω 的变化曲线，其中 $\omega_p = 10^{10}\text{rad/s}$ ，$\omega_0 = 8\times10^9\text{rad/s}$ ，$\gamma = 10^9\text{Hz}$

在色散介质中，考虑频率存在微小差别的两个电磁波，$\omega_1 = \omega + \Delta\omega$ ，$\omega_2 = \omega - \Delta\omega$ ，相应的空间频率分别为 $k_1 = k + \Delta k$ ，$k_2 = k - \Delta k$ 。两个电磁波叠加的电场可以写为

$$\begin{aligned}E_x(z,t) &= \cos(k_1 z - \omega_1 t) + \cos(k_2 z - \omega_2 t) \\ &= 2\cos\left(\frac{k_1 + k_2}{2}z - \frac{\omega_1 + \omega_2}{2}t\right)\cos(\Delta kz - \Delta\omega t) \\ &= 2\cos(kz - \omega t)\cos(\Delta kz - \Delta\omega t)\end{aligned} \tag{2.1.65}$$

图 2.1.3 绘制了某一时刻电场沿传播方向的波形。它是两个余弦信号 $\cos(kz - \omega t)$ 和 $\cos(\Delta kz - \Delta\omega t)$ 的乘积。第一个余弦信号 $\cos(kz - \omega t)$ 以相速 $v_p = \omega/k$ 传播，而第二个余弦信号表现为叠加信号的包络线，以其他速度传播，这个速度称为群速。沿电磁波传播方向，群速为

$$v_g = \frac{\Delta\omega}{\Delta k} \tag{2.1.66}$$

通常，k 为 ω 的函数，因此群速可以写为

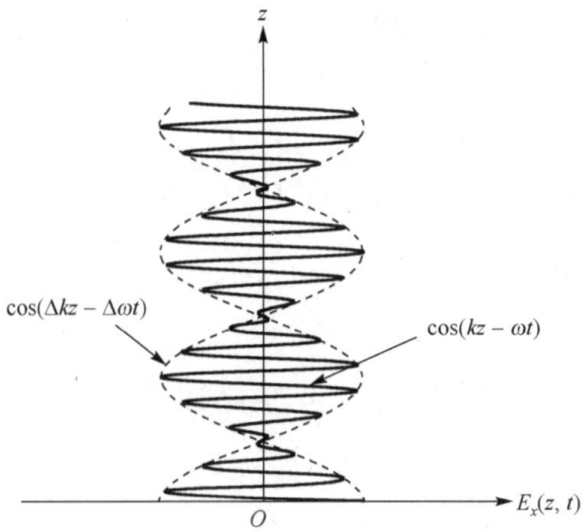

图 2.1.3 $t = 0$ 时，色散介质中的波

$$v_g = \frac{\Delta\omega}{\Delta k} = \left(\frac{\Delta k}{\Delta\omega}\right)^{-1} = \left(\frac{\partial k}{\partial\omega}\right)^{-1} \tag{2.1.67}$$

在色散介质中，相速将随频率变化，有

$$\frac{\partial k}{\partial\omega} = \frac{\partial}{\partial\omega}\left(\frac{\omega}{v_p}\right) = \frac{1}{v_p} - \frac{\omega}{v_p^2}\frac{\partial v_p}{\partial\omega} \tag{2.1.68}$$

因此，群速和相速之间的关系为

$$v_g = \frac{v_p}{1 - \dfrac{\omega}{v_p}\dfrac{\partial v_p}{\partial\omega}} \tag{2.1.69}$$

5. 色散介质中的电磁功率

根据麦克斯韦方程组推导的时域坡印廷定理[式（1.2.26）]，可以得到

$$\nabla\cdot(\boldsymbol{E}\times\boldsymbol{H}) = -\boldsymbol{H}\cdot\frac{\partial\boldsymbol{B}}{\partial t} - \boldsymbol{E}\cdot\frac{\partial\boldsymbol{D}}{\partial t} - \boldsymbol{E}\cdot\boldsymbol{J} = -\frac{\partial}{\partial t}W - \boldsymbol{E}\cdot\boldsymbol{J} \tag{2.1.70}$$

式中，$-\boldsymbol{H}\cdot\dfrac{\partial\boldsymbol{B}}{\partial t}$ 和 $-\boldsymbol{E}\cdot\dfrac{\partial\boldsymbol{D}}{\partial t}$ 分别对应于磁能和电能随时间的变化。

对于色散介质，考虑无损情况，并假设复数场矢量 $\boldsymbol{E}$ 和 $\boldsymbol{D}$ 是时间的函数。若带宽较窄，则有

$$\boldsymbol{E}(\boldsymbol{r},t) = \mathrm{Re}\{\boldsymbol{E}(t)\mathrm{e}^{-\mathrm{i}\omega t}\} = \mathrm{Re}\{\boldsymbol{E}_0\mathrm{e}^{-\mathrm{i}\omega t} + \boldsymbol{E}_\alpha\mathrm{e}^{-\mathrm{i}(\omega-\alpha)t}\} \tag{2.1.71}$$

$$\boldsymbol{D}(\boldsymbol{r},t) = \mathrm{Re}\{\varepsilon(\omega)\boldsymbol{E}_0\mathrm{e}^{-\mathrm{i}\omega t} + \varepsilon(\omega-\alpha)\boldsymbol{E}_\alpha\mathrm{e}^{-\mathrm{i}(\omega-\alpha)t}\} \tag{2.1.72}$$

式中，$\boldsymbol{E}(t) = \boldsymbol{E}_0 + \boldsymbol{E}_\alpha\mathrm{e}^{\mathrm{i}\alpha t}$，$\mathrm{d}\boldsymbol{E}(t)/\mathrm{d}t = \mathrm{i}\alpha\boldsymbol{E}_\alpha\mathrm{e}^{\mathrm{i}\alpha t}$，可以得到

$$\begin{aligned}
\frac{\partial\boldsymbol{D}(\boldsymbol{r},t)}{\partial t} &= \mathrm{Re}\left\{-\mathrm{i}\omega\varepsilon(\omega)\boldsymbol{E}_0\mathrm{e}^{-\mathrm{i}\omega t} - \mathrm{i}(\omega-\alpha)\varepsilon(\omega-\alpha)\boldsymbol{E}_\alpha\mathrm{e}^{-\mathrm{i}(\omega-\alpha)t}\right\} \\
&\approx \mathrm{Re}\left\{-\mathrm{i}\omega\varepsilon(\omega)\boldsymbol{E}_0\mathrm{e}^{-\mathrm{i}\omega t} - \mathrm{i}(\omega-\alpha)\left[\varepsilon(\omega) - \alpha\frac{\mathrm{d}}{\mathrm{d}\omega}\varepsilon(\omega)\right]\boldsymbol{E}_\alpha\mathrm{e}^{-\mathrm{i}(\omega-\alpha)t}\right\} \\
&\approx \mathrm{Re}\left\{-\mathrm{i}\omega\varepsilon(\omega)\boldsymbol{E}(t)\mathrm{e}^{-\mathrm{i}\omega t} + \mathrm{i}\alpha\left[\varepsilon(\omega) + \omega\frac{\mathrm{d}}{\mathrm{d}\omega}\varepsilon(\omega)\right]\boldsymbol{E}_\alpha\mathrm{e}^{-\mathrm{i}(\omega-\alpha)t}\right\} \\
&= \mathrm{Re}\left\{-\mathrm{i}\omega\varepsilon(\omega)\boldsymbol{E}(t)\mathrm{e}^{-\mathrm{i}\omega t} + \frac{\mathrm{d}}{\mathrm{d}t}\left[\frac{\mathrm{d}}{\mathrm{d}\omega}[\omega\varepsilon(\omega)]\boldsymbol{E}(t)\right]\mathrm{e}^{-\mathrm{i}\omega t}\right\}
\end{aligned} \tag{2.1.73}$$

$\boldsymbol{E}(\boldsymbol{r},t)\cdot\dfrac{\partial\boldsymbol{D}(\boldsymbol{r},t)}{\partial t}$ 的时均值可以写为

$$\begin{aligned}
\left\langle\boldsymbol{E}(\boldsymbol{r},t)\cdot\frac{\partial\boldsymbol{D}(\boldsymbol{r},t)}{\partial t}\right\rangle &= \frac{1}{4}\left\{\boldsymbol{E}^*(t)\cdot\left[-\mathrm{i}\omega\varepsilon(\omega)\boldsymbol{E}(t) + \frac{\mathrm{d}}{\mathrm{d}t}\left\{\frac{\mathrm{d}}{\mathrm{d}\omega}[\omega\varepsilon(\omega)]\boldsymbol{E}(t)\right\}\right]+\right. \\
&\quad \left.\boldsymbol{E}(t)\cdot\left[\mathrm{i}\omega\varepsilon(\omega)\boldsymbol{E}^*(t) + \frac{\mathrm{d}}{\mathrm{d}t}\left\{\frac{\mathrm{d}}{\mathrm{d}\omega}[\omega\varepsilon(\omega)]\boldsymbol{E}^*(t)\right\}\right]\right\} \\
&= \frac{1}{4}\frac{\mathrm{d}}{\mathrm{d}t}\left\{\frac{\mathrm{d}}{\mathrm{d}\omega}[\omega\varepsilon(\omega)]|\boldsymbol{E}(t)|^2\right\} = \langle W_E\rangle
\end{aligned} \tag{2.1.74}$$

式（2.1.74）表示电能的时均值。类似地，可以得到 $\boldsymbol{H}(\boldsymbol{r},t)\cdot\partial\boldsymbol{B}(\boldsymbol{r},t)/\partial t$ 的时均值

$$\begin{aligned}\left\langle \boldsymbol{H}(\boldsymbol{r},t)\cdot\frac{\partial\boldsymbol{B}(\boldsymbol{r},t)}{\partial t}\right\rangle &= \frac{1}{4}\left\{\boldsymbol{H}^*(t)\cdot\left[-\mathrm{i}\omega\mu(\omega)\boldsymbol{H}(t)+\frac{\mathrm{d}}{\mathrm{d}t}\left\{\frac{\mathrm{d}}{\mathrm{d}\omega}[\omega\mu(\omega)]\boldsymbol{H}(t)\right\}\right]+\right.\\ &\left.\boldsymbol{H}(t)\cdot\left[\mathrm{i}\omega\mu(\omega)\boldsymbol{H}^*(t)+\frac{\mathrm{d}}{\mathrm{d}t}\left\{\frac{\mathrm{d}}{\mathrm{d}\omega}[\omega\mu(\omega)]\boldsymbol{H}^*(t)\right\}\right]\right\} \\ &= \frac{1}{4}\frac{\mathrm{d}}{\mathrm{d}t}\left\{\frac{\mathrm{d}}{\mathrm{d}\omega}[\omega\mu(\omega)]\left|\boldsymbol{H}(t)\right|^2\right\} = \langle W_{\mathrm{M}}\rangle\end{aligned} \tag{2.1.75}$$

总的电能和磁能的时均值可以表示为

$$\begin{aligned}\langle W_{\mathrm{T}}\rangle &= \langle W_{\mathrm{E}}\rangle + \langle W_{\mathrm{M}}\rangle \\ &= \frac{1}{4}\frac{\mathrm{d}}{\mathrm{d}t}\left\{\frac{\mathrm{d}}{\mathrm{d}\omega}[\omega\varepsilon(\omega)]\right\}\left|\boldsymbol{E}(t)\right|^2 + \frac{1}{4}\frac{\mathrm{d}}{\mathrm{d}t}\left\{\frac{\mathrm{d}}{\mathrm{d}\omega}[\omega\mu(\omega)]\right\}\left|\boldsymbol{H}(t)\right|^2\end{aligned} \tag{2.1.76}$$

2.1.4 介质中的条件和关系

1. 无损介质的对称条件

考虑介质中的无源区域，$\boldsymbol{J}=\boldsymbol{0}$，根据复坡印廷定理[式（2.1.15）]，坡印廷矢量散度的时均值为

$$\langle\nabla\cdot\boldsymbol{S}\rangle = \frac{1}{2}\mathrm{Re}\{\mathrm{i}\omega(\boldsymbol{H}^*\cdot\boldsymbol{B}-\boldsymbol{E}\cdot\boldsymbol{D}^*)\} \tag{2.1.77}$$

若

$$\langle\nabla\cdot\boldsymbol{S}\rangle = 0 \tag{2.1.78}$$

则为无损介质；若 $\langle\nabla\cdot\boldsymbol{S}\rangle<0$，则为损耗介质；若 $\langle\nabla\cdot\boldsymbol{S}\rangle>0$，则为增益介质。

介质的本构关系可以用最具一般性的双各向异性形式表示

$$\boldsymbol{D} = \overline{\overline{\boldsymbol{\varepsilon}}}\cdot\boldsymbol{E} + \overline{\overline{\boldsymbol{\xi}}}\cdot\boldsymbol{H} \tag{2.1.79}$$

$$\boldsymbol{B} = \overline{\overline{\boldsymbol{\zeta}}}\cdot\boldsymbol{E} + \overline{\overline{\boldsymbol{\mu}}}\cdot\boldsymbol{H} \tag{2.1.80}$$

结合复坡印廷定理可以推导无损介质中的对称条件。在时谐场激励下，介质的本构矩阵 $\overline{\overline{\boldsymbol{\varepsilon}}}$、$\overline{\overline{\boldsymbol{\mu}}}$、$\overline{\overline{\boldsymbol{\xi}}}$ 和 $\overline{\overline{\boldsymbol{\zeta}}}$ 通常是与频率相关的复矩阵，在一般情况下，共有 72 个实数参数。根据 $\mathrm{Re}\{C\}=\frac{1}{2}(C+C^*)$，并结合本构关系[式（2.1.79）和式（2.1.80）]，可以将式（2.1.77）写为

$$\begin{aligned}\langle\nabla\cdot\boldsymbol{S}\rangle &= \frac{1}{4}\{\mathrm{i}\omega(\boldsymbol{H}^*\cdot\boldsymbol{B}-\boldsymbol{E}\cdot\boldsymbol{D}^*)-\mathrm{i}\omega(\boldsymbol{H}^*\cdot\boldsymbol{B}-\boldsymbol{E}\cdot\boldsymbol{D}^*)^*\} \\ &= \frac{\mathrm{i}\omega}{4}\{\boldsymbol{H}^*\cdot(\overline{\overline{\boldsymbol{\mu}}}\cdot\boldsymbol{H}+\overline{\overline{\boldsymbol{\zeta}}}\cdot\boldsymbol{E})-\boldsymbol{E}\cdot(\overline{\overline{\boldsymbol{\varepsilon}}}^*\cdot\boldsymbol{E}^*+\overline{\overline{\boldsymbol{\xi}}}^*\cdot\boldsymbol{H}^*)- \\ &\quad \boldsymbol{H}\cdot(\overline{\overline{\boldsymbol{\mu}}}^*\cdot\boldsymbol{H}^*+\overline{\overline{\boldsymbol{\zeta}}}^*\cdot\boldsymbol{E}^*)+\boldsymbol{E}^*\cdot(\overline{\overline{\boldsymbol{\varepsilon}}}\cdot\boldsymbol{E}+\overline{\overline{\boldsymbol{\xi}}}\cdot\boldsymbol{H})\}\end{aligned} \tag{2.1.81}$$

对于式（2.1.81）中类似 $\boldsymbol{H}\cdot\overline{\overline{\boldsymbol{\mu}}}^*\cdot\boldsymbol{H}^*$ 的项，可以利用 $\boldsymbol{H}\cdot\overline{\overline{\boldsymbol{\mu}}}^*\cdot\boldsymbol{H}^*=\boldsymbol{H}^*\cdot\overline{\overline{\boldsymbol{\mu}}}^+\cdot\boldsymbol{H}$ 进行合并简化，其中上标"+"表示复矩阵的转置的复共轭。式（2.1.81）可以简化为

$$\langle\nabla\cdot\boldsymbol{S}\rangle=\frac{\mathrm{i}\omega}{4}\Big[\boldsymbol{E}^{*}\cdot(\overline{\overline{\varepsilon}}-\overline{\overline{\varepsilon}}^{+})\cdot\boldsymbol{E}+\boldsymbol{H}^{*}\cdot(\overline{\overline{\mu}}-\overline{\overline{\mu}}^{+})\cdot\boldsymbol{H}+\boldsymbol{E}^{*}\cdot(\overline{\overline{\xi}}-\overline{\overline{\zeta}}^{+})\cdot\boldsymbol{H}+\boldsymbol{H}^{*}\cdot(\overline{\overline{\zeta}}-\overline{\overline{\xi}}^{+})\cdot\boldsymbol{E}\Big] \tag{2.1.82}$$

对于无损介质，式（2.1.82）对 $\boldsymbol{E}$ 和 $\boldsymbol{H}$ 的所有可能取值都必须为零，由此得到介质的无损条件

$$\overline{\overline{\varepsilon}}^{+}=\overline{\overline{\varepsilon}} \tag{2.1.83}$$

$$\overline{\overline{\mu}}^{+}=\overline{\overline{\mu}} \tag{2.1.84}$$

$$\overline{\overline{\xi}}^{+}=\overline{\overline{\zeta}} \tag{2.1.85}$$

无损条件[式（2.1.83）和式（2.1.84）]表明，$\overline{\overline{\varepsilon}}$ 和 $\overline{\overline{\mu}}$ 为厄米矩阵，每个矩阵都包含 6 个独立的复数元素。由于厄米矩阵的对角元素必须为实数，因此共包含 9 个实数本构参数。式(2.1.85)建立了 $\overline{\overline{\xi}}$ 和 $\overline{\overline{\zeta}}$ 的联系，这两个矩阵共有 9 个独立的复数元素，即有 18 个实数本构参数。对于双各向异性介质，本构关系共包含 21 个独立的复数本构参数，其中 6 个为实数，或者说双各向异性介质的本构关系共有 36 个独立的实数本构参数。

2. 互易条件

接下来推导双各向异性介质本构参数的互易条件。考虑源 $\boldsymbol{J}_{\mathrm{a}}$ 产生的电磁场所满足的麦克斯韦方程组

$$\nabla\times\boldsymbol{E}_{\mathrm{a}}=\mathrm{i}\omega\boldsymbol{B}_{\mathrm{a}} \tag{2.1.86}$$

$$\nabla\times\boldsymbol{H}_{\mathrm{a}}=-\mathrm{i}\omega\boldsymbol{D}_{\mathrm{a}}+\boldsymbol{J}_{\mathrm{a}} \tag{2.1.87}$$

$$\nabla\cdot\boldsymbol{B}_{\mathrm{a}}=0 \tag{2.1.88}$$

$$\nabla\cdot\boldsymbol{D}_{\mathrm{a}}=\rho_{\mathrm{a}} \tag{2.1.89}$$

及源 $\boldsymbol{J}_{\mathrm{b}}$ 产生的电磁场所满足的麦克斯韦方程组

$$\nabla\times\boldsymbol{E}_{\mathrm{b}}=\mathrm{i}\omega\boldsymbol{B}_{\mathrm{b}} \tag{2.1.90}$$

$$\nabla\times\boldsymbol{H}_{\mathrm{b}}=-\mathrm{i}\omega\boldsymbol{D}_{\mathrm{b}}+\boldsymbol{J}_{\mathrm{b}} \tag{2.1.91}$$

$$\nabla\cdot\boldsymbol{B}_{\mathrm{b}}=0 \tag{2.1.92}$$

$$\nabla\cdot\boldsymbol{D}_{\mathrm{b}}=\rho_{\mathrm{b}} \tag{2.1.93}$$

源 $\boldsymbol{J}_{\mathrm{a}}$ 产生的电磁场与源 $\boldsymbol{J}_{\mathrm{b}}$ 产生的电磁场满足以下关系

$$\begin{aligned}&\nabla\cdot(\boldsymbol{E}_{\mathrm{a}}\times\boldsymbol{H}_{\mathrm{b}}-\boldsymbol{E}_{\mathrm{b}}\times\boldsymbol{H}_{\mathrm{a}})\\&=\boldsymbol{H}_{\mathrm{b}}\cdot\nabla\times\boldsymbol{E}_{\mathrm{a}}-\boldsymbol{E}_{\mathrm{a}}\cdot\nabla\times\boldsymbol{H}_{\mathrm{b}}-\boldsymbol{H}_{\mathrm{a}}\cdot\nabla\times\boldsymbol{E}_{\mathrm{b}}+\boldsymbol{E}_{\mathrm{b}}\cdot\nabla\times\boldsymbol{H}_{\mathrm{a}}\\&=\mathrm{i}\omega\big(\boldsymbol{H}_{\mathrm{b}}\cdot\boldsymbol{B}_{\mathrm{a}}-\boldsymbol{H}_{\mathrm{a}}\cdot\boldsymbol{B}_{\mathrm{b}}-\boldsymbol{E}_{\mathrm{a}}\cdot\boldsymbol{D}_{\mathrm{b}}+\boldsymbol{E}_{\mathrm{b}}\cdot\boldsymbol{D}_{\mathrm{a}}\big)+\boldsymbol{J}_{\mathrm{a}}\cdot\boldsymbol{E}_{\mathrm{b}}-\boldsymbol{J}_{\mathrm{b}}\cdot\boldsymbol{E}_{\mathrm{a}}\end{aligned} \tag{2.1.94}$$

将式（2.1.94）对整个空间进行积分，等号左侧有

$$\oiint_{S}\mathrm{d}\boldsymbol{S}\cdot(\boldsymbol{E}_{\mathrm{a}}\times\boldsymbol{H}_{\mathrm{b}}-\boldsymbol{E}_{\mathrm{b}}\times\boldsymbol{H}_{\mathrm{a}})=0 \tag{2.1.95}$$

这是因为在离源无穷远处，电场 $\boldsymbol{E}$ 和磁场 $\boldsymbol{H}$ 满足

$$\boldsymbol{H}=\hat{\boldsymbol{r}}\times\frac{\boldsymbol{E}}{\eta} \tag{2.1.96}$$

式中，$\eta=\sqrt{\mu/\varepsilon}$ 为空间中的特征阻抗；并且有 $\hat{\boldsymbol{r}}\cdot\boldsymbol{E}=\hat{\boldsymbol{r}}\cdot\boldsymbol{H}=0$，因此可以得到 $\boldsymbol{E}_{\mathrm{a}}\times\boldsymbol{H}_{\mathrm{b}}-\boldsymbol{E}_{\mathrm{b}}\times\boldsymbol{H}_{\mathrm{a}}=\boldsymbol{0}$。

式（2.1.94）变为

$$\begin{aligned}\iiint_V \mathrm{d}V(\boldsymbol{J}_{\mathrm{b}}\cdot\boldsymbol{E}_{\mathrm{a}}-\boldsymbol{J}_{\mathrm{a}}\cdot\boldsymbol{E}_{\mathrm{b}})&=\mathrm{i}\omega\iiint_V \mathrm{d}V(\boldsymbol{E}_{\mathrm{b}}\cdot\boldsymbol{D}_{\mathrm{a}}-\boldsymbol{E}_{\mathrm{a}}\cdot\boldsymbol{D}_{\mathrm{b}}+\boldsymbol{H}_{\mathrm{a}}\cdot\boldsymbol{B}_{\mathrm{b}}-\boldsymbol{H}_{\mathrm{b}}\cdot\boldsymbol{B}_{\mathrm{a}})\\&=\mathrm{i}\omega\iiint_V \mathrm{d}V\Big[\boldsymbol{E}_{\mathrm{b}}\cdot(\bar{\bar{\boldsymbol{\varepsilon}}}-\bar{\bar{\boldsymbol{\varepsilon}}}^{\mathrm{T}})\cdot\boldsymbol{E}_{\mathrm{a}}+\boldsymbol{H}_{\mathrm{a}}\cdot(\bar{\bar{\boldsymbol{\mu}}}-\bar{\bar{\boldsymbol{\mu}}}^{\mathrm{T}})\cdot\boldsymbol{H}_{\mathrm{b}}+\\&\qquad\boldsymbol{E}_{\mathrm{b}}\cdot(\bar{\bar{\boldsymbol{\xi}}}+\bar{\bar{\boldsymbol{\zeta}}}^{\mathrm{T}})\cdot\boldsymbol{H}_{\mathrm{a}}-\boldsymbol{H}_{\mathrm{b}}\cdot(\bar{\bar{\boldsymbol{\zeta}}}+\bar{\bar{\boldsymbol{\xi}}}^{\mathrm{T}})\cdot\boldsymbol{E}_{\mathrm{a}}\Big]\end{aligned} \tag{2.1.97}$$

其中，上标“T”表示矩阵的转置。当式（2.1.97）的左侧为零时，介质具有互易性，因此介质的互易条件为

$$\bar{\bar{\boldsymbol{\varepsilon}}}^{\mathrm{T}}=\bar{\bar{\boldsymbol{\varepsilon}}} \tag{2.1.98}$$

$$\bar{\bar{\boldsymbol{\mu}}}^{\mathrm{T}}=\bar{\bar{\boldsymbol{\mu}}} \tag{2.1.99}$$

$$\bar{\bar{\boldsymbol{\xi}}}^{\mathrm{T}}=-\bar{\bar{\boldsymbol{\zeta}}} \tag{2.1.100}$$

同样地，根据用 $\boldsymbol{D}$ 和 $\boldsymbol{B}$ 表示的本构关系[式（1.3.27）]，可以得到介质的互易条件为

$$\bar{\bar{\boldsymbol{\kappa}}}^{\mathrm{T}}=\bar{\bar{\boldsymbol{\kappa}}} \tag{2.1.101}$$

$$\bar{\bar{\boldsymbol{\nu}}}^{\mathrm{T}}=\bar{\bar{\boldsymbol{\nu}}} \tag{2.1.102}$$

$$\bar{\bar{\boldsymbol{\chi}}}^{\mathrm{T}}=-\bar{\bar{\boldsymbol{\gamma}}} \tag{2.1.103}$$

3．因果关系

接下来研究色散介质的复介电常数实部和虚部之间的关系。$\boldsymbol{D}$ 和 $\boldsymbol{E}$ 之间的线性关系可以写为

$$\boldsymbol{D}(t)=\int_{-\infty}^{t}\mathrm{d}\tau\varepsilon(t-\tau)\boldsymbol{E}(\tau)=\int_{0}^{\infty}\mathrm{d}\tau\varepsilon(\tau)\boldsymbol{E}(t-\tau) \tag{2.1.104}$$

卷积积分表明，$\boldsymbol{D}(t)$ 在 t 时刻之前都是由 $\boldsymbol{E}$ 决定的，这个结论满足因果关系。根据傅里叶变换，可以得到

$$\begin{aligned}\int_{-\infty}^{\infty}\mathrm{d}\omega\boldsymbol{D}(\omega)\mathrm{e}^{-\mathrm{i}\omega t}&=\int_{0}^{\infty}\mathrm{d}\tau\varepsilon(\tau)\int_{-\infty}^{\infty}\mathrm{d}\omega\boldsymbol{E}(\omega)\mathrm{e}^{-\mathrm{i}\omega(t-\tau)}\\&=\int_{-\infty}^{\infty}\mathrm{d}\omega\left[\int_{0}^{\infty}\mathrm{d}\tau\varepsilon(\tau)\mathrm{e}^{\mathrm{i}\omega\tau}\right]\boldsymbol{E}(\omega)\mathrm{e}^{-\mathrm{i}\omega t}\end{aligned} \tag{2.1.105}$$

$\mathrm{e}^{-\mathrm{i}\omega t}$ 表示场的时间项，介电常数 $\varepsilon(\omega)$ 可以写为

$$\varepsilon(\omega)=\int_{0}^{\infty}\mathrm{d}\tau\varepsilon(\tau)\mathrm{e}^{\mathrm{i}\omega\tau} \tag{2.1.106}$$

需要注意的是，由于因果关系，τ 的积分范围是从 0 到 ∞，并且假设 $\varepsilon(\tau)$ 在整个积分范围内都是有限的。

根据 $\varepsilon(\omega)$ 的定义方程，有

$$\varepsilon^*(\omega)=\varepsilon(-\omega) \tag{2.1.107}$$

对于双各向异性介质形式的本构关系，用 $\boldsymbol{E}$ 和 $\boldsymbol{H}$ 表示的本构参数满足

$$\bar{\bar{\boldsymbol{\varepsilon}}}^*(\omega)=\bar{\bar{\boldsymbol{\varepsilon}}}(-\omega) \tag{2.1.108}$$

$$\bar{\bar{\boldsymbol{\mu}}}^*(\omega)=\bar{\bar{\boldsymbol{\mu}}}(-\omega) \tag{2.1.109}$$

$$\bar{\bar{\boldsymbol{\xi}}}^*(\omega)=\bar{\bar{\boldsymbol{\xi}}}(-\omega) \tag{2.1.110}$$

$$\bar{\bar{\boldsymbol{\zeta}}}^*(\omega)=\bar{\bar{\boldsymbol{\zeta}}}(-\omega) \tag{2.1.111}$$

同样地，用 $\boldsymbol{D}$、$\boldsymbol{B}$ 和 $\boldsymbol{E}$、$\boldsymbol{B}$ 表示的本构参数也有类似的结果，它们都是复数 ω 在 ω 上半平面的解析函数。

2.2　介质中的 *kDB* 坐标系

2.2.1　波矢量 *k*

对于均匀各向同性介质中的无源区域，时谐场的麦克斯韦方程组可以表示为

$$\nabla\times\boldsymbol{E}=\mathrm{i}\omega\mu\boldsymbol{H} \tag{2.2.1}$$

$$\nabla\times\boldsymbol{H}=-\mathrm{i}\omega\varepsilon\boldsymbol{E} \tag{2.2.2}$$

$$\nabla\cdot\boldsymbol{E}=0 \tag{2.2.3}$$

$$\nabla\cdot\boldsymbol{H}=0 \tag{2.2.4}$$

从上述麦克斯韦方程组可以推导关于电场 $\boldsymbol{E}$ 和磁场 $\boldsymbol{H}$ 的亥姆霍兹波动方程，有

$$(\nabla^2+\omega^2\mu\varepsilon)\boldsymbol{E}=0 \tag{2.2.5}$$

$$(\nabla^2+\omega^2\mu\varepsilon)\boldsymbol{H}=0 \tag{2.2.6}$$

在笛卡儿坐标系中，对于沿任意方向传播的电磁波，电场和磁场可以表示为

$$\boldsymbol{E}(\boldsymbol{r})=\boldsymbol{E}\mathrm{e}^{\mathrm{i}(k_x x+k_y y+k_z z)} \tag{2.2.7}$$

$$\boldsymbol{H}(\boldsymbol{r})=\boldsymbol{H}\mathrm{e}^{\mathrm{i}(k_x x+k_y y+k_z z)} \tag{2.2.8}$$

并且满足亥姆霍兹波动方程（2.2.5）和方程（2.2.6）。将式（2.2.7）或式（2.2.8）代入波动方程，可以得到以下色散关系

$$k_x^2+k_y^2+k_z^2=\omega^2\mu\varepsilon=k^2 \tag{2.2.9}$$

定义矢量 $\boldsymbol{k}$ （图 2.2.1）满足

$$\boldsymbol{k}=\hat{\boldsymbol{x}}k_x+\hat{\boldsymbol{y}}k_y+\hat{\boldsymbol{z}}k_z \tag{2.2.10}$$

矢量 $\boldsymbol{k}$ 称为波矢量、传播矢量或简称 $\boldsymbol{k}$ 矢量。根据色散关系[式（2.2.9）]，可以得到矢量 $\boldsymbol{k}$ 的大小为 $\omega(\mu\varepsilon)^{1/2}$ 。

波矢量 $\boldsymbol{k}=\hat{\boldsymbol{x}}k_x+\hat{\boldsymbol{y}}k_y+\hat{\boldsymbol{z}}k_z$ 和位置矢量 $\boldsymbol{r}=\hat{\boldsymbol{x}}x+\hat{\boldsymbol{y}}y+\hat{\boldsymbol{z}}z$ 的标量积可以表示为

$$\boldsymbol{k}\cdot\boldsymbol{r}=k_x x+k_y y+k_z z \tag{2.2.11}$$

$\boldsymbol{k}\cdot\boldsymbol{r}$ 为常数决定了相位相等的波阵面，表明其垂直于波矢量（图 2.2.1）。满足上述情况的电磁波通常称为平面波。

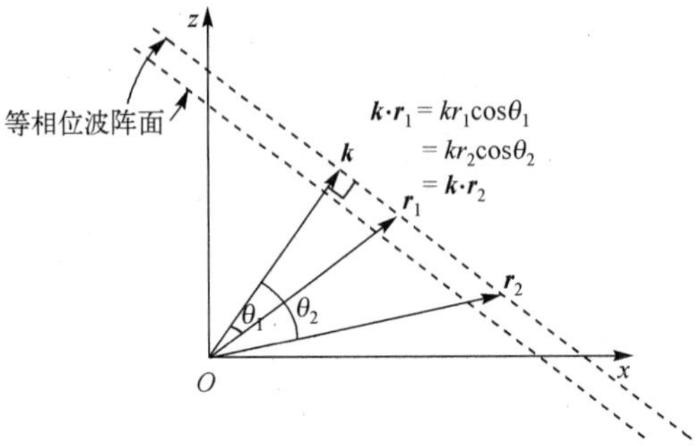

图 2.2.1　平面波中的等相位波阵面

考虑指数函数 $\mathrm{e}^{\mathrm{i}(k_x x+k_y y+k_z z)}=\mathrm{e}^{\mathrm{i}\boldsymbol{k}\cdot\boldsymbol{r}}$，很容易证明其满足以下关系

$$\nabla\mathrm{e}^{\mathrm{i}\boldsymbol{k}\cdot\boldsymbol{r}}=\mathrm{i}\boldsymbol{k}\mathrm{e}^{\mathrm{i}\boldsymbol{k}\cdot\boldsymbol{r}},\quad \nabla\cdot\hat{\boldsymbol{a}}\mathrm{e}^{\mathrm{i}\boldsymbol{k}\cdot\boldsymbol{r}}=\mathrm{i}\boldsymbol{k}\cdot\hat{\boldsymbol{a}}\mathrm{e}^{\mathrm{i}\boldsymbol{k}\cdot\boldsymbol{r}},\quad \nabla\times\hat{\boldsymbol{a}}\mathrm{e}^{\mathrm{i}\boldsymbol{k}\cdot\boldsymbol{r}}=\mathrm{i}\boldsymbol{k}\times\hat{\boldsymbol{a}}\mathrm{e}^{\mathrm{i}\boldsymbol{k}\cdot\boldsymbol{r}} \tag{2.2.12}$$

式中，$\hat{\boldsymbol{a}}$ 为任意方向的单位矢量，∇ 算子的作用等价于 $\mathrm{i}\boldsymbol{k}$。将式（2.2.7）和式（2.2.8）代入方程（2.2.1）～方程（2.2.4），并应用式（2.2.12），可以得到平面波的麦克斯韦方程组

$$\boldsymbol{k}\times\boldsymbol{E}=\omega\mu\boldsymbol{H} \tag{2.2.13}$$

$$\boldsymbol{k}\times\boldsymbol{H}=-\omega\varepsilon\boldsymbol{E} \tag{2.2.14}$$

$$\boldsymbol{k}\cdot\boldsymbol{E}=0 \tag{2.2.15}$$

$$\boldsymbol{k}\cdot\boldsymbol{H}=0 \tag{2.2.16}$$

色散关系为

$$k^2=\omega^2\mu\varepsilon \tag{2.2.17}$$

复坡印廷矢量的时均值为

$$\langle\boldsymbol{S}\rangle=\frac{1}{2}\mathrm{Re}\{\boldsymbol{E}\times\boldsymbol{H}^*\}=\frac{1}{2}\mathrm{Re}\begin{cases}\dfrac{-1}{\omega\varepsilon}(\boldsymbol{k}\times\boldsymbol{H})\times\boldsymbol{H}^*=\dfrac{\boldsymbol{k}}{\omega\varepsilon}|\boldsymbol{H}|^2\\[2ex] \dfrac{1}{\omega\mu^*}\boldsymbol{E}\times(\boldsymbol{k}^*\times\boldsymbol{E}^*)=\dfrac{\boldsymbol{k}^*}{\omega\mu^*}|\boldsymbol{E}|^2\end{cases} \tag{2.2.18}$$

当 μ 和 ε 均为正值时，复坡印廷矢量的方向与波矢量 $\boldsymbol{k}$ 的方向相同。从方程（2.2.13）和方程（2.2.14）可以发现，$\boldsymbol{k}$、$\boldsymbol{E}$ 和 $\boldsymbol{H}$ 构成一个右手坐标系，如图 2.2.2（a）所示。当 μ 或 ε 其中一个为负值时，从式（2.2.17）可以知道，$\boldsymbol{k}$ 将变为虚数，此时电磁波变为倏逝波。

在负各向同性介质中，μ 和 ε 都是负的，$\langle\boldsymbol{S}\rangle$ 的方向与波矢量 $\boldsymbol{k}$ 的方向相反。$\boldsymbol{k}$、$\boldsymbol{E}$ 和 $\boldsymbol{H}$ 构成一个左手坐标系，如图 2.2.2（b）所示，因此负各向同性介质也称为左手介质。由于在这类介质中 $\langle\boldsymbol{S}\rangle$ 的方向与波矢量 $\boldsymbol{k}$ 的方向相反，因此该介质中传播的平面波也可以称为后向波。

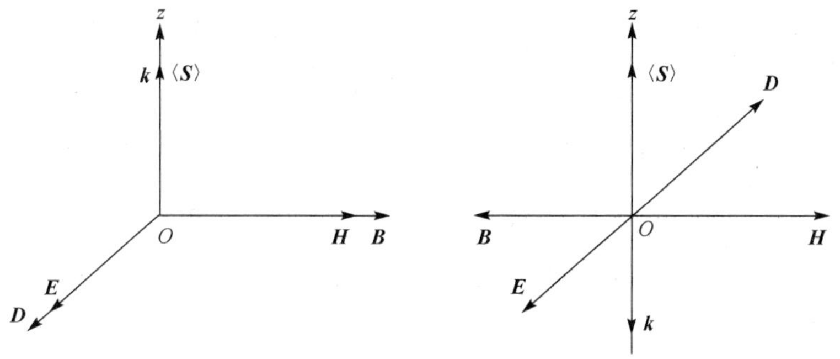

（a）正各向同性介质　　（b）负各向同性介质

图 2.2.2　各向同性介质中的平面波

2.2.2　*kDB* 坐标系

对介质的宏观电磁特性，通常采用本构关系加以概括，其中本构参数包含介电常数、磁导率和手征参数等张量。这些张量一般为 3 阶矩阵，并且电场和磁场之间存在交叉耦合，这使得研究电磁波在介质中的传播变得极为复杂。因此，需要用合适的方法来简化麦克斯韦方程组和本构关系的求解过程。*kDB* 坐标系是电磁波理论中广泛采用的方法，这种方法可以使介质的张量在该坐标系中所含非零元素的个数最少或具有简单的对角线形式，从而能够简化求解过程。

考虑介质中无源区域的麦克斯韦方程组

$$\nabla\times\boldsymbol{E}=\mathrm{i}\omega\boldsymbol{B}\tag{2.2.19}$$

$$\nabla\times\boldsymbol{H}=-\mathrm{i}\omega\boldsymbol{D}\tag{2.2.20}$$

$$\nabla\cdot\boldsymbol{B}=0\tag{2.2.21}$$

$$\nabla\cdot\boldsymbol{D}=0\tag{2.2.22}$$

另外，进一步假设介质是均匀的，即介质的本构关系与空间坐标无关。令所有的复数场矢量具有相同的空间变化形式 $\mathrm{e}^{\mathrm{i}\boldsymbol{k}\cdot\boldsymbol{r}}$ ，麦克斯韦方程组[方程（2.2.19）～方程（2.2.22）]变为

$$\boldsymbol{k}\times\boldsymbol{E}=\omega\boldsymbol{B}\tag{2.2.23}$$

$$\boldsymbol{k}\times\boldsymbol{H}=-\omega\boldsymbol{D}\tag{2.2.24}$$

$$\boldsymbol{k}\cdot\boldsymbol{B}=0\tag{2.2.25}$$

$$\boldsymbol{k}\cdot\boldsymbol{D}=0\tag{2.2.26}$$

从方程（2.2.25）和方程（2.2.26）可以发现，复数场矢量 $\boldsymbol{D}$ 和 $\boldsymbol{B}$ 总是与波矢量 $\boldsymbol{k}$ 垂直的。将这个包含 $\boldsymbol{D}$ 和 $\boldsymbol{B}$ 并且与 $\boldsymbol{k}$ 垂直的平面称为 *DB* 平面，并以此建立一个由 $\boldsymbol{k}$、$\boldsymbol{D}$ 和 $\boldsymbol{B}$ 构成的坐标系，即 *kDB* 坐标系。需要注意的是，$\boldsymbol{D}$ 和 $\boldsymbol{B}$ 并不一定相互垂直。在各向异性介质中，$\boldsymbol{E}$ 和 $\boldsymbol{H}$ 可能不在 *DB* 平面上，沿 $\boldsymbol{E}\times\boldsymbol{H}$ 方向的坡印廷矢量不一定与波矢量 $\boldsymbol{k}$ 的方向一致，所以平面波的功率流方向并不总沿着波矢量 $\boldsymbol{k}$ 的方向。

为了研究和理解平面波在均匀介质中的波动特性和场矢量的解，将建立以下 *kDB* 坐标系，由波矢量 $\boldsymbol{k}$ 和 *DB* 平面组成。*kDB* 坐标系具有单位矢量 $\hat{\boldsymbol{e}}_1$ 、$\hat{\boldsymbol{e}}_2$ 和 $\hat{\boldsymbol{e}}_3$ 。令 $\hat{\boldsymbol{e}}_3$ 与 $\boldsymbol{k}$ 的方向一致，有 $\boldsymbol{k}=\hat{\boldsymbol{e}}_3 k$ ，

即 $\hat{\boldsymbol{e}}_3$ 与 $\hat{\boldsymbol{r}}$ 方向一致。将 *kDB* 坐标系中的单位矢量用 *xyz* 坐标系表示（图 2.2.3），有

$$\hat{\boldsymbol{e}}_3=\hat{\boldsymbol{r}}=\hat{\boldsymbol{x}}\sin\theta\cos\phi+\hat{\boldsymbol{y}}\sin\theta\sin\phi+\hat{\boldsymbol{z}}\cos\theta \tag{2.2.27}$$

单位矢量 $\hat{\boldsymbol{e}}_2$ 与 $\hat{\boldsymbol{\theta}}$ 方向一致，有

$$\hat{\boldsymbol{e}}_2=\hat{\boldsymbol{\theta}}=\hat{\boldsymbol{x}}\cos\theta\cos\phi+\hat{\boldsymbol{y}}\cos\theta\sin\phi-\hat{\boldsymbol{z}}\sin\theta \tag{2.2.28}$$

单位矢量 $\hat{\boldsymbol{e}}_1$ 沿 $-\hat{\boldsymbol{\phi}}$ 方向，与 $\hat{\boldsymbol{e}}_2$（$\hat{\boldsymbol{e}}_2=\hat{\boldsymbol{\theta}}$）和 $\hat{\boldsymbol{e}}_3$（$\hat{\boldsymbol{e}}_3=\hat{\boldsymbol{r}}$）垂直。$\hat{\boldsymbol{e}}_1$、$\hat{\boldsymbol{e}}_2$ 和 $\hat{\boldsymbol{e}}_3$ 构成一个右手坐标系（图 2.2.3），有

$$\hat{\boldsymbol{e}}_1=\hat{\boldsymbol{e}}_2\times\hat{\boldsymbol{e}}_3=-\hat{\boldsymbol{\phi}}=\hat{\boldsymbol{x}}\sin\phi-\hat{\boldsymbol{y}}\cos\phi \tag{2.2.29}$$

单位矢量 $\hat{\boldsymbol{e}}_1$ 在 *xOy* 平面上，3 个单位矢量互相垂直，满足 $\hat{\boldsymbol{e}}_1\cdot\hat{\boldsymbol{e}}_2=\hat{\boldsymbol{e}}_2\cdot\hat{\boldsymbol{e}}_3=\hat{\boldsymbol{e}}_3\cdot\hat{\boldsymbol{e}}_1=0$。如果 *xOy* 平面围绕 *z* 轴逆时针旋转 $\phi-\pi/2$，再围绕 *x* 轴旋转 θ，所得到的与 $\boldsymbol{k}$ 垂直的平面就是 *DB* 平面。

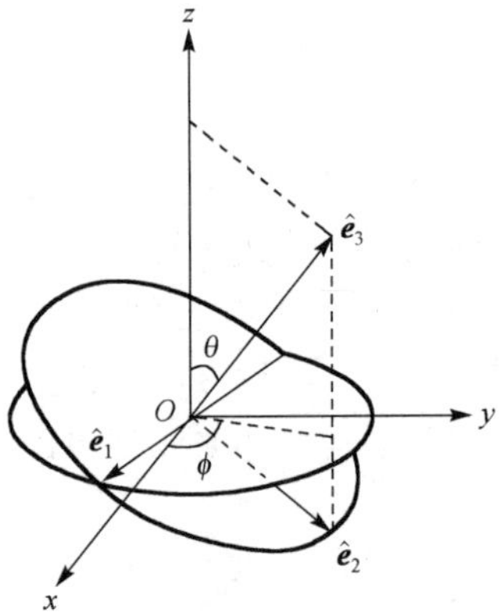

图 2.2.3 *kDB* 坐标系

现在建立 *kDB* 坐标系和 *xyz* 坐标系之间场矢量分量的变换公式。将某一矢量投影到 *xyz* 坐标系，可以得到矢量 $\boldsymbol{A}$

$$\boldsymbol{A}=\begin{bmatrix}A_x\\A_y\\A_z\end{bmatrix} \tag{2.2.30}$$

将相同的矢量投影到 *kDB* 坐标系，可以得到矢量 $\boldsymbol{A}_{\mathrm{k}}$

$$\boldsymbol{A}_{\mathrm{k}}=\begin{bmatrix}A_1\\A_2\\A_3\end{bmatrix} \tag{2.2.31}$$

$\boldsymbol{A}$ 的分量与 $\boldsymbol{A}_{\mathrm{k}}$ 的分量满足以下关系

$$\boldsymbol{A}_{\mathrm{k}}=\overline{\overline{\boldsymbol{T}}}\cdot\boldsymbol{A} \tag{2.2.32}$$

由于 $\boldsymbol{A}$ 和 $\boldsymbol{A}_{\mathrm{k}}$ 表示同一个矢量，因此根据式（2.2.27）～式（2.2.29），可以得到

$$\begin{aligned}A_1&=\hat{\boldsymbol{e}}_1\cdot\boldsymbol{A}=\hat{\boldsymbol{e}}_1\cdot\hat{\boldsymbol{x}}A_x+\hat{\boldsymbol{e}}_1\cdot\hat{\boldsymbol{y}}A_y+\hat{\boldsymbol{e}}_1\cdot\hat{\boldsymbol{z}}A_z\\&=\sin\phi A_x-\cos\phi A_y\end{aligned} \tag{2.2.33}$$

$$\begin{aligned}A_2&=\hat{\boldsymbol{e}}_2\cdot\boldsymbol{A}=\hat{\boldsymbol{e}}_2\cdot\hat{\boldsymbol{x}}A_x+\hat{\boldsymbol{e}}_2\cdot\hat{\boldsymbol{y}}A_y+\hat{\boldsymbol{e}}_2\cdot\hat{\boldsymbol{z}}A_z\\&=\cos\theta\cos\phi A_x+\cos\theta\sin\phi A_y-\sin\theta A_z\end{aligned} \tag{2.2.34}$$

$$\begin{aligned}A_3&=\hat{\boldsymbol{e}}_3\cdot\boldsymbol{A}=\hat{\boldsymbol{e}}_3\cdot\hat{\boldsymbol{x}}A_x+\hat{\boldsymbol{e}}_3\cdot\hat{\boldsymbol{y}}A_y+\hat{\boldsymbol{e}}_3\cdot\hat{\boldsymbol{z}}A_z\\&=\sin\theta\cos\phi A_x+\sin\theta\sin\phi A_y+\cos\theta A_z\end{aligned} \tag{2.2.35}$$

将式（2.2.33）～式（2.2.35）写成矩阵形式，并与式（2.2.32）比较，可以得到

$$\overline{\overline{\boldsymbol{T}}}=\begin{bmatrix}\sin\phi & -\cos\phi & 0\\ \cos\theta\cos\phi & \cos\theta\sin\phi & -\sin\theta\\ \sin\theta\cos\phi & \sin\theta\sin\phi & \cos\theta\end{bmatrix} \tag{2.2.36}$$

经过简单的计算，可以得到 $\overline{\overline{\boldsymbol{T}}}$ 的逆矩阵

$$\bar{\bar{T}}^{-1} = \begin{bmatrix} \sin\phi & \cos\theta\cos\phi & \sin\theta\cos\phi \\ -\cos\phi & \cos\theta\sin\phi & \sin\theta\sin\phi \\ 0 & -\sin\theta & \cos\theta \end{bmatrix} \tag{2.2.37}$$

与 $\bar{\bar{T}}$ 的转置矩阵相同。式（2.2.37）可以通过 3 种不同的方法得到：（1）直接计算 $\bar{\bar{T}}$ 的逆矩阵 $\bar{\bar{T}}^{-1}$；（2）利用关系式 $A_x = \hat{x}\cdot A_k$、$A_y = \hat{y}\cdot A_k$ 和 $A_z = \hat{z}\cdot A_k$，并通过与式(2.2.33)～式(2.2.35)类似的步骤得到 $\bar{\bar{T}}^{-1}$；（3）首先证明矩阵 $\bar{\bar{T}}$ 是正交矩阵，可以得到 $\bar{\bar{T}}$ 的逆矩阵就是 $\bar{\bar{T}}$ 的转置矩阵。

所建立的变换公式（2.2.32）适用于所有的矢量场 $\boldsymbol{E}$、$\boldsymbol{B}$、$\boldsymbol{D}$ 和 $\boldsymbol{H}$，接下来需要推导本构关系从 xyz 坐标系到 kDB 坐标系的变换公式。本构关系可以用 $\boldsymbol{E}$、$\boldsymbol{H}$ 表示，也可以用 $\boldsymbol{D}$、$\boldsymbol{B}$ 表示。值得注意的是，由于 $D_3 = 0$，$B_3 = 0$，因此用 $\boldsymbol{D}$ 和 $\boldsymbol{B}$ 表示相比用 $\boldsymbol{E}$ 和 $\boldsymbol{H}$ 表示更为简单。在 xyz 坐标系中，用 $\boldsymbol{D}$ 和 $\boldsymbol{B}$ 表示的本构关系为

$$\boldsymbol{E} = \bar{\bar{\boldsymbol{\kappa}}}\cdot\boldsymbol{D} + \bar{\bar{\boldsymbol{\chi}}}\cdot\boldsymbol{B} \tag{2.2.38}$$

$$\boldsymbol{H} = \bar{\bar{\boldsymbol{\nu}}}\cdot\boldsymbol{B} + \bar{\bar{\boldsymbol{\gamma}}}\cdot\boldsymbol{D} \tag{2.2.39}$$

利用变换公式（2.2.32），可以得到 $\boldsymbol{E} = \bar{\bar{\boldsymbol{T}}}^{-1}\cdot\boldsymbol{E}_k$ 及关于 $\boldsymbol{H}$、$\boldsymbol{D}$ 和 $\boldsymbol{B}$ 的类似关系，其结果为

$$\boldsymbol{E}_k = (\bar{\bar{\boldsymbol{T}}}\cdot\bar{\bar{\boldsymbol{\kappa}}}\cdot\bar{\bar{\boldsymbol{T}}}^{-1})\cdot\boldsymbol{D}_k + (\bar{\bar{\boldsymbol{T}}}\cdot\bar{\bar{\boldsymbol{\chi}}}\cdot\bar{\bar{\boldsymbol{T}}}^{-1})\cdot\boldsymbol{B}_k \tag{2.2.40}$$

$$\boldsymbol{H}_k = (\bar{\bar{\boldsymbol{T}}}\cdot\bar{\bar{\boldsymbol{\nu}}}\cdot\bar{\bar{\boldsymbol{T}}}^{-1})\cdot\boldsymbol{B}_k + (\bar{\bar{\boldsymbol{T}}}\cdot\bar{\bar{\boldsymbol{\gamma}}}\cdot\bar{\bar{\boldsymbol{T}}}^{-1})\cdot\boldsymbol{D}_k \tag{2.2.41}$$

因此，有

$$\bar{\bar{\boldsymbol{\kappa}}}_k = \bar{\bar{\boldsymbol{T}}}\cdot\bar{\bar{\boldsymbol{\kappa}}}\cdot\bar{\bar{\boldsymbol{T}}}^{-1} \tag{2.2.42}$$

$$\bar{\bar{\boldsymbol{\chi}}}_k = \bar{\bar{\boldsymbol{T}}}\cdot\bar{\bar{\boldsymbol{\chi}}}\cdot\bar{\bar{\boldsymbol{T}}}^{-1} \tag{2.2.43}$$

$$\bar{\bar{\boldsymbol{\nu}}}_k = \bar{\bar{\boldsymbol{T}}}\cdot\bar{\bar{\boldsymbol{\nu}}}\cdot\bar{\bar{\boldsymbol{T}}}^{-1} \tag{2.2.44}$$

$$\bar{\bar{\boldsymbol{\gamma}}}_k = \bar{\bar{\boldsymbol{T}}}\cdot\bar{\bar{\boldsymbol{\gamma}}}\cdot\bar{\bar{\boldsymbol{T}}}^{-1} \tag{2.2.45}$$

在 kDB 坐标系中，本构关系为

$$\boldsymbol{E}_k = \bar{\bar{\boldsymbol{\kappa}}}_k\cdot\boldsymbol{D}_k + \bar{\bar{\boldsymbol{\chi}}}_k\cdot\boldsymbol{B}_k \tag{2.2.46}$$

$$\boldsymbol{H}_k = \bar{\bar{\boldsymbol{\nu}}}_k\cdot\boldsymbol{B}_k + \bar{\bar{\boldsymbol{\gamma}}}_k\cdot\boldsymbol{D}_k \tag{2.2.47}$$

利用变换公式（2.2.32）及式（2.2.42）～式（2.2.45），可以将所有场量从 xyz 坐标系变换到 kDB 坐标系。

2.2.3　*kDB* 坐标系中的麦克斯韦方程组

在 kDB 坐标系框架下，均匀无源介质内平面波的麦克斯韦方程组的形式与式（2.2.23）～式（2.2.26）相同，有

$$\boldsymbol{k}\times\boldsymbol{E}_k = \omega\boldsymbol{B}_k \tag{2.2.48}$$

$$\boldsymbol{k}\times\boldsymbol{H}_k = -\omega\boldsymbol{D}_k \tag{2.2.49}$$

$$\boldsymbol{k}\cdot\boldsymbol{B}_{\mathrm{k}}=0 \tag{2.2.50}$$

$$\boldsymbol{k}\cdot\boldsymbol{D}_{\mathrm{k}}=0 \tag{2.2.51}$$

波矢量$\boldsymbol{k}$沿$\hat{\boldsymbol{e}}_3$的方向

$$\boldsymbol{k}=\hat{\boldsymbol{e}}_3 k \tag{2.2.52}$$

从方程（2.2.50）和方程（2.2.51）可以得到$D_3=B_3=0$。根据方程（2.2.48）和方程（2.2.49），有

$$\omega\boldsymbol{B}_{\mathrm{k}}=k\hat{\boldsymbol{e}}_3\times(\hat{\boldsymbol{e}}_1E_1+\hat{\boldsymbol{e}}_2E_2+\hat{\boldsymbol{e}}_3E_3) \tag{2.2.53}$$

$$-\omega\boldsymbol{D}_{\mathrm{k}}=k\hat{\boldsymbol{e}}_3\times(\hat{\boldsymbol{e}}_1H_1+\hat{\boldsymbol{e}}_2H_2+\hat{\boldsymbol{e}}_3H_3) \tag{2.2.54}$$

利用本构关系[式（2.2.46）和式（2.2.47）]，有

$$\omega B_2=kE_1=k(\kappa_{11}D_1+\kappa_{12}D_2+\chi_{11}B_1+\chi_{12}B_2) \tag{2.2.55}$$

$$\omega B_1=-kE_2=-k(\kappa_{21}D_1+\kappa_{22}D_2+\chi_{21}B_1+\chi_{22}B_2) \tag{2.2.56}$$

$$\omega D_2=-kH_1=-k(\nu_{11}B_1+\nu_{12}B_2+\gamma_{11}D_1+\gamma_{12}D_2) \tag{2.2.57}$$

$$\omega D_1=kH_2=k(\nu_{21}B_1+\nu_{22}B_2+\gamma_{21}D_1+\gamma_{22}D_2) \tag{2.2.58}$$

将上述等式的两侧同时除以k并令$u=\omega/k$，重新排列等式的各项并写成矩阵的形式，有

$$\begin{bmatrix}\kappa_{11} & \kappa_{12}\\ \kappa_{21} & \kappa_{22}\end{bmatrix}\begin{bmatrix}D_1\\ D_2\end{bmatrix}=-\begin{bmatrix}\chi_{11} & \chi_{12}-u\\ \chi_{21}+u & \chi_{22}\end{bmatrix}\begin{bmatrix}B_1\\ B_2\end{bmatrix} \tag{2.2.59}$$

$$\begin{bmatrix}\nu_{11} & \nu_{12}\\ \nu_{21} & \nu_{22}\end{bmatrix}\begin{bmatrix}B_1\\ B_2\end{bmatrix}=-\begin{bmatrix}\gamma_{11} & \gamma_{12}+u\\ \gamma_{21}-u & \gamma_{22}\end{bmatrix}\begin{bmatrix}D_1\\ D_2\end{bmatrix} \tag{2.2.60}$$

根据以上两个方程，可以推导出均匀介质的色散关系。这种方法对损耗介质同样适用，其波矢量$\boldsymbol{k}=\hat{\boldsymbol{x}}k_x+\hat{\boldsymbol{y}}k_y+\hat{\boldsymbol{z}}k_z$是一个复矢量。对于复矢量的处理，可以首先将$k$、角度$\theta$和$\phi$当作实数。在得到方程的解以后，利用$\theta$和$\phi$与波矢量$\boldsymbol{k}$在$xyz$坐标系的直角分量，以及将$\boldsymbol{k}$作为复矢量，从而消去解中的$\theta$和$\phi$。

2.3 各向同性介质中的波

用$\boldsymbol{D}$、$\boldsymbol{B}$表示的各向同性介质的本构关系可以写为

$$\boldsymbol{E}=\kappa\boldsymbol{D} \tag{2.3.1}$$

$$\boldsymbol{H}=\nu\boldsymbol{B} \tag{2.3.2}$$

式中，$\kappa=1/\varepsilon$称为容阻率，$\nu=1/\mu$称为磁阻率。在kDB坐标系中，可以得到

$$\boldsymbol{E}_{\mathrm{k}}=\kappa\boldsymbol{D}_{\mathrm{k}} \tag{2.3.3}$$

$$\boldsymbol{H}_{\mathrm{k}}=\nu\boldsymbol{B}_{\mathrm{k}} \tag{2.3.4}$$

将以上两式代入方程（2.2.59）和方程（2.2.60），并注意到$\kappa_{11}=\kappa_{22}=\kappa$、$\nu_{11}=\nu_{22}=\nu$及本构

矩阵的其他元素都为零，可以得到

$$\kappa\begin{bmatrix}D_1\\D_2\end{bmatrix}=\begin{bmatrix}0&u\\-u&0\end{bmatrix}\begin{bmatrix}B_1\\B_2\end{bmatrix} \tag{2.3.5}$$

$$\nu\begin{bmatrix}B_1\\B_2\end{bmatrix}=\begin{bmatrix}0&-u\\u&0\end{bmatrix}\begin{bmatrix}D_1\\D_2\end{bmatrix} \tag{2.3.6}$$

消去上述方程中的 $\boldsymbol{B}_{\mathrm{k}}$，有

$$\begin{bmatrix}u^2-\kappa\nu&0\\0&u^2-\kappa\nu\end{bmatrix}\begin{bmatrix}D_1\\D_2\end{bmatrix}=0 \tag{2.3.7}$$

满足方程（2.3.7）的解有以下 4 种情况：

（1）$D_1=D_2=0$；

（2）$D_1\neq 0$，$D_2=0$，$u^2-\kappa\nu=0$；

（3）$D_1=0$，$D_2\neq 0$，$u^2-\kappa\nu=0$；

（4）$D_1\neq 0$，$D_2\neq 0$，$u^2-\kappa\nu=0$。

依据上述 4 种情况可知，对于 $\boldsymbol{D}_{\mathrm{k}}\neq\boldsymbol{0}$ 的情况，需要满足以下色散关系

$$u^2-\kappa\nu=0 \tag{2.3.8}$$

具体来说，情况（1）表示零场；情况（2）表示沿 $\hat{\boldsymbol{e}}_1$ 方向线极化的平面波；情况（3）表示沿 $\hat{\boldsymbol{e}}_2$ 方向线极化的平面波；情况（4）表示沿任意方向极化的平面波。

2.4　各向异性介质中的波

2.4.1　单轴介质

1．寻常波和非寻常波

在 xyz 坐标系中，用 $\boldsymbol{D}$、$\boldsymbol{B}$ 表示的单轴介质的本构关系为

$$\boldsymbol{E}=\bar{\bar{\boldsymbol{\kappa}}}\cdot\boldsymbol{D} \tag{2.4.1}$$

$$\boldsymbol{H}=\nu\boldsymbol{B} \tag{2.4.2}$$

式中，

$$\bar{\bar{\boldsymbol{\kappa}}}=\begin{bmatrix}\kappa&0&0\\0&\kappa&0\\0&0&\kappa_z\end{bmatrix} \tag{2.4.3}$$

称为容阻张量。介质的光轴与 $\hat{\boldsymbol{z}}$ 方向一致。用介电常数张量表示为

$$\bar{\bar{\boldsymbol{\varepsilon}}}=\begin{bmatrix}\varepsilon&0&0\\0&\varepsilon&0\\0&0&\varepsilon_z\end{bmatrix} \tag{2.4.4}$$

由于 $\bar{\bar{\boldsymbol{\kappa}}}=\bar{\bar{\boldsymbol{\varepsilon}}}^{-1}$，因此有 $\kappa=\varepsilon^{-1}$ 和 $\kappa_z=\varepsilon_z^{-1}$。磁阻率 ν 和磁导率 μ 之间满足关系 $\nu=1/\mu$。根据式（2.2.42），可以将 $\bar{\bar{\boldsymbol{\kappa}}}$ 变换到 kDB 坐标系，有

$$\bar{\bar{\kappa}}_{\mathrm{k}}=\bar{\bar{T}}\cdot\bar{\bar{\kappa}}\cdot\bar{\bar{T}}^{-1}=\begin{bmatrix}\kappa & 0 & 0\\ 0 & \kappa\cos^2\theta+\kappa_z\sin^2\theta & (\kappa-\kappa_z)\sin\theta\cos\theta\\ 0 & (\kappa-\kappa_z)\sin\theta\cos\theta & \kappa\sin^2\theta+\kappa_z\cos^2\theta\end{bmatrix} \tag{2.4.5}$$

由于单轴介质关于 z 轴对称，因此式（2.4.5）给出的变换与 ϕ 无关。根据方程（2.2.59）和方程（2.2.60），可以得到

$$\begin{bmatrix}\kappa_{11} & 0\\ 0 & \kappa_{22}\end{bmatrix}\begin{bmatrix}D_1\\ D_2\end{bmatrix}=\begin{bmatrix}0 & u\\ -u & 0\end{bmatrix}\begin{bmatrix}B_1\\ B_2\end{bmatrix} \tag{2.4.6}$$

$$\nu\begin{bmatrix}B_1\\ B_2\end{bmatrix}=\begin{bmatrix}0 & -u\\ u & 0\end{bmatrix}\begin{bmatrix}D_1\\ D_2\end{bmatrix} \tag{2.4.7}$$

需要注意的是，$\bar{\bar{\chi}}=\bar{\bar{\gamma}}=\mathbf{0}$，并且根据式（2.4.5）有 $\kappa_{11}=\kappa$ 和 $\kappa_{22}=\kappa\cos^2\theta+\kappa_z\sin^2\theta$。虽然在式（2.4.5）中计算了 κ_{23} 和 κ_{33}，它们并没有用于方程（2.4.6），并且在后续利用 $\boldsymbol{D}_{\mathrm{k}}$ 计算 $\boldsymbol{E}_{\mathrm{k}}$ 的过程中也没有用到。从上述两个方程中消去 $\boldsymbol{B}_{\mathrm{k}}$，可以得到

$$\begin{bmatrix}u^2-\nu\kappa_{11} & 0\\ 0 & u^2-\nu\kappa_{22}\end{bmatrix}\begin{bmatrix}D_1\\ D_2\end{bmatrix}=0 \tag{2.4.8}$$

满足方程（2.4.8）的解有以下 4 种情况：

（1）$D_1=D_2=0$；

（2）$D_1\neq 0$，$D_2=0$，$u^2-\nu\kappa_{11}=0$；

（3）$D_1=0$，$D_2\neq 0$，$u^2-\nu\kappa_{22}=0$；

（4）$D_1\neq 0$，$D_2\neq 0$，$u^2-\nu\kappa_{11}=0$，$u^2-\nu\kappa_{22}=0$。

其中，情况（1）表示零场。

情况（2）表示沿 $\hat{\boldsymbol{e}}_1$ 方向线极化的平面波。从图 2.4.1 中可以注意到，$\hat{\boldsymbol{e}}_1$ 垂直于由光轴和波矢量 $\boldsymbol{k}$ 形成的平面。这个线极化波的相速为

$$u=\pm\sqrt{\nu\kappa_{11}} \tag{2.4.9}$$

其余场分量可以通过方程（2.4.7）及本构关系[式（2.4.1）和式（2.4.2）]得到，有

$$\boldsymbol{D}_{\mathrm{k}}=\hat{\boldsymbol{e}}_1 D_1 \tag{2.4.10}$$

$$\boldsymbol{B}_{\mathrm{k}}=\hat{\boldsymbol{e}}_2\frac{u}{\nu}D_1 \tag{2.4.11}$$

$$\boldsymbol{H}_{\mathrm{k}}=\hat{\boldsymbol{e}}_2 u D_1 \tag{2.4.12}$$

$$\boldsymbol{E}_{\mathrm{k}}=\hat{\boldsymbol{e}}_1\kappa D_1 \tag{2.4.13}$$

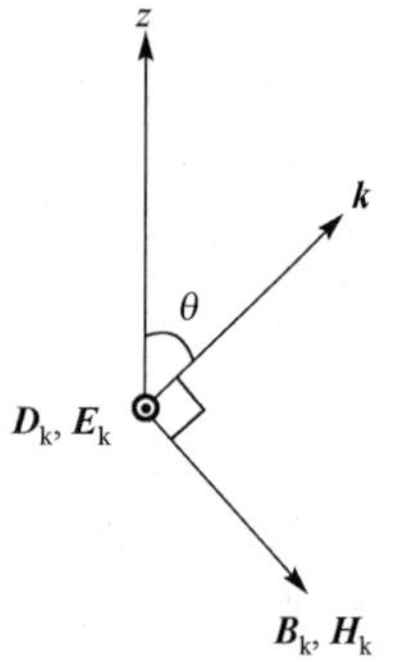

图 2.4.1 单轴介质中的寻常波

因此，$\boldsymbol{D}_{\mathrm{k}}$ 与 $\boldsymbol{E}_{\mathrm{k}}$ 方向一致，$\boldsymbol{B}_{\mathrm{k}}$ 与 $\boldsymbol{H}_{\mathrm{k}}$ 方向一致（图 2.4.1）。情况（2）描述的电磁波称为单轴介质中的寻常波。

情况（3）表示沿 $\hat{\boldsymbol{e}}_2$ 方向线极化的平面波。$\hat{\boldsymbol{e}}_2$ 方向在由光轴和波矢量 $\boldsymbol{k}$ 确定的平面上并垂直于 $\boldsymbol{k}$。这个线极化波的相速为

$$u=\pm\sqrt{\nu\kappa_{22}}=\pm\left[\nu(\kappa\cos^2\theta+\kappa_z\sin^2\theta)\right]^{1/2} \tag{2.4.14}$$

从式（2.4.14）可以发现，相速大小与传播方向有关。该平面波的其余场分量可以根据方程（2.4.7）及本构关系[式（2.4.1）和式（2.4.2）]确定，有

$$\boldsymbol{D}_{\mathrm{k}} = \hat{\boldsymbol{e}}_2 D_2 \tag{2.4.15}$$

$$\boldsymbol{B}_{\mathrm{k}} = -\hat{\boldsymbol{e}}_1 \frac{u}{v} D_2 \tag{2.4.16}$$

$$\boldsymbol{H}_{\mathrm{k}} = -\hat{\boldsymbol{e}}_1 u D_2 \tag{2.4.17}$$

$$\boldsymbol{E}_{\mathrm{k}} = \hat{\boldsymbol{e}}_2 \kappa_{22} D_2 + \hat{\boldsymbol{e}}_3 (\kappa - \kappa_z) \sin\theta \cos\theta D_2 \tag{2.4.18}$$

$\boldsymbol{D}_{\mathrm{k}}$ 与 $\boldsymbol{E}_{\mathrm{k}}$ 在由光轴 z 和波矢量 $\boldsymbol{k}$ 所确定的平面上，但它们的方向不再一致。对于正单轴介质，$\varepsilon_z > \varepsilon$，$\boldsymbol{E}_{\mathrm{k}}$ 在矢量 $\boldsymbol{k}$ 与 $\boldsymbol{D}_{\mathrm{k}}$ 之间（图 2.4.2）。坡印廷矢量的方向不再与波矢量 $\boldsymbol{k} = \hat{\boldsymbol{e}}_3 k$ 的方向平行。该线极化波称为单轴介质中的非寻常波，其相速大小与传播方向有关，且传播方向与坡印廷矢量不同。

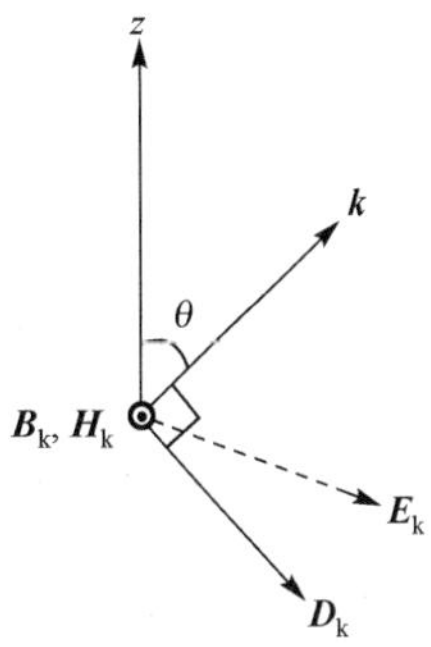

图 2.4.2　正单轴介质中的非寻常波

为了令情况（4）成立，即 $D_1 \neq 0$，$D_2 \neq 0$，必须使 $\kappa_{11} = \kappa_{22}$ 成立，根据式（2.4.5）需要满足① $k = k_z$ 或者② $\theta = 0^\circ$ 或 180°，即需要满足介质为各向同性或入射波沿 $\hat{z}$ 方向传播。因此，在单轴介质中只有当波矢量 $\boldsymbol{k}$ 沿光轴方向时，非线性极化波才能传播。一般来说，单轴介质中的平面波要么是寻常线极化波[情况（2）]，其场量 $\boldsymbol{D}$ 垂直于由光轴和波矢量 $\boldsymbol{k}$ 确定的平面，传播的相速由式（2.4.9）确定；要么是非寻常线极化波[情况（3）]，其场量 $\boldsymbol{D}$ 在由光轴和波矢量 $\boldsymbol{k}$ 确定的平面上，传播的相速由式（2.4.14）确定。当电磁波进入单轴介质时，它将分解成两个以不同速度传播的线极化特征波，这一现象称为双折射。这种会发生双折射现象的介质统称为双折射介质。

2. *k* 表面

寻常波和非寻常波的色散关系由式（2.4.9）和式（2.4.14）给出，可以通过三角函数转换为关于波矢量 $\boldsymbol{k}$ 直角分量的函数。注意到 $u = \omega/k$，$k\cos\theta = k_z$，$k\sin\theta = k_{\mathrm{s}}$，其中 k_{s} 为横向空间频率，表示 $\boldsymbol{k}$ 的横向分量大小。对于寻常波，有

$$\omega^2 = v\kappa k_z^2 + v\kappa k_{\mathrm{s}}^2 \tag{2.4.19}$$

对于非寻常波，有

$$\omega^2 = v\kappa k_z^2 + v\kappa_z k_{\mathrm{s}}^2 \tag{2.4.20}$$

若 κ 和 κ_z 均为正值且不相等，则式（2.4.19）描述的是一个圆，式（2.4.20）描述的是一个椭圆（图 2.4.3）。根据非寻常波 k 表面呈现的形状，可以将满足这类色散关系的介质称为椭圆色散介质。

接下来证明在一般情况下，坡印廷矢量的方向与 k 表面的切线方向垂直，即群速的方向与能速的方向一致，其中能速定义为坡印廷矢量的时均值 $\langle \boldsymbol{S} \rangle$ 与电磁能量密度之比。用数学方法表述就是证明 $\langle \boldsymbol{S} \rangle$ 与 k 表面的切线方向垂直，即 $\Delta\boldsymbol{k} \cdot \langle \boldsymbol{S} \rangle = 0$。鉴于此，将首先对 $\boldsymbol{k} \times \boldsymbol{E} = \omega \boldsymbol{B}$ 和 $\boldsymbol{k} \times \boldsymbol{H}^* = -\omega \boldsymbol{D}^*$ 求导，有

$$\Delta\boldsymbol{k} \times \boldsymbol{E} + \boldsymbol{k} \times \Delta\boldsymbol{E} = \omega \Delta\boldsymbol{B} \tag{2.4.21}$$

$$\Delta\boldsymbol{k} \times \boldsymbol{H}^* + \boldsymbol{k} \times \Delta\boldsymbol{H}^* = -\omega \Delta\boldsymbol{D}^* \tag{2.4.22}$$

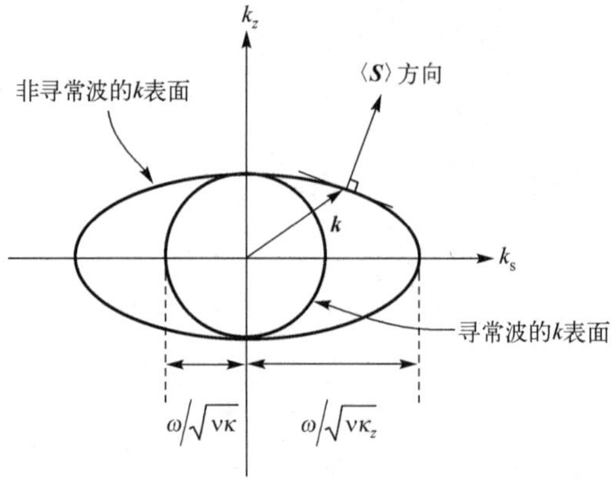

图 2.4.3 椭圆色散介质的 k 表面

根据以上两式，可以得到

$$\begin{aligned}2\Delta \boldsymbol{k}\cdot(\boldsymbol{E}\times\boldsymbol{H}^*)&=\omega(\boldsymbol{H}^*\cdot\Delta\boldsymbol{B}+\boldsymbol{E}\cdot\Delta\boldsymbol{D}^*)+\Delta\boldsymbol{E}\cdot(\boldsymbol{k}\times\boldsymbol{H}^*)-\Delta\boldsymbol{H}^*\cdot(\boldsymbol{k}\times\boldsymbol{E})\\&=\omega(\boldsymbol{H}^*\cdot\Delta\boldsymbol{B}+\boldsymbol{E}\cdot\Delta\boldsymbol{D}^*-\boldsymbol{D}^*\cdot\Delta\boldsymbol{E}-\boldsymbol{B}\cdot\Delta\boldsymbol{H}^*)\end{aligned} \tag{2.4.23}$$

在式（2.4.23）的推导过程中应用了矢量恒等式 $\boldsymbol{A}\cdot(\boldsymbol{B}\times\boldsymbol{C})=\boldsymbol{B}\cdot(\boldsymbol{C}\times\boldsymbol{A})=\boldsymbol{C}\cdot(\boldsymbol{A}\times\boldsymbol{B})$。对于椭圆色散介质，有

$$\begin{aligned}2\Delta \boldsymbol{k}\cdot(\boldsymbol{E}\times\boldsymbol{H}^*)&=\omega(\boldsymbol{E}\cdot\bar{\bar{\boldsymbol{\varepsilon}}}^*\cdot\Delta\boldsymbol{E}^*-\Delta\boldsymbol{E}\cdot\bar{\bar{\boldsymbol{\varepsilon}}}^*\cdot\boldsymbol{E}^*+\boldsymbol{H}^*\cdot\mu\Delta\boldsymbol{H}-\Delta\boldsymbol{H}^*\cdot\mu\boldsymbol{H})\\&=\omega[(\boldsymbol{E}^*\cdot\bar{\bar{\boldsymbol{\varepsilon}}}\cdot\Delta\boldsymbol{E})^*-(\boldsymbol{E}\cdot\bar{\bar{\boldsymbol{\varepsilon}}}^+\cdot\Delta\boldsymbol{E})+(\boldsymbol{H}^*\cdot\mu\Delta\boldsymbol{H})-(\boldsymbol{H}^*\cdot\mu^*\Delta\boldsymbol{H})^*]\end{aligned} \tag{2.4.24}$$

需要注意的是，式（2.4.24）对任意单轴介质均成立。利用无损条件 $\bar{\bar{\boldsymbol{\varepsilon}}}^+=\bar{\bar{\boldsymbol{\varepsilon}}}$ 和 $\mu^*=\mu$，可以发现式（2.4.24）的右侧是一个纯虚数，而坡印廷矢量的时均值等于 $\boldsymbol{E}\times\boldsymbol{H}^*$ 实部的一半，因此有

$$\Delta\boldsymbol{k}\cdot\langle\boldsymbol{S}\rangle=0 \tag{2.4.25}$$

一般情况下，对于无损双各向异性介质，式（2.4.24）右侧是一个纯虚数，所以在 k 表面上的任意一点，坡印廷矢量的方向与该点所在曲面的法向相同。

3. 双曲色散介质

若 κ 和 κ_z 中有一个是负值，则式（2.4.20）描述的是双曲线（图 2.4.4），满足这类色散关系的介质称为双曲色散介质。需要注意的是，对于不同取值的 κ 和 κ_z，双曲线的形状和位置有所不同。对于 $\kappa>0$、$\kappa_z<0$ 的情况，双曲线分布在 k_s 轴两侧，并且与 k_z 轴相交，如图 2.4.4（a）所示。在这种情况下，式（2.4.19）描述的仍然是一个圆。对于 $\kappa<0$、$\kappa_z>0$ 的情况，双曲线分布在 k_z 轴两侧，并且与 k_s 轴相交，如图 2.4.4（b）所示。由于 $\kappa<0$，满足式（2.4.19）的条件时 k_z 和 k_s 将出现虚数，因此寻常波在这类双曲色散介质中将以倏逝波的形式存在。

由于 κ 和 κ_z 的符号相反，根据式（2.4.14）可以发现，若满足条件

$$\tan\theta_C=\pm\sqrt{-\frac{\kappa}{\kappa_z}} \tag{2.4.26}$$

线极化波的相速将有可能趋向于零，$|u|\to 0$。式中，θ_C 为双曲线的渐近线与 k_z 轴的夹角，称为双曲色散介质的临界角。由于 $u=\omega/k$，$|u|\to 0$，有 $|k|\to\infty$，因此在双曲色散介质中，沿

临界角方向传播的波的波矢量具有极大值。当$\kappa>0$、$\kappa_z<0$时，线极化波在双曲色散介质中的可能传播方向为$\theta\leqslant\theta_C$的锥形区域，而当$\kappa<0$、$\kappa_z>0$时，线极化波的可能传播方向则为$\theta\geqslant\theta_C$的锥形区域。从式（2.4.14）和式（2.4.20）可以发现，在锥形区域之外，$\kappa\cos^2\theta+\kappa_z\sin^2\theta<0$，线极化波的相速将变为虚数，因此波在双曲色散介质锥形区域之外将以倏逝波的形式存在。

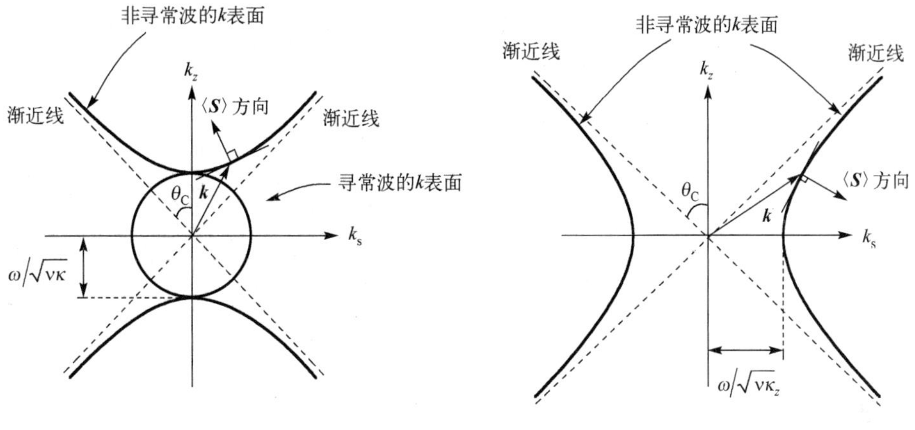

（a）$\kappa>0,\ \kappa_z<0$　　（b）$\kappa<0,\ \kappa_z>0$

图 2.4.4　双曲色散介质的 k 表面

4. 近零介质

当$\kappa\to+\infty$且$\kappa_z<0$时，式（2.4.20）近似为$\omega^2=\nu\kappa k_z^2$，非寻常波的 k 表面为两条接近k_s坐标轴且上下分布的双曲线，可以近似看作两条平行于k_s坐标轴的直线，如图 2.4.5（a）所示；对于$\kappa\to+\infty$且$\kappa_z>0$或者$\kappa\to-\infty$且$\kappa_z<0$的情况，其 k 表面也可近似看作平行于k_s坐标轴的直线；对于$\kappa_z\to\infty$的情况，也可以得出类似的结论。满足这类色散关系的介质称为单轴近零介质。若κ和κ_z取值同时趋向于无穷大，则式（2.4.19）和式（2.4.20）可以近似为$k_z^2+k_s^2=0$，因此寻常波和非寻常波的 k 表面可以看作与坐标原点重合的点，满足这类色散关系的介质称为各向同性近零介质。在这种情况下，线极化波在各向同性近零介质中将沿任意方向传播。

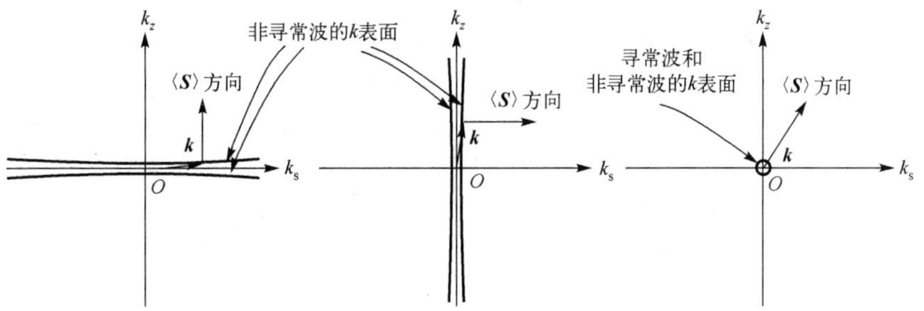

（a）$\kappa\to\infty$的单轴近零介质　　（b）$\kappa_z\to\infty$的单轴近零介质　　（c）各向同性近零介质

图 2.4.5　近零介质的 k 表面

【扩展阅读】双曲色散介质

作为异向介质的一个重要分支，双曲色散介质由于其独特的近场电磁波调控特性而成为科学家研究的焦点。双曲色散介质由美国杜克大学史密斯（David Smith）等在 2003 年首次提出，它是一种强各向异性的异向介质，其各个方向的介电常数张量或磁导率张量具有相反的符号。按照理论分析，双曲色散介质的 k 表面是没有边界的，意味着该介质能够支持远大于自由空间波矢量的电磁波传播，这正是双曲色散介质在超分辨成像、纳米聚焦、电子辐射及光量子技术等方面具有广泛应用的根本原因。

【扩展阅读】近零介质

近零介质，顾名思义就是介电常数或磁导率接近于零的异向介质。在近零介质中传播的电磁波的波长一般远大于介质本身的尺寸，这意味着在有限大小的近零介质中，电磁波的传播相位变化近乎为零。同时，介电常数或磁导率接近零会导致在近零介质中传播的电磁波的电场和磁场存在不同程度的解耦。鉴于此，近零介质有着明显不同于常规介质的特性，如定向辐射、挤压隧穿效应、波阵面裁剪、完美吸收等。这些特性吸引着人们对这种介质的持续关注。人们通过多层异质结构、金属波导、光子晶体等不同的结构在实验上制备了不同工作频率的近零介质，这为近零介质在实际生产生活中的应用提供了可能性。

2.4.2 回旋介质

作为 kDB 坐标系应用于均匀介质中特征波求解的另一个例子，考虑具有以下本构关系的回旋介质

$$\boldsymbol{H} = \nu \boldsymbol{B} \tag{2.4.27}$$

$$\boldsymbol{E} = \bar{\bar{\boldsymbol{\kappa}}} \cdot \boldsymbol{D} \tag{2.4.28}$$

式中，

$$\bar{\bar{\boldsymbol{\kappa}}} = \begin{bmatrix} \kappa & \mathrm{i}\kappa_{\mathrm{g}} & 0 \\ -\mathrm{i}\kappa_{\mathrm{g}} & \kappa & 0 \\ 0 & 0 & \kappa_z \end{bmatrix} \tag{2.4.29}$$

利用式（2.2.42）～式（2.2.45），可以将本构矩阵变换到 kDB 坐标系，得到 $\nu_{\mathrm{k}} = \nu$ 及

$$\bar{\bar{\boldsymbol{\kappa}}}_{\mathrm{k}} = \bar{\bar{\boldsymbol{T}}} \cdot \bar{\bar{\boldsymbol{\kappa}}} \cdot \bar{\bar{\boldsymbol{T}}}^{-1} = \begin{bmatrix} \kappa & \mathrm{i}\kappa_{\mathrm{g}}\cos\theta & \mathrm{i}\kappa_{\mathrm{g}}\sin\theta \\ -\mathrm{i}\kappa_{\mathrm{g}}\cos\theta & \kappa\cos^2\theta + \kappa_z\sin^2\theta & (\kappa-\kappa_z)\sin\theta\cos\theta \\ -\mathrm{i}\kappa_{\mathrm{g}}\sin\theta & (\kappa-\kappa_z)\sin\theta\cos\theta & \kappa\sin^2\theta + \kappa_z\cos^2\theta \end{bmatrix} \tag{2.4.30}$$

将本构元素代入方程（2.2.59）和方程（2.2.60），可以得到

$$\begin{bmatrix} \kappa & \mathrm{i}\kappa_{\mathrm{g}}\cos\theta \\ -\mathrm{i}\kappa_{\mathrm{g}}\cos\theta & \kappa\cos^2\theta + \kappa_z\sin^2\theta \end{bmatrix} \begin{bmatrix} D_1 \\ D_2 \end{bmatrix} = \begin{bmatrix} 0 & u \\ -u & 0 \end{bmatrix} \begin{bmatrix} B_1 \\ B_2 \end{bmatrix} \tag{2.4.31}$$

$$\nu \begin{bmatrix} B_1 \\ B_2 \end{bmatrix} = \begin{bmatrix} 0 & -u \\ u & 0 \end{bmatrix} \begin{bmatrix} D_1 \\ D_2 \end{bmatrix} \tag{2.4.32}$$

消去上述方程中的 $\boldsymbol{B}_{\mathrm{k}}$，有

$$\begin{bmatrix} u^2 - \nu\kappa & -\mathrm{i}\nu\kappa_{\mathrm{g}}\cos\theta \\ \mathrm{i}\nu\kappa_{\mathrm{g}}\cos\theta & u^2 - \nu(\kappa\cos^2\theta + \kappa_z\sin^2\theta) \end{bmatrix} \begin{bmatrix} D_1 \\ D_2 \end{bmatrix} = 0 \tag{2.4.33}$$

对于 $\boldsymbol{D}_\text{k}$ 的非零解，令 2×2 矩阵的行列式等于零，有

$$u^2 = \frac{\nu}{2}\left[\kappa(1+\cos^2\theta) + \kappa_z\sin^2\theta \pm \sqrt{(\kappa-\kappa_z)^2\sin^4\theta + 4\kappa_\text{g}^2\cos^2\theta}\right] \tag{2.4.34}$$

用波矢量 $\boldsymbol{k}$ 的直角分量表示，有

$$\omega^2 = \frac{\nu}{2}\left[\kappa(k^2+k_z^2) + \kappa_z k_\text{s}^2 \pm \sqrt{(\kappa-\kappa_z)^2 k_\text{s}^4 + 4\kappa_\text{g}^2 k_z^2 k^2}\right] \tag{2.4.35}$$

上述结果给出了相应的色散关系。场矢量 $\boldsymbol{D}_\text{k}$ 的两个分量之间满足以下关系

$$\frac{D_2}{D_1} = \frac{-\text{i}2\kappa_\text{g}\cos\theta}{(\kappa-\kappa_z)\sin^2\theta \pm \sqrt{(\kappa-\kappa_z)^2\sin^4\theta + 4\kappa_\text{g}^2\cos^2\theta}} \tag{2.4.36}$$

若定义角度 φ 满足

$$\tan(2\varphi) = \frac{2\kappa_\text{g}\cos\theta}{(\kappa-\kappa_z)\sin^2\theta} \tag{2.4.37}$$

对于式（2.4.34）中，相速 u 取“+”号的特征波也称为回旋介质中的 I 型波，式（2.4.36）简化为

$$\frac{D_2}{D_1} = -\text{i}\tan\varphi \tag{2.4.38}$$

相速 u 取“−”号的特征波也称为回旋介质中的Ⅱ型波，式（2.4.36）简化为

$$\frac{D_2}{D_1} = -\text{i}\cot\varphi \tag{2.4.39}$$

两种特征波都是椭圆极化波。当 $\kappa_\text{g} = 0$ 时，介质变为单轴介质，特征波变为线极化波。当 $\theta = \pi/2$ 时，波传播的方向垂直于外加直流磁场的方向，特征波也都将变为线极化波。这种双折射现象称为科顿–穆顿（Cotton-Mouton）效应，是 1907 年科顿和穆顿在液体中发现的。

2.4.3　法拉第旋转

当波沿着 $+\hat{z}$ 方向传播时，$\theta = 0$，方程（2.4.33）变为

$$\begin{bmatrix} u^2 - \nu\kappa & -\text{i}\nu\kappa_\text{g} \\ \text{i}\nu\kappa_\text{g} & u^2 - \nu\kappa \end{bmatrix}\begin{bmatrix} D_1 \\ D_2 \end{bmatrix} = 0 \tag{2.4.40}$$

可以得到

$$\frac{D_2}{D_1} = \frac{u^2 - \nu\kappa}{\text{i}\nu\kappa_\text{g}} = -\frac{\text{i}\nu\kappa_\text{g}}{u^2 - \nu\kappa} \tag{2.4.41}$$

因此，有

$$u^2 - \nu\kappa = \pm\nu\kappa_\text{g} \tag{2.4.42}$$

相速大小为

$$u = \frac{\omega}{k} = \sqrt{\nu\left(\kappa \pm \kappa_\text{g}\right)} \tag{2.4.43}$$

$\boldsymbol{D}_{\mathrm{k}}$ 的两个分量满足

$$\frac{D_2}{D_1}=\mp\mathrm{i} \tag{2.4.44}$$

因此，两个特征波都是圆极化波。I 型波是左旋圆极化波，其中 $D_2/D_1=-\mathrm{i}$，传播速度为 $u=\sqrt{\nu\kappa+\nu\kappa_{\mathrm{g}}}$，空间频率为 $k^{\mathrm{I}}=\omega\Big/\sqrt{\nu(\kappa+\kappa_{\mathrm{g}})}$。II 型波是右旋圆极化波，其中 $D_2/D_1=\mathrm{i}$，传播速度为 $u=\sqrt{\nu\kappa-\nu\kappa_{\mathrm{g}}}$，空间频率为 $k^{\mathrm{II}}=\omega\Big/\sqrt{\nu(\kappa-\kappa_{\mathrm{g}})}$。

考虑沿 $\hat{\boldsymbol{z}}$ 方向传播的线极化波 $\boldsymbol{D}=\hat{\boldsymbol{e}}_1 2D_0$。该线极化波可以分解为左旋圆极化波和右旋圆极化波的叠加 $\boldsymbol{D}=\hat{\boldsymbol{e}}_1 2D_0=D_0(\hat{\boldsymbol{e}}_1+\hat{\boldsymbol{e}}_2\mathrm{i})+D_0(\hat{\boldsymbol{e}}_1-\hat{\boldsymbol{e}}_2\mathrm{i})$，有

$$\boldsymbol{D}(\boldsymbol{r})=D_0(\hat{\boldsymbol{e}}_1+\hat{\boldsymbol{e}}_2\mathrm{i})\mathrm{e}^{\mathrm{i}k^{\mathrm{II}}z}+D_0(\hat{\boldsymbol{e}}_1-\hat{\boldsymbol{e}}_2\mathrm{i})\mathrm{e}^{\mathrm{i}k^{\mathrm{I}}z} \tag{2.4.45}$$

电磁波在介质中传播一段距离 z_0 后，左旋圆极化波和右旋圆极化波具有不同的相位变化，有

$$\begin{aligned}\boldsymbol{D}&=D_0(\hat{\boldsymbol{e}}_1+\hat{\boldsymbol{e}}_2\mathrm{i})\mathrm{e}^{\mathrm{i}\phi_{\mathrm{II}}}+D_0(\hat{\boldsymbol{e}}_1-\hat{\boldsymbol{e}}_2\mathrm{i})\mathrm{e}^{\mathrm{i}\phi_{\mathrm{I}}}\\&=\hat{\boldsymbol{e}}_1D_0(\mathrm{e}^{\mathrm{i}\phi_{\mathrm{II}}}+\mathrm{e}^{\mathrm{i}\phi_{\mathrm{I}}})+\hat{\boldsymbol{e}}_2\mathrm{i}D_0(\mathrm{e}^{\mathrm{i}\phi_{\mathrm{II}}}-\mathrm{e}^{\mathrm{i}\phi_{\mathrm{I}}})\end{aligned} \tag{2.4.46}$$

式中，

$$\phi_{\mathrm{I}}=k^{\mathrm{I}}z_0=\frac{\omega z_0}{\sqrt{\nu(\kappa+\kappa_{\mathrm{g}})}} \tag{2.4.47}$$

$$\phi_{\mathrm{II}}=k^{\mathrm{II}}z_0=\frac{\omega z_0}{\sqrt{\nu(\kappa-\kappa_{\mathrm{g}})}} \tag{2.4.48}$$

$\boldsymbol{D}_{\mathrm{k}}$ 的两个分量满足

$$\frac{D_2}{D_1}=\mathrm{i}\frac{\mathrm{e}^{\mathrm{i}\phi_{\mathrm{II}}}-\mathrm{e}^{\mathrm{i}\phi_{\mathrm{I}}}}{\mathrm{e}^{\mathrm{i}\phi_{\mathrm{II}}}+\mathrm{e}^{\mathrm{i}\phi_{\mathrm{I}}}}=-\tan\frac{\phi_{\mathrm{II}}-\phi_{\mathrm{I}}}{2} \tag{2.4.49}$$

这两个分量的相位相同，因此波具有线极化。当观察者沿 $-\hat{\boldsymbol{z}}$ 方向观察时，入射波将沿顺时针方向旋转角度 $(\phi_{\mathrm{II}}-\phi_{\mathrm{I}})/2$，如图 2.4.6（a）所示。

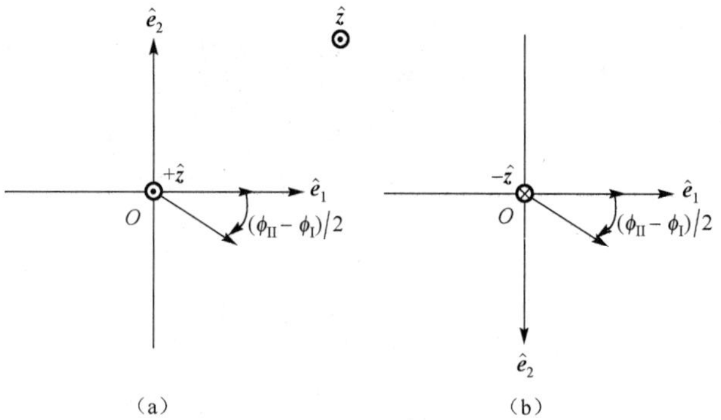

图 2.4.6　法拉第旋转

考虑波沿 $-\hat{\boldsymbol{z}}$ 方向传播的情况，$\theta=\pi$，方程（2.4.33）变为

$$\begin{bmatrix}u^2-\nu\kappa & \mathrm{i}\nu\kappa_{\mathrm{g}}\\ -\mathrm{i}\nu\kappa_{\mathrm{g}} & u^2-\nu\kappa\end{bmatrix}\begin{bmatrix}D_1\\ D_2\end{bmatrix}=0 \tag{2.4.50}$$

可以得到

$$\frac{D_2}{D_1}=-\frac{u^2-\nu\kappa}{\mathrm{i}\nu\kappa_{\mathrm{g}}}=\frac{\mathrm{i}\nu\kappa_{\mathrm{g}}}{u^2-\nu\kappa} \tag{2.4.51}$$

因此，有

$$u^2-\nu\kappa=\pm\nu\kappa_{\mathrm{g}} \tag{2.4.52}$$

相速大小为

$$u=\frac{\omega}{k}=\sqrt{\nu(\kappa\pm\kappa_{\mathrm{g}})} \tag{2.4.53}$$

$\boldsymbol{D}_{\mathrm{k}}$ 的两个分量满足

$$\frac{D_2}{D_1}=\pm\mathrm{i} \tag{2.4.54}$$

同样地，两个特征波都是圆极化波。I 型波是右旋圆极化波，其中 $D_2/D_1=\mathrm{i}$，传播速度为 $u=\sqrt{\nu\kappa+\nu\kappa_{\mathrm{g}}}$，空间频率为 $k^{\mathrm{I}}=\omega\big/\sqrt{\nu(\kappa+\kappa_{\mathrm{g}})}$。II 型波是左旋圆极化波，其中 $D_2/D_1=-\mathrm{i}$，传播速度为 $u=\sqrt{\nu\kappa-\nu\kappa_{\mathrm{g}}}$，空间频率为 $k^{\mathrm{II}}=\omega\big/\sqrt{\nu(\kappa-\kappa_{\mathrm{g}})}$。

需要注意的是，对于波沿 $-\hat{z}$ 方向传播的情况，根据图 2.2.3 所示的 kDB 坐标系，图 2.4.6（b）中 $\hat{\boldsymbol{e}}_2$ 轴的方向与图 2.4.6（a）中的相反。线极化波 $\boldsymbol{D}=\hat{\boldsymbol{e}}_1 2D_0$ 可以分解为左旋圆极化波和右旋圆极化波的叠加 $\boldsymbol{D}=\hat{\boldsymbol{e}}_1 2D_0=D_0(\hat{\boldsymbol{e}}_1+\hat{\boldsymbol{e}}_2\mathrm{i})+D_0(\hat{\boldsymbol{e}}_1-\hat{\boldsymbol{e}}_2\mathrm{i})$，有

$$\boldsymbol{D}(\boldsymbol{r})=D_0(\hat{\boldsymbol{e}}_1+\hat{\boldsymbol{e}}_2\mathrm{i})e^{-\mathrm{i}k^{\mathrm{I}}z}+D_0(\hat{\boldsymbol{e}}_1-\hat{\boldsymbol{e}}_2\mathrm{i})\mathrm{e}^{-\mathrm{i}k^{\mathrm{II}}z} \tag{2.4.55}$$

波在介质中传播一段距离 $z=-z_0$ 后，左旋圆极化波和右旋圆极化波具有不同的相位变化，有

$$\begin{aligned}\boldsymbol{D}&=D_0(\hat{\boldsymbol{e}}_1+\hat{\boldsymbol{e}}_2\mathrm{i})\mathrm{e}^{\mathrm{i}k^{\mathrm{I}}z_0}+D_0(\hat{\boldsymbol{e}}_1-\hat{\boldsymbol{e}}_2\mathrm{i})\mathrm{e}^{\mathrm{i}k^{\mathrm{II}}z_0}\\&=\hat{\boldsymbol{e}}_1D_0(\mathrm{e}^{\mathrm{i}\phi_{\mathrm{I}}}+\mathrm{e}^{\mathrm{i}\phi_{\mathrm{II}}})+\hat{\boldsymbol{e}}_2\mathrm{i}D_0(\mathrm{e}^{\mathrm{i}\phi_{\mathrm{I}}}-\mathrm{e}^{\mathrm{i}\phi_{\mathrm{II}}})\end{aligned} \tag{2.4.56}$$

式中，

$$\phi_{\mathrm{I}}=k^{\mathrm{I}}z_0=\frac{\omega z_0}{\sqrt{\nu(\kappa+\kappa_{\mathrm{g}})}} \tag{2.4.57}$$

$$\phi_{\mathrm{II}}=k^{\mathrm{II}}z_0=\frac{\omega z_0}{\sqrt{\nu(\kappa-\kappa_{\mathrm{g}})}} \tag{2.4.58}$$

$\boldsymbol{D}_{\mathrm{k}}$ 的两个分量满足

$$\frac{D_2}{D_1}=-\mathrm{i}\frac{\mathrm{e}^{\mathrm{i}\phi_{\mathrm{II}}}-\mathrm{e}^{\mathrm{i}\phi_{\mathrm{I}}}}{\mathrm{e}^{\mathrm{i}\phi_{\mathrm{II}}}+\mathrm{e}^{\mathrm{i}\phi_{\mathrm{I}}}}=\tan\frac{\phi_{\mathrm{II}}-\phi_{\mathrm{I}}}{2} \tag{2.4.59}$$

同样地，当观察者沿 $-\hat{z}$ 方向观察时，出射波将沿顺时针方向旋转角度 $(\phi_{\mathrm{II}}-\phi_{\mathrm{I}})/2$，如图 2.4.6（b）所示。

线极化场矢量在通过回旋介质后发生旋转的现象称为法拉第旋转。等离子体介质会产生法拉第旋转效应的物理原因是电子围绕磁力线的旋转运动。外加磁场的铁氧体会发生法拉第旋转的物理原因是磁流旋转轴围绕磁场的运动。铁氧体中法拉第现象的分析即利用与容阻张量 $\bar{\bar{\boldsymbol{\kappa}}}$ 相似的磁阻张量 $\bar{\bar{\boldsymbol{\nu}}}$ 的磁各向异性介质模型。

2.5 双各向异性介质中的波

考虑具有以下本构关系的双各向异性介质

$$\boldsymbol{E}=\begin{bmatrix}\kappa & 0 & 0\\ 0 & \kappa & 0\\ 0 & 0 & \kappa_z\end{bmatrix}\cdot\boldsymbol{D}+\begin{bmatrix}\chi & 0 & 0\\ 0 & \chi & 0\\ 0 & 0 & \chi_z\end{bmatrix}\cdot\boldsymbol{B} \tag{2.5.1}$$

$$\boldsymbol{H}=\begin{bmatrix}\gamma & 0 & 0\\ 0 & \gamma & 0\\ 0 & 0 & \gamma_z\end{bmatrix}\cdot\boldsymbol{D}+\begin{bmatrix}\nu & 0 & 0\\ 0 & \nu & 0\\ 0 & 0 & \nu_z\end{bmatrix}\cdot\boldsymbol{B} \tag{2.5.2}$$

当 $\bar{\bar{\boldsymbol{\chi}}}=\bar{\bar{\boldsymbol{\gamma}}}$ 时，本构关系简化为 Dzyaloshinskii 所描述的磁电介质。

在 kDB 坐标系中，本构矩阵 $\boldsymbol{\kappa}_{\mathrm{k}}$ 可以写为

$$\boldsymbol{\kappa}_{\mathrm{k}}=\begin{bmatrix}\kappa & 0 & 0\\ 0 & \kappa\cos^2\theta+\kappa_z\sin^2\theta & (\kappa-\kappa_z)\sin\theta\cos\theta\\ 0 & (\kappa-\kappa_z)\sin\theta\cos\theta & \kappa\sin^2\theta+\kappa_z\cos^2\theta\end{bmatrix} \tag{2.5.3}$$

其余本构矩阵 $\bar{\bar{\boldsymbol{\chi}}}_{\mathrm{k}}$、$\bar{\bar{\boldsymbol{\gamma}}}_{\mathrm{k}}$ 和 $\bar{\bar{\boldsymbol{\nu}}}_{\mathrm{k}}$ 也有类似的形式。将对应的本构参数代入方程（2.2.59）和方程（2.2.60）并消去 $\boldsymbol{B}_{\mathrm{k}}$，可以得到

$$\begin{bmatrix}u^2-\nu_{22}\kappa+\dfrac{\chi\gamma\nu_{22}}{\nu} & -\left(\gamma_{22}-\dfrac{\chi\nu_{22}}{\nu}\right)u\\ -\left(\chi_{22}-\dfrac{\gamma\nu_{22}}{\nu}\right)u & u^2-\nu\kappa_{22}+\chi_{22}\gamma_{22}\end{bmatrix}\begin{bmatrix}D_1\\ D_2\end{bmatrix}=0 \tag{2.5.4}$$

式中，

$$\kappa_{22}=\kappa\cos^2\theta+\kappa_z\sin^2\theta \tag{2.5.5}$$

$$\nu_{22}=\nu\cos^2\theta+\nu_z\sin^2\theta \tag{2.5.6}$$

$$\chi_{22}=\chi\cos^2\theta+\chi_z\sin^2\theta \tag{2.5.7}$$

$$\gamma_{22}=\gamma\cos^2\theta+\gamma_z\sin^2\theta \tag{2.5.8}$$

根据方程（2.5.4）可以求解 u 和 $\boldsymbol{D}_{\mathrm{k}}$。接下来讨论几种特殊情况。

1. 手征介质

手征介质包括多种糖溶液、氨基酸、DNA 等天然物质，具有以下本构关系

$$\boldsymbol{E}=\kappa\boldsymbol{D}-\mathrm{i}\chi\boldsymbol{B} \tag{2.5.9}$$

$$\boldsymbol{H}=\mathrm{i}\chi\boldsymbol{D}+\nu\boldsymbol{B} \tag{2.5.10}$$

以上两式描述了双各向异性介质中的一种特殊情况，即双各向同性手征介质。对于双各向同性手征介质，令方程（2.5.5）～方程（2.5.8）中 $\kappa_z=\kappa$、$\nu_z=\nu$ 和 $\chi_z=\chi$，代入式（2.5.4）

可以得到

$$\begin{bmatrix} u^2-\kappa\nu+\chi^2 & -\mathrm{i}2\chi u \\ \mathrm{i}2\chi u & u^2-\kappa\nu+\chi^2 \end{bmatrix}\begin{bmatrix} D_1 \\ D_2 \end{bmatrix}=0 \tag{2.5.11}$$

类似地，有

$$\frac{D_2}{D_1}=\frac{u^2-\nu\kappa+\chi^2}{\mathrm{i}2\chi u}=-\frac{\mathrm{i}2\chi u}{u^2-\nu\kappa+\chi^2} \tag{2.5.12}$$

因此，有

$$u^2-\kappa\nu+\chi^2=\pm 2\chi u \tag{2.5.13}$$

相速大小为

$$u=\sqrt{\nu\kappa}\pm\chi \tag{2.5.14}$$

$\boldsymbol{D}_{\mathrm{k}}$ 的两个分量满足

$$\frac{D_2}{D_1}=\mp\mathrm{i} \tag{2.5.15}$$

式（2.5.15）表明两个特征波都是圆极化波。Ⅰ型波为左旋圆极化波，其中 $D_2/D_1=-\mathrm{i}$，传播速度为 $u=\sqrt{\nu\kappa}+\chi$，空间频率为 $k^{\mathrm{I}}=\omega\big/\left(\sqrt{\nu\kappa}+\chi\right)$。Ⅱ型波为右旋圆极化波，其中 $D_2/D_1=\mathrm{i}$，传播速度为 $u=\sqrt{\nu\kappa}-\chi$，空间频率为 $k^{\mathrm{II}}=\omega\big/\left(\sqrt{\nu\kappa}-\chi\right)$。

考虑沿 $\hat{\boldsymbol{z}}$ 方向传播的线极化波 $\boldsymbol{D}=\hat{\boldsymbol{e}}_1 2D_0$。该线极化波可以分解为左旋圆极化波和右旋圆极化波的叠加 $\boldsymbol{D}=\hat{\boldsymbol{e}}_1 2D_0=D_0(\hat{\boldsymbol{e}}_1+\hat{\boldsymbol{e}}_2\mathrm{i})+D_0(\hat{\boldsymbol{e}}_1-\hat{\boldsymbol{e}}_2\mathrm{i})$，有

$$\boldsymbol{D}(\boldsymbol{r})=D_0(\hat{\boldsymbol{e}}_1+\hat{\boldsymbol{e}}_2\mathrm{i})\mathrm{e}^{\mathrm{i}k^{\mathrm{II}}z}+D_0(\hat{\boldsymbol{e}}_1-\hat{\boldsymbol{e}}_2\mathrm{i})\mathrm{e}^{\mathrm{i}k^{\mathrm{I}}z} \tag{2.5.16}$$

电磁波在介质中传播一段距离 z_0 后，左旋圆极化波和右旋圆极化波具有不同的相位变化，有

$$\begin{aligned}\boldsymbol{D}&=D_0(\hat{\boldsymbol{e}}_1+\hat{\boldsymbol{e}}_2\mathrm{i})\mathrm{e}^{\mathrm{i}\phi_{\mathrm{II}}}+D_0(\hat{\boldsymbol{e}}_1-\hat{\boldsymbol{e}}_2\mathrm{i})\mathrm{e}^{\mathrm{i}\phi_{\mathrm{I}}}\\&=\hat{\boldsymbol{e}}_1 D_0(\mathrm{e}^{\mathrm{i}\phi_{\mathrm{II}}}+\mathrm{e}^{\mathrm{i}\phi_{\mathrm{I}}})+\hat{\boldsymbol{e}}_2\mathrm{i}D_0(\mathrm{e}^{\mathrm{i}\phi_{\mathrm{II}}}-\mathrm{e}^{\mathrm{i}\phi_{\mathrm{I}}})\end{aligned} \tag{2.5.17}$$

式中，

$$\phi_{\mathrm{I}}=k^{\mathrm{I}}z_0=\frac{\omega z_0}{\sqrt{\nu\kappa+\chi}} \tag{2.5.18}$$

$$\phi_{\mathrm{II}}=k^{\mathrm{II}}z_0=\frac{\omega z_0}{\sqrt{\nu\kappa-\chi}} \tag{2.5.19}$$

$\boldsymbol{D}_{\mathrm{k}}$ 的两个分量满足

$$\frac{D_2}{D_1}=\mathrm{i}\frac{\mathrm{e}^{\mathrm{i}\phi_{\mathrm{II}}}-\mathrm{e}^{\mathrm{i}\phi_{\mathrm{I}}}}{\mathrm{e}^{\mathrm{i}\phi_{\mathrm{II}}}+\mathrm{e}^{\mathrm{i}\phi_{\mathrm{I}}}}=-\tan\frac{\phi_{\mathrm{II}}-\phi_{\mathrm{I}}}{2} \tag{2.5.20}$$

这两个分量的相位相同，因此波是线极化的。当观察者沿 $-\hat{\boldsymbol{z}}$ 方向观察时，入射波将沿顺时针方向旋转角度 $(\phi_{\mathrm{II}}-\phi_{\mathrm{I}})/2$，如图 2.5.1（a）所示。

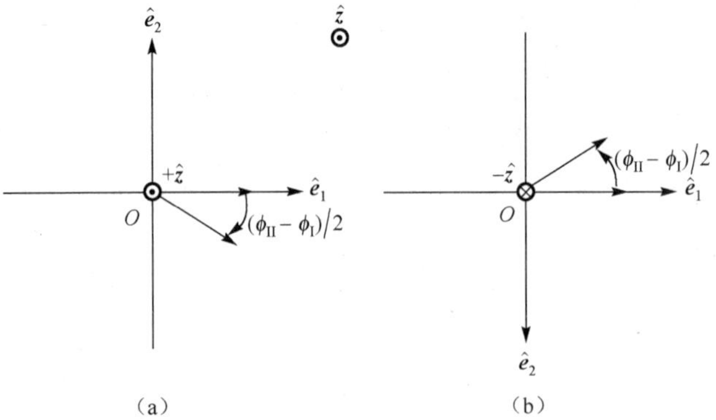

图 2.5.1 旋光性

考虑波沿 $-\hat{z}$ 方向传播的情况，$\theta=\pi$，方程（2.5.4）变为

$$\begin{bmatrix} u^2-\kappa\nu+\chi^2 & -\mathrm{i}2\chi u \\ \mathrm{i}2\chi u & u^2-\kappa\nu+\chi^2 \end{bmatrix}\begin{bmatrix} D_1 \\ D_2 \end{bmatrix}=0 \tag{2.5.21}$$

与方程（2.5.11）相同。根据同样的分析，可以发现对于沿 $-\hat{z}$ 方向传播的线极化波 $\boldsymbol{D}=\hat{\boldsymbol{e}}_1 2D_0$，波在介质中传播一段距离 $z=-z_0$ 后，$\boldsymbol{D}_{\mathrm{k}}$ 的两个分量满足

$$\frac{D_2}{D_1}=\mathrm{i}\frac{\mathrm{e}^{\mathrm{i}\phi_{\mathrm{II}}}-\mathrm{e}^{\mathrm{i}\phi_{\mathrm{I}}}}{\mathrm{e}^{\mathrm{i}\phi_{\mathrm{II}}}+\mathrm{e}^{\mathrm{i}\phi_{\mathrm{I}}}}=-\tan\frac{\phi_{\mathrm{II}}-\phi_{\mathrm{I}}}{2} \tag{2.5.22}$$

需要注意的是，对于波沿 $-\hat{z}$ 方向传播的情况，图 2.5.1（b）中 $\hat{\boldsymbol{e}}_2$ 轴的方向与图 2.5.1（a）中的相反。当观察者沿 $-\hat{z}$ 方向观察时，入射波将沿逆时针方向旋转角度 $(\phi_{\mathrm{II}}-\phi_{\mathrm{I}})/2$，如图 2.5.1（b）所示。

线极化电磁场在通过手征介质后发生旋转的现象称为旋光性。需要注意的是，旋光性和法拉第旋转之间存在本质的不同。通过比较方程（2.5.4）和方程（2.4.33）可以发现，方程（2.4.33）中的非对角元素的正、负号将发生变化，而方程（2.5.4）中非对角元素的符号始终不变。这种显著的区别也可以通过以下例子进一步说明：考虑一个线极化波沿 $\hat{z}$ 方向穿过回旋介质，假设其极化方向旋转了 45°，如果出射波被一个镜面反射后重新进入该介质，那么整个过程的极化方向旋转 90°。对于同样的实验过程，若将回旋介质换成双各向同性手征介质，则镜面反射后波的极化方向将回到最初的方向，即整个过程并不造成极化方向的旋转。针对这种区别，将上述旋转效应称为旋光性，以区别于法拉第旋转效应。在之后的章节中将会看到这种旋光性是互易的，而法拉第旋转效应则是非互易的。

2. 异向介质

由开口谐振环构成的异向介质具有双各向异性介质的特性（图 2.5.2），其本构关系为

$$\boldsymbol{D}=\bar{\bar{\boldsymbol{\varepsilon}}}\cdot\boldsymbol{E}+\bar{\bar{\boldsymbol{\xi}}}\cdot\boldsymbol{H}=\begin{bmatrix}\varepsilon_x & 0 & 0\\ 0 & \varepsilon_y & 0\\ 0 & 0 & \varepsilon_z\end{bmatrix}\cdot\boldsymbol{E}+\begin{bmatrix}0 & 0 & 0\\ 0 & 0 & 0\\ 0 & -\mathrm{i}\xi_0 & 0\end{bmatrix}\cdot\boldsymbol{H} \tag{2.5.23}$$

$$\boldsymbol{B}=\bar{\bar{\boldsymbol{\zeta}}}\cdot\boldsymbol{E}+\bar{\bar{\boldsymbol{\mu}}}\cdot\boldsymbol{H}=\begin{bmatrix}0 & 0 & 0\\ 0 & 0 & \mathrm{i}\xi_0\\ 0 & 0 & 0\end{bmatrix}\cdot\boldsymbol{E}+\begin{bmatrix}\mu_x & 0 & 0\\ 0 & \mu_y & 0\\ 0 & 0 & \mu_z\end{bmatrix}\cdot\boldsymbol{H} \tag{2.5.24}$$

将以上两式变换为用 **D**、**B** 表示的本构关系，有

$$\boldsymbol{E}=\bar{\bar{\boldsymbol{\kappa}}}\cdot\boldsymbol{D}+\bar{\bar{\boldsymbol{\chi}}}\cdot\boldsymbol{B} \tag{2.5.25}$$

$$\boldsymbol{H}=\bar{\bar{\boldsymbol{\gamma}}}\cdot\boldsymbol{D}+\bar{\bar{\boldsymbol{\nu}}}\cdot\boldsymbol{B} \tag{2.5.26}$$

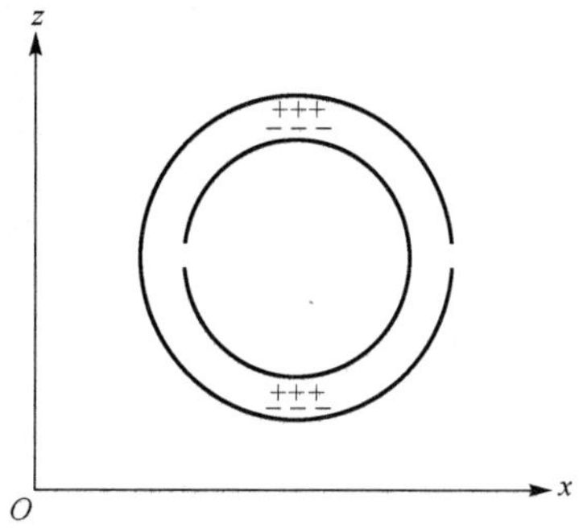

图 2.5.2　开口谐振环

式中，

$$\bar{\bar{\boldsymbol{\kappa}}}=\begin{bmatrix}\kappa_x & 0 & 0\\ 0 & \kappa_y & 0\\ 0 & 0 & \kappa_z\end{bmatrix} \tag{2.5.27}$$

$$\bar{\bar{\boldsymbol{\nu}}}=\begin{bmatrix}\nu_x & 0 & 0\\ 0 & \nu_y & 0\\ 0 & 0 & \nu_z\end{bmatrix} \tag{2.5.28}$$

$$\bar{\bar{\boldsymbol{\chi}}}=\bar{\bar{\boldsymbol{\gamma}}}^{+}=\begin{bmatrix}0 & 0 & 0\\ 0 & 0 & 0\\ 0 & \chi & 0\end{bmatrix} \tag{2.5.29}$$

且有 $\kappa_z=\dfrac{1}{\varepsilon_z D}$，$\nu_y=\dfrac{1}{\mu_y D}$，$\chi=\dfrac{\mathrm{i}\xi_0}{\mu_y\varepsilon_z D}$，$D=1-\dfrac{\xi_0^2}{\mu_y\varepsilon_z}$。

将本构矩阵变换到 kDB 坐标系，可以得到

$$\bar{\bar{\boldsymbol{\kappa}}}=\begin{bmatrix}\kappa_{11} & \kappa_{12} & \kappa_{13}\\ \kappa_{21} & \kappa_{22} & \kappa_{23}\\ \kappa_{31} & \kappa_{32} & \kappa_{33}\end{bmatrix} \tag{2.5.30}$$

$$\bar{\bar{\boldsymbol{\nu}}}=\begin{bmatrix}\nu_{11} & \nu_{12} & \nu_{13}\\ \nu_{21} & \nu_{22} & \nu_{23}\\ \nu_{31} & \nu_{32} & \nu_{33}\end{bmatrix} \tag{2.5.31}$$

$$\bar{\bar{\boldsymbol{\chi}}}=\chi\begin{bmatrix}0 & 0 & 0\\ \sin\theta\cos\phi & -\sin\theta\cos\theta\sin\phi & -\sin^2\theta\sin\phi\\ -\cos\theta\cos\phi & \cos^2\theta\sin\phi & \sin\theta\cos\theta\sin\phi\end{bmatrix} \tag{2.5.32}$$

$$\bar{\bar{\boldsymbol{\gamma}}}=\chi\begin{bmatrix}0 & -\sin\theta\cos\phi & \cos\theta\cos\phi\\ 0 & \sin\theta\cos\theta\sin\phi & -\cos^2\theta\sin\phi\\ 0 & \sin^2\theta\sin\phi & -\sin\theta\cos\theta\sin\phi\end{bmatrix} \tag{2.5.33}$$

式中，

$$\kappa_{11}=\kappa_x\sin^2\phi+\kappa_y\cos^2\phi \tag{2.5.34}$$

$$\kappa_{12}=\kappa_{21}=(\kappa_x-\kappa_y)\cos\theta\sin\phi\cos\phi \tag{2.5.35}$$

$$\kappa_{13}=\kappa_{31}=(\kappa_x-\kappa_y)\sin\theta\sin\phi\cos\phi \tag{2.5.36}$$

$$\kappa_{22}=(\kappa_x\cos^2\phi+\kappa_y\sin^2\phi)\cos^2\theta+\kappa_z\sin^2\theta \tag{2.5.37}$$

$$\kappa_{23}=\kappa_{32}=(\kappa_x\cos^2\phi+\kappa_y\sin^2\phi-\kappa_z)\cos\theta\sin\theta \tag{2.5.38}$$

$$\kappa_{33}=(\kappa_x\cos^2\phi+\kappa_y\sin^2\phi)\sin^2\theta+\kappa_z\cos^2\theta \tag{2.5.39}$$

$\bar{\bar{\boldsymbol{\nu}}}$ 中的元素与 $\bar{\bar{\boldsymbol{\kappa}}}$ 相似，只需用 ν 替换 κ 即可。

需要注意的是，无论波矢量 $\boldsymbol{k}$ 是在 xOy 平面（$\theta=\pi/2$），还是在 xOz 平面（$\phi=0$），都有 $\kappa_{12}=\kappa_{21}=\nu_{12}=\nu_{21}=\chi_{22}=\gamma_{22}=0$。利用 kDB 坐标系进一步分析这种情况，有

$$\begin{bmatrix}D_1\\D_2\end{bmatrix}=-\begin{bmatrix}0 & -\dfrac{u}{\kappa_{11}}\\ \dfrac{u+\chi_{21}}{\kappa_{22}} & 0\end{bmatrix}\begin{bmatrix}B_1\\B_2\end{bmatrix} \tag{2.5.40}$$

$$\begin{bmatrix}B_1\\B_2\end{bmatrix}=-\begin{bmatrix}0 & \dfrac{u+\gamma_{21}}{\nu_{11}}\\ -\dfrac{u}{\nu_{22}} & 0\end{bmatrix}\begin{bmatrix}D_1\\D_2\end{bmatrix} \tag{2.5.41}$$

考虑到 $\gamma_{12}=-\chi_{21}=-\chi\sin\theta\cos\phi$，有

$$\begin{bmatrix}u^2-\kappa_{11}\nu_{22} & 0\\ 0 & u^2-\chi_{21}^2-\kappa_{22}\nu_{11}\end{bmatrix}\begin{bmatrix}D_1\\D_2\end{bmatrix}=0 \tag{2.5.42}$$

当波矢量 $\boldsymbol{k}$ 在 xOy 平面时，$\theta=\pi/2$，可以得到色散关系

$$\omega^2=\kappa_y\nu_z k_x^2+\kappa_x\nu_z k_y^2 \tag{2.5.43}$$

$$\omega^2=(\kappa_z\nu_y+\chi^2)k_x^2+\kappa_z\nu_x k_y^2 \tag{2.5.44}$$

对于用 $\boldsymbol{E}$、$\boldsymbol{H}$ 表示的本构关系，$\kappa_z=\dfrac{1}{\varepsilon_z D}$，$\nu_y=\dfrac{1}{\mu_y D}$，$\chi=\dfrac{\mathrm{i}\xi_0}{\mu_y\varepsilon_z D}$，$\kappa_z\nu_y+\chi^2=\dfrac{1}{\varepsilon_z\mu_y D^2}-\dfrac{\xi_0^2}{\varepsilon_z^2\mu_y^2 D^2}=\dfrac{1}{\varepsilon_z\mu_y D}$，$D=1-\dfrac{\xi_0^2}{\mu_y\varepsilon_z}$，有

$$\omega^2=\frac{k_x^2}{\varepsilon_y\mu_z}+\frac{k_y^2}{\varepsilon_x\mu_z} \tag{2.5.45}$$

$$\omega^2=\frac{k_x^2}{\varepsilon_z\mu_y D}+\frac{k_y^2}{\varepsilon_z\mu_x D}=\frac{k_x^2}{\varepsilon_z\mu_y-\xi_0^2}+\frac{\mu_y k_y^2}{\mu_x(\varepsilon_z\mu_y-\xi_0^2)} \tag{2.5.46}$$

当波矢量 $\boldsymbol{k}$ 在 xOz 平面时，$\phi=0$，色散关系为

$$\omega^2=\kappa_y\nu_z k_x^2+\kappa_y\nu_x k_z^2 \tag{2.5.47}$$

$$\omega^2=(\kappa_z\nu_y+\chi^2)k_x^2+\kappa_x\nu_y k_z^2 \tag{2.5.48}$$

$$\omega^2 = \frac{k_x^2}{\varepsilon_y \mu_z} + \frac{k_z^2}{\varepsilon_y \mu_x} \tag{2.5.49}$$

$$\omega^2 = \frac{k_x^2}{\varepsilon_z \mu_y D} + \frac{k_z^2}{\varepsilon_x \mu_y D} = \frac{k_x^2}{\varepsilon_z \mu_y - \xi_0^2} + \frac{\varepsilon_z k_z^2}{\varepsilon_x(\varepsilon_z \mu_y - \xi_0^2)} \tag{2.5.50}$$

相应的特征波为线极化。

习　题　2

2.1　考虑两个用复矢量 $\boldsymbol{E}_1$ 和 $\boldsymbol{E}_2$ 表示的时谐矢量 $\boldsymbol{E}_1(t)$ 和 $\boldsymbol{E}_2(t)$，满足 $\boldsymbol{E}(t) = \mathrm{Re}\{\boldsymbol{E}\mathrm{e}^{-\mathrm{i}\omega t}\}$。令 $\boldsymbol{E}_1 = \hat{\boldsymbol{x}} + \hat{\boldsymbol{y}}\mathrm{i}$，$\boldsymbol{E}_2 = \mathrm{i}(\hat{\boldsymbol{x}} + \hat{\boldsymbol{y}}\mathrm{i})$，试确定：

（1）$\boldsymbol{E}_1 \times \boldsymbol{E}_2$ 和 $\boldsymbol{E}_1(t) \times \boldsymbol{E}_2(t)$ 是否都等于零；

（2）$\boldsymbol{E}_1 \cdot \boldsymbol{E}_2$ 和 $\boldsymbol{E}_1(t) \cdot \boldsymbol{E}_2(t)$ 是否都等于零。

2.2　考虑某一无损介质的介电常数和磁导率为

$$\varepsilon(\omega) = \varepsilon_0 \left(1 - \frac{\omega_\mathrm{p}^2}{\omega^2 - \omega_\mathrm{e}^2}\right)$$

$$\mu(\omega) = \mu_0 \left(1 - \frac{F\omega_\mathrm{m}^2}{\omega^2 - \omega_\mathrm{m}^2}\right)$$

试求平面波在无损介质中坡印廷矢量的时均值。

2.3　电场表达式为

$$\boldsymbol{E} = \hat{\boldsymbol{x}} \sin\left[\frac{k}{\sqrt{2}}(y+z) - \omega t\right] + \frac{1}{\sqrt{2}}(\hat{\boldsymbol{y}}A + \hat{\boldsymbol{z}})\cos\left[\frac{k}{\sqrt{2}}(y+z) - \omega t\right]$$

的电磁波在等离子体中传播。等离子体的色散关系为

$$k = \frac{1}{c}\sqrt{\omega^2 - 4\pi^2 \times 10^{12}}$$

式中，ω 表示频率，单位为 rad/s，c 表示自由空间中的光速。

（1）求 A 的值；

（2）求波矢量，并给出电磁波的传播方向；

（3）分析电磁波的极化；

（4）等离子体的磁导率为 μ_0，求这个介质的介电常数 ε，用 ε_0 和 ω 表示；

（5）求电磁波的磁场表达式；

（6）求电磁波的坡印廷矢量；

（7）若 $\omega = \sqrt{5}\pi \times 10^6$ rad/s，求波矢量 $\boldsymbol{k}$、相速 v_p 和群速 v_g；

（8）若 $\omega = \sqrt{3}\pi \times 10^6$ rad/s，求波矢量 $\boldsymbol{k}$ 及电场 $\boldsymbol{E}$ 的表达式；

（9）若 $\omega = \sqrt{3}\pi \times 10^6$ rad/s，求群速 v_g 及坡印廷矢量的时均值。

2.4　当电子像在原子中那样被束缚在离子附近时满足以下方程

$$\left(\frac{\mathrm{d}^2}{\mathrm{d}t^2} + g\omega_0 \frac{\mathrm{d}}{\mathrm{d}t} + \omega_0^2\right)\boldsymbol{P} = \frac{Ne^2}{m}\boldsymbol{E}$$

式中，$\boldsymbol{P}=Nq\boldsymbol{r}$ 是单位体积中总的偶极矩，g 是一个阻尼常数，ω_0 是电子的特征频率。试推导复介电常数

$$\varepsilon(\omega)=\varepsilon_0\left(1+\frac{\omega_{\mathrm{p}}^2}{\omega_0^2-\mathrm{i}g\omega\omega_{\mathrm{g}}-\omega^2}\right)=\varepsilon_{\mathrm{R}}(\omega)+\mathrm{i}\varepsilon_{\mathrm{I}}(\omega)$$

并画出复介电常数 $\varepsilon(\omega)$ 的实部和虚部随频率的变化曲线。在曲线中，标注正常色散区域和非正常色散区域（在正常色散区域 ε_{R} 随频率的增大而增大，在非正常色散区域 ε_{R} 随频率的增大而减小）。试证明 ε_{I} 在谐振频率点 ω_0 的取值最大。注意，在推导过程中需要利用 $\omega\simeq\omega_0$ 和 $(\omega^2-\omega_0^2)\simeq 2\omega_0(\omega-\omega_0)$ 的近似关系。

2.5　当 $\sigma/\omega\varepsilon\ll 1$ 时，有 $k=k_{\mathrm{R}}+\mathrm{i}k_{\mathrm{I}}\approx\omega\sqrt{\mu\varepsilon}\left(1+\mathrm{i}\dfrac{\sigma}{2\omega\varepsilon}\right)=k_{\mathrm{R}}\left(1+\mathrm{i}\dfrac{\sigma}{2\omega\varepsilon}\right)$，证明若 $\varepsilon<0$，必须有 $k_{\mathrm{R}}<0$，使得 $k_{\mathrm{I}}=\sigma k_{\mathrm{R}}/2\omega\varepsilon>0$。在这种情况下，电磁波的相位与传播方向相反，并且沿传播方向衰减。

2.6　在双轴介质中，主坐标系中的介电常数是不同的。在主坐标系中，本构张量为

$$\bar{\bar{\boldsymbol{\kappa}}}=\begin{bmatrix}\kappa_x & 0 & 0\\ 0 & \kappa_y & 0\\ 0 & 0 & \kappa_z\end{bmatrix}$$

$$\bar{\bar{\boldsymbol{\nu}}}=\nu\bar{\bar{\boldsymbol{I}}}$$

$$\bar{\bar{\boldsymbol{\chi}}}=\bar{\bar{\boldsymbol{\gamma}}}=\mathbf{0}$$

式中，$\bar{\bar{\boldsymbol{\kappa}}}$ 又被称为容阻张量。它与介电常数之间的关系为 $\kappa_x=1/\varepsilon_x$，$\kappa_y=1/\varepsilon_y$，$\kappa_z=1/\varepsilon_z$。ν 是 μ 的倒数。

（1）证明在 kDB 坐标系中，本构参数分别为

$$\kappa_{11}=\kappa_x\sin^2\varphi+\kappa_y\cos^2\varphi$$

$$\kappa_{12}=\kappa_{21}=(\kappa_x-\kappa_y)\cos\theta\sin\varphi\cos\varphi$$

$$\kappa_{22}=(\kappa_x\cos^2\varphi+\kappa_y\sin^2\varphi)\cos^2\theta+\kappa_z\sin^2\theta$$

$$\kappa_{13}=\kappa_{31}=(\kappa_x-\kappa_y)\sin\theta\sin\varphi\cos\varphi$$

$$\kappa_{23}=\kappa_{32}=(\kappa_x\cos^2\theta+\kappa_y\sin^2\theta-\kappa_z)\sin\theta\cos\theta$$

$$\kappa_{33}=(\kappa_x\cos^2\theta+\kappa_y\sin^2\theta)\sin^2\theta+\kappa_z\cos^2\theta$$

（2）证明特征波的相速为

$$u^2=\frac{\nu}{2}\left[(\kappa_{11}+\kappa_{22})\pm\sqrt{(\kappa_{11}-\kappa_{22})^2+4\kappa_{12}^2}\right]$$

证明在 DB 平面上

$$\frac{D_2}{D_1}=\frac{\nu\kappa_{12}}{u^2-\nu\kappa_{22}}=\frac{2\kappa_{12}}{\kappa_{11}-\kappa_{12}\pm\sqrt{(\kappa_{11}-\kappa_{12})^2+4\kappa_{12}^2}}$$

式中，DB 平面用 kDB 的两个基矢量 $\hat{\boldsymbol{e}}_1$ 和 $\hat{\boldsymbol{e}}_2$ 表示。两个特征波分别是什么极化？

（3）令

$$\tan(2\varphi)=\frac{2\kappa_{12}}{\kappa_{11}-\kappa_{22}}$$

证明

$$\frac{D_2}{D_1}=\tan\varphi \text{或} -\cot\varphi$$

两个特征波的速度都是 θ 和 ϕ 的函数，在 DB 平面上画出这两个特征波矢量。证明两个特征波的电场矢量 $\boldsymbol{E}$ 都不在 DB 平面上，即都具有 $\boldsymbol{k}$ 方向的电场分量。因此，两个特征波的能量传播方向都不同于 $\boldsymbol{k}$ 方向，并且这两个特征波都是非寻常波。

2.7　双各向异性介质具有本构关系

$$\boldsymbol{D}=\bar{\bar{\boldsymbol{\varepsilon}}}\cdot\boldsymbol{E}+\mathrm{i}\chi\boldsymbol{H}$$

$$\boldsymbol{B}=\mu\boldsymbol{H}-\mathrm{i}\chi\boldsymbol{E}$$

推导沿 $\hat{z}$ 方向的波矢量并讨论介质中特征波的极化状态。

2.8　导电单轴介质的介电常数张量和电导率张量分别为

$$\bar{\bar{\boldsymbol{\varepsilon}}}=\begin{bmatrix}\varepsilon & 0 & 0\\ 0 & \varepsilon & 0\\ 0 & 0 & \varepsilon_z\end{bmatrix}$$

$$\bar{\bar{\boldsymbol{\sigma}}}=\begin{bmatrix}\sigma & 0 & 0\\ 0 & \sigma & 0\\ 0 & 0 & \sigma_z\end{bmatrix}$$

试求该介质的色散关系。利用该模型解释满足 $\sigma_z/\sigma\ll 1$ 的偏振片的工作原理，证明该偏振片可以将任意的波转化为线极化波。

2.9　单轴介质的本构张量为

$$\bar{\bar{\boldsymbol{\kappa}}}=\begin{bmatrix}\kappa & 0 & 0\\ 0 & \kappa & 0\\ 0 & 0 & \kappa_z\end{bmatrix}$$

$$\bar{\bar{\boldsymbol{\nu}}}=\begin{bmatrix}\nu & 0 & 0\\ 0 & \nu & 0\\ 0 & 0 & \nu_z\end{bmatrix}$$

求这种介质的色散关系并对结果进行讨论。

2.10　由于存在地球磁场，电离层成为回旋介质。无线电波穿过电离层会受到法拉第旋转效应的影响。对于线极化波，电离层电子密度分布的时间变化给卫星通信天线的设计带来了问题。频率为 f 的线极化波以相对于最低点的角度 θ 向地球发射，并与地球磁场矢量 $\boldsymbol{H}_\mathrm{e}$ 方向有很小的角度 ϕ 分离。

（1）假设电离层的电子密度 N 和 H_e 都是高度 h 的函数，证明法拉第旋转的角度近似为

$$\Omega = \frac{\eta e^3 \mu_0}{8\pi^2 m^2 f^2}\int \mathrm{d}h M(h) N(h)$$

式中，$\eta = \sqrt{\mu_0/\varepsilon_0} = 377\Omega$。$\boldsymbol{M} = \boldsymbol{H}_e \sec\theta\cos\phi$，$e$ 和 m 分别为电子的电荷和质量。

在上面的推导中，假设工作频率远大于等离子体的回旋频率，并忽略下列因素的作用：①由于粒子碰撞引起的损耗；②由于电离层的不均匀特性引起的内部反射；③寻常波和非寻常波的射线分裂。

（2）假设电离层具有均匀的电子密度 $10^{11}\mathrm{m}^{-3}$，地球磁场相对最低点的夹角为 60°，并且具有均匀的强度 $H_e = 50\mathrm{A/m}$（对应 $B = 0.628\mathrm{Gs} = 0.628\times10^{-4}\mathrm{T}$）。试求工作频率为 1.4GHz 的无线电波沿着地球磁场 $\boldsymbol{H}_e$ 的方向从 1000km 的高度发射到地球表面的法拉第旋转角度。

2.11 利用 kDB 坐标系确定双各向同性介质（Tellegen 介质）的色散关系。这种介质的本构关系为

$$\boldsymbol{D} = \varepsilon\boldsymbol{E} + \xi\boldsymbol{H}$$

$$\boldsymbol{B} = \xi\boldsymbol{E} + \mu\boldsymbol{H}$$

并对所得结果进行讨论。

2.12 对于手征介质的本构关系，可以写为以下用 $\boldsymbol{E}$、$\boldsymbol{H}$ 表示的形式

$$\boldsymbol{D} = \varepsilon\boldsymbol{E} + \mathrm{i}\xi_0\boldsymbol{H}$$

$$\boldsymbol{B} = \mu\boldsymbol{H} - \mathrm{i}\xi_0\boldsymbol{E}$$

试计算对应的 κ、ν 和 χ（用 ε、μ 和 ξ_0 表示），并给出相速 u 和波数 k 的表达式。

2.13 超导最早是由 Onnes 于 1911 年发现的。在 1933 年 Meissner 和 Ochsenfeld 发现磁场不能穿透超导金属。当金属被冷却到超导状态时，金属内部的磁场会遭排斥。1935 年，Fritz London 和 Heinz London 提出了超导的宏观理论，随后由 Banleen、Cooper 和 Schrieffer 在 1957 年提出了超导的微观理论。一个简单的超导模型可以用一个电子密度 N 非常高的电子等离子体表示。

（1）证明电子密度 N 较高的等离子体的穿透深度具有

$$d_p = \sqrt{\frac{m}{Ne^2\mu_0}}$$

的形式。

（2）取 $N = 7\times10^{28}\ \mathrm{m}^{-3}$，计算 d_p。

（3）比较上述结果和良导体的趋肤深度。解释为什么变化很慢（低频）的磁场可以穿透良导体却不能穿透超导体。

2.14 考虑具有碰撞的等离子体，并引入碰撞频率 $\omega_{\mathrm{eff}} \approx NT^{-3/2}$，这样就引入了阻尼项，电子在 $\hat{\boldsymbol{x}}$ 方向上的力变为 $f_x = \mathrm{d}^2(mx)/\mathrm{d}t^2 + \omega_{\mathrm{eff}}\,\mathrm{d}(mx)/\mathrm{d}t$。

（1）试推导本构关系，并证明

$$\varepsilon = \varepsilon_0\left[1 - \frac{\omega_p^2}{\omega^2 + \omega_{\mathrm{eff}}^2} + \mathrm{i}\frac{\omega_p^2\omega_{\mathrm{eff}}}{\omega(\omega^2 + \omega_{\mathrm{eff}}^2)}\right]$$

（2）考虑 $\omega_{\text{eff}}/\omega \to \infty$ 和 $\omega_{\text{eff}} = 0$ 的极限情况。

2.15　菲涅耳椭球是针对各向异性介质定义的，有

$$\varepsilon_{ij} x_i x_j = 1$$

式中，ε_{ij} 用主坐标系表示。介电常数张量 $\bar{\bar{\boldsymbol{\varepsilon}}}$ 的倒数 $\bar{\bar{\boldsymbol{\kappa}}}$ 称为容阻张量，如果在介质的柱坐标系中用 $\bar{\bar{\boldsymbol{\kappa}}}$ 代替 $\bar{\bar{\boldsymbol{\varepsilon}}}$ 来定义一个椭球体，并写为

$$\kappa_{ij} x_i x_j = 1$$

可以得到一个张量椭球。试构造双轴介质的菲涅耳椭球和张量椭球。在主坐标系表示中，可以通过将 ε_{ij} 替换为 $n_i^2 \delta_{ij}$、κ_{ij} 替换为 δ_{ij}/n_i^2 对主折射率进行定义。在这种情况下，张量椭球也被称为折射率椭球或倒易椭球。

第3章　反射和透射

从麦克斯韦方程组和本构关系出发，可以得到边界趋于无穷远的均匀介质中电磁波的传播形式。对于大多数实际问题，通常遇到的介质是不均匀的，即使是均匀介质，也无法延伸至无穷远。因此，在有限空间研究非均匀介质中电磁波的传播有着重要的意义。当电磁波入射到不同介质的分界面时，一部分电磁波将被反射，另一部分将透过分界面。时谐场的麦克斯韦方程组和边界条件的结合为求解电磁波的反射和透射提供了方法。本章将考虑其中最简单的一种情况，即平面波在不同均匀介质分界面的反射和透射情况。

3.1　平面波的反射和透射

3.1.1　不同极化的反射和透射

任意极化的入射平面波都可以分解为横磁（Transverse Magnetic，TM）波和横电（Transverse Electric，TE）波，其中 TM 波是电场矢量平行于入射平面的线极化波，称为平行极化波或简称为 p 波，TE 波是电场矢量垂直于入射平面的线极化波，称为垂直极化波或简称为 s 波。

1．TM 波

考虑单位幅度的 TM 波从介电常数为 ε 和磁导率为 μ 的各向同性介质入射到介电常数为 ε_t 和磁导率为 μ_t 的各向同性介质的情况（图 3.1.1）。假设入射平面平行于 xOz 平面，其中 xOz 平面包含入射波矢量和界面法向矢量。入射波场量的表达式为

$$\boldsymbol{H}_{\mathrm{i}} = \hat{\boldsymbol{y}}\mathrm{e}^{\mathrm{i}\boldsymbol{k}_{\mathrm{i}}\cdot\boldsymbol{r}} \tag{3.1.1}$$

$$\boldsymbol{E}_{\mathrm{i}} = \frac{-1}{\omega\varepsilon}\boldsymbol{k}_{\mathrm{i}}\times\boldsymbol{H}_{\mathrm{i}} \tag{3.1.2}$$

$$\boldsymbol{S}_{\mathrm{i}} = \boldsymbol{E}_{\mathrm{i}}\times\boldsymbol{H}_{\mathrm{i}}^{*} = \boldsymbol{k}_{\mathrm{i}}\frac{1}{\omega\varepsilon}\left|\boldsymbol{H}_{\mathrm{i}}\right|^{2} \tag{3.1.3}$$

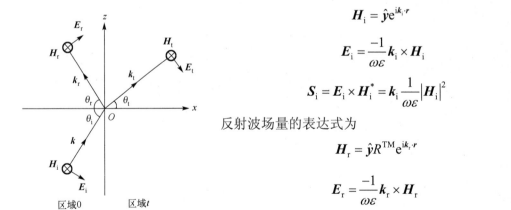

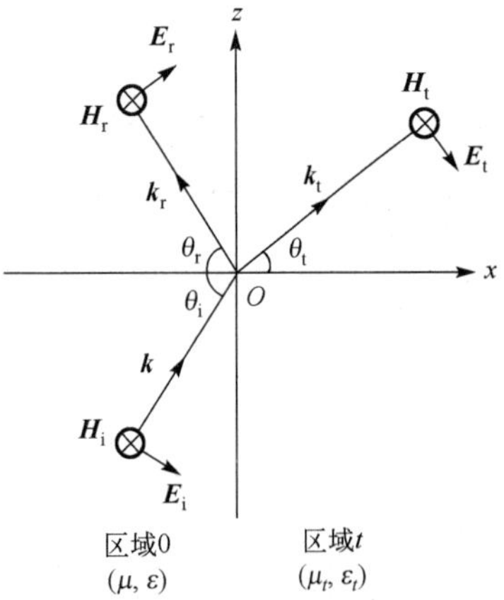

图 3.1.1　TM 波的反射和透射

反射波场量的表达式为

$$\boldsymbol{H}_{\mathrm{r}} = \hat{\boldsymbol{y}}R^{\mathrm{TM}}\mathrm{e}^{\mathrm{i}\boldsymbol{k}_{\mathrm{r}}\cdot\boldsymbol{r}} \tag{3.1.4}$$

$$\boldsymbol{E}_{\mathrm{r}} = \frac{-1}{\omega\varepsilon}\boldsymbol{k}_{\mathrm{r}}\times\boldsymbol{H}_{\mathrm{r}} \tag{3.1.5}$$

$$\boldsymbol{S}_{\mathrm{r}} = \boldsymbol{E}_{\mathrm{r}}\times\boldsymbol{H}_{\mathrm{r}}^{*} = \boldsymbol{k}_{\mathrm{r}}\frac{1}{\omega\varepsilon}\left|\boldsymbol{H}_{\mathrm{r}}\right|^{2} \tag{3.1.6}$$

式中，R^{TM} 是磁场分量 $\boldsymbol{H}_{\mathrm{i}y}$ 的反射系数。透射波场量的表达式为

$$\boldsymbol{H}_{\mathrm{t}} = \hat{\boldsymbol{y}}T^{\mathrm{TM}}\mathrm{e}^{\mathrm{i}\boldsymbol{k}_{\mathrm{t}}\cdot\boldsymbol{r}} \tag{3.1.7}$$

$$\boldsymbol{E}_{\mathrm{t}}=\frac{-1}{\omega\varepsilon_t}\boldsymbol{k}_{\mathrm{t}}\times\boldsymbol{H}_{\mathrm{t}} \tag{3.1.8}$$

$$\boldsymbol{S}_{\mathrm{t}}=\boldsymbol{E}_{\mathrm{t}}\times\boldsymbol{H}_{\mathrm{t}}^{*}=\boldsymbol{k}_{\mathrm{t}}\frac{1}{\omega\varepsilon_t}\left|\boldsymbol{H}_{\mathrm{t}}\right|^2 \tag{3.1.9}$$

式中，T^{TM} 是磁场分量 $\boldsymbol{H}_{\mathrm{i}y}$ 的透射系数。

波矢量和相应的色散关系为

$$\boldsymbol{k}_{\mathrm{i}}=\boldsymbol{k}=\hat{\boldsymbol{x}}k_x+\hat{\boldsymbol{z}}k_z \tag{3.1.10}$$

$$\boldsymbol{k}_{\mathrm{r}}=-\hat{\boldsymbol{x}}k_{\mathrm{r}x}+\hat{\boldsymbol{z}}k_{\mathrm{r}z} \tag{3.1.11}$$

$$\boldsymbol{k}_{\mathrm{t}}=\hat{\boldsymbol{x}}k_{\mathrm{t}x}+\hat{\boldsymbol{z}}k_{\mathrm{t}z} \tag{3.1.12}$$

$$k_x^2+k_z^2=\omega^2\mu\varepsilon=k^2 \tag{3.1.13}$$

$$k_{\mathrm{r}x}^2+k_{\mathrm{r}z}^2=\omega^2\mu\varepsilon=k^2 \tag{3.1.14}$$

$$k_{\mathrm{t}x}^2+k_{\mathrm{t}z}^2=\omega^2\mu_t\varepsilon_t=k_{\mathrm{t}}^2 \tag{3.1.15}$$

令分界面在 $x=0$ 处，$\boldsymbol{E}$ 和 $\boldsymbol{H}$ 的切向分量连续。根据 H_y 的连续性，可以得到

$$\mathrm{e}^{\mathrm{i}k_z z}+R^{\mathrm{TM}}\mathrm{e}^{\mathrm{i}k_{\mathrm{r}z}z}=T^{\mathrm{TM}}\mathrm{e}^{\mathrm{i}k_{\mathrm{t}z}z} \tag{3.1.16}$$

式（3.1.16）对任意 z 均成立，由此得到相位匹配条件

$$k_z=k_{\mathrm{r}z}=k_{\mathrm{t}z} \tag{3.1.17}$$

根据 $\boldsymbol{E}$ 和 $\boldsymbol{H}$ 切向分量连续的边界条件，可以得到

$$1+R^{\mathrm{TM}}=T^{\mathrm{TM}} \tag{3.1.18}$$

$$\frac{k_x}{\varepsilon}(1-R^{\mathrm{TM}})=\frac{k_{\mathrm{t}x}}{\varepsilon_t}T^{\mathrm{TM}} \tag{3.1.19}$$

需要注意的是，此处并没有使用 $\boldsymbol{D}$ 和 $\boldsymbol{B}$ 法向分量连续的边界条件，这是因为这两个条件不独立于 $\boldsymbol{E}$ 和 $\boldsymbol{H}$ 切向分量连续的边界条件，就像高斯定律不独立于法拉第定律和安培定律一样。

根据方程（3.1.18）和方程（3.1.19），可以求出反射系数 R^{TM} 和透射系数 T^{TM}

$$R^{\mathrm{TM}}=R_{0\mathrm{t}}^{\mathrm{TM}}=\frac{1-p_{0\mathrm{t}}^{\mathrm{TM}}}{1+p_{0\mathrm{t}}^{\mathrm{TM}}} \tag{3.1.20}$$

$$T^{\mathrm{TM}}=T_{0\mathrm{t}}^{\mathrm{TM}}=\frac{2}{1+p_{0\mathrm{t}}^{\mathrm{TM}}} \tag{3.1.21}$$

式中，

$$p_{0\mathrm{t}}^{\mathrm{TM}}=\frac{\varepsilon k_{\mathrm{t}x}}{\varepsilon_t k_x} \tag{3.1.22}$$

R_{0t}^{TM}表示 TM 波从区域 0 入射，在区域 0 和区域 t 分界面的菲涅耳反射系数；T_{0t}^{TM}表示从区域 0 到区域 t 的透射系数。

通过计算，可以得到入射波、反射波和透射波的坡印廷矢量时均值分别为

$$\langle \boldsymbol{S}_i \rangle = \frac{1}{2}\mathrm{Re}\left\{\boldsymbol{k}\frac{1}{\omega\varepsilon}\right\} \tag{3.1.23}$$

$$\langle \boldsymbol{S}_r \rangle = \frac{1}{2}\mathrm{Re}\left\{\frac{\boldsymbol{k}_r}{\omega\varepsilon}\left|R^{TM}\right|^2\right\} \tag{3.1.24}$$

$$\langle \boldsymbol{S}_t \rangle = \frac{1}{2}\mathrm{Re}\left\{\frac{\boldsymbol{k}_t}{\omega\varepsilon_t}\left|T^{TM}\right|^2 e^{i(k_{tx}-k_{tx}^*)x}\right\} \tag{3.1.25}$$

式中，假定 k_{tx} 和 ε_t 可能是复数。

需要注意的是，反射系数（或透射系数）与反射率（或透射率）并不相同，TM 波的菲涅耳反射系数表示入射磁场和反射磁场幅度的比值，而反射率表示反射场和入射场功率的比值。根据坡印廷矢量时均值，反射率（或称功率反射系数）可以表示为

$$r^{TM} = \frac{-\hat{\boldsymbol{x}}\cdot\langle \boldsymbol{S}_r \rangle}{\hat{\boldsymbol{x}}\cdot\langle \boldsymbol{S}_i \rangle} = \left|R^{TM}\right|^2 \tag{3.1.26}$$

透射率可以表示为

$$t^{TM} = \frac{\hat{\boldsymbol{x}}\cdot\langle \boldsymbol{S}_t \rangle}{\hat{\boldsymbol{x}}\cdot\langle \boldsymbol{S}_i \rangle} = p_{0t}^{TM}\left|T^{TM}\right|^2 \tag{3.1.27}$$

并且有 $r^{TM} + t^{TM} = 1$。

2. TE 波

考虑单位幅度的 TE 波入射到两个各向同性介质分界面的情况（图 3.1.2）。入射波场量的表达式为

$$\boldsymbol{k}_i = \hat{\boldsymbol{x}}k_x + \hat{\boldsymbol{z}}k_z \tag{3.1.28}$$

$$\boldsymbol{E}_i = \hat{\boldsymbol{y}}e^{i\boldsymbol{k}_i\cdot\boldsymbol{r}} \tag{3.1.29}$$

$$\boldsymbol{H}_i = \frac{1}{\omega\mu}\boldsymbol{k}_i\times\boldsymbol{E}_i \tag{3.1.30}$$

$$\boldsymbol{S}_i = \boldsymbol{E}_i\times\boldsymbol{H}_i^* = \boldsymbol{k}_i\frac{1}{\omega\mu}\left|\boldsymbol{E}_i\right|^2 \tag{3.1.31}$$

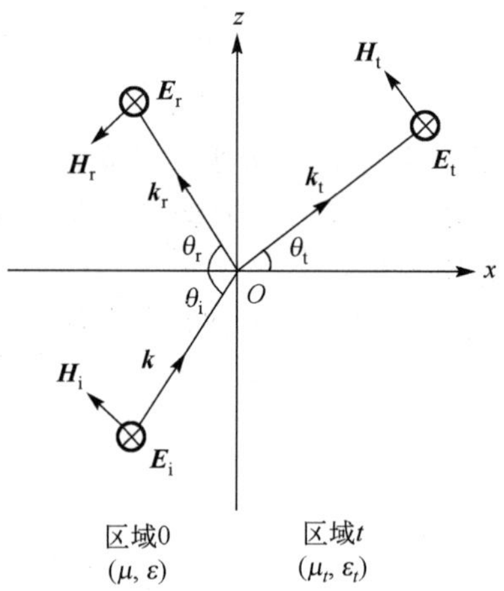

图 3.1.2 TE 波的反射和透射

反射波场量的表达式为

$$\boldsymbol{k}_r = -\hat{\boldsymbol{x}}k_x + \hat{\boldsymbol{z}}k_z \tag{3.1.32}$$

$$\boldsymbol{E}_r = \hat{\boldsymbol{y}}R^{TE}e^{i\boldsymbol{k}_r\cdot\boldsymbol{r}} \tag{3.1.33}$$

$$\boldsymbol{H}_r = \frac{1}{\omega\mu}\boldsymbol{k}_r\times\boldsymbol{E}_r \tag{3.1.34}$$

$$\boldsymbol{S}_{\mathrm{r}} = \boldsymbol{E}_{\mathrm{r}} \times \boldsymbol{H}_{\mathrm{r}}^{*} = \boldsymbol{k}_{\mathrm{r}} \frac{1}{\omega\mu} |\boldsymbol{E}_{\mathrm{r}}|^2 \tag{3.1.35}$$

式中，R^{TE} 是电场分量 E_{iy} 的反射系数。透射波场量的表达式为

$$\boldsymbol{k}_{\mathrm{t}} = \hat{\boldsymbol{x}} k_{\mathrm{t}x} + \hat{\boldsymbol{z}} k_z \tag{3.1.36}$$

$$\boldsymbol{E}_{\mathrm{t}} = \hat{\boldsymbol{y}} T^{\mathrm{TE}} \mathrm{e}^{\mathrm{i}\boldsymbol{k}_{\mathrm{t}}\cdot\boldsymbol{r}} \tag{3.1.37}$$

$$\boldsymbol{H}_{\mathrm{t}} = \frac{1}{\omega\mu_t} \boldsymbol{k}_{\mathrm{t}} \times \boldsymbol{E}_{\mathrm{t}} \tag{3.1.38}$$

$$\boldsymbol{S}_{\mathrm{t}} = \boldsymbol{E}_{\mathrm{t}} \times \boldsymbol{H}_{\mathrm{t}}^{*} = \boldsymbol{k}_{\mathrm{t}}^{*} \frac{1}{\omega\mu_t} |\boldsymbol{E}_{\mathrm{t}}|^2 \tag{3.1.39}$$

式中，T^{TE} 是电场分量 E_{iy} 的透射系数。

类似于 TM 波中的求解，可以得到反射系数 R^{TE} 和透射系数 T^{TE}

$$R^{\mathrm{TE}} = R_{0\mathrm{t}}^{\mathrm{TE}} = \frac{1 - p_{0\mathrm{t}}^{\mathrm{TE}}}{1 + p_{0\mathrm{t}}^{\mathrm{TE}}} \tag{3.1.40}$$

$$T^{\mathrm{TE}} = T_{0\mathrm{t}}^{\mathrm{TE}} = \frac{2}{1 + p_{0\mathrm{t}}^{\mathrm{TE}}} \tag{3.1.41}$$

式中，

$$p_{0\mathrm{t}}^{\mathrm{TE}} = \frac{\mu k_{\mathrm{t}x}}{\mu_t k_x} \tag{3.1.42}$$

$R_{0\mathrm{t}}^{\mathrm{TE}}$ 表示 TE 波从区域 0 入射，在区域 0 和区域 t 分界面的菲涅耳反射系数；$T_{0\mathrm{t}}^{\mathrm{TE}}$ 表示从区域 0 到区域 t 的透射系数。

通过计算，可以得到入射波、反射波和透射波的坡印廷矢量时均值分别为

$$\langle \boldsymbol{S}_{\mathrm{i}} \rangle = \frac{1}{2} \mathrm{Re}\left\{ \boldsymbol{k} \frac{1}{\omega\mu} \right\} \tag{3.1.43}$$

$$\langle \boldsymbol{S}_{\mathrm{r}} \rangle = \frac{1}{2} \mathrm{Re}\left\{ \frac{\boldsymbol{k}_{\mathrm{r}}}{\omega\mu} |R^{\mathrm{TE}}|^2 \right\} \tag{3.1.44}$$

$$\langle \boldsymbol{S}_{\mathrm{t}} \rangle = \frac{1}{2} \mathrm{Re}\left\{ \frac{\boldsymbol{k}_{\mathrm{t}}^{*}}{\omega\mu_t^{*}} |T^{\mathrm{TE}}|^2 \mathrm{e}^{\mathrm{i}(k_{\mathrm{t}x} - k_{\mathrm{t}x}^{*})x} \right\} \tag{3.1.45}$$

式中，假定 $k_{\mathrm{t}x}$ 和 μ_t 可能为复数。上述针对 TE 波的反射和透射结果也可以通过麦克斯韦方程组的对偶关系 $\boldsymbol{E} \to -\boldsymbol{H}$ 、$\boldsymbol{H} \to \boldsymbol{E}$ 和 $\mu \rightleftarrows \varepsilon$ 得到。

与 TM 波的情况相同，TE 波的反射系数（或透射系数）与反射率（或透射率）也并不相同。根据坡印廷矢量时均值，反射率（或称功率反射系数）可以表示为

$$r^{\mathrm{TE}} = \frac{-\hat{\boldsymbol{x}} \cdot \langle \boldsymbol{S}_{\mathrm{r}} \rangle}{\hat{\boldsymbol{x}} \cdot \langle \boldsymbol{S}_{\mathrm{i}} \rangle} = |R^{\mathrm{TE}}|^2 \tag{3.1.46}$$

透射率可以表示为

$$t^{\mathrm{TE}}=\frac{\hat{\boldsymbol{x}}\cdot\langle\boldsymbol{S}_{\mathrm{t}}\rangle}{\hat{\boldsymbol{x}}\cdot\langle\boldsymbol{S}_{\mathrm{i}}\rangle}=p_{0\mathrm{t}}^{\mathrm{TE}}\left|T^{\mathrm{TE}}\right|^2 \tag{3.1.47}$$

并且有 $r^{\mathrm{TE}}+t^{\mathrm{TE}}=1$。

3.1.2 相位匹配

根据相位匹配条件

$$k_z=k_{\mathrm{r}z}=k_{\mathrm{t}z} \tag{3.1.48}$$

入射波、反射波和透射波的波矢量都必须位于同一平面上，该平面称为入射平面，由入射波矢量 $\boldsymbol{k}_{\mathrm{i}}$ 和分界面的法线确定。虽然相位匹配条件[式（3.1.48)]是针对各向同性介质推导得到的，但它同样适用于具有平面波解的一般均匀介质。

相位匹配条件[式（3.1.48)]表明，入射波、反射波和透射波波矢量的切向分量是连续的。图 3.1.3（a）绘制的 k 表面进一步说明了相位匹配条件，其中入射平面为 xOz 平面。令 θ_{i}、θ_{r} 和 θ_{t} 分别表示入射角、反射角和透射角，并且 θ_{i}、θ_{r} 和 θ_{t} 都小于 $\pi/2$，根据相位匹配条件，有 $\theta_{\mathrm{r}}=\theta_{\mathrm{i}}$ 及斯涅尔定律

$$\frac{\sin\theta_{\mathrm{i}}}{\sin\theta_{\mathrm{t}}}=\frac{k_{\mathrm{t}}}{k}=\frac{n_{\mathrm{t}}}{n} \tag{3.1.49}$$

式中，$n=c\sqrt{\mu\varepsilon}$ 和 $n_{\mathrm{t}}=c\sqrt{\mu_t\varepsilon_t}$ 分别表示区域 0 和区域 t 中介质的折射率。需要注意的是，波矢量的大小也可以用圆表示，在图 3.1.3（b）所示的 k_xOk_z 平面，区域 0 和区域 t 中的介质可以分别表示为半径 $k=\omega\sqrt{\mu\varepsilon}$ 和 $k_{\mathrm{t}}=\omega\sqrt{\mu_t\varepsilon_t}$ 的圆。在三维 k 空间中，若 $k_y\neq0$，则区域 0 和区域 t 中介质对应的 k 表面为球体。

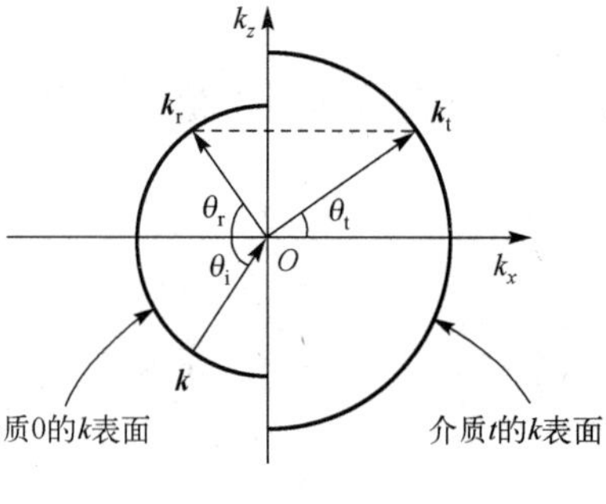

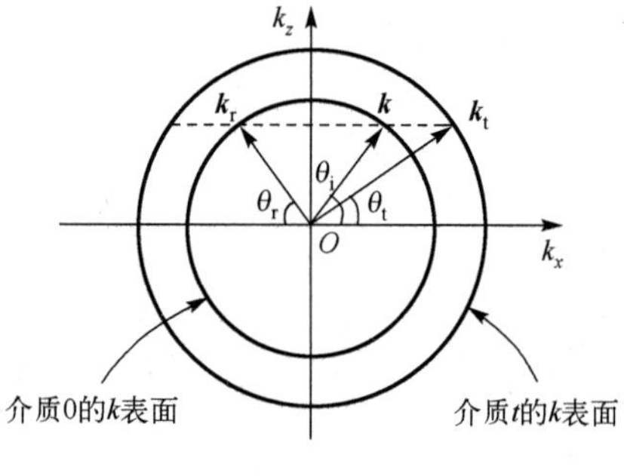

图 3.1.3 相位匹配

3.1.3 全反射和临界角

假设区域 0 中介质的折射率大于区域 t 中介质的折射率，即 $n>n_{\mathrm{t}}$，那么区域 0 中介质的 k 表面半径大于区域 t 中介质的 k 表面半径（图 3.1.4）。从图中可以发现，当入射波沿 $\hat{\boldsymbol{z}}$ 方向的分量 k_z 大于透射波的波矢量 k_{t} 时，较小半径的 k 表面上不存在满足相位匹配条件的 k_{t}。只有透射波的波矢量为复数，才能使其分量大于透射波本身。此时透射波将变为沿 $\hat{\boldsymbol{x}}$ 方向的倏逝波，这种现象称为全反射。

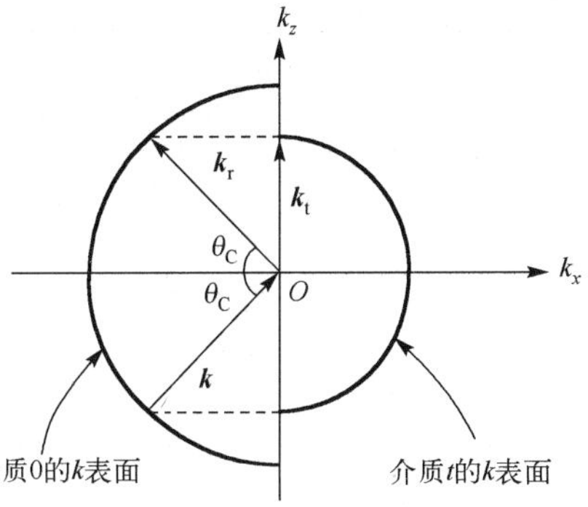

图 3.1.4　临界角反射

区域 t 中介质的 k 表面可以表示为

$$k_{\mathrm{t}x}^2 + k_z^2 = k_\mathrm{t}^2 \tag{3.1.50}$$

当发生全反射时，$k_z > k_\mathrm{t}$，$k_{\mathrm{t}x}$ 必须为纯虚数，有

$$k_{\mathrm{t}x} = \sqrt{k_\mathrm{t}^2 - k_z^2} = \mathrm{i}k_{\mathrm{t}x\mathrm{I}} \tag{3.1.51}$$

应该注意到，区域 t 中的波具有 $\exp(\mathrm{i}k_{\mathrm{t}x}x + \mathrm{i}k_z z)$ 的特征形式。当 $k_z > k_\mathrm{t}$ 时，该形式变为 $\exp(-k_{\mathrm{t}x\mathrm{I}}x + \mathrm{i}k_z z)$，因此透射波在 $\hat{\boldsymbol{x}}$ 方向上呈指数衰减，并以相速 ω/k_z 沿 $\hat{\boldsymbol{z}}$ 方向传播。这可以看作波阵面垂直于分界面的平面波，在远离分界面的过程中呈指数衰减，这种类型的波称为表面波。由于当 $k_\mathrm{t} = k_z = k\sin\theta_\mathrm{C}$ 时，透射波开始转变为表面波，因此 θ_C 表示全反射的临界角，满足

$$\theta_\mathrm{C} = \arcsin\frac{k_\mathrm{t}}{k} = \arcsin\frac{n_\mathrm{t}}{n} \tag{3.1.52}$$

当入射角大于临界角时，有

$$\boldsymbol{k}_\mathrm{t} = \hat{\boldsymbol{x}}\mathrm{i}k_{\mathrm{t}x\mathrm{I}} + \hat{\boldsymbol{z}}k_z \tag{3.1.53}$$

菲涅耳反射系数变为

$$R_{0\mathrm{t}} = \frac{1 - p_{0\mathrm{t}}}{1 + p_{0\mathrm{t}}} = \frac{1 - \mathrm{i}p_{0\mathrm{tI}}}{1 + \mathrm{i}p_{0\mathrm{tI}}} = \mathrm{e}^{\mathrm{i}2\phi_\mathrm{t}} \tag{3.1.54}$$

考虑 TM 波的情况，$p_{0\mathrm{t}} = \mathrm{i}\varepsilon k_{\mathrm{t}x\mathrm{I}}/\varepsilon_t k_x = \mathrm{i}p_{0\mathrm{tI}}$，有

$$\phi_\mathrm{t} = -\arctan p_{0\mathrm{tI}} = -\arctan\frac{\varepsilon k_{\mathrm{t}x\mathrm{I}}}{\varepsilon_t k_x} \tag{3.1.55}$$

透射系数变为

$$T_{0\mathrm{t}} = 1 + R_{0\mathrm{t}} = 1 + \mathrm{e}^{\mathrm{i}2\phi_\mathrm{t}} = 2\cos\phi_\mathrm{t}\mathrm{e}^{\mathrm{i}\phi_\mathrm{t}} \tag{3.1.56}$$

发生全反射时，菲涅耳反射系数的相移称为古斯-汉欣（Goos-Hänchen）位移。

在发生全反射时，透射波场量的表达式为

$$\boldsymbol{k}_\mathrm{t} = \hat{\boldsymbol{x}}\mathrm{i}k_{\mathrm{t}x\mathrm{I}} + \hat{\boldsymbol{z}}k_z \tag{3.1.57}$$

$$\boldsymbol{H}_{\mathrm{t}}=\hat{\boldsymbol{y}}2\cos\phi_{\mathrm{t}}\mathrm{e}^{\mathrm{i}\phi_{\mathrm{t}}}\mathrm{e}^{-k_{\mathrm{txI}}x+\mathrm{i}k_z z} \tag{3.1.58}$$

$$\boldsymbol{E}_{\mathrm{t}}=\frac{-1}{\omega\varepsilon_{\mathrm{t}}}\boldsymbol{k}_{\mathrm{t}}\times\boldsymbol{H}_{\mathrm{t}} \tag{3.1.59}$$

$$\langle\boldsymbol{S}_{\mathrm{t}}\rangle=\frac{1}{2}\mathrm{Re}\left\{\frac{\boldsymbol{k}_{\mathrm{t}}}{\omega\varepsilon_t}|\boldsymbol{H}_{\mathrm{t}}|^2\right\} \tag{3.1.60}$$

计算透射波的坡印廷矢量时均值，有

$$\langle\boldsymbol{S}_{\mathrm{t}}\rangle=\hat{\boldsymbol{z}}k_z\frac{2\cos^2\phi}{\omega\varepsilon_t}\mathrm{e}^{-2k_{\mathrm{txI}}x} \tag{3.1.61}$$

从式（3.1.61）可以发现，透射波的功率只沿 $\hat{\boldsymbol{z}}$ 方向传播，沿 $\hat{\boldsymbol{x}}$ 方向没有任何功率进入区域 t，即入射波被全反射。

3.1.4 全透射和布儒斯特角

考虑反射系数为零的情况，此时全部入射波透过分界面从区域 0 进入区域 t，这种现象称为全透射，对应的入射角称为布儒斯特角，用 θ_{B} 表示。考虑 TM 波的情况，令 $R^{\mathrm{TM}}=0$，有

$$k_{\mathrm{t}x}=\frac{\varepsilon_t}{\varepsilon}k_x \tag{3.1.62}$$

根据区域 0 和区域 t 中介质的色散关系

$$k^2=k_x^2+k_z^2 \tag{3.1.63}$$

$$k_{\mathrm{t}}^2=k_{\mathrm{t}x}^2+k_z^2=\frac{\varepsilon_t^2}{\varepsilon^2}k_x^2+k_z^2 \tag{3.1.64}$$

可以得到

$$k_x^2=\frac{k_{\mathrm{t}}^2-k^2}{(\varepsilon_t/\varepsilon)^2-1} \tag{3.1.65}$$

$$k_z^2=\frac{(\varepsilon_t/\varepsilon)^2k^2-k_{\mathrm{t}}^2}{(\varepsilon_t/\varepsilon)^2-1} \tag{3.1.66}$$

对于 $\mu=\mu_t$ 的情况，布儒斯特角定义为

$$\tan\theta_{\mathrm{B}}^{\mathrm{TM}}=\frac{k_z}{k_x}=\sqrt{\frac{(\varepsilon_t/\varepsilon)^2k^2-k_{\mathrm{t}}^2}{k_{\mathrm{t}}^2-k^2}}=\frac{k_{\mathrm{t}}}{k}=\sqrt{\frac{\varepsilon_t}{\varepsilon}} \tag{3.1.67}$$

根据相位匹配条件，有 $k_{\mathrm{t}}\sin\theta_{\mathrm{t}}=k\sin\theta_{\mathrm{B}}=k_{\mathrm{t}}\cos\theta_{\mathrm{B}}$，因此可以得到 $\theta_{\mathrm{B}}+\theta_{\mathrm{t}}=\pi/2$。

反射波和透射波矢量分别为 $\boldsymbol{k}_{\mathrm{r}}=-\hat{\boldsymbol{x}}k_x+\hat{\boldsymbol{z}}k_z$ 和 $\boldsymbol{k}_{\mathrm{t}}=\hat{\boldsymbol{x}}k_{\mathrm{t}x}+\hat{\boldsymbol{z}}k_z=\hat{\boldsymbol{x}}\,\varepsilon_t k_x/\varepsilon+\hat{\boldsymbol{z}}k_z$，有

$$\boldsymbol{k}_{\mathrm{t}}\cdot\boldsymbol{k}_{\mathrm{r}}=-\frac{\varepsilon_t}{\varepsilon}k_x^2+k_z^2=0 \tag{3.1.68}$$

因此，反射波和透射波的波矢量互相垂直（图 3.1.5）。

考虑 TE 波的情况，当 $\mu=\mu_t$、$R^{\mathrm{TE}}=0$ 时，可以得到 $k_{\mathrm{t}x}=\mu_t k_x/\mu=k_x$，因此有 $k_{\mathrm{t}}=k$。

这表明除非区域 0 和区域 t 的介质完全相同，否则不会出现零反射。当具有随机极化的波以布儒斯特角入射到各向同性介质时，反射波将变成垂直于入射平面的线极化波，因此布儒斯特角也称为极化角。

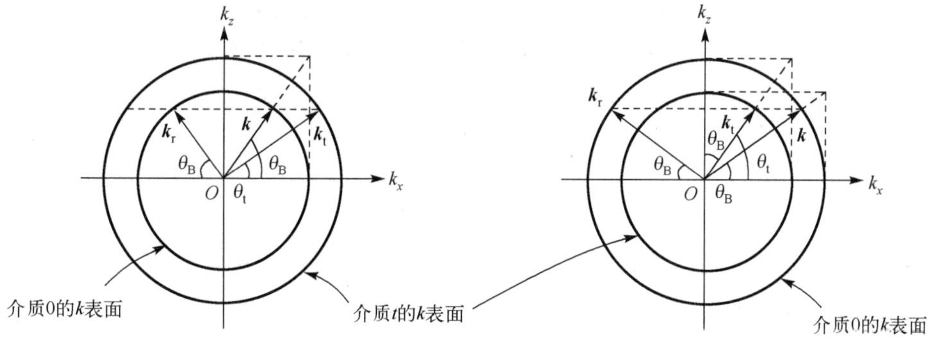

图 3.1.5　布儒斯特角反射

3.2　异向介质的反射和透射

3.2.1　负各向同性介质

考虑满足相位匹配条件的另一种情况（图 3.2.1），区域 t 中为负各向同性介质，$\varepsilon_t=-\varepsilon_\mathrm{n}$，$\mu_t=-\mu_\mathrm{n}$，其中 ε_n 和 μ_n 为正实数。

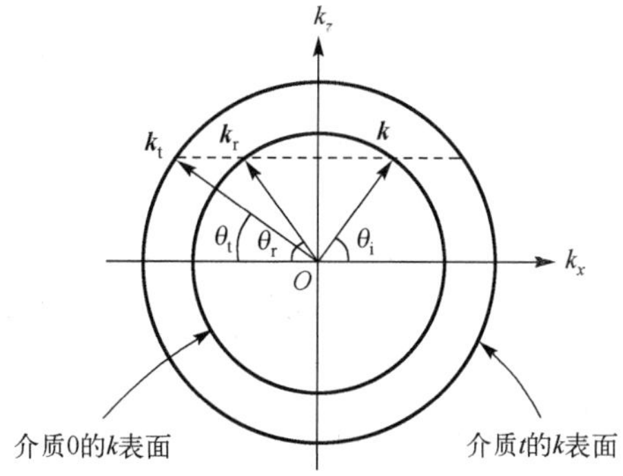

图 3.2.1　负各向同性介质的相位匹配

根据 3.1.1 节关于反射和透射的分析，可以用相同的方法得到负各向同性介质的反射和透射。对于单位幅度的 TM 波，区域 t 中透射波场量的表达式为

$$\boldsymbol{H}_\mathrm{t}=\hat{\boldsymbol{y}}T^{\mathrm{TM}}\mathrm{e}^{\mathrm{i}\boldsymbol{k}_\mathrm{t}\cdot\boldsymbol{r}} \tag{3.2.1}$$

$$\boldsymbol{E}_\mathrm{t}=\frac{-1}{\omega\varepsilon_\mathrm{t}}\boldsymbol{k}_t\times\boldsymbol{H}_\mathrm{t} \tag{3.2.2}$$

$$\boldsymbol{S}_\mathrm{t}=\boldsymbol{E}_\mathrm{t}\times\boldsymbol{H}_\mathrm{t}^{*}=\boldsymbol{k}_\mathrm{t}\frac{1}{\omega\varepsilon_t}\left|\boldsymbol{H}_\mathrm{t}\right|^2 \tag{3.2.3}$$

需要注意的是，区域 t 中的波矢量变为 $\boldsymbol{k}_\mathrm{t}=-\hat{\boldsymbol{x}}k_{\mathrm{t}x}+\hat{\boldsymbol{z}}k_z$。根据式（3.2.3）及 $\varepsilon_t=-\varepsilon_\mathrm{n}<0$ 可以发

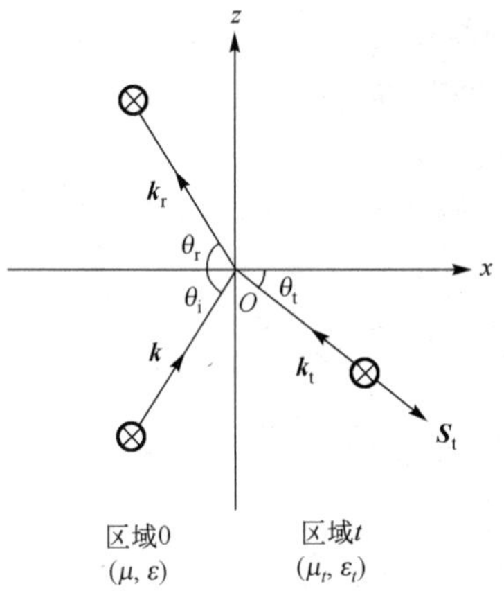

图 3.2.2　TM 波的反射和透射，其中区域 t 中为负各向同性介质

现，坡印廷矢量仍指向透射区域 t。因此，在负各向同性介质中，后向波的矢量 $\boldsymbol{k}_t$ 和坡印廷矢量的方向相反（图 3.2.2）。入射波和透射波的功率流方向将出现在界面法线的同侧，称为负折射现象。

根据 $\boldsymbol{E}$ 和 $\boldsymbol{H}$ 切向分量连续的边界条件，有

$$1+R^{\mathrm{TM}}=T^{\mathrm{TM}} \tag{3.2.4}$$

$$\frac{k_x}{\varepsilon}(1-R^{\mathrm{TM}})=-\frac{k_{tx}}{\varepsilon_t}T^{\mathrm{TM}}=\frac{k_{tx}}{\varepsilon_n}T^{\mathrm{TM}} \tag{3.2.5}$$

相应的反射系数 R^{TM} 和透射系数 T^{TM} 为

$$R^{\mathrm{TM}}=R_{0t}^{\mathrm{TM}}=\frac{1-p_{0t}^{\mathrm{TM}}}{1+p_{0t}^{\mathrm{TM}}} \tag{3.2.6}$$

$$T^{\mathrm{TM}}=T_{0t}^{\mathrm{TM}}=\frac{2}{1+p_{0t}^{\mathrm{TM}}} \tag{3.2.7}$$

式中，

$$p_{0t}^{\mathrm{TM}}=\frac{\varepsilon k_{tx}}{\varepsilon_n k_x} \tag{3.2.8}$$

根据 $\boldsymbol{E}$ 和 $\boldsymbol{H}$ 切向分量连续的边界条件，可以求出 TE 波的反射系数 R^{TE} 和透射系数 T^{TE}

$$R^{\mathrm{TE}}=R_{0t}^{\mathrm{TE}}=\frac{1-p_{0t}^{\mathrm{TE}}}{1+p_{0t}^{\mathrm{TE}}} \tag{3.2.9}$$

$$T^{\mathrm{TE}}=T_{0t}^{\mathrm{TE}}=\frac{2}{1+p_{0t}^{\mathrm{TE}}} \tag{3.2.10}$$

式中，

$$p_{0t}^{\mathrm{TE}}=\frac{\mu k_{tx}}{\mu_n k_x} \tag{3.2.11}$$

3.2.2　单轴介质

对于光轴沿 $\hat{z}$ 方向的单轴介质，根据寻常波和非寻常波的色散方程[式（2.4.19）和式（2.4.20）]

$$\omega^2=\nu\kappa k_z^2+\nu\kappa k_s^2 \tag{3.2.12}$$

$$\omega^2=\nu\kappa k_z^2+\nu\kappa_z k_s^2 \tag{3.2.13}$$

寻常波的波矢量的值 $k^{(o)}$ 满足色散关系

$$k^{(o)}=\frac{\omega}{\sqrt{\nu\kappa}}=\omega\sqrt{\mu\varepsilon} \tag{3.2.14}$$

非寻常波的波矢量的值 $k^{(e)}$ 满足色散关系

$$k^{(e)} = \frac{\omega}{\sqrt{\nu(\kappa\cos^2\theta + \kappa_z\sin^2\theta)}} = \frac{\omega\sqrt{\mu\varepsilon_z}}{\sqrt{(\varepsilon_z/\varepsilon)\cos^2\theta + \sin^2\theta}} \tag{3.2.15}$$

式中，θ 是波矢量与 z 轴的夹角。单轴介质中寻常波和非寻常波对应不同的波矢量，表明单轴介质具有双折射现象。考虑单轴介质光轴垂直于入射平面的情况（图 3.2.3），根据相位匹配条件，将得到两个透射波矢量，分别对应寻常波和非寻常波的 k 表面，相应的功率流方向与波矢量方向相同。

1. 椭圆色散介质

考虑单轴介质光轴平行于入射平面的情况，对于椭圆色散介质（κ 和 κ_z 均为正值且不相等），色散关系[式（3.2.15）]描述的是一个椭圆（图 3.2.4）。根据相位匹配条件，同样可以得到两个透射波矢量，分别对应寻常波和非寻常波的 k 表面，此时非寻常波的功率流方向将不再与波矢量 $\boldsymbol{k}$ 相同。需要注意的是，只有在一定的源激励下，才能既产生寻常波，又产生非寻常波。

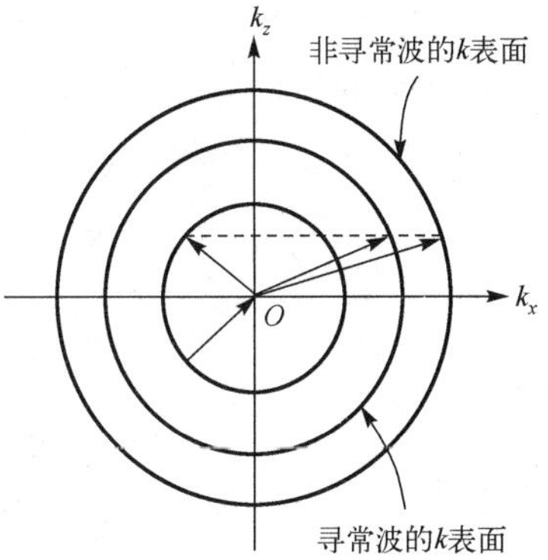

图 3.2.3　光轴与入射平面垂直

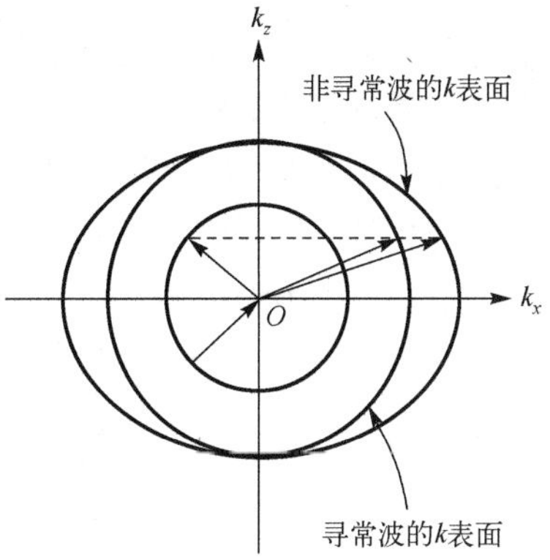

图 3.2.4　光轴沿 k_z 方向

考虑平面波从椭圆色散介质入射到各向同性介质的情况。令介质的光轴平行于入射平面并与分界面构成一定夹角，如图 3.2.5 所示。从图中可以发现，反射波的波矢量 $\boldsymbol{k}_r$ 不再指向负的 k_x 和正的 k_z 方向，而指向正的 k_x 和 k_z 方向，相应的功率流方向指向负的 k_x 和正的 k_z。也就是说，反射波在携带能量离开分界面的同时，其波阵面向界面方向传播，因此这是一个沿界面法向的后向波。

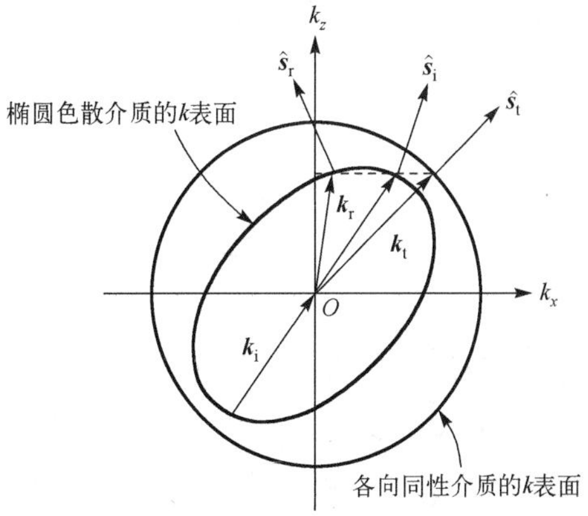

图 3.2.5　波矢量的方向和功率流的方向

2. 双曲色散介质

对于双曲色散介质（κ 和 κ_z 中有一个是负值），顾名思义，其色散关系[式（3.2.15）]所描述的是双曲线。需要注意的是，对于不同取值的 κ 和 κ_z，双曲线的形状和位置会有所不同。图 3.2.6 绘制了平面波从各向同性介质入射到双曲色散介质的情况，令介质的光轴平行于入射平面并与分界面平行。对于图 3.2.6（a）中

$\kappa<0$、$\kappa_z>0$的情况，根据相位匹配条件，对任意方向入射波矢量$\boldsymbol{k}$，都可以在双曲色散介质中找到满足相位匹配的透射波矢量$\boldsymbol{k}_\mathrm{t}$。图中绘制的透射波功率流方向指向正的$k_x$和负的$k_z$，而入射波功率流方向指向正的$k_x$和正的$k_z$。入射波和透射波的功率流方向将出现在界面法线的同侧，称为双曲色散介质中的负折射现象。

对于图 3.2.6（b）中$\kappa>0$、$\kappa_z<0$的情况，若满足条件$|k|>\omega/\sqrt{\nu\kappa_z}$，则各向同性介质的$k$表面与双曲色散介质的$k$表面存在交点。在这种情况下，当入射波沿$\hat{\boldsymbol{z}}$方向的分量$k_{\mathrm{i}z}$小于双曲线与$k_z$轴的交点$\omega/\sqrt{\nu\kappa}$时，它与双曲线将不再相交。此时透射波将变为沿$\hat{\boldsymbol{x}}$方向的倏逝波，这种现象称为全反射。当$\omega/\sqrt{\nu\kappa}=k\sin\theta_\mathrm{C}$时，透射波开始衰减，因此$\theta_\mathrm{C}$表示全反射的临界角，满足

$$\theta_\mathrm{C}=\arcsin\frac{1}{n\sqrt{\nu\kappa}} \tag{3.2.16}$$

与两种各向同性介质分界面上的全反射不同，平面波从各向同性介质入射到双曲色散介质时发生全反射的条件是入射角小于临界角。当入射角大于临界角时，可以在双曲色散介质中找到满足相位匹配的透射波矢量$\boldsymbol{k}_\mathrm{t}$。需要注意的是，透射区域$t$中的波矢量指向负的$k_x$和正的$k_z$，而坡印廷矢量指向正的$k_x$和正的$k_z$，因此在这类双曲色散介质中，后向波的波矢量$\boldsymbol{k}_\mathrm{t}$和坡印廷矢量的方向相反。若满足条件$|k|<\omega/\sqrt{\nu\kappa}$，各向同性介质的$k$表面与双曲色散介质的$k$表面不存在交点，沿任意方向入射的波都无法找到与之相位匹配的透射波矢量$\boldsymbol{k}_\mathrm{t}$，相对应的透射波均为倏逝波，即任意方向的入射波都发生全反射。

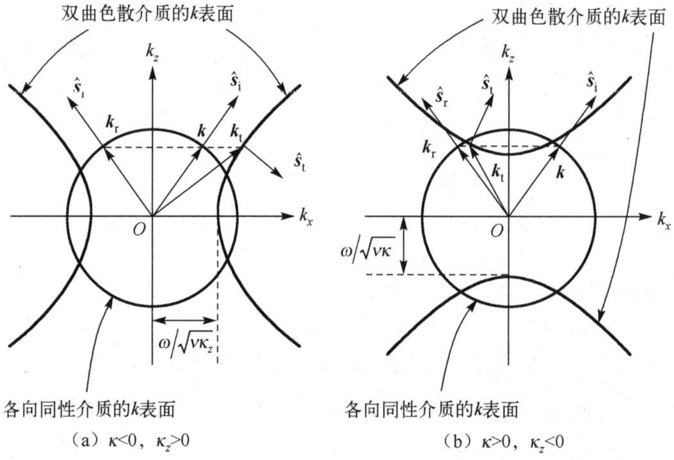

图 3.2.6　双曲色散介质的相位匹配

3．单轴近零介质

对于κ取值趋向于无穷大的情况，k表面近似为一组接近k_x轴并且和k_x轴平行的直线[图 3.2.7（a）]。从图中可以发现，一定角度入射的入射波沿$\hat{\boldsymbol{z}}$方向的分量$k_{\mathrm{i}z}$大于透射波的波矢量$\boldsymbol{k}_\mathrm{t}$，它与平行于$k_x$轴的直线不相交。此时透射波将变为沿$\hat{\boldsymbol{x}}$方向的倏逝波，这种现象称为全反射。只有当入射波垂直于分界面入射时，才可能找到满足相位匹配的透射波矢量$\boldsymbol{k}_\mathrm{t}$。对于$\kappa_z$取值趋向于无穷大的情况，$k$表面近似为一组接近$k_z$轴并且和$k_z$轴平行的直线[图 3.2.7（b）]。根据相位匹配条件，对任意方向的入射波矢量$\boldsymbol{k}$，都能找到满足相位匹配的透射波矢量$\boldsymbol{k}_\mathrm{t}$，且透射波的功率流方向指向正的$k_x$。

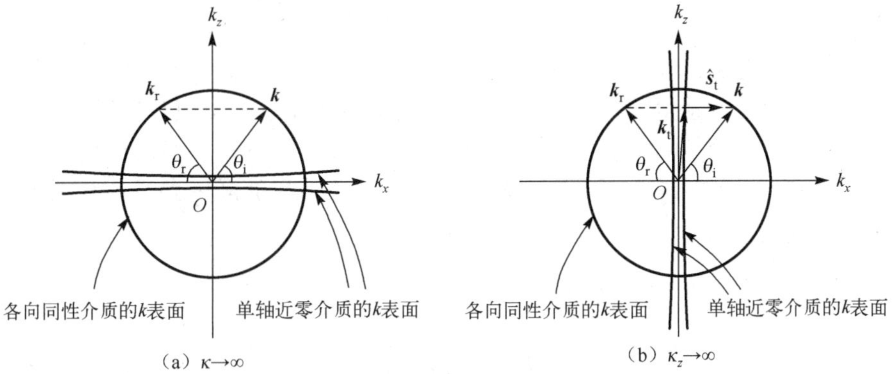

图 3.2.7　单轴近零介质的相位匹配

3.2.3　手征介质

考虑电磁波从介电常数为 ε 和磁导率为 μ 的各向同性介质入射到手征介质的情况（图 3.2.8）。手征介质的本构关系可以用 $\boldsymbol{E}$、$\boldsymbol{H}$ 表示，有

$$\boldsymbol{D}=\varepsilon_t\boldsymbol{E}+\mathrm{i}\xi_0\boldsymbol{H} \tag{3.2.17}$$

$$\boldsymbol{B}=-\mathrm{i}\xi_0\boldsymbol{E}+\mu_t\boldsymbol{H} \tag{3.2.18}$$

以上两式与第 2 章中手征介质的本构关系［式（2.5.9）和式（2.5.10）］满足以下关系

$$\kappa=\frac{1}{\varepsilon_t D} \tag{3.2.19}$$

$$\nu=\frac{1}{\mu_t D} \tag{3.2.20}$$

$$\chi=\frac{\xi_0}{\mu_t\varepsilon_t D} \tag{3.2.21}$$

$$D=1-\frac{\xi_0^2}{\mu_t\varepsilon_t} \tag{3.2.22}$$

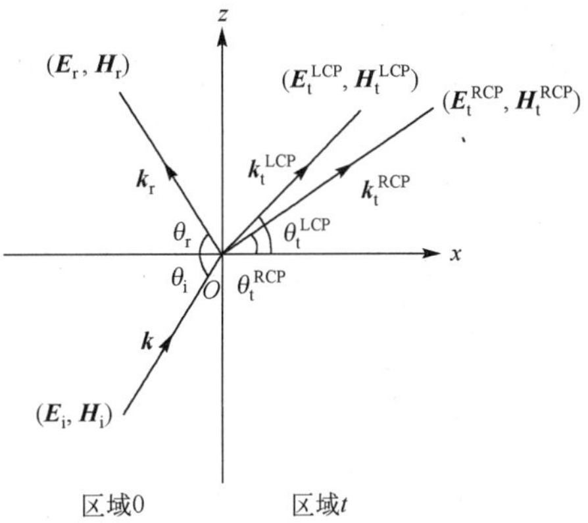

图 3.2.8　手征介质的反射和透射

色散关系为

$$u=\sqrt{\kappa\nu}\pm\chi \tag{3.2.23}$$

对于波沿着 $+\hat{z}$ 方向传播的情况，在手征介质中，左旋圆极化波和右旋圆极化波对应的空间频率表示为

$$k_t^{\mathrm{LCP}}=\omega(\sqrt{\mu_t\varepsilon_t}-\xi_0) \tag{3.2.24}$$

$$k_t^{\mathrm{RCP}}=\omega(\sqrt{\mu_t\varepsilon_t}+\xi_0) \tag{3.2.25}$$

相应的折射率分别为

$$n^{\mathrm{LCP}}=c(\sqrt{\mu_t\varepsilon_t}-\xi_0) \tag{3.2.26}$$

$$n^{\mathrm{RCP}} = c(\sqrt{\mu_t \varepsilon_t} + \xi_0) \tag{3.2.27}$$

式中，c 为真空中的光速。从式（3.2.26）可以发现，当手征参数 ξ_0 足够大时，即使 ε_t 和 μ_t 都大于零，n^{LCP} 也将为负值，因此可以利用这种方法在手征介质中实现负折射现象。

假设入射波中 TM 波和 TE 波的电场幅度分别为 E_1 和 E_2，反射波中 TM 波和 TE 波的电场幅度分别为 E_3 和 E_4，透射波中左旋圆极化波和右旋圆极化波的电场幅度分别为 E_5 和 E_6，则入射波场量的表达式为

$$\boldsymbol{E}_{\mathrm{i}} = [E_1(\hat{\boldsymbol{x}}\sin\theta_{\mathrm{i}} - \hat{\boldsymbol{z}}\cos\theta_{\mathrm{i}}) + \hat{\boldsymbol{y}}\mathrm{i}E_2]\mathrm{e}^{\mathrm{i}k_{\mathrm{i}}(z\sin\theta_{\mathrm{i}} + x\cos\theta_{\mathrm{i}})} \tag{3.2.28}$$

$$\boldsymbol{H}_{\mathrm{i}} = \frac{1}{\omega\mu}\boldsymbol{k}_{\mathrm{i}} \times \boldsymbol{E}_{\mathrm{i}} \tag{3.2.29}$$

反射波场量的表达式为

$$\boldsymbol{E}_{\mathrm{r}} = [E_3(\hat{\boldsymbol{x}}\sin\theta_{\mathrm{r}} + \hat{\boldsymbol{z}}\cos\theta_{\mathrm{r}}) + \hat{\boldsymbol{y}}\mathrm{i}E_4]\mathrm{e}^{\mathrm{i}k_{\mathrm{r}}(z\sin\theta_{\mathrm{r}} - x\sin\theta_{\mathrm{r}})} \tag{3.2.30}$$

$$\boldsymbol{H}_{\mathrm{r}} = \frac{1}{\omega\mu}\boldsymbol{k}_{\mathrm{r}} \times \boldsymbol{E}_{\mathrm{r}} \tag{3.2.31}$$

透射波场量的表达式为

$$\boldsymbol{E}_{\mathrm{t}}^{\mathrm{LCP}} = [E_5(\hat{\boldsymbol{x}}\sin\theta_{\mathrm{i}} - \hat{\boldsymbol{z}}\cos\theta_{\mathrm{i}} - \hat{\boldsymbol{y}}\mathrm{i})]\mathrm{e}^{\mathrm{i}k_{\mathrm{t}}^{\mathrm{LCP}}(z\sin\theta_{\mathrm{t}}^{\mathrm{LCP}} + x\cos\theta_{\mathrm{t}}^{\mathrm{LCP}})} \tag{3.2.32}$$

$$\boldsymbol{H}_{\mathrm{t}}^{\mathrm{LCP}} = -\frac{\mathrm{i}}{\eta_{\mathrm{t}}}\boldsymbol{E}_{\mathrm{t}}^{\mathrm{LCP}} \tag{3.2.33}$$

$$\boldsymbol{E}_{\mathrm{t}}^{\mathrm{RCP}} = [E_6(\hat{\boldsymbol{x}}\sin\theta_{\mathrm{i}} - \hat{\boldsymbol{z}}\cos\theta_{\mathrm{i}} + \hat{\boldsymbol{y}}\mathrm{i})]\mathrm{e}^{\mathrm{i}k_{\mathrm{t}}^{\mathrm{RCP}}(z\sin\theta_{\mathrm{t}}^{\mathrm{RCP}} + x\cos\theta_{\mathrm{t}}^{\mathrm{RCP}})} \tag{3.2.34}$$

$$\boldsymbol{H}_{\mathrm{t}}^{\mathrm{RCP}} = \frac{\mathrm{i}}{\eta_{\mathrm{t}}}\boldsymbol{E}_{\mathrm{t}}^{\mathrm{RCP}} \tag{3.2.35}$$

式中，$\eta_{\mathrm{t}} = \sqrt{\mu_t/\varepsilon_t}\Big/\sqrt{1+(\mu_t/\varepsilon_t)\xi_0^2}$ 。

反射波和透射波的电场分量与入射波电场分量的关系可以用矩阵表示

$$\begin{bmatrix} E_3 \\ E_4 \end{bmatrix} = \begin{bmatrix} R_{11} & R_{12} \\ R_{21} & R_{22} \end{bmatrix}\begin{bmatrix} E_1 \\ E_2 \end{bmatrix} = \bar{\bar{\boldsymbol{R}}}\begin{bmatrix} E_1 \\ E_2 \end{bmatrix} \tag{3.2.36}$$

$$\begin{bmatrix} E_5 \\ E_6 \end{bmatrix} = \begin{bmatrix} T_{11} & T_{12} \\ T_{21} & T_{22} \end{bmatrix}\begin{bmatrix} E_1 \\ E_2 \end{bmatrix} = \bar{\bar{\boldsymbol{T}}}\begin{bmatrix} E_1 \\ E_2 \end{bmatrix} \tag{3.2.37}$$

根据 $x=0$ 处的切向电场连续，可以得到

$$E_{\mathrm{iz}} + E_{\mathrm{rz}} = E_{\mathrm{tz}}^{\mathrm{LCP}} + E_{\mathrm{tz}}^{\mathrm{RCP}} \tag{3.2.38}$$

$$E_{\mathrm{i}y} + E_{\mathrm{r}y} = E_{\mathrm{t}y}^{\mathrm{LCP}} + E_{\mathrm{t}y}^{\mathrm{RCP}} \tag{3.2.39}$$

根据 $x=0$ 处的切向磁场连续，可以得到

$$H_{\mathrm{iz}} + H_{\mathrm{rz}} = H_{\mathrm{tz}}^{\mathrm{LCP}} + H_{\mathrm{tz}}^{\mathrm{RCP}} \tag{3.2.40}$$

$$H_{\mathrm{i}y} + H_{\mathrm{r}y} = H_{\mathrm{t}y}^{\mathrm{LCP}} + H_{\mathrm{t}y}^{\mathrm{RCP}} \tag{3.2.41}$$

将式（3.2.28）～式（3.2.35）代入边界条件[式（3.2.38）～式（3.2.41）]，可以得到相位匹配条件

$$k_{\mathrm{i}}\sin\theta_{\mathrm{i}}=k_{\mathrm{r}}\sin\theta_{\mathrm{r}}=k_{\mathrm{t}}^{\mathrm{LCP}}\sin\theta_{\mathrm{t}}^{\mathrm{LCP}}=k_{\mathrm{t}}^{\mathrm{RCP}}\sin\theta_{\mathrm{t}}^{\mathrm{RCP}} \tag{3.2.42}$$

式中，$\theta_{\mathrm{t}}^{\mathrm{LCP}}$ 和 $\theta_{\mathrm{t}}^{\mathrm{RCP}}$ 分别表示左旋圆极化波和右旋圆极化波的透射角。根据相位匹配条件[式(3.2.42)]，可以得到传输矩阵 $\bar{\bar{\boldsymbol{R}}}$ 和 $\bar{\bar{\boldsymbol{T}}}$

$$\bar{\bar{\boldsymbol{R}}}=\frac{4g}{\varDelta}\begin{bmatrix}(c_{\mathrm{i}}-c^{\mathrm{LCP}})(c_{\mathrm{i}}+c^{\mathrm{RCP}}) & 0\\ 0 & (c_{\mathrm{i}}+c^{\mathrm{LCP}})(c_{\mathrm{i}}-c^{\mathrm{RCP}})\end{bmatrix}-\frac{2A}{\varDelta}\begin{bmatrix}0 & 1\\ 1 & 0\end{bmatrix} \tag{3.2.43}$$

$$\bar{\bar{\boldsymbol{T}}}=\frac{4c_{\mathrm{i}}(1+g)}{\varDelta}\begin{bmatrix}c_{\mathrm{i}}+c^{\mathrm{LCP}} & 0\\ 0 & c_{\mathrm{i}}+c^{\mathrm{RCP}}\end{bmatrix}+\frac{4c_{\mathrm{i}}(1-g)}{\varDelta}\begin{bmatrix}0 & c_{\mathrm{i}}-c^{\mathrm{LCP}}\\ c_{\mathrm{i}}-c^{\mathrm{RCP}} & 0\end{bmatrix} \tag{3.2.44}$$

式中，

$$\varDelta=(1+g)^2(c_{\mathrm{i}}+c^{\mathrm{RCP}})(c_{\mathrm{i}}+c^{\mathrm{LCP}})-(1-g)^2(c_{\mathrm{i}}-c^{\mathrm{RCP}})(c_{\mathrm{i}}-c^{\mathrm{LCP}})$$

$$A=c_{\mathrm{i}}(c^{\mathrm{RCP}}+c^{\mathrm{LCP}})(1-g^2)\text{，}\quad c_{\mathrm{i}}=\cos\theta_{\mathrm{i}}\text{，}\quad c^{\mathrm{RCP}}=\cos\theta_{\mathrm{t}}^{\mathrm{RCP}}\text{，}\quad c^{\mathrm{LCP}}=\cos\theta_{\mathrm{t}}^{\mathrm{LCP}}\text{，}$$

$$g=\eta/\eta_{\mathrm{t}}=\frac{\sqrt{\mu/\varepsilon}}{\sqrt{\mu_t/\varepsilon_t}\Big/\sqrt{1+(\mu_t/\varepsilon_t)\xi_0^2}}$$

从式（3.2.24）和式（3.2.25）可以发现，当 $\xi_0>0$ 时，$k_{\mathrm{t}}^{\mathrm{LCP}}<k_{\mathrm{t}}^{\mathrm{RCP}}$。根据相位匹配条件[式（3.2.42)]可以得到，当 $k_{\mathrm{t}}^{\mathrm{LCP}}<k_{\mathrm{t}}^{\mathrm{RCP}}<k_{\mathrm{i}}$ 时，可以得到左旋圆极化波和右旋圆极化波的入射临界角

$$\theta_{\mathrm{C}}^{\mathrm{LCP}}=\arcsin\frac{k_{\mathrm{t}}^{\mathrm{LCP}}}{k_{\mathrm{i}}} \tag{3.2.45}$$

$$\theta_{\mathrm{C}}^{\mathrm{RCP}}=\arcsin\frac{k_{\mathrm{t}}^{\mathrm{RCP}}}{k_{\mathrm{i}}} \tag{3.2.46}$$

且 $\theta_{\mathrm{C}}^{\mathrm{LCP}}<\theta_{\mathrm{C}}^{\mathrm{RCP}}$。当 $k_{\mathrm{t}}^{\mathrm{LCP}}<k_{\mathrm{i}}<k_{\mathrm{t}}^{\mathrm{RCP}}$ 时，根据相位匹配条件 $k_{\mathrm{i}}\sin\theta_{\mathrm{i}}=k_{\mathrm{t}}^{\mathrm{RCP}}\sin\theta_{\mathrm{t}}^{\mathrm{RCP}}$，有 $\theta_{\mathrm{t}}^{\mathrm{RCP}}<\theta_{\mathrm{i}}$，因此右旋圆极化波将不发生全反射，并且当入射角满足 $\theta_{\mathrm{i}}>\theta_{\mathrm{C}}^{\mathrm{LCP}}$ 时，左旋圆极化波被全反射，手征介质中只存在右旋圆极化波。当 $k_{\mathrm{i}}<k_{\mathrm{t}}^{\mathrm{LCP}}<k_{\mathrm{t}}^{\mathrm{RCP}}$ 时，根据相位匹配条件，有 $\theta_{\mathrm{t}}^{\mathrm{RCP}}<\theta_{\mathrm{t}}^{\mathrm{LCP}}<\theta_{\mathrm{i}}$，左旋圆极化波和右旋圆极化波都不会发生全反射。

根据传输矩阵[式（3.2.43)]，当 $\eta=\eta_{\mathrm{t}}$ 时，有 $g=1$，$R_{12}=R_{21}=0$，反射波和透射波将具有与入射波相同的极化，有

$$R_{11}=\frac{\cos\theta_{\mathrm{i}}-\cos\theta_{\mathrm{t}}^{\mathrm{LCP}}}{\cos\theta_{\mathrm{i}}+\cos\theta_{\mathrm{t}}^{\mathrm{LCP}}} \tag{3.2.47}$$

$$R_{22}=\frac{\cos\theta_{\mathrm{i}}-\cos\theta_{\mathrm{t}}^{\mathrm{RCP}}}{\cos\theta_{\mathrm{i}}+\cos\theta_{\mathrm{t}}^{\mathrm{RCP}}} \tag{3.2.48}$$

从以上两式可以发现，当 $R_{11}=0$ 或 $R_{22}=0$ 时，左旋圆极化波或右旋圆极化波发生全透射，对应的入射角也可以称为布儒斯特角，满足 $\theta_{\mathrm{i}}=\theta_{\mathrm{t}}^{\mathrm{LCP}}$ 或 $\theta_{\mathrm{i}}=\theta_{\mathrm{t}}^{\mathrm{RCP}}$。

3.3 分层介质的反射和透射

3.3.1 分层介质中的波

考虑一平面波入射到边界位于 $x=d_0,d_1,\cdots,d_n$ 处的分层介质（图 3.3.1）。第$(n+1)$层为半无限区域，记作区域 t，$t=n+1$。每一层介质的介电常数和磁导率分别记作 ε_l 和 μ_l，$l\in[1,n]$。需要注意的是，在区域 0 中，介质的介电常数和磁导率分别记作 ε 和 μ，它们不一定是自由空间中的介电常数和磁导率，自由空间的介电常数和磁导率通常表示为 ε_0 和 μ_0。平面波从区域 0 入射，入射平面平行于 xOz 平面，所有的场矢量都只随 x 和 z 坐标而变化，与 y 无关。由于 $\partial/\partial y=0$，在任意的介质层中，满足麦克斯韦方程组的解可以分解为 TE 波分量和 TM 波分量，这两个分量分别由 E_{ly} 和 H_{ly} 决定，因此可以得到

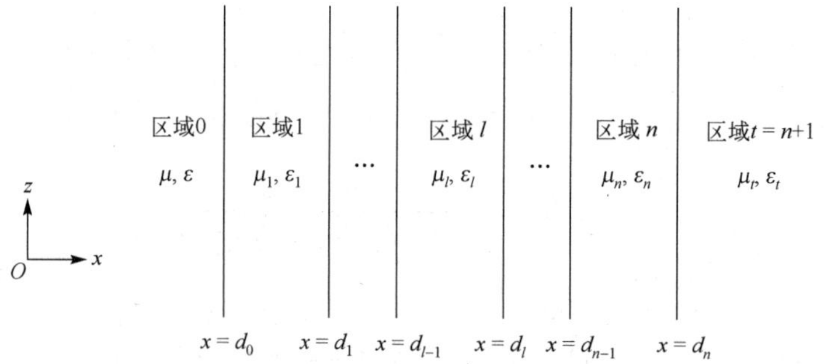

图 3.3.1 分层介质

$$H_{lx}=\frac{-1}{\mathrm{i}\omega\mu_l}\frac{\partial}{\partial z}E_{ly} \tag{3.3.1}$$

$$H_{lz}=\frac{1}{\mathrm{i}\omega\mu_l}\frac{\partial}{\partial x}E_{ly} \tag{3.3.2}$$

$$\left(\frac{\partial^2}{\partial x^2}+\frac{\partial^2}{\partial z^2}+\omega^2\mu_l\varepsilon_l\right)E_{ly}=0 \tag{3.3.3}$$

$$E_{lx}=\frac{1}{\mathrm{i}\omega\varepsilon_l}\frac{\partial}{\partial z}H_{ly} \tag{3.3.4}$$

$$E_{lz}=\frac{-1}{\mathrm{i}\omega\varepsilon_l}\frac{\partial}{\partial x}H_{ly} \tag{3.3.5}$$

$$\left(\frac{\partial^2}{\partial x^2}+\frac{\partial^2}{\partial z^2}+\omega^2\mu_l\varepsilon_l\right)H_{ly}=0 \tag{3.3.6}$$

TE 波分量由式（3.3.1）～式（3.3.3）决定，TM 波分量由式（3.3.4）～式（3.3.6）决定。这两组方程满足对偶关系：$\boldsymbol{E}_l\to\boldsymbol{H}_l$、$\boldsymbol{H}_l\to-\boldsymbol{E}_l$ 和 $\mu_l\rightleftarrows\varepsilon_l$。

考虑 TM 波 $H_y=H_0\mathrm{e}^{\mathrm{i}k_xx+\mathrm{i}k_zz}$ 入射到分层介质的情况，第 l 层介质中的总场可以表示为

$$H_{ly}=(A_l\mathrm{e}^{\mathrm{i}k_{lx}x}+B_l\mathrm{e}^{-\mathrm{i}k_{lx}x})\mathrm{e}^{\mathrm{i}k_zz} \tag{3.3.7}$$

$$E_{lx}=\frac{k_{lz}}{\omega\varepsilon_l}(-A_l\mathrm{e}^{\mathrm{i}k_{lx}x}+B_l\mathrm{e}^{-\mathrm{i}k_{lx}x})\mathrm{e}^{\mathrm{i}k_z z} \tag{3.3.8}$$

$$E_{lz}=\frac{k_{lx}}{\omega\varepsilon_l}(A_l\mathrm{e}^{\mathrm{i}k_{lx}x}+B_l\mathrm{e}^{-\mathrm{i}k_{lx}x})\mathrm{e}^{\mathrm{i}k_z z} \tag{3.3.9}$$

色散关系为

$$k_{lx}^2+k_z^2=\omega^2\mu_l\varepsilon_l \tag{3.3.10}$$

考虑到相位匹配问题，式（3.3.7）～式（3.3.10）中的 k_z 没有注明下标“l”。事实上，在任意第 l 层介质中都存在多次反射和透射，幅度 A_l 表示所有沿 $+\hat{\boldsymbol{x}}$ 方向传播的电磁波分量，B_l 表示所有沿 $-\hat{\boldsymbol{x}}$ 方向传播的电磁波分量。令区域 0 中 $\begin{cases}A_0=1\\B_0=R\end{cases}$，区域 t 中 $\begin{cases}A_t=T\\B_t=0\end{cases}$。需要注意的是，由于区域 t 为半无限空间，并且区域内不存在沿 $+\hat{\boldsymbol{x}}$ 方向速度分量传播的波，因此可以将透射幅度记为 T。

区域 l 中的 A_l 和 B_l 与相邻区域中的幅度满足边界条件。在 $x=d_l$ 处，边界条件要求 E_z 和 H_y 连续，故有

$$A_l\mathrm{e}^{\mathrm{i}k_{lx}d_l}+B_l\mathrm{e}^{-\mathrm{i}k_{lx}d_l}=A_{l+1}\mathrm{e}^{\mathrm{i}k_{(l+1)x}d_l}+B_{l+1}\mathrm{e}^{-\mathrm{i}k_{(l+1)x}d_l} \tag{3.3.11}$$

$$A_l\mathrm{e}^{\mathrm{i}k_{lx}d_l}-B_l\mathrm{e}^{-\mathrm{i}k_{lx}d_l}=p_{l(l+1)}[A_{l+1}\mathrm{e}^{\mathrm{i}k_{(l+1)x}d_l}-B_{l+1}\mathrm{e}^{-\mathrm{i}k_{(l+1)x}d_l}] \tag{3.3.12}$$

式中，

$$p_{l(l+1)}=\frac{\varepsilon_l k_{(l+1)x}}{\varepsilon_{l+1}k_{lx}}=\frac{1}{p_{(l+1)l}} \tag{3.3.13}$$

分层介质中有$(n+1)$个边界，将产生$(2n+2)$个边界方程。在区域 0 中，存在未知的反射系数 R，在区域 t 中，存在未知的透射系数 T。在区域 l（$l=1,2,\cdots,n$）中各有两个未知数 A_l 和 B_l，所以总的未知数是$(2n+2)$个。为了从$(2n+2)$个边界方程中求解$(2n+2)$个未知数，可以将边界方程写成矩阵形式，其中$(2n+2)$个未知数构成一个$(2n+2)$阶的列矩阵，系数构成一个$(2n+2)\times(2n+2)$阶的方阵。方程的解可以通过对矩阵求逆获得，这个求解过程虽然直接但相对冗长。鉴于此，接下来将提供一种相对简单的方法来处理这个问题。

3.3.2 分层介质的反射系数

为了得到分层介质的反射系数，将首先推导反射系数 R 的解析解。对方程（3.3.11）和方程（3.3.12）中的 A_l 和 B_l 进行求解，有

$$A_l\mathrm{e}^{\mathrm{i}k_{lx}d_l}=\frac{1+p_{l(l+1)}}{2}\left[A_{l+1}\mathrm{e}^{\mathrm{i}k_{(l+1)x}d_l}+R_{l(l+1)}B_{l+1}\mathrm{e}^{-\mathrm{i}k_{(l+1)x}d_l}\right] \tag{3.3.14}$$

$$B_l\mathrm{e}^{-\mathrm{i}k_{lx}d_l}=\frac{1+p_{l(l+1)}}{2}\left[R_{l(l+1)}A_{l+1}\mathrm{e}^{\mathrm{i}k_{(l+1)x}d_l}+B_{l+1}\mathrm{e}^{-\mathrm{i}k_{(l+1)x}d_l}\right] \tag{3.3.15}$$

式中，

$$R_{l(l+1)}=\frac{1-p_{l(l+1)}}{1+p_{l(l+1)}}=-R_{(l+1)l} \tag{3.3.16}$$

$R_{l(l+1)}$ 表示区域 l 中波的反射系数，由区域 l 和区域 l+1 的分界面引起，与区域 l+1 中波的反射系数 $R_{(l+1)l}$ 的负数相等。

取式（3.3.15）与式（3.3.14）的比值，可以得到

$$\begin{aligned}\frac{B_l}{A_l} &= \frac{R_{l(l+1)}\mathrm{e}^{\mathrm{i}2k_{(l+1)x}d_l} + (B_{l+1}/A_{l+1})}{\mathrm{e}^{\mathrm{i}2k_{(l+1)x}d_l} + R_{l(l+1)}(B_{l+1}/A_{l+1})}\mathrm{e}^{\mathrm{i}2k_{lx}d_l} \\ &= \frac{\mathrm{e}^{\mathrm{i}2k_{lx}d_l}}{R_{l(l+1)}} + \frac{\left[1-1/R_{l(l+1)}^2\right]\mathrm{e}^{\mathrm{i}2(k_{(l+1)x}+k_{lx})d_l}}{(1/R_{l(l+1)})\mathrm{e}^{\mathrm{i}2k_{(l+1)x}d_l} + (B_{l+1}/A_{l+1})}\end{aligned} \tag{3.3.17}$$

式中，给出使用 B_{l+1}/A_{l+1} 表示 B_l/A_l 的递推表达式。在透射区域 t 中，有 $B_t/A_t = 0$。从区域 0 入射到分层介质时，在边界 $x = d_0$ 处有反射系数

$$R = \frac{B_0}{A_0} = \frac{\mathrm{e}^{\mathrm{i}2k_{0x}d_0}}{R_{01}} + \frac{\left[1-1/R_{01}^2\right]\mathrm{e}^{\mathrm{i}2(k_{1x}+k_{0x})d_0}}{(1/R_{01})\mathrm{e}^{\mathrm{i}2k_{1x}d_0} + (B_1/A_1)} \tag{3.3.18}$$

根据递推关系，可以得到

$$R = \frac{\mathrm{e}^{\mathrm{i}2k_x d_0}}{R_{01}} + \cfrac{\left[1-(1/R_{01}^2)\right]\mathrm{e}^{\mathrm{i}2(k_{1x}+k_x)d_0}}{(1/R_{01})\mathrm{e}^{\mathrm{i}2k_{1x}d_0} + \cfrac{\mathrm{e}^{\mathrm{i}2k_{1x}d_1}}{R_{12}} + \cfrac{\left[1-(1/R_{12}^2)\right]\mathrm{e}^{\mathrm{i}2(k_{2x}+k_{1x})d_1}}{(1/R_{12})\mathrm{e}^{\mathrm{i}2k_{2x}d_1} + \cdots + \cfrac{\mathrm{e}^{\mathrm{i}2k_{(n-1)x}d_{n-1}}}{R_{(n-1)n}} + \cfrac{\left[1-(1/R_{(n-1)n}^2)\right]\mathrm{e}^{\mathrm{i}2(k_{nx}+k_{(n-1)x})d_{n-1}}}{(1/R_{(n-1)n})\mathrm{e}^{\mathrm{i}2k_{nx}d_{n-1}} + R_{nt}\mathrm{e}^{\mathrm{i}2k_{nx}d_n}}}} \tag{3.3.19}$$

式（3.3.19）是反射系数 R 的解析解，利用计算机可以非常容易地对该形式的解进行数值计算。

3.3.3 传输矩阵和透射系数

现在将利用传输矩阵推导透射系数 $T = A_t/A_0$ 及所有区域中波的幅度。通过求解方程（3.3.11）和方程（3.3.12），可以得到用 A_l 和 B_l 表示的 A_{l+1} 和 B_{l+1}

$$A_{l+1}\mathrm{e}^{\mathrm{i}k_{(l+1)x}d_l} = \frac{1+p_{(l+1)l}}{2}\left[A_l\mathrm{e}^{\mathrm{i}k_{lx}d_l} + R_{(l+1)l}B_l\mathrm{e}^{-\mathrm{i}k_{lx}d_l}\right] \tag{3.3.20}$$

$$B_{l+1}\mathrm{e}^{-\mathrm{i}k_{(l+1)x}d_l} = \frac{1+p_{(l+1)l}}{2}\left[R_{(l+1)l}A_l\mathrm{e}^{\mathrm{i}k_{lx}d_l} + B_l\mathrm{e}^{-\mathrm{i}k_{lx}d_l}\right] \tag{3.3.21}$$

将以上两式表示成矩阵相乘的形式，有

$$\begin{bmatrix} A_{l+1} \\ B_{l+1} \end{bmatrix} = \overline{\overline{V}}_{(l+1)l} \cdot \begin{bmatrix} A_l \\ B_l \end{bmatrix} \tag{3.3.22}$$

式中，

$$\overline{\overline{V}}_{(l+1)l} = \frac{1+p_{(l+1)l}}{2}\begin{bmatrix} \mathrm{e}^{-\mathrm{i}(k_{(l+1)x}-k_{lx})d_l} & R_{(l+1)l}\mathrm{e}^{-\mathrm{i}(k_{(l+1)x}+k_{lx})d_l} \\ R_{(l+1)l}\mathrm{e}^{\mathrm{i}(k_{(l+1)x}+k_{lx})d_l} & \mathrm{e}^{\mathrm{i}(k_{(l+1)x}-k_{lx})d_l} \end{bmatrix} \tag{3.3.23}$$

称为前向传输矩阵。需要注意的是，第 n 层介质与透射区域 t（t=n+1）的前向传输矩阵满足

$$\begin{bmatrix} T \\ 0 \end{bmatrix} = \overline{\overline{V}}_{tn} \cdot \begin{bmatrix} A_n \\ B_n \end{bmatrix} \tag{3.3.24}$$

式中，

$$\bar{\bar{V}}_{tn}=\frac{1+p_{tn}}{2}\begin{bmatrix} e^{-i(k_{tx}-k_{nx})d_n} & R_{tn}e^{-i(k_{tx}+k_{nx})d_n} \\ R_{tn}e^{i(k_{tx}+k_{nx})d_n} & e^{i(k_{tx}-k_{nx})d_n} \end{bmatrix} \tag{3.3.25}$$

类似地，可以用式（3.3.14）和式（3.3.15）将 A_l 和 B_l 表示为 A_{l+1} 和 B_{l+1}，并定义后向传输矩阵。

根据传输矩阵及其他区域中波的幅度，就可以确定任意一个区域中波的幅度。例如，对于区域 m，$m>l$，利用前向传输矩阵，可以得到

$$\begin{bmatrix} A_m \\ B_m \end{bmatrix}=\bar{\bar{V}}_{m(m-1)}\cdot\bar{\bar{V}}_{(m-1)(m-2)}\cdots\bar{\bar{V}}_{(l+1)l}\cdot\begin{bmatrix} A_l \\ B_l \end{bmatrix} \tag{3.3.26}$$

类似地，对于区域 j，$l>j$，利用后向传输矩阵就可以确定任意区域中波的幅度。

特别地，对于 $t=n+1$ 的分层介质，其透射系数 $T=A_t/A_0$ 可以通过 $n+1$ 个传输矩阵的相乘来计算。利用前向传输矩阵，可以得到

$$\begin{bmatrix} T \\ 0 \end{bmatrix}=\bar{\bar{V}}_{t0}\cdot\begin{bmatrix} 1 \\ R \end{bmatrix} \tag{3.3.27}$$

式中，

$$\bar{\bar{V}}_{t0}=\bar{\bar{V}}_{tn}\cdot\bar{\bar{V}}_{n(n-1)}\cdots\cdot\bar{\bar{V}}_{10} \tag{3.3.28}$$

包括分层介质的全部信息。如果 $\bar{\bar{V}}_{t0}$ 已知，那么反射系数和透射系数都可以通过矩阵求得。

对于单层（半空间）介质，根据式（3.3.23）可以得到

$$\begin{bmatrix} T \\ 0 \end{bmatrix}=\frac{1+p_{10}}{2}\begin{bmatrix} e^{-i(k_{tx}-k_x)d_1} & R_{10}e^{-i(k_{tx}+k_x)d_1} \\ R_{10}e^{i(k_{tx}+k_x)d_1} & e^{i(k_{tx}-k_x)d_1} \end{bmatrix}\cdot\begin{bmatrix} 1 \\ R \end{bmatrix} \tag{3.3.29}$$

式中，反射系数为

$$R=R_{01}e^{i2k_xd_1} \tag{3.3.30}$$

从而得到透射系数为

$$T=\frac{1}{2}(1+p_{10})(1-R_{01}^2)e^{-i(k_{tx}-k_x)d_1}=\frac{2}{1+p_{01}}e^{-i(k_{tx}-k_x)d_1} \tag{3.3.31}$$

式中，$R_{10}=-R_{01}$，$p_{10}=1/p_{01}$。

3.3.4　单层平板介质

考虑单层平板介质的情况（$t=2$ 和 $n=1$），根据式（3.3.17），令 $B_2=0$，可以得到

$$\frac{B_1}{A_1}=R_{12}e^{i2k_{1x}d_1} \tag{3.3.32}$$

再次利用式（3.3.17），并代入式（3.3.32），可以得到

$$R = \frac{B_0}{A_0} = \frac{R_{01}e^{i2k_{1x}d_0} + (B_1/A_1)}{e^{i2k_{1x}d_0} + R_{01}(B_1/A_1)} e^{i2k_x d_0}$$
$$= \frac{R_{01} + R_{1t}e^{i2k_{1x}(d_1-d_0)}}{1 + R_{01}R_{1t}e^{i2k_{1x}(d_1-d_0)}} e^{i2k_x d_0} \tag{3.3.33}$$

类似地，可以利用传输矩阵[式（3.3.26）]进行分析，有

$$\begin{bmatrix} A_1 \\ B_1 \end{bmatrix} = \frac{1+p_{10}}{2} \begin{bmatrix} e^{-i(k_{1x}-k_x)d_0} & R_{10}e^{-i(k_{1x}+k_x)d_0} \\ R_{10}e^{i(k_{1x}+k_x)d_0} & e^{i(k_{1x}-k_x)d_0} \end{bmatrix} \cdot \begin{bmatrix} 1 \\ R \end{bmatrix} \tag{3.3.34}$$

$$\begin{bmatrix} T \\ 0 \end{bmatrix} = \frac{1+p_{t1}}{2} \begin{bmatrix} e^{-i(k_{tx}-k_x)d_1} & R_{t1}e^{-i(k_{tx}+k_x)d_1} \\ R_{t1}e^{i(k_{tx}+k_{1x})d_1} & e^{i(k_{tx}-k_{1x})d_1} \end{bmatrix} \cdot \begin{bmatrix} A_1 \\ B_1 \end{bmatrix} \tag{3.3.35}$$

解得

$$A_1 = \frac{2e^{-i(k_{1x}-k_x)d_0}}{(1+p_{01})(1+R_{01}R_{1t}e^{i2k_{1x}(d_1-d_0)})} = \frac{T_{01}e^{-i(k_{1x}-k_x)d_0}}{1+R_{01}R_{1t}e^{i2k_{1x}(d_1-d_0)}} \tag{3.3.36}$$

$$B_1 = \frac{2R_{1t}e^{i2k_{1x}d_1}e^{-i(k_{1x}-k_x)d_0}}{(1+p_{01})(1+R_{01}R_{1t}e^{i2k_{1x}(d_1-d_0)})} = \frac{T_{01}R_{1t}e^{i2k_{1x}d_1}e^{-i(k_{1x}-k_x)d_0}}{1+R_{01}R_{1t}e^{i2k_{1x}(d_1-d_0)}} \tag{3.3.37}$$

$$T = \frac{T_{01}T_{1t}e^{-i(k_{1x}-k_x)d_0}e^{-i(k_{tx}-k_{1x})d_1}}{1+R_{01}R_{1t}e^{i2k_{1x}(d_1-d_0)}} \tag{3.3.38}$$

上述公式的推导利用了式（3.3.33）中的反射系数 R。

3.4 异向界面的反射和透射

3.4.1 均匀异向界面

平面波在不同介质分界面的反射和透射由麦克斯韦方程组和边界条件决定。近年来，超构表面和二维材料的出现为人工构造电磁边界创造了条件。原本仅在数学上成立的理论边界，现在可以通过人工电磁边界来实现，并切实改变电磁波的传播，这为人们提供了一种新的方法来控制电磁波的行为。本书将这类边界定为异向界面，以对应异向介质。

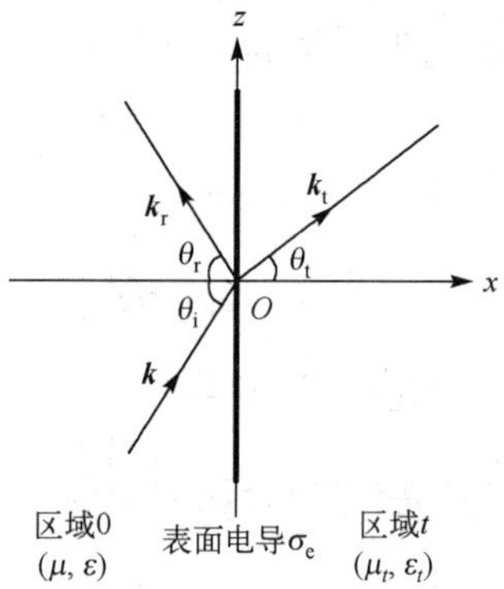

图 3.4.1　各向同性异向边界

1．各向同性异向界面

考虑区域 0 和区域 t 的分界面存在表面电导 σ_e 的情况，如图 3.4.1 所示。由于表面电导的存在，边界条件将由原先的 $\boldsymbol{E}$ 和 $\boldsymbol{H}$ 切向分量连续变为

$$\hat{\boldsymbol{n}} \times (\boldsymbol{E} - \boldsymbol{E}_t) = \boldsymbol{0} \tag{3.4.1}$$

$$\hat{\boldsymbol{n}}\times(\boldsymbol{H}-\boldsymbol{H}_{\rm t})=\sigma_{\rm e}\cdot\boldsymbol{E} \tag{3.4.2}$$

考虑单位幅度的 TE 波情况，区域 0 和区域 t 中的场量及色散关系可以由式（3.1.28）～式（3.1.39）表示。根据 $x=0$ 处 E_y 的连续性，可以得到

$$\mathrm{e}^{\mathrm{i}k_z z}+R^{\rm TE}\mathrm{e}^{\mathrm{i}k_{\rm rz}z}=T^{\rm TE}\mathrm{e}^{\mathrm{i}k_{\rm tz}z} \tag{3.4.3}$$

这个公式对任意的 z 均成立，由此得到相位匹配条件

$$k_z=k_{\rm rz}=k_{\rm tz} \tag{3.4.4}$$

根据边界条件[式（3.4.1）和式（3.4.2）]，有

$$1+R^{\rm TE}=T^{\rm TE} \tag{3.4.5}$$

$$\frac{k_x}{\omega\mu}(1-R^{\rm TE})-\frac{k_{\rm tx}}{\omega\mu_t}T^{\rm TE}=\sigma_{\rm e}(1+R^{\rm TE}) \tag{3.4.6}$$

可以求出反射系数 $R^{\rm TE}$ 和透射系数 $T^{\rm TE}$

$$R^{\rm TE}=R_{0\rm t}^{\rm TE}=\frac{1-p_{0\rm t}^{\rm TE}-\dfrac{\sigma_{\rm e}\omega\mu}{k_x}}{1+p_{0\rm t}^{\rm TE}+\dfrac{\sigma_{\rm e}\omega\mu}{k_x}} \tag{3.4.7}$$

$$T^{\rm TE}=T_{0\rm t}^{\rm TE}=\frac{2}{1+p_{12}^{\rm TE}+\dfrac{\sigma_{\rm e}\omega\mu}{k_x}} \tag{3.4.8}$$

式中，$p_{0\rm t}^{\rm TE}=\dfrac{\mu k_{\rm tx}}{\mu_t k_x}$。

考虑单位幅度的 TM 波情况，区域 0 和区域 t 中的场量及色散关系可以由式（3.1.1）～式（3.1.15）表示。根据 $x=0$ 处 E_z 的连续性，可以得到

$$\frac{k_x}{\varepsilon}\mathrm{e}^{\mathrm{i}k_z z}-\frac{k_{\rm rx}}{\varepsilon}R^{\rm TM}\mathrm{e}^{\mathrm{i}k_{\rm rz}z}=\frac{k_{\rm tx}}{\varepsilon_t}T^{\rm TM}\mathrm{e}^{\mathrm{i}k_{\rm tz}z} \tag{3.4.9}$$

这个公式对任意的 z 均成立，由此得到相位匹配条件

$$k_z=k_{\rm rz}=k_{\rm tz} \tag{3.4.10}$$

根据边界条件[式（3.4.1）和式（3.4.2）]，有

$$\frac{k_x}{\varepsilon}(1-R^{\rm TM})-\frac{k_{\rm tx}}{\varepsilon_t}T^{\rm TM}=0 \tag{3.4.11}$$

$$-(1+R^{\rm TM})+T^{\rm TM}=\sigma_{\rm e}\frac{k_x}{\omega\varepsilon}(-1+R^{\rm TM}) \tag{3.4.12}$$

可以求得反射系数 $R^{\rm TM}$ 和透射系数 $T^{\rm TM}$

$$R^{\rm TM}=\frac{1-p_{0\rm t}^{\rm TM}+\dfrac{\sigma_{\rm e}}{\omega}\dfrac{k_{\rm tx}}{\varepsilon_t}}{1+p_{0\rm t}^{\rm TM}+\dfrac{\sigma_{\rm e}}{\omega}\dfrac{k_{\rm tx}}{\varepsilon_t}} \tag{3.4.13}$$

$$T^{\mathrm{TM}}=\frac{2}{1+p_{0\mathrm{t}}^{\mathrm{TM}}+\dfrac{\sigma_{\mathrm{e}}}{\omega}\dfrac{k_{\mathrm{t}x}}{\varepsilon_t}} \tag{3.4.14}$$

式中，$p_{0\mathrm{t}}^{\mathrm{TM}}=\dfrac{\varepsilon k_{\mathrm{t}x}}{\varepsilon_t k_x}$。

若区域 0 和区域 t 的分界面存在表面磁导 σ_{m}，则边界条件变为

$$\hat{\boldsymbol{n}}\times(\boldsymbol{E}-\boldsymbol{E}_{\mathrm{t}})=\sigma_{\mathrm{m}}\cdot\boldsymbol{H} \tag{3.4.15}$$

$$\hat{\boldsymbol{n}}\times(\boldsymbol{H}-\boldsymbol{H}_{\mathrm{t}})=\mathbf{0} \tag{3.4.16}$$

对于 TE 波，根据边界条件[式(3.4.15)和式(3.4.16)]，可以求得反射系数 R^{TE} 和透射系数 T^{TE}

$$R^{\mathrm{TE}}=\frac{1-p_{0\mathrm{t}}^{\mathrm{TE}}-\dfrac{\sigma_{\mathrm{m}}}{\omega}\dfrac{k_{\mathrm{t}x}}{\mu_t}}{1+p_{0\mathrm{t}}^{\mathrm{TE}}-\dfrac{\sigma_{\mathrm{m}}}{\omega}\dfrac{k_{\mathrm{t}x}}{\mu_t}} \tag{3.4.17}$$

$$T^{\mathrm{TE}}=\frac{2}{1+p_{0\mathrm{t}}^{\mathrm{TE}}-\dfrac{\sigma_{\mathrm{m}}}{\omega}\dfrac{k_{\mathrm{t}x}}{\mu_t}} \tag{3.4.18}$$

式中，$p_{0\mathrm{t}}^{\mathrm{TE}}=\dfrac{\mu k_{\mathrm{t}x}}{\mu_t k_x}$。类似地，对于 TM 波，反射系数 R^{TM} 和透射系数 T^{TM} 为

$$R^{\mathrm{TM}}=\frac{1-p_{0\mathrm{t}}^{\mathrm{TM}}+\dfrac{\sigma_{\mathrm{m}}\omega\varepsilon}{k_x}}{1+p_{0\mathrm{t}}^{\mathrm{TM}}-\dfrac{\sigma_{\mathrm{m}}\omega\varepsilon}{k_x}} \tag{3.4.19}$$

$$T^{\mathrm{TM}}=\frac{2}{1+p_{0\mathrm{t}}^{\mathrm{TM}}-\dfrac{\sigma_{\mathrm{m}}\omega\varepsilon}{k_x}} \tag{3.4.20}$$

式中，$p_{0\mathrm{t}}^{\mathrm{TM}}=\dfrac{\varepsilon k_{\mathrm{t}x}}{\varepsilon_t k_x}$。需要注意的是，对于各向同性异向界面，表面电导和表面磁导并不会改变相位匹配条件。

2. 手征异向界面

考虑区域 0 和区域 t 分界面存在各向同性手征表面电导 σ_χ 的情况，如图 3.4.2 所示，对应的边界条件可以表示为

$$\hat{\boldsymbol{n}}\times(\boldsymbol{E}-\boldsymbol{E}_{\mathrm{t}})=\sigma_\chi\cdot(\boldsymbol{E}+\boldsymbol{E}_{\mathrm{t}}) \tag{3.4.21}$$

$$\hat{\boldsymbol{n}}\times(\boldsymbol{H}-\boldsymbol{H}_{\mathrm{t}})=\sigma_\chi\cdot(\boldsymbol{H}+\boldsymbol{H}_{\mathrm{t}}) \tag{3.4.22}$$

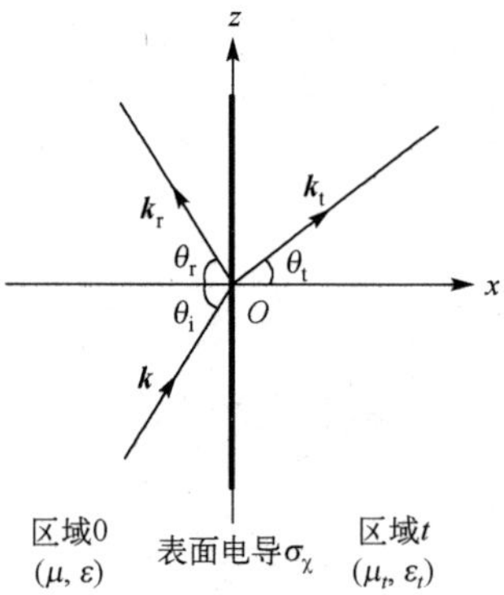

图 3.4.2 手征异向边界

考虑单位幅度的 TM 波情况，由于存在手征异向界面，电磁波的极化将发生改变，部分 TM 波将

会转变为 TE 波，反射波和透射波的场量是 TM 波和 TE 波的叠加。在这种情况下，入射波场量的表达式为

$$\boldsymbol{k}_{\mathrm{i}}=\hat{\boldsymbol{x}}k_x+\hat{\boldsymbol{z}}k_z \tag{3.4.23}$$

$$\boldsymbol{H}_{\mathrm{i}}=\hat{\boldsymbol{y}}\mathrm{e}^{\mathrm{i}\boldsymbol{k}_{\mathrm{i}}\cdot\boldsymbol{r}} \tag{3.4.24}$$

$$\boldsymbol{E}_{\mathrm{i}}=\frac{-1}{\omega\varepsilon}\boldsymbol{k}_{\mathrm{i}}\times\boldsymbol{H}_{\mathrm{i}} \tag{3.4.25}$$

反射波场量的表达式为

$$\boldsymbol{k}_{\mathrm{r}}=-\hat{\boldsymbol{x}}k_x+\hat{\boldsymbol{z}}k_z \tag{3.4.26}$$

$$\boldsymbol{H}_{\mathrm{rTM}}=\hat{\boldsymbol{y}}R_{\mathrm{TM}}^{\mathrm{TM}}\mathrm{e}^{\mathrm{i}\boldsymbol{k}_{\mathrm{r}}\cdot\boldsymbol{r}} \tag{3.4.27}$$

$$\boldsymbol{E}_{\mathrm{rTM}}=\frac{-1}{\omega\varepsilon}\boldsymbol{k}_{\mathrm{r}}\times\boldsymbol{H}_{\mathrm{rTM}} \tag{3.4.28}$$

$$\boldsymbol{E}_{\mathrm{rTE}}=\hat{\boldsymbol{y}}R_{\mathrm{TE}}^{\mathrm{TM}}\mathrm{e}^{\mathrm{i}\boldsymbol{k}_{\mathrm{r}}\cdot\boldsymbol{r}} \tag{3.4.29}$$

$$\boldsymbol{H}_{\mathrm{rTE}}=\frac{1}{\omega\mu}\boldsymbol{k}_{\mathrm{r}}\times\boldsymbol{E}_{\mathrm{rTE}} \tag{3.4.30}$$

透射波场量的表达式为

$$\boldsymbol{k}_{\mathrm{t}}=\hat{\boldsymbol{x}}k_{\mathrm{t}x}+\hat{\boldsymbol{z}}k_z \tag{3.4.31}$$

$$\boldsymbol{H}_{\mathrm{tTM}}=\hat{\boldsymbol{y}}T_{\mathrm{TM}}^{\mathrm{TM}}\mathrm{e}^{\mathrm{i}\boldsymbol{k}_{\mathrm{t}}\cdot\boldsymbol{r}} \tag{3.4.32}$$

$$\boldsymbol{E}_{\mathrm{tTM}}=\frac{-1}{\omega\varepsilon_t}\boldsymbol{k}_{\mathrm{t}}\times\boldsymbol{H}_{\mathrm{tTM}} \tag{3.4.33}$$

$$\boldsymbol{E}_{\mathrm{tTE}}=\hat{\boldsymbol{y}}T_{\mathrm{TE}}^{\mathrm{TM}}\mathrm{e}^{\mathrm{i}\boldsymbol{k}_{\mathrm{t}}\cdot\boldsymbol{r}} \tag{3.4.34}$$

$$\boldsymbol{H}_{\mathrm{tTE}}=\frac{1}{\omega\mu_t}\boldsymbol{k}_{\mathrm{t}}\times\boldsymbol{E}_{\mathrm{tTE}} \tag{3.4.35}$$

式中，$\boldsymbol{H}_{\mathrm{rTM}}$ 与 $\boldsymbol{E}_{\mathrm{rTM}}$ 表示反射波中的 TM 波分量，$\boldsymbol{H}_{\mathrm{rTE}}$ 与 $\boldsymbol{E}_{\mathrm{rTE}}$ 表示反射波中的 TE 波分量；$\boldsymbol{H}_{\mathrm{tTM}}$ 与 $\boldsymbol{E}_{\mathrm{tTM}}$ 表示透射波中的 TM 波分量，$\boldsymbol{H}_{\mathrm{tTE}}$ 与 $\boldsymbol{E}_{\mathrm{tTE}}$ 表示透射波中的 TE 波分量；$R_{\mathrm{TM}}^{\mathrm{TM}}$、$R_{\mathrm{TE}}^{\mathrm{TM}}$、$T_{\mathrm{TM}}^{\mathrm{TM}}$ 和 $T_{\mathrm{TE}}^{\mathrm{TM}}$ 分别表示相应的反射系数和透射系数。

根据式（3.4.23）～式（3.4.35）及边界条件[式（3.4.21）和式（3.4.22）]，可以得到

$$\frac{k_x}{\omega\varepsilon}R_{\mathrm{TM}}^{\mathrm{TM}}+\frac{k_{\mathrm{t}x}}{\omega\varepsilon_t}T_{\mathrm{TM}}^{\mathrm{TM}}-\sigma_\chi R_{\mathrm{TE}}^{\mathrm{TM}}-\sigma_\chi T_{\mathrm{TE}}^{\mathrm{TM}}=\frac{k_x}{\omega\varepsilon} \tag{3.4.36}$$

$$\sigma_\chi\frac{k_x}{\omega\varepsilon}R_{\mathrm{TM}}^{\mathrm{TM}}-\sigma_\chi\frac{k_{\mathrm{t}x}}{\omega\varepsilon_t}T_{\mathrm{TM}}^{\mathrm{TM}}+R_{\mathrm{TE}}^{\mathrm{TM}}-T_{\mathrm{TE}}^{\mathrm{TM}}=\sigma_\chi\frac{k_x}{\omega\varepsilon} \tag{3.4.37}$$

$$-R_{\mathrm{TM}}^{\mathrm{TM}}+T_{\mathrm{TM}}^{\mathrm{TM}}+\sigma_\chi\frac{k_x}{\omega\mu}R_{\mathrm{TE}}^{\mathrm{TM}}-\sigma_\chi\frac{k_{\mathrm{t}x}}{\omega\mu_t}T_{\mathrm{TE}}^{\mathrm{TM}}=1 \tag{3.4.38}$$

$$\sigma_\chi R_{\rm TM}^{\rm TM}+\sigma_\chi T_{\rm TM}^{\rm TM}+\frac{k_x}{\omega\mu}R_{\rm TE}^{\rm TM}+\frac{k_{\rm tx}}{\omega\mu_t}T_{\rm TE}^{\rm TM}=-\sigma_\chi \tag{3.4.39}$$

求解以上 4 个方程，可以得到

$$R_{\rm TM}^{\rm TM}=\frac{(1-\sigma_\chi^2)^2\left(1+\frac{k_x^2}{k^2}\right)\left(1-\frac{k_{\rm tx}^2}{k_{\rm t}^2}\right)-(1+\sigma_\chi^2)^2\left(1+\frac{k_xk_{\rm tx}}{\omega^2\mu\varepsilon_t}\right)\left(1-\frac{k_xk_{\rm tx}}{\omega^2\mu_t\varepsilon}\right)}{(1+\sigma_\chi^2)^2\left(1+\frac{k_xk_{\rm tx}}{\omega^2\mu_t\varepsilon}\right)\left(1+\frac{k_xk_{\rm tx}}{\omega^2\mu\varepsilon_t}\right)-(1-\sigma_\chi^2)^2\left(1-\frac{k_x^2}{k^2}\right)\left(1-\frac{k_{\rm tx}^2}{k_{\rm t}^2}\right)} \tag{3.4.40}$$

$$R_{\rm TE}^{\rm TM}=\frac{-4\sigma_\chi\frac{k_x}{\omega\varepsilon}\left(1-\sigma_\chi^2\right)\left(1-\frac{k_{\rm tx}^2}{k_{\rm t}^2}\right)}{(1+\sigma_\chi^2)^2\left(1+\frac{k_xk_{\rm tx}}{\omega^2\mu_t\varepsilon}\right)\left(1+\frac{k_xk_{\rm tx}}{\omega^2\mu\varepsilon_t}\right)-\left(1-\sigma_\chi^2\right)^2\left(1-\frac{k_x^2}{k^2}\right)\left(1-\frac{k_{\rm tx}^2}{k_{\rm t}^2}\right)} \tag{3.4.41}$$

$$T_{\rm TM}^{\rm TM}=\frac{(1-\sigma_\chi^2)(1+\sigma_\chi^2)\left(1+\frac{k_x^2}{k^2}\right)\left(1+\frac{k_xk_{\rm tx}}{\omega^2\mu_t\varepsilon}\right)-(1-\sigma_\chi^2)(1+\sigma_\chi^2)\left(1-\frac{k_x^2}{k^2}\right)\left(1-\frac{k_xk_{\rm tx}}{\omega^2\mu_t\varepsilon}\right)}{\left(1+\sigma_\chi^2\right)^2\left(1+\frac{k_xk_{\rm tx}}{\omega^2\mu_t\varepsilon}\right)\left(1+\frac{k_xk_{\rm tx}}{\omega^2\mu\varepsilon_t}\right)-\left(1-\sigma_\chi^2\right)^2\left(1-\frac{k_x^2}{k^2}\right)\left(1-\frac{k_{\rm tx}^2}{k_{\rm t}^2}\right)} \tag{3.4.42}$$

$$T_{\rm TE}^{\rm TM}=\frac{-4\sigma_\chi\frac{k_x}{\omega\varepsilon}(1+\sigma_\chi^2)\left(1+\frac{k_xk_{\rm tx}}{\omega^2\mu\varepsilon_t}\right)}{(1+\sigma_\chi^2)^2\left(1+\frac{k_xk_{\rm tx}}{\omega^2\mu_t\varepsilon}\right)\left(1+\frac{k_xk_{\rm tx}}{\omega^2\mu\varepsilon_t}\right)-(1-\sigma_\chi^2)^2\left(1-\frac{k_x^2}{k^2}\right)\left(1-\frac{k_{\rm tx}^2}{k_{\rm t}^2}\right)} \tag{3.4.43}$$

考虑单位幅度的 TE 波情况，入射波场量的表达式为

$$\boldsymbol{k}_{\rm i}=\hat{\boldsymbol{x}}k_x+\hat{\boldsymbol{z}}k_z \tag{3.4.44}$$

$$\boldsymbol{E}_{\rm i}=\hat{\boldsymbol{y}}{\rm e}^{{\rm i}\boldsymbol{k}_{\rm i}\cdot\boldsymbol{r}} \tag{3.4.45}$$

$$\boldsymbol{H}_{\rm i}=\frac{1}{\omega\mu}\boldsymbol{k}_{\rm i}\times\boldsymbol{E}_{\rm i} \tag{3.4.46}$$

反射波场量的表达式为

$$\boldsymbol{k}_{\rm r}=-\hat{\boldsymbol{x}}k_x+\hat{\boldsymbol{z}}k_z \tag{3.4.47}$$

$$\boldsymbol{E}_{\rm rTE}=\hat{\boldsymbol{y}}R_{\rm TE}^{\rm TE}{\rm e}^{{\rm i}\boldsymbol{k}_{\rm r}\cdot\boldsymbol{r}} \tag{3.4.48}$$

$$\boldsymbol{H}_{\rm rTE}=\frac{1}{\omega\mu}\boldsymbol{k}_{\rm r}\times\boldsymbol{E}_{\rm rTE} \tag{3.4.49}$$

$$\boldsymbol{H}_{\rm rTM}=\hat{\boldsymbol{y}}R_{\rm TM}^{\rm TE}{\rm e}^{{\rm i}\boldsymbol{k}_{\rm r}\cdot\boldsymbol{r}} \tag{3.4.50}$$

$$\boldsymbol{E}_{\rm rTM}=\frac{-1}{\omega\varepsilon}\boldsymbol{k}_{\rm r}\times\boldsymbol{H}_{\rm rTM} \tag{3.4.51}$$

透射波场量的表达式为

$$\boldsymbol{k}_{\mathrm{t}}=\hat{\boldsymbol{x}}k_{\mathrm{tx}}+\hat{\boldsymbol{z}}k_z \tag{3.4.52}$$

$$\boldsymbol{E}_{\mathrm{tTE}}=\hat{\boldsymbol{y}}T_{\mathrm{TE}}^{\mathrm{TE}}\mathrm{e}^{\mathrm{i}\boldsymbol{k}_{\mathrm{t}}\cdot\boldsymbol{r}} \tag{3.4.53}$$

$$\boldsymbol{H}_{\mathrm{tTE}}=\frac{1}{\omega\mu_t}\boldsymbol{k}_{\mathrm{t}}\times\boldsymbol{E}_{\mathrm{tTE}} \tag{3.4.54}$$

$$\boldsymbol{H}_{\mathrm{tTM}}=\hat{\boldsymbol{y}}T_{\mathrm{TM}}^{\mathrm{TE}}\mathrm{e}^{\mathrm{i}\boldsymbol{k}_{\mathrm{t}}\cdot\boldsymbol{r}} \tag{3.4.55}$$

$$\boldsymbol{E}_{\mathrm{tTM}}=\frac{-1}{\omega\varepsilon_t}\boldsymbol{k}_{\mathrm{t}}\times\boldsymbol{H}_{\mathrm{tTM}} \tag{3.4.56}$$

其中，$\boldsymbol{E}_{\mathrm{rTE}}$ 与 $\boldsymbol{H}_{\mathrm{rTE}}$ 表示反射波中的TE波分量，$\boldsymbol{E}_{\mathrm{rTM}}$ 与 $\boldsymbol{H}_{\mathrm{rTM}}$ 表示反射波中的TM波分量；$\boldsymbol{E}_{\mathrm{tTE}}$ 与 $\boldsymbol{H}_{\mathrm{tTE}}$ 表示透射波中的 TE 波分量， $\boldsymbol{E}_{\mathrm{tTM}}$ 与 $\boldsymbol{H}_{\mathrm{tTM}}$ 表示透射波中的 TM 波分量； $R_{\mathrm{TE}}^{\mathrm{TE}}$、$R_{\mathrm{TM}}^{\mathrm{TE}}$、$T_{\mathrm{TE}}^{\mathrm{TE}}$ 和 $T_{\mathrm{TM}}^{\mathrm{TE}}$ 则分别表示相应的反射系数和透射系数。

根据式（3.4.44）～式（3.4.56）及边界条件[式（3.4.21）和式（3.4.22）]，可以得到

$$-R_{\mathrm{TE}}^{\mathrm{TE}}+T_{\mathrm{TE}}^{\mathrm{TE}}-\sigma_\chi\frac{k_x}{\omega\varepsilon}R_{\mathrm{TM}}^{\mathrm{TE}}+\sigma_\chi\frac{k_{\mathrm{tx}}}{\omega\varepsilon_t}T_{\mathrm{TM}}^{\mathrm{TE}}=1 \tag{3.4.57}$$

$$\sigma_\chi R_{\mathrm{TE}}^{\mathrm{TE}}+\sigma_\chi T_{\mathrm{TE}}^{\mathrm{TE}}-\frac{k_x}{\omega\varepsilon}R_{\mathrm{TM}}^{\mathrm{TE}}-\frac{k_{\mathrm{tx}}}{\omega\varepsilon_t}T_{\mathrm{TM}}^{\mathrm{TE}}=-\sigma_\chi \tag{3.4.58}$$

$$\frac{k_x}{\omega\mu}R_{\mathrm{TE}}^{\mathrm{TE}}+\frac{k_{\mathrm{tx}}}{\omega\mu_t}T_{\mathrm{TE}}^{\mathrm{TE}}+\sigma_\chi R_{\mathrm{TM}}^{\mathrm{TE}}+\sigma_\chi T_{\mathrm{TM}}^{\mathrm{TE}}=\frac{k_x}{\omega\mu} \tag{3.4.59}$$

$$\sigma_\chi\frac{k_x}{\omega\mu}R_{\mathrm{TE}}^{\mathrm{TE}}-\sigma_\chi\frac{k_{\mathrm{tx}}}{\omega\mu_t}T_{\mathrm{TE}}^{\mathrm{TE}}-R_{\mathrm{TM}}^{\mathrm{TE}}+T_{\mathrm{TM}}^{\mathrm{TE}}=\sigma_\chi\frac{k_x}{\omega\mu} \tag{3.4.60}$$

求解以上 4 个方程，可以得到

$$R_{\mathrm{TE}}^{\mathrm{TE}}=\frac{(1-\sigma_\chi^2)^2\left(1+\dfrac{k_x^2}{k^2}\right)\left(1-\dfrac{k_{\mathrm{tx}}^2}{k_{\mathrm{t}}^2}\right)-(1+\sigma_\chi^2)^2\left(1+\dfrac{k_xk_{\mathrm{tx}}}{\omega^2\mu_t\varepsilon}\right)\left(1-\dfrac{k_xk_{\mathrm{tx}}}{\omega^2\mu\varepsilon_t}\right)}{(1+\sigma_\chi^2)^2\left(1+\dfrac{k_xk_{\mathrm{tx}}}{\omega^2\mu_t\varepsilon}\right)\left(1+\dfrac{k_xk_{\mathrm{tx}}}{\omega^2\mu\varepsilon_t}\right)-(1-\sigma_\chi^2)^2\left(1-\dfrac{k_x^2}{k^2}\right)\left(1-\dfrac{k_{\mathrm{tx}}^2}{k_{\mathrm{t}}^2}\right)} \tag{3.4.61}$$

$$R_{\mathrm{TM}}^{\mathrm{TE}}=\frac{4\sigma_\chi\dfrac{k_x}{\omega\mu}(1-\sigma_\chi^2)\left(1-\dfrac{k_{\mathrm{tx}}^2}{k_{\mathrm{t}}^2}\right)}{\left(1+\sigma_\chi^2\right)^2\left(1+\dfrac{k_xk_{\mathrm{tx}}}{\omega^2\mu_t\varepsilon}\right)\left(1+\dfrac{k_xk_{\mathrm{tx}}}{\omega^2\mu\varepsilon_t}\right)-(1-\sigma_\chi^2)^2\left(1-\dfrac{k_x^2}{k^2}\right)\left(1-\dfrac{k_{\mathrm{tx}}^2}{k_{\mathrm{t}}^2}\right)} \tag{3.4.62}$$

$$T_{\mathrm{TE}}^{\mathrm{TE}}=\frac{(1-\sigma_\chi^2)(1+\sigma_\chi^2)\left(1+\dfrac{k_x^2}{k^2}\right)\left(1+\dfrac{k_xk_{\mathrm{tx}}}{\omega^2\mu\varepsilon_t}\right)-(1-\sigma_\chi^2)(1+\sigma_\chi^2)\left(1-\dfrac{k_x^2}{k^2}\right)\left(1-\dfrac{k_xk_{\mathrm{tx}}}{\omega^2\mu\varepsilon_t}\right)}{(1+\sigma_\chi^2)^2\left(1+\dfrac{k_xk_{\mathrm{tx}}}{\omega^2\mu_t\varepsilon}\right)\left(1+\dfrac{k_xk_{\mathrm{tx}}}{\omega^2\mu\varepsilon_t}\right)-(1-\sigma_\chi^2)^2\left(1-\dfrac{k_x^2}{k^2}\right)\left(1-\dfrac{k_{\mathrm{tx}}^2}{k_{\mathrm{t}}^2}\right)} \tag{3.4.63}$$

$$T_{\mathrm{TM}}^{\mathrm{TE}} = \frac{4\sigma_\chi \dfrac{k_x}{\omega\mu}(1+\sigma_\chi^2)\left(1+\dfrac{k_x k_{tx}}{\omega^2\mu_t\varepsilon}\right)}{(1+\sigma_\chi^2)^2\left(1+\dfrac{k_x k_{tx}}{\omega^2\mu_t\varepsilon}\right)\left(1+\dfrac{k_x k_{tx}}{\omega^2\mu\varepsilon_t}\right)-(1-\sigma_\chi^2)^2\left(1-\dfrac{k_x^2}{k^2}\right)\left(1-\dfrac{k_{tx}^2}{k_t^2}\right)} \tag{3.4.64}$$

3.4.2 广义斯涅尔定律

费马原理指出，光沿着光程取极值的方向传播。对于电磁波传播的一般情况，费马原理可以理解为电磁波沿着相位变化取极值的方向传播，即 $\int \mathrm{d}(\boldsymbol{k}\cdot\boldsymbol{r})=0$ 。考虑区域 0 和区域 t 的分界面存在由人工结构构成的异向界面的情况，该异向界面将引起电磁波的相位突变 $\mathrm{d}\varPhi$ ，如图 3.4.3 所示。需要注意的是，费马原理同样适用于界面存在相位突变的情况，因此可以利用费马原理推导广义斯涅尔定律。

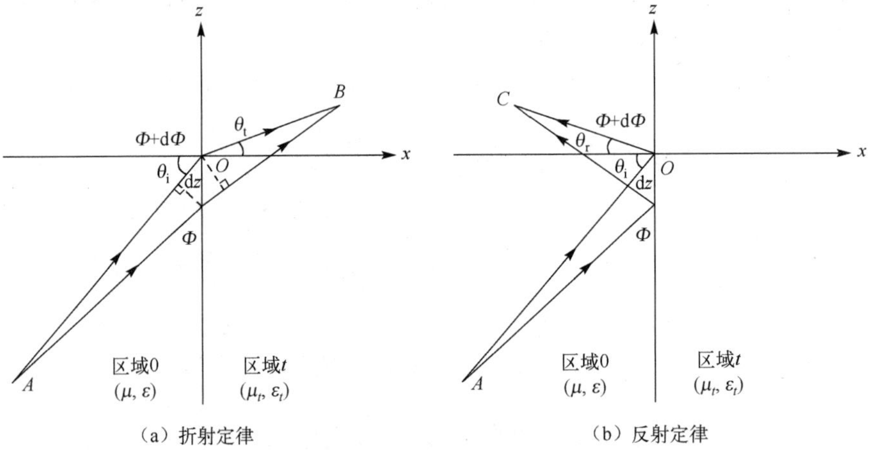

图 3.4.3 广义斯涅尔定律

首先考虑平面波从区域 0 入射到区域 t 的情况，如图 3.4.3（a）所示。假设存在从 A 到 B 的两条路径，且这两条路径非常接近实际电磁波的传播路径。根据费马原理，从 A 到 B 的传播路径中，总的相位变化将取极值，因此两条路径之间的相位差为零，有

$$k\mathrm{d}z\sin\theta_\mathrm{i}+(\varPhi+\mathrm{d}\varPhi)=k_\mathrm{t}\mathrm{d}z\sin\theta_\mathrm{t}+\varPhi \tag{3.4.65}$$

式中，θ_i 为入射角，θ_t 为透射角，$\varPhi$ 和 $\varPhi+\mathrm{d}\varPhi$ 是两条电磁波传播路径穿过分界面处产生的相位变化，dz 是两条路径与 z 轴交点之间的距离。从式（3.4.65）可以得到以下广义斯涅尔折射定律

$$k_\mathrm{t}\sin\theta_\mathrm{t}=k\sin\theta_\mathrm{i}+\mathrm{d}\varPhi/\mathrm{d}z \tag{3.4.66}$$

式中，$\mathrm{d}\varPhi/\mathrm{d}z$ 定义为相位梯度，可以通过设计异向界面令其等于一个常数。图 3.4.4 绘制的 k 表面进一步说明相位梯度对不同方向波矢量的影响。因此，相位匹配条件可以写为

$$k_\mathrm{tz}=k_\mathrm{iz}\pm\mathrm{d}\varPhi/\mathrm{d}z \tag{3.4.67}$$

式中，“ ± ”分别对应界面法线两侧入射的电磁波。

当发生全反射时，$k_\mathrm{iz}\pm\mathrm{d}\varPhi/\mathrm{d}z>k_\mathrm{t}$ ，k_tx 必须为纯虚数，有

$$k_{tx} = \sqrt{k_t^2 - \left(k_{iz} \pm \mathrm{d}\Phi/\mathrm{d}z\right)^2} = \mathrm{i}k_{txI} \tag{3.4.68}$$

对于图 3.4.4（a）的情况，有 $k_{tz} = k_{iz} + \mathrm{d}\Phi/\mathrm{d}z$。当 $k_t = k\sin\theta_C + \mathrm{d}\Phi/\mathrm{d}z$ 时，透射波开始衰减，θ_C 表示全反射的临界角，有

$$\theta_C = \arcsin\frac{k_t - \mathrm{d}\Phi/\mathrm{d}z}{k} \tag{3.4.69}$$

而图 3.4.4（b）中，$k_t = k\sin\theta_C - \mathrm{d}\Phi/\mathrm{d}z$。透射波在 $k_t = k\sin\theta_C - \mathrm{d}\Phi/\mathrm{d}z$ 时开始衰减，有

$$\theta_C = \arcsin\frac{k_t + \mathrm{d}\Phi/\mathrm{d}z}{k} \tag{3.4.70}$$

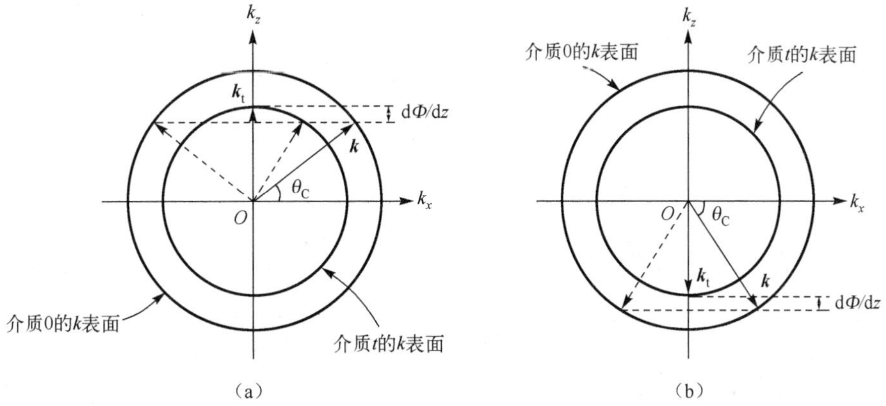

图 3.4.4　广义斯涅尔透射定律

接下来考虑平面波在区域 0 和区域 t 分界面反射的情况，如图 3.4.3（b）所示。类似地，可以得到以下广义斯涅尔反射定律

$$k_r \sin\theta_r = k\sin\theta_i + \mathrm{d}\Phi/\mathrm{d}z \tag{3.4.71}$$

式中，θ_r 为反射角。与镜面反射时反射角等于入射角的情况不同，这里的反射角和入射角之间存在非线性关系。根据图 3.4.5 绘制的 k 表面，可以得到相位匹配条件

$$k_{rz} = k_{iz} \pm \mathrm{d}\Phi/\mathrm{d}z \tag{3.4.72}$$

式中，“±”分别对应界面法线两侧入射的电磁波。

对于图 3.4.5（a）的情况，有 $k_{rz} = k_{iz} + \mathrm{d}\Phi/\mathrm{d}z$。可以发现，当 $k_{iz} + \mathrm{d}\Phi/\mathrm{d}z > k_r$ 时，反射波在区域 0 中消失，这种情况与零反射的情况相似，反射波将以倏逝波的形式在界面传播。当 $k_r = k\sin\theta_C + \mathrm{d}\Phi/\mathrm{d}z$ 时，反射波开始衰减，θ_C 表示零反射的临界角，有

$$\theta_C = \arcsin\frac{k_r - \mathrm{d}\Phi/\mathrm{d}z}{k} = \arcsin\left(1 - \frac{\mathrm{d}\Phi/\mathrm{d}z}{k}\right) \tag{3.4.73}$$

而在图 3.4.5（b）中，$k_{rz} = k_{iz} - \mathrm{d}\Phi/\mathrm{d}z$，始终有 $k_{iz} - \mathrm{d}\Phi/\mathrm{d}z < k_r$，与零反射现象所需要满足的条件 $k_{iz} - \mathrm{d}\Phi/\mathrm{d}z > k_r$ 矛盾，因此在这种情况下不存在零反射现象，相应的反射角可以表示为

$$\theta_r = \arcsin\left(\sin\theta_i - \frac{\mathrm{d}\Phi/\mathrm{d}z}{k}\right) \tag{3.4.74}$$

满足式（3.4.74）的入射角 θ_i 将有可能等于 $\pi/2$。在这种情况下，若入射波为一沿界面传播的表面波，$k_{iz} > k_z$，k_{ix} 为纯虚数，有

$$k_{ix} = \sqrt{k^2 - k_{iz}^2} = \mathrm{i}k_{ixI} \tag{3.4.75}$$

根据相位匹配条件[式（3.4.72）]，可以得到反射波的波矢量满足

$$k_{rz} = k_{iz} - \mathrm{d}\Phi/\mathrm{d}z \tag{3.4.76}$$

因此，有

$$k_{rx} = \sqrt{k^2 - k_{rz}^2} = \sqrt{k^2 - (k_{iz} - \mathrm{d}\Phi/\mathrm{d}z)^2} \tag{3.4.77}$$

显然，当 $k^2 > (k_{iz} - \mathrm{d}\Phi/\mathrm{d}z)^2$ 时，k_{rx} 为实部，因此可以通过设计异向界面的相位梯度将入射的表面波转化为均匀介质中的反射波。

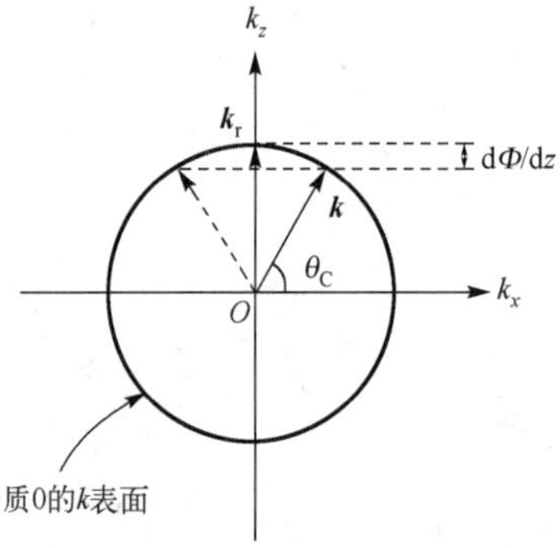

（a）$k_{rz} = k_{iz} + \mathrm{d}\Phi/\mathrm{d}z$

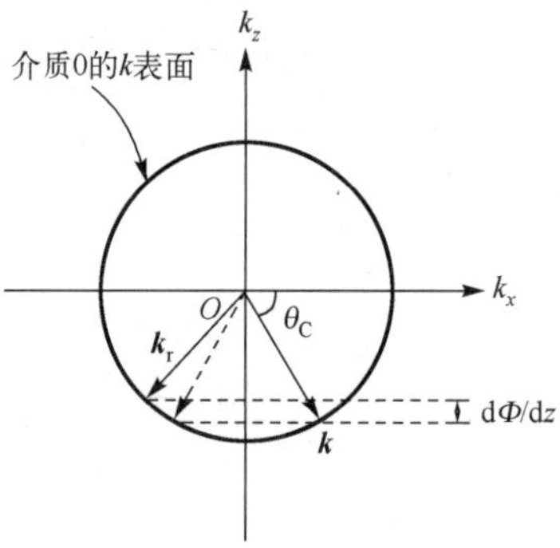

（b）$k_{rz} = k_{iz} - \mathrm{d}\Phi/\mathrm{d}z$

图 3.4.5 广义斯涅尔反射定律

【扩展阅读】超构表面

由人工结构构成的异向界面通常称为超构表面（Metasurfaces）或新型人工电磁表面。对于异向介质，可以用等效介质理论来描述介质的电磁特性，但是由于超构表面在纵向上的尺寸远小于波长，因此等效介质理论将不再适用于分析超构表面。广义斯涅尔定律描述了可以通过改变单元结构尺寸，在界面处引入相位突变，从而实现电磁波前调控的原理。近十年来，超构表面凭借其独特的优势吸引了各个领域学者们的密切追踪，被大量地研究并用于调控电磁波的幅度、频率、相位、极化和传播方向等特性，产生了丰富多彩的应用。

习 题 3

3.1 平面波沿 $\hat{\boldsymbol{x}}$ 方向垂直入射到磁导率为 μ_0 和介电常数为 ε 的介质上。

（1）求透射电场 $\boldsymbol{E}_t$。

（2）如果该介质为等离子体，满足 $\varepsilon = \varepsilon_0\left(1 - \dfrac{\omega_p^2}{\omega^2}\right)$，$\omega^2 = \dfrac{1}{2}\omega_p^2$，证明透射波是倏逝的，并给出指数衰减常数。求透射波坡印廷矢量的时均值与 x 的函数关系。

（3）如果介质为导电介质，满足 $\varepsilon=\varepsilon_0\left(1+\dfrac{\mathrm{i}\sigma}{\omega\varepsilon_0}\right)$，$\sigma \gg \omega\varepsilon_0$，求透射波的指数衰减常数和坡印廷矢量的时均值与 x 的函数关系。

3.2　令平面波从负单轴晶体的内部入射到晶体的分界面，考虑光轴垂直于入射平面的特殊情况，求入射角 θ 的范围，使得寻常波发生全反射，而非寻常波发生透射。

3.3　当平面波以一定角度入射到玻璃和空气的分界面时，会发生全反射。在这个入射角下，将另一块玻璃靠近第一块玻璃，并使两者之间存在非常小的间隙。此时反射系数和透射系数将是间隙尺寸的函数，计算反射系数和透射系数，并证明此时可以发生透射。

3.4　频率为 ω 的平面波入射到磁导率为 μ_0 和介电常数为 $\varepsilon=\varepsilon_0\left(1-\dfrac{\omega_{\mathrm{p}}^2}{\omega^2}\right)$ 的等离子体上，其中 ω_{p} 是等离子体频率，$\omega=2\omega_{\mathrm{p}}$。

（1）计算使入射波全反射的临界角 θ_{C}。

（2）计算使 TM 波全透射的布儒斯特角 θ_{B}。

（3）一般来说，对于任意两个各向同性介质，能否找到一个入射角 θ，使得 $\theta=\theta_{\mathrm{B}}>\theta_{\mathrm{C}}$？如果可以，请举例说明，如果不能，请说明理由。

3.5　由平面反射引起的太阳眩光具有部分线极化，反射率是入射角 θ 的函数。

$$r^{\mathrm{TE}}=\left|R^{\mathrm{TE}}\right|^2=\left|\frac{1-k_{\mathrm{t}}\cos\theta_{\mathrm{t}}/k\cos\theta}{1+k_{\mathrm{t}}\cos\theta_{\mathrm{t}}/k\cos\theta}\right|^2$$

$$r^{\mathrm{TM}}=\left|R^{\mathrm{TM}}\right|^2=\left|\frac{1-\varepsilon_0 k_{\mathrm{t}}\cos\theta_{\mathrm{t}}/\varepsilon_t k\cos\theta}{1+\varepsilon_0 k_{\mathrm{t}}\cos\theta_{\mathrm{t}}/\varepsilon_t k\cos\theta}\right|^2$$

（1）证明对于任意入射角，反射波的 TE 波分量大于 TM 波分量，即 $\left|R^{\mathrm{TE}}\right|^2 \geqslant \left|R^{\mathrm{TM}}\right|^2$。

（2）确定 $\varepsilon_t=3$ 时的布儒斯特角。布儒斯特角 θ_{B} 也称为极化角，因为在 θ_{B} 处反射波全变为 TE 极化。

（3）偏光眼镜会吸收入射光的一个线性分量。为了最大限度地减少太阳眩光，通过眼镜后到达眼睛的是 TE 波分量还是 TM 波分量？

3.6　比较各向同性介质界面上 $\theta>\theta_{\mathrm{C}}$ 的全反射现象和 $\theta=\theta_{\mathrm{B}}$ 的全透射现象。

（1）全反射发生在大于临界角 θ_{C} 的入射角范围内，而 TM 波的全透射仅发生在布儒斯特角 θ_{B} 处。

（2）全反射仅在入射介质密度大于透射介质密度时发生，而布儒斯特角出现在任意两种介质上。

（3）当随机极化的电磁波被完全反射时，反射波仍然具有随机极化。当随机极化电磁波的 TM 波分量完全透射时，反射波仅包含 TE 波分量。

（4）假设 TM 波以 θ 角入射，使得 $\theta=\theta_{\mathrm{B}}>\theta_{\mathrm{C}}$，那么波将同时具有全透射和全反射，试解释这种现象。

3.7　考虑由 8 层分层介质制成的固态法布里-珀罗标准滤波器。区域 1、3、5 和 7 由氟化镁（折射率 n=1.35）制成，厚度为四分之一波长。区域 2、4 和 6 由硫化锌（折射率 n=2.3）制成。区域 2 和 6 的厚度为四分之一波长，而区域 4 的厚度为半波长。垂直入射到这个分层介质上的平面波的反射率和透射率是多少？解释为什么该结构可用于滤波。

3.8 平面波从自由空间入射到磁导率为 μ_0、介电常数为 ε_0 和电导率为 σ 的半空间导电介质上。令入射波为

$$\boldsymbol{E}=\hat{\boldsymbol{y}}E_0\mathrm{e}^{\mathrm{i}k_x x-\mathrm{i}k_z z}$$

（1）求入射波矢量。

（2）证明对于 $\sigma/\omega\varepsilon_0 \gg 1$，透射波几乎垂直于界面，透射角为

$$\theta_\mathrm{t}\approx\arctan\left[\sqrt{2\omega\varepsilon_0/\sigma}\sin\theta\right]$$

（3）求导电介质中坡印廷矢量的时均值及透射电场的幅度。

3.9 当平面波被全内反射时，$\boldsymbol{E}$ 的节点出现在反射平面的前面。令入射场为

$$\boldsymbol{E}_\mathrm{i}=\hat{\boldsymbol{y}}E_0\mathrm{e}^{\mathrm{i}k_x x+\mathrm{i}k_z z}$$

反射场为

$$\boldsymbol{E}_\mathrm{r}=\hat{\boldsymbol{y}}R^\mathrm{TE}E_0\mathrm{e}^{-\mathrm{i}k_x x+\mathrm{i}k_z z+\mathrm{i}2\phi}$$

式中，$\phi=-\arctan(k_{\mathrm{txI}}/k_x)=-\arctan\left(\sqrt{\varepsilon_\mathrm{r}\sin^2\theta-1}/\cos\theta\right)$。

（1）求最接近平面 $x=0$ 的节点平面位置的表达式。

（2）全内反射相当于位于 $x=x_\mathrm{eff}$ 的完美导体的反射（ε 在 $x>0$ 区域连续），求等效位置 x_eff。

（3）当 $\varepsilon=2\varepsilon_0$ 时，画出等效位置 x_eff 随角度 θ 变化的函数图像（$\theta\geqslant\theta_\mathrm{C}$）。

（4）透射波在 $-\hat{\boldsymbol{x}}$ 方向上呈指数衰减。设 δ 为电场幅度减小到界面 $x=0$ 处幅度 $1/\mathrm{e}$ 的距离，当 $\varepsilon=2\varepsilon_0$ 时，画出 δ 随角度 θ 变化的函数图像（$\theta\geqslant\theta_\mathrm{C}$）。

3.10 在卫星或飞机对地球的微波遥感中，通常使用辐射计测量被观测区域的发射率。发射率 e 与反射率 r（或称功率反射系数）相关，即 $e=1-r$。理论上可以据此确定湖上的冰层厚度。假设冰的介电常数为 $\varepsilon=3.2(1+\mathrm{i}0.01)\varepsilon_0$，并且水可以作为完美的反射器，讨论适合的频率范围和辐射计可以透过冰层“看到”的深度。

3.11 均匀平面波以入射角 θ 入射到磁导率为 μ_0 和介电常数为 ε_t 的等离子体。

$$\varepsilon_t=\varepsilon_0\left[1-\frac{\omega_\mathrm{p}^2}{\omega^2+\omega_\mathrm{eff}^2}+\mathrm{i}\frac{\omega_\mathrm{p}^2\omega_\mathrm{eff}}{\omega(\omega^2+\omega_\mathrm{eff}^2)}\right]$$

式中，ω_p 是等离子体频率，ω_eff 是碰撞频率。令入射波电场矢量为

$$\boldsymbol{E}_\mathrm{i}=\hat{\boldsymbol{y}}E_0\mathrm{e}^{\mathrm{i}\frac{k_0}{\sqrt{2}}x-\mathrm{i}\frac{k_0}{\sqrt{2}}z}$$

式中，E_0 为实常数，$k_0=\omega\sqrt{\mu_0\varepsilon_0}$。

（1）令 $\omega=\sqrt{2}\omega_\mathrm{p}$，$\omega_\mathrm{eff}=0$，求透射电场矢量及透射波坡印廷矢量时均值 $\langle\boldsymbol{S}_\mathrm{t}\rangle$ 的表达式（用 E_0、k_0、ω、μ_0、ε_0 和空间坐标表示）。

（2）令 $\omega=\omega_\mathrm{p}$，$\omega_\mathrm{eff}=0$，求透射电场矢量及透射波坡印廷矢量时均值的 z 分量 $\langle\boldsymbol{S}_\mathrm{tz}\rangle$（用 E_0、k_0、ω、μ_0、ε_0 和空间坐标表示）。

（3）令 $\omega=\omega_\mathrm{p}=\omega_\mathrm{eff}$，求透射电场矢量及透射波坡印廷矢量时均值的 z 分量 $\langle\boldsymbol{S}_\mathrm{tz}\rangle$（用 E_0、k_0、ω、μ_0、ε_0 和空间坐标表示）。

3.12　气体激光器通常是一个装有气体的管子，配有布儒斯特角窗口和外部反射镜。激光束具有线极化，说明原因及朝哪个方向。整体结构如题 3.12 图所示，其中介电常数 $\varepsilon_b = 2.5$，计算图中的所有角度。

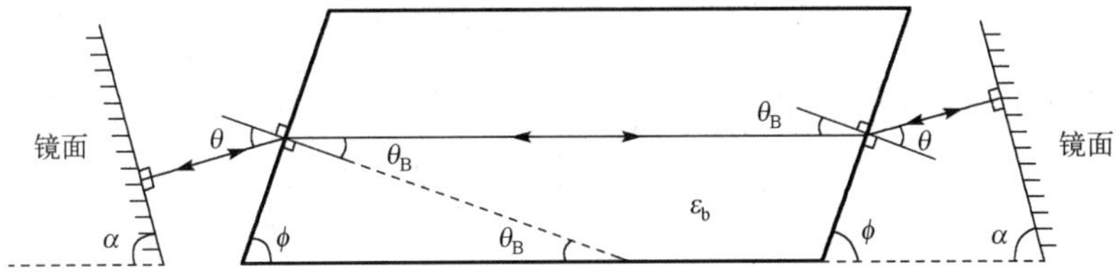

题 3.12 图

3.13　将方解石制成的尼科尔棱镜斜切，然后用加拿大香脂膜（折射率 n=1.53）连接在一起。方解石是一种负单轴晶体，$\sqrt{\varepsilon_z/\varepsilon} = 1.49/1.66$。证明在题 3.13 图所示的布置中，当入射光从右侧离开晶体时，来自左侧的入射光将变成线极化光。

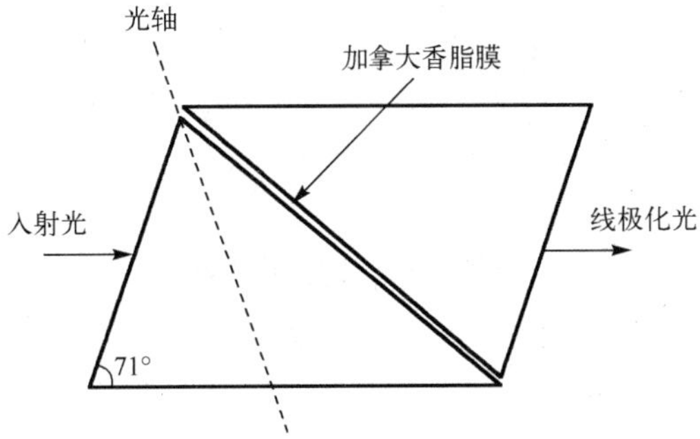

题 3.13 图

3.14　证明在折射率为 n 的介质中进行全内反射时，TM 波和 TE 波之间的相对相位变化差为

$$\Delta = \phi_{\mathrm{TE}} - \phi_{\mathrm{TM}} = 2\arctan\left[\frac{\cos\theta(\sqrt{\sin^2\theta - n^{-2}})}{\sin^2\theta}\right]$$

利用内反射产生的相位变化，可以将线极化光转换为圆极化光。题 3.14 图所示为由菲涅耳设计的方案。基本元件是折射率为 n 的玻璃棱镜，制成顶角为 α 的菱形。线极化光垂直入射到玻璃棱镜，其极化方向与棱镜表面成 45° 角。证明当 $\Delta = \pi/4$ 时，透射波为圆极化波。令 $n = 1.6$，计算顶角 α。

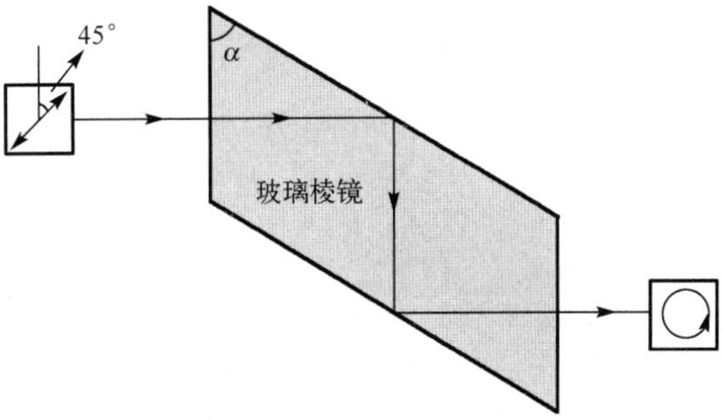

题 3.14 图

3.15 傍晚短暂的阵雨过后，当阳光照射到水滴上时，通常会出现彩虹弧。当太阳光线进入雨滴时发生折射，雨滴内部会发生全反射，当太阳光线离开雨滴并传递给观测者时再次发生折射。

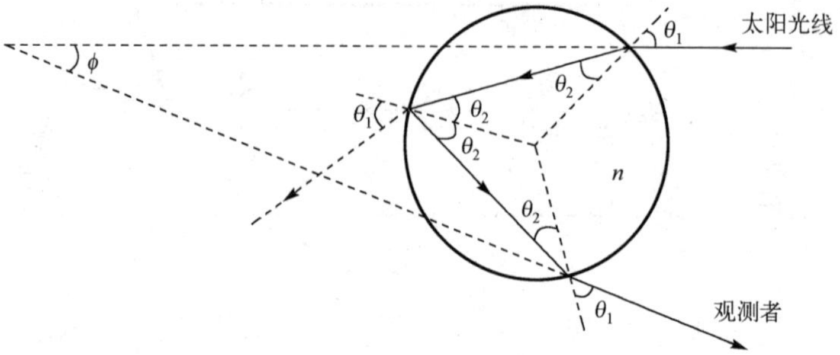

题 3.15 图

（1）考虑只有一次全内反射的光线路径。证明入射光线和出射光线之间的夹角为 $\phi = 2(2\theta_2 - \theta_1)$，其中 θ_1 是入射角，θ_2 是折射角。

（2）证明当 $\theta_1 = \arcsin\sqrt{(4-n^2)/3}$ 时，ϕ 取得最大值，当 $n = 4/3$ 时，$\phi_{\max} \approx 42°$。入射光线和散射光线之间的散射角为 $\theta_s = 138°$。

（3）在红光（$\lambda = 0.7\mu m$）、橙光和紫光照射下，雨滴的折射率分别为 $n = 1.330$、$n = 4/3 \approx 1.333$ 和 $n = 1.342$。确定红光和紫光的散射角及彩虹中不同颜色的相对位置。

第 4 章　导波和谐振

在电磁波应用中，经常涉及电磁波的传播、存储及在不同元件之间的交换。电磁波的传播通常有两种方式：一种是利用电磁波在自由空间的传播实现信息传递；另一种是通过金属或介质引导电磁波进行定向传播。按后一种方式传播的电磁波称为导行电磁波，简称导波。能够引导电磁波传播的系统称为导波系统，或简称为波导。电磁波能量的存储以及在不同元件之间的交换通常由谐振腔完成。在电磁场以一定频率被激励后，即使激励消失，电磁场也将在容器内一直维持，这类容器称为谐振腔。谐振腔是一种任意形状且由导电壁（或导磁壁）包围的结构，电磁波能够在其中形成电磁振荡，使其具有存储电磁能及选择频率信号的特性。在波导和谐振腔中的电磁波必须满足麦克斯韦方程组及相应的边界条件，因此研究导波和谐振特性是麦克斯韦方程组及边界条件的典型应用。

4.1　波导的模式分析

4.1.1　波导的导波模式

一般来说，波导内部既不存在电荷也不存在电流。根据麦克斯韦方程组，对于波导中沿 $\hat{z}$ 方向传播的电磁波，可以将其分为沿传播方向的纵向分量和垂直于传播方向的横向分量。在处理沿 $\hat{z}$ 方向的导波时，所有场矢量随 $\hat{z}$ 方向的变化都采用 $e^{\pm ik_z z}$ 的形式，其中 k_z 为传播常数，“±”表示沿 $+\hat{z}$ 和 $-\hat{z}$ 方向传播。电场和磁场可以表示为

$$\boldsymbol{E}=\boldsymbol{E}_s+\boldsymbol{E}_z \tag{4.1.1}$$

$$\boldsymbol{H}=\boldsymbol{H}_s+\boldsymbol{H}_z \tag{4.1.2}$$

式中，下标“s”表示横向分量。分析波导中的电磁问题，就是要确定波导能够支持的无源区域麦克斯韦方程组的所有可能表示成式（4.1.1）和式（4.1.2）形式的非零解。解的表达式包含两部分内容，即场分布和传播常数。

考虑一根无限长、任意截面的金属波导，波导中填充介电常数为 ε 和磁导率为 μ 的均匀介质（图 4.1.1）。均匀波导满足时谐场的麦克斯韦方程组

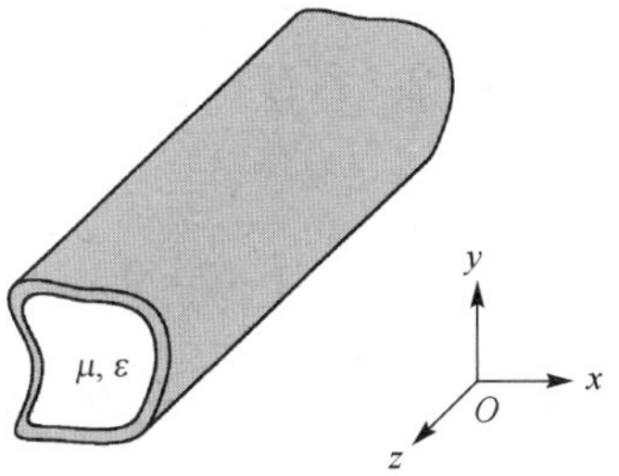

图 4.1.1　任意截面形状的均匀波导

$$\nabla\times\boldsymbol{H}=-i\omega\varepsilon\boldsymbol{E} \tag{4.1.3}$$

$$\nabla\times\boldsymbol{E}=i\omega\mu\boldsymbol{H} \tag{4.1.4}$$

为了完整地描述波导中的场分布，需要求出无源区域麦克斯韦方程组的可能解。将式（4.1.1）和式（4.1.2）代入方程（4.1.3）和方程（4.1.4），可以得到

$$\left(\nabla_s+\hat{z}\frac{\partial}{\partial z}\right)\times(\boldsymbol{H}_s+\boldsymbol{H}_z)=-i\omega\varepsilon(\boldsymbol{E}_s+\boldsymbol{E}_z) \tag{4.1.5}$$

$$\left(\nabla_{\rm s}+\hat{\boldsymbol{z}}\frac{\partial}{\partial z}\right)\times(\boldsymbol{E}_{\rm s}+\boldsymbol{E}_z)={\rm i}\omega\mu(\boldsymbol{H}_{\rm s}+\boldsymbol{H}_z) \tag{4.1.6}$$

分离以上两式中的横向分量和纵向分量，可以得到

$$-{\rm i}\omega\varepsilon\boldsymbol{E}_{\rm s}=\nabla_{\rm s}\times\boldsymbol{H}_z+\hat{\boldsymbol{z}}\times\frac{\partial\boldsymbol{H}_{\rm s}}{\partial z} \tag{4.1.7}$$

$${\rm i}\omega\mu\boldsymbol{H}_{\rm s}=\nabla_{\rm s}\times\boldsymbol{E}_z+\hat{\boldsymbol{z}}\times\frac{\partial\boldsymbol{E}_{\rm s}}{\partial z} \tag{4.1.8}$$

$$-{\rm i}\omega\varepsilon\boldsymbol{E}_z=\nabla_{\rm s}\times\boldsymbol{H}_{\rm s} \tag{4.1.9}$$

$${\rm i}\omega\mu\boldsymbol{H}_z=\nabla_{\rm s}\times\boldsymbol{E}_{\rm s} \tag{4.1.10}$$

根据方程（4.1.7）和方程（4.1.8），并利用恒等式$\hat{\boldsymbol{z}}\times(\nabla_{\rm s}\times\boldsymbol{E}_z)=\nabla_{\rm s}\boldsymbol{E}_z$和$\hat{\boldsymbol{z}}\times(\hat{\boldsymbol{z}}\times\boldsymbol{E}_{\rm s})=-\boldsymbol{E}_{\rm s}$，可以得到

$$\boldsymbol{E}_{\rm s}=\frac{1}{k_{\rm s}^2}\left(\nabla_{\rm s}\frac{\partial E_z}{\partial z}+{\rm i}\omega\mu\nabla_{\rm s}\times\boldsymbol{H}_z\right) \tag{4.1.11}$$

$$\boldsymbol{H}_{\rm s}=\frac{1}{k_{\rm s}^2}\left(\nabla_{\rm s}\frac{\partial H_z}{\partial z}-{\rm i}\omega\varepsilon\nabla_{\rm s}\times\boldsymbol{E}_z\right) \tag{4.1.12}$$

式中，$k_{\rm s}^2=\omega^2\mu\varepsilon-k_z^2$，并考虑到$\partial/\partial z={\rm i}k_z$，$\boldsymbol{H}_z=\hat{z}H_z$和$\boldsymbol{E}_z=\hat{z}E_z$。以上两式表明，只要求出$E_z$和$H_z$，其余场分量就可以由此确定，因此分析波导中的电磁问题仅需要求解E_z和H_z。在推导式（4.1.11）和式（4.1.12）的过程中，并没有对介电常数和磁导率的均匀性做出限定，因此这两个等式对于非均匀填充或部分填充的波导也成立。

为了得到E_z和H_z所满足的方程，可以将式（4.1.11）和式（4.1.12）分别代入方程（4.1.10）和方程（4.1.9）。对于均匀填充的波导，ε和μ均为常数，在波导截面上有

$$(\nabla_{\rm s}^2+k_{\rm s}^2)\begin{bmatrix}E_z\\H_z\end{bmatrix}=\boldsymbol{0} \tag{4.1.13}$$

因为波导的几何形状沿$\hat{\boldsymbol{z}}$方向没有变化，所以在波导的内表面E_z满足边界条件

$$E_z=0 \tag{4.1.14}$$

由于导体表面上$\hat{\boldsymbol{n}}\cdot\boldsymbol{H}=0$，$\hat{\boldsymbol{n}}$为单位法向矢量，根据式（4.1.12），有

$$\hat{\boldsymbol{n}}\cdot\boldsymbol{H}=\hat{\boldsymbol{n}}\cdot\boldsymbol{H}_{\rm s}=\frac{1}{k_{\rm s}^2}\left[\hat{\boldsymbol{n}}\cdot\nabla_{\rm s}\frac{\partial H_z}{\partial z}-{\rm i}\omega\varepsilon\hat{\boldsymbol{n}}\cdot(\nabla_{\rm s}\times\boldsymbol{E}_z)\right]=0 \tag{4.1.15}$$

式中，$\hat{\boldsymbol{n}}\cdot(\nabla_{\rm s}\times\boldsymbol{E}_z)=-\hat{\boldsymbol{n}}\cdot(\hat{\boldsymbol{z}}\times\nabla_{\rm s}E_z)=-(\hat{\boldsymbol{n}}\times\hat{\boldsymbol{z}})\cdot\nabla_{\rm s}E_z$表示切向导数，而在导体的内表面上$E_z=0$，因此式（4.1.15）方括号中的第二项为零，可以得到$\hat{\boldsymbol{n}}\cdot\nabla_{\rm s}\dfrac{\partial H_z}{\partial z}={\rm i}k_z\hat{\boldsymbol{n}}\cdot\nabla_{\rm s}H_z=0$，有

$$\frac{\partial H_z}{\partial n}=0 \tag{4.1.16}$$

式（4.1.16）表示的边界条件也可以通过将$\hat{\boldsymbol{n}}\times\boldsymbol{E}=\boldsymbol{0}$代入式（4.1.11）得到。

根据亥姆霍兹方程（4.1.13），以及边界条件[式（4.1.14）和式（4.1.16）]，可以发现在

均匀填充的波导中，电场和磁场的纵向分量 E_z 和 H_z 既不会通过波导中的介质相互耦合，也不会通过波导的边界条件相互耦合，因此 E_z 和 H_z 可以独立存在。鉴于此，在波导中将存在两组独立的解：在一组解中，$E_z \neq 0$，$H_z = 0$，对应 TM 模式；在另一组解中，$E_z = 0$，$H_z \neq 0$，对应 TE 模式。考虑 TM 模式的情况，首先求解亥姆霍兹方程（4.1.13）和边界条件[式（4.1.14）]所决定的边值问题，得到 k_s 和 E_z，随后通过式（4.1.11）和式（4.1.12）求解其余场分量。具体表达式为

$$\boldsymbol{E}_s = \frac{\mathrm{i}k_z}{k_s^2}\nabla_s E_z \tag{4.1.17}$$

$$\boldsymbol{H}_s = \frac{-\mathrm{i}\omega\varepsilon}{k_s^2}\nabla_s \times \boldsymbol{E}_z \tag{4.1.18}$$

类似地，可以得到 TE 模式的场分量表达式为

$$\boldsymbol{E}_s = \frac{\mathrm{i}\omega\mu}{k_s^2}\nabla_s \times \boldsymbol{H}_z \tag{4.1.19}$$

$$\boldsymbol{H}_s = \frac{\mathrm{i}k_z}{k_s^2}\nabla_s H_z \tag{4.1.20}$$

在这种类型的波导中，E_z 和 H_z 不能同时为零。由于电场和磁场中有一项有 $\hat{z}$ 分量，坡印廷矢量 $\boldsymbol{S} = \boldsymbol{E} \times \boldsymbol{H}^*$ 偏离 $\hat{z}$ 方向，不过波导中的功率仍然沿 $\hat{z}$ 方向传播，因此波导中的电磁波以曲折前进的形式传播。

4.1.2　波导的传输特性

根据亥姆霍兹方程（4.1.13）及边界条件[式（4.1.14）和式（4.1.16）]，可以得到无数组对应 TM 模式和 TE 模式的解。这两种导波模式的解可以分别用 k_{si}、E_{zi} 和 k_{si}、H_{zi} 表示，其中 i=1,2,3,…。为方便起见，TM 模式和 TE 模式的解中使用了相同的符号 k_{si}，但它们的取值一般是不同的。对于任意一种模式 i，可以根据色散关系得到传播常数

$$k_z = \sqrt{k^2 - k_s^2} = \sqrt{\omega^2\mu\varepsilon - k_s^2} \tag{4.1.21}$$

为了便于表述，式中省略了不同模式的下标“i”。类似地，以下公式中不同模式的下标符号也将被省略。显然，传播常数在不同的频率下既可以为实数，也可以为虚数，有

$$k_z = \begin{cases} \sqrt{\omega^2\mu\varepsilon - k_s^2}, & \omega^2\mu\varepsilon > k_s^2 \\ 0, & \omega^2\mu\varepsilon = k_s^2 \\ \mathrm{i}\sqrt{k_s^2 - \omega^2\mu\varepsilon}, & \omega^2\mu\varepsilon < k_s^2 \end{cases} \tag{4.1.22}$$

当 $\omega^2\mu\varepsilon > k_s^2$ 时，该模式能够在波导中传播。而当 $\omega^2\mu\varepsilon < k_s^2$ 时，传播常数为虚数，该模式在波导中将衰减。导波模式从传播到衰减的转折点称为截止点，即 $\omega^2\mu\varepsilon = k_s^2$。相应的截止空间频率 k_c、截止时间频率 ω_c（f_c）和截止波长 λ_c 分别为

$$k_c = k_s \tag{4.1.23}$$

$$\omega_c = \frac{k_c}{\sqrt{\mu\varepsilon}}, \quad f_c = \frac{k_c}{2\pi\sqrt{\mu\varepsilon}} \tag{4.1.24}$$

$$\lambda_c = \frac{2\pi}{k_c} \tag{4.1.25}$$

自 1897 年瑞利（Lord Rayleigh，1842—1919）首次指出电磁波在波导中传播存在截止现象以来，不少科学家和工程师对截止波导的理论与应用进行了研究。由于截止波导具有诸如高电抗性、高通滤波特性及结构简单、体积小等优点，目前已在截止衰减器和速调管的微波电路等领域中得到了广泛应用。在波导中，当工作波长超过截止波长时，电磁波将无法传播。根据式（4.1.22）给出的传播常数 k_z，可以定义波导工作波长为

$$\lambda_g = \frac{2\pi}{k_z} = \frac{\lambda}{\sqrt{1-(k_c/k)^2}} \tag{4.1.26}$$

其表示的是波沿 $\hat{z}$ 方向传播一个周期的距离。相应的相速为

$$v_p = \frac{\omega}{k_z} = \frac{c}{\sqrt{1-(k_c/k)^2}} \tag{4.1.27}$$

式中，$c = 1/\sqrt{\mu\varepsilon}$。显然，波导的相速大于光速，而群速 $v_g = \left(\dfrac{\partial k_z}{\partial \omega}\right)^{-1} = c\sqrt{1-(k_c/k)^2}$ 将小于光速。

4.2 平板波导中的导波

4.2.1 金属平板波导

考虑一对位于 $x=0$ 和 $x=d$ 的完美导电金属平板对电磁波的引导作用（图 4.2.1），其中金属平板之间填充均匀各向同性介质。该平板波导沿 $\hat{y}$ 方向的宽度为 w，并假设 $w \gg d$，因此可以忽略边缘场，有 $\partial/\partial y = 0$，即电磁波在波导 $\hat{y}$ 方向是均匀的。

根据麦克斯韦方程组，可以将金属平板波导中的导波模式分解为 TE 模式和 TM 模式两种情况进行讨论。对于 TE 模式，有

$$H_x = \frac{-1}{i\omega\mu}\frac{\partial}{\partial z}E_y \tag{4.2.1}$$

$$H_z = \frac{1}{i\omega\mu}\frac{\partial}{\partial x}E_y \tag{4.2.2}$$

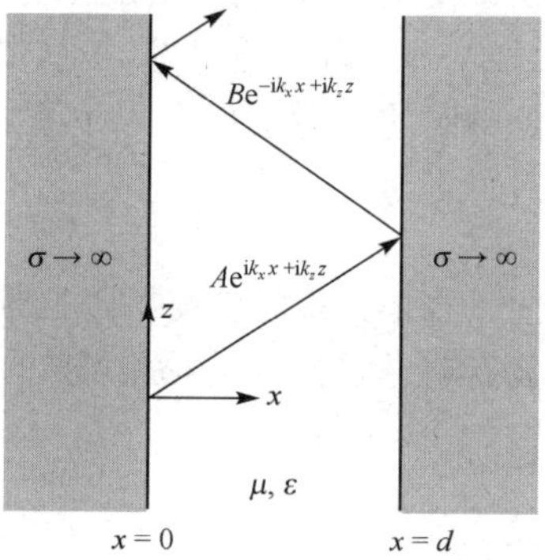

图 4.2.1 金属平板波导

$$\left(\frac{\partial^2}{\partial x^2} + \frac{\partial^2}{\partial z^2} + \omega^2\mu\varepsilon\right)E_y = 0 \tag{4.2.3}$$

对于 TM 模式，有

$$E_x = \frac{1}{i\omega\varepsilon}\frac{\partial}{\partial z}H_y \tag{4.2.4}$$

$$E_z = \frac{-1}{\mathrm{i}\omega\varepsilon}\frac{\partial}{\partial x}H_y \tag{4.2.5}$$

$$\left(\frac{\partial^2}{\partial x^2}+\frac{\partial^2}{\partial z^2}+\omega^2\mu\varepsilon\right)H_y = 0 \tag{4.2.6}$$

需要注意的是，TE 模式的三个方程和 TM 模式的三个方程存在对偶关系，但根据平板波导的边界条件，要求 $x=0$ 和 $x=d$ 处 TE 模式的切向电场与 TM 模式的切向电场都必须为零，因此 TE 模式和 TM 模式的边界条件并不具有对偶关系。

1．TE 模式

平板波导中导波的传播方向沿 $\pm\hat{z}$ 方向，对于沿 $+\hat{z}$ 方向传播的波，TE 模式的解由两个平面波分量叠加组成

$$E_y = A\mathrm{e}^{\mathrm{i}k_x x+\mathrm{i}k_z z} + B\mathrm{e}^{-\mathrm{i}k_x x+\mathrm{i}k_z z} \tag{4.2.7}$$

将式（4.2.7）代入方程（4.2.3），可以得到色散关系

$$k_x^2 + k_z^2 = \omega^2\mu\varepsilon = k^2 \tag{4.2.8}$$

$x=0$ 处的边界条件要求 $E_y=0$，故有

$$\frac{A}{B} = -1 \tag{4.2.9}$$

这是边界 $x=0$ 处的反射系数。$x=d$ 处的边界条件同样要求 $E_y=0$，故有

$$\frac{B}{A} = -\mathrm{e}^{\mathrm{i}2k_x d} \tag{4.2.10}$$

这是边界 $x=d$ 处的反射系数。由于坐标原点位于 $x=0$ 处，因此在 $x=d$ 处将引入相位因子 $\mathrm{e}^{\mathrm{i}2k_x d}$。将式（4.2.9）与式（4.2.10）相乘，可以得到

$$\mathrm{e}^{\mathrm{i}2k_x d} = 1 = \mathrm{e}^{\mathrm{i}2m\pi} \tag{4.2.11}$$

因此，有

$$2k_x d = 2m\pi \tag{4.2.12}$$

这一结果表明平面波沿 $\hat{\boldsymbol{x}}$ 方向来回传播的相位之和必须为 2π 的整数倍。根据 $x=0$ 和 $x=d$ 处的边界条件，有

$$k_x = \frac{m\pi}{d} = \frac{m}{2d}\mathrm{K}_0 \tag{4.2.13}$$

式中，m 为任意整数。式（4.2.13）称为导波条件，由边界条件决定。因此，沿 $\hat{\boldsymbol{x}}$ 方向导波空间变化的周期数必须为距离 $2d$ 的整数倍。

将导波条件[式（4.2.13）]代入色散关系[式（4.2.8）]，可以得到

$$k_z^2 + \left(\frac{m\pi}{d}\right)^2 = k^2 \tag{4.2.14}$$

这个方程描述了一组对应不同 m 值的双曲线。图 4.2.2 绘制了导波模式的 k_z-k 图像。对于第

m 阶模式，若 $k < m\pi/d$，则 k_z 为虚数，该模式的波变为倏逝波，沿 $\hat{z}$ 方向指数衰减。

$k_z = 0$ 的空间频率被称为截止空间频率 k_{cm}，有

$$k_{cm} = \frac{m\pi}{d} = \frac{m}{2d}\mathrm{K}_0 \tag{4.2.15}$$

当 $k < k_{cm}$ 时，所有阶数高于 m 的导波模式都将倏逝。为了确保 m 阶导波模式能够传播，空间频率 k 必须大于 k_{cm}。需要注意的是，如果 m 阶导波模式能够传播，那么对于 l 阶且满足 $l < m$ 的导波模式也能够传播。对于给定的空间频率 k，若满足 $m/2d\,\mathrm{K}_0 < k < (m+1)/2d\,\mathrm{K}_0$，那么在波导中有 m 个 TE 模式和 m+1 个 TM 模式。最低阶的 TE 模式是 TE_1 模式，其中 $k_{c1} = 1/2d\,\mathrm{K}_0$。当 $k < 1/2d\,\mathrm{K}_0$ 时，波导中将无法激励 TE 模式。波导中 TE_1 模式单模传播的工作范围是 $1/2d\,\mathrm{K}_0 < k < 1/d\,\mathrm{K}_0$。

导波条件[式（4.2.13）]表明，在 $\hat{x}$ 方向上的波必须满足相互干涉加强条件 $2k_x d = 2m\pi$，才能实现电磁波在波导中的传播。因此，波导中只允许具有离散 k_x 的电磁波，如图 4.2.3 所示，对应 k_z 的取值由色散关系[式（4.2.8）]决定。图 4.2.4 绘制了金属平板波导中 TE 模式的平面波示意图。

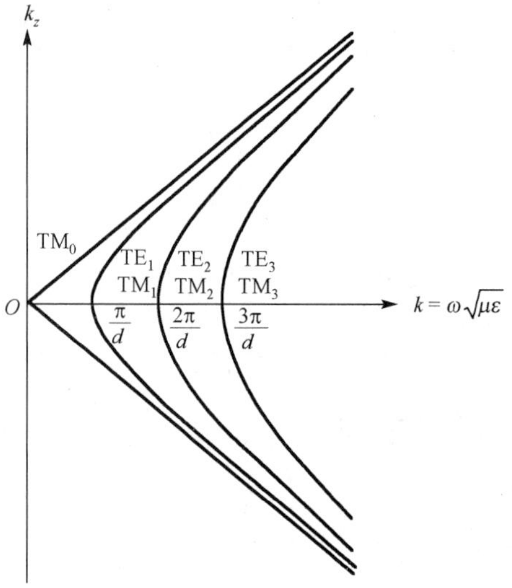

图 4.2.2 导波模式的 k_z-k 图像

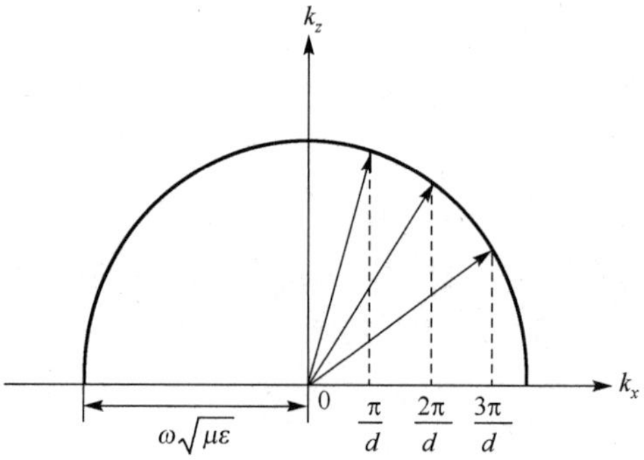

图 4.2.3 导波条件的说明

将式（4.2.9）或式（4.2.10）代入式（4.2.7），可以确定电场为

$$E_y = E_0 \sin(k_x x)\mathrm{e}^{\mathrm{i}k_z z} \tag{4.2.16}$$

式中，$E_0 = \mathrm{i}2A$ 为常数。整数 m 对应的 TE 波称为 TE_m 模式。当 $m = 0$ 时，$E_y = 0$，因此波导中不存在 TE_0 模式。图 4.2.5 绘制了当 $m = 1,2,3$ 时 E_y 的场分布。

根据式（4.2.7）或式（4.2.16），并利用法拉第定律，可以得到磁场矢量的表达式为

$$\begin{aligned}\boldsymbol{H} &= \frac{1}{\mathrm{i}\omega\mu}\left(-\hat{\boldsymbol{x}}\frac{\partial}{\partial z}E_y + \hat{\boldsymbol{z}}\frac{\partial}{\partial x}E_y\right)\\ &= \frac{A}{\omega\mu}[(-\hat{\boldsymbol{x}}k_z + \hat{\boldsymbol{z}}k_x)\mathrm{e}^{\mathrm{i}k_x x+\mathrm{i}k_z z} + (\hat{\boldsymbol{x}}k_z + \hat{\boldsymbol{z}}k_x)\mathrm{e}^{-\mathrm{i}k_x x+\mathrm{i}k_z z}]\\ &= \frac{E_0}{\mathrm{i}\omega\mu}[-\hat{\boldsymbol{x}}\mathrm{i}k_z\sin(k_x x) + \hat{\boldsymbol{z}}k_x\cos(k_x x)]\mathrm{e}^{\mathrm{i}k_z z}\end{aligned} \tag{4.2.17}$$

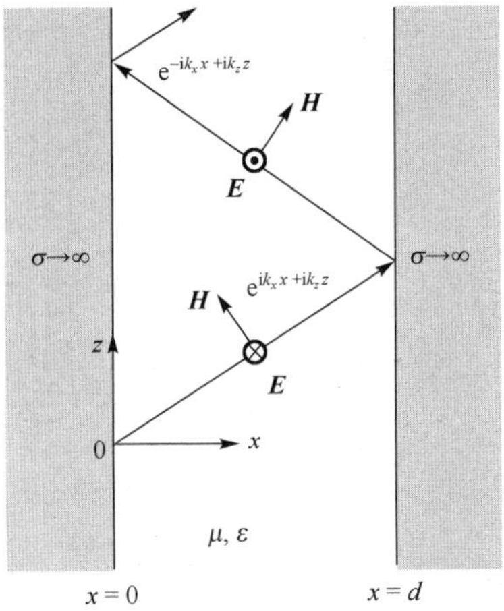

图 4.2.4　TE 模式的平面波示意图

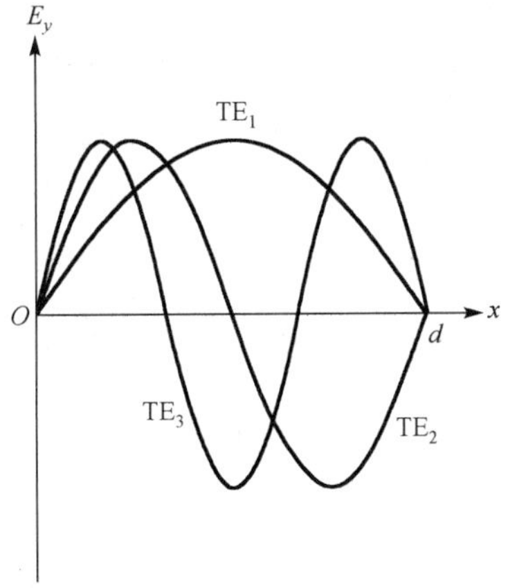

图 4.2.5　TE_1、TE_2、TE_3 模式的场的幅度

根据式（4.2.16）和式（4.2.17），可以得到复坡印廷矢量的表达式

$$\boldsymbol{S}=\hat{\boldsymbol{z}}\frac{k_z^*}{\omega\mu}|E_0|^2\sin^2(k_x x)e^{i(k_z-k_z^*)z}-\hat{\boldsymbol{x}}\frac{ik_x}{\omega\mu}|E_0|^2\sin(k_x x)\cos(k_x x)e^{i(k_z-k_z^*)z} \tag{4.2.18}$$

从式(4.2.18)可以发现，$\hat{\boldsymbol{x}}$ 方向的坡印廷矢量是虚数，因此 $\hat{\boldsymbol{x}}$ 方向上坡印廷矢量的时均值 $\langle \boldsymbol{S}_x\rangle$ 始终为零。在 $\hat{\boldsymbol{z}}$ 方向上，坡印廷矢量的时均值 $\langle \boldsymbol{S}_z\rangle$ 为

$$\langle \boldsymbol{S}_z\rangle=\frac{1}{2}\mathrm{Re}\left[\frac{k_z^*}{\omega\mu}|E_0|^2\sin^2(k_x x)e^{i(k_z-k_z^*)z}\right] \tag{4.2.19}$$

当 $k_z=\sqrt{k^2-k_x^2}=\sqrt{k^2-(m\pi/d)^2}$ 为虚数时，$k_z=ik_{zI}$，$\hat{\boldsymbol{z}}$ 方向上坡印廷矢量的时均值 $\langle \boldsymbol{S}_z\rangle=\frac{1}{2}\mathrm{Re}(\boldsymbol{S}_z)=0$，这种情况将在 $m\pi/d>k$ 的高阶模式发生，也就是说，波导中的高阶模式在 $\hat{\boldsymbol{z}}$ 方向上是倏逝的，并且不携带时均功率。

2. TM 模式

对于满足边界条件的 TM 模式，其解具有以下形式

$$\begin{aligned}\boldsymbol{H}&=\hat{\boldsymbol{y}}H_0(e^{ik_x x}+e^{-ik_x x})e^{ik_z z}\\&=\hat{\boldsymbol{y}}2H_0\cos(k_x x)e^{ik_z z}\end{aligned} \tag{4.2.20}$$

$$\begin{aligned}\boldsymbol{E}&=\frac{H_0}{\omega\varepsilon}\left[(\hat{\boldsymbol{x}}k_z-\hat{\boldsymbol{z}}k_x)e^{ik_x x}+(\hat{\boldsymbol{x}}k_z+\hat{\boldsymbol{z}}k_x)e^{-ik_x x}\right]e^{ik_z z}\\&=\frac{2H_0}{\omega\varepsilon}\left[\hat{\boldsymbol{x}}k_z\cos(k_x x)-\hat{\boldsymbol{z}}ik_x\sin(k_x x)\right]e^{ik_z z}\end{aligned} \tag{4.2.21}$$

边界条件要求在 $x=0$ 和 $x=d$ 处 $E_z=0$，可以得到与式（4.2.13）相同的导波条件

$$k_x=\frac{m\pi}{d}=\frac{m}{2d}\mathrm{K}_0 \tag{4.2.22}$$

相应的结果如图 4.2.3 所示。

需要注意的是，TM 模式和 TE 模式之间有一个非常重要的区别：当 $m=0$ 时，TM 模式仍然存在，而不会像 TE 模式那样消失，因此可以得到 TM_0 模式，该模式也称为 TEM 模式。

TM_0 模式满足 $k_x = 0$ 和 $k_z = k$ 不会变成虚数的条件，因此该模式不会发生截止，能够以任意频率传播。TM_0 模式在 $\hat{\boldsymbol{z}}$ 方向上坡印廷矢量的时均值可以表示为

$$\langle S_z \rangle = \frac{1}{2}\mathrm{Re}\left[\frac{k_z^*}{\omega\varepsilon}|H_0|^2 \cos^2(k_x x)\mathrm{e}^{\mathrm{i}(k_z - k_z^*)z}\right] = \frac{k}{2\omega\varepsilon}|H_0|^2 \tag{4.2.23}$$

平板波导中的 TM_0 模式或 TEM 模式是波导单模工作时的基本模式或主导模式。

在式（4.2.20）和式（4.2.21）中，令 $k_x = 0$，$k_z = k$，可以得到 TM_0 模式的场的解

$$\boldsymbol{H} = \hat{\boldsymbol{y}} H_0 \mathrm{e}^{\mathrm{i}kz} \tag{4.2.24}$$

$$\boldsymbol{E} = \hat{\boldsymbol{x}} \eta H_0 \mathrm{e}^{\mathrm{i}kz} \tag{4.2.25}$$

式中，$\eta = \sqrt{\mu/\varepsilon}$ 是波导填充介质的特征阻抗。

3．波导的激励

导波模式的幅度大小由外部激励源确定。考虑一个位于 $z = 0$、沿 $\hat{\boldsymbol{y}}$ 方向传播的面电流源，其随 $\hat{\boldsymbol{x}}$ 方向的变化可以表示为

$$\boldsymbol{J}_\mathrm{s} = \hat{\boldsymbol{y}} J_\mathrm{s}(x) \tag{4.2.26}$$

该面电流源在 $\pm\hat{\boldsymbol{z}}$ 方向产生或传播或倏逝的多种导波模式。面电流源可以看作由紧密对齐的导线组成，每根导线都有不同的电流激励，代表彼此独立的线电流源。根据 $z = 0$ 处的边界条件，电流源将引起切向磁场的不连续，故有

$$H_x\big|_{z=0_+} - H_x\big|_{z=0_-} = J_\mathrm{s}(x) \tag{4.2.27}$$

其余切向场分量在 $z = 0$ 处连续。

对于一个位于 $x = a$、沿 $\hat{\boldsymbol{y}}$ 方向、大小为 I_0 的线电流源，其随 $\hat{\boldsymbol{x}}$ 方向的变化可以表示为

$$\boldsymbol{J}_\mathrm{s} = \hat{\boldsymbol{y}} I_0 \delta(x - a) \tag{4.2.28}$$

根据边界条件可以发现，只有 TE 模式才会被激励。实际上，可以假设式（4.2.28）表示的线电流源将激励一定幅度的 TM 模式，通过边界条件可以得到这些模式的幅度为零。将 TE 模式的解写成所有 TE 模式的叠加，有

$$E_y = \begin{cases} \sum\limits_{m=1}^{\infty} E_m \sin\dfrac{m\pi x}{d}\mathrm{e}^{\mathrm{i}k_z z}, & z \geqslant 0 \\ \sum\limits_{m=1}^{\infty} E_m \sin\dfrac{m\pi x}{d}\mathrm{e}^{-\mathrm{i}k_z z}, & z < 0 \end{cases} \tag{4.2.29}$$

从式（4.2.29）可以发现，E_y 满足 $z = 0$ 处连续的边界条件。由于波导结构具有对称性，因此在区域 $z < 0$ 和 $z > 0$ 中，幅度 E_m 相等。磁场的 $\hat{\boldsymbol{x}}$ 分量为

$$H_x = \begin{cases} \sum\limits_{n=1}^{\infty} \dfrac{-k_z}{\omega\mu} E_n \sin\dfrac{n\pi x}{d}\mathrm{e}^{\mathrm{i}k_z z}, & z \geqslant 0 \\ \sum\limits_{n=1}^{\infty} \dfrac{k_z}{\omega\mu} E_n \sin\dfrac{n\pi x}{d}\mathrm{e}^{-\mathrm{i}k_z z}, & z < 0 \end{cases} \tag{4.2.30}$$

根据 $z = 0$ 处的边界条件，可以得到

$$I_0\delta(x-a)=\sum_{n=1}^{\infty}\frac{-2k_z}{\omega\mu}E_n\sin\frac{n\pi x}{d} \tag{4.2.31}$$

利用正弦函数的正交性，在式（4.2.31）的两边同时乘以 $\sin(m\pi x/d)$，并从 0 到 d 进行积分，可以得到

$$\begin{aligned}\int_0^d \mathrm{d}x\sin\frac{m\pi x}{d}I_0\delta(x-a)&=\sum_{n=1}^{\infty}\frac{-2k_z}{\omega\mu}\int_0^d \mathrm{d}xE_n\sin\frac{n\pi x}{d}\sin\frac{m\pi x}{d}\\&=\frac{-k_z d}{\omega\mu}E_m\end{aligned} \tag{4.2.32}$$

因此，幅度 E_m 为

$$E_m=\frac{-\omega\mu}{k_z d}I_0\sin\frac{m\pi a}{d} \tag{4.2.33}$$

对于 TE_1 模式，当 $a=d/2$ 时，E_1 有最大值。这是因为在 $x=d/2$ 处 E_y 也具有最大值，电流源的能量耦合到 TE_1 模式的部分最大。

在波导中，$\hat{z}$ 方向传播的波在 $\hat{y}$ 方向单位长度的坡印廷功率的时均值为

$$\begin{aligned}P&=\frac{1}{2}\mathrm{Re}\left\{\int_0^d \mathrm{d}x\left(\sum_{m=1}^{\infty}E_m\sin\frac{m\pi x}{d}\mathrm{e}^{\mathrm{i}k_z z}\right)\left(\sum_{n=1}^{\infty}\frac{k_z}{\omega\mu}E_n\sin\frac{n\pi x}{d}\mathrm{e}^{\mathrm{i}k_z z}\right)^*\right\}\\&=\frac{1}{2}\mathrm{Re}\left[\frac{d}{2}\sum_{m=1}^{\infty}|E_m|^2\frac{k_z^*}{\omega\mu}\mathrm{e}^{\mathrm{i}(k_z-k_z^*)z}\right]\end{aligned} \tag{4.2.34}$$

如果空间频率 k 满足 $k_{\mathrm{c}(N+1)}>k>k_{\mathrm{c}N}=N/2d\,\mathrm{K}_0$，那么当 $m\leqslant N$ 时，k_z 为实数；当 $m>N$ 时，k_z 为虚数。从式（4.2.34）可以得到

$$P=\sum_{m=1}^{N}\frac{d}{4\eta}|E_m|^2\sqrt{1-\left(\frac{k_{\mathrm{c}m}}{k}\right)^2} \tag{4.2.35}$$

式中，$\eta=\sqrt{\mu/\varepsilon}$。波导内的总功率等于所有实数的传播模式的功率之和。需要强调的是，不同的模式之间不存在耦合，即每种模式都分别携带各自的功率。

4．波导的衰减

如果金属平板是完美导体，并且波导内填充的介质是无损的，那么波导内部的功率将不会衰减。接下来研究当金属平板的电导率很大但有限时，波导中波的衰减情况。这里将采用微扰方法进行分析。

由于波导壁损耗，导波携带的总的坡印廷功率时均值 P 将是 z 的衰减函数。假设场的幅度以衰减常数 α 呈指数衰减，其中 α 是一个较小的数。当波导壁是完美导体时，$\alpha=0$。总功率 P 将以 2α 呈指数衰减，有 $P\sim\mathrm{e}^{-2\alpha z}$。根据能量守恒定理，$P$ 随距离的衰减必须等于单位长度上的耗散功率 P_{d}，因此有

$$P_{\mathrm{d}}=-\frac{\mathrm{d}}{\mathrm{d}z}P=2\alpha P \tag{4.2.36}$$

式中，衰减常数 α 为

$$\alpha = \frac{P_\text{d}}{2P} \tag{4.2.37}$$

接下来将采用微扰方法计算 α 。

微扰方法将从完美导电波导的精确解出发，通过未扰动时场的解计算 $\hat{\boldsymbol{z}}$ 方向上的功率时均值 P，有

$$P = \frac{1}{2}\text{Re}\left[\iint \text{d}x\text{d}y\hat{\boldsymbol{z}}\cdot(\boldsymbol{E}\times\boldsymbol{H}^*)\right] \tag{4.2.38}$$

式（4.2.38）中的积分是在垂直于传播方向的区域上进行的。对于平板波导，积分范围为 $x=0$ 到 $x=d$ ，它给出了 $\hat{\boldsymbol{z}}$ 方向传播的波在 $\hat{\boldsymbol{y}}$ 方向单位长度的功率。

为了估算单位长度的耗散功率 P_d，首先研究由波导壁的电导率不理想而引起的耗散。波导壁表面的表面电流为

$$\boldsymbol{J}_\text{s} = \hat{\boldsymbol{n}}\times\boldsymbol{H}_\text{W} \tag{4.2.39}$$

式中， $\boldsymbol{H}_\text{W}$ 为波导壁 $x=0$ 和 $x=d$ 处的磁场强度。波导壁表面处的电场和磁场通过导体的特征阻抗相互联系，假定导体具有较大的电导率 σ ，有

$$\boldsymbol{E}_\text{W} = \sqrt{\frac{\mu}{\varepsilon_\text{W}}}\hat{\boldsymbol{n}}\times\boldsymbol{H}_\text{W} \approx \sqrt{\frac{\omega\mu}{\text{i}\sigma}}\hat{\boldsymbol{n}}\times\boldsymbol{H}_\text{W} \tag{4.2.40}$$

式中，假设导体和波导填充介质具有相同的磁导率 μ 。由于导波可视为平面波在波导壁上来回反射的结果：平面波入射到导体介质表面时会产生垂直于导体表面的耗散功率，无论入射角如何，透射到导体内的平面波几乎都垂直于导体表面。因此，沿任一波导壁法线方向耗散的坡印廷功率时均值为

$$\begin{aligned}P_\text{d} &= \frac{1}{2}\text{Re}\left[-\hat{\boldsymbol{n}}\cdot(\boldsymbol{E}_\text{W}\times\boldsymbol{H}_\text{W}^*)\right]\\ &= \frac{1}{2}\text{Re}\left[-\hat{\boldsymbol{n}}\cdot\sqrt{\frac{\omega\mu}{\text{i}\sigma}}(\hat{\boldsymbol{n}}\times\boldsymbol{H}_\text{W})\times\boldsymbol{H}_\text{W}^*\right]\\ &= \frac{1}{2}\text{Re}\left\{-\hat{\boldsymbol{n}}\cdot\sqrt{\frac{\omega\mu}{\text{i}\sigma}}\left[(\hat{\boldsymbol{n}}\cdot\boldsymbol{H}_\text{W}^*)\boldsymbol{H}_\text{W} - \hat{\boldsymbol{n}}|H_\text{W}|^2\right]\right\} = \frac{1}{2}\sqrt{\frac{\omega\mu}{2\sigma}}|H_\text{W}|^2\end{aligned} \tag{4.2.41}$$

式中利用了 $\hat{\boldsymbol{n}}\cdot\boldsymbol{H}_\text{W}^*=0$ 的结论，这是因为 $\boldsymbol{H}_\text{W}$ 垂直于指向波导的法向矢量 $\hat{\boldsymbol{n}}$ 。

4.2.2 分层介质平板波导

考虑一平面波入射到边界位于 $x=d_0,d_1,\cdots,d_n$ 处的分层介质（图 3.3.1）。第$(n+1)$层为半无限区域，记作区域 t，$t=n+1$。每层介质的介电常数和磁导率分别记作 ε_l 和 μ_l ， $l\in[1,n]$ 。（图 4.2.6）。以 TE 模式为例，介质层 l 中场量的表达式为

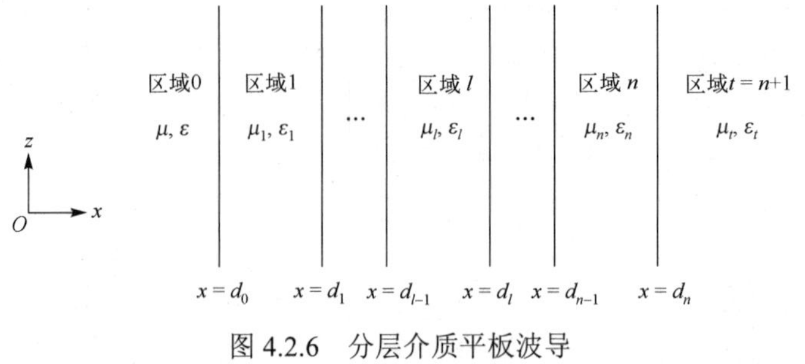

图 4.2.6 分层介质平板波导

$$\boldsymbol{k}_l = \hat{\boldsymbol{x}}k_{lx} + \hat{\boldsymbol{z}}k_z \tag{4.2.42}$$

$$\boldsymbol{E}_l = \hat{\boldsymbol{y}}(A_l \mathrm{e}^{\mathrm{i}k_{lx}x} + B_l \mathrm{e}^{-\mathrm{i}k_{lx}x})\mathrm{e}^{\mathrm{i}k_z z} \tag{4.2.43}$$

$$\boldsymbol{H}_l = \frac{1}{\omega\mu_l}\boldsymbol{k}_l \times \boldsymbol{E}_l \tag{4.2.44}$$

导波模式在区域 0 和区域 t 分别满足 $\begin{cases} A_0 = 1 \\ B_0 = R \end{cases}$ 和 $\begin{cases} A_t = T \\ B_t = 0 \end{cases}$。根据边界条件，可以将区域 l 中模式的幅度 A_l 和 B_l 与相邻区域中模式的幅度联系起来。在 $x = d_l$ 处，根据 E_z 和 H_y 连续的边界条件，可以得到

$$A_l \mathrm{e}^{\mathrm{i}k_{lx}d_l} + B_l \mathrm{e}^{-\mathrm{i}k_{lx}d_l} = A_{l+1}\mathrm{e}^{\mathrm{i}k_{(l+1)x}d_l} + B_{l+1}\mathrm{e}^{-\mathrm{i}k_{(l+1)x}d_l} \tag{4.2.45}$$

$$A_l \mathrm{e}^{\mathrm{i}k_{lx}d_l} - B_l \mathrm{e}^{-\mathrm{i}k_{lx}d_l} = p_{l(l+1)}\left[A_{l+1}\mathrm{e}^{\mathrm{i}k_{(l+1)x}d_l} - B_{l+1}\mathrm{e}^{-\mathrm{i}k_{(l+1)x}d_l}\right] \tag{4.2.46}$$

式中，

$$p_{l(l+1)} = \frac{\mu_l k_{(l+1)x}}{\mu_{l+1}k_{lx}} = \frac{1}{p_{(l+1)l}} \tag{4.2.47}$$

为了得到边界 $x = d_l$ 的反射系数，对方程（4.2.45）和方程（4.2.46）中的 A_l 和 B_l 进行求解，有

$$A_l \mathrm{e}^{\mathrm{i}k_{lx}d_l} = \frac{1+p_{l(l+1)}}{2}\left[A_{l+1}\mathrm{e}^{\mathrm{i}k_{(l+1)x}d_l} + R_{l(l+1)}B_{l+1}\mathrm{e}^{-\mathrm{i}k_{(l+1)x}d_l}\right] \tag{4.2.48}$$

$$B_l \mathrm{e}^{-\mathrm{i}k_{lx}d_l} = \frac{1+p_{l(l+1)}}{2}\left[R_{l(l+1)}A_{l+1}\mathrm{e}^{\mathrm{i}k_{(l+1)x}d_l} + B_{l+1}\mathrm{e}^{-\mathrm{i}k_{(l+1)x}d_l}\right] \tag{4.2.49}$$

根据以上两式，可以得到

$$\frac{B_l}{A_l} = \frac{R_{l(l+1)}\mathrm{e}^{\mathrm{i}2k_{(l+1)x}d_l} + (B_{l+1}/A_{l+1})}{\mathrm{e}^{\mathrm{i}2k_{(l+1)x}d_l} + R_{l(l+1)}(B_{l+1}/A_{l+1})}\mathrm{e}^{\mathrm{i}2k_{lx}d_l} \tag{4.2.50}$$

式中，B_l/A_l 可以用 B_{l+1}/A_{l+1} 表示。

类似地，为了得到边界 $x = d_{l-1}$ 的反射系数，对方程（4.2.45）和方程（4.2.46）中的 A_l 和 B_l 进行求解，可以得到用 A_{l-1} 和 B_{l-1} 表示的 A_l 和 B_l

$$A_l \mathrm{e}^{\mathrm{i}k_{lx}d_{l-1}} = \frac{1+p_{l(l-1)}}{2}\left[A_{l-1}\mathrm{e}^{\mathrm{i}k_{(l-1)x}d_{l-1}} + R_{l(l-1)}B_{l-1}\mathrm{e}^{-\mathrm{i}k_{(l-1)x}d_{l-1}}\right] \tag{4.2.51}$$

$$B_l \mathrm{e}^{-\mathrm{i}k_{lx}d_{l-1}} = \frac{1+p_{l(l-1)}}{2}\left[R_{l(l-1)}A_{l-1}\mathrm{e}^{\mathrm{i}k_{(l-1)x}d_{l-1}} + B_{l-1}\mathrm{e}^{-\mathrm{i}k_{(l-1)x}d_{l-1}}\right] \tag{4.2.52}$$

因此，有

$$\frac{A_l}{B_l} = \frac{R_{l(l-1)}\mathrm{e}^{-\mathrm{i}2k_{(l-1)x}d_{l-1}} + (A_{l-1}/B_{l-1})}{\mathrm{e}^{-\mathrm{i}2k_{(l-1)x}d_{l-1}} + R_{l(l-1)}(A_{l-1}/B_{l-1})}\mathrm{e}^{-\mathrm{i}2k_{lx}d_{l-1}} \tag{4.2.53}$$

导波条件可以由式（4.2.50）和式（4.2.53）相乘得到。对于两层介质，如图 4.2.7 所示，$n=1$，可以得到

$$\frac{B_1}{A_1}=R_{12}\mathrm{e}^{\mathrm{i}2k_{1x}d_1} \tag{4.2.54}$$

$$\frac{A_1}{B_1}=R_{10}\mathrm{e}^{-\mathrm{i}2k_{1x}d_0} \tag{4.2.55}$$

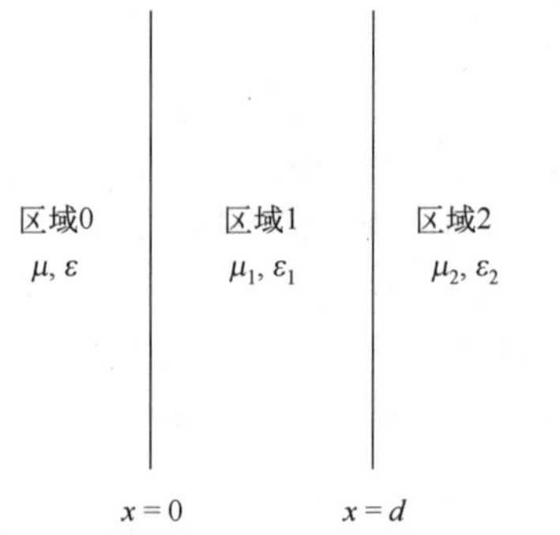

图 4.2.7 两层介质平板波导

导波条件为

$$R_{10}R_{12}\mathrm{e}^{\mathrm{i}2k_{1x}(d_1-d_0)}=1=\mathrm{e}^{\mathrm{i}2m\pi} \tag{4.2.56}$$

各区域的电场分别为

$$\boldsymbol{E}_0=\hat{\boldsymbol{y}}A_1\left(1+\frac{1}{R_{10}}\right)\mathrm{e}^{\mathrm{i}k_{1x}d_0}\mathrm{e}^{-\mathrm{i}k_{0x}(x-d_0)}\mathrm{e}^{\mathrm{i}k_z z} \tag{4.2.57}$$

$$\begin{aligned}\boldsymbol{E}_1&=\hat{\boldsymbol{y}}A_1\mathrm{e}^{\mathrm{i}k_{1x}d_1}\left[\mathrm{e}^{\mathrm{i}k_{1x}(x-d_1)}+R_{12}\mathrm{e}^{-\mathrm{i}k_{1x}(x-d_1)}\right]\mathrm{e}^{\mathrm{i}k_z z}\\&=\hat{\boldsymbol{y}}A_1\mathrm{e}^{\mathrm{i}k_{1x}d_0}\left[\mathrm{e}^{\mathrm{i}k_{1x}(x-d_0)}+\frac{1}{R_{10}}\mathrm{e}^{-\mathrm{i}k_{1x}(x-d_0)}\right]\mathrm{e}^{\mathrm{i}k_z z}\end{aligned} \tag{4.2.58}$$

$$\boldsymbol{E}_2=\hat{\boldsymbol{y}}A_1(1+R_{12})\mathrm{e}^{\mathrm{i}k_{1x}d_1}\mathrm{e}^{\mathrm{i}k_{2x}(x-d_1)}\mathrm{e}^{\mathrm{i}k_z z} \tag{4.2.59}$$

对于导波模式，$k_{0x}=\mathrm{i}k_{0x\mathrm{I}}$，$k_{2x}=\mathrm{i}k_{2x\mathrm{I}}$，且 $R_{10}=\mathrm{e}^{\mathrm{i}2\phi_{10}}$，$R_{12}=\mathrm{e}^{\mathrm{i}2\phi_{12}}$，其中 ϕ_{10} 和 ϕ_{12} 表示 $x=d_0$ 和 $x=d_1$ 处的古斯-汉欣位移。因此，式（4.2.57）～式（4.2.59）可以写为

$$\boldsymbol{E}_0=\hat{\boldsymbol{y}}2\cos\phi_{10}A_1\mathrm{e}^{k_{0x\mathrm{I}}(x-d_0)}\mathrm{e}^{\mathrm{i}(k_{1x}d_0-\phi_{10})}\mathrm{e}^{\mathrm{i}k_z z} \tag{4.2.60}$$

$$\begin{aligned}\boldsymbol{E}_1&=\hat{\boldsymbol{y}}A_1\left[\mathrm{e}^{\mathrm{i}k_{1x}x}+\mathrm{e}^{\mathrm{i}2(k_{1x}d_1+\phi_{12})}\mathrm{e}^{-\mathrm{i}k_{1x}x}\right]\mathrm{e}^{\mathrm{i}k_z z}\\&=\hat{\boldsymbol{y}}A_1\left[\mathrm{e}^{\mathrm{i}k_{1x}x}+\mathrm{e}^{\mathrm{i}2(k_{1x}d_0-\phi_{10})}\mathrm{e}^{-\mathrm{i}k_{1x}x}\right]\mathrm{e}^{\mathrm{i}k_z z}\end{aligned} \tag{4.2.61}$$

$$\boldsymbol{E}_2=\hat{y}2\cos\phi_{12}A_1\mathrm{e}^{-k_{1x\mathrm{I}}(x-d_1)}\mathrm{e}^{\mathrm{i}(k_{1x}d_1+\phi_{12})}\mathrm{e}^{\mathrm{i}k_z z} \tag{4.2.62}$$

根据式（4.2.56），可以得到

$$2\phi_{10}+2\phi_{12}+2k_{1x}(d_1-d_0)=2m\pi \tag{4.2.63}$$

式（4.2.63）表示两层介质平板波导的导波条件，表明边界 $x=d_0$ 和 $x=d_1$ 处反射引起的总的横向相移加上平面波往返的相移等于 2π 的整数倍。

4.2.3 对称介质平板波导

1. 正各向同性介质

考虑对称结构的介质平板波导，区域 1 中填充正各向同性介质，$\varepsilon_1>0$，$\mu_1>0$，其边界为 $x=0$ 和 $x=d$（图 4.2.8）。式（4.2.60）～式（4.2.62）变为

$$\boldsymbol{E}_0=\hat{\boldsymbol{y}}2\cos\phi_{10}A_1\mathrm{e}^{k_{0x\mathrm{I}}x}\mathrm{e}^{-\mathrm{i}\phi_{10}}\mathrm{e}^{\mathrm{i}k_z z} \tag{4.2.64}$$

$$\boldsymbol{E}_1=\hat{\boldsymbol{y}}A_1\mathrm{e}^{\mathrm{i}\left(\frac{k_{1x}d}{2}+\frac{m\pi}{2}\right)}\cos\left(k_{1x}x-\frac{k_{1x}d}{2}-\frac{m\pi}{2}\right)\mathrm{e}^{\mathrm{i}k_z z} \tag{4.2.65}$$

$$\boldsymbol{E}_2=\hat{\boldsymbol{y}}2\cos\phi_{10}A_1\mathrm{e}^{-k_{1x\mathrm{I}}(x-d_1)}\mathrm{e}^{\mathrm{i}(k_{1x}d_1+\phi_{10})}\mathrm{e}^{\mathrm{i}k_z z} \tag{4.2.66}$$

导波条件为

$$2k_{1x}d + 4\phi_{10} = 2m\pi \tag{4.2.67}$$

区域 0 和区域 2 的解都是倏逝的，其中 $\boldsymbol{E}_0$ 沿 $-\hat{\boldsymbol{x}}$ 方向衰减，$\boldsymbol{E}_2$ 沿 $+\hat{\boldsymbol{x}}$ 方向衰减。$\hat{\boldsymbol{x}}$ 方向因反射引起的总的横向相移加上平面波往返的相移等于 2π 的整数倍。式(4.2.67)给出了 $k_{1x}d$ 和 $k_{x\mathrm{I}}d$ 之间的关系，有

$$k_{x\mathrm{I}}d = \frac{\mu}{\mu_1}k_{1x}d\tan\left(\frac{k_{1x}d}{2} - \frac{m\pi}{2}\right) \tag{4.2.68}$$

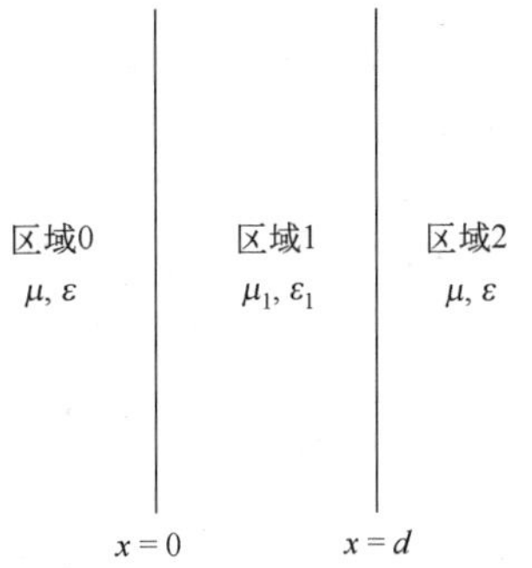

图 4.2.8　对称介质平板波导

区域 0 和区域 2 中介质的色散关系为

$$k_z^2 - k_{x\mathrm{I}}^2 = \omega^2\mu\varepsilon = k^2 \tag{4.2.69}$$

区域 1 中介质的色散关系为

$$k_z^2 + k_{1x}^2 = \omega^2\mu_1\varepsilon_1 = k_1^2 \tag{4.2.70}$$

从以上两式中消去 k_z，可以得到

$$k_{x\mathrm{I}}^2 + k_{1x}^2 = k_1^2 - k^2 \tag{4.2.71}$$

式（4.2.71）提供了 $k_{1x}d$ 和 $k_{x\mathrm{I}}d$ 的另一个方程。

图 4.2.9 绘制了半径分别为 k_1 和 k 的两个 k 表面，其中正的 k_z 为纵轴，k_x 为横轴。为了满足导波条件，必须有 $k_z > k$。当 $k_z < k$ 时，区域 0 和区域 2 中的波将不再是倏逝的，这是因为 $k_{x\mathrm{I}}$ 变为虚数，相应的波将沿 $\pm\hat{\boldsymbol{x}}$ 方向开始传播。只有满足 $k \leqslant k_z \leqslant k_1$ 的条件，区域 1 中才能支持导波模式。当 $k_z = k$ 时出现截止，$k_{x\mathrm{I}} = 0$。根据导波条件（4.2.68），在截止条件下，$k_{1x}d = m\pi$，有

$$m\pi = k_{1x}d = \sqrt{k_1^2 - k^2}\,d = k_1\sqrt{1 - \frac{\mu\varepsilon}{\mu_1\varepsilon_1}}\,d \tag{4.2.72}$$

m 阶导波模式的截止空间频率为

$$k_1 = k_{\mathrm{c}m} = \frac{m\pi}{d\sqrt{1 - \dfrac{\mu\varepsilon}{\mu_1\varepsilon_1}}} \tag{4.2.73}$$

在截止条件下，有

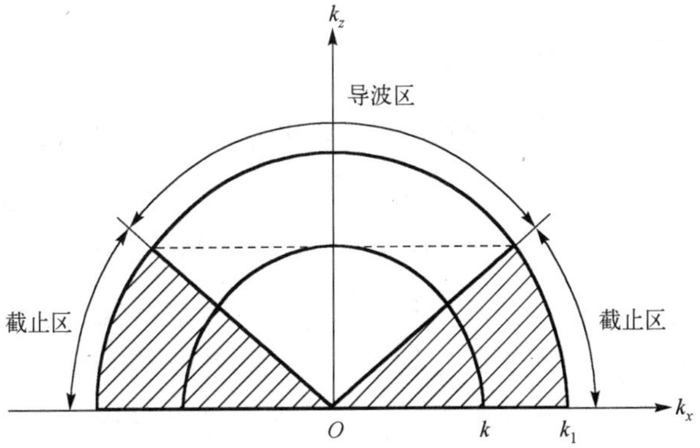

图 4.2.9　导波区和截止区

$$k_z = k = k_1\sqrt{\frac{\mu\varepsilon}{\mu_1\varepsilon_1}} \tag{4.2.74}$$

由此可见，零阶模式的截止空间频率为零。

根据式（4.2.68）和式（4.2.71），图 4.2.10 绘制了不同模式的 k_z 随 k_1 变化的函数曲线。根据 k_z-k_1 图像，可以确定不同导波模式的相速和群速。从式（4.2.71）可以发现，当 $k_1 \to \infty$ 并且 k_{1x} 为有限值时，$k_{x\mathrm{I}} \to \infty$。因此，从式（4.2.68）可以得到 $k_{1x} = (m+1)\pi/d$，由此得到 k_z 的渐近值为

$$k_z = k_1 \tag{4.2.75}$$

在 k_z-k_1 图像中，式（4.2.75）表示单位斜率的直线。当 $k_1 \to \infty$ 时，导波的群速为 $v_{\mathrm{g}} = (\partial k_z/\partial\omega)^{-1} = (\mu_1\varepsilon_1)^{-1/2}$，表示区域 1 介质平板中的光速。在截止条件下，有

$$k_z = k = k_1\sqrt{\frac{\mu\varepsilon}{\mu_1\varepsilon_1}} \tag{4.2.76}$$

在 k_z-k_1 图像中，式（4.2.76）表示斜率为 $\sqrt{\frac{\mu\varepsilon}{\mu_1\varepsilon_1}}$ 的直线。当 $k \to k_{\mathrm{c}}$ 时，群速为 $\sqrt{\mu\varepsilon}$，等于介质平板外部区域的光速。

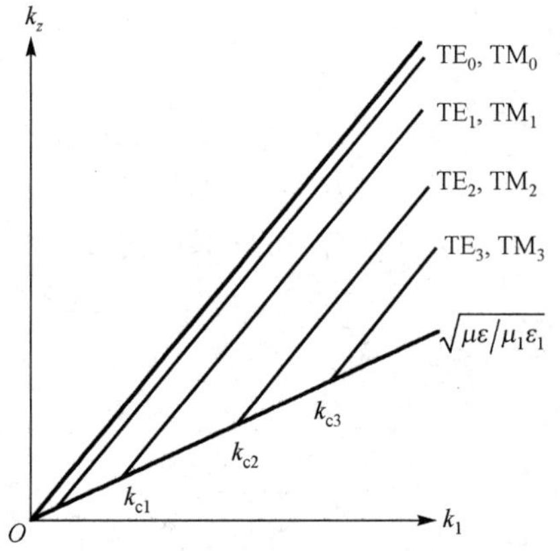

图 4.2.10　传播常数 k_z 随 k_1 变化的函数曲线

对于对称介质平板波导，可以利用图表法确定传播常数 k_z。根据导波条件[式（4.2.68）]，当 m 为偶数时，$k_{x\mathrm{I}}d = \frac{\mu}{\mu_1}k_{1x}d\tan\left(\frac{k_{1x}d}{2}\right)$；当 m 为奇数时，$k_{x\mathrm{I}}d = -\frac{\mu}{\mu_1}k_{1x}d\cot\left(\frac{k_{1x}d}{2}\right)$，并且当 $k_{1x}d \to 0$ 时，$k_{x\mathrm{I}}d = -2\mu/\mu_1$。将上述两种情况绘制在由 $k_{x\mathrm{I}}d$ 和 $k_{1x}d$ 确定的二维平面上（图 4.2.11）。

在 $k_{x\mathrm{I}}d$ - $k_{1x}d$ 平面上绘制式（4.2.71）对应的一组圆

$$(k_{1x}d)^2 + (k_{x\mathrm{I}}d)^2 = (k_1^2 - k^2)d^2 \tag{4.2.77}$$

通过与式（4.2.68）曲线的交点，可以得到 k_{1x} 和 $k_{x\mathrm{I}}$ 的值，进而确定 k_z。图 4.2.12 绘制了对称介质平板波导在 $m=0$ 和 $m=1$ 情况下的电场 E_y，其可以根据式（4.2.64）～式（4.2.66）得到。需要注意的是，$k_x d$ 可以根据图 4.2.11 确定，其中对第 m 阶模式，有 $m\pi < k_x d < (m+1)\pi$。因此模式阶数越高，介质平板区域内的变化就越多。

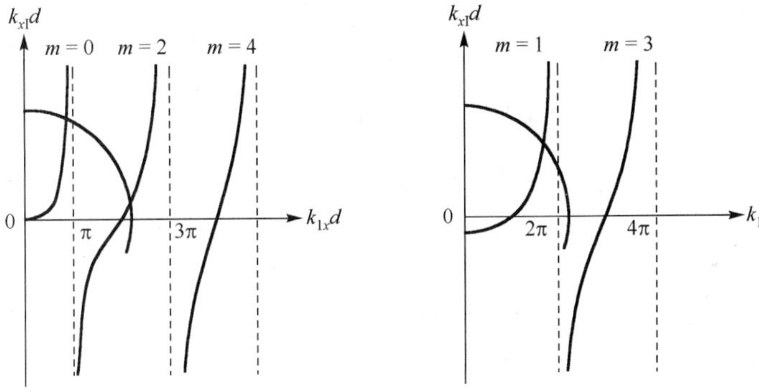

（a）m为偶数　　（b）m为奇数

图 4.2.11　导波条件的图表法，其中 $\mu/\mu_1 = 0.5$

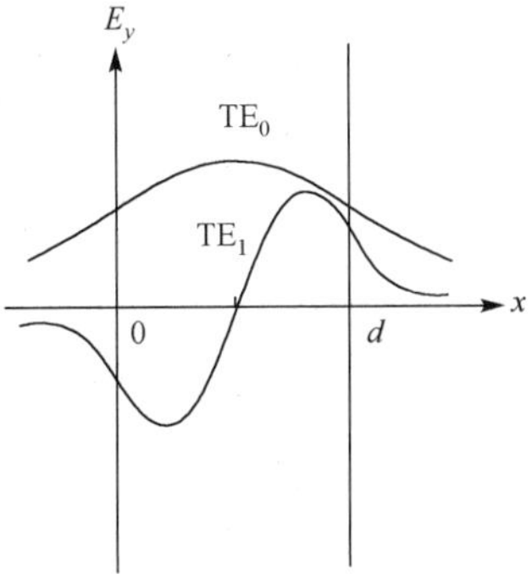

图 4.2.12　TE_0 模式和 TE_1 模式场的幅度

2. 负各向同性介质

考虑区域 1 中填充负各向同性介质的情况，$\varepsilon_1 < 0$，$\mu_1 < 0$（图 4.2.8）。与填充正各向同性介质不同的是，在负各向同性介质中，k_{1x} 可以为实数，也可以为虚数。若 k_{1x} 为实数，则可以得到与式（4.2.68）相同的导波条件

$$k_{xI}d = \frac{\mu}{\mu_1}k_{1x}d\tan\left(\frac{k_{1x}d}{2} - \frac{m\pi}{2}\right) \tag{4.2.78}$$

式中，$\mu/\mu_1 < 0$。当 m 为偶数时，$k_{xI}d = \frac{\mu}{\mu_1}k_{1x}d\tan\left(\frac{k_{1x}d}{2}\right)$；当 m 为奇数时，$k_{xI}d = -\frac{\mu}{\mu_1}k_{1x}d\cot\left(\frac{k_{1x}d}{2}\right)$。将上述两种情况绘制在由 $k_{xI}d$ 和 $k_{1x}d$ 确定的二维平面上（图 4.2.13）。

根据区域 0 和区域 2 中介质的色散关系

$$k_z^2 - k_{xI}^2 = k^2 = \omega^2\mu\varepsilon \tag{4.2.79}$$

及区域 1 中介质的色散关系

$$k_z^2 + k_{1x}^2 = \omega^2\mu_1\varepsilon_1 = k_1^2 \tag{4.2.80}$$

可以得到

$$k_{1x}^2 + k_{xI}^2 = k_1^2 - k^2 \tag{4.2.81}$$

类似地，在 $k_{xI}d$ - $k_{1x}d$ 平面上绘制式（4.2.81）对应的一组圆

$$(k_{1x}d)^2 + (k_{xI}d)^2 = (k_1^2 - k^2)d^2 \tag{4.2.82}$$

通过与式（4.2.78）曲线的交点，就可以确定 k_{1x}、k_{xI} 及 k_z 的值（图 4.2.13）。

若 k_{1x} 为虚数，$k_{1x} = \mathrm{i}k_{1xI}$，根据 $x = 0$ 和 $x = d$ 处的边界条件，可以得到导波条件

$$k_{xI}d = -\frac{\mu}{\mu_1}(k_{1xI}d)\tanh\left(\frac{k_{1xI}d}{2}\right) \tag{4.2.83}$$

$$k_{xI}d = -\frac{\mu}{\mu_1}(k_{1xI}d)\coth\left(\frac{k_{1xI}d}{2}\right) \tag{4.2.84}$$

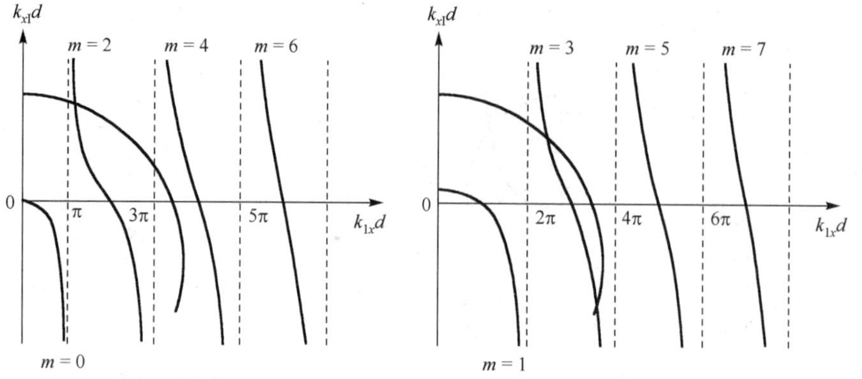

（a）m为偶数　　（b）m为奇数

图 4.2.13　导波条件的图表法，其中 $\mu/\mu_1=-0.5$

色散关系[式（4.2.81）]将变为

$$k_{xI}^2-k_{1xI}^2=k_1^2-k^2 \tag{4.2.85}$$

根据式（4.2.83）和式（4.2.84），区域 1 中的电场可以写为

$$\boldsymbol{E}_1(x,z)=\hat{\boldsymbol{y}}E_0\begin{cases}\sqrt{1-p_{10}^2}\cosh\left[k_{1xI}(x-d/2)\right]\mathrm{e}^{\mathrm{i}k_z z}\\ \sqrt{p_{10}^2-1}\sinh\left[k_{1xI}(x-d/2)\right]\mathrm{e}^{\mathrm{i}k_z z}\end{cases} \tag{4.2.86}$$

式中，$p_{10}=\dfrac{\mu_1 k_{xI}}{\mu k_{1xI}}=\dfrac{1\mp\mathrm{e}^{k_{1xI}d}}{1\pm\mathrm{e}^{k_{1xI}d}}<0$，可以由边界条件得到。$k_{1x}$ 为虚数的模式称为 cosh（双曲余弦）模式和 sinh（双曲正弦）模式。将式（4.2.83）或式（4.2.84）代入式（4.2.85），可以分别画出两种模式下 $(k_1^2-k^2)d^2$ 随 $k_{1xI}d$ 变化的函数曲线（图 4.2.14）。

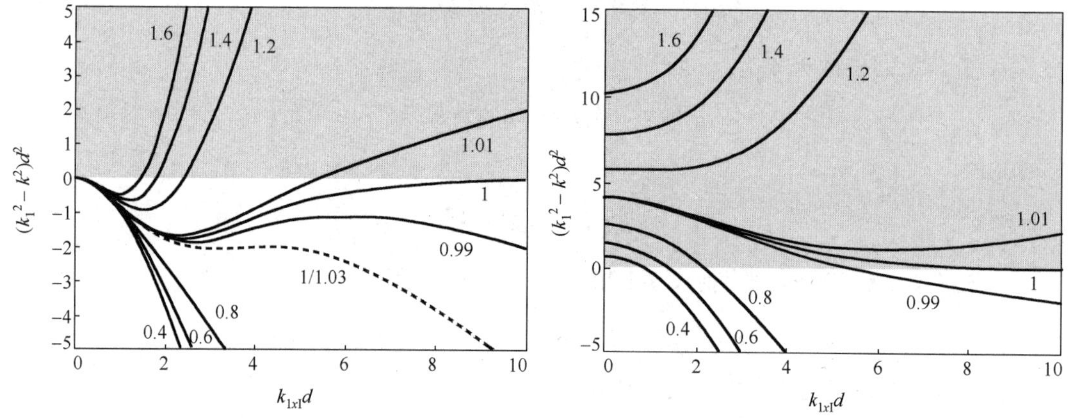

（a）cosh模式　　（b）sinh模式

图 4.2.14　导波条件的图表法，其中 $-\mu/\mu_1$ 选取不同比值

图 4.2.14 中的横轴为 $k_{1xI}d$，纵轴为 $(k_1^2-k^2)d^2$，阴影区域对应 $k_1^2>k^2$ 的情况，非阴影区域对应 $k_1^2<k^2$ 的情况。注意在两种情况下 k^2 或 k_1^2 都有可能为负值。对于一组特定的 (μ,ε) 和 (μ_1,ε_1)，工作频率为 ω，可以在图 4.2.14（a）或（b）中绘制一条水平线，由其与比值 $(-\mu/\mu_1)$ 对应曲线的交点就能够确定 $k_{1xI}d$ 的值。由于水平线的垂直位置随 ω 变化，其在垂直方向上偏

离水平轴表示频率的增大。图 4.2.14（a）中的虚线对应 $-\mu/\mu_1=1/1.03$，表示与水平线之间的交点从单个到多个的过渡。从图中可以看出，对于 cosh 模式，不存在截止频率，而对于 sinh 模式，截止频率取决于波导中填充的均匀介质。

4.3　矩形波导中的导波

4.3.1　均匀填充矩形波导

考虑一个均匀填充的金属矩形波导，沿 x 轴方向的尺寸为 a，沿 y 轴方向的尺寸为 b（图 4.3.1）。首先研究 TM 模式，磁场垂直于传播方向 $\hat{z}$，有 $H_z=0$，其余场分量可以通过纵向分量 $E_z=\sin(k_x x)\sin(k_y y)e^{ik_z z}$ 推导得到。

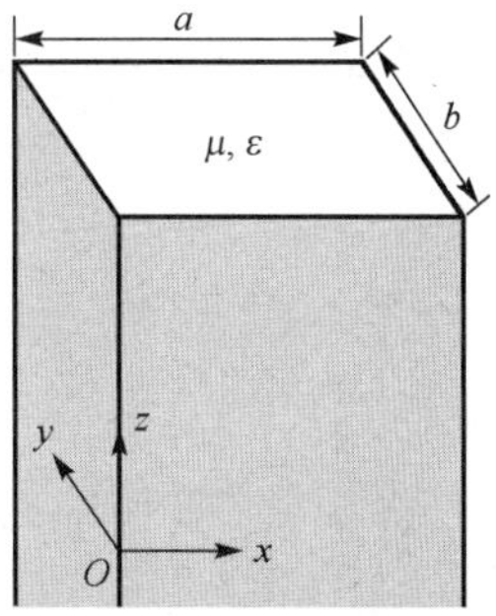

图 4.3.1　均匀填充的金属矩形波导

根据式（4.1.11）和式（4.1.12），有

$$E_x=\frac{ik_x k_z}{k_s^2}\cos(k_x x)\sin(k_y y)e^{ik_z z} \tag{4.3.1}$$

$$E_y=\frac{ik_y k_z}{k_s^2}\sin(k_x x)\cos(k_y y)e^{ik_z z} \tag{4.3.2}$$

$$E_z=\sin(k_x x)\sin(k_y y)e^{ik_z z} \tag{4.3.3}$$

$$H_x=\frac{-i\omega\varepsilon k_y}{k_s^2}\sin(k_x x)\cos(k_y y)e^{ik_z z} \tag{4.3.4}$$

$$H_y=\frac{i\omega\varepsilon k_x}{k_s^2}\cos(k_x x)\sin(k_y y)e^{ik_z z} \tag{4.3.5}$$

$$H_z=0 \tag{4.3.6}$$

式中，$k_s^2=\omega^2\mu\varepsilon-k_z^2$。根据边界条件，在 $x=0$ 和 $x=a$ 处，E_z 和 E_y 为零；在 $y=0$，$y=b$ 处，E_z 和 E_x 为零，故有

$$k_x a=m\pi \tag{4.3.7}$$

$$k_y b=n\pi \tag{4.3.8}$$

式中，m 和 n 为整数。以上两式给出了矩形波导的导波条件。对于 TM 模式，m 和 n 都不能取零，否则 E_z 分量将为零。将上述导波条件代入场分量表达式，可以看到 m 越大，场分量沿 $\hat{x}$ 方向的变化越多；n 越大，场分量沿 $\hat{y}$ 方向的变化越多。

结合导波条件[式（4.3.7）和式（4.3.8）]及色散关系

$$k_x^2+k_y^2+k_z^2=\omega^2\mu\varepsilon=k^2 \tag{4.3.9}$$

可以得到传播常数

$$k_z=\sqrt{\omega^2\mu\varepsilon-(m\pi/a)^2-(n\pi/b)^2} \tag{4.3.10}$$

根据 m 和 n 的取值，可以将矩形波导中的 TM 模式统称为 TM_{mn} 模式，其中第一个下标“m”等于场分量沿 $\hat{\boldsymbol{x}}$ 方向的周期变化数，第二个下标“n”等于场分量沿 $\hat{\boldsymbol{y}}$ 方向的周期变化数。

当传播常数 k_z 变为虚数时波导截止，此时波沿传播方向呈指数衰减。对于 TM_{mn} 模式，截止空间频率为

$$k_{\mathrm{c}mn}=k_{\mathrm{s}mn}=\sqrt{(m\pi/a)^2+(n\pi/b)^2} \tag{4.3.11}$$

最低阶的 TM 模式为 TM_{11} 模式。图 4.3.2 绘制了 $a=2b$，$k_{\mathrm{c}mn}=\dfrac{\sqrt{m^2+4n^2}}{2a}\mathrm{K}_0$ 的情况下传播常数 k_z 随 k 变化的函数曲线。若 $a=4\mathrm{cm}$，$b=2\mathrm{cm}$，TM_{11} 模式的截止空间频率为 $k_{\mathrm{c}11}=\sqrt{5}/2a=1.12/a=28\mathrm{K}_0$。需要注意的是，$m$ 和 n 都不能为零，因此截止空间频率最小的 TM 模式是 TM_{11} 模式。

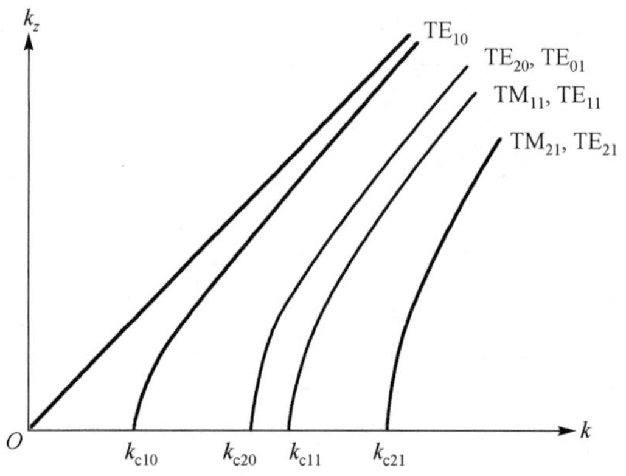

图 4.3.2 导波模式的 k_z-k 图像

接下来研究 TE 模式，电场垂直于传播方向 $\hat{z}$，$E_z=0$，其余场分量可以通过纵向分量 $H_z=\cos(k_x x)\cos(k_y y)\mathrm{e}^{\mathrm{i}k_z z}$ 推导得到。根据式（4.1.11）和式（4.1.12），有

$$E_x=\frac{-\mathrm{i}\omega\mu k_y}{k_\mathrm{s}^2}\cos(k_x x)\sin(k_y y)\mathrm{e}^{\mathrm{i}k_z z} \tag{4.3.12}$$

$$E_y=\frac{\mathrm{i}\omega\mu k_x}{k_\mathrm{s}^2}\sin(k_x x)\cos(k_y y)\mathrm{e}^{\mathrm{i}k_z z} \tag{4.3.13}$$

$$E_z=0 \tag{4.3.14}$$

$$H_x=\frac{-\mathrm{i}k_x k_z}{k_\mathrm{s}^2}\sin(k_x x)\cos(k_y y)\mathrm{e}^{\mathrm{i}k_z z} \tag{4.3.15}$$

$$H_y=\frac{-\mathrm{i}k_y k_z}{k_\mathrm{s}^2}\cos(k_x x)\sin(k_y y)\mathrm{e}^{\mathrm{i}k_z z} \tag{4.3.16}$$

$$H_z=\cos(k_x x)\cos(k_y y)\mathrm{e}^{\mathrm{i}k_z z} \tag{4.3.17}$$

根据边界条件，在 $x=0$ 和 $x=a$ 处，E_y 为零；在 $y=0$ 和 $y=b$ 处，E_x 为零，所得到的结果与式（4.3.7）和式（4.3.8）相同，有

$$k_x a = m\pi \tag{4.3.18}$$

$$k_y b = n\pi \tag{4.3.19}$$

传播常数 k_z 和截止空间频率 k_{cmn} 分别与式（4.3.10）和式（4.3.11）相同。需要注意的是，TM 模式和 TE 模式之间有一个非常重要的区别：对于 TM_{mn} 模式，m 和 n 都不能为 0，但对于 TE_{mn} 模式，m 和 n 可以为 0 且可以同时为 0。当 $m = n = 0$ 时，有 $H_z = e^{ikz}$。根据 $\nabla \cdot \boldsymbol{H} = 0$，可以得到 $k = \omega(\mu\varepsilon)^{1/2} = 0$，因此 TE_{00} 模式是波导中的静态场解。

假设 $a > b$，从式（4.3.11）可以发现，最低阶的 TE 模式是 TE_{10} 模式，其截止空间频率为

$$k_{c10} = \frac{\pi}{a} = \frac{1}{2a}K_0 \tag{4.3.20}$$

对应的截止波长为 $\lambda_c = 2a$。若 $a = 4cm$，则 $k_{c10} = 12.5K_0$，$\lambda_c = 8cm$。TE_{10} 模式的场分量表达式为

$$E_y = \frac{i\omega\mu a}{\pi}\sin\frac{\pi x}{a}e^{ik_z z} \tag{4.3.21}$$

$$H_x = \frac{-ik_z a}{\pi}\sin\frac{\pi x}{a}e^{ik_z z} \tag{4.3.22}$$

$$H_z = \cos\frac{\pi x}{a}e^{ik_z z} \tag{4.3.23}$$

电场只有 $\hat{\boldsymbol{y}}$ 分量。TE_{10} 模式的场分布如图 4.3.3 所示。如果写成两个平面波叠加的形式，则式（4.3.21）变为

$$E_y = \frac{\omega\mu a}{2\pi}\left(e^{i\frac{\pi x}{a}+ik_z z} - e^{-i\frac{\pi x}{a}+ik_z z}\right) \tag{4.3.24}$$

高阶 TE 模式和 TM 模式也可以解释为平面波在 4 个波导壁之间的反弹，并以传播常数 k_z 沿 $\hat{\boldsymbol{z}}$ 方向传播。图 4.3.2 制了 $a = 2b$ 时不同模式的传播常数 k_z。由于 TE_{10} 模式有最低的截止空间频率，因此它是矩形波导中的基本模式或主导模式。

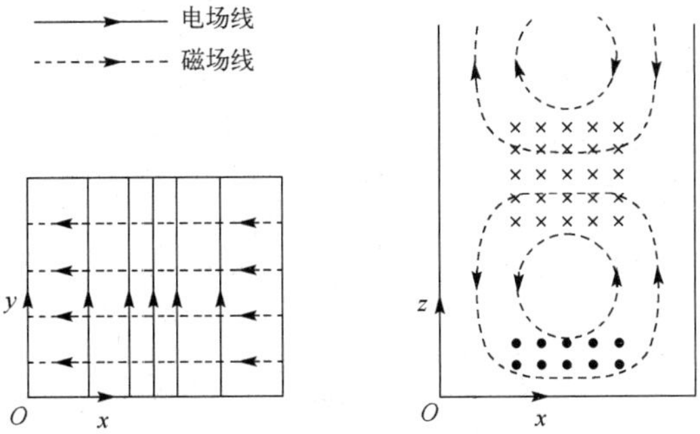

图 4.3.3　矩形波导中的 TE_{10} 模式

4.3.2　非均匀填充矩形波导

考虑一个填充两种各向同性介质的金属矩形波导，在 $0 < y < h$ 区域填充介电常数为 ε_1 和

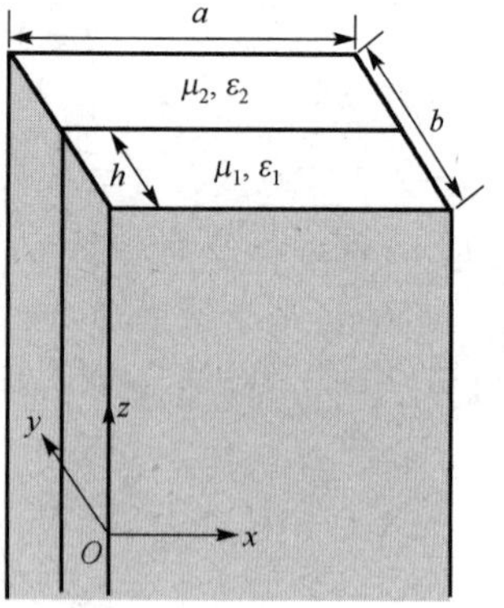

图 4.3.4 填充两种各向同性介质的金属矩形波导

磁导率为 μ_1 的介质，在 $h<y<b$ 区域填充介电常数为 ε_2 和磁导率为 μ_2 的介质（图 4.3.4）。这类波导一般不支持 TE 模式和 TM 模式，因为在两种介质的分界面上 E_z 和 H_z 是耦合的，其所支持的模式是同时包含 E_z 和 H_z 的混合模式。

在每个区域内，E_z 和 H_z 满足亥姆霍兹方程。在 $0<y<h$ 区域，满足边界条件的解为

$$E_{1z}=A_1\sin(k_x x)\sin(k_{1y}y)\mathrm{e}^{\mathrm{i}k_z z} \tag{4.3.25}$$

$$H_{1z}=B_1\cos(k_x x)\cos(k_{1y}y)\mathrm{e}^{\mathrm{i}k_z z} \tag{4.3.26}$$

在 $h<y<b$ 区域，其解为

$$E_{2z}=A_2\sin(k_x x)\sin\left[k_{2y}(b-y)\right]\mathrm{e}^{\mathrm{i}k_z z} \tag{4.3.27}$$

$$H_{2z}=B_2\cos(k_x x)\cos\left[k_{2y}(b-y)\right]\mathrm{e}^{\mathrm{i}k_z z} \tag{4.3.28}$$

式中，A_1、B_1、A_2 和 B_2 为常数。需要注意的是，波导在 $\hat{\boldsymbol{x}}$ 方向是均匀的，$k_x=m\pi/a$。两种介质的色散关系为

$$k_x^2+k_{1y}^2+k_z^2=k_1^2=\omega^2\mu_1\varepsilon_1 \tag{4.3.29}$$

$$k_x^2+k_{2y}^2+k_z^2=k_2^2=\omega^2\mu_2\varepsilon_2 \tag{4.3.30}$$

根据式（4.3.25）～式（4.3.28），可以得到 $0<y<h$ 区域中其余场分量的表达式

$$E_{1x}=\frac{\mathrm{i}}{k_{1\mathrm{s}}^2}(A_1k_xk_z-B_1\omega\mu_1k_{1y})\cos(k_x x)\sin(k_{1y}y)\mathrm{e}^{\mathrm{i}k_z z} \tag{4.3.31}$$

$$E_{1y}=\frac{\mathrm{i}}{k_{1\mathrm{s}}^2}(A_1k_{1y}k_z+B_1\omega\mu_1k_x)\sin(k_x x)\cos(k_{1y}y)\mathrm{e}^{\mathrm{i}k_z z} \tag{4.3.32}$$

$$H_{1x}=\frac{-\mathrm{i}}{k_{1\mathrm{s}}^2}(A_1\omega\varepsilon_1k_{1y}+B_1k_xk_z)\sin(k_x x)\cos(k_{1y}y)\mathrm{e}^{\mathrm{i}k_z z} \tag{4.3.33}$$

$$H_{1y}=\frac{\mathrm{i}}{k_{1\mathrm{s}}^2}(A_1\omega\varepsilon_1k_x-B_1k_{1y}k_z)\cos(k_x x)\sin(k_{1y}y)\mathrm{e}^{\mathrm{i}k_z z} \tag{4.3.34}$$

及 $h<y<b$ 区域中其余场分量的表达式

$$E_{2x}=\frac{\mathrm{i}}{k_{2\mathrm{s}}^2}(A_2k_xk_z+B_2\omega\mu_2k_{2y})\cos(k_x x)\sin\left[k_{2y}(b-y)\right]\mathrm{e}^{\mathrm{i}k_z z} \tag{4.3.35}$$

$$E_{2y}=\frac{-\mathrm{i}}{k_{2\mathrm{s}}^2}(A_2k_{2y}k_z-B_2\omega\mu_2k_x)\sin(k_x x)\cos\left[k_{2y}(b-y)\right]\mathrm{e}^{\mathrm{i}k_z z} \tag{4.3.36}$$

$$H_{2x}=\frac{\mathrm{i}}{k_{2\mathrm{s}}^2}(A_2\omega\varepsilon_2k_{2y}-B_2k_xk_z)\sin(k_x x)\cos\left[k_{2y}(b-y)\right]\mathrm{e}^{\mathrm{i}k_z z} \tag{4.3.37}$$

$$H_{2y}=\frac{\mathrm{i}}{k_{2\mathrm{s}}^2}(A_2\omega\varepsilon_2k_z+B_2k_{2y}k_z)\cos(k_x x)\sin\left[k_{2y}(b-y)\right]\mathrm{e}^{\mathrm{i}k_z z} \tag{4.3.38}$$

式中，$k_{1\mathrm{s}}^2=k_1^2-k_z^2$，$k_{2\mathrm{s}}^2=k_2^2-k_z^2$。

在两种介质的分界面 $y=h$ 处，根据切向场连续的边界条件，可以得到

$$A_1\sin(k_{1y}h)=A_2\sin\left[k_{2y}(b-y)\right] \tag{4.3.39}$$

$$B_1\cos(k_{1y}h)=B_2\cos\left[k_{2y}(b-y)\right] \tag{4.3.40}$$

$$\frac{\sin(k_{1y}h)}{k_{1s}^2}(A_1k_xk_z-B_1\omega\mu_1k_{1y})=\frac{\sin\left[k_{2y}(b-y)\right]}{k_{2s}^2}(A_2k_xk_z+B_2\omega\mu_2k_{2y}) \tag{4.3.41}$$

$$\frac{\cos(k_{1y}h)}{k_{1s}^2}(A_1\omega\varepsilon_1k_{1y}-B_1k_xk_z)=\frac{\cos\left[k_{2y}(b-y)\right]}{k_{2s}^2}(-A_2\omega\varepsilon_2k_{2y}+B_2k_xk_z) \tag{4.3.42}$$

消去 A_2 和 B_2，可以得到

$$A_1k_xk_z\left(\frac{1}{k_{1s}^2}-\frac{1}{k_{2s}^2}\right)\tan(k_{1y}h)-\omega B_1\left\{\frac{\mu_1k_{1y}}{k_{1s}^2}\tan(k_{1y}h)+\frac{\mu_2k_{2y}}{k_{2s}^2}\tan\left[k_{2y}(b-y)\right]\right\}=0 \tag{4.3.43}$$

$$\omega A_1\left\{\frac{\varepsilon_1k_{1y}}{k_{1s}^2}\cot(k_{1y}h)+\frac{\varepsilon_2k_{2y}}{k_{2s}^2}\cot\left[k_{2y}(b-y)\right]\right\}+B_1k_xk_z\left(\frac{1}{k_{1s}^2}-\frac{1}{k_{2s}^2}\right)\cot(k_{1y}h)=0 \tag{4.3.44}$$

以上两式可以写成未知数为 A_1 和 B_1 的矩阵方程。为了得到 A_1 和 B_1 的非零解，系数矩阵的行列式必须为零，有

$$\begin{aligned}&\left[\frac{\omega\mu_1k_{1y}}{k_{1s}^2}\tan(k_{1y}h)+\frac{\mu_2k_{2y}}{k_{2s}^2}\tan\left[k_{2y}(b-h)\right]\right]\times\\&\qquad\left[\frac{\omega\varepsilon_1k_{1y}}{k_{1s}^2}\cot(k_{1y}h)+\frac{\varepsilon_2k_{2y}}{k_{2s}^2}\cot\left[k_{2y}(b-h)\right]\right]+\left[k_xk_z\left(\frac{1}{k_{1s}^2}-\frac{1}{k_{2s}^2}\right)\right]^2=0\end{aligned} \tag{4.3.45}$$

将以上超越方程与色散关系联立求解，可以得到无数组 k_{1y}、k_{2y} 和 k_z 的解，每组解都对应一种导波模式。

为了求解方程（4.3.45），可以将其转化为一般形式的二元一次方程

$$AX^2+BX+C=0 \tag{4.3.46}$$

式中，

$$X=\tan(k_{1y}h)\cot\left[k_{2y}(b-y)\right] \tag{4.3.47}$$

$$\begin{cases}A=\omega^2\mu_1\varepsilon_2k_{1y}k_{2y}\\B=k_{1y}^2k_2^2+k_{2y}^2k_1^2\\C=\omega^2\mu_2\varepsilon_1k_{1y}k_{2y}\end{cases} \tag{4.3.48}$$

方程（4.3.46）中的两个解为

$$X=\frac{-B\pm\sqrt{B^2-4AC}}{2A}=\begin{cases}\dfrac{-\mu_2k_{1y}}{\mu_1k_{2y}}\\[2ex]\dfrac{-\varepsilon_1k_{2y}}{\varepsilon_2k_{1y}}\end{cases} \tag{4.3.49}$$

或者可以展开为

$$\frac{\mu_1}{k_{1y}}\tan(k_{1y}h)=\frac{-\mu_2}{k_{2y}}\tan\left[k_{2y}(b-h)\right] \tag{4.3.50}$$

$$\frac{k_{1y}}{\varepsilon_1}\tan(k_{1y}h)=\frac{-k_{2y}}{\varepsilon_2}\tan\left[k_{2y}(b-h)\right] \tag{4.3.51}$$

将方程（4.3.50）表示的第一个解代入方程（4.3.39）～方程（4.3.42），可以得到

$$A_1k_{1y}k_z+B_1\omega\mu_1k_x=0 \tag{4.3.52}$$

$$A_2k_{2y}k_z-B_2\omega\mu_2k_x=0 \tag{4.3.53}$$

这两个等式表明，当 k_z 减小到 0 时，若 $k_x\neq 0$（$m\neq 0$），则有 $B_1=B_2=0$。因此对应方程(4.3.50)的解的混合模式在截止时退化为 TM 模式。这些混合模式称为混合 EH_{mn} 模式，因为在接近截止时，E_z 为主要的纵向场分量，而 H_z 相对很小，式中 n 表示方程（4.3.50）的根的序号。截止空间频率可以通过 $k_z=0$ 并结合方程（4.3.50）得到。将方程（4.3.51）表示的第二个解代入方程（4.3.39）～方程（4.3.42），可以得到

$$A_1\omega\varepsilon_1k_x-B_1k_{1y}k_z=0 \tag{4.3.54}$$

$$A_2\omega\varepsilon_2k_x+B_2k_{2y}k_z=0 \tag{4.3.55}$$

以上两式表明，当 k_z 减小到 0 时，若 $k_x\neq 0$（$m\neq 0$），则有 $A_1=A_2=0$。对应方程（4.3.51）的解的混合模式在截止时退化为 TE 模式。这些混合模式称为混合 HE_{mn} 模式，因为在接近截止时，H_z 为主要的纵向场分量，而 E_z 相对较小。截止空间频率可以通过 $k_z=0$ 并结合方程（4.3.51）得到。

接下来考虑 $m=0$ 的特殊情况。在这种情况下，E_z 和 H_z 完全去耦。对于方程（4.3.50）表示的第一个解，由方程（4.3.52）和方程（4.3.53）可知 $A_1=A_2=0$，但 B_1 和 B_2 不为 0，对应的模式为 TE_{0n} 模式（也即 EH_{0n} 模式）。对于方程（4.3.51）表示的第二个解，由方程（4.3.54）和方程（4.3.55）可知 A_1 和 A_2 不为 0，但 $B_1=B_2=0$，对应的模式为 TM_{0n} 模式。但将 $k_x=0$ 和 $B_1=B_2=0$ 代入方程（4.3.39）～方程（4.3.42）可以发现，所有的场分量均为零，即其对应的是零解，因此这种模式实际上并不存在。实际上，也可以从 E_z 和 H_z 所满足的方程中发现，当 $m=0$ 时，E_z 和 H_z 是去耦的。将式（4.1.11）代入方程（4.1.10）并点乘 $\hat{\boldsymbol{z}}$，由于非均匀填充矩形波导中 ε 和 k_s 与位置有关，而 k_z 与位置无关，可以得到

$$\nabla_\mathrm{s}\cdot\left(\frac{\mu}{k_\mathrm{s}^2}\nabla_\mathrm{s}H_z\right)-\frac{k_z}{\omega}\hat{\boldsymbol{z}}\cdot\left[\nabla_\mathrm{s}\times\left(\frac{1}{k_\mathrm{s}^2}\nabla_\mathrm{s}E_z\right)\right]+\mu H_z=0 \tag{4.3.56}$$

将式（4.1.12）代入方程（4.1.9），用类似的方法处理，可以得到

$$\nabla_\mathrm{s}\cdot\left(\frac{\varepsilon}{k_\mathrm{s}^2}\nabla_\mathrm{s}E_z\right)+\frac{k_z}{\omega}\hat{\boldsymbol{z}}\cdot\left[\nabla_\mathrm{s}\times\left(\frac{1}{k_\mathrm{s}^2}\nabla_\mathrm{s}H_z\right)\right]+\varepsilon E_z=0 \tag{4.3.57}$$

将以上两式在笛卡儿坐标系下展开，有

$$\frac{\partial}{\partial x}\left(\frac{\mu}{k_\mathrm{s}^2}\frac{\partial H_z}{\partial x}\right)+\frac{\partial}{\partial y}\left(\frac{\mu}{k_\mathrm{s}^2}\frac{\partial H_z}{\partial y}\right)-\frac{k_z}{\omega}\left[\frac{\partial}{\partial x}\left(\frac{1}{k_\mathrm{s}^2}\frac{\partial E_z}{\partial y}\right)-\frac{\partial}{\partial y}\left(\frac{1}{k_\mathrm{s}^2}\frac{\partial E_z}{\partial x}\right)\right]+\mu H_z=0 \tag{4.3.58}$$

$$\frac{\partial}{\partial x}\left(\frac{\varepsilon}{k_\mathrm{s}^2}\frac{\partial E_z}{\partial x}\right)+\frac{\partial}{\partial y}\left(\frac{\varepsilon}{k_\mathrm{s}^2}\frac{\partial E_z}{\partial y}\right)+\frac{k_z}{\omega}\left[\frac{\partial}{\partial x}\left(\frac{1}{k_\mathrm{s}^2}\frac{\partial H_z}{\partial y}\right)-\frac{\partial}{\partial y}\left(\frac{1}{k_\mathrm{s}^2}\frac{\partial H_z}{\partial x}\right)\right]+\varepsilon E_z=0 \tag{4.3.59}$$

显然，如果 E_z、H_z 和 k_s 沿 $\hat{\boldsymbol{x}}$ 方向无变化，耦合项消失，E_z 和 H_z 完全去耦。

4.4　圆柱波导中的导波

4.4.1　金属圆柱波导

为了研究圆形截面的圆柱波导，考虑圆柱坐标系中 E_z 和 H_z 的波动方程

$$\left[\frac{1}{\rho}\frac{\partial}{\partial\rho}\left(\rho\frac{\partial}{\partial\rho}\right)+\frac{1}{\rho^2}\frac{\partial^2}{\partial\phi^2}+k_\rho^2\right]\begin{pmatrix}E_z\\H_z\end{pmatrix}=0 \tag{4.4.1}$$

式中，$k_\rho^2=\omega^2\mu\varepsilon-k_z^2$。圆柱坐标系中波动方程的解是贝塞尔函数与正弦函数的乘积。正弦函数可以是 $\sin(m\phi)$ 和 $\cos(m\phi)$ 或者 $e^{\pm im\phi}$。将上述函数代入方程（4.4.1），并进行变量代换 $\xi=k_\rho\rho$，可以得到贝塞尔方程

$$\left[\frac{1}{\xi}\frac{d}{d\xi}\left(\xi\frac{d}{d\xi}\right)+\left(1-\frac{m^2}{\xi^2}\right)\right]B(\xi)=0 \tag{4.4.2}$$

该方程的解的形式为贝塞尔函数 $J_m(\xi)$、诺依曼函数 $N_m(\xi)$，以及第一类或第二类汉开尔函数 $H_m^{(1)}(\xi)$ 和 $H_m^{(2)}(\xi)$。两类汉开尔函数与贝塞尔函数和诺依曼函数的关系为

$$H_m^{(1)}(\xi)=J_m(\xi)+iN_m(\xi) \tag{4.4.3}$$

$$H_m^{(2)}(\xi)=J_m(\xi)-iN_m(\xi) \tag{4.4.4}$$

表 4.4.1 总结了这些函数的渐近表达式。当 $\xi\to\infty$ 时，贝塞尔函数 $J_m(\xi)$ 呈余弦函数变化，诺依曼函数 $N_m(\xi)$ 呈正弦函数变化，汉开尔函数则呈指数函数变化。当 $\xi\to 0$ 时，除 $J_m(\xi)$ 外的其他函数都呈现奇异性。

表 4.4.1　$J_m(\xi)$、$N_m(\xi)$、$H_m^{(1)}(\xi)$ 和 $H_m^{(2)}(\xi)$ 的极限性

$B(\xi)$	$\xi\to 0$		$\xi\to\infty$
	$m=0$	$\mathrm{Re}\{m\}>0$	
$J_m(\xi)$	1	$\dfrac{(\xi/2)^m}{\Gamma(m+1)}$	$\sqrt{\dfrac{2}{\pi\xi}}\cos\left(\xi-\dfrac{m\pi}{2}-\dfrac{\pi}{4}\right)$
$N_m(\xi)$	$\dfrac{2}{\pi}\ln\xi$	$-\dfrac{\Gamma(m)}{\pi}\left(\dfrac{2}{\xi}\right)^m$	$\sqrt{\dfrac{2}{\pi\xi}}\sin\left(\xi-\dfrac{m\pi}{2}-\dfrac{\pi}{4}\right)$
$H_m^{(1)}(\xi)$	$i\dfrac{2}{\pi}\ln\xi$	$-i\dfrac{\Gamma(m)}{\pi}\left(\dfrac{2}{\xi}\right)^m$	$\sqrt{\dfrac{2}{\pi\xi}}\exp\left[i\left(\xi-\dfrac{m\pi}{2}-\dfrac{\pi}{4}\right)\right]$
$H_m^{(2)}(\xi)$	$-i\dfrac{2}{\pi}\ln\xi$	$i\dfrac{\Gamma(m)}{\pi}\left(\dfrac{2}{\xi}\right)^m$	$\sqrt{\dfrac{2}{\pi\xi}}\exp\left[-i\left(\xi-\dfrac{m\pi}{2}-\dfrac{\pi}{4}\right)\right]$

用 $B_m(\xi)$ 表示 $J_m(\xi)$、$N_m(\xi)$、$H_m^{(1)}(\xi)$ 和 $H_m^{(2)}(\xi)$。贝塞尔函数的递推公式为

$$\begin{aligned}B'_m(\xi)&=B_{m-1}(\xi)-\frac{m}{\xi}B_m(\xi)\\&=-B_{m+1}(\xi)+\frac{m}{\xi}B_m(\xi)\end{aligned} \tag{4.4.5}$$

$B_m(\xi)$ 的上标“$'$”表示对自变量求导。图 4.4.1～图 4.4.3 绘制了当 $m=0,1,2$ 时 $J_m(\xi)$、$J'_m(\xi)$ 和 $N_m(\xi)$ 的函数曲线。

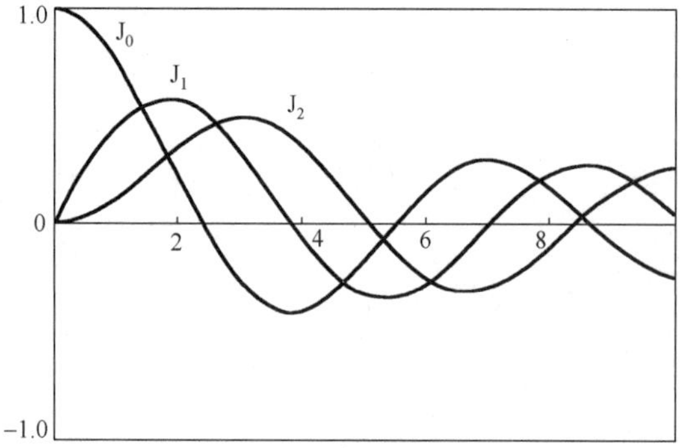

图 4.4.1 贝塞尔函数

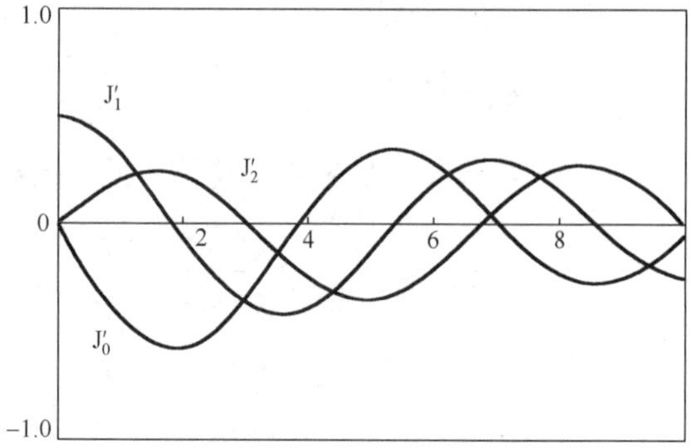

图 4.4.2 贝塞尔函数的导数

考虑半径为 a 的金属圆柱波导（图 4.4.4）。根据边界条件，在 $\rho=a$ 处 E_z 和 E_ϕ 为零。由于在 $\rho=0$ 处场不具有奇异性，因此贝塞尔函数 $J_m(\xi)$ 是唯一可能的解。对于 TM 模式，E_z 的形式为

$$E_z = J_m(k_\rho \rho)\begin{Bmatrix}\sin(m\phi)\\ \cos(m\phi)\end{Bmatrix}e^{ik_z z} \tag{4.4.6}$$

色散关系为

$$k_z^2 + k_\rho^2 = \omega^2 \mu\varepsilon \tag{4.4.7}$$

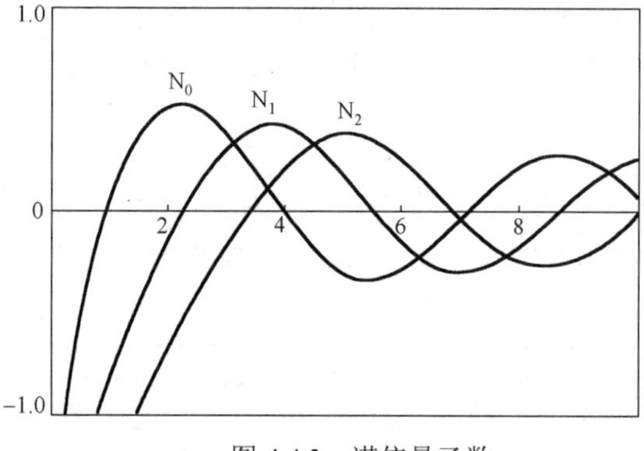

图 4.4.3 诺依曼函数

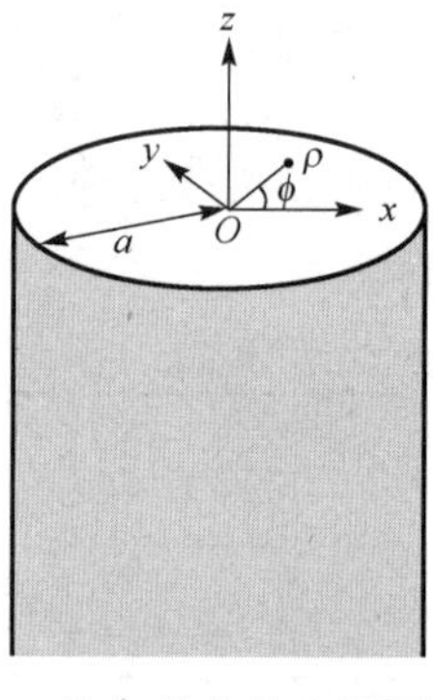

图 4.4.4 均匀填充的金属圆柱波导

根据式（4.1.11）和式（4.1.12），可以得到其余场分量的表达式为

$$E_\rho = \frac{ik_z k_\rho}{k_\rho^2} J'_m(k_\rho \rho)\begin{Bmatrix}\sin(m\phi)\\ \cos(m\phi)\end{Bmatrix}e^{ik_z z} \tag{4.4.8}$$

$$E_\phi = \frac{ik_z}{k_\rho^2}\frac{m}{\rho} J_m(k_\rho \rho)\begin{Bmatrix}\cos(m\phi)\\ -\sin(m\phi)\end{Bmatrix}e^{ik_z z} \tag{4.4.9}$$

$$H_\rho = \frac{-i\omega\varepsilon}{k_\rho^2}\frac{m}{\rho} J_m(k_\rho \rho)\begin{Bmatrix}\cos(m\phi)\\ -\sin(m\phi)\end{Bmatrix}e^{ik_z z} \tag{4.4.10}$$

$$H_{\phi}=\frac{\mathrm{i}\omega\varepsilon k_{\rho}}{k_{\rho}^{2}}\mathrm{J}_{m}'(k_{\rho}\rho)\begin{Bmatrix}\sin(m\phi)\\ \cos(m\phi)\end{Bmatrix}\mathrm{e}^{\mathrm{i}k_{z}z} \tag{4.4.11}$$

式中，贝塞尔函数中的上标“′”表示对自变量求导。根据 $\rho=a$ 处切向电场 E_z 和 E_ϕ 为零的边界条件，可以得到导波条件

$$\mathrm{J}_{m}(k_{\rho}a)=0 \tag{4.4.12}$$

令 ξ_{mn} 表示 m 阶贝塞尔方程的第 n 个根，有 $\mathrm{J}_m(\xi_{mn})=0$。根据导波条件[式（4.4.12）]和色散关系[式（4.4.7）]，可以得到传播常数为

$$k_{z}=\sqrt{\omega^{2}\mu\varepsilon-\left(\frac{\xi_{mn}}{a}\right)^{2}} \tag{4.4.13}$$

式中，ξ_{mn} 的取值对应 TM_{mn} 模式的波动解，m 与场分布在 $\hat{\boldsymbol{\phi}}$ 方向上变化的周期数有关，而 n 与场分布在 $\hat{\boldsymbol{\rho}}$ 方向上的变化有关。TM_{mn} 模式的截止空间频率为

$$k_{\mathrm{c}mn}=\frac{\xi_{mn}}{a} \tag{4.4.14}$$

表 4.4.2 给出了前几阶贝塞尔函数的前几个根。导波 TM_{mn} 模式的 $k_z a$-ka 图像如图 4.4.5 所示。

表 4.4.2　方程 $\mathrm{J}_m(\xi)=0$ 的前几个根

m	n=1	n=2	n=3	n=4
0	2.404 826	5.520 078	8.653 728	11.791 53
1	3.831 706	7.015 587	10.173 47	13.323 69
2	5.135 622	8.417 244	11.619 84	14.795 95
3	6.380 162	9.761 023	13.015 20	16.223 47
4	7.588 342	11.064 71	14.372 54	17.615 97

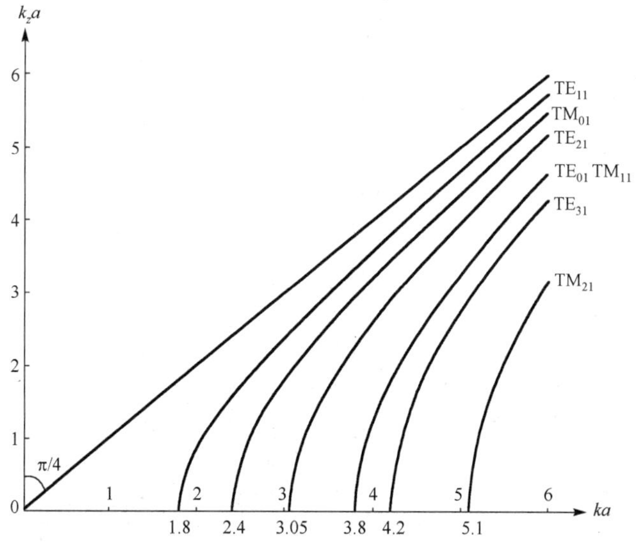

图 4.4.5　导波模式的 $k_z a$-ka 图像

对于 TE 模式，可以得到

$$H_z = \mathrm{J}_m(k_\rho \rho)\begin{Bmatrix}\sin(m\phi)\\ \cos(m\phi)\end{Bmatrix}\mathrm{e}^{\mathrm{i}k_z z} \tag{4.4.15}$$

色散关系为

$$k_z^2 + k_\rho^2 = \omega^2 \mu\varepsilon \tag{4.4.16}$$

其余场分量的表达式为

$$E_\rho = \frac{\mathrm{i}\omega\mu}{k_\rho^2}\frac{m}{\rho}\mathrm{J}_m(k_\rho \rho)\begin{Bmatrix}\cos(m\phi)\\ -\sin(m\phi)\end{Bmatrix}\mathrm{e}^{\mathrm{i}k_z z} \tag{4.4.17}$$

$$E_\phi = \frac{-\mathrm{i}\omega\mu k_\rho}{k_\rho^2}\mathrm{J}'_m(k_\rho \rho)\begin{Bmatrix}\sin(m\phi)\\ \cos(m\phi)\end{Bmatrix}\mathrm{e}^{\mathrm{i}k_z z} \tag{4.4.18}$$

$$H_\rho = \frac{\mathrm{i}k_z k_\rho}{k_\rho^2}\mathrm{J}'_m(k_\rho \rho)\begin{Bmatrix}\sin(m\phi)\\ \cos(m\phi)\end{Bmatrix}\mathrm{e}^{\mathrm{i}k_z z} \tag{4.4.19}$$

$$H_\phi = \frac{\mathrm{i}k_z}{k_\rho^2}\frac{m}{\rho}\mathrm{J}_m(k_\rho \rho)\begin{Bmatrix}\cos(m\phi)\\ -\sin(m\phi)\end{Bmatrix}\mathrm{e}^{\mathrm{i}k_z z} \tag{4.4.20}$$

根据 $\rho = a$ 处切向电场 E_z 和 E_ϕ 为零的边界条件，可以得到导波条件

$$\mathrm{J}'_m(k_\rho a) = 0 \tag{4.4.21}$$

令 ξ'_{mn} 表示 J'_m 的根，有 $\mathrm{J}'_m(\xi'_{mn}) = 0$，根据导波条件[式（4.4.21）]和色散关系[式（4.4.16）]，可以得到传播常数为

$$k_z = \sqrt{\omega^2\mu\varepsilon - \left(\frac{\xi'_{mn}}{a}\right)^2} \tag{4.4.22}$$

式中，ξ'_{mn} 的取值对应 TE_{mn} 模式的波动解，m 与场分布在 $\hat{\boldsymbol{\phi}}$ 方向上变化的周期数有关，而 n 则与场分布在 $\hat{\boldsymbol{\rho}}$ 方向上的变化有关。图 4.4.6 绘制了 TE_{11} 模式和 TM_{01} 模式的场分布。TE_{mn} 模式的截止空间频率为

$$k_{cmn} = \frac{\xi'_{mn}}{a} \tag{4.4.23}$$

表 4.4.3 给出了前几阶 $\mathrm{J}'_m(z)$ 的前几个根。导波 TE_{mn} 模式的 $k_z a$-ka 曲线如图 4.4.5 所示。

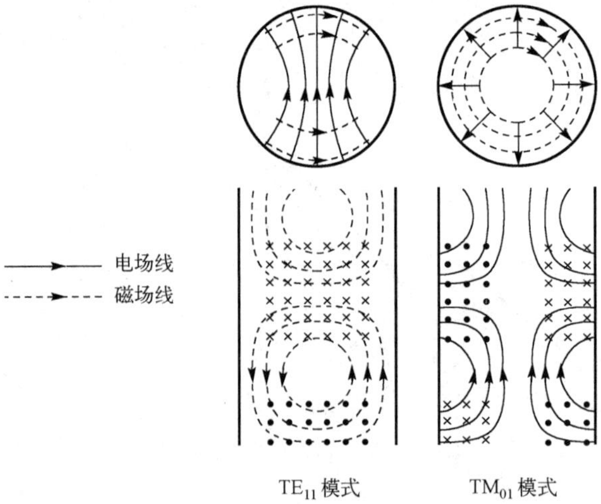

图 4.4.6　TE_{11} 模式和 TM_{01} 模式的场分布

表 4.4.3　方程 $J'_m(z)=0$ 的前几个根

m	n=1	n=2	n=3	n=4
0	3.831 706	7.015 587	10.173 47	13.323 69
1	1.841 184	5.331 443	9.536 316	11.706 00
2	3.054 237	6.706 133	9.969 468	13.170 37
3	4.201 189	8.015 237	11.345 92	14.585 85
4	5.317 553	9.282 396	12.681 91	15.964 11

4.4.2　介质圆柱波导

考虑一个半径为 a 的介质圆柱波导，由介电常数为 ε 和磁导率为 μ 的各向同性介质构成，置于介电常数为 ε_1 和磁导率为 μ_1 的各向同性介质中（图 4.4.7）。

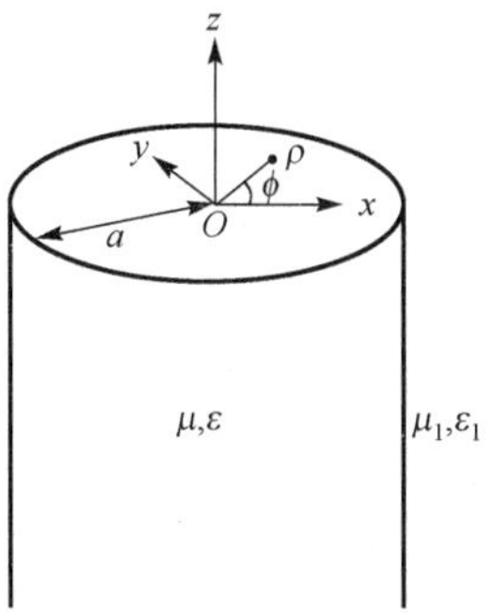

图 4.4.7　介质圆柱波导

在波导内部，E_z 和 H_z 可以用贝塞尔函数表示为

$$E_z = A\mathrm{J}_m(k_\rho \rho)\sin(m\phi)\mathrm{e}^{\mathrm{i}k_z z} \tag{4.4.24}$$

$$H_z = B\mathrm{J}_m(k_\rho \rho)\cos(m\phi)\mathrm{e}^{\mathrm{i}k_z z} \tag{4.4.25}$$

色散关系为

$$k_\rho^2 + k_z^2 = \omega^2 \mu\varepsilon = k^2 \tag{4.4.26}$$

在式（4.4.24）和式（4.4.25）中，E_z 和 H_z 分别取 $\sin(m\phi)$ 和 $\cos(m\phi)$ 用于满足边界条件，它们也可以分别用 $\cos(m\phi)$ 和 $\sin(m\phi)$ 代替。

在波导外部，与导波有关的场在 $\hat{\boldsymbol{\rho}}$ 方向必须为倏逝波。E_z 和 H_z 可以用虚数的汉开尔函数表示。令 $k_{1\rho}=\mathrm{i}k_{1\rho\mathrm{I}}$，对于 $\rho \geqslant a$，有

$$E_z = C\mathrm{H}_m^{(1)}(\mathrm{i}k_{1\rho\mathrm{I}}\rho)\sin(m\phi)\mathrm{e}^{\mathrm{i}k_z z} \tag{4.4.27}$$

$$H_z = D\mathrm{H}_m^{(1)}(\mathrm{i}k_{1\rho\mathrm{I}}\rho)\cos(m\phi)\mathrm{e}^{\mathrm{i}k_z z} \tag{4.4.28}$$

色散关系为

$$k_z^2 - k_{1\rho\mathrm{I}}^2 = \omega^2 \mu_1\varepsilon_1 = k_1^2 \tag{4.4.29}$$

对于式（4.4.27）和式（4.4.28）中的 E_z 和 H_z，分别选取 $\sin(m\phi)$ 和 $\cos(m\phi)$，可以保证在 $\rho=a$ 处，在所有的方位角 ϕ 上与式（4.4.24）和式（4.4.25）相等。在 $\rho=a$ 处，根据 E_z、H_z、E_ϕ 和 H_ϕ 的连续性，将有 4 个边界条件。由于两种介质的分界面处 E_z 和 H_z 的耦合，因此介质波导一般来说不能支持 TE 模式和 TM 模式，只能支持同时包含 E_z 和 H_z 的混合模式。

根据式（4.4.24）和式（4.4.25），可以得到波导内部其余场分量的表达式

$$E_\rho = \frac{\mathrm{i}}{k_\rho^2}\left[Ak_z k_{1\rho}\mathrm{J}'_m(k_\rho\rho) - B\frac{\omega\mu m}{\rho}\mathrm{J}_m(k_\rho\rho)\right]\sin(m\phi)\mathrm{e}^{\mathrm{i}k_z z} \tag{4.4.30}$$

$$E_\phi = \frac{\mathrm{i}}{k_\rho^2}\left[\frac{Ak_z m}{\rho}\mathrm{J}_m(k_\rho\rho) - B\omega\mu k_\rho \mathrm{J}'_m(k_\rho\rho)\right]\cos(m\phi)\mathrm{e}^{\mathrm{i}k_z z} \tag{4.4.31}$$

$$H_\rho = \frac{\mathrm{i}}{k_\rho^2}\left[-A\frac{\omega\varepsilon m}{\rho}\mathrm{J}_m(k_\rho\rho) + Bk_z k_\rho \mathrm{J}'_m(k_\rho\rho)\right]\cos(m\phi)\mathrm{e}^{\mathrm{i}k_z z} \tag{4.4.32}$$

$$H_\phi = \frac{\mathrm{i}}{k_\rho^2}\left[A\omega\varepsilon k_\rho \mathrm{J}'_m(k_\rho\rho) - B\frac{k_z m}{\rho}\mathrm{J}_m(k_\rho\rho)\right]\sin(m\phi)\mathrm{e}^{\mathrm{i}k_z z} \tag{4.4.33}$$

类似地，根据式（4.4.27）和式（4.4.28），可以得到波导外部其余场分量的表达式

$$E_\rho = \frac{-1}{k_{1\rho\mathrm{I}}^2}\left[-Ck_z k_{1\rho\mathrm{I}}\mathrm{H}_m^{(1)\prime}(\mathrm{i}k_{1\rho\mathrm{I}}\rho) - D\frac{\mathrm{i}\omega\mu_1 m}{\rho}\mathrm{H}_m^{(1)}(\mathrm{i}k_{1\rho\mathrm{I}}\rho)\right]\sin(m\phi)\mathrm{e}^{\mathrm{i}k_z z} \tag{4.4.34}$$

$$E_\phi = \frac{-1}{k_{1\rho\mathrm{I}}^2}\left[C\frac{\mathrm{i}k_z m}{\rho}\mathrm{H}_m^{(1)}(\mathrm{i}k_{1\rho\mathrm{I}}\rho) + D\omega\mu_1 k_{1\rho\mathrm{I}}\mathrm{H}_m^{(1)\prime}(\mathrm{i}k_{1\rho\mathrm{I}}\rho)\right]\cos(m\phi)\mathrm{e}^{\mathrm{i}k_z z} \tag{4.4.35}$$

$$H_\rho = \frac{-1}{k_{1\rho\mathrm{I}}^2}\left[-C\frac{\mathrm{i}\omega\varepsilon_1 m}{\rho}\mathrm{H}_m^{(1)}(\mathrm{i}k_{1\rho\mathrm{I}}\rho) - Dk_z k_{1\rho\mathrm{I}}\mathrm{H}_m^{(1)\prime}(\mathrm{i}k_{1\rho\mathrm{I}}\rho)\right]\cos(m\phi)\mathrm{e}^{\mathrm{i}k_z z} \tag{4.4.36}$$

$$H_\phi = \frac{-1}{k_{1\rho\mathrm{I}}^2}\left[-C\omega\varepsilon_1 k_{1\rho\mathrm{I}}\mathrm{H}_m^{(1)\prime}(\mathrm{i}k_{1\rho\mathrm{I}}\rho) - D\frac{\mathrm{i}k_z m}{\rho}\mathrm{H}_m^{(1)}(\mathrm{i}k_{1\rho\mathrm{I}}\rho)\right]\sin(m\phi)\mathrm{e}^{\mathrm{i}k_z z} \tag{4.4.37}$$

在 $\rho = a$ 处，根据切向场连续的边界条件，可以得到以下 4 个方程

$$A\mathrm{J}_m(k_\rho a) = C\mathrm{H}_m^{(1)}(\mathrm{i}k_{1\rho\mathrm{I}}a) \tag{4.4.38}$$

$$B\mathrm{J}_m(k_\rho a) = D\mathrm{H}_m^{(1)}(\mathrm{i}k_{1\rho\mathrm{I}}a) \tag{4.4.39}$$

$$A\frac{\mathrm{i}k_z m}{k_\rho^2 a}\mathrm{J}_m(k_\rho a) - B\frac{\mathrm{i}\omega\mu}{k_\rho}\mathrm{J}'_m(k_\rho a) = -C\frac{\mathrm{i}k_z m}{k_{1\rho\mathrm{I}}^2 a}\mathrm{H}_m^{(1)}(\mathrm{i}k_{1\rho\mathrm{I}}a) - D\frac{\omega\mu_1}{k_{1\rho\mathrm{I}}}\mathrm{H}_m^{(1)\prime}(\mathrm{i}k_{1\rho\mathrm{I}}a) \tag{4.4.40}$$

$$A\frac{\mathrm{i}\omega\varepsilon}{k_\rho}\mathrm{J}'_m(k_\rho a) - B\frac{\mathrm{i}k_z m}{k_\rho^2 a}\mathrm{J}_m(k_\rho a) = C\frac{\omega\varepsilon_1}{k_{1\rho\mathrm{I}}}\mathrm{H}_m^{(1)\prime}(\mathrm{i}k_{1\rho\mathrm{I}}a) + D\frac{\mathrm{i}k_z m}{k_{1\rho\mathrm{I}}^2 a}\mathrm{H}_m^{(1)}(\mathrm{i}k_{1\rho\mathrm{I}}a) \tag{4.4.41}$$

消去 C 和 D，有

$$\frac{\mathrm{i}k_z m}{a}A\left[\frac{1}{k_\rho^2} + \frac{1}{k_{1\rho\mathrm{I}}^2}\right] = \mathrm{i}\omega B\left[\frac{\mu}{k_\rho}\frac{\mathrm{J}'_m(k_\rho a)}{\mathrm{J}_m(k_\rho a)} + \mathrm{i}\frac{\mu_1}{k_{1\rho\mathrm{I}}}\frac{\mathrm{H}_m^{(1)\prime}(\mathrm{i}k_{1\rho\mathrm{I}}a)}{\mathrm{H}_m^{(1)}(\mathrm{i}k_{1\rho\mathrm{I}}a)}\right] \tag{4.4.42}$$

$$\mathrm{i}\omega A\left[\frac{\varepsilon}{k_\rho}\frac{\mathrm{J}'_m(k_\rho a)}{\mathrm{J}_m(k_\rho a)} + \mathrm{i}\frac{\varepsilon_1}{k_{1\rho\mathrm{I}}}\frac{\mathrm{H}_m^{(1)\prime}(\mathrm{i}k_{1\rho\mathrm{I}}a)}{\mathrm{H}_m^{(1)}(\mathrm{i}k_{1\rho\mathrm{I}}a)}\right] = \frac{\mathrm{i}k_z m}{a}B\left[\frac{1}{k_\rho^2} + \frac{1}{k_{1\rho\mathrm{I}}^2}\right] \tag{4.4.43}$$

消去 A 和 B，可以得到介质圆柱波导的导波条件

$$\begin{aligned}&\frac{k^2}{k_\rho^2}\left[\frac{\mathrm{J}'_m(k_\rho a)}{\mathrm{J}_m(k_\rho a)} - p_{10}^{\mathrm{TE}}\frac{\mathrm{H}_m^{(1)\prime}(\mathrm{i}k_{1\rho\mathrm{I}}a)}{\mathrm{H}_m^{(1)}(\mathrm{i}k_{1\rho\mathrm{I}}a)}\right]\left[\frac{\mathrm{J}'_m(k_\rho a)}{\mathrm{J}_m(k_\rho a)} - p_{10}^{\mathrm{TM}}\frac{\mathrm{H}_m^{(1)\prime}(\mathrm{i}k_{1\rho\mathrm{I}}a)}{\mathrm{H}_m^{(1)}(\mathrm{i}k_{1\rho\mathrm{I}}a)}\right]\\ &= (mk_z a)^2\left[\frac{1}{k_\rho^2 a^2} + \frac{1}{k_{1\rho\mathrm{I}}^2 a^2}\right]^2\end{aligned} \tag{4.4.44}$$

式中，$p_{10}^{\mathrm{TE}} = \dfrac{\mu_1 k_\rho}{\mathrm{i}\mu k_{1\rho\mathrm{I}}}$，$p_{10}^{\mathrm{TM}} = \dfrac{\varepsilon_1 k_\rho}{\mathrm{i}\varepsilon k_{1\rho\mathrm{I}}}$。根据式（4.4.44），可以得到

$$\frac{J_m'^2(k_\rho a)}{J_m^2(k_\rho a)}-(p_{10}^{TE}+p_{10}^{TM})\frac{H_m^{(1)\prime}(ik_{1\rho I}a)}{H_m^{(1)}(ik_{1\rho I}a)}\frac{J_m'(k_\rho a)}{J_m(k_\rho a)}+p_{10}^{TE}p_{10}^{TM}\frac{H_m^{(1)\prime 2}(ik_{1\rho I}a)}{H_m^{(1)2}(ik_{1\rho I}a)}$$
$$=\frac{m^2k_z^2}{k^2k_\rho^2a^2}\left(1+\frac{k_\rho^2}{k_{1\rho I}^2}\right)^2=m^2\left(\frac{1}{k_\rho^2a^2}+\frac{1+k_1^2/k^2}{k_{1\rho I}^2a^2}+\frac{k_1^2k_\rho^2}{k^2k_{1\rho I}^4a^2}\right)\tag{4.4.45}$$

求解 $J_m'(k_\rho a)/J_m(k_\rho a)$，可以得到 EH 模式的导波条件

$$\frac{J_m'(k_\rho a)}{J_m(k_\rho a)}=\frac{1}{2}(p_{10}^{TE}+p_{10}^{TM})\frac{H_m^{(1)\prime}(ik_{1\rho I}a)}{H_m^{(1)}(ik_{1\rho I}a)}+\sqrt{\frac{1}{4}(p_{10}^{TE}-p_{10}^{TM})^2\frac{H_m^{(1)\prime 2}(ik_{1\rho I}a)}{H_m^{(1)2}(ik_{1\rho I}a)}+m^2\left(\frac{1}{k_\rho^2a^2}+\frac{1+k_1^2/k^2}{k_{1\rho I}^2a^2}+\frac{k_1^2k_\rho^2}{k^2k_{1\rho I}^4a^2}\right)}\tag{4.4.46}$$

及 HE 模式的导波条件

$$\frac{J_m'(k_\rho a)}{J_m(k_\rho a)}=\frac{1}{2}(p_{10}^{TE}+p_{10}^{TM})\frac{H_m^{(1)\prime}(ik_{1\rho I}a)}{H_m^{(1)}(ik_{1\rho I}a)}-\sqrt{\frac{1}{4}(p_{10}^{TE}-p_{10}^{TM})^2\frac{H_m^{(1)\prime 2}(ik_{1\rho I}a)}{H_m^{(1)2}(ik_{1\rho I}a)}+m^2\left(\frac{1}{k_\rho^2a^2}+\frac{1+k_1^2/k^2}{k_{1\rho I}^2a^2}+\frac{k_1^2k_\rho^2}{k^2k_{1\rho I}^4a^2}\right)}\tag{4.4.47}$$

当 $m=0$ 时，式（4.4.46）变为

$$\frac{J_0'(k_\rho a)}{J_0(k_\rho a)}=p_{10}^{TE}\frac{H_0^{(1)\prime}(ik_{1\rho I}a)}{H_0^{(1)}(ik_{1\rho I}a)}\tag{4.4.48}$$

式（4.4.48）对应方程（4.4.38）～方程（4.4.41）中 $A=C=0$ 的情况，因此 $E_z=0$，EH_{0p} 模式变为 TE 模式。类似地，式（4.4.47）变为

$$\frac{J_0'(k_\rho a)}{J_0(k_\rho a)}=p_{10}^{TM}\frac{H_0^{(1)\prime}(ik_{1\rho I}a)}{H_0^{(1)}(ik_{1\rho I}a)}\tag{4.4.49}$$

HE_{0p} 模式简化为 TM 模式。当 $m\neq0$ 时，从方程（4.4.42）和方程（4.4.43）可以看出，A 和 B，即 E_z 和 H_z，是相互耦合的，因此导波模式是同时包含 E_z 和 H_z 的混合模式。

当 $k_{1\rho I}\to0$ 时，波导发生截止。由于 $k_{1\rho I}$ 变为虚数，第一类汉开尔函数的自变量变为实数，波导外部的场将沿 $\hat{\boldsymbol{\rho}}$ 方向辐射。这个截止条件与介质平板波导相同。利用 $k_{1\rho I}\to0$ 时汉开尔函数的渐近值，当 $m=0$ 时，TE 模式满足

$$\frac{J_0'(k_\rho a)}{J_0(k_\rho a)}\sim\frac{\mu_1k_\rho}{i\mu k_{1\rho I}}\frac{1}{ik_{1\rho I}\ln(ik_{1\rho I}a)}\tag{4.4.50}$$

TM 模式满足

$$\frac{J_0'(k_\rho a)}{J_0(k_\rho a)}\sim\frac{\varepsilon_1k_\rho}{i\varepsilon k_{1\rho I}}\frac{1}{ik_{1\rho I}\ln(ik_{1\rho I}a)}\tag{4.4.51}$$

根据色散关系 $k_z^2=k^2-k_\rho^2=k_1^2+k_{1\rho I}^2$，可以发现在截止时，$k_{1\rho I}\to0$，$k_z\to k_1$，$k_\rho\to k_c(1-\mu_1\varepsilon_1/\mu\varepsilon)^{1/2}$，其中 k_c 是截止空间频率。

从式（4.4.50）和式（4.4.51）可以发现，在截止时，TE 模式和 TM 模式具有以下相同的方程

$$\mathrm{J}_0\left(k_{\mathrm{c}0p}a\sqrt{1-\frac{n_1^2}{n^2}}\right)=0 \tag{4.4.52}$$

式中，$n=c(\mu\varepsilon)^{1/2}$，$n_1=c(\mu_1\varepsilon_1)^{1/2}$。因此，对于 TE_{0p} 模式和 TM_{0p} 模式，有

$$k_{\mathrm{c}0p}a\sqrt{1-\frac{n_1^2}{n^2}}=\xi_{0p} \tag{4.4.53}$$

式中，ξ_{0p} 为零阶贝塞尔函数 $\mathrm{J}_0(\xi)$ 的第 p 个根。

接下来求解 $m\neq 0$ 时导波的截止条件。首先，求式(4.4.46)和式(4.4.47)的平方根项在 $k_{1\rho\mathrm{I}}\to 0$ 的近似。利用色散关系 $k_z^2=k^2-k_\rho^2=k_1^2+k_{1\rho\mathrm{I}}^2$ 和汉开尔函数的递推公式，可以得到

$$\frac{\mathrm{H}_m^{(1)\prime}(\mathrm{i}k_{1\rho\mathrm{I}}a)}{\mathrm{H}_m^{(1)}(\mathrm{i}k_{1\rho\mathrm{I}}a)}=\frac{\mathrm{H}_{m-1}^{(1)}(\mathrm{i}k_{1\rho\mathrm{I}}a)}{\mathrm{H}_m^{(1)}(\mathrm{i}k_{1\rho\mathrm{I}}a)}-\frac{m}{\mathrm{i}k_{1\rho\mathrm{I}}a} \tag{4.4.54}$$

当 $k_{1\rho\mathrm{I}}\to 0$ 时，有

$$\frac{\mathrm{H}_m^{(1)\prime}(\mathrm{i}k_{1\rho\mathrm{I}}a)}{\mathrm{H}_m^{(1)}(\mathrm{i}k_{1\rho\mathrm{I}}a)}\sim \mathrm{i}A_m-\frac{m}{\mathrm{i}k_{1\rho\mathrm{I}}a} \tag{4.4.55}$$

式中，$A_1\sim -k_{1\rho\mathrm{I}}a\ln(\mathrm{i}k_{1\rho\mathrm{I}}a)$，并且当 $m>1$ 时，$A_m\sim\dfrac{k_{1\rho\mathrm{I}}a}{2(m-1)}$。式（4.4.46）和式（4.4.47）的平方根项变为

$$\begin{aligned}
&\sqrt{\frac{1}{4}(p_{10}^{\mathrm{TE}}-p_{10}^{\mathrm{TM}})^2\frac{\mathrm{H}_m^{(1)\prime 2}(\mathrm{i}k_{1\rho\mathrm{I}}a)}{\mathrm{H}_m^{(1)2}(\mathrm{i}k_{1\rho\mathrm{I}}a)}+m^2\left(\frac{1}{k_\rho^2a^2}+\frac{1+k_1^2/k^2}{k_{1\rho\mathrm{I}}^2a^2}+\frac{k_1^2k_\rho^2}{k^2k_{1\rho\mathrm{I}}^4a^2}\right)}\\
&\approx\sqrt{\frac{1}{4}\left(\frac{\mu_1}{\mu}-\frac{\varepsilon_1}{\varepsilon}\right)^2\frac{k_\rho^2}{k_{1\rho\mathrm{I}}^2}\left(A_m+\frac{m}{k_{1\rho\mathrm{I}}a}\right)^2+m^2\left(\frac{1}{k_\rho^2a^2}+\frac{1+k_1^2/k^2}{k_{1\rho\mathrm{I}}^2a^2}+\frac{k_1^2k_\rho^2}{k^2k_{1\rho\mathrm{I}}^4a^2}\right)}\\
&\approx\sqrt{\frac{1}{4}\left(\frac{\mu_1}{\mu}+\frac{\varepsilon_1}{\varepsilon}\right)^2\frac{m^2k_\rho^2}{k_{1\rho\mathrm{I}}^4a^2}+\frac{1}{2}\left(\frac{\mu_1}{\mu}-\frac{\varepsilon_1}{\varepsilon}\right)^2\frac{mk_\rho^2}{k_{1\rho\mathrm{I}}^3a}A_m+m^2\left(\frac{1}{k_\rho^2a^2}+\frac{1+k_1^2/k^2}{k_{1\rho\mathrm{I}}^2a^2}\right)}\\
&\approx\frac{1}{2}\left(\frac{\mu_1}{\mu}+\frac{\varepsilon_1}{\varepsilon}\right)\frac{mk_\rho}{k_{1\rho\mathrm{I}}^2a}\sqrt{1+\frac{2\left(\dfrac{\mu_1}{\mu}-\dfrac{\varepsilon_1}{\varepsilon}\right)^2\dfrac{mk_\rho^2}{k_{1\rho\mathrm{I}}^3a}A_m}{\left(\dfrac{\mu_1}{\mu}+\dfrac{\varepsilon_1}{\varepsilon}\right)^2\dfrac{m^2k_\rho^2}{k_{1\rho\mathrm{I}}^4a^2}}+\frac{4m^2\left(\dfrac{1}{k_\rho^2a^2}+\dfrac{1+k_1^2/k^2}{k_{1\rho\mathrm{I}}^2a^2}\right)}{\left(\dfrac{\mu_1}{\mu}+\dfrac{\varepsilon_1}{\varepsilon}\right)^2\dfrac{m^2k_\rho^2}{k_{1\rho\mathrm{I}}^4a^2}}}\\
&\approx\frac{1}{2}\left(\frac{\mu_1}{\mu}+\frac{\varepsilon_1}{\varepsilon}\right)\frac{mk_\rho}{k_{1\rho\mathrm{I}}^2a}\sqrt{1+\frac{2\left(\dfrac{\mu_1}{\mu}-\dfrac{\varepsilon_1}{\varepsilon}\right)^2A_mk_{1\rho\mathrm{I}}a}{m\left(\dfrac{\mu_1}{\mu}+\dfrac{\varepsilon_1}{\varepsilon}\right)^2}+\frac{4\left(\dfrac{k_{1\rho\mathrm{I}}^2}{k_\rho^2}+1+k_1^2/k^2\right)}{\left(\dfrac{\mu_1}{\mu}+\dfrac{\varepsilon_1}{\varepsilon}\right)^2}\frac{k_{1\rho\mathrm{I}}^2}{k_\rho^2}}\\
&\approx\frac{1}{2}\left(\frac{\mu_1}{\mu}+\frac{\varepsilon_1}{\varepsilon}\right)\frac{mk_\rho}{k_{1\rho\mathrm{I}}^2a}+\frac{\left(\dfrac{\mu_1}{\mu}-\dfrac{\varepsilon_1}{\varepsilon}\right)^2k_\rho}{2\left(\dfrac{\mu_1}{\mu}+\dfrac{\varepsilon_1}{\varepsilon}\right)k_{1\rho\mathrm{I}}}A_m+\frac{m\left(\dfrac{k_{1\rho\mathrm{I}}^2}{k_\rho^2}+1+k_1^2/k^2\right)}{\left(\dfrac{\mu_1}{\mu}+\dfrac{\varepsilon_1}{\varepsilon}\right)k_\rho a}
\end{aligned} \tag{4.4.56}$$

对于 EH 模式，将式（4.4.56）代入式（4.4.46），可以得到

$$\frac{J'_m(k_\rho a)}{J_m(k_\rho a)}\approx\frac{1}{2}\left(\frac{\mu_1}{\mu}+\frac{\varepsilon_1}{\varepsilon}\right)\frac{k_\rho}{k_{1\rho\mathrm{I}}}\left(A_m+\frac{m}{k_{1\rho\mathrm{I}}a}\right)+$$

$$\frac{1}{2}\left(\frac{\mu_1}{\mu}+\frac{\varepsilon_1}{\varepsilon}\right)\frac{mk_\rho}{k_{1\rho\mathrm{I}}^2a}+\frac{\left(\frac{\mu_1}{\mu}-\frac{\varepsilon_1}{\varepsilon}\right)^2k_\rho}{2\left(\frac{\mu_1}{\mu}+\frac{\varepsilon_1}{\varepsilon}\right)k_{1\rho\mathrm{I}}}A_m+\frac{m\left(\frac{k_{1\rho\mathrm{I}}^2}{k_\rho^2}+1+k_1^2/k^2\right)}{\left(\frac{\mu_1}{\mu}+\frac{\varepsilon_1}{\varepsilon}\right)k_\rho a} \tag{4.4.57}$$

进一步地，可以根据以下方程得到 EH_{mp} 模式的截止空间频率

$$J_m\left(k_{\mathrm{c}mp}a\sqrt{1-\frac{n_1^2}{n^2}}\right)=0 \tag{4.4.58}$$

式中，$k_{\mathrm{c}mp}a\sqrt{1-n_1^2/n^2}=\xi_{mp}$，$\xi_{mp}$ 为 m 阶贝塞尔函数 $J_m(\xi)$ 的第 p 个根。需要注意的是，第一个根 $\xi=0$ 需要排除，这是因为当 $k_{1\rho\mathrm{I}}\to 0$ 时，还必须有 $k_\rho\to 0$。根据渐近表达式

$$\frac{J'_m(k_\rho a)}{J_m(k_\rho a)}\approx\frac{m}{k_\rho a} \tag{4.4.59}$$

可以看出，当 $k_\rho=0$ 时，式(4.4.59)不满足。因此，对于 $J_m(\xi)$，对应零截止空间频率的根 $\xi=0$ 需要排除。满足式（4.4.58）的最小值是 $J_1(\xi)$ 的第一个根，即 $\xi=3.832$。

类似地，对于 HE 模式，将式（4.4.56）代入式（4.4.47），可以得到

$$\frac{J'_m(k_\rho a)}{J_m(k_\rho a)}\approx\frac{1}{2}\left(\frac{\mu_1}{\mu}+\frac{\varepsilon_1}{\varepsilon}\right)\frac{k_\rho}{k_{1\rho\mathrm{I}}}\left(A_m+\frac{m}{k_{1\rho\mathrm{I}}a}\right)-$$

$$\frac{1}{2}\left(\frac{\mu_1}{\mu}+\frac{\varepsilon_1}{\varepsilon}\right)\frac{mk_\rho}{k_{1\rho\mathrm{I}}^2a}-\frac{\left(\frac{\mu_1}{\mu}-\frac{\varepsilon_1}{\varepsilon}\right)^2k_\rho}{2\left(\frac{\mu_1}{\mu}+\frac{\varepsilon_1}{\varepsilon}\right)k_{1\rho\mathrm{I}}}A_m-\frac{m\left(\frac{k_{1\rho\mathrm{I}}^2}{k_\rho^2}+1+k_1^2/k^2\right)}{\left(\frac{\mu_1}{\mu}+\frac{\varepsilon_1}{\varepsilon}\right)k_\rho a} \tag{4.4.60}$$

$$=\frac{2\left(\frac{\mu_1\varepsilon_1}{\mu\varepsilon}\right)k_\rho}{\left(\frac{\mu_1}{\mu}+\frac{\varepsilon_1}{\varepsilon}\right)k_{1\rho\mathrm{I}}}A_m-\frac{m\left(\frac{k_{1\rho\mathrm{I}}^2}{k_\rho^2}+1+k_1^2/k^2\right)}{\left(\frac{\mu_1}{\mu}+\frac{\varepsilon_1}{\varepsilon}\right)k_{1\rho}a}$$

对于 $m>1$，可以从以下方程得到 HE_{mp} 模式的截止空间频率

$$\frac{\mu\varepsilon_1+\mu_1\varepsilon}{k_\rho a}\frac{J'_m(k_\rho a)}{J_m(k_\rho a)}+m\frac{\mu_1\varepsilon_1+\mu\varepsilon}{k_\rho^2a^2}-\frac{\mu_1\varepsilon_1}{m-1}=0 \tag{4.4.61}$$

对于 $\mu=\mu_1$，从式（4.4.61）可以得到 $\left(1+\frac{\varepsilon}{\varepsilon_1}\right)=\frac{k_\rho aJ_m(k_\rho a)}{(m-1)J_{m-1}(k_\rho a)}$。图 4.4.8 列举了当 $\varepsilon/\varepsilon_1=1.1$ 时前几个模式的截止空间频率。

对于 $m=1$，当 $k_{1\rho\mathrm{I}}a\to 0$ 时，有

$$\frac{\mu\varepsilon_1+\mu_1\varepsilon}{k_\rho a}\frac{\mathrm{J}_1'(k_\rho a)}{\mathrm{J}_1(k_\rho a)}+\frac{\mu_1\varepsilon_1+\mu\varepsilon}{k_\rho^2 a^2}+2\mu_1\varepsilon_1\ln(\mathrm{i}k_{1\rho 1}a)=0 \tag{4.4.62}$$

截止空间频率可以由以下方程得到

$$\mathrm{J}_1\left(k_{\mathrm{c}1p}a\sqrt{1-\frac{n_1^2}{n^2}}\right)=0 \tag{4.4.63}$$

对于 HE_{1p} 模式，有

$$k_{\mathrm{c}1p}a\sqrt{1-\frac{n_1^2}{n^2}}=\xi_{1p} \tag{4.4.64}$$

式中，ξ_{1p} 为一阶贝塞尔函数 $\mathrm{J}_1(\xi)$ 的第 p 个根。值得注意的是，$\mathrm{J}_1(\xi)$ 的第一个根是零，这与 EH_{11} 模式中的情况不同。因此 HE_{11} 模式的截止空间频率为零，这与对称介质平板波导中截止空间频率为零的 TE_0 模式和 TM_0 模式一样。或者说，当 $\mu\to\mu_1$、$\varepsilon\to\varepsilon_1$ 时，HE_{11} 模式接近于 TEM 模式。

从图 4.4.8 中可以注意到以下几点：（1）根据式（4.4.52），TE_{0p} 模式和 TM_{0p} 模式的截止空间频率相同，所以这两种模式是简并模式；（2）HE_{1p} 和 $\mathrm{EH}_{1(p-1)}$ 的截止空间频率都取决于一阶贝塞尔函数 $\mathrm{J}_1(\xi)$ 的根，所以这两种模式也公用一个截止空间频率，不同的是 HE 模式的第一个根取零，而 EH 模式的第一个根为 3.832；（3）当介质圆柱的半径 a 很小，且折射率略大于周围环境介质的折射率时，HE_{11} 模式的工作频率范围将非常宽。例如，在单模光纤波导中，如果 $a\approx 1\,\mu\mathrm{m}$，$n_1\approx 1.05$，$1-n_1^2/n^2\approx 0.09$，那么单模工作的空间频率范围是从零到 $8\times10^6\ \mathrm{m}^{-1}$ 或 $1.3\times10^6\,\mathrm{K}_0$。

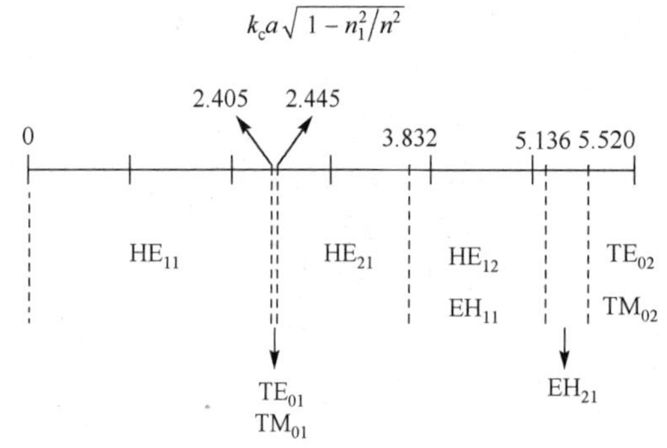

图 4.4.8 介质圆柱导波模式的截止情况

4.5 表面波导中的导波

4.5.1 单界面表面波导

表面波导是一种引导电磁波在介质表面进行定向传输的波导。表面波沿不同介质的分界面传播，场分布主要集中在构成波导的介质内部及其表面附近的区域中。因此，研究表面波导就是研究不同介质分界面对波的引导作用，本章将通过几个例子进行详细说明。

1. 界面不存在表面电导

考虑位于 $x=0$ 处的单界面对电磁波的引导作用（图 4.5.1），界面不存在表面电导，因此单界面的导波条件由反射系数 $R\to\infty$ 得到。以单位幅度的 TM 波为

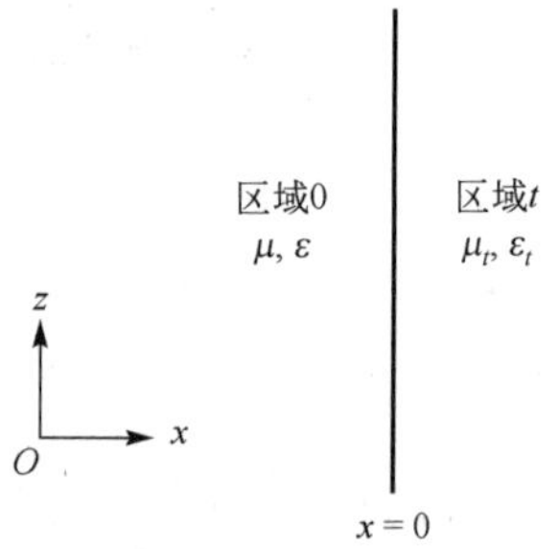

图 4.5.1 不存在表面电导的单界面表面波导

例，界面两侧区域中场量的表达式为

$$\begin{cases} \boldsymbol{H}_0 = \hat{\boldsymbol{y}} \mathrm{e}^{\mathrm{i}\boldsymbol{k}\cdot\boldsymbol{r}} \\ \boldsymbol{E}_0 = \dfrac{-1}{\omega\varepsilon} \boldsymbol{k} \times \boldsymbol{H}_0 \\ \boldsymbol{k} = -\hat{\boldsymbol{x}} k_x + \hat{\boldsymbol{z}} k_z \end{cases} \tag{4.5.1}$$

$$\begin{cases} \boldsymbol{H}_{\mathrm{t}} = \hat{\boldsymbol{y}} \mathrm{e}^{\mathrm{i}\boldsymbol{k}_{\mathrm{t}}\cdot\boldsymbol{r}} \\ \boldsymbol{E}_{\mathrm{t}} = \dfrac{-1}{\omega\varepsilon_t} \boldsymbol{k}_{\mathrm{t}} \times \boldsymbol{H}_{\mathrm{t}} \\ \boldsymbol{k}_{\mathrm{t}} = \hat{\boldsymbol{x}} k_{\mathrm{tx}} + \hat{\boldsymbol{z}} k_{\mathrm{tz}} \end{cases} \tag{4.5.2}$$

根据电场和磁场切向分量连续的边界条件，可以得到导波条件 $k_{\mathrm{tx}} = -\dfrac{\varepsilon_t}{\varepsilon} k_x$。

考虑区域 t 中填充介电常数为 $\varepsilon_t = \varepsilon_{\mathrm{g}} + \mathrm{i}\sigma/\omega$ 和磁导率为 $\mu_t = \mu$ 的导电介质，并且有 $\sigma/\omega\varepsilon_{\mathrm{g}} \gg 1$，其中 σ 为电导率。根据色散关系

$$k^2 = k_x^2 + k_z^2 \tag{4.5.3}$$

$$k_{\mathrm{t}}^2 = k_{\mathrm{tx}}^2 + k_z^2 = \frac{\varepsilon_t^2}{\varepsilon^2} k_x^2 + k_z^2 \tag{4.5.4}$$

及导波条件 $k_{\mathrm{tx}} = -\dfrac{\varepsilon_t}{\varepsilon} k_x$，可以得到

$$k_x = \sqrt{\frac{k^2}{\varepsilon_t/\varepsilon + 1}} \approx k\sqrt{\frac{\omega\varepsilon}{\mathrm{i}\sigma}} = k\sqrt{\frac{\omega\varepsilon}{\sigma}\mathrm{e}^{\mathrm{i}3\pi/2}} = \sqrt{\frac{\omega\varepsilon}{2\sigma}} k(-1+\mathrm{i}) \tag{4.5.5}$$

$$\begin{aligned} k_z &= k\sqrt{\frac{\varepsilon_t/\varepsilon}{\varepsilon_t/\varepsilon + 1}} = k\sqrt{1 + \frac{\varepsilon}{\varepsilon_{\mathrm{g}} + \mathrm{i}\sigma/\omega}} = k\sqrt{1 - \frac{\mathrm{i}\omega\varepsilon/\sigma}{1 - \mathrm{i}\omega\varepsilon_{\mathrm{g}}/\sigma}} \\ &\approx k\left[1 + \frac{1}{2}\left(\frac{\mathrm{i}\omega\varepsilon/\sigma}{1 - \mathrm{i}\omega\varepsilon_{\mathrm{g}}/\sigma}\right) + \frac{3}{8}\left(\frac{\mathrm{i}\omega\varepsilon/\sigma}{1 - \mathrm{i}\omega\varepsilon_{\mathrm{g}}/\sigma}\right)^2\right] \\ &\approx k\left[1 - \frac{3}{8}\left(\frac{\omega\varepsilon}{\sigma}\right)^2 - \frac{1}{2}\frac{\omega^2\varepsilon\varepsilon_{\mathrm{g}}}{\sigma^2} + \mathrm{i}\frac{\omega\varepsilon}{2\sigma}\right] \end{aligned} \tag{4.5.6}$$

$$k_{\mathrm{tx}} = -\frac{\varepsilon_t}{\varepsilon} k_x \approx -\frac{\mathrm{i}\sigma}{\omega\varepsilon}\sqrt{\frac{\omega\varepsilon}{2\sigma}} k(-1+\mathrm{i}) = \sqrt{\frac{\omega\mu\sigma}{2}}(1+\mathrm{i}) \tag{4.5.7}$$

因此，区域 0 中波的相速由区域 0 指向界面，并在远离界面过程中呈指数衰减，这种类型的波称为 Zenneck 波（Jonathan Zenneck，1871—1959）。从式（4.5.6）可以发现，k_z 的实部小于 k，因此 Zenneck 波是沿界面传播的快波。

考虑区域 0 填充介电常数为 ε_0 和磁导率为 μ 的各向同性介质，区域 t 填充介电常数为 $\varepsilon_t = \varepsilon_0(1 - \omega_{\mathrm{p}}^2/\omega^2)$ 和磁导率为 μ 的等离子体，其中 $\omega_{\mathrm{p}}^2/\omega^2 > 2$。根据色散关系[式（4.5.3）和式（4.5.4）]，可以得到

$$k_x = \sqrt{\frac{k^2}{\varepsilon_t/\varepsilon_0 + 1}} = k\sqrt{\frac{-1}{\omega_{\mathrm{p}}^2/\omega^2 - 2}} = \mathrm{i}k\sqrt{\frac{1}{\omega_{\mathrm{p}}^2/\omega^2 - 2}} = \mathrm{i}k_{x\mathrm{I}} \tag{4.5.8}$$

$$k_z = k\sqrt{\frac{\varepsilon_t/\varepsilon}{\varepsilon_t/\varepsilon+1}} = k\sqrt{\frac{\omega_{\mathrm{p}}^2/\omega^2-1}{\omega_{\mathrm{p}}^2/\omega^2-2}} \tag{4.5.9}$$

$$k_{\mathrm{tx}} = -\frac{\varepsilon_t}{\varepsilon_0}k_x = \left(\frac{\omega_{\mathrm{p}}^2}{\omega^2}-1\right)k_x = \mathrm{i}k\left(\frac{\omega_{\mathrm{p}}^2}{\omega^2}-1\right)\sqrt{\frac{1}{\omega_{\mathrm{p}}^2/\omega^2-2}} = \mathrm{i}k_{\mathrm{txI}} \tag{4.5.10}$$

式（4.5.8）～式（4.5.10）描述了一种表面波模式，称为等离子体表面波。由于 k_z 为正值，等离子体表面波沿界面传播并在沿 $+\hat{\boldsymbol{x}}$ 方向和 $-\hat{\boldsymbol{x}}$ 方向衰减。当 $\omega\to 0$ 时，$k_z = k$，$k_{x\mathrm{I}}^2 = k_z^2 - k^2 = 0$，此时将得到一个均匀的 TM 波，它沿完美导体表面传播并且不发生任何衰减。图 4.5.2 绘制了由式（4.5.9）描述的 TM 表面波的色散关系，其中实线表示表面波的色散曲线，虚线表示区域 0 中介质的色散曲线。

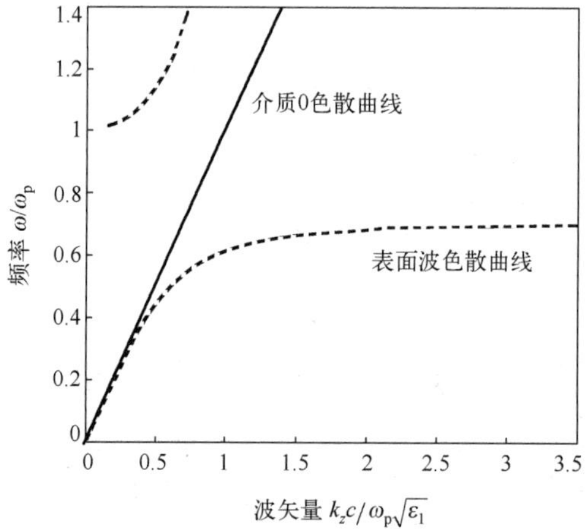

图 4.5.2 表面波导的色散曲线

区域 0 和区域 t 中坡印廷功率密度的时均值分别为

$$\langle \boldsymbol{S}_0\rangle = \frac{1}{2}\mathrm{Re}(\boldsymbol{E}_0\times\boldsymbol{H}_0^*) = \frac{1}{2}\mathrm{Re}\left\{\boldsymbol{k}\frac{1}{\omega\varepsilon_0}|\boldsymbol{H}_0|^2\right\} = \hat{\boldsymbol{z}}\frac{k_z}{2\omega\varepsilon_0}\mathrm{e}^{2k_{x\mathrm{I}}x} \tag{4.5.11}$$

$$\langle \boldsymbol{S}_{\mathrm{t}}\rangle = \frac{1}{2}\mathrm{Re}(\boldsymbol{E}_{\mathrm{t}}\times\boldsymbol{H}_{\mathrm{t}}^*) = \frac{1}{2}\mathrm{Re}\left\{\boldsymbol{k}_{\mathrm{t}}\frac{1}{\omega\varepsilon_t}|\boldsymbol{H}_{\mathrm{t}}|^2\right\} = \hat{\boldsymbol{z}}\frac{k_z}{2\omega\varepsilon_t}\mathrm{e}^{-2k_{\mathrm{txI}}x} \tag{4.5.12}$$

注意到 $\varepsilon_t<0$，因此 $\boldsymbol{S}_{\mathrm{t}}$ 的 $\hat{\boldsymbol{z}}$ 分量与 $\boldsymbol{S}_0$ 相反，并且当 $\varepsilon_t<-\varepsilon_0$ 时，等离子体表面波为后向波。

2. 界面存在表面电导

考虑位于 $x=0$ 的单界面存在表面电导 σ_{e} 的情况（图 4.5.3）。以 TM 波为例，根据式（4.5.1）和式（4.5.2），界面两侧 E_x、E_z 和 H_y 的表达式为

$$\begin{cases} E_x = A\dfrac{k_z}{\omega\varepsilon}\mathrm{e}^{\mathrm{i}k_x x}\mathrm{e}^{\mathrm{i}k_z z} \\ H_y = A\mathrm{e}^{\mathrm{i}k_x x}\mathrm{e}^{\mathrm{i}k_z z} \\ E_z = -A\dfrac{k_x}{\omega\varepsilon}\mathrm{e}^{\mathrm{i}k_x x}\mathrm{e}^{\mathrm{i}k_z z} \end{cases} \tag{4.5.13}$$

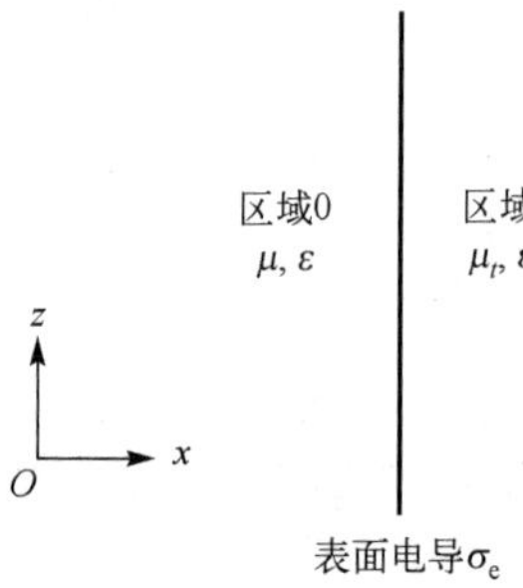

图 4.5.3 存在表面电导的单界面表面波导

$$\begin{cases} E_{tx} = -A_t \dfrac{k_z}{\omega\varepsilon_t} e^{-ik_{tx}x} e^{ik_z z} \\ H_{ty} = A_t e^{-ik_{tx}x} e^{ik_z z} \\ E_{tz} = -A_t \dfrac{k_{tx}}{\omega\varepsilon_t} e^{-ik_{tx}x} e^{ik_z z} \end{cases} \tag{4.5.14}$$

式中，A 和 A_t 为常数，分别表示区域 0 和区域 t 中场的幅度。

根据边界条件 $\hat{\boldsymbol{n}}\times(\boldsymbol{E}_0-\boldsymbol{E}_\mathrm{t})=\boldsymbol{0}$，$\hat{\boldsymbol{n}}\times(\boldsymbol{H}_0-\boldsymbol{H}_\mathrm{t})=\sigma_\mathrm{e}\cdot\boldsymbol{E}$，可以得到

$$A\frac{k_x}{\varepsilon} = -A_t \frac{k_{tx}}{\varepsilon_t} \tag{4.5.15}$$

$$A - A_t = -\sigma_\mathrm{e}\cdot A\frac{k_x}{\omega\varepsilon} \tag{4.5.16}$$

因此，沿界面传播的表面波的色散关系为

$$\frac{\varepsilon}{k_x} + \frac{\varepsilon_t}{k_{tx}} + \frac{\sigma_\mathrm{e}}{\omega} = 0 \tag{4.5.17}$$

类似地，对于 TE 波，可以得到沿界面传播的表面波的色散关系

$$\frac{k_x}{\mu} + \frac{k_{tx}}{\mu_t} + \omega\sigma_\mathrm{e} = 0 \tag{4.5.18}$$

4.5.2　双界面表面波导

考虑位于 $x=0$ 和 $x=d$ 的双界面对电磁波的引导作用（图 4.5.4），其中界面不存在表面电导。以单位幅度的 TM 波为例，各区域中 E_x、E_z 和 H_y 的表达式为

$$\begin{cases} E_x = A\dfrac{k_z}{\omega\varepsilon} e^{ik_x x} e^{ik_z z} \\ H_y = A e^{ik_x x} e^{ik_z z} \\ E_z = -A\dfrac{k_x}{\omega\varepsilon} e^{ik_x x} e^{ik_z z} \end{cases} \tag{4.5.19}$$

$$\begin{cases} E_{1x} = A_1^+ \dfrac{k_z}{\omega\varepsilon_1} e^{ik_{1x}x} e^{ik_z z} - A_1^- \dfrac{k_z}{\omega\varepsilon_1} e^{-ik_{1x}x} e^{ik_z z} \\ H_{1y} = A_1^+ e^{ik_{1x}x} e^{ik_z z} + A_1^- e^{-ik_{1x}x} e^{ik_z z} \\ E_{1z} = -A_1^+ \dfrac{k_{1x}}{\omega\varepsilon_1} e^{ik_{1x}x} e^{ik_z z} - A_1^- \dfrac{k_{1x}}{\omega\varepsilon_1} e^{-ik_{1x}x} e^{ik_z z} \end{cases} \tag{4.5.20}$$

$$\begin{cases} E_{tx} = -A_t \dfrac{k_z}{\omega\varepsilon_t} e^{-ik_{tx}x} e^{ik_z z} \\ H_{ty} = A_t e^{-ik_{tx}x} e^{ik_z z} \\ E_{tz} = -A_t \dfrac{k_{tx}}{\omega\varepsilon_t} e^{-ik_{tx}x} e^{ik_z z} \end{cases} \tag{4.5.21}$$

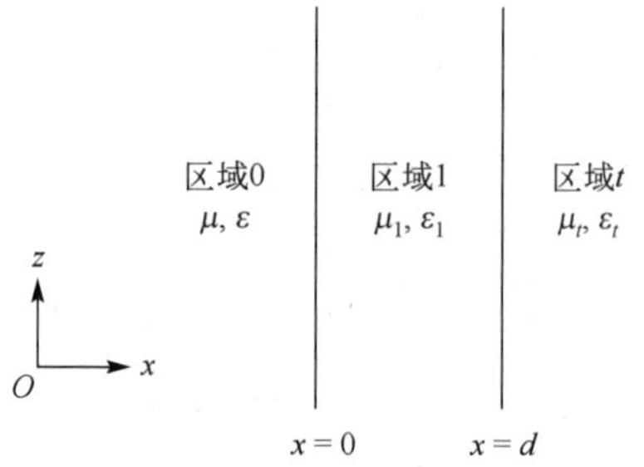

图 4.5.4 双界面表面波导

根据 $x=0$ 和 $x=d$ 处切向场连续的边界条件，可以得到

$$A = A_1^+ + A_1^- \tag{4.5.22}$$

$$A\frac{k_x}{\varepsilon} = A_1^+\frac{k_{1x}}{\varepsilon_1} - A_1^-\frac{k_{1x}}{\varepsilon_1} \tag{4.5.23}$$

$$A_t \mathrm{e}^{\mathrm{i}k_{tx}d} = A_1^+ \mathrm{e}^{-\mathrm{i}k_{1x}d} + A_1^- \mathrm{e}^{\mathrm{i}k_{1x}d} \tag{4.5.24}$$

$$-A_t\frac{k_{tx}}{\varepsilon_t}\mathrm{e}^{\mathrm{i}k_{tx}d} = A_1^+\frac{k_{1x}}{\varepsilon_1}\mathrm{e}^{-\mathrm{i}k_{1x}d} - A_1^-\frac{k_{1x}}{\varepsilon_1}\mathrm{e}^{\mathrm{i}k_{1x}d} \tag{4.5.25}$$

各区域的色散关系为

$$\omega^2\mu\varepsilon = k_x^2 + k_z^2 \tag{4.5.26}$$

$$\omega^2\mu_1\varepsilon_1 = k_{1x}^2 + k_z^2 \tag{4.5.27}$$

$$\omega^2\mu_t\varepsilon_t = k_{tx}^2 + k_z^2 \tag{4.5.28}$$

联立方程（4.5.22）～方程（4.5.28），可以得到

$$\mathrm{e}^{\mathrm{i}2k_{1x}d} = \frac{k_{1x}/\varepsilon_1 + k_x/\varepsilon}{k_{1x}/\varepsilon_1 - k_x/\varepsilon}\frac{k_{1x}/\varepsilon_1 + k_{tx}/\varepsilon_t}{k_{1x}/\varepsilon_1 - k_{tx}/\varepsilon_t} \tag{4.5.29}$$

对于任意介质，若满足表面波导的导波条件，则各区域中波矢量的横向分量 k_x、k_{1x} 与 k_{tx} 为虚数。

考虑对称结构，即 $\varepsilon=\varepsilon_t$ 和 $k_x=k_{tx}$，式（4.5.29）简化为

$$\tanh(-\mathrm{i}k_{1x}d/2) = -\frac{k_x\varepsilon_1}{k_{1x}\varepsilon} \tag{4.5.30}$$

$$\tanh(-\mathrm{i}k_{1x}d/2) = -\frac{k_{1x}\varepsilon}{k_x\varepsilon_1} \tag{4.5.31}$$

习惯上，将式（4.5.30）所描述的表面波称为奇对称表面波，其电场分量 $E_x(x)$ 为奇函数，电场分量 $E_z(x)$ 和磁场分量 $H_z(x)$ 为偶函数；相应地，将式（4.5.31）所描述的表面波称为偶对称表面波，其电场分量 $E_x(x)$ 为偶函数，电场分量 $E_z(x)$ 和磁场分量 $H_z(x)$ 为奇函数。考虑区域 0 和区域 t 中填充介电常数为 ε_0 和磁导率为 μ 的各向同性介质，区域 1 中填充介电常数为 $\varepsilon_1=\varepsilon_0(1-\omega_p^2/\omega^2)$ 和磁导率为 μ 的等离子体。图 4.5.5 绘制了由式（4.5.30）和式（4.5.31）描述的表面波导的色散曲线，其中实直线表示区域 0 中介质的色散曲线，“.”表示 $d=\dfrac{c}{\omega_p\sqrt{\varepsilon_0}}$ 的奇对称表面波色散曲线，“*”表示 $d=\dfrac{2c}{\omega_p\sqrt{\varepsilon_0}}$ 的奇对称表面波色散曲线，“+”表示 $d=\dfrac{2c}{\omega_p\sqrt{\varepsilon_0}}$ 的偶对称表面波色散曲线，“o”表示 $d=\dfrac{c}{\omega_p\sqrt{\varepsilon_0}}$ 的偶对称表面波色散曲线。

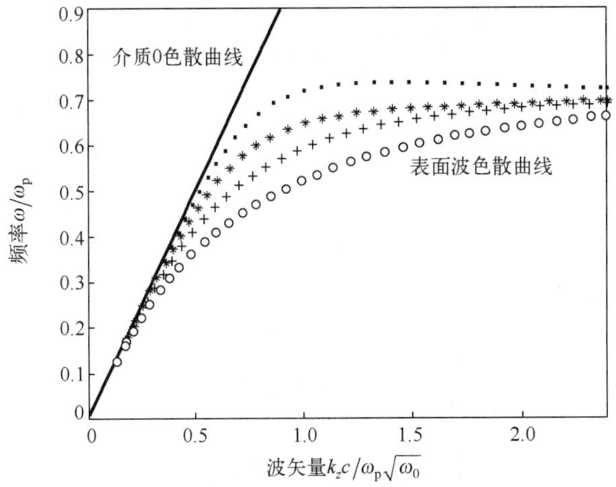

图 4.5.5　双界面表面波导的色散曲线

4.6　谐　振　腔

4.6.1　矩形谐振腔

沿 $\hat{z}$ 方向具有均匀横截面的谐振腔可以看作两端用完美导体封闭的波导。在谐振腔中，电磁波将不再是沿 z 轴传播的导波，而变为沿 $\hat{z}$ 方向的驻波。波导的分析公式同样适用于谐振腔，故有

$$\boldsymbol{E}_s=\frac{1}{k_s^2}\left(\nabla_s\frac{\partial}{\partial z}E_z+\mathrm{i}\omega\mu\nabla_s\times\boldsymbol{H}_z\right)\tag{4.6.1}$$

$$\boldsymbol{H}_s=\frac{1}{k_s^2}\left(\nabla_s\frac{\partial}{\partial z}H_z-\mathrm{i}\omega\varepsilon\nabla_s\times\boldsymbol{E}_z\right)\tag{4.6.2}$$

$$(\nabla^2+k^2)E_z=0\tag{4.6.3}$$

$$(\nabla^2+k^2)H_z=0\tag{4.6.4}$$

式中，$k_s^2=\omega^2\mu\varepsilon-k_z^2$，拉普拉斯算子 ∇^2 表示三维算子。

考虑图 4.6.1 所示的矩形谐振腔。它是一段分别在 $z=0$ 和 $z=d$ 处用金属壁封闭的波导。对于 TM 模式，场分量的表达式为

$$E_x=\frac{-k_xk_z}{k_s^2}E_0\cos(k_xx)\sin(k_yy)\sin(k_zz)\tag{4.6.5}$$

$$E_y=\frac{-k_yk_z}{k_s^2}E_0\sin(k_xx)\cos(k_yy)\sin(k_zz)\tag{4.6.6}$$

$$E_z=E_0\sin(k_xx)\sin(k_yy)\cos(k_zz)\tag{4.6.7}$$

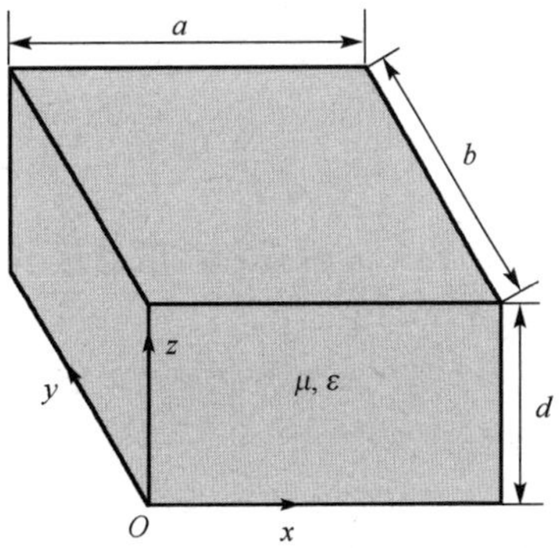

图 4.6.1　矩形谐振腔

$$H_x = \frac{-\mathrm{i}\omega\varepsilon k_y}{k_s^2} E_0 \sin(k_x x)\cos(k_y y)\cos(k_z z) \tag{4.6.8}$$

$$H_y = \frac{\mathrm{i}\omega\varepsilon k_x}{k_s^2} E_0 \cos(k_x x)\sin(k_y y)\cos(k_z z) \tag{4.6.9}$$

$$H_z = 0 \tag{4.6.10}$$

对于 TE 模式，场分量的表达式为

$$H_x = \frac{-k_x k_z}{k_s^2} H_0 \sin(k_x x)\cos(k_y y)\cos(k_z z) \tag{4.6.11}$$

$$H_y = \frac{-k_y k_z}{k_s^2} H_0 \cos(k_x x)\sin(k_y y)\cos(k_z z) \tag{4.6.12}$$

$$H_z = H_0 \cos(k_x x)\cos(k_y y)\sin(k_z z) \tag{4.6.13}$$

$$E_x = \frac{-\mathrm{i}\omega\mu k_y}{k_s^2} H_0 \cos(k_x x)\sin(k_y y)\sin(k_z z) \tag{4.6.14}$$

$$E_y = \frac{\mathrm{i}\omega\mu k_x}{k_s^2} H_0 \sin(k_x x)\cos(k_y y)\sin(k_z z) \tag{4.6.15}$$

$$E_z = 0 \tag{4.6.16}$$

式中，E_0 和 H_0 为常数。为了满足边界条件，必须满足以下关系

$$k_x a = m\pi \tag{4.6.17}$$

$$k_y b = n\pi \tag{4.6.18}$$

$$k_z d = p\pi \tag{4.6.19}$$

上述公式给出了谐振腔的共振条件。

TM 模式和 TE 模式的色散关系为

$$k_r^2 = (m\pi/a)^2 + (n\pi/b)^2 + (p\pi/d)^2 \tag{4.6.20}$$

谐振空间频率为

$$k_r = \sqrt{(m/2a)^2 + (n/2b)^2 + (p/2d)^2}\,\mathrm{K}_0 \tag{4.6.21}$$

因此，TM_{mnp} 模式和 TE_{mnp} 模式具有相同的谐振空间频率，且 TM_{mn0} 模式对应于截止时的导波模式，即 $k_z = 0$。

当谐振腔尺寸满足 $a > b > d$，并且 $m = n = 1$，$p = 0$ 时，所得到的最小谐振空间频率为

$$k_r = \sqrt{(1/2a)^2 + (1/2b)^2}\,\mathrm{K}_0 \tag{4.6.22}$$

谐振腔内的模式为 TM_{110} 模式，其非零场分量的表达式为

$$E_z = E_0 \sin\frac{\pi x}{a}\sin\frac{\pi y}{b} \tag{4.6.23}$$

$$H_x = \frac{-\mathrm{i}\pi}{\omega\mu b}E_0 \sin\frac{\pi x}{a}\cos\frac{\pi y}{b} \tag{4.6.24}$$

$$H_y = \frac{\mathrm{i}\pi}{\omega\mu a}E_0 \cos\frac{\pi x}{a}\sin\frac{\pi y}{b} \tag{4.6.25}$$

图 4.6.2 绘制了 TM_{110} 模式的场分布。从图中可以发现，电场垂直于 $z=0$ 和 $z=d$ 的谐振腔边界，并且集中在谐振腔的中间区域，因此在 $x=0$ 、$x=a$ 和 $y=0$ 、$y=b$ 的边界上切向电场为零。这种场分布也可以看作波导主导模式沿 $\hat{\boldsymbol{y}}$ 方向传播，并且在 $y=0$ 和 $y=b$ 的波导壁上反射形成驻波。如果坐标轴 y 和 z 的标号互换，该模式也可以称为 TE_{101} 模式。

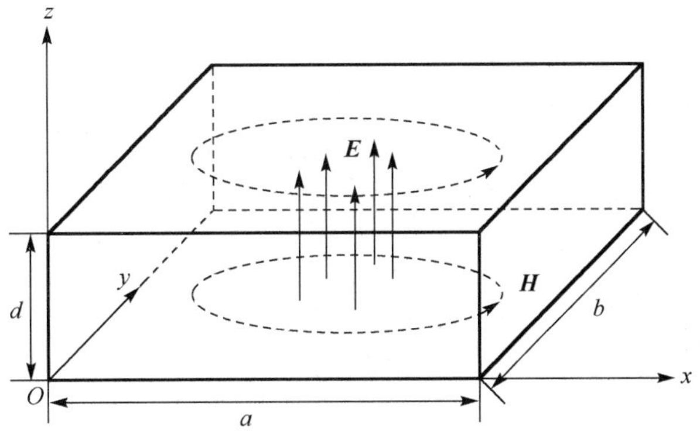

图 4.6.2　矩形波导中的 TM_{110} 模式

在谐振腔中，腔壁的损耗将导致电场和磁场的幅度随时间而衰减。令 U 为谐振腔存储的能量，P_d 表示谐振腔的耗散功率，品质因数定义为

$$Q = \frac{\omega_\mathrm{r} U}{P_\mathrm{d}} \tag{4.6.26}$$

式中，$\omega_\mathrm{r} = k_\mathrm{r}\big/\sqrt{\mu\varepsilon}$ 为谐振频率。品质因数 Q 表示存储能量与耗散能量之比，是衡量谐振腔质量的一个指标。在无损条件的假设下，矩形谐振腔内主导模式 TM_{110} 存储的能量为

$$U = \frac{1}{2}\mathrm{Re}\left[\int_0^d \mathrm{d}z\int_0^b \mathrm{d}y\int_0^a \mathrm{d}x\left(\frac{\varepsilon}{2}|E|^2 + \frac{\mu}{2}|H|^2\right)\right] = \varepsilon\frac{abd}{8}E_{110}^2 \tag{4.6.27}$$

对谐振腔壁进行积分，可以得到耗散功率

$$\begin{aligned} P_\mathrm{d} &= \frac{1}{2}\sqrt{\frac{\omega_\mathrm{r}\mu}{2\sigma}}\mathrm{Re}\Big[2\int_0^d \mathrm{d}z\int_0^a \mathrm{d}x\left|H_x\right|_{y=0}^2 + \\ &\quad 2\int_0^d \mathrm{d}z\int_0^b \mathrm{d}y\left|H_y\right|_{x=0}^2 + 2\int_0^a \mathrm{d}x\int_0^b \mathrm{d}y(\left|H_x\right|^2 + \left|H_y\right|^2)_{z=0}\Big] \\ &= \frac{1}{2}\sqrt{\frac{\omega_\mathrm{r}\mu}{2\sigma}}\left[\frac{ad}{b^2} + \frac{bd}{a^2} + \frac{1}{2}\left(\frac{b}{a} + \frac{a}{b}\right)\right]\frac{\pi^2\omega_\mathrm{r}^2\varepsilon^2}{(\pi^2/a^2 + \pi^2/b^2)^2}E_{110}^2 \end{aligned} \tag{4.6.28}$$

因此，品质因数的表达式为

$$Q=\sqrt{\frac{2\sigma}{\omega_{\rm r}\varepsilon}}\frac{\pi d(a^2+b^2)^{3/2}}{2[ab(a^2+b^2)+2d(a^3+b^3)]} \tag{4.6.29}$$

在推导过程中应用了 $\omega_{\rm r}\sqrt{\mu\varepsilon}=\sqrt{(\pi^2/a^2)+(\pi^2/b^2)}$ 这一结果。对于立方体谐振腔 $a=b=d=2\text{cm}$，根据式（4.6.21），可以得到谐振频率 $f_{\rm r}=10\text{GHz}$。当谐振腔填充空气，且腔壁由铜制成时，该谐振腔的品质因数为 $Q\approx 10^4$。其他的损耗部分（如谐振腔的填充介质、腔壁的不规则性及与外部系统的耦合）都将影响耗散功率 $P_{\rm d}$ 进而降低品质因数 Q。

4.6.2 圆柱谐振腔

考虑高度为 d、半径为 a 的圆柱谐振腔（图 4.6.3）。对于 TM 模式，E_z 的表达式为

$$E_z=E_0{\rm J}_m(k_\rho\rho)\begin{Bmatrix}\sin(m\phi)\\ \cos(m\phi)\end{Bmatrix}\cos\frac{p\pi z}{d} \tag{4.6.30}$$

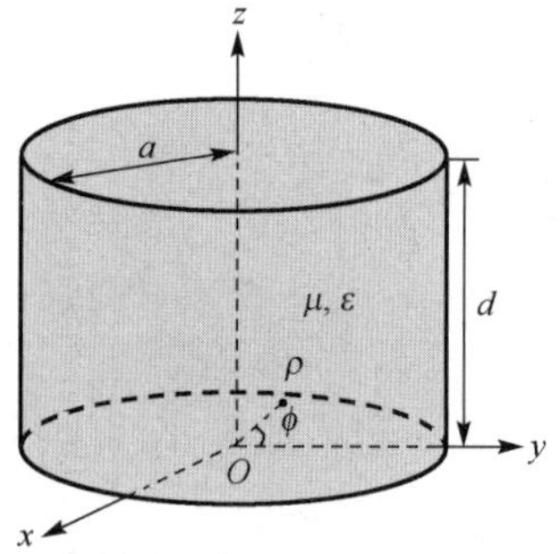

图 4.6.3 圆柱谐振腔

式中，E_0 为常数，$k_\rho=\xi_{mn}/a$。沿 $\hat{z}$ 方向函数的具体形式由边界条件 $E_{\rho,\phi}|_{z=0}=E_{\rho,\phi}|_{z=d}=0$ 决定。根据圆柱谐振腔中均匀介质的色散关系

$$k_z^2+k_\rho^2=k^2=\omega^2\mu\varepsilon \tag{4.6.31}$$

可以得到谐振腔中 TM_{mnp} 模式的谐振空间频率

$$k_{mnp}=\sqrt{\left(\frac{\xi_{mn}}{a}\right)^2+\left(\frac{p\pi}{d}\right)^2} \tag{4.6.32}$$

对于 TE 模式，H_z 的表达式为

$$H_z=H_0{\rm J}_m(k_\rho\rho)\begin{Bmatrix}\sin(m\phi)\\ \cos(m\phi)\end{Bmatrix}\sin\frac{p\pi z}{d} \tag{4.6.33}$$

式中，$k_\rho=\xi'_{mn}/a$。类似地，沿 $\hat{z}$ 方向函数的具体形式由边界条件 $H_z|_{z=0}=H_z|_{z=d}=0$ 决定。谐振腔中 TE_{mnp} 模式的谐振空间频率为

$$k_{mnp}=\sqrt{\left(\frac{\xi'_{mn}}{a}\right)^2+\left(\frac{p\pi}{d}\right)^2} \tag{4.6.34}$$

在 $d<a$ 的假设条件下，TM_{010} 是圆柱谐振腔的主导模式，对应于截止时的 TM_{01} 模式，相应的场分量表达式为

$$E_z=E_0{\rm J}_0(k\rho) \tag{4.6.35}$$

$$H_\phi=-{\rm i}\sqrt{\frac{\varepsilon}{\mu}}E_0{\rm J}_1(k\rho) \tag{4.6.36}$$

谐振波数为

$$k_{\rm r}a=2.405 \tag{4.6.37}$$

谐振腔内存储能量的时均值为

$$U=\frac{1}{2}\int_0^a \mathrm{d}\rho 2\pi\rho\left(\frac{\varepsilon}{2}|E_z|^2+\frac{\mu}{2}|H_\phi|^2\right)d=E_0^2\frac{\pi\varepsilon d}{2}a^2\mathrm{J}_1^2(ka) \tag{4.6.38}$$

在推导中应用了贝塞尔函数的积分公式

$$\int \mathrm{d}\rho\rho \mathrm{B}_m^2(k\rho)=\frac{\rho^2}{2}\left[\mathrm{B}_m'^2(k\rho)+\left(1-\frac{m^2}{k^2\rho^2}\right)\mathrm{B}_m^2(k\rho)\right] \tag{4.6.39}$$

及 $\mathrm{J}_0(ka)=0$。谐振腔壁上的耗散功率为

$$\begin{aligned}P_\mathrm{d}&=\frac{E_0^2}{2}\sqrt{\frac{\omega_\mathrm{r}\mu}{2\sigma}}\left[2\pi ad\frac{\varepsilon}{\mu}\mathrm{J}_1^2(ka)+2\int_0^a \mathrm{d}\rho 2\pi\rho\frac{\varepsilon}{\mu}\mathrm{J}_1^2(k\rho)\right]\\&=\sqrt{\frac{\omega_\mathrm{r}\mu}{2\sigma}}E_0^2\frac{\varepsilon}{\mu}\pi a(d+a)\mathrm{J}_1^2(ka)\end{aligned} \tag{4.6.40}$$

式（4.6.40）的第一项是由圆柱谐振腔侧壁的损耗引起的，第二项是由位于 $z=0$ 和 $z=d$ 处的腔壁损耗引起的。圆柱谐振腔的品质因数为

$$Q=\frac{\omega_\mathrm{r}U}{P_\mathrm{d}}=\sqrt{2\sigma/\omega_\mathrm{r}\varepsilon}\frac{2.405}{2(1+a/d)} \tag{4.6.41}$$

需要注意的是，TM_{010} 的三个下标分别对应圆柱坐标系的三个坐标变量 ϕ、ρ 和 z。以 TE_{011} 为例，它表示波导中 TE_{01} 模式沿 $\hat{\boldsymbol{z}}$ 方向上形成驻波。

4.6.3　球体谐振腔

对于球体谐振腔，由于腔在任何方向上都不具有均匀的截面，因此波导的分析公式不再适用。考虑球坐标系中的麦克斯韦方程组（图 4.6.4），由于 ϕ 对称，因此 $\partial/\partial\phi=0$。对于球体谐振腔中各个场量的分析，将不再根据 $\hat{\boldsymbol{z}}$ 分量分解为 TM 模式和 TE 模式，而根据 $\hat{\boldsymbol{r}}$ 分量分解为 $\mathrm{TM_r}$ 模式和 $\mathrm{TE_r}$ 模式。对于 $\mathrm{TM_r}$ 模式，根据麦克斯韦方程组，可以得到

$$\frac{\partial}{\partial r}(rE_\theta)-\frac{\partial E_\mathrm{r}}{\partial\theta}=\mathrm{i}\omega\mu rH_\phi \tag{4.6.42}$$

$$\frac{1}{r\sin\theta}\frac{\partial}{\partial\theta}(H_\phi\sin\theta)=-\mathrm{i}\omega\varepsilon E_\mathrm{r} \tag{4.6.43}$$

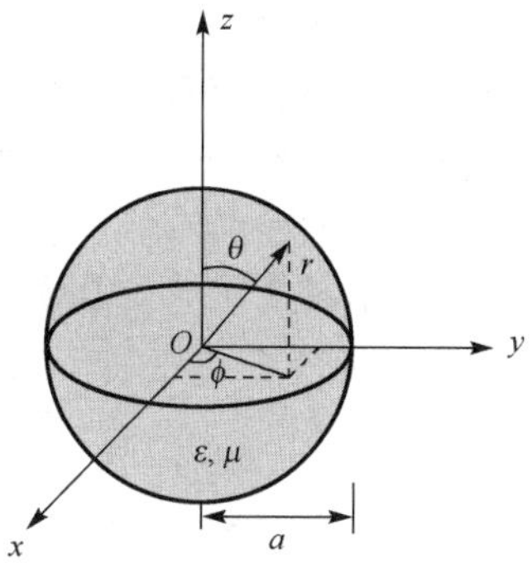

图 4.6.4　球体谐振腔

$$-\frac{\partial}{\partial r}(rH_\phi)=-\mathrm{i}\omega\varepsilon rE_\theta \tag{4.6.44}$$

将方程（4.6.43）和方程（4.6.44）代入方程（4.6.42），得到关于 H_ϕ 的方程

$$\frac{1}{r}\frac{\partial^2}{\partial r^2}(rH_\phi)+\frac{1}{r^2\sin\theta}\frac{\partial}{\partial\theta}\left(\sin\theta\frac{\partial H_\phi}{\partial\theta}\right)-\frac{1}{r^2\sin^2\theta}H_\phi+k^2H_\phi=0 \tag{4.6.45}$$

对于 $\mathrm{TE_r}$ 模式，可以得到类似关于 E_ϕ 的方程，它是方程（4.6.45）的对偶形式。

在求解上述方程之前，首先研究球坐标系中亥姆霍兹方程的通解。根据各向同性介质中

的无源麦克斯韦方程组，可以推导出关于电场 $\boldsymbol{E}$ 和磁场 $\boldsymbol{H}$ 的波动方程

$$(\nabla^2+k^2)\begin{Bmatrix}\boldsymbol{E}\\ \boldsymbol{H}\end{Bmatrix}=0 \tag{4.6.46}$$

令 $\varPsi(r,\theta,\phi)$ 表示电场 $\boldsymbol{E}$ 或磁场 $\boldsymbol{H}$ 的任意直角坐标分量，亥姆霍兹方程具有以下形式

$$\frac{1}{r}\frac{\partial^2}{\partial r^2}(r\varPsi)+\frac{1}{r^2\sin\theta}\frac{\partial}{\partial\theta}\left(\sin\theta\frac{\partial\varPsi}{\partial\theta}\right)+\frac{1}{r^2\sin^2\theta}\frac{\partial^2\varPsi}{\partial\phi^2}+k^2\varPsi=0 \tag{4.6.47}$$

注意到 $\boldsymbol{H}=\hat{\boldsymbol{\phi}}H_\phi$，$\nabla^2\hat{\boldsymbol{\phi}}=-\hat{\boldsymbol{\phi}}\dfrac{1}{r^2\sin^2\theta}$，可以通过方程（4.6.47）推导出方程（4.6.45）。亥姆霍兹方程（4.6.47）的解可以通过分离变量法得到，令

$$\varPsi(r,\theta,\phi)=R(r)\varTheta(\theta)\varPhi(\phi) \tag{4.6.48}$$

并代入方程（4.6.47），得到以下 3 个微分方程

$$r\frac{\mathrm{d}^2}{\mathrm{d}r^2}(rR)+[k^2r^2-n(n+1)]R=0 \tag{4.6.49}$$

$$\frac{1}{\sin\theta}\frac{\mathrm{d}}{\mathrm{d}\theta}\left(\sin\theta\frac{\mathrm{d}\varTheta}{\mathrm{d}\theta}\right)+\left[n(n+1)-\frac{m^2}{\sin^2\theta}\right]\varTheta=0 \tag{4.6.50}$$

$$\frac{\mathrm{d}^2\varPhi}{\mathrm{d}\phi^2}+m^2\varPhi=0 \tag{4.6.51}$$

方程（4.6.49）是球坐标系中的贝塞尔方程，其解为球贝塞尔函数 $\mathrm{b}_n(kr)$，包括第一类和第二类球贝塞尔函数 $\mathrm{j}_n(kr)$ 和 $\mathrm{n}_n(kr)$。方程（4.6.50）称为勒让德方程，其解为连带勒让德多项式 $\mathrm{L}_n^m(\cos\theta)$，包括第一类和第二类连带勒让德函数 $\mathrm{P}_n^m(\cos\theta)$ 和 $\mathrm{Q}_n^m(\cos\theta)$。方程（4.6.51）为调和函数，其解的形式为 $\mathrm{e}^{\pm\mathrm{i}m\phi}$。

球贝塞尔函数 $\mathrm{b}_n(kr)$ 由分数阶的柱贝塞尔函数 $\mathrm{B}_{n+1/2}(\xi)$ 得到，满足以下贝塞尔方程

$$\frac{\mathrm{d}^2}{\mathrm{d}\xi}\mathrm{B}(\xi)+\frac{1}{\xi}\frac{\mathrm{d}}{\mathrm{d}\xi}\mathrm{B}(\xi)+\left[1-\frac{(n+1/2)^2}{\xi^2}\right]\mathrm{B}(\xi)=0 \tag{4.6.52}$$

如果令 $\mathrm{R}(\xi)=(\pi/2\xi)^{1/2}\mathrm{B}(\xi)$，$\xi=kr$，则可以将方程（4.6.49）写成贝塞尔方程的形式，由此可以得到

$$\mathrm{b}_n(kr)=\sqrt{\frac{\pi}{2kr}}\mathrm{B}_{n+1/2}(kr) \tag{4.6.53}$$

如果 n 是一个整数，则 $\mathrm{B}_{n+1/2}$ 可简化为正弦函数和 r 次方的形式。前几阶球贝塞尔函数为

$$\mathrm{j}_0(kr)=\frac{\sin(kr)}{kr} \tag{4.6.54}$$

$$\mathrm{j}_1(kr)=-\frac{\cos(kr)}{kr}+\frac{\sin(kr)}{(kr)^2} \tag{4.6.55}$$

$$\mathrm{j}_2(kr)=-\frac{\sin(kr)}{kr}-\frac{3\cos(kr)}{(kr)^2}+\frac{3\sin(kr)}{(kr)^3} \tag{4.6.56}$$

$$\mathrm{n}_0(kr)=-\frac{\cos(kr)}{kr} \tag{4.6.57}$$

$$\mathrm{n}_1(kr)=-\frac{\sin(kr)}{kr}-\frac{\cos(kr)}{(kr)^2} \tag{4.6.58}$$

$$\mathrm{n}_2(kr)=\frac{\sin(kr)}{kr}-\frac{3\sin(kr)}{(kr)^2}-\frac{3\cos(kr)}{(kr)^3} \tag{4.6.59}$$

第一类球汉开尔函数的形式为

$$\mathrm{h}_0^{(1)}(kr)=\frac{\mathrm{e}^{\mathrm{i}kr}}{\mathrm{i}kr} \tag{4.6.60}$$

$$\mathrm{h}_1^{(1)}(kr)=-\frac{\mathrm{e}^{\mathrm{i}kr}}{kr}\left(1+\frac{\mathrm{i}}{kr}\right) \tag{4.6.61}$$

$$\mathrm{h}_2^{(1)}(kr)=\frac{\mathrm{i}\mathrm{e}^{\mathrm{i}kr}}{kr}\left[1+\frac{\mathrm{i}3}{kr}+3\left(\frac{\mathrm{i}}{kr}\right)^2\right] \tag{4.6.62}$$

第二类球汉开尔函数是第一类球汉开尔函数的复共轭。

前几阶一次连带勒让德多项式为

$$\mathrm{P}_0^1(\cos\theta)=0 \tag{4.6.63}$$

$$\mathrm{P}_1^1(\cos\theta)=\sin\theta \tag{4.6.64}$$

$$\mathrm{P}_2^1(\cos\theta)=3\sin\theta\cos\theta \tag{4.6.65}$$

所有的连带勒让德多项式 $\mathrm{P}_n^1(\cos\theta)$ 的共有性质是当 $\theta=0$ 和 $\theta=\pi$ 时为零；当 $\theta=\pi/2$ 时，若 n 为偶数，则 $\mathrm{P}_n^1(\cos\theta)=0$，若 n 为奇数，则 $\mathrm{P}_n^1(\cos\theta)$ 取最大值。对于 H_ϕ 分量，有

$$\boldsymbol{H}=\hat{\boldsymbol{\phi}}H_\phi=(-\hat{\boldsymbol{x}}\sin\phi+\hat{\boldsymbol{y}}\cos\phi)H_\phi \tag{4.6.66}$$

代入方程（4.6.47），可以得到

$$\left(\nabla^2+k^2-\frac{1}{r^2\sin^2\theta}\right)H_\phi=0 \tag{4.6.67}$$

式（4.6.47）左侧的最后一项对解的影响将使连带勒让德多项式的级数 m 加 1。

根据方程（4.6.47）及其解的分离变量形式[式（4.6.48）]，可以得到关于 H_ϕ 的方程（4.6.45）的解有以下形式

$$H_\phi=\mathrm{b}_n(kr)\mathrm{P}_n^1(\cos\theta) \tag{4.6.68}$$

H_ϕ 与角度 ϕ 无关。对于半径为 a 的球体谐振腔，由于坐标原点在腔内，因此可以用球贝塞尔函数。对于最低阶的 TM 模式，令 $n=1$，并用下标分别表示 r、ϕ 和 θ 的变化。经过计算，

可以求解得到 TM_{101} 模式场分量的表达式为

$$H_\phi = H_0 \frac{\sin\theta}{kr}\left[\frac{\sin(kr)}{kr} - \cos(kr)\right] \tag{4.6.69}$$

$$E_r = \mathrm{i}2H_0\sqrt{\frac{\mu}{\varepsilon}}\frac{\cos\theta}{k^2r^2}\left[\frac{\sin(kr)}{kr} - \cos(kr)\right] \tag{4.6.70}$$

$$E_\theta = -\mathrm{i}H_0\sqrt{\frac{\mu}{\varepsilon}}\frac{\sin\theta}{k^2r^2}\left[\frac{k^2r^2-1}{kr}\sin(kr) + \cos(kr)\right] \tag{4.6.71}$$

根据 $r=a$ 处 $E_\theta = 0$ 的边界条件，可以得到

$$\tan(ka) = \frac{ka}{1-k^2a^2} \tag{4.6.72}$$

求解该超越方程，可以得到 $ka \approx 2.74$，表示球体谐振腔的谐振波数。

4.6.4 谐振腔微扰

当腔壁或腔内介质发生扰动时，谐振腔的谐振频率会发生变化。首先考虑腔壁的向内扰动（图 4.6.5）。假设未扰动时的场具有谐振频率 ω_0 并且满足麦克斯韦方程组

$$\nabla \times \boldsymbol{E}_0 = \mathrm{i}\omega_0\mu\boldsymbol{H}_0 \tag{4.6.73}$$

$$\nabla \times \boldsymbol{H}_0 = -\mathrm{i}\omega_0\varepsilon\boldsymbol{E}_0 \tag{4.6.74}$$

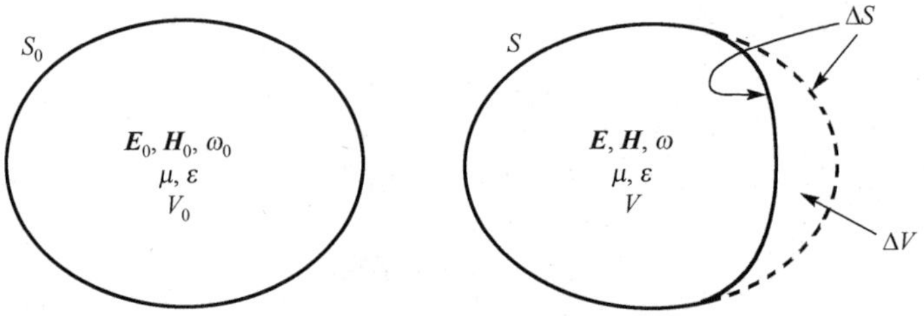

（a）扰动前　　（b）扰动后

图 4.6.5 腔壁的扰动

扰动后，谐振频率变为 ω，扰动后的场分布满足麦克斯韦方程组

$$\nabla \times \boldsymbol{E} = \mathrm{i}\omega\mu\boldsymbol{H} \tag{4.6.75}$$

$$\nabla \times \boldsymbol{H} = -\mathrm{i}\omega\varepsilon\boldsymbol{E} \tag{4.6.76}$$

接下来的任务就是根据 ω_0 导出 ω。根据方程（4.6.73）和方程（4.6.76），有

$$\nabla\cdot(\boldsymbol{E}_0^* \times \boldsymbol{H}) = -\mathrm{i}\omega_0\mu\boldsymbol{H}\cdot\boldsymbol{H}_0^* + \mathrm{i}\omega\varepsilon\boldsymbol{E}\cdot\boldsymbol{E}_0^* \tag{4.6.77}$$

根据方程（4.6.74）和方程（4.6.75），可以得到

$$\nabla\cdot(\boldsymbol{E} \times \boldsymbol{H}_0^*) = \mathrm{i}\omega\mu\boldsymbol{H}\cdot\boldsymbol{H}_0^* - \mathrm{i}\omega_0\varepsilon\boldsymbol{E}\cdot\boldsymbol{E}_0^* \tag{4.6.78}$$

对式（4.6.77）和式（4.6.78）进行求和，有

$$\nabla\cdot(\boldsymbol{E}\times\boldsymbol{H}_0^*-\boldsymbol{H}\times\boldsymbol{E}_0^*)=\mathrm{i}(\omega-\omega_0)(\varepsilon\boldsymbol{E}\cdot\boldsymbol{E}_0^*+\mu\boldsymbol{H}\cdot\boldsymbol{H}_0^*) \tag{4.6.79}$$

将式（4.6.79）在未扰动谐振腔的体积 $V_0=V+\Delta V$ 内积分，并应用散度定理，可以得到

$$\oiint_{S_0}\mathrm{d}\boldsymbol{S}\cdot(\boldsymbol{E}\times\boldsymbol{H}_0^*-\boldsymbol{H}\times\boldsymbol{E}_0^*)=\mathrm{i}(\omega-\omega_0)\iiint_{V_0}\mathrm{d}V(\varepsilon\boldsymbol{E}\cdot\boldsymbol{E}_0^*+\mu\boldsymbol{H}\cdot\boldsymbol{H}_0^*) \tag{4.6.80}$$

由于未扰动的边界 S_0 上 $\boldsymbol{E}_0$ 的切向分量为零，$\hat{\boldsymbol{n}}\times\boldsymbol{E}_0=\boldsymbol{0}$，因此式（4.6.80）左侧面积分被积函数的第二项为零。由于扰动后的边界 S 上 $\boldsymbol{E}$ 的切向分量为零，$\hat{\boldsymbol{n}}\times\boldsymbol{E}=\boldsymbol{0}$，故有

$$\begin{aligned}\oiint_{S_0}\mathrm{d}\boldsymbol{S}\cdot(\boldsymbol{E}\times\boldsymbol{H}_0^*)&=\oiint_{\Delta S}\mathrm{d}\boldsymbol{S}\cdot(\boldsymbol{E}\times\boldsymbol{H}_0^*)+\oiint_{S}\mathrm{d}\boldsymbol{S}\cdot(\boldsymbol{E}\times\boldsymbol{H}_0^*)\\&=\oiint_{\Delta S}\mathrm{d}\boldsymbol{S}\cdot(\boldsymbol{E}\times\boldsymbol{H}_0^*)\end{aligned} \tag{4.6.81}$$

式中，$\Delta S=S_0-S$ 表示扰动后不重合部分。因此，式（4.6.80）可以写为

$$\oiint_{\Delta S}\mathrm{d}\boldsymbol{S}\cdot(\boldsymbol{E}\times\boldsymbol{H}_0^*)=\mathrm{i}(\omega-\omega_0)\iiint_{V_0}\mathrm{d}V(\varepsilon\boldsymbol{E}\cdot\boldsymbol{E}_0^*+\mu\boldsymbol{H}\cdot\boldsymbol{H}_0^*) \tag{4.6.82}$$

扰动前后谐振频率的变化可以表示为

$$\omega-\omega_0=-\mathrm{i}\frac{\oiint_{\Delta S}\mathrm{d}\boldsymbol{S}\cdot(\boldsymbol{E}\times\boldsymbol{H}_0^*)}{\iiint_{V_0}\mathrm{d}V(\varepsilon\boldsymbol{E}\cdot\boldsymbol{E}_0^*+\mu\boldsymbol{H}\cdot\boldsymbol{H}_0^*)} \tag{4.6.83}$$

假设腔体的扰动非常小，可以近似认为扰动前后谐振腔内的场不变，式（4.6.83）右侧积分中的 $\boldsymbol{E}$ 和 $\boldsymbol{H}$ 可以用未扰动时的场 $\boldsymbol{E}_0$ 和 $\boldsymbol{H}_0$ 替换。因此，式（4.6.83）可以近似为

$$\begin{aligned}\omega-\omega_0&\approx-\mathrm{i}\frac{\oiint_{\Delta S}\mathrm{d}\boldsymbol{S}\cdot(\boldsymbol{E}_0\times\boldsymbol{H}_0^*)}{\iiint_{V_0}\mathrm{d}V(\varepsilon|\boldsymbol{E}_0|^2+\mu|\boldsymbol{H}_0|^2)}\\&=\omega_0\frac{\iiint_{\Delta V}\mathrm{d}V(\mu|\boldsymbol{H}_0|^2-\varepsilon|\boldsymbol{E}_0|^2)}{\iiint_{V_0}\mathrm{d}V(\varepsilon|\boldsymbol{E}_0|^2+\mu|\boldsymbol{H}_0|^2)}\\&=\omega_0\frac{\Delta W_{\mathrm{m}}-\Delta W_{\mathrm{e}}}{W_{\mathrm{m}}+W_{\mathrm{e}}}\end{aligned} \tag{4.6.84}$$

式中，分母表示未扰动时腔内存储的总能量，分子是由于腔体向内扰动所改变的磁场能量与扰动所改变的电场能量之差。如果腔体向内扰动是在腔内磁场较大的部分，谐振频率将增大；如果腔体向内扰动是在腔内电场较大的部分，谐振频率将减小。如果腔体向外扰动，则对谐振频率的影响相反。

接下来研究谐振腔内介质扰动引起的谐振频率变化（图 4.6.6）。令未扰动时的介质为各向同性介质。对于更一般的情况，可以在扰动中包括各向异性介质。扰动前后的麦克斯韦方程组分别为

$$\nabla\times\boldsymbol{E}_0=\mathrm{i}\omega_0\mu\boldsymbol{H}_0 \tag{4.6.85}$$

$$\nabla\times\boldsymbol{H}_0=-\mathrm{i}\omega_0\varepsilon\boldsymbol{E}_0 \tag{4.6.86}$$

和

$$\nabla \times \boldsymbol{E} = \mathrm{i}\omega\mu \boldsymbol{H} + \mathrm{i}\omega\Delta\bar{\bar{\mu}} \cdot \boldsymbol{H} \tag{4.6.87}$$

$$\nabla \times \boldsymbol{H} = -\mathrm{i}\omega\varepsilon \boldsymbol{E} - \mathrm{i}\omega\Delta\bar{\bar{\varepsilon}} \cdot \boldsymbol{E} \tag{4.6.88}$$

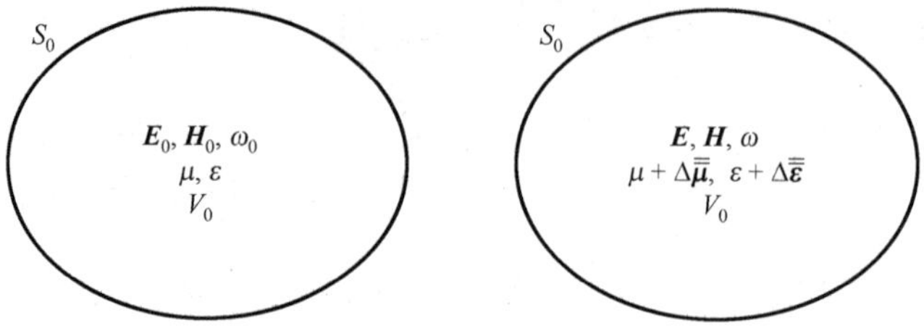

（a）扰动前　　（b）扰动后

图 4.6.6　介质的扰动

根据方程（4.6.85）和方程（4.6.88），有

$$\nabla \cdot (\boldsymbol{E}_0^* \times \boldsymbol{H}) = -\mathrm{i}\omega_0\mu \boldsymbol{H}_0^* \cdot \boldsymbol{H} + \mathrm{i}\omega\varepsilon \boldsymbol{E} \cdot \boldsymbol{E}_0^* + \mathrm{i}\omega(\Delta\bar{\bar{\varepsilon}} \cdot \boldsymbol{E}) \cdot \boldsymbol{E}_0^* \tag{4.6.89}$$

对方程（4.6.86）和方程（4.6.87）采用相同的运算，可以得到

$$\nabla \cdot (\boldsymbol{E} \times \boldsymbol{H}_0^*) = \mathrm{i}\omega\mu \boldsymbol{H} \cdot \boldsymbol{H}_0^* + \mathrm{i}\omega(\Delta\bar{\bar{\mu}} \cdot \boldsymbol{H}) \cdot \boldsymbol{H}_0^* - \mathrm{i}\omega_0\varepsilon \boldsymbol{E} \cdot \boldsymbol{E}_0^* \tag{4.6.90}$$

采用与处理几何扰动类似的方法，对式（4.6.89）和式（4.6.90）进行求和，有

$$\begin{aligned}&\nabla \cdot (\boldsymbol{E} \times \boldsymbol{H}_0^* - \boldsymbol{H} \times \boldsymbol{E}_0^*)\\ &= \mathrm{i}(\omega-\omega_0)(\varepsilon \boldsymbol{E} \cdot \boldsymbol{E}_0^* + \mu \boldsymbol{H} \cdot \boldsymbol{H}_0^*) + \mathrm{i}\omega\left[(\Delta\bar{\bar{\varepsilon}} \cdot \boldsymbol{E}) \cdot \boldsymbol{E}_0^* + (\Delta\bar{\bar{\mu}} \cdot \boldsymbol{H}) \cdot \boldsymbol{H}_0^*\right]\end{aligned} \tag{4.6.91}$$

在谐振腔内对式（4.6.91）积分，并应用散度定理，可以得到

$$\begin{aligned}&\oiint_{S_0} \mathrm{d}\boldsymbol{S} \cdot (\boldsymbol{E} \times \boldsymbol{H}_0^* - \boldsymbol{H} \times \boldsymbol{E}_0^*)\\ &= \iiint_{V_0} \mathrm{d}V \left\{\mathrm{i}(\omega-\omega_0)(\varepsilon \boldsymbol{E} \cdot \boldsymbol{E}_0^* + \mu \boldsymbol{H} \cdot \boldsymbol{H}_0^*) + \mathrm{i}\omega\left[(\Delta\bar{\bar{\varepsilon}} \cdot \boldsymbol{E}) \cdot \boldsymbol{E}_0^* + (\Delta\bar{\bar{\mu}} \cdot \boldsymbol{H}) \cdot \boldsymbol{H}_0^*\right]\right\}\end{aligned} \tag{4.6.92}$$

利用腔壁表面的边界条件，式（4.6.92）左侧的面积分为零。因此，可以得到

$$\frac{\omega-\omega_0}{\omega} = \frac{-\iiint_{V_0} \mathrm{d}V\left[(\Delta\bar{\bar{\varepsilon}} \cdot \boldsymbol{E}) \cdot \boldsymbol{E}_0^* + (\Delta\bar{\bar{\mu}} \cdot \boldsymbol{H}) \cdot \boldsymbol{H}_0^*\right]}{\iiint_{V_0} \mathrm{d}V(\varepsilon \boldsymbol{E} \cdot \boldsymbol{E}_0^* + \mu \boldsymbol{H} \cdot \boldsymbol{H}_0^*)} \tag{4.6.93}$$

当扰动足够小时，可以近似认为扰动前后腔体内的场不变，式（4.6.93）右侧积分中的 $\boldsymbol{E}$ 和 $\boldsymbol{H}$ 可以用未做扰动时的场 $\boldsymbol{E}_0$ 和 $\boldsymbol{H}_0$ 替换，故有

$$\begin{aligned}\frac{\omega-\omega_0}{\omega} &\approx \frac{-\iiint_{V_0} \mathrm{d}V(\Delta\bar{\bar{\varepsilon}}|\boldsymbol{E}_0|^2 + \Delta\bar{\bar{\mu}}|\boldsymbol{H}_0|^2)}{\iiint_{V_0} \mathrm{d}V(\varepsilon|\boldsymbol{E}_0|^2 + \mu|\boldsymbol{H}_0|^2)}\\ &= -\frac{\Delta W_{\mathrm{m}} + \Delta W_{\mathrm{e}}}{W_{\mathrm{m}} + W_{\mathrm{e}}}\end{aligned} \tag{4.6.94}$$

式中，分母表示未扰动时腔内的总能量，分子表示由于介质扰动引起的腔内电场和磁场能量的增大值。对于正各向同性介质，$\varepsilon>0$，$\mu>0$，谐振腔的谐振频率将随介电常数或磁导率

的增大而减小。例如，圆柱谐振腔主导模式的谐振波数为 $k_r a = 2.405$，当 $k_r = \omega\sqrt{\mu\varepsilon}$ 增大时，谐振频率 ω_0 将减小。然而，若谐振腔填充负各向同性介质，$\varepsilon<0$，$\mu<0$，谐振腔的谐振频率将随介电常数或磁导率的增大而增大，因此若需要得到较高频率的电磁波，可以通过填充负各向同性介质来实现。当然，谐振腔内的填充介质并不需要均匀分布。对于 $\Delta\bar{\bar{\mu}}$ 和 $\Delta\bar{\bar{\varepsilon}}$ 引起的 ΔW_m 和 ΔW_e 的计算，只需要在介质发生扰动的区域内进行积分即可。如果要最大程度地改变谐振腔的谐振频率，应该在电场最强的位置扰动介电常数，在磁场最强的位置扰动磁导率。例如，为了最大程度地改变 TE_{101} 模式的谐振频率，应该把一块薄介质板放在矩形谐振腔的底部或顶部。若把介质板放在任意的侧壁部位，那么谐振频率的偏移将非常微弱。

习　题　4

4.1　考虑一个完美导电平板波导，其中 $z>0$ 区域填充介电常数为 ε_1 的均匀介质，如题 4.1 和题 4.2 图所示。波导的工作频率为 $(30/2\pi)$ GHz。

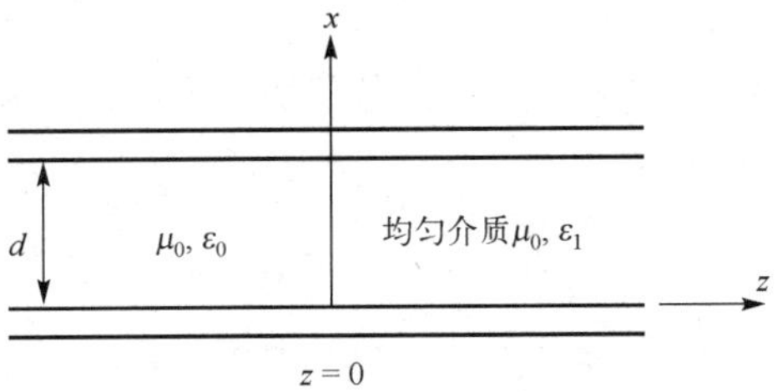

题 4.1 和题 4.2 图

（1）令 $d=2\sqrt{3}$ cm，若介质不存在，求波导内传播的 TE_m 模式和 TM_m 模式。

（2）若介质不存在，求 TM_2 模式的电场 $\boldsymbol{E}$ 和磁场 $\boldsymbol{H}$ 的表达式。

（3）若介质不存在，求该工作频率下 TM_2 模式的相速和群速。

（4）令 $d=2\sqrt{3}$cm 且 $\varepsilon_1 = 3\varepsilon_0$，对于沿 $\hat{z}$ 方向传播的波，求 TM_m 模式在介质分界面发生全反射时 m 的值。

（5）求 TM_m 模式发生全透射时 m 的值。

4.2　考虑一个完美导电平板波导，其中 $z>0$ 区域填充介电常数 $\varepsilon_1 = 4\varepsilon_0$ 的均匀介质，$z<0$ 区域填充空气。令 $d=1$cm，波导在 $f=20$GHz 被激励。

（1）列出 $z<0$ 区域和 $z>0$ 区域所有可能传播的 TE 模式和 TM 模式。

（2）如果波从 $z<0$ 区域入射，求分界面 $z=0$ 处 TE_1 模式的反射系数。

（3）如果介质被完美导电介质代替，求 $z<0$ 区域 TE_1 模式的总场 $\boldsymbol{E}$。

4.3　考虑一填充空气的矩形波导，其尺寸为 $a=3\sqrt{2}$cm，$b=a/2$。波导中的场为

$$\boldsymbol{E} = \hat{\boldsymbol{y}} E_0 \sin\left(\frac{\pi}{a}x\right)\sin\left(\frac{\pi}{a}z - \omega t\right)$$

$$\boldsymbol{H} = \hat{\boldsymbol{x}} H_0 \sin\left(\frac{\pi}{a}x\right)\sin\left(\frac{\pi}{a}z - \omega t\right) + \hat{\boldsymbol{z}} H_0 \cos\left(\frac{\pi}{a}x\right)\cos\left(\frac{\pi}{a}z - \omega t\right)$$

式中，E_0 和 H_0 为实常数。

（1）求导波的模式。

（2）求沿 $\hat{z}$ 方向的相速（用光速 c 表示）。

（3）求该模式的截止空间频率。

（4）如果将波导两端封闭，则可以作为频率 $f=5\text{GHz}$ 的矩形谐振腔。求最低模式及 d 的值（注意：d 可以大于 a 和 b）。

4.4　考虑尺寸为 1cm×0.5cm 的矩形波导。

（1）计算前 5 种模式的截止时间频率。

（2）如果波导在 20GHz 被激发，求前 5 种模式的传播常数 k_z。

（3）如果波导在 50GHz 被激发，计算所能够传播的模式。

4.5　考虑片电流源对平板波导的激励，其中片电流源可以表示为

$$\boldsymbol{J}_{\rm s}=\hat{\boldsymbol{x}}J_{\rm s}\cos\frac{3\pi x}{d}$$

计算波导中所激励的模式的幅度。

4.6　平板波导由放置在距底板 h 处的线电流源激励。求源在波导内产生的场，将其写为导波模式的叠加，并确定模式的幅度。

4.7　证明：题 4.7 图所示的非均匀填充矩形波导，$E_z=0$ 或 $H_z=0$ 的模式一般不能满足在 $y=h$ 处不连续界面的边界条件。

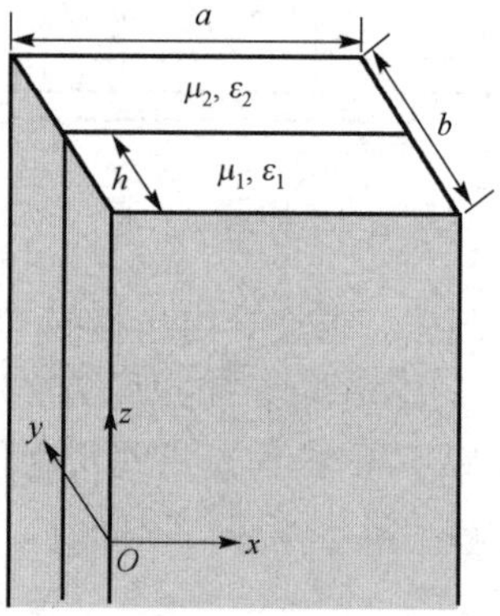

题 4.7 图

4.8　试求截止时间频率为 280GHz 的圆柱波导 TE_{01} 模式及 TE_{51} 模式所对应的波导半径。

4.9　矩形波导在 $x=d$、$z=0$ 处被探针激励。假设探针从 $y=0$ 延伸到 $y=b$，并且探针上的电流近似为

$$J(x,y,z)=I_0\delta(x-d)\delta(z)\cos(qy)$$

求探针所激励的模式的幅度。为了实现 TE_{10} 模式的最大激励，计算探针应放置的位置。

4.10　在中心半径约为 1μm 和包层半径约为 100μm 的玻璃纤维波导中，如果折射率 $n=c\sqrt{\mu\varepsilon}$ 和 $n_1=c\sqrt{\mu_1\varepsilon_1}$ 非常接近，HE_{11} 模式的工作频率可以扩展到可见光范围。由于与纤芯相比，包层非常厚，因此光纤的波导可以用介质波导模型处理。求数值孔径 $(n^2-n_1^2)^{1/2}$ 的值，使得下一个高阶模式的截止时间频率为 $6\times10^{14}\text{Hz}$。当使用玻璃纤维作为通信中的传输介质时，它不仅具有较大的带宽和信道容量，而且具有物理紧凑性和灵活性。将所得结果与平板金属波导进行比较。

4.11　考虑一个空气填充的矩形谐振腔，导体的电导率为 σ。试求 TM_{110} 模式的品质因数。

4.12　一个 1cm×2cm×3cm 的矩形谐振腔内填充介电常数为 $\varepsilon=4\varepsilon_0$、磁导率为 μ_0 的介质，如题 4.12 图所示。

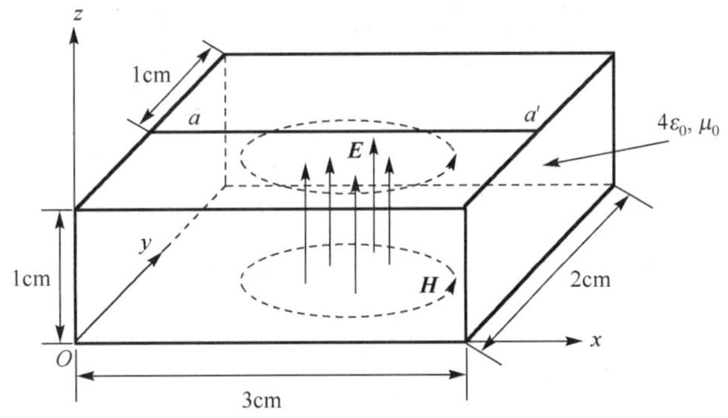

题 4.12 图

（1）列出谐振腔的 4 个不同的最低谐振频率并指定对应的模式（TE_{mnp}、TM_{mnp}）。

（2）在图中，用 z 替换 x，x 替换 y，y 替换 z，求此时与图中场对应的模式（TE_{mnp}、TM_{mnp}）。

（3）指定图中所示场的模式（TE_{mnp}、TM_{mnp}）和对应的谐振频率。

（4）如果介质有轻微损耗，电导率 $\sigma=10^{-4}$ S/m，求最低阶模式下工作的矩形谐振腔的品质因数。

（5）通过球锤从外部适当地敲击可以调整谐振腔的谐振频率。请在图中指出，击中空腔的哪一部分区域会使谐振频率增大，哪一部分会使谐振频率减小。沿直线 aa'，准确计算这两个区域的分界线（如果有），即撞击这条分界线对最低阶模式的谐振频率没有影响。

4.13　已知圆柱谐振腔的半径为 0.2659mm，工作模式为 TE_{111}，谐振频率为 35GHz。

（1）求该谐振腔的长度 L。

（2）如果圆柱谐振腔的半径加倍，若要使谐振频率不变，求谐振腔的长度。

4.14　对于半径为 a、高度为 d 的圆柱谐振腔：

（1）分别给出 TE_{mnp} 模式和 TM_{mnp} 模式的谐振频率及对应波长的一般表达式。

（2）当 $a=d$ 时，列出谐振频率最低的 7 种模式。

4.15　假设圆柱谐振腔的制造材料为非理想良导体，表面电阻为 R_s，用微扰法求圆柱谐振腔中 TE_{011} 模式和 TM_{010} 模式的品质因数。若圆柱谐振腔的半径为 1cm，高度为 2cm，内部空气填充，制造材料为铜，其导电率为 $\sigma=5.8\times10^7$ S/m，计算 TE_{111} 模式、TE_{011} 模式和 TM_{010} 模式的品质因数。

第5章　辐　　射

电磁辐射在光源、探测、医疗、安检及国防等诸多领域都有着重要的应用。按照电磁辐射源的类型，电磁辐射可以分为偶极子辐射、天线辐射、自由电子辐射等。值得注意的是，电磁辐射不仅与激励源（偶极子、天线、自由电子等）的状态有关，也与激励源所处的电磁环境有关。辐射系统中的电磁辐射问题本质上是一个边值问题，需要应用辐射系统满足的边界条件求解麦克斯韦方程组，进而确定空间中的电磁波传播特性及辐射系统中的电流源和电荷源分布。

5.1　格 林 函 数

5.1.1　并矢格林函数

在辐射问题中，求解电流源 $\boldsymbol{J}(\boldsymbol{r})$ 或电荷源 $\rho(\boldsymbol{r})$ 激励下的电磁场是至关重要的一步。电流源与电荷源的分布通过电流连续性方程相联系。对时谐场而言，两者满足 $\mathrm{i}\omega\rho(\boldsymbol{r})=\nabla\cdot\boldsymbol{J}(\boldsymbol{r})$。根据麦克斯韦方程组，有

$$\nabla\times\boldsymbol{E}(\boldsymbol{r})=\mathrm{i}\omega\mu\boldsymbol{H}(\boldsymbol{r}) \tag{5.1.1}$$

$$\nabla\times\boldsymbol{H}(\boldsymbol{r})=-\mathrm{i}\omega\varepsilon\boldsymbol{E}(\boldsymbol{r})+\boldsymbol{J}(\boldsymbol{r}) \tag{5.1.2}$$

从以上两式中消去 $\boldsymbol{H}(\boldsymbol{r})$，可以得到关于 $\boldsymbol{E}(\boldsymbol{r})$ 的方程

$$\nabla\times\nabla\times\boldsymbol{E}(\boldsymbol{r})-k^2\boldsymbol{E}(\boldsymbol{r})=\mathrm{i}\omega\mu\boldsymbol{J}(\boldsymbol{r}) \tag{5.1.3}$$

式中，$k^2=\omega^2\mu\varepsilon$。为了求出电流源 $\boldsymbol{J}$ 表示的电场 $\boldsymbol{E}$，引入并矢格林函数。注意到电场 $\boldsymbol{E}(\boldsymbol{r})$ 和电流源 $\boldsymbol{J}(\boldsymbol{r})$ 均为矢量，有

$$\boldsymbol{E}(\boldsymbol{r})=\mathrm{i}\omega\mu\iiint \mathrm{d}^3\boldsymbol{r}'\bar{\bar{\boldsymbol{G}}}(\boldsymbol{r},\boldsymbol{r}')\cdot\boldsymbol{J}(\boldsymbol{r}') \tag{5.1.4}$$

式中，$\bar{\bar{\boldsymbol{G}}}(\boldsymbol{r},\boldsymbol{r}')$ 为并矢格林函数，用于确定电流源 $\boldsymbol{J}$ 引起的电场 $\boldsymbol{E}$；式中三重积分的积分范围需要包含电流源 $\boldsymbol{J}(\boldsymbol{r}')$ 占据的所有空间。由于电场 $\boldsymbol{E}$ 和电流源 $\boldsymbol{J}$ 均为矢量，因此可以将 $\bar{\bar{\boldsymbol{G}}}$ 称作并矢算符，表示从一个矢量变到另一个矢量的算子。

根据矢量运算法则，矢量 $\boldsymbol{A}$ 和 $\boldsymbol{B}$ 点乘的结果为一标量，矢量 $\boldsymbol{A}$ 和 $\boldsymbol{B}$ 叉乘的结果为另一矢量。引入第三个矢量 $\boldsymbol{C}$，根据矢量恒等式 $\boldsymbol{B}\times(\boldsymbol{A}\times\boldsymbol{C})=\boldsymbol{AB}\cdot\boldsymbol{C}-\boldsymbol{B}\cdot\boldsymbol{AC}$，可以将直接相乘的 $\boldsymbol{AB}$ 定义为并矢，有 $\bar{\bar{\boldsymbol{D}}}=\boldsymbol{AB}$。并矢是一个二阶张量，其笛卡儿坐标系下的分量可以表示为 $D_{jk}=A_jB_k$，其中 A_j 和 B_k 表示矢量 $\boldsymbol{A}$ 和 $\boldsymbol{B}$ 在笛卡儿坐标系下的分量。并矢 $\bar{\bar{\boldsymbol{D}}}$ 与矢量 $\boldsymbol{C}$ 的点乘运算结果为矢量 $\boldsymbol{A}(\boldsymbol{B}\cdot\boldsymbol{C})$，可以理解为矢量 $\boldsymbol{A}$ 与标量 $\boldsymbol{B}\cdot\boldsymbol{C}$ 相乘。根据 $\nabla\times\nabla\times\boldsymbol{E}=\nabla\nabla\cdot\boldsymbol{E}-\nabla^2\boldsymbol{E}$，可以发现此时 $\nabla\nabla$ 算子表示并矢算符。

从式（5.1.4）可以发现，并矢算符作用于矢量可以认为是矩阵 $\bar{\bar{\boldsymbol{G}}}$ 与列矩阵 $\boldsymbol{J}$ 相乘，得到

另一个列矩阵 $\boldsymbol{E}$ 的过程。利用三维冲激函数 $\delta(\boldsymbol{r}-\boldsymbol{r}')$，可以将方程（5.1.3）右侧写成与式（5.1.4）相似的形式，因此位于 $\boldsymbol{r}'$ 处的电流源 $\boldsymbol{J}(\boldsymbol{r})$ 可以表示为

$$\boldsymbol{J}(\boldsymbol{r})=\iiint \mathrm{d}^3\boldsymbol{r}'\delta(\boldsymbol{r}-\boldsymbol{r}')\bar{\bar{\boldsymbol{I}}}\cdot\boldsymbol{J}(\boldsymbol{r}') \tag{5.1.5}$$

式中，$\bar{\bar{\boldsymbol{I}}}$ 为单位并矢，可以用单位矩阵表示。$\bar{\bar{\boldsymbol{I}}}$ 与任意矢量的点乘运算的结果均为该矢量本身。将式（5.1.4）和式（5.1.5）代入方程（5.1.3），并且注意到积分对任意 $\boldsymbol{J}(\boldsymbol{r}')$ 均成立，可以得到并矢格林函数 $\bar{\bar{\boldsymbol{G}}}(\boldsymbol{r},\boldsymbol{r}')$ 的微分方程

$$\nabla\times\nabla\times\bar{\bar{\boldsymbol{G}}}(\boldsymbol{r},\boldsymbol{r}')-k^2\bar{\bar{\boldsymbol{G}}}(\boldsymbol{r},\boldsymbol{r}')=\bar{\bar{\boldsymbol{I}}}\delta(\boldsymbol{r}-\boldsymbol{r}') \tag{5.1.6}$$

需要注意的是，如果将微分算符 $\nabla\times\nabla\times$ 与式（5.1.4）的体积积分交换顺序，将对位于源所在区域中的观察点 $\boldsymbol{r}$ 产生重要的影响。在本章中，始终假设观察点 $\boldsymbol{r}$ 位于电流源所在区域之外。

并矢格林函数 $\bar{\bar{\boldsymbol{G}}}(\boldsymbol{r},\boldsymbol{r}')$ 也可以用标量格林函数 $g(\boldsymbol{r},\boldsymbol{r}')$ 表示，有

$$\bar{\bar{\boldsymbol{G}}}(\boldsymbol{r},\boldsymbol{r}')=\left(\bar{\bar{\boldsymbol{I}}}+\frac{1}{k^2}\nabla\nabla\right)g(\boldsymbol{r},\boldsymbol{r}') \tag{5.1.7}$$

在这里应用了并矢算符 $\nabla\nabla$。将式（5.1.7）代入方程（5.1.6），并注意到 $\nabla\times\nabla\times\nabla\nabla=0$，可以得到 $\nabla\times\nabla\times(\bar{\bar{\boldsymbol{I}}}g)=\nabla\nabla g-\bar{\bar{\boldsymbol{I}}}\nabla^2 g$。因此，标量格林函数 $g(\boldsymbol{r},\boldsymbol{r}')$ 的微分方程满足

$$(\nabla^2+k^2)g(\boldsymbol{r},\boldsymbol{r}')=-\delta(\boldsymbol{r}-\boldsymbol{r}') \tag{5.1.8}$$

可见，格林函数表示场对点源的响应。

为了求解球坐标系下的标量格林函数 $g(\boldsymbol{r},\boldsymbol{r}')$，首先通过坐标系平移使电流源所在位置正好在坐标系原点，即 $\boldsymbol{r}'=\boldsymbol{0}$。因此，方程（5.1.8）可以写为

$$\nabla\cdot\nabla g(\boldsymbol{r})+k^2 g(\boldsymbol{r})=-\delta(\boldsymbol{r}) \tag{5.1.9}$$

式（5.1.9）及相应的解 $g(\boldsymbol{r})$ 是球对称的，与 θ 和 ϕ 无关。在球坐标系下，可以将式（5.1.9）写为

$$\frac{1}{r}\frac{\mathrm{d}^2}{\mathrm{d}r^2}[rg(\boldsymbol{r})]+k^2 g(\boldsymbol{r})=-\delta(\boldsymbol{r}) \tag{5.1.10}$$

对于 $\boldsymbol{r}\neq\boldsymbol{0}$ 的情况，式（5.1.10）的右侧等于零，有

$$\frac{\mathrm{d}^2}{\mathrm{d}r^2}[rg(\boldsymbol{r})]+k^2 rg(\boldsymbol{r})=0 \tag{5.1.11}$$

满足这个方程的解表示为一个向外传播的波，故有

$$g(r)=C\frac{\mathrm{e}^{\mathrm{i}kr}}{r} \tag{5.1.12}$$

式中，常数 C 可以通过在以原点为中心、以无限小 δ 为半径的球体区域内对方程（5.1.9）进行积分得到。依据微分形式的高斯定理，方程（5.1.9）第一项的积分为

$$\iiint \mathrm{d}V\nabla^2 g=\oiint_{r=\delta}\mathrm{d}S\hat{\boldsymbol{r}}\cdot\nabla g=\left[4\pi r^2\frac{\mathrm{d}g(\boldsymbol{r})}{\mathrm{d}r}\right]_{r=\delta} \tag{5.1.13}$$

由方程（5.1.9）得到

$$\left[4\pi r^2 \frac{\mathrm{d}g(\boldsymbol{r})}{\mathrm{d}r}\right]_{r=\delta} + k^2 \int_0^{\delta} \mathrm{d}r 4\pi r^2 g(\boldsymbol{r}) = -1 \tag{5.1.14}$$

将式（5.1.12）代入式（5.1.14），在$\delta \to 0$的极限条件下，式（5.1.14）左侧第二项与δ^2成正比，趋向于零；而第一项为$-4\pi C$，最终可以求得$C = 1/4\pi$。

需要注意的是，在上述推导过程中，r表示电流源和观察点之间的距离。如果将坐标系平移到原先的位置，距离r就变为$|\boldsymbol{r}-\boldsymbol{r}'|$。在这种情况下，即电流源位置并非坐标系原点，只需用$|\boldsymbol{r}-\boldsymbol{r}'|$代替式（5.1.12）中的$r$，就可以得到标量格林函数

$$g(\boldsymbol{r},\boldsymbol{r}') = \frac{\mathrm{e}^{\mathrm{i}k|\boldsymbol{r}-\boldsymbol{r}'|}}{4\pi|\boldsymbol{r}-\boldsymbol{r}'|} \tag{5.1.15}$$

式中，$|\boldsymbol{r}-\boldsymbol{r}'|$表示观察点$\boldsymbol{r}$与源点$\boldsymbol{r}'$之间的距离（图5.1.1）。

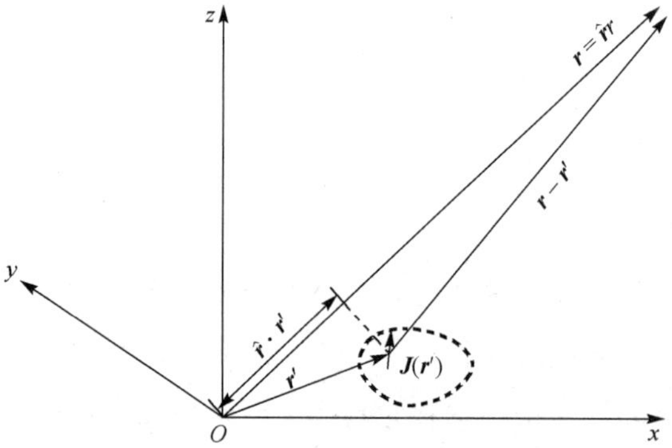

图 5.1.1　观察点$\boldsymbol{r}$位于电流源所在区域之外

在上述推导过程中，始终假设观察点位于电流源所在区域之外。将式（5.1.7）代入式（5.1.4），并且注意积分作用于有上标“′”的变量，而微分作用于没有上标“′”的变量，可以将微分运算提到积分号之外，有

$$\boldsymbol{E}(\boldsymbol{r}) = \mathrm{i}\omega\mu\left(\overline{\overline{\boldsymbol{I}}} + \frac{1}{k^2}\nabla\nabla\right)\cdot\iiint \mathrm{d}^3\boldsymbol{r}' g(\boldsymbol{r},\boldsymbol{r}')\boldsymbol{J}(\boldsymbol{r}') \tag{5.1.16}$$

根据球坐标系标量格林函数的解[式（5.1.15）]，可以得到

$$\boldsymbol{E}(\boldsymbol{r}) = \mathrm{i}\omega\mu\left(\overline{\overline{\boldsymbol{I}}} + \frac{1}{k^2}\nabla\nabla\right)\cdot\iiint \mathrm{d}^3\boldsymbol{r}' \frac{\mathrm{e}^{\mathrm{i}k|\boldsymbol{r}-\boldsymbol{r}'|}}{4\pi|\boldsymbol{r}-\boldsymbol{r}'|}\boldsymbol{J}(\boldsymbol{r}') \tag{5.1.17}$$

因此，对于无限大均匀各向同性介质中指定的源$\boldsymbol{J}(\boldsymbol{r}')$，电场可以通过求解式（5.1.17）中的积分得到，对应的磁场则可以通过计算法拉第定律[方程（5.1.1）]得到。

5.1.2 辐射场近似

如果观察点$\boldsymbol{r}$距离电流源所在区域很远，从图5.1.1可以发现，连接观察点到坐标原点的直线与连接观察点到正在积分的源点的直线几乎平行，因此可以对辐射场积分进行近似。辐射场近似包括以下两个条件

$$|\boldsymbol{r}-\boldsymbol{r}'| \approx r - \hat{\boldsymbol{r}}\cdot\boldsymbol{r}' \tag{5.1.18}$$

$$kr \gg 1 \tag{5.1.19}$$

在辐射区域，波矢量 $\boldsymbol{k}$ 与单位矢量 $\hat{\boldsymbol{r}}$ 方向相同，$\boldsymbol{k} = \hat{\boldsymbol{r}}k$。当满足辐射场近似条件时，有

$$\begin{aligned}\boldsymbol{E}(\boldsymbol{r}) &= \mathrm{i}\omega\mu\left(\overline{\overline{\boldsymbol{I}}} + \frac{1}{k^2}\nabla\nabla\right)\cdot\iiint \mathrm{d}^3\boldsymbol{r}'\frac{\mathrm{e}^{\mathrm{i}k|\boldsymbol{r}-\boldsymbol{r}'|}}{4\pi|\boldsymbol{r}-\boldsymbol{r}'|}\boldsymbol{J}(\boldsymbol{r}') \\ &\approx \mathrm{i}\omega\mu\left(\overline{\overline{\boldsymbol{I}}} + \frac{1}{k^2}\nabla\nabla\right)\cdot\frac{\mathrm{e}^{\mathrm{i}kr}}{4\pi r}\iiint \mathrm{d}^3\boldsymbol{r}'\boldsymbol{J}(\boldsymbol{r}')\mathrm{e}^{-\mathrm{i}\boldsymbol{k}\cdot\boldsymbol{r}'}\end{aligned} \tag{5.1.20}$$

在上述近似过程中，忽略了分母中的 $\hat{\boldsymbol{r}}\cdot\boldsymbol{r}'$，而指数中仍保留 $k\hat{\boldsymbol{r}}\cdot\boldsymbol{r}'$，这是因为当 $k\hat{\boldsymbol{r}}\cdot\boldsymbol{r}'$ 的值近似或者大于 π 时，将可能对相位变化产生显著的影响。

定义矢量电流矩

$$\boldsymbol{f}(\theta,\phi) = \iiint \mathrm{d}^3\boldsymbol{r}'\boldsymbol{J}(\boldsymbol{r}')\mathrm{e}^{-\mathrm{i}\boldsymbol{k}\cdot\boldsymbol{r}'} \tag{5.1.21}$$

由于被积函数是关于 $\boldsymbol{r}'$ 的函数，因此电流矩经过积分后将是 θ 和 ϕ 的函数，与观察点到坐标原点的距离 r 无关。

在远场近似条件下，式（5.1.20）中的 ∇ 算子可以用 $\mathrm{i}\boldsymbol{k}$ 代替。在球坐标系下，∇ 算子可以写为

$$\nabla = \hat{\boldsymbol{r}}\frac{\partial}{\partial r} + \hat{\boldsymbol{\theta}}\frac{1}{r}\frac{\partial}{\partial\theta} + \hat{\boldsymbol{\phi}}\frac{1}{r\sin\theta}\frac{\partial}{\partial\phi} \tag{5.1.22}$$

$\partial/\partial r$ 算子作用于 $\mathrm{e}^{\mathrm{i}kr}$ 得到 $\mathrm{i}k$，成为 $1/r$ 阶的项，而由 ∇ 算子产生的其他项都是 $(1/r)^2$ 阶或更高阶。在远场近似条件下，$kr \gg 1$，只需要保留 $1/r$ 阶的项，并且将 ∇ 算子用 $\mathrm{i}\boldsymbol{k} = \hat{\boldsymbol{r}}\mathrm{i}k$ 代替。辐射电场变为

$$\begin{aligned}\boldsymbol{E}(\boldsymbol{r}) &= \mathrm{i}\omega\mu(\overline{\overline{\boldsymbol{I}}} - \hat{\boldsymbol{r}}\hat{\boldsymbol{r}})\cdot\boldsymbol{f}\frac{\mathrm{e}^{\mathrm{i}kr}}{4\pi r} \\ &= \mathrm{i}\omega\mu\frac{\mathrm{e}^{\mathrm{i}kr}}{4\pi r}(\hat{\boldsymbol{\theta}}f_\theta + \hat{\boldsymbol{\phi}}f_\phi)\end{aligned} \tag{5.1.23}$$

式中，$\boldsymbol{f}\dfrac{\mathrm{e}^{\mathrm{i}kr}}{4\pi r}$ 也称为辐射矢量。类似地，在相同的远场近似条件下，磁场 $\boldsymbol{H}(\boldsymbol{r})$ 的表达式为

$$\begin{aligned}\boldsymbol{H}(\boldsymbol{r}) &= \frac{1}{\mathrm{i}\omega\mu}\nabla\times\boldsymbol{E}(\boldsymbol{r}) = \frac{\boldsymbol{k}}{\omega\mu}\times\boldsymbol{E}(\boldsymbol{r}) \\ &= \mathrm{i}k\frac{\mathrm{e}^{\mathrm{i}kr}}{4\pi r}(\hat{\boldsymbol{\phi}}f_\theta - \hat{\boldsymbol{\theta}}f_\phi)\end{aligned} \tag{5.1.24}$$

坡印廷矢量的时均值为

$$\begin{aligned}\langle\boldsymbol{S}\rangle &= \frac{1}{2}\mathrm{Re}\left\{\boldsymbol{E}\times\boldsymbol{H}^*\right\} \\ &= \hat{\boldsymbol{r}}\frac{1}{2}\sqrt{\frac{\mu}{\varepsilon}}\left(\frac{k}{4\pi r}\right)^2\left(|f_\theta|^2 + |f_\phi|^2\right)\end{aligned} \tag{5.1.25}$$

因此，为了计算给定电流源 $\boldsymbol{J}$ 产生的辐射场，首要任务就是计算矢量电流矩 $\boldsymbol{f}(\theta,\phi)$。

5.1.3 矢量势和标量势

除了应用并矢格林函数，辐射问题还可以通过矢量势和标量势进行求解。该方法对于各向同性介质中的辐射问题尤为适用，但当辐射发生在非各向同性介质中时，求解过程将出现困难。对于各向同性介质，根据高斯定理 $\nabla\cdot\boldsymbol{B}=\nabla\cdot\mu\boldsymbol{H}=0$，可以定义以下关系

$$\mu\boldsymbol{H}=\nabla\times\boldsymbol{A} \tag{5.1.26}$$

式中，$\boldsymbol{A}$ 称为矢量势。在上述定义中，$\boldsymbol{A}$ 并不是唯一的。如果令 $\boldsymbol{A}'=\boldsymbol{A}+\nabla\varphi$，其中 φ 为任意标量函数，有 $\mu\boldsymbol{H}=\nabla\times\boldsymbol{A}'=\nabla\times\boldsymbol{A}+\nabla\times\nabla\varphi=\nabla\times\boldsymbol{A}$，因此 $\boldsymbol{A}'$ 和 $\boldsymbol{A}$ 均可得到同样的 $\mu\boldsymbol{H}$。根据亥姆霍兹定理可以知道，当矢量势 $\boldsymbol{A}$ 的散度和旋度完全确定时，矢量势 $\boldsymbol{A}$ 才能够唯一确定，因此还需要进一步指定 $\boldsymbol{A}$ 的散度。

根据法拉第定律 $\nabla\times\boldsymbol{E}=\mathrm{i}\omega\boldsymbol{B}=\nabla\times(\mathrm{i}\omega\boldsymbol{A})$，可以定义以下关系

$$\boldsymbol{E}=\mathrm{i}\omega\boldsymbol{A}-\nabla\varphi \tag{5.1.27}$$

式中，φ 称为标量势。根据洛伦兹规范条件

$$\nabla\cdot\boldsymbol{A}-\mathrm{i}\omega\mu\varepsilon\varphi=0 \tag{5.1.28}$$

就可以指定矢量势 $\boldsymbol{A}$ 的散度，使 $\boldsymbol{A}$ 具有唯一解。

将式（5.1.27）和式（5.1.28）代入高斯定律 $\nabla\cdot\varepsilon\boldsymbol{E}=\rho$，可以得到

$$(\nabla^2+\omega^2\mu\varepsilon)\varphi=-\rho/\varepsilon \tag{5.1.29}$$

式（5.1.29）表示标量势 φ 的亥姆霍兹方程。根据安培定律 $\nabla\times\boldsymbol{H}=-\mathrm{i}\omega\varepsilon\boldsymbol{E}+\boldsymbol{J}$，并利用式（5.1.26）～式（5.1.28），有

$$\begin{aligned}\nabla\times(\nabla\times\boldsymbol{A})&=k^2\boldsymbol{A}+\mathrm{i}\omega\mu\varepsilon\nabla\varphi+\mu\boldsymbol{J}\\&=k^2\boldsymbol{A}+\nabla\nabla\cdot\boldsymbol{A}+\mu\boldsymbol{J}\end{aligned} \tag{5.1.30}$$

进一步地，可以得到矢量势 $\boldsymbol{A}$ 的亥姆霍兹方程

$$\nabla^2\boldsymbol{A}+k^2\boldsymbol{A}=-\mu\boldsymbol{J} \tag{5.1.31}$$

求解上述方程，可以得到矢量势 $\boldsymbol{A}$ 的解

$$\boldsymbol{A}=\iiint\mathrm{d}v\frac{\mu\boldsymbol{J}(\boldsymbol{r}')\mathrm{e}^{\mathrm{i}k|\boldsymbol{r}-\boldsymbol{r}'|}}{4\pi|\boldsymbol{r}-\boldsymbol{r}'|} \tag{5.1.32}$$

进而得到电场的表达式

$$\boldsymbol{E}=\mathrm{i}\omega\boldsymbol{A}+\frac{\mathrm{i}}{\omega\mu\varepsilon}\nabla(\nabla\cdot\boldsymbol{A})=\mathrm{i}\omega\mu\left(\overline{\overline{\boldsymbol{I}}}+\frac{\nabla\nabla}{k^2}\right)\cdot\iiint\mathrm{d}^3\boldsymbol{r}'\frac{\mathrm{e}^{\mathrm{i}k|\boldsymbol{r}-\boldsymbol{r}'|}}{4\pi|\boldsymbol{r}-\boldsymbol{r}'|}\boldsymbol{J}(\boldsymbol{r}') \tag{5.1.33}$$

此结果与用并矢格林函数得到的结果[式（5.1.17）]相同。

5.2　赫兹偶极子

5.2.1　赫兹电偶极子

辐射结构中最基本的一种模型就是赫兹电偶极子，由长度为 l 的无限小的载流单元构成。位于原点并指向 $\hat{z}$ 方向的赫兹电偶极子可用电流偶极矩 Il 或电流密度 $\boldsymbol{J}(\boldsymbol{r})$ 表示（图 5.2.1）。电流偶极矩 Il 和电流密度 $\boldsymbol{J}(\boldsymbol{r})$ 的关系满足

$$\boldsymbol{J}(\boldsymbol{r}') = \hat{z}Il\delta(\boldsymbol{r}') \tag{5.2.1}$$

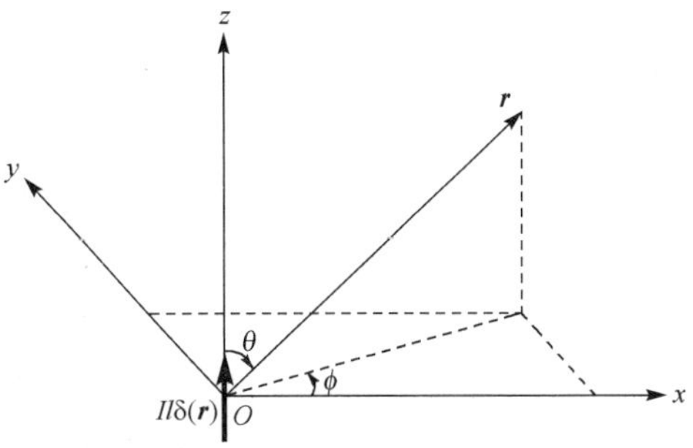

图 5.2.1　电流模型的赫兹电偶极子

赫兹电偶极子也可以用电荷模型表示，由间距为 l 的无限小的两个大小相等、极性相反的电荷构成。可以将其想象成两个导电球，或一个电容器通过稳恒电流连接。电偶极子的电偶极矩为 $p = ql$，并以频率 ω 随时间振荡。电流偶极矩可以表示为 $Il = -\mathrm{i}\omega p$。

为了计算赫兹电偶极子的辐射场，将电流密度式（5.2.1）代入式（5.1.21），可以得到矢量电流矩

$$\boldsymbol{f}(\theta,\phi) = \hat{z}Il = (\hat{\boldsymbol{r}}\cos\theta - \hat{\boldsymbol{\theta}}\sin\theta)Il \tag{5.2.2}$$

注意到 $f_\theta = -Il\sin\theta$，根据式（5.1.23）和式（5.1.24），可以得到电场和磁场的表达式为

$$\boldsymbol{E}(\boldsymbol{r}) = \hat{\boldsymbol{\theta}}\mathrm{i}\omega\mu\frac{\mathrm{e}^{\mathrm{i}kr}}{4\pi r}f_\theta = -\hat{\boldsymbol{\theta}}\mathrm{i}\omega\mu Il\frac{\mathrm{e}^{\mathrm{i}kr}}{4\pi r}\sin\theta \tag{5.2.3}$$

$$\boldsymbol{H}(\boldsymbol{r}) = \hat{\boldsymbol{\phi}}\mathrm{i}k\frac{\mathrm{e}^{\mathrm{i}kr}}{4\pi r}f_\theta = -\hat{\boldsymbol{\phi}}\mathrm{i}kIl\frac{\mathrm{e}^{\mathrm{i}kr}}{4\pi r}\sin\theta \tag{5.2.4}$$

及式（5.1.25）表示的坡印廷矢量的时均值

$$\langle\boldsymbol{S}\rangle = \hat{\boldsymbol{r}}\frac{1}{2}\sqrt{\frac{\mu}{\varepsilon}}\left(\frac{kIl}{4\pi r}\right)^2\sin^2\theta \tag{5.2.5}$$

在半径为 r 的球面上对 $\hat{\boldsymbol{r}}\cdot\langle\boldsymbol{S}\rangle$ 积分，并令 $r\to\infty$，可以得到总的辐射功率

$$P_\mathrm{r} = \int_0^{2\pi}\mathrm{d}\phi\int_0^{\pi}\mathrm{d}\theta r^2\sin\theta\langle S_\mathrm{r}\rangle = \frac{4\pi}{3}\eta\left(\frac{kIl}{4\pi}\right)^2 \tag{5.2.6}$$

方向增益 $G(\theta,\phi)$ 定义为观察角 (θ,ϕ) 处的功率密度 $S_\mathrm{r}(\theta,\phi)$ 与单位立体角辐射功率的比值

$$G(\theta,\phi) = \frac{\langle S_\mathrm{r}(\theta,\phi)\rangle}{P_\mathrm{r}/4\pi r^2} = \frac{3}{2}\sin^2\theta \tag{5.2.7}$$

天线的方向系数 D 定义为方向增益达到最大的方向上的取值。对于赫兹电偶极子，有

$$D = G(\theta,\phi)_{\max} = \frac{3}{2} \tag{5.2.8}$$

方向增益在 $\theta = \pi/2$ 方向达到最大，也就是与偶极矩垂直的方向。

在距离 r 不变的情形下，根据电场幅度 $|E_\theta|$ 的大小和角度 θ 的函数关系可以绘制出辐射场的方向图，如图 5.2.2（a）所示。该图由两个描述为 $\sin\theta$ 的圆组成，并且这两个圆关于 z 轴对称。功率方向图（或增益方向图）与 $\sin^2\theta$ 成正比，如图 5.2.2（b）所示，它在任何包含偶极矩的平面内以水平“数字 8”的形式存在。

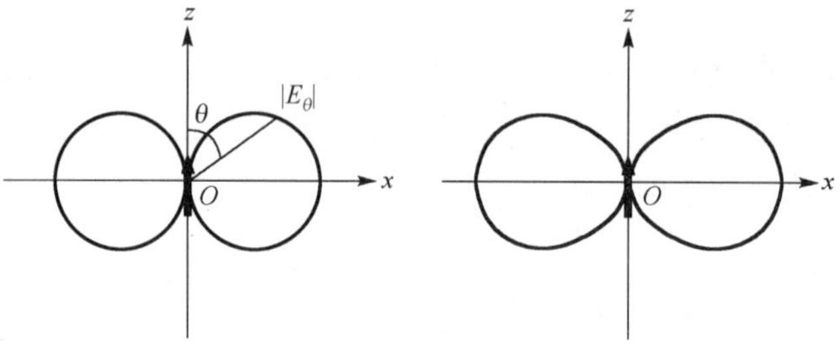

（a）辐射场方向图　　（b）辐射功率方向图

图 5.2.2　辐射场与辐射功率方向图

接下来推导电流密度为 $\boldsymbol{J}(\boldsymbol{r}')=\boldsymbol{I}l\delta(\boldsymbol{r}')$ 的赫兹电偶极子的电场 $\boldsymbol{E}(\boldsymbol{r})$ 的表达式。根据 $(\boldsymbol{I}l\cdot\nabla)\boldsymbol{r}=\boldsymbol{I}l$，有

$$
\begin{aligned}
\boldsymbol{E}(\boldsymbol{r}) &= \mathrm{i}\omega\mu\left(\overline{\overline{\boldsymbol{I}}}+\frac{1}{k^2}\nabla\nabla\right)\cdot\boldsymbol{I}l\frac{\mathrm{e}^{\mathrm{i}kr}}{4\pi r}\\
&= \mathrm{i}\omega\mu\left[\boldsymbol{I}l+\frac{1}{k^2}(\boldsymbol{I}l\cdot\nabla)\nabla\right]\frac{\mathrm{e}^{\mathrm{i}kr}}{4\pi r}\\
&= \mathrm{i}\omega\mu\left\{\boldsymbol{I}l\frac{\mathrm{e}^{\mathrm{i}kr}}{4\pi r}+(\boldsymbol{I}l\cdot\nabla)\hat{\boldsymbol{r}}\left[\frac{\mathrm{i}}{kr}+\left(\frac{\mathrm{i}}{kr}\right)^2\right]\frac{\mathrm{e}^{\mathrm{i}kr}}{4\pi}\right\}\\
&= \mathrm{i}\omega\mu\left\{\boldsymbol{I}l\frac{\mathrm{e}^{\mathrm{i}kr}}{4\pi r}+\frac{1}{r}\left[\frac{\mathrm{i}}{kr}+\left(\frac{\mathrm{i}}{kr}\right)^2\right]\frac{\mathrm{e}^{\mathrm{i}kr}}{4\pi}(\boldsymbol{I}l\cdot\nabla)\hat{\boldsymbol{r}}+\hat{\boldsymbol{r}}(\boldsymbol{I}l\cdot\nabla)\frac{1}{r}\left[\frac{\mathrm{i}}{kr}+\left(\frac{\mathrm{i}}{kr}\right)^2\right]\frac{\mathrm{e}^{\mathrm{i}kr}}{4\pi}\right\}\\
&= \mathrm{i}\omega\mu\left\{\boldsymbol{I}l\left[1+\frac{\mathrm{i}}{kr}+\left(\frac{\mathrm{i}}{kr}\right)^2\right]-\hat{\boldsymbol{r}}(\hat{\boldsymbol{r}}\cdot\boldsymbol{I}l)\left[1+3\frac{\mathrm{i}}{kr}+3\left(\frac{\mathrm{i}}{kr}\right)^2\right]\right\}\frac{\mathrm{e}^{\mathrm{i}kr}}{4\pi r}
\end{aligned}
\tag{5.2.9}
$$

$$
\boldsymbol{H}(\boldsymbol{r})=\frac{1}{\mathrm{i}\omega\mu}\nabla\times\boldsymbol{E}=\nabla\times\boldsymbol{I}l\frac{\mathrm{e}^{\mathrm{i}kr}}{4\pi r}=\hat{\boldsymbol{r}}\mathrm{i}k\times\boldsymbol{I}l\left(1+\frac{\mathrm{i}}{kr}\right)\frac{\mathrm{e}^{\mathrm{i}kr}}{4\pi r}\tag{5.2.10}
$$

$$
\begin{aligned}
\boldsymbol{S}(\boldsymbol{r})=\boldsymbol{E}\times\boldsymbol{H}^*=\eta\left(\frac{k}{4\pi r}\right)^2\Bigg[&\hat{\boldsymbol{r}}(Il)^2\left(1+\frac{\mathrm{i}}{k^3r^3}\right)-\\
&\hat{\boldsymbol{r}}(\hat{\boldsymbol{r}}\cdot\boldsymbol{I}l)^2\left(1+\frac{\mathrm{i}2}{kr}+\frac{\mathrm{i}3}{k^3r^3}\right)+(\hat{\boldsymbol{r}}\cdot\boldsymbol{I}l)\boldsymbol{I}l\left(\frac{\mathrm{i}2}{kr}+\frac{\mathrm{i}2}{k^3r^3}\right)\Bigg]
\end{aligned}
\tag{5.2.11}
$$

$$
\langle\boldsymbol{S}(\boldsymbol{r})\rangle=\frac{1}{2}\mathrm{Re}\left\{\boldsymbol{E}\times\boldsymbol{H}^*\right\}=\eta\left(\frac{k}{4\pi r}\right)^2\left[\hat{\boldsymbol{r}}(Il)^2-\hat{\boldsymbol{r}}(\hat{\boldsymbol{r}}\cdot\boldsymbol{I}l)^2\right]\tag{5.2.12}
$$

对于 $\hat{\boldsymbol{z}}$ 方向的赫兹电偶极子，电场和磁场分别为

$$\boldsymbol{E}(\boldsymbol{r})=\frac{\mathrm{i}\omega\mu\mathrm{e}^{\mathrm{i}kr}}{4\pi r}Il\left[\hat{\boldsymbol{z}}\left(1+\frac{\mathrm{i}}{kr}-\frac{1}{k^2r^2}\right)+\hat{\boldsymbol{r}}\frac{z}{r}\left(-1-\frac{\mathrm{i}3}{kr}+\frac{3}{k^2r^2}\right)\right]$$
$$=-\frac{\mathrm{i}\omega\mu\mathrm{e}^{\mathrm{i}kr}}{4\pi r}Il\left\{\hat{\boldsymbol{r}}\left[\frac{\mathrm{i}}{kr}+\left(\frac{\mathrm{i}}{kr}\right)^2\right]2\cos\theta+\hat{\boldsymbol{\theta}}\left[1+\frac{\mathrm{i}}{kr}+\left(\frac{\mathrm{i}}{kr}\right)^2\right]\sin\theta\right\} \tag{5.2.13}$$

$$\boldsymbol{H}(\boldsymbol{r})=-\hat{\boldsymbol{\phi}}\mathrm{i}kIl\frac{\mathrm{e}^{\mathrm{i}kr}}{4\pi r}\left(1+\frac{\mathrm{i}}{kr}\right)\sin\theta \tag{5.2.14}$$

从式（5.2.14）可知，磁场沿 $\hat{\boldsymbol{\phi}}$ 方向绕偶极子旋转。复坡印廷矢量为

$$\boldsymbol{S}=\boldsymbol{E}\times\boldsymbol{H}^*=\eta\left(\frac{kIl}{4\pi r}\right)^2\left\{\hat{\boldsymbol{r}}\left[1-\left(\frac{\mathrm{i}}{kr}\right)^3\right]\sin^2\theta-\hat{\boldsymbol{\theta}}\left[\left(\frac{\mathrm{i}}{kr}\right)-\left(\frac{\mathrm{i}}{kr}\right)^3\right]\sin(2\theta)\right\} \tag{5.2.15}$$

坡印廷矢量的时均值为

$$\langle\boldsymbol{S}\rangle=\frac{1}{2}\mathrm{Re}\{\boldsymbol{S}\}=\hat{\boldsymbol{r}}\frac{\eta}{2}\left(\frac{kIl}{4\pi r}\right)^2\sin^2\theta \tag{5.2.16}$$

式中，$\eta=\sqrt{\mu/\varepsilon}$。式（5.2.16）与辐射场近似条件下得到的式（5.2.5）相同。当观察点距离偶极子很远，即 $kr\gg 1$ 时，可以忽略阶数大于 $1/kr$ 的项。根据式（5.2.13）和式（5.2.14），可以发现电场 $\boldsymbol{E}$ 和磁场 $\boldsymbol{H}$ 在辐射区域，将简化为式（5.2.3）和式（5.2.4）。

5.2.2　赫兹磁偶极子

考虑一个半径 a 无限小的小电流环（图 5.2.3）。电流密度可以表示为

$$\boldsymbol{J}(\boldsymbol{r}')=\hat{\boldsymbol{\phi}}I\delta(\rho'-a)\delta(z')$$
$$=(-\hat{\boldsymbol{x}}\sin\phi'+\hat{\boldsymbol{y}}\cos\phi')I\delta(\rho'-a)\delta(z') \tag{5.2.17}$$

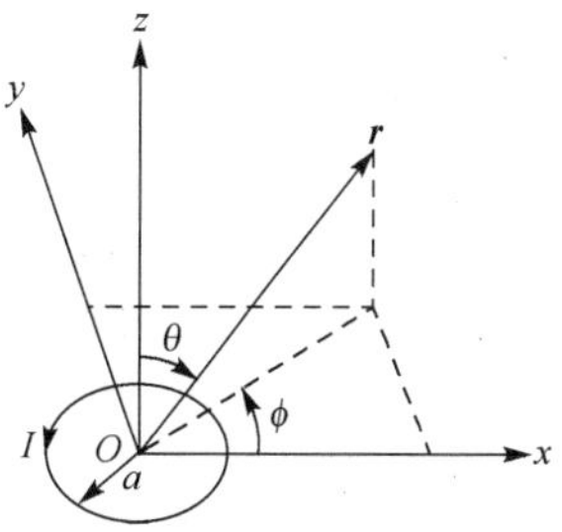

图 5.2.3　电流模型的磁偶极子

电流环产生的电场可以通过以下方式推导

$$\boldsymbol{E}(\boldsymbol{r})=\mathrm{i}\omega\mu\left(\overline{\overline{\boldsymbol{I}}}+\frac{1}{k^2}\nabla\nabla\right)\cdot\iiint\mathrm{d}^3\boldsymbol{r}'\frac{\mathrm{e}^{\mathrm{i}k|\boldsymbol{r}-\boldsymbol{r}'|}}{4\pi|\boldsymbol{r}-\boldsymbol{r}'|}\boldsymbol{J}(\boldsymbol{r}')$$
$$=\mathrm{i}\omega\mu\left(\overline{\overline{\boldsymbol{I}}}+\frac{1}{k^2}\nabla\nabla\right)\cdot\int_0^{2\pi}\mathrm{d}\phi'\int_0^{\infty}\mathrm{d}\rho'\int_{-\infty}^{\infty}\mathrm{d}z'\rho'\frac{\mathrm{e}^{\mathrm{i}k|\boldsymbol{r}-\boldsymbol{r}'|}}{4\pi|\boldsymbol{r}-\boldsymbol{r}'|}\boldsymbol{J}(\boldsymbol{r}') \tag{5.2.18}$$
$$=\mathrm{i}\omega\mu\left(\overline{\overline{\boldsymbol{I}}}+\frac{1}{k^2}\nabla\nabla\right)\cdot\int_0^{2\pi}\mathrm{d}\phi' a\frac{\mathrm{e}^{\mathrm{i}k|\boldsymbol{r}-\boldsymbol{r}'|}}{4\pi|\boldsymbol{r}-\boldsymbol{r}'|}(-\hat{\boldsymbol{x}}\sin\phi'+\hat{\boldsymbol{y}}\cos\phi')I$$

将 $\boldsymbol{r}$ 和 $\boldsymbol{r}'$ 分别用笛卡儿分量表示 $\boldsymbol{r}=\hat{\boldsymbol{x}}r\sin\theta\cos\phi+\hat{\boldsymbol{y}}r\sin\theta\sin\phi+\hat{\boldsymbol{z}}r\cos\theta$，$\boldsymbol{r}'=\hat{\boldsymbol{x}}a\cos\phi'+\hat{\boldsymbol{y}}a\sin\phi'$。观察点 $\boldsymbol{r}$ 与源点 $\boldsymbol{r}'$ 之间的距离 $|\boldsymbol{r}-\boldsymbol{r}'|$ 可以写为

$$\begin{aligned}|\boldsymbol{r}-\boldsymbol{r}'| &= |\hat{\boldsymbol{x}}(r\sin\theta\cos\phi - a\cos\phi') + \hat{\boldsymbol{y}}(r\sin\theta\sin\phi - a\sin\phi') + \hat{\boldsymbol{z}}r\cos\theta| \\ &= r\sqrt{1+\frac{a^2}{r^2}-\frac{2a}{r}\sin\theta\cos(\phi-\phi')}\end{aligned} \tag{5.2.19}$$

然后将标量格林函数展开为 $a/r \to 0$ 的麦克劳林级数形式，并保留前两项，可以得到

$$\begin{aligned}\frac{\mathrm{e}^{\mathrm{i}k|\boldsymbol{r}-\boldsymbol{r}'|}}{4\pi|\boldsymbol{r}-\boldsymbol{r}'|} &\approx \frac{\mathrm{e}^{\mathrm{i}kr}}{4\pi r} + \frac{a}{r}\left[\frac{\mathrm{d}}{\mathrm{d}\left(\frac{a}{r}\right)}\frac{\mathrm{e}^{\mathrm{i}k|\boldsymbol{r}-\boldsymbol{r}'|}}{4\pi|\boldsymbol{r}-\boldsymbol{r}'|}\right]_{a/r\to 0} \\ &= \frac{\mathrm{e}^{\mathrm{i}kr}}{4\pi r} + \frac{a}{4\pi r}\left[\frac{(\mathrm{i}k|\boldsymbol{r}-\boldsymbol{r}'|-1)\mathrm{e}^{\mathrm{i}k|\boldsymbol{r}-\boldsymbol{r}'|}}{|\boldsymbol{r}-\boldsymbol{r}'|^2}\frac{\mathrm{d}}{\mathrm{d}\left(\frac{a}{r}\right)}|\boldsymbol{r}-\boldsymbol{r}'|\right]_{a/r\to 0} \\ &= \frac{\mathrm{e}^{\mathrm{i}kr}}{4\pi r} + \frac{a}{r}(-\mathrm{i}kr+1)\sin\theta\cos(\phi-\phi')\frac{\mathrm{e}^{\mathrm{i}kr}}{4\pi r}\end{aligned} \tag{5.2.20}$$

利用式（5.2.20）求解电场表达式（5.2.18）中的积分，可以得到

$$\begin{aligned}&\int_0^{2\pi} a\mathrm{d}\phi'(-\hat{\boldsymbol{x}}\sin\phi' + \hat{\boldsymbol{y}}\cos\phi')\frac{I\mathrm{e}^{\mathrm{i}k|\boldsymbol{r}-\boldsymbol{r}'|}}{4\pi|\boldsymbol{r}-\boldsymbol{r}'|} \\ &= (-\hat{\boldsymbol{x}}\sin\phi + \hat{\boldsymbol{y}}\cos\phi)\frac{\pi a^2 I\mathrm{e}^{\mathrm{i}kr}}{4\pi r^2}(1-\mathrm{i}kr)\sin\theta \\ &= \hat{\boldsymbol{\phi}}\frac{I\pi a^2\mathrm{e}^{\mathrm{i}kr}}{4\pi r^2}(1-\mathrm{i}kr)\sin\theta\end{aligned} \tag{5.2.21}$$

将式（5.2.21）的结果代回式（5.2.18），并注意到式（5.2.21）与 ϕ 无关，因此式（5.2.18）中的 $\nabla\nabla$ 算子并不影响最终结果。

定义电流环的磁偶极矩 $M = I\pi a^2 = IA$，小电流环也可以称为赫兹磁偶极子。电场矢量的表达式为

$$\boldsymbol{E} = \hat{\boldsymbol{\phi}}\omega\mu kM\frac{\mathrm{e}^{\mathrm{i}kr}}{4\pi r}\left(1+\frac{\mathrm{i}}{kr}\right)\sin\theta \tag{5.2.22}$$

磁场矢量的表达式为

$$\begin{aligned}\boldsymbol{H}(\boldsymbol{r}) &= \frac{1}{\mathrm{i}\omega\mu}\nabla\times\boldsymbol{E}(\boldsymbol{r}) \\ &= -k^2M\frac{\mathrm{e}^{\mathrm{i}kr}}{4\pi r}\left\{\hat{\boldsymbol{r}}\left[\frac{\mathrm{i}}{kr}+\left(\frac{\mathrm{i}}{kr}\right)^2\right]2\cos\theta + \hat{\boldsymbol{\theta}}\left[1+\frac{\mathrm{i}}{kr}+\left(\frac{\mathrm{i}}{kr}\right)^2\right]\sin\theta\right\}\end{aligned} \tag{5.2.23}$$

为了对偶极子辐射电场和磁场的表达式进行总结归纳，令电偶极矩与磁偶极矩的指向具有一般性，记作 $\boldsymbol{I}l = \hat{\boldsymbol{x}}I_x l + \hat{\boldsymbol{y}}I_y l + \hat{\boldsymbol{z}}I_z l$ 和 $\boldsymbol{M} = \hat{\boldsymbol{x}}M_x + \hat{\boldsymbol{y}}M_y + \hat{\boldsymbol{z}}M_z$。根据式（5.2.9）和式（5.2.10），可以得到赫兹电偶极子的电场和磁场

$$\boldsymbol{E}(\boldsymbol{r}) = \frac{\mathrm{i}\omega\mu\mathrm{e}^{\mathrm{i}kr}}{4\pi r}\left\{\boldsymbol{I}l\left[1+\frac{\mathrm{i}}{kr}+\left(\frac{\mathrm{i}}{kr}\right)^2\right] - \hat{\boldsymbol{r}}(\hat{\boldsymbol{r}}\cdot\boldsymbol{I}l)\left(1+\frac{\mathrm{i}3}{kr}-\frac{3}{k^2r^2}\right)\right\} \tag{5.2.24}$$

$$\boldsymbol{H}(\boldsymbol{r})=\hat{\boldsymbol{r}}\times\boldsymbol{Il}\frac{\mathrm{i}k\mathrm{e}^{\mathrm{i}kr}}{4\pi r}\left(1+\frac{\mathrm{i}}{kr}\right)\tag{5.2.25}$$

根据对偶原理，赫兹磁偶极子的电场和磁场表达式为

$$\boldsymbol{E}(\boldsymbol{r})=-\hat{\boldsymbol{r}}\times\boldsymbol{M}\frac{\omega\mu k\mathrm{e}^{\mathrm{i}kr}}{4\pi r}\left(1+\frac{\mathrm{i}}{kr}\right)\tag{5.2.26}$$

$$\boldsymbol{H}(\boldsymbol{r})=\frac{k^2\mathrm{e}^{\mathrm{i}kr}}{4\pi r}\left\{\boldsymbol{M}\left[1+\frac{\mathrm{i}}{kr}+\left(\frac{\mathrm{i}}{kr}\right)^2\right]-\hat{\boldsymbol{r}}(\hat{\boldsymbol{r}}\cdot\boldsymbol{M})\left(1+\frac{\mathrm{i}3}{kr}-\frac{3}{k^2r^2}\right)\right\}\tag{5.2.27}$$

由于电偶极子与磁偶极子之间具有对偶关系，因此只需做如下替换：$\boldsymbol{E}\to\boldsymbol{H}$，$\boldsymbol{H}\to-\boldsymbol{E}$，$\mu\to\varepsilon$，$\varepsilon\to\mu$，$\boldsymbol{Il}=-\mathrm{i}\omega\boldsymbol{P}\to-\mathrm{i}\omega\mu\boldsymbol{M}$ 及 $\mathrm{i}\omega\mu\boldsymbol{M}\to\boldsymbol{Il}\to-\mathrm{i}\omega\boldsymbol{P}$ 就可以得到相应的表达式。其中，前 4 个替换直接由对偶原理决定；后两个替换则可依据对偶关系：$\boldsymbol{D}\to\boldsymbol{B}$，$\boldsymbol{B}\to-\boldsymbol{D}$ 及 $\boldsymbol{D}$、$\boldsymbol{B}$ 与电偶极矩、磁偶极矩之间的关系 $\boldsymbol{D}=\varepsilon\boldsymbol{E}+\boldsymbol{P}$、$\boldsymbol{B}=\mu\boldsymbol{H}+\mu\boldsymbol{M}$ 推导得到。

当赫兹磁偶极子的偶极轴沿 $\hat{z}$ 方向时，式（5.2.26）和式（5.2.27）简化为式（5.2.22）和式（5.2.23）。需要注意的是，若赫兹电偶极矩 Il 满足以下关系

$$(Il)_{\mathrm{e}}=(\mathrm{i}kIA)_{\mathrm{m}}\tag{5.2.28}$$

则可以对电偶极子和磁偶极子的对应关系进行量化。式中，下标“e”和“m”分别表示电偶极子和磁偶极子。令

$$\boldsymbol{E}_{\mathrm{m}}=\eta\boldsymbol{H}_{\mathrm{e}}\tag{5.2.29}$$

$$\boldsymbol{H}_{\mathrm{m}}=-\frac{\boldsymbol{E}_{\mathrm{e}}}{\eta}\tag{5.2.30}$$

那么，式（5.2.22）和式（5.2.23）中小电流环的解就可以通过电偶极子的解得到。以上两个公式满足对偶原理。上述讨论主要为了说明小电流环的电场和磁场（包括近场和远场）与赫兹电偶极子的对偶关系，因此小电流环可以视作与电偶极子对偶的磁偶极子。

5.3　平面分层介质的偶极子辐射

5.3.1　谱域格林函数和索末菲恒等式

根据 5.1.1 节的分析，可以通过求解微分方程

$$\nabla^2 g(\boldsymbol{r})+k^2 g(\boldsymbol{r})=-\delta(\boldsymbol{r})\tag{5.3.1}$$

得到自由空间的标量格林函数

$$g(r)=\frac{\mathrm{e}^{\mathrm{i}kr}}{4\pi r}\tag{5.3.2}$$

而另一种推导方法是将 $g(\boldsymbol{r})$ 与 $\delta(\boldsymbol{r})$ 用三维傅里叶变换展开为

$$g(\boldsymbol{r})=\frac{1}{(2\pi)^3}\iiint_{-\infty}^{\infty}\mathrm{d}k_x\mathrm{d}k_y\mathrm{d}k_z\tilde{g}(k_x,k_y,k_z)\mathrm{e}^{\mathrm{i}k_x x+\mathrm{i}k_y y+\mathrm{i}k_z z}\tag{5.3.3}$$

$$\delta(\boldsymbol{r})=\frac{1}{(2\pi)^3}\iiint_{-\infty}^{\infty}\mathrm{d}k_x\mathrm{d}k_y\mathrm{d}k_z\mathrm{e}^{\mathrm{i}k_xx+\mathrm{i}k_yy+\mathrm{i}k_zz} \tag{5.3.4}$$

式中，$\tilde{g}(k_x,k_y,k_z)$ 是待定的未知函数，通常称为自由空间谱域格林函数。将式（5.3.3）和式（5.3.4）代入方程（5.3.1），可以得到

$$\begin{aligned}&\iiint_{-\infty}^{\infty}\mathrm{d}k_x\mathrm{d}k_y\mathrm{d}k_z(k^2-k_x^2-k_y^2-k_z^2)\tilde{g}(k_x,k_y,k_z)\mathrm{e}^{\mathrm{i}k_xx+\mathrm{i}k_yy+\mathrm{i}k_zz}\\&=-\iiint_{-\infty}^{\infty}\mathrm{d}k_x\mathrm{d}k_y\mathrm{d}k_z\mathrm{e}^{\mathrm{i}k_xx+\mathrm{i}k_yy+\mathrm{i}k_zz}\end{aligned} \tag{5.3.5}$$

式（5.3.5）对任意 x、y 和 z 均成立，故有

$$\tilde{g}(k_x,k_y,k_z)=\frac{-1}{k^2-k_x^2-k_y^2-k_z^2} \tag{5.3.6}$$

因此，式（5.3.3）可以写为

$$g(x,y,z)=\frac{-1}{(2\pi)^3}\iiint_{-\infty}^{\infty}\mathrm{d}k_x\mathrm{d}k_y\mathrm{d}k_z\frac{\mathrm{e}^{\mathrm{i}k_xx+\mathrm{i}k_yy+\mathrm{i}k_zz}}{k^2-k_x^2-k_y^2-k_z^2} \tag{5.3.7}$$

在式（5.3.7）中，若首先考虑 k_z 的积分，则积分在 $k_z=\pm(k^2-k_x^2-k_y^2)^{1/2}$ 存在极点。若 k 为实数，对于实数 k_x 和 k_y，极点将位于实轴，导致式（5.3.7）中的积分无定义。假如在处理该积分时引入损耗，$k=k_{\mathrm{R}}+\mathrm{i}k_{\mathrm{I}}$，极点将偏离实轴（图 5.3.1），则式（5.3.7）中的积分定义是合理的。此外，这是因为对于无损介质，$g(x,y,z)$ 并不是绝对可积的，因此它的傅里叶变换可能不存在。此外，引入小的损耗也可保证方程（5.3.1）的辐射条件和解的唯一性，从而保证式（5.3.2）和式（5.3.7）的等号右侧相等。

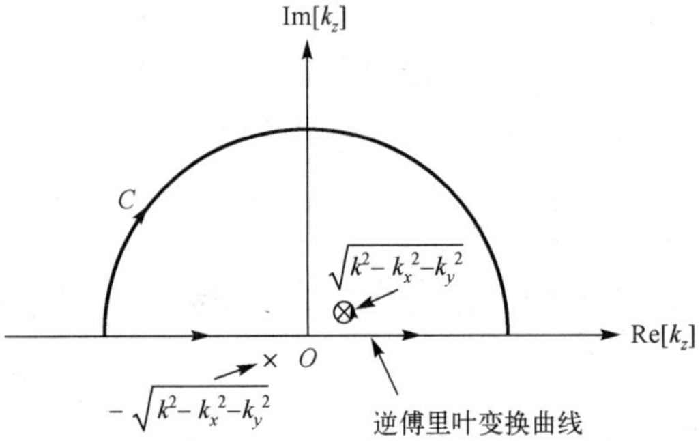

图 5.3.1 沿着实轴的积分等于沿着 C 的积分加上极点 $(k^2-k_x^2-k_y^2)^{1/2}$ 的留数

在式（5.3.7）中，当 $z>0$ 时，若 $\mathrm{Im}[k_z]\to\infty$，则被积分函数呈指数衰减。根据约当引理，$k_z$ 沿图 5.3.1 中半圆弧线 C 的积分为零。根据柯西定理，对实轴上逆傅里叶变换曲线的积分与对 $(k^2-k_x^2-k_y^2)^{1/2}$ 处的极点积分相同。因此根据极点的留数，有

$$g(x,y,z)=\frac{\mathrm{i}}{2(2\pi)^2}\iint_{-\infty}^{\infty}\mathrm{d}k_x\mathrm{d}k_y\frac{\mathrm{e}^{\mathrm{i}k_xx+\mathrm{i}k_yy+\mathrm{i}k_z'z}}{k_z'},\qquad z>0 \tag{5.3.8}$$

式中，$k_z'=(k^2-k_x^2-k_y^2)^{1/2}$。同样地，当 $z<0$ 时，积分与 $-(k^2-k_x^2-k_y^2)^{1/2}$ 处极点的留数相同。因此，对于任意 z，均有

$$g(x,y,z)=\frac{\mathrm{i}}{2(2\pi)^2}\iint_{-\infty}^{\infty}\mathrm{d}k_x\mathrm{d}k_y\,\frac{\mathrm{e}^{\mathrm{i}k_x x+\mathrm{i}k_y y+\mathrm{i}k_z'|z|}}{k_z'} \tag{5.3.9}$$

由于在无穷远处，满足辐射条件的微分方程（5.3.1）的解具有唯一性，因此需要令式（5.3.2）与式（5.3.9）相等，有

$$\frac{\mathrm{e}^{\mathrm{i}kr}}{r}=\frac{\mathrm{i}}{2\pi}\iint_{-\infty}^{\infty}\mathrm{d}k_x\mathrm{d}k_y\,\frac{\mathrm{e}^{\mathrm{i}k_x x+\mathrm{i}k_y y+\mathrm{i}k_z|z|}}{k_z} \tag{5.3.10}$$

式中，$k_z=(k^2-k_x^2-k_y^2)^{1/2}$。为了满足辐射条件，在对 k_x 和 k_y 积分时，始终要求 $\mathrm{Im}[k_z]>0$ 和 $\mathrm{Re}[k_z]>0$。式（5.3.10）称为外尔恒等式，可以解释为包括倏逝波在内各个方向传播的平面波的积分和，也可以认为是球面波的平面波展开。

如图 5.3.2 所示，将式（5.3.10）用 $\boldsymbol{k}_\rho$ 和 $\boldsymbol{\rho}$ 表示为笛卡儿分量，有 $\boldsymbol{k}_\rho=\hat{\boldsymbol{x}}k_\rho\cos\alpha+\hat{\boldsymbol{y}}k_\rho\sin\alpha$，$\boldsymbol{\rho}=\hat{\boldsymbol{x}}\rho\cos\phi+\hat{\boldsymbol{y}}\rho\sin\phi$，$\mathrm{d}k_x\mathrm{d}k_y=k_\rho\mathrm{d}k_\rho\mathrm{d}\alpha$，可以得到

$$k_x x+k_y y=\boldsymbol{k}_\rho\cdot\boldsymbol{\rho}=k_\rho\cos(\alpha-\phi) \tag{5.3.11}$$

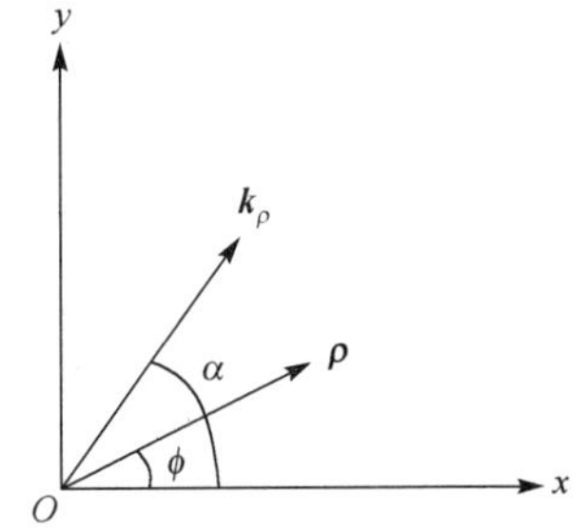

图 5.3.2　xOy 平面内的 $\boldsymbol{k}_\rho$ 和 $\boldsymbol{\rho}$ 矢量

因此，外尔恒等式[式（5.3.10）]变为

$$\frac{\mathrm{e}^{\mathrm{i}kr}}{r}=\frac{\mathrm{i}}{2\pi}\int_0^{\infty}\mathrm{d}k_\rho k_\rho\int_0^{2\pi}\mathrm{d}\alpha\,\frac{\mathrm{e}^{\mathrm{i}k_\rho\cos(\alpha-\phi)+\mathrm{i}k_z|z|}}{k_z} \tag{5.3.12}$$

式中，$k_z=(k^2-k_\rho^2)^{1/2}$。利用贝塞尔函数的积分恒等式

$$\mathrm{J}_0(k_\rho\rho)=\frac{1}{2\pi}\int_0^{2\pi}\mathrm{d}\alpha\mathrm{e}^{\mathrm{i}k_\rho\rho\cos(\alpha-\phi)} \tag{5.3.13}$$

式（5.3.12）可以进一步写为

$$\frac{\mathrm{e}^{\mathrm{i}kr}}{r}=\mathrm{i}\int_0^{\infty}\mathrm{d}k_\rho\,\frac{k_\rho}{k_z}\mathrm{J}_0(k_\rho\rho)\mathrm{e}^{\mathrm{i}k_z|z|} \tag{5.3.14}$$

式（5.3.14）称为索末菲恒等式。这个恒等式表明，球面波可以扩展为 $\hat{\boldsymbol{\rho}}$ 方向上的锥形波或柱面波的积分和，乘以 $\hat{\boldsymbol{z}}$ 方向上波数为 k_ρ（k_ρ 为任意值）的平面波。当 $k_\rho>k$ 时，波在 $\pm\hat{\boldsymbol{z}}$ 方向上是倏逝的。

根据 $\mathrm{J}_0(k_\rho\rho)=1/2\left[\mathrm{H}_0^{(1)}(k_\rho\rho)+\mathrm{H}_0^{(2)}(k_\rho\rho)\right]$ 及 $\mathrm{H}_0^{(1)}(\mathrm{e}^{\mathrm{i}\pi}x)=-\mathrm{H}_0^{(2)}(x)$，可以得到索末菲恒等式[式（5.3.14）]的另一种形式

$$\frac{\mathrm{e}^{\mathrm{i}kr}}{r}=\frac{\mathrm{i}}{2}\int_{-\infty}^{\infty}\mathrm{d}k_\rho\,\frac{k_\rho}{k_z}\mathrm{H}_0^{(1)}(k_\rho\rho)\mathrm{e}^{\mathrm{i}k_z|z|} \tag{5.3.15}$$

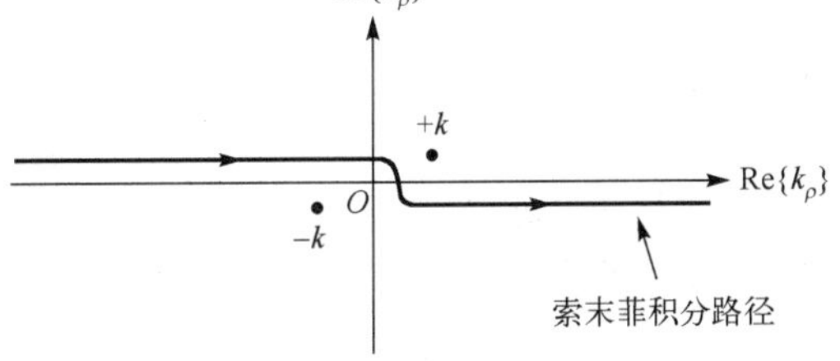

图 5.3.3　索末菲积分路径

由于 $x=0$ 是 $\mathrm{H}_0^{(1)}(x)$ 的奇异对数支点，$k_\rho=\pm k$ 是 $k_z=(k^2-k_\rho^2)^{1/2}$ 的奇异代数支点，因此需要规定积分路径，否则无法定义式（5.3.15）中的积分。图 5.3.3 绘制了索末菲所采用的积分路径，其同样适用于无损介质。由于选择了汉开尔函数的反射公式，因此在原点处，积分路径应该在奇异对数支点上方。

5.3.2 分层介质上方的偶极子

偶极子可以是垂直电偶极子（VED）、水平电偶极子（HED）、垂直磁偶极子（VMD）或水平磁偶极子（HMD）。在没有分层介质的情况下，可以根据式（5.1.17）和式（5.1.24），求出偶极子在介电常数为 ε 和磁导率为 μ 的均匀介质中的辐射场。

1．垂直电偶极子

对于垂直电偶极子，电流密度可以表示为 $\boldsymbol{J}(\boldsymbol{r}')=\hat{z}Il\delta(\boldsymbol{r}')$。电偶极子的电场和磁场为

$$\boldsymbol{E}(\boldsymbol{r})=\mathrm{i}\omega\mu\left(\overline{\overline{\boldsymbol{I}}}+\frac{\nabla\nabla}{k^2}\right)\cdot\hat{z}Il\frac{\mathrm{e}^{\mathrm{i}kr}}{4\pi r} \tag{5.3.16}$$

$$\boldsymbol{H}(\boldsymbol{r})=\frac{1}{\mathrm{i}\omega\mu}\nabla\times\boldsymbol{E}=\nabla\times\hat{z}Il\frac{\mathrm{e}^{\mathrm{i}kr}}{4\pi r} \tag{5.3.17}$$

$\hat{z}$ 分量为

$$E_z=\frac{\mathrm{i}\omega\mu Il}{4\pi k^2}\left(k^2+\frac{\partial^2}{\partial z^2}\right)\frac{\mathrm{e}^{\mathrm{i}kr}}{r} \tag{5.3.18}$$

$$H_z=0 \tag{5.3.19}$$

E_z 表示 TM 波的特征分量，H_z 表示 TE 波的特征分量。显然，垂直电偶极子的辐射场可以看作 TM 场。将索末菲恒等式[式（5.3.15）]代入式（5.3.18），有

$$E_z=\frac{-Il}{8\pi\omega\varepsilon}\int_{-\infty}^{\infty}\mathrm{d}k_\rho\frac{k_\rho^3}{k_z}\mathrm{H}_0^{(1)}(k_\rho\rho)\mathrm{e}^{\mathrm{i}k_z|z|} \tag{5.3.20}$$

横向分量 $\boldsymbol{E}_\mathrm{s}=\hat{\boldsymbol{\rho}}E_\rho+\hat{\boldsymbol{\phi}}E_\phi$ 和 $\boldsymbol{H}_\mathrm{s}=\hat{\boldsymbol{\rho}}H_\rho+\hat{\boldsymbol{\phi}}H_\phi$ 可以由纵向分量 E_z 和 H_z 得到。令

$$E_z=\int_{-\infty}^{\infty}\mathrm{d}k_\rho E_z(k_\rho) \tag{5.3.21}$$

$$H_z=\int_{-\infty}^{\infty}\mathrm{d}k_\rho H_z(k_\rho) \tag{5.3.22}$$

根据无源区域的麦克斯韦方程组，可以得到

$$\boldsymbol{E}_\mathrm{s}(k_\rho)=\frac{1}{k_\rho^2}\left[\nabla_\mathrm{s}\frac{\partial}{\partial z}E_z(k_\rho)+\mathrm{i}\omega\mu\nabla_\mathrm{s}\times\boldsymbol{H}_z(k_\rho)\right] \tag{5.3.23}$$

$$\boldsymbol{H}_\mathrm{s}(k_\rho)=\frac{1}{k_\rho^2}\left[\nabla_\mathrm{s}\frac{\partial}{\partial z}H_z(k_\rho)-\mathrm{i}\omega\varepsilon\nabla_\mathrm{s}\times\boldsymbol{E}_z(k_\rho)\right] \tag{5.3.24}$$

考虑图 5.3.4 所示的问题，即有一个垂直电偶极子位于分层介质的上方。这个问题可以看成电偶极子在均匀介质中的辐射场被分层介质反射。入射场为

$$E_z^{\mathrm{inc}}=\frac{-Il}{8\pi\omega\varepsilon}\int_{-\infty}^{\infty}\mathrm{d}k_\rho\frac{k_\rho^3}{k_z}\mathrm{H}_0^{(1)}(k_\rho\rho)\mathrm{e}^{\mathrm{i}k_z|z|} \tag{5.3.25}$$

由于要满足相位匹配条件，反射场和透射场沿横向的变化应该与入射场相同。因此，反射场可以写为

$$E_z^{\text{ref}} = \frac{-Il}{8\pi\omega\varepsilon}\int_{-\infty}^{\infty}\mathrm{d}k_\rho \frac{k_\rho^3}{k_z} R^{\text{TM}} \mathrm{H}_0^{(1)}(k_\rho \rho)\mathrm{e}^{\mathrm{i}k_z z} \quad (5.3.26)$$

每一层介质中的场都包含沿 $-\hat{z}$ 和 $+\hat{z}$ 两个方向传播的电磁波，因此第 l（$l\in[1,N]$）层的场可以表示为

$$E_{lz} = \frac{-Il}{8\pi\omega\varepsilon_l}\int_{-\infty}^{\infty}\mathrm{d}k_\rho \frac{k_\rho^3}{k_{lz}} \mathrm{H}_0^{(1)}(k_\rho \rho)(A_l \mathrm{e}^{-\mathrm{i}k_{lz}d_l} + B_l \mathrm{e}^{\mathrm{i}k_{lz}d_l}) \quad (5.3.27)$$

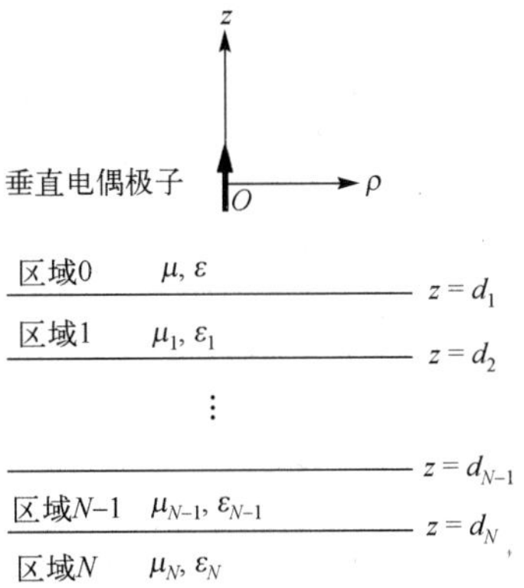

图 5.3.4　分层介质上方的垂直电偶极子

式中，$k_{lz} = \sqrt{k_l^2 - k_\rho^2} = \sqrt{\omega^2\mu_l\varepsilon_l - k_\rho^2}$。

为了确定式（5.3.27）中的待定系数 A_l 和 B_l，需要在每一层的分界面都应用切向场连续的边界条件。在位于 $z=d_l$ 的第 $l-1$ 层和第 l 层的分界面上，有

$$\frac{1}{k_{(l-1)z}}\left[A_{l-1}\mathrm{e}^{-\mathrm{i}k_{(l-1)z}d_l} + B_{l-1}\mathrm{e}^{\mathrm{i}k_{(l-1)z}d_l}\right] = \frac{1}{k_{lz}}\left[A_l \mathrm{e}^{-\mathrm{i}k_{lz}d_l} + B_l \mathrm{e}^{\mathrm{i}k_{lz}d_l}\right] \quad (5.3.28)$$

$$\frac{1}{\varepsilon_{l-1}}\left[A_{l-1}\mathrm{e}^{-\mathrm{i}k_{(l-1)z}d_l} - B_{l-1}\mathrm{e}^{\mathrm{i}k_{(l-1)z}d_l}\right] = \frac{1}{\varepsilon_l}\left[A_l \mathrm{e}^{-\mathrm{i}k_{lz}d_l} - B_l \mathrm{e}^{\mathrm{i}k_{lz}d_l}\right] \quad (5.3.29)$$

根据上述方程，将 A_l 和 B_l 表示为 A_{l-1} 和 B_{l-1}，有

$$A_l \mathrm{e}^{-\mathrm{i}k_{lz}d_l} = \frac{1}{2}\left[\frac{k_{lz}}{k_{(l-1)z}} + \frac{\varepsilon_l}{\varepsilon_{l-1}}\right]\left[A_{l-1}\mathrm{e}^{-\mathrm{i}k_{(l-1)z}d_l} + R_{l(l-1)}^{\text{TM}} B_{l-1}\mathrm{e}^{\mathrm{i}k_{(l-1)z}d_l}\right] \quad (5.3.30)$$

$$B_l \mathrm{e}^{\mathrm{i}k_{lz}d_l} = \frac{1}{2}\left[\frac{k_{lz}}{k_{(l-1)z}} + \frac{\varepsilon_l}{\varepsilon_{l-1}}\right]\left[R_{l(l-1)}^{\text{TM}} A_{l-1}\mathrm{e}^{-\mathrm{i}k_{(l-1)z}d_l} + B_{l-1}\mathrm{e}^{\mathrm{i}k_{(l-1)z}d_l}\right] \quad (5.3.31)$$

将 A_{l-1} 和 B_{l-1} 表示为 A_l 和 B_l，可以得到

$$A_{l-1}\mathrm{e}^{-\mathrm{i}k_{(l-1)z}d_l} = \frac{1}{2}\left[\frac{k_{(l-1)z}}{k_{lz}} + \frac{\varepsilon_{l-1}}{\varepsilon_l}\right]\left[A_l \mathrm{e}^{-\mathrm{i}k_{lz}d_l} + R_{(l-1)l}^{\text{TM}} B_l \mathrm{e}^{\mathrm{i}k_{lz}d_l}\right] \quad (5.3.32)$$

$$B_{l-1}\mathrm{e}^{\mathrm{i}k_{(l-1)z}d_l} = \frac{1}{2}\left[\frac{k_{(l-1)z}}{k_{lz}} + \frac{\varepsilon_{l-1}}{\varepsilon_l}\right]\left[R_{(l-1)l}^{\text{TM}} A_l \mathrm{e}^{-\mathrm{i}k_{lz}d_l} + B_l \mathrm{e}^{\mathrm{i}k_{lz}d_l}\right] \quad (5.3.33)$$

菲涅耳反射系数为

$$R_{l(l-1)}^{\text{TM}} = \frac{1-\varepsilon_l k_{(l-1)z}/\varepsilon_{l-1}k_{lz}}{1+\varepsilon_l k_{(l-1)z}/\varepsilon_{l-1}k_{lz}} = -R_{(l-1)l}^{\text{TM}} \quad (5.3.34)$$

根据式（5.3.30）和式（5.3.31）或式（5.3.32）和式（5.3.33），可以得到

$$\frac{B_l}{A_l}=\frac{R_{l(l-1)}^{\rm TM}+\dfrac{B_{l-1}}{A_{l-1}}{\rm e}^{{\rm i}2k_{(l-1)z}d_l}}{1+R_{l(l-1)}^{\rm TM}\dfrac{B_{l-1}}{A_{l-1}}{\rm e}^{{\rm i}2k_{(l-1)z}d_l}}\frac{1}{{\rm e}^{{\rm i}2k_{lz}d_l}} \tag{5.3.35}$$

$$\frac{B_{l-1}}{A_{l-1}}=\frac{R_{(l-1)l}^{\rm TM}+\dfrac{B_l}{A_l}{\rm e}^{{\rm i}2k_{lz}d_l}}{1+R_{(l-1)l}^{\rm TM}\dfrac{B_l}{A_l}{\rm e}^{{\rm i}2k_{lz}d_l}}\frac{1}{{\rm e}^{{\rm i}2k_{(l-1)z}d_l}} \tag{5.3.36}$$

式（5.3.36）提供了一种计算 B_l/A_l 和 B_{l-1}/A_{l-1} 的递推方法，可以从 $l=N$ 递推到 $l=1$，也可以从 $l=1$ 递推到 $l=N$。起始值 B_N/A_N 与第 N 层介质有关，若第 N 层是无界的，则 $B_N/A_N=0$。递推的最后一步，B_0/A_0 的值就是分层介质的总反射系数 $R_{01}^{\rm TM}$。一旦求出 $R_{01}^{\rm TM}$，就可以得到介质上方的总场

$$\begin{aligned}E_z&=E_z^{\rm inc}+E_z^{\rm ref}\\&=\frac{-Il}{8\pi\omega\varepsilon}\int_{-\infty}^{\infty}{\rm d}k_\rho\frac{k_\rho^3}{k_z}{\rm H}_0^{(1)}(k_\rho\rho)({\rm e}^{{\rm i}k_z|z|}+R_{01}^{\rm TM}{\rm e}^{{\rm i}k_z z})\end{aligned} \tag{5.3.37}$$

从式（5.3.37）出发可以求出其余场分量，另外根据每一层中的 A_l 和 B_l，还可以求出每一层介质中的场。

2. 水平电偶极子

对于水平电偶极子，电流密度可以表示为 $\boldsymbol{J}(\boldsymbol{r}')=\hat{\boldsymbol{x}}Il\delta(\boldsymbol{r}')$。电偶极子的电场和磁场为

$$\boldsymbol{E}(\boldsymbol{r})={\rm i}\omega\mu\left(\overline{\overline{\boldsymbol{I}}}+\frac{\nabla\nabla}{k^2}\right)\cdot\hat{\boldsymbol{x}}Il\frac{{\rm e}^{{\rm i}kr}}{4\pi r} \tag{5.3.38}$$

$$\boldsymbol{H}(\boldsymbol{r})=\nabla\times\hat{\boldsymbol{x}}Il\frac{{\rm e}^{{\rm i}kr}}{4\pi r} \tag{5.3.39}$$

$\hat{\boldsymbol{z}}$ 分量为

$$E_z=\frac{{\rm i}\omega\mu Il}{4\pi k^2}\left(\frac{\partial^2}{\partial x\partial z}\right)\frac{{\rm e}^{{\rm i}kr}}{r} \tag{5.3.40}$$

$$H_z=-\frac{Il}{4\pi}\frac{\partial}{\partial y}\frac{{\rm e}^{{\rm i}kr}}{r} \tag{5.3.41}$$

因此，这个场可以视为 TM 场和 TE 场的叠加。将索末菲恒等式[式（5.3.15）]代入式（5.3.40）和式（5.3.41），可以得到

$$E_z=\pm\frac{{\rm i}Il}{8\pi\omega\varepsilon}\cos\phi\int_{-\infty}^{\infty}{\rm d}k_\rho k_\rho^2{\rm H}_1^{(1)}(k_\rho\rho){\rm e}^{{\rm i}k_z|z|} \tag{5.3.42}$$

$$H_z=\frac{{\rm i}Il}{8\pi}\sin\phi\int_{-\infty}^{\infty}{\rm d}k_\rho\frac{k_\rho^2}{k_z}{\rm H}_1^{(1)}(k_\rho\rho){\rm e}^{{\rm i}k_z|z|} \tag{5.3.43}$$

类似地，可以根据式（5.3.23）和式（5.3.24），得到其余辐射场分量。

当水平电偶极子位于分层介质的上方（图 5.3.5），并假设电偶极子所处区域为均匀介质时，总场包含式（5.3.42）和式（5.3.43）所示的自由空间辐射场和分层介质的反射场，有

$$E_z = \frac{\mathrm{i}Il}{8\pi\omega\varepsilon}\cos\phi\int_{-\infty}^{\infty}\mathrm{d}k_\rho k_\rho^2 \mathrm{H}_1^{(1)}(k_\rho\rho)(\pm \mathrm{e}^{\mathrm{i}k_z|z|} - R_{01}^{\mathrm{TM}}\mathrm{e}^{\mathrm{i}k_z z}) \tag{5.3.44}$$

$$H_z = \frac{\mathrm{i}Il}{8\pi}\sin\phi\int_{-\infty}^{\infty}\mathrm{d}k_\rho \frac{k_\rho^2}{k_{0z}}\mathrm{H}_1^{(1)}(k_\rho\rho)(\mathrm{e}^{\mathrm{i}k_{0z}|z|} + R_{01}^{\mathrm{TE}}\mathrm{e}^{\mathrm{i}k_{0z}z}) \tag{5.3.45}$$

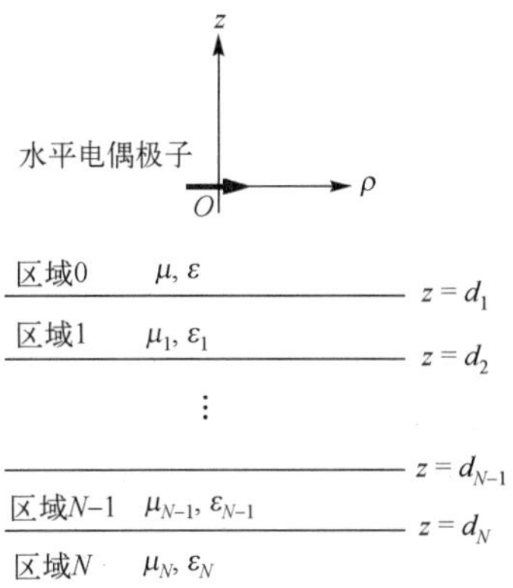

图 5.3.5 分层介质上方的水平电偶极子

可以证明，式（5.3.44）中的 R_{01}^{TM} 与式（5.3.37）中的反射系数相同，故此处只需求解 R_{01}^{TE}。同样地，写出第 l（$l\in[1,N]$）层介质中的磁场表达式

$$H_{lz} = \frac{\mathrm{i}Il}{8\pi^2}\sin\phi\int_{-\infty}^{\infty}\mathrm{d}k_\rho \frac{k_\rho^2}{k_{lz}}\mathrm{H}_1^{(1)}(k_\rho\rho)(C_l\mathrm{e}^{-\mathrm{i}k_{lz}d_1} + D_l\mathrm{e}^{\mathrm{i}k_{lz}d_1}) \tag{5.3.46}$$

为了确定待定系数 C_1 和 D_1，需要在每一层的分界面应用切向场连续的边界条件。在位于 $z=d_l$ 的第 $l-1$ 层和第 l 层的分界面上，有

$$\frac{\mu_{l-1}}{k_{(l-1)z}}\left[C_{l-1}\mathrm{e}^{-\mathrm{i}k_{(l-1)z}d_l} + D_{l-1}\mathrm{e}^{\mathrm{i}k_{(l-1)z}d_l}\right] = \frac{\mu_l}{k_{lz}}\left[C_l\mathrm{e}^{-\mathrm{i}k_{lz}d_l} + D_l\mathrm{e}^{\mathrm{i}k_{lz}d_l}\right] \tag{5.3.47}$$

$$C_{l-1}\mathrm{e}^{-\mathrm{i}k_{(l-1)z}d_l} - D_{l-1}\mathrm{e}^{\mathrm{i}k_{(l-1)z}d_l} = C_l\mathrm{e}^{-\mathrm{i}k_{lz}d_l} - D_l\mathrm{e}^{\mathrm{i}k_{lz}d_l} \tag{5.3.48}$$

类似地，将 C_l 和 D_l 表示为 C_{l-1} 和 D_{l-1}，有

$$C_l\mathrm{e}^{-\mathrm{i}k_{lz}d_l} = \frac{1}{2}\left[\frac{\mu_{l-1}k_{lz}}{\mu_l k_{(l-1)z}} + 1\right]\left[C_{l-1}\mathrm{e}^{-\mathrm{i}k_{(l-1)z}d_l} + R_{l(l-1)}^{\mathrm{TE}}D_{l-1}\mathrm{e}^{\mathrm{i}k_{(l-1)z}d_l}\right] \tag{5.3.49}$$

$$D_l\mathrm{e}^{\mathrm{i}k_{lz}d_l} = \frac{1}{2}\left[\frac{\mu_{l-1}k_{lz}}{\mu_l k_{(l-1)z}} + 1\right]\left[R_{l(l-1)}^{\mathrm{TE}}C_{l-1}\mathrm{e}^{-\mathrm{i}k_{(l-1)z}d_l} + D_{l-1}\mathrm{e}^{\mathrm{i}k_{(l-1)z}d_l}\right] \tag{5.3.50}$$

将 C_{l-1} 和 D_{l-1} 表示为 C_l 和 D_l，有

$$C_{l-1}\mathrm{e}^{-\mathrm{i}k_{(l-1)z}d_l} = \frac{1}{2}\left[\frac{\mu_l k_{(l-1)z}}{\mu_{l-1}k_{lz}} + 1\right]\left[C_l\mathrm{e}^{-\mathrm{i}k_{lz}d_l} + R_{(l-1)l}^{\mathrm{TE}}D_l\mathrm{e}^{\mathrm{i}k_{lz}d_l}\right] \tag{5.3.51}$$

$$D_{l-1}\mathrm{e}^{\mathrm{i}k_{(l-1)z}d_l} = \frac{1}{2}\left[\frac{\mu_l k_{(l-1)z}}{\mu_{l-1}k_{lz}} + 1\right]\left[R_{(l-1)l}^{\mathrm{TE}}C_l\mathrm{e}^{-\mathrm{i}k_{lz}d_l} + D_l\mathrm{e}^{\mathrm{i}k_{lz}d_l}\right] \tag{5.3.52}$$

菲涅耳反射系数为

$$R_{l(l-1)}^{\mathrm{TE}} = \frac{1-\mu_l k_{(l-1)z}/\mu_{l-1}k_{lz}}{1+\mu_l k_{(l-1)z}/\mu_{l-1}k_{lz}} = -R_{(l-1)l}^{\mathrm{TE}} \tag{5.3.53}$$

根据式（5.3.49）和式（5.3.50）或式（5.3.51）和式（5.3.52），可以得到

$$\frac{D_l}{C_l}=\frac{R_{l(l-1)}^{\mathrm{TE}}+\dfrac{D_{l-1}}{C_{l-1}}\mathrm{e}^{\mathrm{i}2k_{(l-1)z}d_l}}{1+R_{l(l-1)}^{\mathrm{TE}}\dfrac{D_{l-1}}{C_{l-1}}\mathrm{e}^{\mathrm{i}2k_{(l-1)z}d_l}}\frac{1}{\mathrm{e}^{\mathrm{i}2k_{lz}d_l}} \tag{5.3.54}$$

$$\frac{D_{l-1}}{C_{l-1}}=\frac{R_{(l-1)l}^{\mathrm{TE}}+\dfrac{D_l}{C_l}\mathrm{e}^{\mathrm{i}2k_{lz}d_l}}{1+R_{(l-1)l}^{\mathrm{TE}}\dfrac{D_l}{C_l}\mathrm{e}^{\mathrm{i}2k_{lz}d_l}}\frac{1}{\mathrm{e}^{\mathrm{i}2k_{(l-1)z}d_l}} \tag{5.3.55}$$

上述公式提供了一种计算 D_l/C_l 和 D_{l-1}/C_{l-1} 的递推方法，可以从 $l=N$ 递推到 $l=1$，也可以从 $l=1$ 递推到 $l=N$。起始值 D_N/C_N 与第 N 层介质有关，若第 N 层是无界的，则 $D_N/C_N=0$。由递推的最后一步可得 D_0/C_0 的值就是式（5.3.45）中所希望求得的反射系数 R_{01}^{TE}。此外，根据每一层中的 D_l/C_l 的值，还可以求出每一层介质中的场。

3. 磁偶极子

根据电偶极子与磁偶极子之间的对偶关系：$\boldsymbol{E}\to\boldsymbol{H}$，$\boldsymbol{H}\to-\boldsymbol{E}$，$\mu\to\varepsilon$，$\varepsilon\to\mu$，$Il\to-\mathrm{i}\omega\mu IA$，可以从电偶极子辐射场出发，求得磁偶极子的辐射场。

对于垂直磁偶极子，根据对偶关系，可以得到相应的辐射场

$$E_z=0 \tag{5.3.56}$$

$$H_z=\frac{-\mathrm{i}IA}{8\pi}\int_{-\infty}^{\infty}\mathrm{d}k_\rho\frac{k_\rho^3}{k_z}\mathrm{H}_0^{(1)}(k_\rho\rho)\mathrm{e}^{\mathrm{i}k_z|z|} \tag{5.3.57}$$

式中，IA 为磁偶极矩。垂直磁偶极子的辐射场可以看作 TE 场。对位于分层介质上方的垂直磁偶极子，总场表达式为

$$H_z=\frac{-\mathrm{i}IA}{8\pi}\int_{-\infty}^{\infty}\mathrm{d}k_\rho\frac{k_\rho^3}{k_z}\mathrm{H}_0^{(1)}(k_\rho\rho)(\mathrm{e}^{\mathrm{i}k_z|z|}+R_{01}^{\mathrm{TE}}\mathrm{e}^{\mathrm{i}k_z z}) \tag{5.3.58}$$

对于水平磁偶极子，根据对偶关系，可以得到相应的辐射场

$$E_z=\frac{IA\omega\mu}{8\pi}\sin\phi\int_{-\infty}^{\infty}\mathrm{d}k_\rho\frac{k_\rho^2}{k_z}\mathrm{H}_1^{(1)}(k_\rho\rho)\mathrm{e}^{\mathrm{i}k_z|z|} \tag{5.3.59}$$

$$H_z=-\frac{IA}{8\pi}\cos\phi\int_{-\infty}^{\infty}\mathrm{d}k_\rho k_\rho^2\mathrm{H}_1^{(1)}(k_\rho\rho)\mathrm{e}^{\mathrm{i}k_z|z|} \tag{5.3.60}$$

同样地，可以求得位于分层介质上方的水平磁偶极子的总场表达式

$$E_z=\frac{IA\omega\mu}{8\pi}\sin\phi\int_{-\infty}^{\infty}\mathrm{d}k_\rho\frac{k_\rho^2}{k_z}\mathrm{H}_1^{(1)}(k_\rho\rho)\left[\mathrm{e}^{\mathrm{i}k_z|z|}+R_{01}^{\mathrm{TM}}\mathrm{e}^{\mathrm{i}k_z z}\right] \tag{5.3.61}$$

$$H_z=-\frac{IA}{8\pi}\cos\phi\int_{-\infty}^{\infty}\mathrm{d}k_\rho k_\rho^2\mathrm{H}_1^{(1)}(k_\rho\rho)\left[\pm\mathrm{e}^{\mathrm{i}k_z|z|}-R_{01}^{\mathrm{TE}}\mathrm{e}^{\mathrm{i}k_z z}\right] \tag{5.3.62}$$

式中，R_{01}^{TM} 和 R_{01}^{TE} 可以分别按照前面的方法推导得到。

5.3.3 分层介质内的偶极子

本问题的几何结构如图 5.3.6 所示。偶极子位于坐标系的原点，在偶极子上方有 M 层介质，分界面位于 $z=d_1, d_2,\cdots,d_M$ 处，在偶极子下方有 N 层介质，分界面位于 $z=d_0,d_{-1},\cdots,d_{-(N-1)}$ 处。假设所有区域都包含各向同性介质，每一层介质的介电常数和磁导率分别记作 ε_l 和 μ_l。

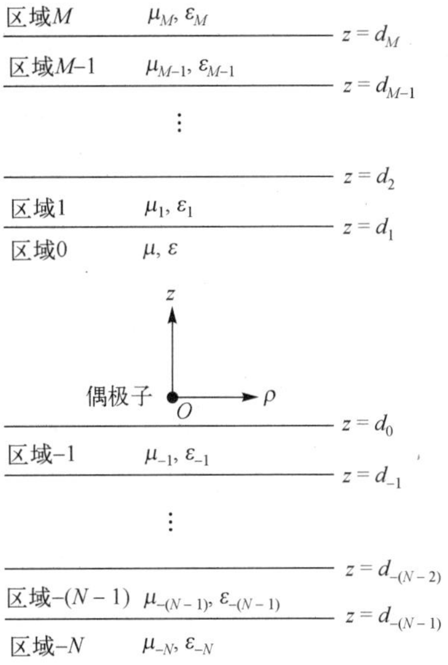

图 5.3.6 分层介质内的偶极子

对于分层介质，波动方程的解可以写成 TE 波和 TM 波分量的叠加。令 A_l 和 B_l 表示 TM 波的幅度，C_l 和 D_l 表示 TE 波的幅度。在区域 l 中，可以得到

$$E_{lz}=\int_{-\infty}^{\infty}\mathrm{d}k_\rho(A_l\mathrm{e}^{\mathrm{i}k_{lz}z}+B_l\mathrm{e}^{-\mathrm{i}k_{lz}z})\mathrm{H}_n^{(1)}(k_\rho\rho)C_n(\phi) \tag{5.3.63}$$

$$H_{lz}=\int_{-\infty}^{\infty}\mathrm{d}k_\rho(C_l\mathrm{e}^{\mathrm{i}k_{lz}z}+D_l\mathrm{e}^{-\mathrm{i}k_{lz}z})\mathrm{H}_n^{(1)}(k_\rho\rho)S_n(\phi) \tag{5.3.64}$$

$$\begin{aligned}E_{l\rho}=&\int_{-\infty}^{\infty}\mathrm{d}k_\rho\frac{\mathrm{i}k_{lz}}{k_\rho}(A_l\mathrm{e}^{\mathrm{i}k_{lz}z}-B_l\mathrm{e}^{-\mathrm{i}k_{lz}z})\mathrm{H}_n^{(1)\prime}(k_\rho\rho)C_n(\phi)+\\&\int_{-\infty}^{\infty}\mathrm{d}k_\rho\frac{\mathrm{i}\omega\mu_l}{k_\rho^2\rho}(C_l\mathrm{e}^{\mathrm{i}k_{lz}z}+D_l\mathrm{e}^{-\mathrm{i}k_{lz}z})\mathrm{H}_n^{(1)}(k_\rho\rho)S_n'(\phi)\end{aligned} \tag{5.3.65}$$

$$\begin{aligned}E_{l\phi}=&\int_{-\infty}^{\infty}\mathrm{d}k_\rho\frac{\mathrm{i}k_{lz}}{k_\rho^2\rho}(A_l\mathrm{e}^{\mathrm{i}k_{lz}z}-B_l\mathrm{e}^{-\mathrm{i}k_{lz}z})\mathrm{H}_n^{(1)}(k_\rho\rho)C_n'(\phi)+\\&\int_{-\infty}^{\infty}\mathrm{d}k_\rho\frac{-\mathrm{i}\omega\mu_l}{k_\rho}(C_l\mathrm{e}^{\mathrm{i}k_{lz}z}+D_l\mathrm{e}^{-\mathrm{i}k_{lz}z})\mathrm{H}_n^{(1)\prime}(k_\rho\rho)S_n(\phi)\end{aligned} \tag{5.3.66}$$

$$\begin{aligned}H_{l\rho}=&\int_{-\infty}^{\infty}\mathrm{d}k_\rho\frac{\mathrm{i}k_{lz}}{k_\rho}(C_l\mathrm{e}^{\mathrm{i}k_{lz}z}-D_l\mathrm{e}^{-\mathrm{i}k_{lz}z})\mathrm{H}_n^{(1)\prime}(k_\rho\rho)S_n(\phi)+\\&\int_{-\infty}^{\infty}\mathrm{d}k_\rho\frac{-\mathrm{i}\omega\varepsilon_l}{k_\rho^2\rho}(A_l\mathrm{e}^{\mathrm{i}k_{lz}z}+B_l\mathrm{e}^{-\mathrm{i}k_{lz}z})\mathrm{H}_n^{(1)}(k_\rho\rho)C_n'(\phi)\end{aligned} \tag{5.3.67}$$

$$\begin{aligned}H_{l\phi}=&\int_{-\infty}^{\infty}\mathrm{d}k_\rho\frac{\mathrm{i}k_{lz}}{k_\rho^2\rho}(C_l\mathrm{e}^{\mathrm{i}k_{lz}z}-D_l\mathrm{e}^{-\mathrm{i}k_{lz}z})\mathrm{H}_n^{(1)}(k_\rho\rho)S_n'(\phi)+\\&\int_{-\infty}^{\infty}\mathrm{d}k_\rho\frac{\mathrm{i}\omega\varepsilon_1}{k_\rho}(A_l\mathrm{e}^{\mathrm{i}k_{lz}z}+B_l\mathrm{e}^{-\mathrm{i}k_{lz}z})\mathrm{H}_n^{(1)\prime}(k_\rho\rho)C_n(\phi)\end{aligned} \tag{5.3.68}$$

在式(5.3.63)～式(5.3.68)中，$\mathrm{H}_n^{(1)}(k_\rho\rho)$ 为第一类 n 阶汉开尔函数，$\mathrm{H}_n^{(1)\prime}(k_\rho\rho)$ 表示 $\mathrm{H}_n^{(1)}(k_\rho\rho)$ 的导数。与 ϕ 相关的函数 $S_n(\phi)$ 和 $C_n(\phi)$ 及汉开尔函数的阶数由偶极子的类型决定。

分界面的边界条件要求切向电场和磁场分量对于所有 ρ 和 ϕ 都是连续的。在 $z=d_l$ 处，有

$$k_{lz}(A_l\mathrm{e}^{\mathrm{i}k_{lz}d_l}-B_l\mathrm{e}^{-\mathrm{i}k_{lz}d_l})=k_{(l-1)z}\left[A_{l-1}\mathrm{e}^{\mathrm{i}k_{(l-1)z}d_l}-B_{l-1}\mathrm{e}^{-\mathrm{i}k_{(l-1)z}d_l}\right] \tag{5.3.69}$$

$$\varepsilon_l(A_l\mathrm{e}^{\mathrm{i}k_{lz}d_l}+B_l\mathrm{e}^{-\mathrm{i}k_{lz}d_l})=\varepsilon_{(l-1)}\left[A_{l-1}\mathrm{e}^{\mathrm{i}k_{(l-1)z}d_l}+B_{l-1}\mathrm{e}^{-\mathrm{i}k_{(l-1)z}d_l}\right] \tag{5.3.70}$$

$$k_{lz}(C_l e^{ik_{lz}d_l} - D_l e^{-ik_{lz}d_l}) = k_{(l-1)z}\left[C_{l-1}e^{ik_{(l-1)z}d_l} - D_{l-1}e^{-ik_{(l-1)z}d_l}\right] \tag{5.3.71}$$

$$\mu_l(C_l e^{ik_{lz}d_l} + D_l e^{-ik_{lz}d_l}) = \mu_{(l-1)}\left[C_{l-1}e^{ik_{(l-1)z}d_l} + D_{l-1}e^{-ik_{(l-1)z}d_l}\right] \tag{5.3.72}$$

图 5.3.6 所示的结构共有 $M+N+1$ 个区域，包含 $M+N$ 个分界面，因此根据上述公式可以得到 $4(M+N)$ 个方程。在区域 M 和 $-N$ 中，由于不存在来自无穷远处的电磁波，因此 $B_M = D_M = 0$，$A_{-N} = C_{-N} = 0$，未知量共有 $4(M+N+1)-4 = 4(M+N)$ 个，可以由 $4(M+N)$ 个方程完全确定。由于波的幅度与区域 0 中偶极子的幅度和类型相关，因此需要特别注意区域 0 中的辐射问题的解。

注意到，在 $z=0$ 处，以下场分量为零。

（1）垂直电偶极子

$$E_\rho = 0 \tag{5.3.73}$$

（2）水平电偶极子

$$E_z = H_\rho = H_\phi = 0 \tag{5.3.74}$$

（3）垂直磁偶极子

$$H_\rho = 0 \tag{5.3.75}$$

（4）水平磁偶极子

$$H_z = E_\rho = E_\phi = 0 \tag{5.3.76}$$

以上结论可以根据式（5.3.23）和式（5.3.24）得到。根据式（5.3.15），在 $z=0$ 处，有

$$\frac{\partial}{\partial z}\frac{e^{ikr}}{r} = 0 \tag{5.3.77}$$

在分层介质存在时，可以通过 4 种不同类型的偶极子及是否处于 $z>0$ 或 $z<0$ 确定 A_0 和 B_0，从而写出区域 0 的场。将区域 0 中 $z \geqslant 0$ 中波的幅度与 $z<0$ 中波的幅度进行区分，对区域 0 中 $z>0$ 的部分，幅度用 A_{0+}、B_{0+}、C_{0+} 和 D_{0+} 表示，对区域 0 中 $z<0$ 的部分，幅度用 A_{0-}、B_{0-}、C_{0-} 和 D_{0-} 表示。

对于 4 种不同类型的偶极子，可以得到以下结果。

（1）垂直电偶极子

$$\begin{cases} A_{0+} = A_{\text{VED}} + E_{\text{VED}} & A_{0-} = A_{\text{VED}} \\ B_{0+} = B_{\text{VED}} & B_{0-} = B_{\text{VED}} + E_{\text{VED}} \\ C_{0+} = D_{0+} = C_{0-} = D_{0-} = 0 \end{cases} \tag{5.3.78}$$

式中，A_{VED} 和 B_{VED} 可以由分层介质中的边界条件确定，且 $E_{\text{VED}} = -\dfrac{Ilk_\rho^3}{8\pi\omega\varepsilon k_z}$。

（2）水平电偶极子

$$\begin{cases} A_{0+} = A_{\text{HED}} + E_{\text{HED}} & A_{0-} = A_{\text{HED}} \\ B_{0+} = B_{\text{HED}} & B_{0-} = B_{\text{HED}} - E_{\text{HED}} \\ C_{0+} = C_{\text{HED}} + H_{\text{HED}} & C_{0-} = C_{\text{HED}} \\ D_{0+} = D_{\text{HED}} & D_{0-} = D_{\text{HED}} + H_{\text{HED}} \end{cases} \tag{5.3.79}$$

式中，A_{HED}、B_{HED}、C_{HED}和D_{HED}可以由分层介质中的边界条件确定，且$E_{\text{HED}}=\mathrm{i}\dfrac{Ilk_\rho^2}{8\pi\omega\varepsilon}$，$H_{\text{HED}}=\mathrm{i}\dfrac{Ilk_\rho^2}{8\pi k_z}$。

（3）垂直磁偶极子

$$\begin{cases}A_{0+}=B_{0+}=A_{0-}=B_{0-}=0 \\ C_{0+}=C_{\text{VMD}}+H_{\text{VMD}} \qquad C_{0-}=C_{\text{VMD}} \\ D_{0+}=D_{\text{VMD}} \qquad D_{0-}=D_{\text{VMD}}+H_{\text{VMD}}\end{cases} \tag{5.3.80}$$

式中，C_{VMD}和D_{VMD}可以由分层介质中的边界条件确定，且$H_{\text{VMD}}=-\mathrm{i}\dfrac{IAk_\rho^3}{8\pi k_z}$。

（4）水平磁偶极子

$$\begin{cases}A_{0+}=A_{\text{HMD}}+E_{\text{HMD}} \qquad A_{0-}=A_{\text{HMD}} \\ B_{0+}=B_{\text{HMD}} \qquad B_{0-}=B_{\text{HMD}}+E_{\text{HMD}} \\ C_{0+}=C_{\text{HMD}}+H_{\text{HMD}} \qquad C_{0-}=C_{\text{HMD}} \\ D_{0+}=D_{\text{HMD}} \qquad D_{0-}=D_{\text{HED}}-H_{\text{HMD}}\end{cases} \tag{5.3.81}$$

式中，A_{HMD}、B_{HMD}、C_{HMD}和D_{HMD}可以由分层介质中的边界条件确定，且$E_{\text{HMD}}=\dfrac{IA\omega\mu k_\rho^2}{8\pi k_z}$，$H_{\text{HMD}}=-\dfrac{IAk_\rho^2}{8\pi}$。偶极子在区域 0 中的场可以表示为不存在分层介质时的场和无源分层介质的场的叠加。根据式（5.3.73）～式（5.3.76），可以很容易证明偶极子在区域 0 中的场满足$z=0$处的边界条件。

接下来确定区域 0 中波的幅度。对于 TM 波，求解方程（5.3.69）和方程（5.3.70），可以得到用A_{l-1}和B_{l-1}表示的A_l和B_l

$$A_l\mathrm{e}^{\mathrm{i}k_{lz}d_l}=\frac{1}{2}\left[\frac{\varepsilon_{l-1}}{\varepsilon_l}+\frac{k_{(l-1)z}}{k_{lz}}\right]\left[A_{l-1}\mathrm{e}^{\mathrm{i}k_{(l-1)z}d_l}+R_{l(l-1)}^{\text{TM}}B_{l-1}\mathrm{e}^{-\mathrm{i}k_{(l-1)z}d_l}\right] \tag{5.3.82}$$

$$B_l\mathrm{e}^{-\mathrm{i}k_{lz}d_l}=\frac{1}{2}\left[\frac{\varepsilon_{l-1}}{\varepsilon_l}+\frac{k_{(l-1)z}}{k_{lz}}\right]\left[R_{l(l-1)}^{\text{TM}}A_{l-1}\mathrm{e}^{\mathrm{i}k_{(l-1)z}d_l}+B_{l-1}\mathrm{e}^{-\mathrm{i}k_{(l-1)z}d_l}\right] \tag{5.3.83}$$

或者是用A_l和B_l表示的A_{l-1}和B_{l-1}

$$A_{l-1}\mathrm{e}^{\mathrm{i}k_{(l-1)z}d_l}=\frac{1}{2}\left[\frac{\varepsilon_l}{\varepsilon_{l-1}}+\frac{k_{lz}}{k_{(l-1)z}}\right]\left[A_l\mathrm{e}^{\mathrm{i}k_{lz}d_l}+R_{(l-1)l}^{\text{TM}}B_l\mathrm{e}^{-\mathrm{i}k_{lz}d_l}\right] \tag{5.3.84}$$

$$B_{l-1}\mathrm{e}^{-\mathrm{i}k_{(l-1)z}d_l}=\frac{1}{2}\left[\frac{\varepsilon_l}{\varepsilon_{l-1}}+\frac{k_{lz}}{k_{(l-1)z}}\right]\left[R_{(l-1)l}^{\text{TM}}A_l\mathrm{e}^{\mathrm{i}k_{lz}d_l}+B_l\mathrm{e}^{-\mathrm{i}k_{lz}d_l}\right] \tag{5.3.85}$$

菲涅耳反射系数为

$$R_{l(l-1)}^{\mathrm{TM}}=\frac{1-\dfrac{\varepsilon_{l-1}k_{lz}}{\varepsilon_l k_{(l-1)z}}}{1+\dfrac{k_{lz}\varepsilon_{l-1}}{\varepsilon_l k_{(l-1)z}}}=-R_{(l-1)l}^{\mathrm{TM}} \tag{5.3.86}$$

类似的过程也适用于 TE 波。其结果与式（5.3.82）～式（5.3.85）呈对偶关系，只需用 C 替换 A，D 替换 B，ε 替换 μ 即可。

对于 $z\geqslant 0$，注意到 $B_M=D_M=0$。令 $l=0$，可以得到反射系数 $R_{0+}^{\mathrm{TM}}=B_{0+}/A_{0+}$ 和 $R_{0+}^{\mathrm{TE}}=D_{0+}/C_{0+}$，有

$$R_{0+}^{\mathrm{TM}}=\frac{B_{0+}}{A_{0+}}=\frac{\mathrm{e}^{\mathrm{i}2k_{0z}d_1}}{R_{01}^{\mathrm{TM}}}+\frac{\left[1-(1/R_{01}^{\mathrm{TM}})^2\right]\mathrm{e}^{\mathrm{i}2(k_{0z}+k_{1z})d_1}}{(1/R_{01}^{\mathrm{TM}})\mathrm{e}^{\mathrm{i}2k_{1z}d_1}+(B_1/A_1)} \tag{5.3.87}$$

$$R_{0+}^{\mathrm{TE}}=\frac{D_{0+}}{C_{0+}}=\frac{\mathrm{e}^{\mathrm{i}2k_{0z}d_1}}{R_{01}^{\mathrm{TE}}}+\frac{\left[1-(1/R_{01}^{\mathrm{TE}})^2\right]\mathrm{e}^{\mathrm{i}2(k_{0z}+k_{1z})d_1}}{(1/R_{01}^{\mathrm{TE}})\mathrm{e}^{\mathrm{i}2k_{1z}d_1}+(D_1/C_1)} \tag{5.3.88}$$

式中，B_1/A_1 和 D_1/C_1 可以用 B_2/A_2 和 D_2/C_2 表示，并依此类推到区域 M，其中 $B_M/A_M=0=D_M/C_M$。

对于 $z\leqslant 0$，注意到 $A_{-N}=C_{-N}=0$。令 $l=0$，可以得到反射系数 $R_{0-}^{\mathrm{TM}}=A_{0-}/B_{0-}$ 和 $R_{0-}^{\mathrm{TE}}=C_{0-}/D_{0-}$，有

$$R_{0-}^{\mathrm{TM}}=\frac{A_{0-}}{B_{0-}}=\frac{\mathrm{e}^{-\mathrm{i}2k_{0z}d_1}}{R_{0(-1)}^{\mathrm{TM}}}+\frac{\left[1-(1/R_{0(-1)}^{\mathrm{TM}})^2\right]\mathrm{e}^{-\mathrm{i}2(k_{0z}+k_{-1z})d_0}}{(1/R_{0(-1)}^{\mathrm{TM}})\mathrm{e}^{-\mathrm{i}2k_{-1z}d_0}+(A_{-1}/B_{-1})} \tag{5.3.89}$$

$$R_{0-}^{\mathrm{TE}}=\frac{C_{0-}}{D_{0-}}=\frac{\mathrm{e}^{-\mathrm{i}2k_{0z}d_1}}{R_{0(-1)}^{\mathrm{TE}}}+\frac{\left[1-(1/R_{0(-1)}^{\mathrm{TE}})^2\right]\mathrm{e}^{-\mathrm{i}2(k_{0z}+k_{-1z})d_0}}{(1/R_{0(-1)}^{\mathrm{TE}})\mathrm{e}^{-\mathrm{i}2k_{-1z}d_0}+(C_{-1}/D_{-1})} \tag{5.3.90}$$

式中，A_{-1}/B_{-1} 和 C_{-1}/D_{-1} 可以用 A_{-2}/B_{-2} 和 C_{-2}/D_{-2} 表示，并依此类推到区域 $-N$，其中 $A_{-N}/B_{-N}=0=C_{-N}/D_{-N}$。

一旦区域 0 中波的幅度确定，其余区域中波的幅度就可以通过传输矩阵得到。传输矩阵可以通过式（5.3.82）～式（5.3.85）及 TE 波的对偶关系得到。

现在确定区域 0 中波的幅度。

（1）垂直电偶极子

根据式（5.3.78），可以得到

$$R_{0+}^{\mathrm{TM}}=\frac{B_{0+}}{A_{0+}}=\frac{B_{\mathrm{VED}}}{A_{\mathrm{VED}}+E_{\mathrm{VED}}} \tag{5.3.91}$$

$$R_{0-}^{\mathrm{TM}}=\frac{A_{0-}}{B_{0-}}=\frac{A_{\mathrm{VED}}}{B_{\mathrm{VED}}+E_{\mathrm{VED}}} \tag{5.3.92}$$

求解 A_{VED} 和 B_{VED}，并代入式（5.3.78），可以得到

$$A_{0+}=\frac{1+R_{0-}^{\mathrm{TM}}}{1-R_{0+}^{\mathrm{TM}}R_{0-}^{\mathrm{TM}}}E_{\mathrm{VED}} \tag{5.3.93}$$

$$B_{0+}=\frac{R_{0+}^{\mathrm{TM}}(1+R_{0-}^{\mathrm{TM}})}{1-R_{0+}^{\mathrm{TM}}R_{0-}^{\mathrm{TM}}}E_{\mathrm{VED}} \tag{5.3.94}$$

$$A_{0-}=\frac{R_{0-}^{\mathrm{TM}}(1+R_{0+}^{\mathrm{TM}})}{1-R_{0+}^{\mathrm{TM}}R_{0-}^{\mathrm{TM}}}E_{\mathrm{VED}} \tag{5.3.95}$$

$$B_{0-}=\frac{1+R_{0+}^{\mathrm{TM}}}{1-R_{0+}^{\mathrm{TM}}R_{0-}^{\mathrm{TM}}}E_{\mathrm{VED}} \tag{5.3.96}$$

（2）水平电偶极子

根据式（5.3.79），有

$$A_{0+}=\frac{1-R_{0-}^{\mathrm{TM}}}{1-R_{0+}^{\mathrm{TM}}R_{0-}^{\mathrm{TM}}}E_{\mathrm{HED}} \tag{5.3.97}$$

$$B_{0+}=\frac{R_{0+}^{\mathrm{TM}}(1-R_{0-}^{\mathrm{TM}})}{1-R_{0+}^{\mathrm{TM}}R_{0-}^{\mathrm{TM}}}E_{\mathrm{HED}} \tag{5.3.98}$$

$$C_{0+}=\frac{1+R_{0-}^{\mathrm{TE}}}{1-R_{0+}^{\mathrm{TE}}R_{0-}^{\mathrm{TE}}}H_{\mathrm{HED}} \tag{5.3.99}$$

$$D_{0+}=\frac{R_{0+}^{\mathrm{TE}}(1+R_{0-}^{\mathrm{TE}})}{1-R_{0+}^{\mathrm{TE}}R_{0-}^{\mathrm{TE}}}H_{\mathrm{HED}} \tag{5.3.100}$$

$$A_{0-}=-\frac{R_{0-}^{\mathrm{TM}}(1-R_{0+}^{\mathrm{TM}})}{1-R_{0+}^{\mathrm{TM}}R_{0-}^{\mathrm{TM}}}E_{\mathrm{HED}} \tag{5.3.101}$$

$$B_{0-}=-\frac{1-R_{0+}^{\mathrm{TM}}}{1-R_{0+}^{\mathrm{TM}}R_{0-}^{\mathrm{TM}}}E_{\mathrm{HED}} \tag{5.3.102}$$

$$C_{0-}=\frac{R_{0-}^{\mathrm{TE}}(1+R_{0+}^{\mathrm{TE}})}{1-R_{0+}^{\mathrm{TE}}R_{0-}^{\mathrm{TE}}}H_{\mathrm{HED}} \tag{5.3.103}$$

$$D_{0-}=\frac{1+R_{0+}^{\mathrm{TE}}}{1-R_{0+}^{\mathrm{TE}}R_{0-}^{\mathrm{TE}}}H_{\mathrm{HED}} \tag{5.3.104}$$

（3）垂直磁偶极子

根据式（5.3.80），有

$$C_{0+}=\frac{1+R_{0-}^{\mathrm{TE}}}{1-R_{0+}^{\mathrm{TE}}R_{0-}^{\mathrm{TE}}}H_{\mathrm{VMD}} \tag{5.3.105}$$

$$D_{0+}=\frac{R_{0+}^{\mathrm{TE}}(1+R_{0-}^{\mathrm{TE}})}{1-R_{0+}^{\mathrm{TE}}R_{0-}^{\mathrm{TE}}}H_{\mathrm{VMD}} \tag{5.3.106}$$

$$C_{0-}=\frac{R_{0-}^{\mathrm{TE}}(1+R_{0+}^{\mathrm{TE}})}{1-R_{0+}^{\mathrm{TE}}R_{0-}^{\mathrm{TE}}}H_{\mathrm{VMD}} \tag{5.3.107}$$

$$D_{0-}=\frac{1+R_{0+}^{\mathrm{TE}}}{1-R_{0+}^{\mathrm{TE}}R_{0-}^{\mathrm{TE}}}H_{\mathrm{VMD}} \tag{5.3.108}$$

（4）水平磁偶极子

根据式（5.3.81），有

$$A_{0+}=\frac{1+R_{0-}^{\mathrm{TM}}}{1-R_{0+}^{\mathrm{TM}}R_{0-}^{\mathrm{TM}}}E_{\mathrm{HMD}} \tag{5.3.109}$$

$$B_{0+}=\frac{R_{0+}^{\mathrm{TM}}(1+R_{0-}^{\mathrm{TM}})}{1-R_{0+}^{\mathrm{TM}}R_{0-}^{\mathrm{TM}}}E_{\mathrm{HMD}} \tag{5.3.110}$$

$$C_{0+}=\frac{1-R_{0-}^{\mathrm{TE}}}{1-R_{0+}^{\mathrm{TE}}R_{0-}^{\mathrm{TE}}}H_{\mathrm{HMD}} \tag{5.3.111}$$

$$D_{0+}=\frac{R_{0+}^{\mathrm{TE}}(1-R_{0-}^{\mathrm{TE}})}{1-R_{0+}^{\mathrm{TE}}R_{0-}^{\mathrm{TE}}}H_{\mathrm{HMD}} \tag{5.3.112}$$

$$A_{0-}=\frac{R_{0-}^{\mathrm{TM}}(1+R_{0+}^{\mathrm{TM}})}{1-R_{0+}^{\mathrm{TM}}R_{0-}^{\mathrm{TM}}}E_{\mathrm{HMD}} \tag{5.3.113}$$

$$B_{0-}=\frac{1+R_{0+}^{\mathrm{TM}}}{1-R_{0+}^{\mathrm{TM}}R_{0-}^{\mathrm{TM}}}E_{\mathrm{HMD}} \tag{5.3.114}$$

$$C_{0-}=-\frac{R_{0-}^{\mathrm{TE}}(1-R_{0+}^{\mathrm{TE}})}{1-R_{0+}^{\mathrm{TE}}R_{0-}^{\mathrm{TE}}}H_{\mathrm{HMD}} \tag{5.3.115}$$

$$D_{0-}=-\frac{1-R_{0+}^{\mathrm{TE}}}{1-R_{0+}^{\mathrm{TE}}R_{0-}^{\mathrm{TE}}}H_{\mathrm{HMD}} \tag{5.3.116}$$

将上述结果代入式（5.3.63）～式（5.3.68），就可以得到电磁场分量的解。

5.4 天线辐射

5.4.1 线天线

从天线的输入端来看，天线的辐射场可以视为在天线辐射电阻上耗散的功率。对于电流分布为 $\boldsymbol{J}(\boldsymbol{r}')=\hat{z}I(z')\delta(\boldsymbol{x}')\delta(\boldsymbol{y}')$ 的线天线，矢量电流矩的 $\hat{\boldsymbol{\theta}}$ 分量为

$$f_\theta=-\sin\theta\iiint \mathrm{d}^3r'\boldsymbol{J}(\boldsymbol{r}')\mathrm{e}^{-\mathrm{i}\boldsymbol{k}\cdot\boldsymbol{r}'}=-\sin\theta\int \mathrm{d}z'I(z')\mathrm{e}^{-\mathrm{i}kz'\cos\theta} \tag{5.4.1}$$

电场和磁场可以由以下公式计算得到

$$E_\theta = \mathrm{i}\omega\mu \frac{\mathrm{e}^{\mathrm{i}kr}}{4\pi r} f_\theta \tag{5.4.2}$$

$$H_\phi = \mathrm{i}k \frac{\mathrm{e}^{\mathrm{i}kr}}{4\pi r} f_\theta \tag{5.4.3}$$

总辐射功率为

$$P_\mathrm{r} = \int_0^{2\pi} \mathrm{d}\phi \int_0^{\pi} \mathrm{d}\theta r^2 \sin\theta \frac{1}{2} E_\theta H_\phi^* = \int_0^{\pi} \mathrm{d}\theta \sin\theta \pi\eta \left(\frac{k}{4\pi}\right)^2 |f_\theta|^2 \tag{5.4.4}$$

式中，$\eta = (\mu/\varepsilon)^{1/2}$。天线的辐射电阻为

$$R_\mathrm{r} = 2P_\mathrm{r}/I_0^2 \tag{5.4.5}$$

式中，I_0 为输入电流的幅值。

考虑半径接近于零、长度为 $2l$ 的线天线，中心处由恒定电流源 I_0 激励（图 5.4.1）。当 l 无限小时，可以将该线天线视为电流 $I(z') = 2I_0 l\delta(z')$ 的赫兹偶极子模型。

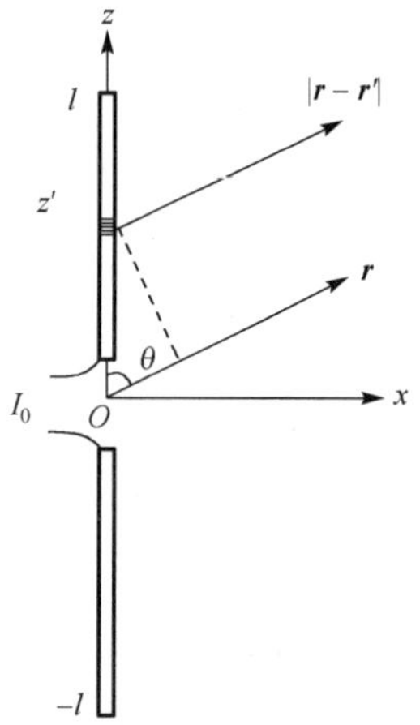

图 5.4.1　电流源激励的线天线

根据式（5.4.1）并忽略延时因子的影响，线天线的电流矩为

$$f_\theta = -2I_0 l \sin\theta \tag{5.4.6}$$

根据式（5.4.4），可以求得矢量电流矩为 f_θ 的线天线的总辐射功率

$$P_\mathrm{r} = \int_0^{\pi} \mathrm{d}\theta \sin^3\theta (k/4\pi)^2 4\pi\eta I_0^2 l^2 = \frac{(2kI_0 l)^2}{12\pi}\eta \tag{5.4.7}$$

因此，天线的辐射电阻为

$$R_\mathrm{r} = \frac{2P_\mathrm{r}}{I_0^2} = \frac{(2kl)^2}{6\pi}\eta = 20(2kl)^2 \tag{5.4.8}$$

式中，应用了 $\eta = 120\pi\Omega$ 这一常量。显然，根据式（5.4.8）计算得到的辐射电阻 R_r 并不适用于具有一定长度的线天线。例如，当长度为 $2l = \lambda/2$ 时，根据式（5.4.8）计算得到的辐射电阻为 $R_\mathrm{r} \approx 200\Omega$，而通过精确测量或更为复杂的计算所得到的较准确值为 73Ω。

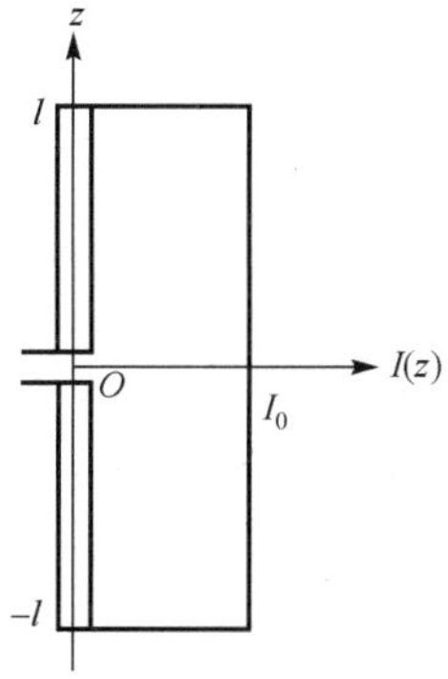

图 5.4.2　均匀电流分布

在式（5.4.8）所示的辐射电阻 R_r 的计算中，假设线天线的电流分布是均匀的（图 5.4.2）。如果线天线由导体构成，边界条件要求电流 $I(z)$ 在 $z = \pm l$ 处为零。对于较小的 l，更为近似的电流分布是三角形分布（图 5.4.3），有

$$I(z') = \frac{I_0}{l}(l - |z'|) \tag{5.4.9}$$

在计算电流矩时，假设天线的长度较小，可以忽略相位延时因子 $\mathrm{e}^{-\mathrm{i}kz'\cos\theta}$ 的影响，有

$$f_\theta \approx -\sin\theta \int_{-l}^{l} \mathrm{d}z' \frac{I_0}{l}(l - |z'|) = -I_0 l \sin\theta \tag{5.4.10}$$

这相当于将图 5.4.2 所示的均匀电流分布的赫兹偶极子的电流矩 $-2I_0 l\sin\theta$ 替换为图 5.4.3 所示三角形分布的平均电流矩 $-I_0 l\sin\theta$。辐射电阻可以由下式计算得到

$$R_{\mathrm{r}}=\frac{2P_{\mathrm{r}}}{I_0^2}=5(2kl)^2 \tag{5.4.11}$$

其大小为式（5.4.8）的四分之一。若将天线的长度 $2l$ 拉伸到半波长，可以得到 $R_{\mathrm{r}}=50\Omega$。对于长度 $2l$ 小于半波长的线天线，如果在计算时考虑相位延时因子的影响，将会使电流矩的值减小，这是因为在式（5.4.10）的积分中，被积函数总是正的，加入相位延时因子后将减小电流矩的幅值。因此，对 R_{r} 的过小估计不是因为忽略了相位延时因子，而是由对电流分布估计不准确引起的。

对于长度不是无限小的线天线，用正弦电流分布近似将更加准确（图 5.4.4）。假设

$$I(z')=I_{\mathrm{m}}\sin\left[k(l-|z'|)\right] \tag{5.4.12}$$

式中，I_{m} 为正弦信号的幅值，它与 I_0 的关系为 $I_0=I_{\mathrm{m}}\sin(kl)$。矢量电流矩的 $\hat{\boldsymbol{\theta}}$ 分量为

$$f_\theta=-\sin\theta\int_{-l}^{l}\mathrm{d}z' I_{\mathrm{m}}\sin\left[k(l-|z'|)\right]\mathrm{e}^{-\mathrm{i}kz'\cos\theta} \tag{5.4.13}$$

式（5.4.13）表示的积分是可积的，并且可以得到一个解析解。

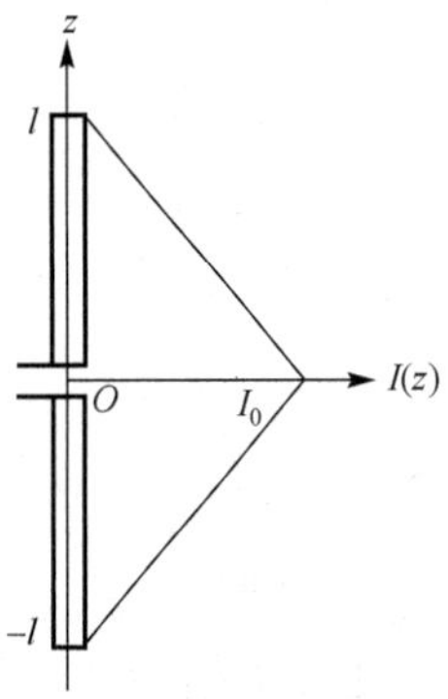

图 5.4.3　三角形电流分布

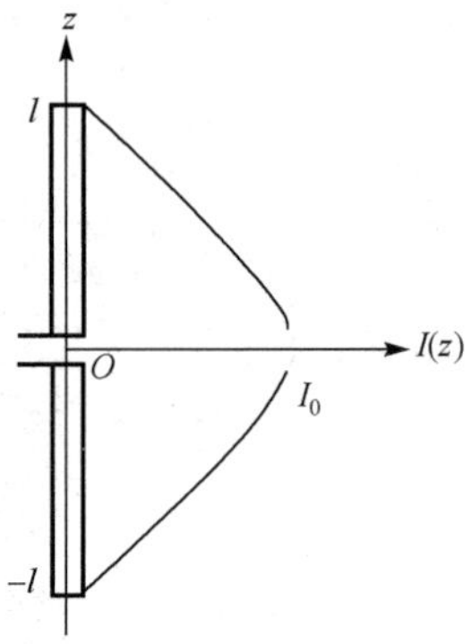

图 5.4.4　正弦电流分布

在精确计算这个积分之前，再次假设天线的长度 $2l$ 很小，相位延时因子 $\mathrm{e}^{-\mathrm{i}kz'\cos\theta}$ 近似为 1。在不考虑相位延时因子的情况下求积分，可以得到

$$f_\theta=-\sin\theta\frac{2I_{\mathrm{m}}}{k}[1-\cos(kl)] \tag{5.4.14}$$

在 $kl\ll 1$ 的极限条件下，得到近似结果

$$f_\theta\approx -I_{\mathrm{m}}(kl^2)\sin\theta \tag{5.4.15}$$

注意到 $I_{\mathrm{m}}\approx I_0/kl$，因此式（5.4.15）与式（5.4.10）等价。

将这个结果应用于半波长天线，根据式（5.4.14），可以得到

$$f_\theta=-\sin\theta\left(\frac{2I_{\mathrm{m}}}{k}\right)=-\sin\theta\left(\frac{4}{\pi}\right)I_0 l \tag{5.4.16}$$

根据 $f_\theta=-\sin\theta(2I_{\mathrm{m}}/k)$，可以得到 $I_{\mathrm{m}}=I_0$。与式（5.4.10）进行比较，并根据式（5.4.8）可

以得到辐射电阻为

$$R_{\rm r}=5(2kl)^2\left(\frac{4}{\pi}\right)^2=80\Omega \tag{5.4.17}$$

正弦电流分布给出比三角形电流分布更大的辐射电阻，其原因是正弦分布覆盖的面积比三角形大，并且在这个计算中忽略了相位延时因子的影响。如果考虑相位延时因子，则使用正弦电流分布计算得到的结果适用于任意长度的线天线。

对长度为 $2l$ 且电流分布为正弦的线天线，考虑相位延时因子，矢量电流矩可以表示为

$$f_\theta=-\sin\theta\int_{-l}^{l}{\rm d}z'I_{\rm m}\sin\left[k(l-|z'|)\right]{\rm e}^{-{\rm i}kz'\cos\theta}=\frac{-2I_{\rm m}}{k}\left[\frac{\cos(kl\cos\theta)-\cos(kl)}{\sin\theta}\right] \tag{5.4.18}$$

电场矢量为

$$\boldsymbol{E}=\hat{\boldsymbol{\theta}}{\rm i}\omega\mu\frac{{\rm e}^{{\rm i}kr}}{4\pi r}f_\theta=-\hat{\boldsymbol{\theta}}\frac{{\rm i}\eta I_{\rm m}{\rm e}^{{\rm i}kr}}{2\pi r}\left[\frac{\cos(kl\cos\theta)-\cos(kl)}{\sin\theta}\right] \tag{5.4.19}$$

总辐射功率为

$$P_{\rm r}=\int_0^{\pi}{\rm d}\theta\sin\theta\frac{\eta I_{\rm m}^2}{4\pi}\left[\frac{\cos(kl\cos\theta)-\cos(kl)}{\sin\theta}\right]^2 \tag{5.4.20}$$

以 $I_{\rm m}$ 为输入电流，辐射电阻为

$$R_{\rm r}=\frac{2P_{\rm r}}{I_{\rm m}^2}=\frac{\eta}{2\pi}\int_0^{\pi}{\rm d}\theta\frac{\left[\cos(kl\cos\theta)-\cos(kl)\right]^2}{\sin\theta} \tag{5.4.21}$$

通过置换积分变量，可以得到

$$\begin{aligned}
R_{\rm r}&=\frac{\eta}{2\pi}\int_{-1}^{1}{\rm d}u\frac{\left[\cos(klu)-\cos(kl)\right]^2}{1-u^2}\\
&=\frac{\eta}{4\pi}\int_{-1}^{1}{\rm d}u\left\{\frac{\left[\cos(klu)-\cos(kl)\right]^2}{1+u}+\frac{\left[\cos(klu)-\cos(kl)\right]^2}{1-u}\right\}\\
&=\frac{\eta}{2\pi}\int_{0}^{2}{\rm d}v\left\{\frac{\left[\cos(klu)-\cos(kl)\right]^2}{v}\right\}\\
&=\frac{\eta}{2\pi}\left\{\left[1+\frac{1}{2}\cos(2kl)\right]\int_0^2{\rm d}y\frac{1}{y}-\int_0^2{\rm d}y\frac{\cos(kly)}{y}-\right.\\
&\quad\left.\int_0^2{\rm d}y\frac{\cos\left[kl(y-2)\right]}{y}+\int_0^2{\rm d}y\frac{\cos\left[2kl(y-1)\right]}{2y}\right\}\\
&=\frac{\eta}{2\pi}\left\{\int_0^2\frac{{\rm d}y}{y}\left[1-\cos(kly)\right]+\sin(2kl)\left[\int_0^2\frac{{\rm d}y}{2y}\sin(2kly)-\int_0^2\frac{{\rm d}y}{y}\sin(kly)\right]+\right.\\
&\quad\left.\cos(2kl)\left[\int_0^2\frac{{\rm d}y}{y}\left[1-\cos(kly)\right]-\int_0^2\frac{{\rm d}y}{2y}\left[1-\cos(2kly)\right]\right]\right\}\\
&=\frac{\eta}{2\pi}\left\{\gamma+\ln(2kl)-{\rm Ci}(2kl)+\sin(2kl)\left[\frac{1}{2}{\rm Si}(4kl)-{\rm Si}(2kl)\right]+\right.
\end{aligned}$$

$$\frac{1}{2}\cos(2kl)\left[\gamma+\ln(kl)+\text{Ci}(4kl)-2\text{Ci}(2kl)\right]\Big\}\tag{5.4.22}$$

式中，$\gamma=0.5772$，并且有

$$\text{Si}(x)=\int_0^x \mathrm{d}x'\frac{\sin x'}{x'}\tag{5.4.23}$$

$$\text{Ci}(x)=-\int_x^{\infty}\mathrm{d}x'\frac{\cos x'}{x'}\tag{5.4.24}$$

在上述推导过程中，利用了关系式

$$\int_0^x \mathrm{d}x'\frac{1-\cos x'}{x'}=\gamma+\ln x-\text{Ci}(x)\tag{5.4.25}$$

正弦积分 Si(x) 和余弦积分 Ci(x) 如图 5.4.5（a）和图 5.4.5（b）所示。图 5.4.5（c）为辐射电阻 R_r 与天线长度 $2l$ 的关系图。当 $2l=\lambda/2$ 时，$R_r=73\Omega$。

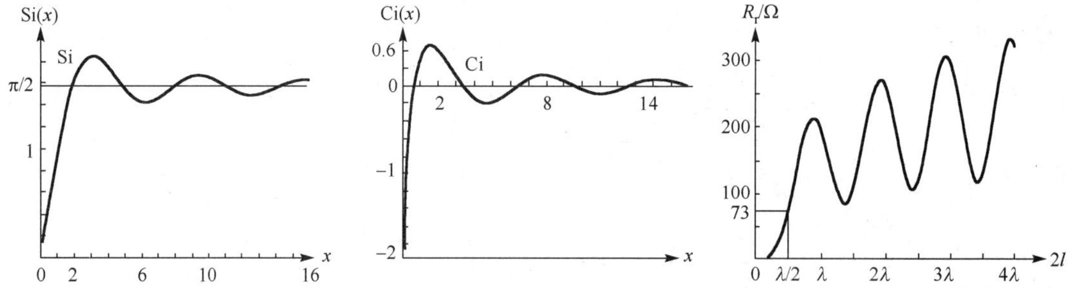

（a）Si(x)　　（b）Ci(x)　　（c）辐射电阻 R_r

图 5.4.5　Si(x)、Ci(x) 和辐射电阻 R_r 曲线

上述分析提供了一种处理天线问题的方法。随着假设条件逐渐接近实际情况，所得到的结果将变得更加准确，但这也使得问题变得更加复杂。然而，线天线问题仍未圆满解决，还存在两个重要的科学问题：（1）假设线天线半径为无限小，而实际的线天线半径是有限值，这将对结果产生怎么样的影响？（2）如何确定实际情况的电流分布可以用正弦电流分布表示？这两个问题只有在对天线做更进一步模型化之后才能回答。

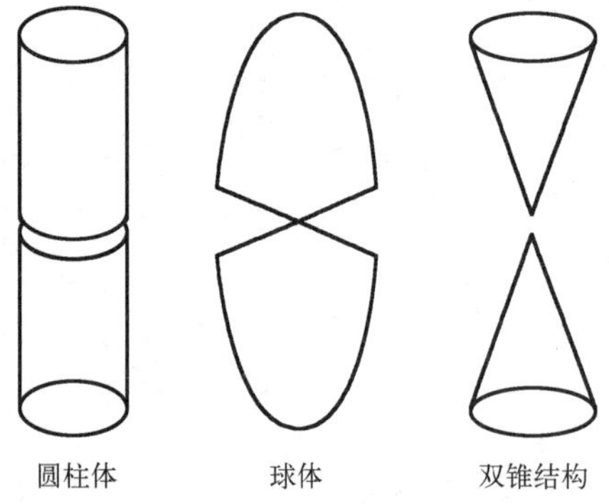

图 5.4.6　天线模型

为了解决上述问题，科学家提出了至少三种满足边界条件的模型，如图 5.4.6 所示。第一种模型是一个半径为 a、长度为 l 的圆柱体，其在 $z=0$ 处存在间隙，电场强度为 $-V\delta(z)$。第二种模型将偶极子天线建模为一对椭球或拉长的球体。第三种模型为谢昆诺夫提出的双锥结构。5.4.2 节将探讨谢昆诺夫解决这个基本问题的方法。

5.4.2 双锥天线

1. 双锥天线模型和球面波函数

双锥天线的结构如图 5.4.7 所示。由于结构具有对称性，因此所有场的解都与 ϕ 无关。麦

克斯韦方程组可以简化为两组相互不存在耦合的方程：一组涉及 E_r 、 E_θ 和 H_ϕ，形成 TM 模式；另一组涉及 H_r 、 H_θ 和 E_ϕ，形成 TE 模式。对于双锥天线问题，电流沿 $\hat{\boldsymbol{r}}$ 方向，预期只存在 TM 模式。

讨论满足下列边界条件的麦克斯韦方程组的解。

（1）在空气区域，电磁场必须是一个向外传播的电磁波。

（2）在天线区，锥体表面的切向电场为零，有

$$E_r(\theta_0)=E_r(\pi-\theta_0)=0 \tag{5.4.26}$$

在天线输入端，有

$$V_0=\lim_{r\to 0}\int_{\theta_0}^{\pi-\theta_0}\mathrm{d}\theta r E_\theta \tag{5.4.27}$$

式中，V_0 为给定的外部激励电压。

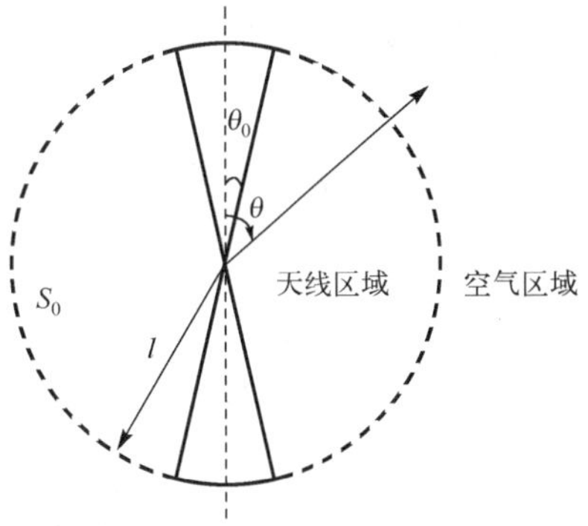

图 5.4.7　双锥天线

（3）在分隔天线区域和空气区域的分界面 S_0 上，有

$$E_\theta(l+0)=0, \qquad 0\leqslant\theta\leqslant\theta_0 \text{ 和 } \pi-\theta_0\leqslant\theta\leqslant\pi \tag{5.4.28}$$

$$E_\theta(l+0)=E_\theta(l-0), \qquad \theta_0<\theta<\pi-\theta_0 \tag{5.4.29}$$

$$E_r(l+0)=E_r(l-0), \qquad \theta_0<\theta<\pi-\theta_0 \tag{5.4.30}$$

$$H_\phi(l+0)=H_\phi(l-0), \qquad \theta_0<\theta<\pi-\theta_0 \tag{5.4.31}$$

需要注意的是，边界条件[式（5.4.30）和式（5.4.31）]不是相互独立的，因为式（5.4.30）与高斯定律相关，而式（5.4.31）与安培定律相关，它们通过电流连续性方程相互联系。与 TM 模式相关的方程为

$$\frac{1}{r\sin\theta}\frac{\partial}{\partial\theta}(\sin\theta H_\phi)=-\mathrm{i}\omega\varepsilon E_r \tag{5.4.32}$$

$$-\frac{1}{r}\frac{\partial}{\partial r}(rH_\phi)=-\mathrm{i}\omega\varepsilon E_\theta \tag{5.4.33}$$

$$\frac{1}{r}\frac{\partial}{\partial r}(rE_\theta)-\frac{1}{r}\frac{\partial}{\partial\theta}(E_r)=\mathrm{i}\omega\mu H_\phi \tag{5.4.34}$$

将方程（5.4.32）和方程（5.4.33）代入方程（5.4.34）并消去 E_r 和 E_θ，可以得到

$$\frac{\partial^2}{\partial r^2}rH_\phi+\frac{1}{r^2}\frac{\partial}{\partial\theta}\left[\frac{1}{\sin\theta}\frac{\partial}{\partial\theta}(\sin\theta rH_\phi)\right]+k^2 rH_\phi=0 \tag{5.4.35}$$

式（5.4.35）可以利用分量变量法求解。令

$$H_\phi=R(r)\Theta(\theta) \tag{5.4.36}$$

可以得到以下两个方程

$$\frac{1}{r}\frac{\mathrm{d}^2}{\mathrm{d}r^2}rR(r)+\left[k^2-\frac{n(n+1)}{r^2}\right]R(r)=0 \tag{5.4.37}$$

$$\frac{\mathrm{d}}{\mathrm{d}\theta}\left[\frac{1}{\sin\theta}\frac{\mathrm{d}}{\mathrm{d}\theta}(\sin\theta\Theta(\theta))\right]+n(n+1)\Theta(\theta)=0 \tag{5.4.38}$$

式中，$n(n+1)$表示分离常数。

方程（5.4.37）的解为球汉开尔函数$\mathrm{h}_n^{(1)}(kr)$和$\mathrm{h}_n^{(2)}(kr)$。对于前几阶，第一类球汉开尔函数为

$$\mathrm{h}_0^{(1)}(kr)=\frac{\mathrm{e}^{\mathrm{i}kr}}{\mathrm{i}kr} \tag{5.4.39}$$

$$\mathrm{h}_1^{(1)}(kr)=-\frac{\mathrm{e}^{\mathrm{i}kr}}{kr}\left(1+\frac{\mathrm{i}}{kr}\right) \tag{5.4.40}$$

$$\mathrm{h}_2^{(1)}(kr)=\frac{\mathrm{i}\mathrm{e}^{\mathrm{i}kr}}{kr}\left[1+\frac{\mathrm{i}3}{kr}+3\left(\frac{\mathrm{i}}{kr}\right)^2\right] \tag{5.4.41}$$

第二类球汉开尔函数是第一类球汉开尔函数的复共轭。球贝塞尔函数$\mathrm{b}_n(\xi)$与柱贝塞尔函数$\mathrm{B}_n(\xi)$的关系为

$$\mathrm{b}_n(\xi)=\sqrt{\frac{\pi}{2\xi}}\mathrm{B}_{n+1/2}(\xi) \tag{5.4.42}$$

式中，$\mathrm{b}_n(\xi)$表示$\mathrm{h}_n^{(1)}$和$\mathrm{h}_n^{(2)}$，$\mathrm{B}_n(\xi)$表示$\mathrm{H}_n^{(1)}$和$\mathrm{H}_n^{(2)}$。递推公式为

$$\begin{aligned}\mathrm{B}'_\nu(\xi)&=\mathrm{B}_{\nu-1}(\xi)-\frac{\nu}{\xi}\mathrm{B}_\nu(\xi)\\&=-\mathrm{B}_{\nu+1}(\xi)+\frac{\nu}{\xi}\mathrm{B}_\nu(\xi)\end{aligned} \tag{5.4.43}$$

第一类球贝塞尔函数$\mathrm{j}_n(kr)$定义为$\mathrm{h}_n^{(1)}(kr)$或$\mathrm{h}_n^{(2)}(kr)$的实部。对于前几阶，有

$$\mathrm{j}_0(kr)=\frac{\sin(kr)}{kr} \tag{5.4.44}$$

$$\mathrm{j}_1(kr)=-\frac{\cos(kr)}{kr}+\frac{\sin(kr)}{(kr)^2} \tag{5.4.45}$$

$$\mathrm{j}_2(kr)=-\frac{\sin(kr)}{kr}-\frac{3\cos(kr)}{(kr)^2}+\frac{3\sin(kr)}{(kr)^3} \tag{5.4.46}$$

需要注意的是，$\mathrm{j}_n(kr)$在$kr\to 0$时为有限值。$\mathrm{h}_n^{(1)}(kr)$的虚部是球诺依曼函数，在$kr\to 0$时趋向于无穷。

方程（5.4.38）的解为勒让德多项式$\mathrm{P}(\theta)$的导数，有

$$\Theta(\theta)=\frac{\mathrm{d}}{\mathrm{d}\theta}\mathrm{P}(\theta) \tag{5.4.47}$$

式中，$\mathrm{P}(\theta)$满足勒让德方程

$$\frac{1}{\sin\theta}\frac{\mathrm{d}}{\mathrm{d}\theta}\left[\sin\theta\frac{\mathrm{dP}(\theta)}{\mathrm{d}\theta}\right]+n(n+1)\mathrm{P}(\theta)=0 \tag{5.4.48}$$

方程（5.4.48）的两个独立解为 $\mathrm{P}_n(\cos\theta)$ 和 $\mathrm{Q}_n(\cos\theta)$，有

$$\mathrm{P}_n(\cos\theta)=\sum_{q=0}^{\infty}\frac{(-1)^q(n+q)!}{(n-q)!(q!)^2}\sin^{2q}(\theta/2) \tag{5.4.49}$$

当 n 为非整数时，另一个独立解为 $\mathrm{Q}_n(\cos\theta)=\mathrm{P}_n(-\cos\theta)$。当 n 为整数时，有

$$\mathrm{Q}_n(\cos\theta)=\mathrm{P}_n(\cos\theta)\ln\left(\cot\frac{\theta}{2}\right)-\sum_{s=1}^{n}\frac{\mathrm{P}_{n-s}\mathrm{P}_{s-1}}{s} \tag{5.4.50}$$

式中，当 $n\geqslant1$ 时，求和项起作用。当 n 为整数时，生成勒让德多项式的罗德里格公式为

$$\mathrm{P}_n(u)=\frac{1}{2^n n!}\frac{\mathrm{d}^n}{\mathrm{d}u^n}(u^2-1)^n \tag{5.4.51}$$

式中，$u=\cos\theta$。前几阶的勒让德多项式 $\mathrm{P}_n(\cos\theta)$ 为

$$\mathrm{P}_0(\cos\theta)=1 \tag{5.4.52}$$

$$\mathrm{P}_1(\cos\theta)=\cos\theta \tag{5.4.53}$$

$$\mathrm{P}_2(\cos\theta)=\frac{1}{2}(3\cos^2\theta-1)=\frac{1}{4}[3\cos(2\theta)+1] \tag{5.4.54}$$

需要注意的是，当 n 为整数时，$\mathrm{Q}_n(\cos\theta)$ 在 $\theta=0$ 和 $\theta=\pi$ 时变为无穷大。当 n 为非整数时，$\mathrm{P}_n(-\cos\theta)$ 在 $\theta=\pi$ 时变为无穷大。

应用 $R(r)$ 和 $\mathrm{P}(\theta)$，从方程（5.4.32）、方程（5.4.33）和式（5.4.36）可以得到

$$H_\phi=R(r)\frac{\mathrm{dP}(\theta)}{\mathrm{d}\theta} \tag{5.4.55}$$

$$E_r=-\frac{R(r)}{\mathrm{i}\omega\varepsilon r}\frac{1}{\sin\theta}\frac{\mathrm{d}}{\mathrm{d}\theta}\left[\sin\theta\frac{\mathrm{dP}(\theta)}{\mathrm{d}\theta}\right]=\frac{n(n+1)}{\mathrm{i}\omega\varepsilon r}R(r)\mathrm{P}(\theta) \tag{5.4.56}$$

$$E_\theta=\frac{1}{\mathrm{i}\omega\varepsilon r}\frac{\mathrm{d}[rR(r)]}{\mathrm{d}r}\frac{\mathrm{dP}(\theta)}{\mathrm{d}\theta} \tag{5.4.57}$$

2. 空气区域和偶极子场的解

首先考虑空气区域中的解。对于 $n=0,1,2,\cdots$，它们的形式为

$$H_\phi=\frac{1}{2\pi}\sum_n b_n\mathrm{h}_n^{(1)}(kr)\frac{\mathrm{d}}{\mathrm{d}\theta}\mathrm{P}_n(\cos\theta) \tag{5.4.58}$$

$$E_r=\frac{1}{\mathrm{i}2\pi\omega\varepsilon r}\sum_n n(n+1)b_n\mathrm{h}_n^{(1)}(kr)\mathrm{P}_n(\cos\theta) \tag{5.4.59}$$

$$E_\theta=\frac{1}{\mathrm{i}2\pi\omega\varepsilon r}\sum_n b_n\frac{\mathrm{d}}{\mathrm{d}r}[r\mathrm{h}_n^{(1)}(kr)]\frac{\mathrm{d}}{\mathrm{d}\theta}\mathrm{P}_n(\cos\theta) \tag{5.4.60}$$

此处选择第一类汉开尔函数用于表示向外传播的电磁波。n 取非整数的函数及 $\mathrm{Q}_n(\cos\theta)$ 没

有包含在内，这是因为它们在 $\theta=0$ 和 $\theta=\pi$ 时具有奇异性。图 5.4.8 绘制了 TM_1 模式和 TM_2 模式的电场线。

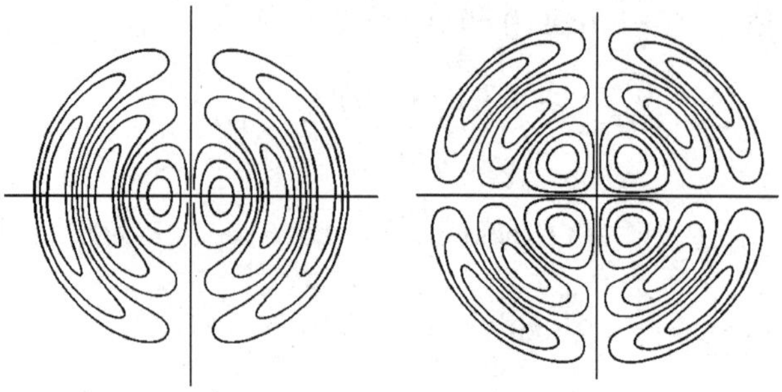

（a）TM_1模式　　（b）TM_2模式

图 5.4.8　电场线

需要注意的是，由于 $n=0$ 和 $P_0(\cos\theta)=1$，因此在空气区域不存在 TEM 模式。对于 TM_1 模式，有

$$H_\phi=\frac{b_1\mathrm{e}^{\mathrm{i}kr}}{2\pi kr}\left(1+\frac{\mathrm{i}}{kr}\right)\sin\theta \tag{5.4.61}$$

$$E_r=\frac{\eta b_1\mathrm{e}^{\mathrm{i}kr}}{\pi kr}\left[\frac{\mathrm{i}}{kr}+\left(\frac{\mathrm{i}}{kr}\right)^2\right]\cos\theta \tag{5.4.62}$$

$$E_\theta=\frac{\eta b_1\mathrm{e}^{\mathrm{i}kr}}{2\pi kr}\left[1+\frac{\mathrm{i}}{kr}+\left(\frac{\mathrm{i}}{kr}\right)^2\right]\sin\theta \tag{5.4.63}$$

式中，$\eta=(\mu/\varepsilon)^{1/2}$。这也是赫兹偶极子的场。利用柱坐标确定 b_1，并注意到电流偶极矩为

$$I_0l_{\text{eff}}=\int_{-\infty}^{\infty}\mathrm{d}zI_z \tag{5.4.64}$$

式中，

$$I_z=\int_0^{2\pi}\rho\mathrm{d}\phi H_\phi \tag{5.4.65}$$

由于 $r=(z^2+\rho^2)^{1/2}$ 和 $\sin\theta=\rho/r$，因此根据式（5.4.61）和式（5.4.65）可以得到，当 $\rho\to0$ 和 $z\to0$ 时，有

$$I_z\approx\frac{\mathrm{i}b_1\rho^2}{k^2(z^2+\rho^2)^{3/2}} \tag{5.4.66}$$

注意到，当 $\rho\to0$ 时，$I_z\to0$。然而，在 $z=0$ 处，当 $\rho\to0$ 时，$I_z\to\infty$。对式（5.4.64）的积分结果进行计算，有

$$I_0l_{\text{eff}}=\frac{\mathrm{i}2b_1}{k^2}\int_0^{\infty}\mathrm{d}z\frac{\rho^2}{(z^2+\rho^2)^{3/2}}=\frac{\mathrm{i}2b_1}{k^2} \tag{5.4.67}$$

由此可以得到

$$b_1=\frac{k^2I_0l_{\text{eff}}}{\mathrm{i}2} \tag{5.4.68}$$

需要注意的是，式（5.4.61）～式（5.4.63）的解与无穷小偶极子天线的解相同。

3. 天线区域的解

在天线区域，根据式（5.4.56）可以知道，式（5.4.26）中 E_r 的边界条件在 $n=0$ 或

$$\mathrm{P}(\theta_0)=\mathrm{P}(\pi-\theta_0)=0 \tag{5.4.69}$$

时满足。当 $n=0$ 时，可以得到 TEM 模式。$R(r)$ 的解是 e^{ikr}/r 和 e^{-ikr}/r 的线性组合，表示电磁波在锥体中传导并在终端反射。由于 $\mathrm{P}_0(\cos\theta)=1$，$\mathrm{d}\left[\mathrm{P}_0(\cos\theta)\right]/\mathrm{d}\theta=0$，因此将采用 $\mathrm{Q}_0(\cos\theta)$ 函数。

对于高阶 TM 模式，n 可以根据式（5.4.69）确定，一般情况下为非整数，可以用 u 表示。$P(\theta)$ 为 $\mathrm{P}_u(\cos\theta)$ 和 $\mathrm{P}_u(-\cos\theta)$ 的线性组合，有

$$P(\theta)=T_u(\theta)=\frac{1}{2}\left[\mathrm{P}_u(\cos\theta)+a\mathrm{P}_u(-\cos\theta)\right] \tag{5.4.70}$$

式（5.4.69）要求

$$\mathrm{P}_u(\cos\theta_0)+a\mathrm{P}_u(-\cos\theta_0)=0 \tag{5.4.71}$$

$$\mathrm{P}_u(-\cos\theta_0)+a\mathrm{P}_u(\cos\theta_0)=0 \tag{5.4.72}$$

则有 $a=\pm1$。因此，可以得到

$$T_u(\theta)=\frac{1}{2}\left[\mathrm{P}_u(\cos\theta)-\mathrm{P}_u(-\cos\theta)\right] \tag{5.4.73}$$

它是一个关于 $\cos\theta$ 的奇函数。或者

$$T_u(\theta)=\frac{1}{2}\left[\mathrm{P}_u(\cos\theta)+\mathrm{P}_u(-\cos\theta)\right] \tag{5.4.74}$$

它是一个关于 $\cos\theta$ 的偶函数。它们的导数

$$\frac{\mathrm{d}}{\mathrm{d}\theta}\left\{\frac{1}{2}\left[\mathrm{P}_u(\cos\theta)-\mathrm{P}_u(-\cos\theta)\right]\right\}=-\frac{1}{2}\left[\mathrm{P}_u'(\cos\theta)+\mathrm{P}_u'(-\cos\theta)\right]\sin\theta \tag{5.4.75}$$

$$\frac{\mathrm{d}}{\mathrm{d}\theta}\left\{\frac{1}{2}\left[\mathrm{P}_u(\cos\theta)+\mathrm{P}_u(-\cos\theta)\right]\right\}=-\frac{1}{2}\left[\mathrm{P}_u'(\cos\theta)-\mathrm{P}_u'(-\cos\theta)\right]\sin\theta \tag{5.4.76}$$

分别是偶函数和奇函数。因此，由奇函数 $T_u(\theta)$ 引起的 H_ϕ 是 θ 的偶函数，表明在上下锥体内的电流方向相同。例如，在上锥体中，r_0 处的电流沿离开原点方向，那么在下锥体中，r_0 处的电流将流向原点方向。对于偶函数 $T_u(\theta)$，H_ϕ 是 θ 的奇函数，表明在上下锥体内的电流方向相反，将同时远离或流向原点。

考虑由一系列奇函数 $T_u(\theta)$ 描述的平衡馈电方式。选择

$$T_u(\theta)=\frac{1}{2}\left[\mathrm{P}_u(\cos\theta)-\mathrm{P}_u(-\cos\theta)\right] \tag{5.4.77}$$

其完整的解可以表示为关于 u 的求和，其中 u 取最为靠近的整数，故有

$$H_\phi=\frac{I_0(r)}{2\pi r\sin\theta}+\frac{1}{2\pi}\sum_u a_u\mathrm{j}_u(kr)\frac{\mathrm{d}}{\mathrm{d}\theta}T_u(\theta) \tag{5.4.78}$$

$$E_r = \frac{1}{\mathrm{i}2\pi r\omega\varepsilon}\sum_u u(u+1)a_u \mathrm{j}_u(kr)T_u(\theta) \tag{5.4.79}$$

$$E_\theta = \frac{1}{\mathrm{i}2\pi r\omega\varepsilon\sin\theta}\frac{\mathrm{d}}{\mathrm{d}r}I_0(r) + \frac{1}{\mathrm{i}2\pi r\omega\varepsilon}\sum_u a_u \frac{\mathrm{d}}{\mathrm{d}r}[r\mathrm{j}_u(kr)]\frac{\mathrm{d}}{\mathrm{d}\theta}T_u(\theta) \tag{5.4.80}$$

式中，$T_u(\theta)$ 由式（5.4.77）给出。式（5.4.78）和式（5.4.80）的第一项是 TEM 模式的解，可以根据式（5.4.37）和式（5.4.38），并令 $n=0$ 和 $I_0(r)\sim \mathrm{e}^{\pm ikr}$ 得到。对于高阶模式，只选择球贝塞尔函数 $\mathrm{j}_u(kr)$，这是因为若包含诺依曼函数 $\mathrm{N}_u(kr)$，则当 $kr\to 0$ 时，不仅场量 H_ϕ 和 E_θ 会趋于无穷大，而且代表电流和电压的积分将具有奇异性。

5.5 切伦科夫辐射

1934 年，苏联物理学家切伦科夫（Pavel Alekseyevich Čerenkov，1904—1990）首次在实验中发现，当高速运动的电子束轰击液体和固体时，会激发可见光辐射。他发现，要产生这种辐射，电子的速度必须足够大，辐射的角度与电子束的速度相关，并且受激发的光的电场矢量的极化方向与电子束入射面（电子束方向和辐射方向所构成的平面）平行。针对这一发现，人们进行了多次尝试以解释这一现象，但都未取得成功。直到 1937 年，切伦科夫的两位同事弗兰克（Ilya Mikhailovich Frank，1908—1990）和塔姆（Igor Yevgenyevich Tamm，1895—1971）根据宏观电磁理论进行解释，并建立了如下理论：在折射率大于 1 的介质中匀速运动的电子，如果电子运动速度超过介质中光的速度，就会产生切伦科夫辐射。切伦科夫辐射现象的发现标志着宏观电磁理论的重大进展，本节将专门讨论这个问题。

假定一带电荷 q 的粒子在各向同性介质中以速度 $\boldsymbol{v}$ 做匀速直线运动。由于粒子运动过程中会产生电磁辐射，粒子的能量会逐渐减小，因此粒子的速度会逐渐减小。为了简化讨论，假定电子运动速度 $\boldsymbol{v}$ 是沿着 $\hat{z}$ 方向的一个常数，运动电荷的电流密度可以表示为

$$\boldsymbol{J}(\boldsymbol{r},t) = \hat{z}qv\delta(x)\delta(y)\delta(z-vt) \tag{5.5.1}$$

柱坐标系关于 ϕ 对称，因此有

$$\int \mathrm{d}\rho\delta(\rho) = 1 = \iint \mathrm{d}x\mathrm{d}y\delta(x)\delta(y) = \int \mathrm{d}\rho 2\pi\rho\delta(x)\delta(y) \tag{5.5.2}$$

可以得到 $\delta(x)\delta(y) = \delta(\rho)/2\pi\rho$，故有

$$\boldsymbol{J}(\boldsymbol{r},t) = \hat{z}qv\delta(z-vt)\frac{\delta(\rho)}{2\pi\rho} \tag{5.5.3}$$

式（5.5.3）表示的源并不是时谐的。通过傅里叶变换，可以将式（5.5.3）变换到频域，有

$$\boldsymbol{J}(\boldsymbol{r},\omega) = \frac{1}{2\pi}\int \mathrm{d}t\boldsymbol{J}(\boldsymbol{r},t)\mathrm{e}^{\mathrm{i}\omega t} = \hat{z}\frac{q}{4\pi^2\rho}\mathrm{e}^{\mathrm{i}\omega z/v}\delta(\rho) \tag{5.5.4}$$

对每个频谱分量 ω，可以得到相应的电场表达式

$$\boldsymbol{E}(\boldsymbol{r}) = \frac{1}{2\pi}\int \mathrm{d}t\boldsymbol{E}(\boldsymbol{r},t)\mathrm{e}^{\mathrm{i}\omega t} \tag{5.5.5}$$

时域电场分量的表达式可以通过逆傅里叶变换得到

$$\boldsymbol{E}(\boldsymbol{r},t)=\int\mathrm{d}\omega\boldsymbol{E}(\boldsymbol{r})\mathrm{e}^{-\mathrm{i}\omega t} \tag{5.5.6}$$

电场方程变为

$$\nabla\times\nabla\times\boldsymbol{E}(\boldsymbol{r})-k^2\boldsymbol{E}(\boldsymbol{r})=\hat{\boldsymbol{z}}\frac{\mathrm{i}\omega\mu q}{4\pi^2\rho}\mathrm{e}^{\mathrm{i}\omega z/v}\delta(\rho) \tag{5.5.7}$$

这个方程可以通过定义矢量格林函数 $\boldsymbol{g}(\rho,z)$ 进行求解，有

$$\boldsymbol{E}(\boldsymbol{r})=\left(\overline{\overline{\boldsymbol{I}}}+\frac{1}{k^2}\nabla\nabla\right)\cdot\boldsymbol{g}(\rho,z)=\boldsymbol{g}(\rho,z)+\frac{1}{k^2}\nabla[\nabla\cdot\boldsymbol{g}(\rho,z)] \tag{5.5.8}$$

根据方程（5.5.7），可以得到关于 $\boldsymbol{g}(\rho,z)$ 的波动方程

$$(\nabla^2+k^2)\boldsymbol{g}(\rho,z)=-\hat{\boldsymbol{z}}\frac{\mathrm{i}\omega\mu q}{4\pi^2\rho}\mathrm{e}^{\mathrm{i}\omega z/v}\delta(\rho) \tag{5.5.9}$$

考虑到方程右侧是 z 的函数，并且物理问题是轴对称的，可以将方程用柱坐标表示。令

$$\boldsymbol{g}(\rho,z)=\hat{z}g(\rho)\frac{\mathrm{i}\omega\mu q}{2\pi}\mathrm{e}^{\mathrm{i}\omega z/v} \tag{5.5.10}$$

可以得到

$$\left[\frac{1}{\rho}\frac{\mathrm{d}}{\mathrm{d}\rho}\left(\rho\frac{\mathrm{d}}{\mathrm{d}\rho}\right)-\frac{\omega^2}{v^2}+k^2\right]g(\rho)=-\frac{\delta(\rho)}{2\pi\rho} \tag{5.5.11}$$

对于 $\rho\neq0$，上述方程变为

$$\left[\frac{1}{\rho}\frac{\mathrm{d}}{\mathrm{d}\rho}\left(\rho\frac{\mathrm{d}}{\mathrm{d}\rho}\right)+k_\rho^2\right]g(\rho)=0 \tag{5.5.12}$$

式中，

$$k_\rho=\sqrt{k^2-\frac{\omega^2}{v^2}}=n\frac{\omega}{c}\sqrt{1-\frac{1}{(n\beta)^2}} \tag{5.5.13}$$

$\beta=v/c$，$n=c\sqrt{\mu\varepsilon}$。方程（5.5.12）是零阶贝塞尔方程。由于方程（5.5.11）在 $\rho=0$ 处具有奇异性，并且贝塞尔方程的解应该表示一个向外传播的波，因此可以选择

$$g(\rho)=C\mathrm{H}_0^{(1)}(k_\rho\rho) \tag{5.5.14}$$

常数 C 可以通过 $\rho\to0$ 处的边界条件匹配确定。将方程（5.5.11）在一个无穷小的区域 $2\pi\rho\mathrm{d}\rho$ 内积分，同时令 $\rho\to0$，可以得到

$$\lim_{\rho\to0}2\pi\rho\frac{\mathrm{d}g(\rho)}{\mathrm{d}\rho}=-1 \tag{5.5.15}$$

利用渐近公式 $\mathrm{H}_0^{(1)}(k_\rho\rho)\approx\mathrm{i}(2/\pi)\ln(k_\rho\rho)$ 可以得到 $C=\mathrm{i}/4$，同时根据式（5.5.14），有

$$g(\rho)=\frac{\mathrm{i}}{4}\mathrm{H}_0^{(1)}(k_\rho\rho) \tag{5.5.16}$$

这是柱坐标系中的标量格林函数。对于与 z 无关的二维问题，标量格林函数就是如式（5.5.16）的简单形式，其中 $k_\rho=k$。

电场的解可以通过式（5.5.8）和式（5.5.10）得到，有

$$\boldsymbol{E}(\boldsymbol{r})=\frac{-q}{8\pi\omega\varepsilon}\left(\hat{z}k^2+\mathrm{i}\frac{\omega}{v}\nabla\right)\mathrm{H}_0^{(1)}(k_\rho\rho)\mathrm{e}^{\mathrm{i}\omega z/v} \tag{5.5.17}$$

由于主要考虑电荷辐射，因此可以利用 $\mathrm{H}_0^{(1)}(k_\rho\rho)$ 的渐近值得到远场区域电场的解。在辐射区域，$k_\rho\rho\gg1$，$\mathrm{H}_0^{(1)}(k_\rho\rho)\approx\sqrt{\dfrac{2}{\mathrm{i}\pi k_\rho\rho}}\mathrm{e}^{\mathrm{i}k_\rho\rho}$，有

$$\boldsymbol{E}(\boldsymbol{r})\approx\frac{q}{8\pi\omega\varepsilon}\sqrt{\frac{2k_\rho}{\mathrm{i}\pi\rho}}\left(\hat{\boldsymbol{\rho}}\frac{\omega}{v}-\hat{z}k_\rho\right)\mathrm{e}^{\mathrm{i}(k_\rho\rho+\omega z/v)} \tag{5.5.18}$$

若式（5.5.13）中的 k_ρ 为实数，则式（5.5.18）是一个平面波的表达式，其波矢量为 $\boldsymbol{k}=\hat{\boldsymbol{\rho}}k_\rho+\hat{z}\,\omega/v$。

切伦科夫观察到的所有实验现象都可以用式（5.5.18）来解释。

（1）如果 $n\beta>1$，k_ρ 为实数，有

$$v>\frac{c}{n} \tag{5.5.19}$$

因此，若介质中电荷的运动速度大于介质中光的速度，则可以激发平面波辐射。若电荷的运动速度小于光的速度，则 k_ρ 是虚数并且电磁波在 $\hat{\boldsymbol{\rho}}$ 方向上是倏逝的。

（2）平面波的波阵面沿 $\hat{z}$ 方向形成一个锥形（图 5.5.1）。波矢量 $\boldsymbol{k}$ 与 $\hat{z}$ 方向构成的夹角 θ 根据下式确定

$$\cos\theta=\frac{k_z}{k}=\frac{\omega}{kv}=\frac{1}{n\beta} \tag{5.5.20}$$

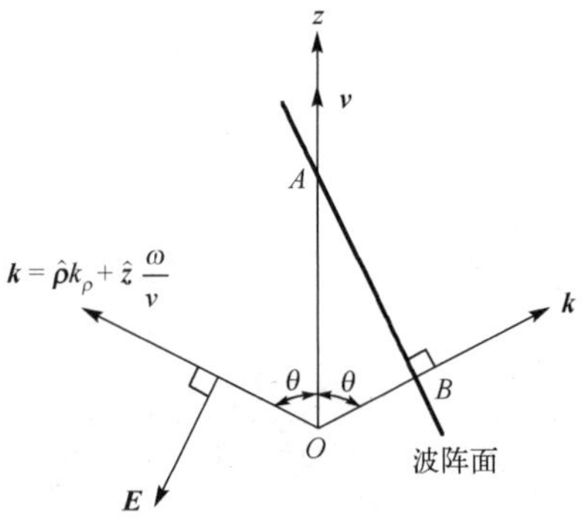

图 5.5.1 切伦科夫辐射示意图

式中，$\beta=v/c$。需要注意的是，只有当 $n\beta>1$ 时，θ 才有实数值。在图 5.5.1 中，AB 表示波阵面，OA 是带电粒子从 O 出发所走的距离，OB 是电磁波从 O 出发所走的距离。

（3）关于辐射电磁波的极化，根据式（5.5.18）可以发现，电场 $\boldsymbol{E}$ 位于由 $\boldsymbol{k}$ 和 $\hat{z}$ 确定的平面中（图 5.5.1）。显然，由于 $\boldsymbol{k}\cdot\boldsymbol{E}=0$，因此电场 $\boldsymbol{E}$ 也与 $\boldsymbol{k}$ 矢量垂直。

为了计算切伦科夫辐射功率，首先根据法拉第定律计算磁场，当忽略 $\rho^{-3/2}$ 的项时，有

$$\boldsymbol{H}=\hat{\boldsymbol{\phi}}\frac{q}{8\pi}\sqrt{\frac{2k_\rho}{\mathrm{i}\pi\rho}}\mathrm{e}^{(\mathrm{i}k_\rho\rho+\omega z/v)} \tag{5.5.21}$$

利用逆傅里叶变换[式（5.5.6）]，可以得到时域的磁场表达式

$$\boldsymbol{H}(\boldsymbol{r},t)=\hat{\boldsymbol{\phi}}\frac{q}{4\pi}\sqrt{\frac{2}{\pi\rho}}\int_0^\infty\mathrm{d}\omega\sqrt{k_\rho}\cos\left(\omega t-k_\rho\rho-\frac{\omega z}{v}+\frac{\pi}{4}\right) \tag{5.5.22}$$

需要注意的是，由于 $k_\rho=n\dfrac{\omega}{c}\sqrt{1-\dfrac{1}{n^2\beta^2}}$，$k_\rho$ 与 ω 成正比，因此可以将积分区间从 $(-\infty,\infty)$ 变为 $(0,\infty)$。类似地，对式（5.5.18）进行逆傅里叶变换，可以得到时域的电场表达式

$$\boldsymbol{E}(\boldsymbol{r},t)=-\frac{q}{4\pi}\sqrt{\frac{2}{\pi\rho}}\int_0^\infty\mathrm{d}\omega\frac{1}{\omega\varepsilon}\left(\hat{z}k_\rho-\hat{\boldsymbol{\rho}}\frac{\omega}{v}\right)\sqrt{k_\rho}\cos\left(\omega t-k_\rho\rho-\frac{\omega z}{v}+\frac{\pi}{4}\right) \tag{5.5.23}$$

考虑一个长度为 l、半径为 ρ 的圆柱体，沿着柱体表面辐射的总能量为

$$\begin{aligned}S_\rho &= 2\pi\rho l\int_{-\infty}^{\infty}\mathrm{d}t\left[\boldsymbol{E}(\boldsymbol{r},t)\times\boldsymbol{H}(\boldsymbol{r},t)\right]_\rho = 2\pi\rho l\int_{-\infty}^{\infty}\mathrm{d}t\left[E_z(\boldsymbol{r},t)H_\phi(\boldsymbol{r},t)\right]\\ &=\frac{q^2 l}{4\pi^2}\int_{-\infty}^{\infty}\mathrm{d}t\int_0^{\infty}\mathrm{d}\omega\int_0^{\infty}\mathrm{d}\omega' k_\rho\frac{\sqrt{k_\rho}}{\omega\varepsilon}\sqrt{k'_\rho}\cos\left(\omega t-k_\rho\rho-\frac{\omega z}{v}+\frac{\pi}{4}\right)\cos\left(\omega' t-k'_\rho\rho-\frac{\omega' z}{v}+\frac{\pi}{4}\right)\end{aligned} \tag{5.5.24}$$

式中，$k'_\rho=\dfrac{\omega'}{c}\left(1-\dfrac{1}{n^2\beta^2}\right)^{1/2}$。首先对 t 进行积分，令 $\alpha=k_\rho\rho/\omega+z/v$，并注意到

$$\begin{aligned}&\int_{-\infty}^{\infty}\mathrm{d}t\cos\left[\omega'(t+\alpha)+\frac{\pi}{4}\right]\cos\left[\omega(t+\alpha)+\frac{\pi}{4}\right]\\ &=\frac{1}{2}\int_{-\infty}^{\infty}\mathrm{d}t\cos\left[(\omega-\omega')(t+\alpha)\right]=\pi\delta(\omega-\omega')\end{aligned} \tag{5.5.25}$$

式中应用了 δ 函数

$$\delta(\omega-\omega')=\frac{1}{2\pi}\int_{-\infty}^{\infty}\mathrm{d}t\mathrm{e}^{\mathrm{i}(\omega-\omega')t} \tag{5.5.26}$$

因此，可以得到

$$S_\rho=\frac{q^2 l}{4\pi}\int_0^{\infty}\mathrm{d}\omega\frac{k_\rho^2}{\omega\varepsilon}=\frac{\mu q^2 l}{4\pi}\int_0^{\infty}\mathrm{d}\omega\omega\left(1-\frac{1}{n^2\beta^2}\right) \tag{5.5.27}$$

尽管积分区间为 $(0,\infty)$，但仍要记得对于切伦科夫辐射，上述结果只在 $n^2>1/\beta^2$ 的条件下才有效。因为所有介质都具有色散，所以在满足切伦科夫辐射条件下，积分区间实际上是由折射率 n 的频率范围决定的。利用式（5.5.27），可以计算出不同折射率介质中电子通过一个单位长度后辐射的功率。需要注意的是，在上述理论模型中，假定电子运动速度 v 不变。随着电荷不断地辐射，粒子的运动速度会逐渐减小并最终在 $\beta^2\leqslant 1/n^2$ 时停止辐射。

【扩展阅读】逆切伦科夫辐射

1967 年，维塞拉戈（Victor Veselago，1926—2018）首次提出了同时具有负介电常数和负磁导率的负折射率介质，并提出了逆切伦科夫辐射效应。负折射率介质中的逆切伦科夫辐射推导与正折射率介质中的常规切伦科夫辐射相同。值得注意的是，折射率 $n=c\sqrt{\mu\varepsilon}$ 实际上是一个多值函数，其具体的选择应根据实际情况做相应判断。因此，在负折射率介质中，电磁波的相速方向与能流方向相反，这一奇异特性导致切伦科夫辐射对应的功率流方向与粒子运动方向相反。图 5.5.2 表示负折射率介质中的切伦科夫辐射。由于 $n<0$，粒子辐射将呈现后向锥形，称为逆切伦科夫辐射。

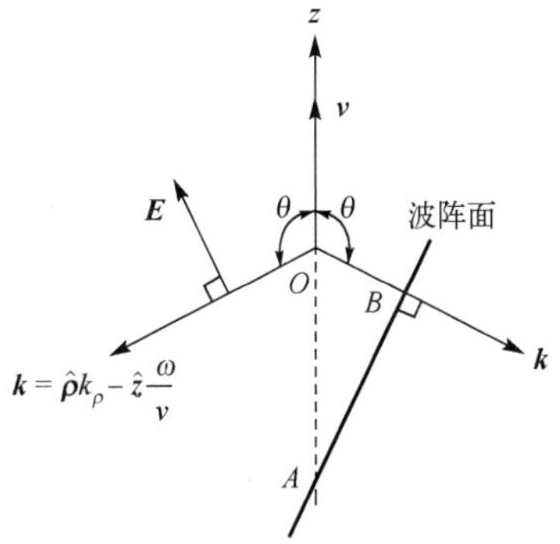

图 5.5.2 逆切伦科夫辐射示意图

【扩展阅读】双曲色散介质中的切伦科夫辐射

在各向同性介质中，粒子运动速度需要满足 $v>c/n$ 的阈值条件才可以激励切伦科夫辐射，这为切伦科夫辐射的应

用增加了许多限制。与各向同性介质不同，双曲色散介质能够支持倏逝波的传播。因此，根据匹配条件，双曲色散介质可以消除切伦科夫辐射的最小速度阈值，这为进一步发展切伦科夫辐射器件提供了一种有效的途径。

【扩展阅读】史密斯-珀塞尔辐射

史密斯-珀塞尔辐射是由美国哈佛大学的珀塞尔（Edward Mills Purcell，1912—1997）与他的研究生史密斯于 1953 年在实验中发现的。该辐射通过采用周期结构的方法改变电磁波的相速，从而消除切伦科夫辐射的速度阈值。从波矢匹配的角度来看，无论是介质中的切伦科夫辐射还是光栅结构的史密斯-珀塞尔辐射，其本质都是将电子携带的倏逝波转换为行波，因此史密斯-珀塞尔辐射也可以归结为一种特殊的切伦科夫辐射。

习　题　5

5.1　求自由空间中一维标量格林函数 $g(x,x')$ 的微分方程。证明该格林函数为

$$g(x,x')=\frac{\mathrm{i}\mathrm{e}^{\mathrm{i}k|x-x'|}}{2k}$$

5.2　证明二维格林函数为

$$g(\rho)=\frac{\mathrm{i}}{4}\mathrm{H}_0^{(1)}(k\rho)=\frac{\mathrm{i}}{4\pi}\int_{-\infty}^{\infty}\mathrm{d}k_x\frac{\mathrm{e}^{\mathrm{i}k_x x+\mathrm{i}k_y|y|}}{k_y}$$

5.3　证明三维格林函数为

$$g(r)=\frac{\mathrm{e}^{\mathrm{i}kr}}{4\pi r}=\frac{\mathrm{i}}{8\pi^2}\iint_{-\infty}^{\infty}\mathrm{d}k_x\mathrm{d}k_y\frac{\mathrm{e}^{\mathrm{i}k_x x+\mathrm{i}k_y y+\mathrm{i}k_z|z|}}{k_z}$$

5.4　对于无界空间中有限范围辐射源的分布，必须在无穷远处施加边界条件，才能得到辐射问题的唯一解。这样的边界条件称为辐射条件，它要求波的衰减速度不慢于远离源的反向距离，且波必须向外传播到无穷远。用数学术语来说，$\boldsymbol{E}$ 和 $\boldsymbol{H}$ 的辐射条件为

$$\lim_{r\to\infty}r(\boldsymbol{H}-\hat{\boldsymbol{r}}\times\boldsymbol{E}/\eta)=0$$

$$\lim_{r\to\infty}r(\boldsymbol{E}+\hat{\boldsymbol{r}}\times\eta\boldsymbol{H})=0$$

（1）证明以下辐射场满足辐射条件

$$\boldsymbol{E}=\mathrm{i}\omega\mu\frac{\mathrm{e}^{\mathrm{i}kr}}{4\pi r}(\hat{\boldsymbol{\theta}}f_\theta+\hat{\boldsymbol{\phi}}f_\phi)$$

$$\boldsymbol{H}=\mathrm{i}\omega\mu\frac{\mathrm{e}^{\mathrm{i}kr}}{4\pi\eta r}(\hat{\boldsymbol{\phi}}f_\theta-\hat{\boldsymbol{\theta}}f_\phi)$$

式中，f_θ 和 f_ϕ 分别为矢量电流矩 $\hat{\boldsymbol{\theta}}$ 和 $\hat{\boldsymbol{\phi}}$ 方向的分量。

（2）应用麦克斯韦方程组，证明

$$\lim_{r\to\infty}r(\nabla\times\boldsymbol{E}-\mathrm{i}k\hat{\boldsymbol{r}}\times\boldsymbol{E})=0$$

$$\lim_{r\to\infty} r(\nabla\times\boldsymbol{H}-\mathrm{i}k\hat{\boldsymbol{r}}\times\boldsymbol{H})=0$$

并证明并矢格林函数的辐射条件为

$$\lim_{r\to\infty} r\left[\nabla\times\overline{\overline{\boldsymbol{G}}}(\boldsymbol{r},\boldsymbol{r}')-\mathrm{i}k\hat{\boldsymbol{r}}\times\overline{\overline{\boldsymbol{G}}}(\boldsymbol{r},\boldsymbol{r}')\right]=0$$

5.5 考虑如题 5.5 图所示的两个频率为 ω、偶极矩相同的赫兹偶极子。第一个偶极子位于坐标轴原点 $(0,0,0)$ 处，朝 $\hat{\boldsymbol{y}}$ 方向。第二个偶极子位于 $(0,0,-3\lambda/4)$ 处，朝 $\hat{\boldsymbol{x}}$ 方向。

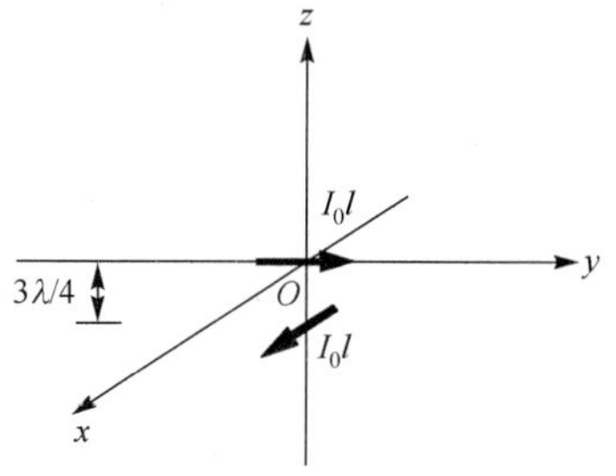

题 5.5 图

（1）试求矢量电流矩 $\boldsymbol{f}(\theta,\phi)$ 的表达式。

（2）证明在远场区域电场的表达式为

$$\boldsymbol{E}=\eta_0\frac{\mathrm{i}kI_0l}{4\pi r}\mathrm{e}^{\mathrm{i}kr}\left\{\hat{\boldsymbol{\phi}}\left[\cos\phi-\sin\phi\,\mathrm{e}^{\mathrm{i}\frac{3\pi}{2}\cos\theta}\right]+\hat{\boldsymbol{\theta}}\cos\theta\left[\sin\phi+\cos\phi\,\mathrm{e}^{\mathrm{i}\frac{3\pi}{2}\cos\theta}\right]\right\}$$

（3）试求令波为右旋圆极化波的所有方向 (θ,ϕ)。

（4）试求令波为左旋圆极化波的所有方向 (θ,ϕ)。

（5）试求令波为线极化波的所有方向 (θ,ϕ)。

5.6 十字天线由两个垂直放置的赫兹偶极子组成，两个偶极子的电流分布分别为

$$\boldsymbol{J}_1=\hat{\boldsymbol{x}}Il\delta(\boldsymbol{r}),\quad \boldsymbol{J}_2=\hat{\boldsymbol{y}}\mathrm{i}Il\delta(\boldsymbol{r})$$

（1）证明该天线的辐射电场为

$$\boldsymbol{E}=-\eta\frac{\mathrm{i}kIl\mathrm{e}^{\mathrm{i}kr}}{4\pi r}\mathrm{e}^{\mathrm{i}\phi}\left\{\hat{\boldsymbol{r}}\left[\frac{\mathrm{i}}{kr}+\left(\frac{\mathrm{i}}{kr}\right)^2\right]2\sin\theta-\hat{\boldsymbol{\theta}}\left[1+\frac{\mathrm{i}}{kr}+\left(\frac{\mathrm{i}}{kr}\right)^2\right]\cos\theta-\hat{\boldsymbol{\phi}}\mathrm{i}\left[1+\frac{\mathrm{i}}{kr}+\left(\frac{\mathrm{i}}{kr}\right)^2\right]\right\}$$

（2）求 $\theta=\pi/2$ 时 xOy 平面内远场区域（$k_\rho\gg1$）的总电场。证明瞬态电场可以写成 $\cos(\omega t-\phi-k_\rho\rho)$ 的形式。注意到

$$\hat{\boldsymbol{x}}=\hat{\boldsymbol{r}}\cos\phi\sin\theta-\hat{\boldsymbol{\phi}}\sin\phi+\hat{\boldsymbol{\theta}}\cos\phi\cos\theta$$

$$\hat{\boldsymbol{y}}=\hat{\boldsymbol{r}}\sin\phi\sin\theta+\hat{\boldsymbol{\phi}}\cos\phi+\hat{\boldsymbol{\theta}}\sin\phi\cos\theta$$

求辐射场在 xOy 平面内的极化。

（3）求 xOy 平面内的辐射功率方向图。

（4）求 z 轴上的总辐射电场表达式，并给出 $\hat{\boldsymbol{z}}$ 方向上辐射场的极化。

（5）计算远场区域 $+\hat{\boldsymbol{z}}$ 方向辐射场的功率密度，并与 $+\hat{\boldsymbol{x}}$ 方向辐射场的功率密度进行比较。

5.7 证明约当引理：

（1）如果 $\lim\limits_{R\to\infty}Rf(R\mathrm{e}^{\mathrm{i}\phi})=0$，则有 $\lim\limits_{R\to\infty}\int_{C_R}\mathrm{d}\alpha f(\alpha)=0$；

（2）如果 $\lim\limits_{R\to\infty}f(R\mathrm{e}^{\mathrm{i}\phi})=0$，则有 $\lim\limits_{R\to\infty}\int_{C_R}\mathrm{d}\alpha f(\alpha)\mathrm{e}^{\mathrm{i}a\alpha}=0$，

式中，$\alpha>0$，C_R 是 α 平面上半部分半径为 R 的半圆。

5.8 考虑半空间问题，$z>0$ 区域为空气，$z<0$ 区域填充介电常数为 ε 和磁导率为 μ 的均匀介质。分别求出垂直电偶极子和水平电偶极子位于上半空间与下半空间的辐射场公式，并将结果表示成索末菲积分的形式。

5.9 （1）求自由空间中沿 z 轴放置的线电流源 $I(z)=I_0\mathrm{e}^{\mathrm{i}k_z z}$ 在远场区域的电场和磁场矢量。

（2）求远场区域坡印廷矢量的实部。当 $k_z>k$ 时会发生什么现象？

（3）确定远场区域中 $k_z<k$ 和 $k_z>k$ 的等相位面（波阵面）。坡印廷矢量的实部是否垂直于等相位面？

5.10 考虑一半径接近于零、长度为 $2l$ 的导线。该导线由恒定电流源 I_0 激励，电流密度为

$$\boldsymbol{J}(\boldsymbol{r}')=\hat{z}I_0\sin(kl-k|z'|)\delta(x')\delta(y')$$

满足 $z'=\pm l$ 处电流为零的边界条件。对于该导线的辐射场，证明矢量电流矩 $\boldsymbol{f}(\theta,\phi)$ 可以表示为

$$\boldsymbol{f}(\theta,\phi)=\hat{z}\frac{2I_0}{k\sin^2\theta}\left[\cos(kl\cos\theta)-\cos(kl)\right]$$

（1）求辐射区域内的电场 $\boldsymbol{E}$。

（2）当 $\theta=0$ 及 $\theta=\pi$ 时电场 $\boldsymbol{E}$ 的表达式。

（3）画出 $2l=3\lambda/2$ 时该天线的辐射场方向图，并找出辐射场为零的位置。

（4）为了理解零场，考虑三个相距 $\lambda/2$ 的共线偶极子，中间偶极子的相位与两端偶极子的相位相差 π。证明远场为 $\mathrm{e}^{-\mathrm{i}\pi\cos\theta}-1+\mathrm{e}^{\mathrm{i}\pi\cos\theta}$，并确定零场的位置。

5.11 （1）估计半波长偶极子的辐射电阻 R_r。

（2）计算 $kl\to0$ 时的辐射电阻，并与赫兹偶极子的辐射电阻进行比较。

5.12 求薄线性偶极子天线在 l/λ 较大时辐射电阻 R_r 的渐近公式。

5.13 在球面天线的情况下，当锥角 θ_0 接近 $\pi/2$ 时，作为双锥天线的极限情况，找出模式阶数（u）的近似值。

5.14 考虑如题 5.14 图所示的双锥天线，其中锥形边界由 $\theta=\theta_0$ 和 $\theta=\pi-\theta_1$ 给出。天线区域填充介质的介电常数为 ε。

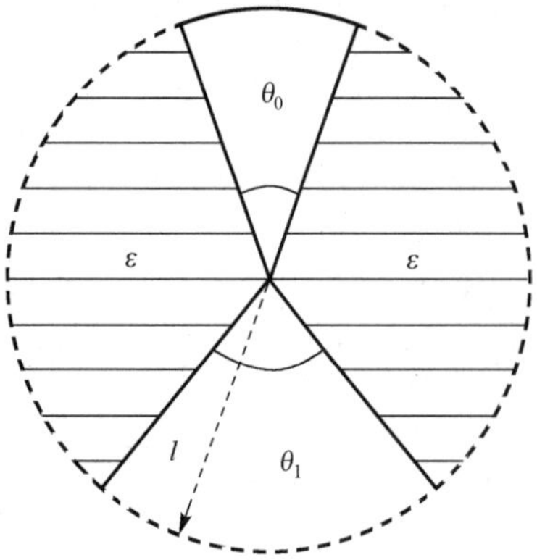

题 5.14 图

（1）写出双锥天线的边界条件。

（2）求特征阻抗，并证明在完全导电的接地平面上角度为 θ_0 的单个圆锥的特性阻抗是 $\theta_0=\theta_1$ 的双锥天线的特性阻抗的一半。

（3）求出这个双锥天线每单位径向长度的电容和电感。

（4）对于较小的锥角 θ_0 和 θ_1，找到在天线区域中可以激励的模式阶数（u）的近似值，证明这些值是由下式给出的

$$u\simeq n+\varDelta\simeq n-\frac{1}{2}\frac{\ln\left(\sin\frac{\theta_0}{2}\sin\frac{\theta_1}{2}\right)}{\ln\left(\sin\frac{\theta_0}{2}\right)\ln\left(\sin\frac{\theta_1}{2}\right)}$$

式中，n 为奇数。

5.15　在切伦科夫辐射中，沿路径为 l、半径为 ρ 的圆柱体中辐射出的总能量为

$$S_{\rho}=\frac{q^{2}l}{4\pi}\int_{0}^{\infty}\mathrm{d}\omega\frac{k_{\rho}^{2}}{\omega\varepsilon}=\frac{\mu q^{2}l}{4\pi}\int_{0}^{\infty}\mathrm{d}\omega\omega\left(1-\frac{1}{n^{2}\beta^{2}}\right)$$

每单位距离单位频率损失的能量为

$$\frac{\mathrm{d}^{2}S_{\rho}}{\mathrm{d}l\mathrm{d}\omega}=\frac{\mu q^{2}}{4\pi}\omega\left(1-\frac{1}{n^{2}\beta^{2}}\right)$$

（1）利用 $E_{\text{photon}}=\hbar\omega$ 和 $\mathrm{d}\omega/\mathrm{d}\lambda=2\pi c/\lambda^{2}$，证明当波长为 λ 时，每单位距离辐射的光子数为

$$\frac{\mathrm{d}^{2}N}{\mathrm{d}l\mathrm{d}\lambda}=\frac{q^{2}c}{2\lambda^{2}\hbar}\mu\left(1-\frac{1}{n^{2}\beta^{2}}\right)$$

并证明常用公式 $\dfrac{\mathrm{d}N}{\mathrm{d}l}\propto\dfrac{\mathrm{d}\lambda}{\lambda^{2}}\sin^{2}\theta$，该公式给出了 N 对 λ 和 θ 的依赖关系。

（2）气体切伦科夫探测器在高能粒子实验中被广泛使用，气体的折射率通常为 1.002。在 $\beta=1$ 的情况下，求切伦科夫辐射的角度。

（3）大多数辐射的能量集中在波长 350～550nm 范围内。求每单位距离能够产生的光子数。若要求探测器能够得到 100 个光子，求所需探测器的尺寸。相应的参数为 $\hbar=6.63\times10^{-34}/(2\pi)(\mathrm{J}\cdot\mathrm{s}/\mathrm{rad})$，$q=1.6\times10^{-19}\mathrm{C}$，$\beta=1$。

第6章　散　射

电磁散射主要指的是电磁辐射与物体之间的相互作用，对其深入研究有助于发展新型电磁器件和技术，如成像、隐身、生物医学、光学天线等，具有重要的理论技术意义和工程价值。散射问题涉及两个方面，一方面是物体在电磁波照射下散射场的求解；另一方面是依据散射场的特征反过来识别和判断物体。本章主要讨论物体的散射场求解问题。散射系统中的电磁散射问题本质上是一个边值问题，需要应用满足散射系统边界条件的麦克斯韦方程组来解决，进而确定电磁辐射与物体之间的相互作用。电磁散射问题的求解需要考虑坐标系的选择，以及平面波、柱面波和球面波之间的转换。同时，散射物体的形状、所选的坐标系和入射波的表达式之间需要相互匹配，以便能够得到散射场的解析解。对于任意形状的散射物体，只能借助数值方法求解其电磁散射。

6.1　圆柱散射

6.1.1　导体圆柱

假设有一放置于均匀介质中半径为 a、轴线与 z 轴重合的导体圆柱，平面波垂直入射到该圆柱表面（图 6.1.1）。由于任意垂直入射到圆柱上的平面波可以分解为电场仅有 $\hat{z}$ 分量的 TE 波和磁场仅有 $\hat{z}$ 分量的 TM 波的叠加，因此在求解过程中，只需要考虑这两种平面波入射的情况。

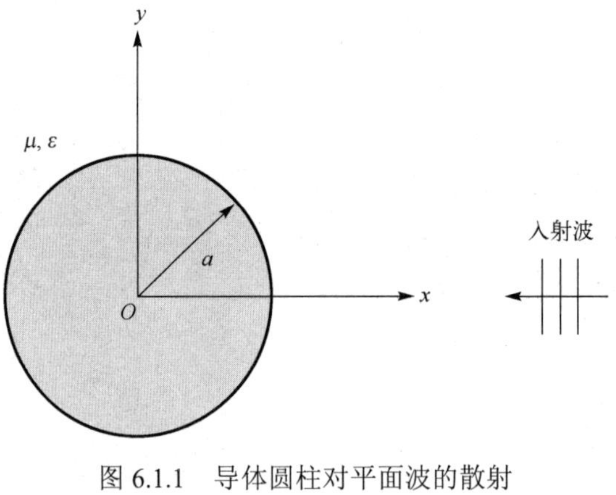

图 6.1.1　导体圆柱对平面波的散射

对于 TE 波，电场可以表示为

$$\boldsymbol{E}^{\mathrm{inc}} = \hat{z}E_z^{\mathrm{inc}} = \hat{z}E_0\mathrm{e}^{-\mathrm{i}kx} \tag{6.1.1}$$

式中，E_0 为常数。将入射波表示成柱面波展开形式，有

$$E_z^{\mathrm{inc}} = E_0\sum_{n=-\infty}^{\infty}\mathrm{i}^{-n}\mathrm{J}_n(k\rho)\mathrm{e}^{\mathrm{i}n\phi} \tag{6.1.2}$$

当平面波入射到导体圆柱上时，圆柱表面会产生感应电流，并产生次级辐射。次级辐射对应的场称为散射场。由于散射场离开圆柱向远处传播，因此可以用第一类汉开尔函数表示，有

$$E_z^{\mathrm{sc}} = E_0 \sum_{n=-\infty}^{\infty} a_n \mathrm{H}_n^{(1)}(k\rho)\mathrm{e}^{\mathrm{i}n\phi} \tag{6.1.3}$$

式中，a_n 为待定的系数。导体圆柱外的总场为入射场与散射场的叠加，$E_z = E_z^{\mathrm{inc}} + E_z^{\mathrm{sc}}$，导体圆柱内部场为零。根据 $\rho = a$ 处切向电场连续的边界条件，可以得到

$$a_n = -\mathrm{i}^{-n} \frac{\mathrm{J}_n(ka)}{\mathrm{H}_n^{(1)}(ka)} \tag{6.1.4}$$

因此，散射场为

$$E_z^{\mathrm{sc}} = -E_0 \sum_{n=-\infty}^{\infty} \mathrm{i}^{-n} \frac{\mathrm{J}_n(ka)}{\mathrm{H}_n^{(1)}(ka)} \mathrm{H}_n^{(1)}(k\rho)\mathrm{e}^{\mathrm{i}n\phi} \tag{6.1.5}$$

对于 TM 波，磁场可以表示为

$$\boldsymbol{H}^{\mathrm{inc}} = \hat{\boldsymbol{z}} H_z^{\mathrm{inc}} = \hat{\boldsymbol{z}} H_0 \mathrm{e}^{-\mathrm{i}kx} \tag{6.1.6}$$

式中，H_0 为常数。将入射波表示成柱面波展开形式，有

$$H_z^{\mathrm{inc}} = H_0 \sum_{n=-\infty}^{\infty} \mathrm{i}^{-n} \mathrm{J}_n(k\rho)\mathrm{e}^{\mathrm{i}n\phi} \tag{6.1.7}$$

由于入射电场垂直于 $\hat{\boldsymbol{z}}$ 方向，圆柱表面产生的感应电流将垂直于 z 轴方向。因此，散射电场也垂直于 $\hat{\boldsymbol{z}}$ 方向，而散射磁场仅有 $\hat{\boldsymbol{z}}$ 方向的分量。散射磁场可以表示为

$$H_z^{\mathrm{sc}} = H_0 \sum_{n=-\infty}^{\infty} b_n \mathrm{H}_n^{(1)}(k\rho)\mathrm{e}^{\mathrm{i}n\phi} \tag{6.1.8}$$

导体圆柱外的总磁场为入射场与散射场的叠加 $H_z = H_z^{\mathrm{inc}} + H_z^{\mathrm{sc}}$，代入麦克斯韦方程 $\nabla \times \boldsymbol{H} = -\mathrm{i}\omega\varepsilon \boldsymbol{E}$，可以得到

$$E_\phi = \frac{-\mathrm{i}}{\omega\varepsilon}\frac{\partial H_z}{\partial \rho} = -\mathrm{i}\eta H_0 \sum_{n=-\infty}^{\infty} \left[\mathrm{i}^{-n}\mathrm{J}_n'(k\rho) + b_n \mathrm{H}_n^{(1)\prime}(k\rho)\right]\mathrm{e}^{\mathrm{i}n\phi} \tag{6.1.9}$$

式中，$\eta = \sqrt{\mu/\varepsilon}$。根据 $\rho = a$ 处切向电场连续的边界条件，可以得到

$$b_n = -\mathrm{i}^{-n} \frac{\mathrm{J}_n'(ka)}{\mathrm{H}_n^{(1)\prime}(ka)} \tag{6.1.10}$$

因此，散射磁场为

$$H_z^{\mathrm{sc}} = -H_0 \sum_{n=-\infty}^{\infty} \mathrm{i}^{-n} \frac{\mathrm{J}_n'(ka)}{\mathrm{H}_n^{(1)\prime}(ka)} \mathrm{H}_n^{(1)}(k\rho)\mathrm{e}^{\mathrm{i}n\phi} \tag{6.1.11}$$

6.1.2 介质圆柱

考虑介质圆柱对平面波的散射问题。对于 TE 波，散射场可以展开为式（6.1.3）的形式；对于 TM 波，散射场可以展开为式（6.1.8）的形式。与导体散射不同的是，场可以透射到介质圆柱内部，因此除散射场外还存在内部场。考虑介电常数为 ε_{d} 和磁导率为 μ_{d} 的介质圆柱，半径为 a，放置于介电常数为 ε 和磁导率为 μ 的背景介质（图 6.1.2）。

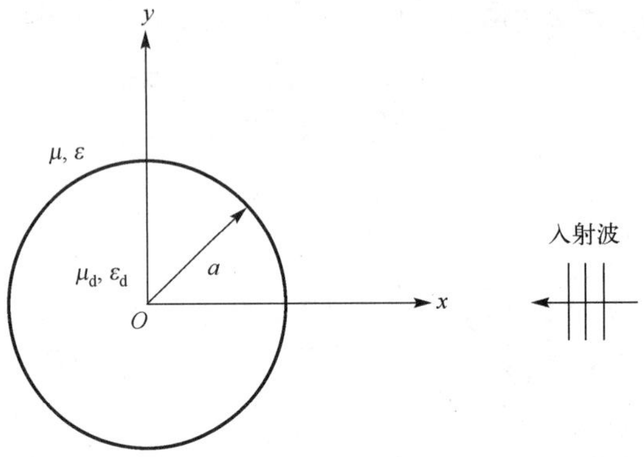

图 6.1.2　介质圆柱对平面波的散射

对于 TE 波，圆柱内部电场可以表示为

$$E_z^{\mathrm{int}} = E_0 \sum_{n=-\infty}^{\infty} c_n \mathrm{J}_n(k_{\mathrm{d}}\rho)\mathrm{e}^{\mathrm{i}n\phi} \tag{6.1.12}$$

式中，$k_{\mathrm{d}} = \omega\sqrt{\mu_{\mathrm{d}}\varepsilon_{\mathrm{d}}}$。由于场在 z 轴上为有限值，因此式（6.1.12）中使用第一类贝塞尔函数。圆柱外的总场仍然可以展开为

$$E_z = E_z^{\mathrm{inc}} + E_z^{\mathrm{sc}} = E_0 \sum_{n=-\infty}^{\infty} \left[\mathrm{i}^{-n}\mathrm{J}_n(k\rho) + a_n \mathrm{H}_n^{(1)}(k\rho)\right]\mathrm{e}^{\mathrm{i}n\phi} \tag{6.1.13}$$

根据 $\rho = a$ 处切向电场连续的边界条件，有

$$\mathrm{i}^{-n}\mathrm{J}_n(ka) + a_n \mathrm{H}_n^{(1)}(ka) = c_n \mathrm{J}_n(k_{\mathrm{d}}a) \tag{6.1.14}$$

根据麦克斯韦方程 $\nabla\times\boldsymbol{E} = \mathrm{i}\omega\mu\boldsymbol{H}$，可以得到介质圆柱内外磁场的表达式

$$H_\phi = H_\phi^{\mathrm{inc}} + H_\phi^{\mathrm{sc}} = \frac{\mathrm{i}E_0}{\eta} \sum_{n=-\infty}^{\infty} \left[\mathrm{i}^{-n}\mathrm{J}_n'(k\rho) + a_n \mathrm{H}_n^{(1)\prime}(k\rho)\right]\mathrm{e}^{\mathrm{i}n\phi} \tag{6.1.15}$$

$$H_\phi^{\mathrm{int}} = \frac{\mathrm{i}E_0}{\eta_{\mathrm{d}}} \sum_{n=-\infty}^{\infty} c_n \mathrm{J}_n'(k_{\mathrm{d}}\rho)\mathrm{e}^{\mathrm{i}n\phi} \tag{6.1.16}$$

式中，$\eta_{\mathrm{d}} = \sqrt{\mu_{\mathrm{d}}/\varepsilon_{\mathrm{d}}}$。根据 $\rho = a$ 处切向磁场连续的边界条件，有

$$\frac{\mathrm{i}^{-n}\mathrm{J}_n'(ka) + a_n \mathrm{H}_n^{(1)\prime}(ka)}{\eta} = \frac{c_n \mathrm{J}_n'(k_{\mathrm{d}}a)}{\eta_{\mathrm{d}}} \tag{6.1.17}$$

联立方程（6.1.14）和方程（6.1.17），并求解 a_n 和 c_n 的二元一次方程，可以得到

$$a_n = -\mathrm{i}^{-n} \frac{\sqrt{\mu_\mathrm{d}/\mu}\mathrm{J}'_n(ka)\mathrm{J}_n(k_\mathrm{d}a) - \sqrt{\varepsilon_\mathrm{d}/\varepsilon}\mathrm{J}_n(ka)\mathrm{J}'_n(k_\mathrm{d}a)}{\sqrt{\mu_\mathrm{d}/\mu}\mathrm{H}_n^{(1)\prime}(ka)\mathrm{J}_n(k_\mathrm{d}a) - \sqrt{\varepsilon_\mathrm{d}/\varepsilon}\mathrm{H}_n^{(1)}(ka)\mathrm{J}'_n(k_\mathrm{d}a)} \tag{6.1.18}$$

$$c_n = \mathrm{i}^{-n} \frac{\sqrt{\mu_\mathrm{d}/\mu}\left[\mathrm{J}_n(ka)\mathrm{H}_n^{(1)\prime}(ka) - \mathrm{J}'_n(ka)\mathrm{H}_n^{(1)}(ka)\right]}{\sqrt{\mu_\mathrm{d}/\mu}\mathrm{J}_n(k_\mathrm{d}a)\mathrm{H}_n^{(1)\prime}(ka) - \sqrt{\varepsilon_\mathrm{d}/\varepsilon}\mathrm{J}'_n(k_\mathrm{d}a)\mathrm{H}_n^{(1)}(ka)} \tag{6.1.19}$$

应用贝塞尔函数的朗斯基关系式 $\mathrm{J}_n(ka)\mathrm{H}_n^{(1)\prime}(ka) - \mathrm{J}'_n(ka)\mathrm{H}_n^{(1)}(z) = \dfrac{\mathrm{i}2}{\pi ka}$，$c_n$ 可进一步表示为

$$c_n = \frac{\mathrm{i}^{-(n-1)}}{\pi ka} \frac{2\sqrt{\mu_\mathrm{d}/\mu}}{\sqrt{\mu_\mathrm{d}/\mu}\mathrm{J}_n(k_\mathrm{d}a)\mathrm{H}_n^{(1)\prime}(ka) - \sqrt{\varepsilon_\mathrm{d}/\varepsilon}\mathrm{J}'_n(k_\mathrm{d}a)\mathrm{H}_n^{(1)}(ka)} \tag{6.1.20}$$

对于 TM 波，圆柱内部磁场可以展开为

$$H_z^{\mathrm{int}} = H_0 \sum_{n=-\infty}^{\infty} d_n \mathrm{J}_n(k_\mathrm{d}\rho)\mathrm{e}^{\mathrm{i}n\phi} \tag{6.1.21}$$

圆柱外磁场可以展开为

$$H_z = H_z^{\mathrm{inc}} + H_z^{\mathrm{sc}} = H_0 \sum_{n=-\infty}^{\infty} \left[\mathrm{i}^{-n}\mathrm{J}_n(k\rho) + b_n \mathrm{H}_n^{(1)}(k\rho)\right]\mathrm{e}^{\mathrm{i}n\phi} \tag{6.1.22}$$

同样地，根据 $\rho = a$ 处切向电场和磁场连续的边界条件，可以求解 b_n 和 d_n

$$b_n = -\mathrm{i}^{-n} \frac{\sqrt{\varepsilon_\mathrm{d}/\varepsilon}\mathrm{J}'_n(ka)\mathrm{J}_n(k_\mathrm{d}a) - \sqrt{\mu_\mathrm{d}/\mu}\mathrm{J}_n(ka)\mathrm{J}'_n(k_\mathrm{d}a)}{\sqrt{\varepsilon_\mathrm{d}/\varepsilon}\mathrm{H}_n^{(1)\prime}(ka)\mathrm{J}_n(k_\mathrm{d}a) - \sqrt{\mu_\mathrm{d}/\mu}\mathrm{H}_n^{(1)}(ka)\mathrm{J}'_n(k_\mathrm{d}a)} \tag{6.1.23}$$

$$d_n = \frac{\mathrm{i}^{-(n-1)}}{\pi ka} \frac{2\sqrt{\varepsilon_\mathrm{d}/\varepsilon}}{\sqrt{\varepsilon_\mathrm{d}/\varepsilon}\mathrm{J}_n(k_\mathrm{d}a)\mathrm{H}_n^{(1)\prime}(ka) - \sqrt{\mu_\mathrm{d}/\mu}\mathrm{J}'_n(k_\mathrm{d}a)\mathrm{H}_n^{(1)}(ka)} \tag{6.1.24}$$

这组解也可以根据对偶原理从 TE 极化入射波的结果直接得到。

若介质圆柱的电导率为 σ，介电常数 ε_d 是一个复数，$\varepsilon_\mathrm{d} = \varepsilon_\mathrm{dR} + \mathrm{i}\varepsilon_\mathrm{dI}$，其中 $\varepsilon_\mathrm{dI} = \sigma/\omega$。当 $\sigma \to \infty$ 时，介质等同于完美电导体，式（6.1.18）、式（6.1.20）、式（6.1.23）及式（6.1.24）简化为

$$a_n = -\mathrm{i}^{-n} \frac{\mathrm{J}_n(ka)}{\mathrm{H}_n^{(1)}(ka)} \tag{6.1.25}$$

$$b_n = -\mathrm{i}^{-n} \frac{\mathrm{J}'_n(ka)}{\mathrm{H}_n^{(1)\prime}(ka)} \tag{6.1.26}$$

$$c_n = 0 \tag{6.1.27}$$

$$d_n = 0 \tag{6.1.28}$$

这组解与式（6.1.4）和式（6.1.10）所给出的导体圆柱散射问题的解一致。

6.1.3 分层介质圆柱

考虑一个由 N 层介质构成的分层介质圆柱，各层的半径为 a_l，介电常数为 ε_l，磁导率为 μ_l，其中 l 表示对应的介质层，有 $l\in[1,N]$（图 6.1.3）。

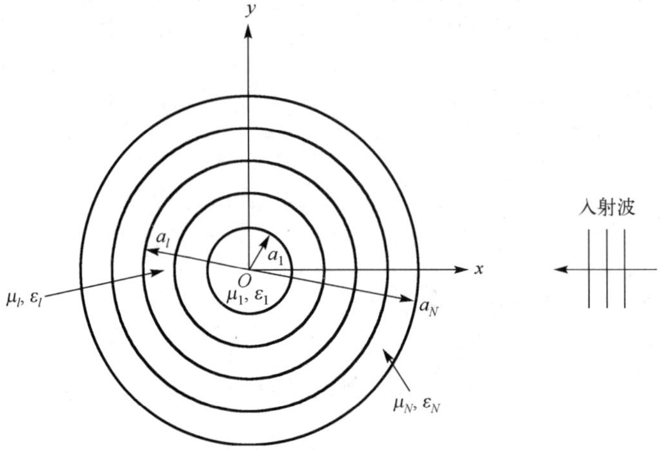

图 6.1.3 分层介质圆柱对平面波的散射

对于 TE 波，入射电场可以表示为

$$E_z^{\text{inc}}=E_0\sum_{n=-\infty}^{\infty}\mathrm{i}^{-n}\mathrm{J}_n(k\rho)\mathrm{e}^{\mathrm{i}n\phi} \tag{6.1.29}$$

散射场可以展开为柱面波线性叠加的形式，有

$$E_z^{\text{sc}}=E_0\sum_{n=-\infty}^{\infty}a_n\mathrm{H}_n^{(1)}(k\rho)\mathrm{e}^{\mathrm{i}n\phi} \tag{6.1.30}$$

分层介质圆柱外的总电场可以表示为

$$E_z=E_z^{\text{inc}}+E_z^{\text{sc}}=E_0\sum_{n=-\infty}^{\infty}\left[\mathrm{i}^{-n}\mathrm{J}_n(k\rho)+a_n\mathrm{H}_n^{(1)}(k\rho)\right]\mathrm{e}^{\mathrm{i}n\phi} \tag{6.1.31}$$

根据麦克斯韦方程 $\nabla\times\boldsymbol{E}=\mathrm{i}\omega\mu\boldsymbol{H}$，可以得到对应的磁场为

$$H_\phi=H_\phi^{\text{inc}}+H_\phi^{\text{sc}}=\frac{\mathrm{i}E_0}{\eta}\sum_{n=-\infty}^{\infty}\left[\mathrm{i}^{-n}\mathrm{J}_n'(k\rho)+a_n\mathrm{H}_n^{(1)\prime}(k\rho)\right]\mathrm{e}^{\mathrm{i}n\phi} \tag{6.1.32}$$

第 N 层介质中的电场可以表示为

$$E_{Nz}=E_0\sum_{n=-\infty}^{\infty}\left[c_{Nn}\mathrm{H}_n^{(1)}(k_N\rho)+d_{Nn}\mathrm{H}_n^{(2)}(k_N\rho)\right]\mathrm{e}^{\mathrm{i}n\phi} \tag{6.1.33}$$

与 $\mathrm{H}_n^{(1)}(k\rho)$ 对应，$\mathrm{H}_n^{(2)}(k_N\rho)$ 表示向内传播的柱面波。相应地，第 N 层介质中的磁场可以表示为

$$H_{N\phi}=\frac{\mathrm{i}E_0}{\eta_N}\sum_{n=-\infty}^{\infty}\left[c_{Nn}\mathrm{H}_n^{(1)\prime}(k_N\rho)+d_{Nn}\mathrm{H}_n^{(2)\prime}(k_N\rho)\right]\mathrm{e}^{\mathrm{i}n\phi} \tag{6.1.34}$$

式中，$\eta_N=\sqrt{\mu_N/\varepsilon_N}$。根据 $\rho=a_N$ 处切向电场和磁场连续的边界条件，有

$$\mathrm{i}^{-n}\mathrm{J}_n(ka_N)+a_n\mathrm{H}_{0n}^{(1)}(ka_N)=c_{Nn}\mathrm{H}_n^{(1)}(k_Na_N)+d_{Nn}\mathrm{H}_n^{(2)}(k_Na_N) \tag{6.1.35}$$

$$\sqrt{\frac{\varepsilon}{\mu}}\left[\mathrm{i}^{-n}\mathrm{J}_n'(ka_N)+a_n\mathrm{H}_n^{(1)\prime}(ka_N)\right]=\sqrt{\frac{\varepsilon_N}{\mu_N}}\left[c_{Nn}\mathrm{H}_n^{(1)\prime}(k_Na_N)+d_{Nn}\mathrm{H}_n^{(2)\prime}(k_Na_N)\right] \tag{6.1.36}$$

从这两个方程中可以解出 a_n 为

$$a_n=-\mathrm{i}^{-n}\frac{\mathrm{J}_n(ka_N)-R_{N\mathrm{E}}\mathrm{J}_n'(ka_N)}{\mathrm{H}_n^{(1)}(ka_N)-R_{N\mathrm{E}}\mathrm{H}_n^{(1)\prime}(ka_N)} \tag{6.1.37}$$

式中，

$$R_{N\mathrm{E}}=\sqrt{\frac{\varepsilon\mu_N}{\mu\varepsilon_N}}\frac{\dfrac{c_{Nn}}{d_{Nn}}\mathrm{H}_n^{(1)}(k_Na_N)+\mathrm{H}_n^{(2)}(k_Na_N)}{\dfrac{c_{Nn}}{d_{Nn}}\mathrm{H}_n^{(1)\prime}(k_Na_N)+\mathrm{H}_n^{(2)\prime}(k_Na_N)} \tag{6.1.38}$$

因此，计算分层介质圆柱的散射场等价于求解 c_{Nn}/d_{Nn}。为此，考虑第 l 层的场，有

$$\boldsymbol{E}_l=\hat{z}E_{lz}=E_0\sum_{n=-\infty}^{\infty}\left[c_{ln}\mathrm{H}_n^{(1)}(k_l\rho)+d_{ln}\mathrm{H}_n^{(2)}(k_l\rho)\right]\mathrm{e}^{\mathrm{i}n\phi} \tag{6.1.39}$$

$$\boldsymbol{H}_l=\hat{\boldsymbol{\phi}}H_{l\phi}=\frac{\mathrm{i}E_0}{\eta_1}\sum_{n=-\infty}^{\infty}\left[c_{ln}\mathrm{H}_n^{(1)\prime}(k_l\rho)+d_{ln}\mathrm{H}_n^{(2)\prime}(k_l\rho)\right]\mathrm{e}^{\mathrm{i}n\phi} \tag{6.1.40}$$

应用 $\rho=a_l$（$l\in[1,N-1]$）处切向场连续的边界条件，可以得到

$$c_{ln}\mathrm{H}_n^{(1)}(k_la_l)+d_{ln}\mathrm{H}_n^{(2)}(k_la_l)=c_{(l+1)n}\mathrm{H}_n^{(1)}(k_{l+1}a_l)+d_{(l+1)n}\mathrm{H}_n^{(2)}(k_{l+1}a_l) \tag{6.1.41}$$

$$\sqrt{\frac{\varepsilon_l}{\mu_l}}\left[c_{ln}\mathrm{H}_n^{(1)\prime}(k_la_l)+d_{ln}\mathrm{H}_n^{(2)\prime}(k_la_l)\right]=\sqrt{\frac{\varepsilon_{l+1}}{\mu_{l+1}}}\left[c_{(l+1)n}\mathrm{H}_n^{(1)\prime}(k_{l+1}a_l)+d_{(l+1)n}\mathrm{H}_n^{(2)\prime}(k_{l+1}a_l)\right] \tag{6.1.42}$$

从这两个方程可以求得

$$\frac{c_{(l+1)n}}{d_{(l+1)n}}=-\frac{\mathrm{H}_n^{(2)}(k_{l+1}a_l)-R_{l\mathrm{E}}\mathrm{H}_n^{(2)\prime}(k_{l+1}a_l)}{\mathrm{H}_n^{(1)}(k_{l+1}a_l)-R_{l\mathrm{E}}\mathrm{H}_n^{(1)\prime}(k_{l+1}a_l)} \tag{6.1.43}$$

式中，

$$R_{l\mathrm{E}}=\sqrt{\frac{\varepsilon_{l+1}\mu_l}{\mu_{l+1}\varepsilon_l}}\frac{\dfrac{c_{ln}}{d_n^l}\mathrm{H}_n^{(1)}(k_la_l)+\mathrm{H}_n^{(2)}(k_la_l)}{\dfrac{c_{ln}}{d_{ln}}\mathrm{H}_n^{(1)\prime}(k_la_l)+\mathrm{H}_n^{(2)\prime}(k_la_l)} \tag{6.1.44}$$

需要注意的是，令分层介质圆柱外区域为第 $N+1$ 层，即 $\varepsilon_{N+1}=\varepsilon$、$\mu_{N+1}=\mu$ 及 $k_{N+1}=k$，式（6.1.38）也可以写成式（6.1.44）的形式，因此式（6.1.44）对 $l\in[1,N]$ 均成立。

式（6.1.43）和式（6.1.44）提供了一种计算 c_{ln}/d_{ln} 和 $R_{l\mathrm{E}}$ 的递推算法。一旦求出 c_{1n}/d_{1n}，就有 $c_{1n}/d_{1n}\to R_{1\mathrm{E}}\to c_{2n}/d_{2n}\to R_{2\mathrm{E}}\to\cdots\to c_{Nn}/d_{Nn}\to R_{N\mathrm{E}}$，而一旦求出 $R_{N\mathrm{E}}$，就可以由

式（6.1.37）求出散射场的系数 a_n。若第 1 层是均匀的（图 6.1.3），则在原点处的场值是有限的，这就要求 $c_{1n}=d_{1n}$，有 $c_{1n}/d_{1n}=1$。

对于 TM 波，散射问题可以依据对偶原理求解。散射场可以展开为

$$H_z^{\mathrm{sc}}=H_0\sum_{n=-\infty}^{\infty}b_n\mathrm{H}_n^{(1)}(k\rho)\mathrm{e}^{\mathrm{i}n\phi} \tag{6.1.45}$$

式中，展开系数 b_n 为

$$b_n=-\mathrm{i}^{-n}\frac{\mathrm{J}_n(ka_N)-R_{N\mathrm{H}}\mathrm{J}_n'(ka_N)}{\mathrm{H}_n^{(1)}(ka_N)-R_{N\mathrm{H}}\mathrm{H}_n^{(1)\prime}(ka_N)} \tag{6.1.46}$$

式中的 $R_{N\mathrm{H}}$ 可以用以下递推公式计算

$$R_{l\mathrm{H}}=\sqrt{\frac{\mu_{l+1}\varepsilon_l}{\varepsilon_{l+1}\mu_l}}\frac{\dfrac{c_{ln}}{d_{ln}}\mathrm{H}_n^{(1)}(k_1a_1)+\mathrm{H}_n^{(2)}(k_1a_1)}{\dfrac{c_{ln}}{d_{ln}}\mathrm{H}_n^{(1)\prime}(k_1a_1)+\mathrm{H}_n^{(2)\prime}(k_1a_1)} \tag{6.1.47}$$

$$\frac{c_{ln}}{d_{ln}}=-\frac{\mathrm{H}_n^{(2)}(k_la_{l-1})-R_{(l-1)\mathrm{H}}\mathrm{H}_n^{(2)\prime}(k_la_{l-1})}{\mathrm{H}_n^{(1)}(k_la_{l-1})-R_{(l-1)\mathrm{H}}\mathrm{H}_n^{(1)\prime}(k_la_{l-1})} \tag{6.1.48}$$

同样地，当第 1 层为均匀介质时，由于在原点处的场值有限，因此有 $c_{1n}/d_{1n}=1$。需要注意的是，无论对于哪种入射情况，如果希望得到介质内部的场，都可以从第 N 层出发，利用在递推过程中求出的 a_n 或 b_n 及 c_{ln}/d_{ln} 的值，计算出每一层的展开系数 c_{ln} 和 d_{ln}。

6.2 球体散射

6.2.1 瑞利散射

瑞利散射描述了尺寸远小于波长的粒子对电磁波的散射。考虑球心位于坐标系原点的介质球粒子，半径为 a，介电常数为 ε_{s}，磁导率为 μ_{s}（图 6.2.1）。与球体谐振腔中通过 $\hat{\boldsymbol{r}}$ 分量分解 TE 波和 TM 波的分析不同，此处仍假设入射波为 $\hat{\boldsymbol{z}}$ 方向极化，该入射波的电场可表示为 $\boldsymbol{E}^{\mathrm{inc}}=\hat{\boldsymbol{z}}E_0\mathrm{e}^{\mathrm{i}kx}$。由于粒子非常小，因此散射场本质上是由点源产生的。$\hat{\boldsymbol{z}}$ 方向的电场将在粒子上感应出偶极矩，因此该粒子将作为偶极天线产生次级辐射。相应的散射场为

$$\boldsymbol{E}^{\mathrm{sc}}=\frac{-\mathrm{i}\omega\mu Il\mathrm{e}^{\mathrm{i}kr}}{4\pi r}\left\{\hat{\boldsymbol{r}}\left[\frac{\mathrm{i}}{kr}+\left(\frac{\mathrm{i}}{kr}\right)^2\right]2\cos\theta+\hat{\boldsymbol{\theta}}\left[1+\frac{\mathrm{i}}{kr}+\left(\frac{\mathrm{i}}{kr}\right)^2\right]\sin\theta\right\} \tag{6.2.1}$$

$$\boldsymbol{H}^{\mathrm{sc}}=\hat{\boldsymbol{\phi}}\frac{-\mathrm{i}kIl\mathrm{e}^{\mathrm{i}kr}}{4\pi r}\left(1+\frac{\mathrm{i}}{kr}\right)\sin\theta \tag{6.2.2}$$

偶极矩 Il 由入射波的幅度 E_0 及介质球的介电常数 ε_{s} 决定。

在非常靠近原点的区域，满足条件 $kr\ll 1$。由于 $k=\omega/c$，该条件同时也可以对应于频率很低时的静态极限情况。当 Il 正比于 ω 时，有 $\left|\boldsymbol{H}^{\mathrm{sc}}\right|\sim Il$，$\left|\boldsymbol{E}^{\mathrm{sc}}\right|\sim Il/k$。在静态极限时，散射

电场将远大于散射磁场，因此偶极子的解在本质上是电场。静态极限时的电场可以表示为

$$\boldsymbol{E}^{\mathrm{sc}} \approx \frac{\mathrm{i}\omega\mu Il}{4\pi r}\frac{1}{(kr)^2}(\hat{\boldsymbol{r}}2\cos\theta+\hat{\boldsymbol{\theta}}\sin\theta)=(\hat{\boldsymbol{r}}2\cos\theta+\hat{\boldsymbol{\theta}}\sin\theta)\left(\frac{a}{r}\right)^3 E^{\mathrm{sc}} \tag{6.2.3}$$

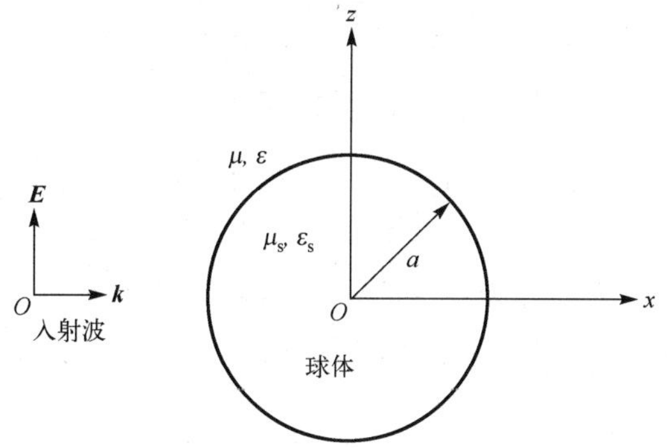

图 6.2.1 介质球粒子的瑞利散射

式中，

$$E^{\mathrm{sc}}=\frac{\mathrm{i}\eta Il}{4\pi ka^3} \tag{6.2.4}$$

且 $\eta=\sqrt{\mu/\varepsilon}$ 。这个解满足静态场的麦克斯韦方程组，即 $\nabla\times\boldsymbol{E}=\boldsymbol{0}$ 和 $\nabla\cdot\boldsymbol{E}=0$ 。

假设球体内部的场是均匀的，并且与入射场方向相同。介质球内部的场可以表示为

$$\boldsymbol{E}^{\mathrm{int}}=\hat{z}E^{\mathrm{int}}=(\hat{\boldsymbol{r}}\cos\theta-\hat{\boldsymbol{\theta}}\sin\theta)E^{\mathrm{int}}, \qquad r\leqslant a \tag{6.2.5}$$

这个解同样满足静态场的麦克斯韦方程组。在边界 $r=a$ 处，边界条件要求切向 $\boldsymbol{E}$ 和法向 $\boldsymbol{D}$ 连续，故有

$$-E_0+E^{\mathrm{sc}}=-E^{\mathrm{int}} \tag{6.2.6}$$

$$\varepsilon E_0+2\varepsilon E^{\mathrm{sc}}=\varepsilon_{\mathrm{s}}E^{\mathrm{int}} \tag{6.2.7}$$

如果用入射场幅度 E_0 表示，可以将以上两式写为

$$E^{\mathrm{sc}}=\frac{\varepsilon_{\mathrm{s}}-\varepsilon}{\varepsilon_{\mathrm{s}}+2\varepsilon}E_0 \tag{6.2.8}$$

$$E^{\mathrm{int}}=\frac{3\varepsilon}{\varepsilon_{\mathrm{s}}+2\varepsilon}E_0 \tag{6.2.9}$$

根据式（6.2.4）和式（6.2.8），可以求得偶极矩为

$$Il=-\mathrm{i}4\pi ka^3\sqrt{\frac{\varepsilon}{\mu}}\left(\frac{\varepsilon_{\mathrm{s}}-\varepsilon}{\varepsilon_{\mathrm{s}}+2\varepsilon}\right)E_0 \tag{6.2.10}$$

将式（6.2.10）代入式（6.2.1）和式（6.2.2），就可以得到瑞利散射的电磁场。

对于 $kr\gg1$ 区域的散射场，根据式（6.2.1）和式（6.2.2），有

$$E_{\theta}^{\text{sc}} = -\left(\frac{\varepsilon_{\text{s}} - \varepsilon}{\varepsilon_{\text{s}} + 2\varepsilon}\right) k^2 a^2 E_0 \frac{a}{r} \mathrm{e}^{\mathrm{i}kr} \sin\theta \tag{6.2.11}$$

$$H_{\phi}^{\text{sc}} = \sqrt{\frac{\varepsilon}{\mu}} E_{\theta}^{\text{sc}} \tag{6.2.12}$$

介质球总的散射功率为

$$P^{\text{sc}} = \frac{1}{2}\int_0^{\pi} \mathrm{d}\theta r^2 \sin\theta \int_0^{2\pi} \mathrm{d}\phi E_{\theta}^{\text{sc}} H_{\phi}^{\text{sc}*} = \frac{4\pi}{3}\sqrt{\frac{\varepsilon}{\mu}} \left(\frac{\varepsilon_{\text{s}} - \varepsilon}{\varepsilon_{\text{s}} + 2\varepsilon} k^2 a^3 E_0\right)^2 \tag{6.2.13}$$

在散射分析中，描述物体散射特性的一个重要参数为散射截面，用$\sigma(\theta,\phi)$表示。对于$kr \gg 1$区域的散射场，可以用以下公式计算散射截面

$$\sigma(\theta,\phi) = \lim_{r\to\infty} 4\pi r^2 \frac{\left|E^{\text{sc}}\right|^2}{\left|E^{\text{inc}}\right|^2} \tag{6.2.14}$$

从散射截面的表达式可以发现，散射截面和面积具有相同的量纲，其值相当于一个各向同性散射体的截面积，而此各向同性散射体与原散射体在观察方向上的散射场功率密度相同。各向同性散射体截获的入射波功率等于散射截面乘以入射波的功率密度，并将此功率均匀地向各个方向散射。因此，根据介质球总的散射功率[式(6.2.13)]，散射截面也可以表示为

$$\sigma(\theta,\phi) = \frac{P^{\text{sc}}}{\frac{1}{2}\sqrt{\frac{\varepsilon}{\mu}}\left|E_0\right|^2} = \frac{8\pi}{3}\left(\frac{\varepsilon_{\text{s}} - \varepsilon}{\varepsilon_{\text{s}} + 2\varepsilon}\right)^2 k^4 a^6 \tag{6.2.15}$$

从式（6.2.15）可以发现，总的散射功率与k^4成正比，也与a^6成正比，且高频波比低频波具有更强的散射。

若小球为完美导体球，则其内部场量为零（$\boldsymbol{E}^{\text{int}} = \boldsymbol{0}$）。在$r = a$的边界处，切向电场连续，有

$$E^{\text{sc}} = E_0 \tag{6.2.16}$$

根据式（6.2.4）和式（6.2.6），可以得到

$$Il = -\mathrm{i}4\pi k a^3 \sqrt{\frac{\varepsilon}{\mu}} E_0 \tag{6.2.17}$$

与$\boldsymbol{D}$对应的边界条件[式（6.2.7）]可用于求解表面电荷密度ρ_{s}。需要注意的是，如果令式（6.2.10）中$\varepsilon_{\text{s}} \to \infty$，同样可以得到式（6.2.17）。由于存在表面电荷，因此它们随时间的变化将引起表面电流，从而产生磁偶极子。磁偶极子附近的磁场与电偶极子附近的电场[式（6.2.3）]对偶，有

$$\boldsymbol{H}^{\text{sc}} \sim \frac{\mathrm{i}kKl}{4\pi r}\sqrt{\frac{\varepsilon}{\mu}} \frac{1}{(kr)^2}(\hat{\boldsymbol{r}} 2\cos\theta_y + \hat{\boldsymbol{\theta}}_y \sin\theta_y) \tag{6.2.18}$$

式中，Kl是偶极子的磁偶极矩。需要注意的是，对于$\hat{\boldsymbol{y}}$方向的入射场$\boldsymbol{H}$，θ_y指的是与y轴的夹角，此处的y轴对应电偶极子中的z轴。边界条件要求法向$\boldsymbol{B}$为零，切向$\boldsymbol{H}$的不连续性将引起表面电流密度$\boldsymbol{J}_{\text{s}}$。通过计算，可以得到

$$Kl = -\mathrm{i}2\pi ka^3\sqrt{\frac{\mu}{\varepsilon}}H_0 \tag{6.2.19}$$

式中，H_0 表示入射场的幅度。因此，散射场对应于沿 y 轴的磁偶极子。

需要注意的是，上述对瑞利散射的分析只有在球的半径非常小的情况下才有效。对于较大的半径，散射过程称为米氏（Mie）散射。6.2.2 节将进一步讨论介电常数为 ε_s 和磁导率为 μ_s 的任意大小球体粒子的平面波散射的解析解。

6.2.2 米氏散射

球体的平面波散射问题可以通过匹配边界条件进行严格求解。为了便于求解，引入德拜势 π_e 和 π_m，将球面波分解为 $\hat{\boldsymbol{r}}$ 分量的 TM 波和 TE 波，记为 TM_r 波和 TE_r 波。对于 TM_r 波，磁场仅有相对于径向的横向分量，故可以表示为

$$\boldsymbol{A} = \hat{\boldsymbol{r}}\pi_e \tag{6.2.20}$$

$$\boldsymbol{H} = \nabla\times\boldsymbol{A} = \hat{\boldsymbol{\theta}}\frac{1}{\sin\theta}\frac{\partial}{\partial\phi}\pi_e - \hat{\boldsymbol{\phi}}\frac{\partial}{\partial\theta}\pi_e \tag{6.2.21}$$

对于 TE_r 波，电场仅有相对于径向的横向分量，故可以表示为

$$\boldsymbol{Z} = \hat{\boldsymbol{r}}\pi_m \tag{6.2.22}$$

$$\boldsymbol{E} = \nabla\times\boldsymbol{Z} = \hat{\boldsymbol{\theta}}\frac{1}{\sin\theta}\frac{\partial}{\partial\phi}\pi_m - \hat{\boldsymbol{\phi}}\frac{\partial}{\partial\theta}\pi_m \tag{6.2.23}$$

在球坐标系下，德拜势 π_e 和 π_m 满足亥姆霍兹方程，有

$$(\nabla^2 + k^2)\begin{Bmatrix}\pi_e\\ \pi_m\end{Bmatrix} = 0 \tag{6.2.24}$$

式中，

$$\nabla^2 = \frac{1}{r}\frac{\partial^2}{\partial r^2}r + \frac{1}{r^2}\frac{1}{\sin\theta}\frac{\partial}{\partial\theta}\sin\theta\frac{\partial}{\partial\theta} + \frac{1}{r^2}\frac{1}{\sin^2\theta}\frac{\partial^2}{\partial\phi^2} \tag{6.2.25}$$

这个方程的解由球贝塞尔函数、勒让德多项式和正弦函数叠加组成。利用麦克斯韦方程组和方程（6.2.24），球坐标系下的场分量可以表示为

$$E_r = \frac{\mathrm{i}}{\omega\varepsilon}\left(\frac{\partial^2}{\partial r^2}r\pi_e + k^2 r\pi_e\right) \tag{6.2.26}$$

$$E_\theta = \frac{\mathrm{i}}{\omega\varepsilon}\frac{1}{r}\frac{\partial^2}{\partial r\partial\theta}r\pi_e + \frac{1}{\sin\theta}\frac{\partial}{\partial\phi}\pi_m \tag{6.2.27}$$

$$E_\phi = \frac{\mathrm{i}}{\omega\varepsilon}\frac{1}{r\sin\theta}\frac{\partial^2}{\partial r\partial\phi}r\pi_e - \frac{\partial}{\partial\theta}\pi_m \tag{6.2.28}$$

$$H_r = \frac{-\mathrm{i}}{\omega\mu}\left(\frac{\partial^2}{\partial r^2}r\pi_m + k^2 r\pi_m\right) \tag{6.2.29}$$

$$H_\theta = \frac{-\mathrm{i}}{\omega\mu}\frac{1}{r}\frac{\partial^2}{\partial r \partial\theta} r\pi_\mathrm{m} + \frac{1}{\sin\theta}\frac{\partial}{\partial\phi}\pi_\mathrm{e} \tag{6.2.30}$$

$$H_\phi = \frac{-\mathrm{i}}{\omega\mu}\frac{1}{r\sin\theta}\frac{\partial^2}{\partial r \partial\phi} r\pi_\mathrm{m} - \frac{\partial}{\partial\theta}\pi_\mathrm{e} \tag{6.2.31}$$

考虑一个球心位于坐标系原点的介质球，半径为 a，介电常数为 ε_s，磁导率为 μ_s（图 6.2.2）。假设一平面波入射到球体，电场和磁场为

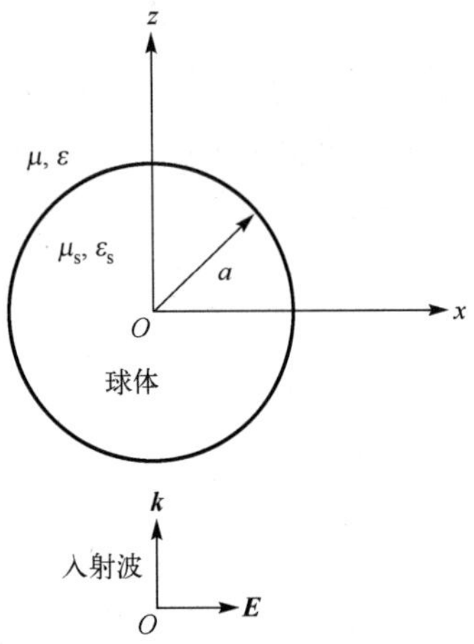

图 6.2.2 米氏散射

$$\boldsymbol{E}^\mathrm{inc} = \hat{\boldsymbol{x}}E_0\mathrm{e}^{\mathrm{i}kz} = \hat{\boldsymbol{x}}E_0\mathrm{e}^{\mathrm{i}kr\cos\theta} \tag{6.2.32}$$

$$\boldsymbol{H}^\mathrm{inc} = \hat{\boldsymbol{y}}\sqrt{\frac{\varepsilon}{\mu}}E_0\mathrm{e}^{\mathrm{i}kr\cos\theta} \tag{6.2.33}$$

需要注意的是，平面波沿 $\hat{\boldsymbol{z}}$ 方向传播。该坐标系与分析瑞利散射时的坐标系不同。在分析瑞利散射时，z 轴是线极化电场的方向。

为了匹配球体表面的边界条件，利用波变换将入射波展开为球面波函数

$$\mathrm{e}^{\mathrm{i}kr\cos\theta} = \sum_{n=0}^{\infty}(-\mathrm{i})^{-n}(2n+1)\mathrm{j}_n(kr)\mathrm{P}_n(\cos\theta) \tag{6.2.34}$$

为了求解入射波的德拜势，将电场的 $\hat{\boldsymbol{r}}$ 分量写成卡蒂-贝塞尔函数的形式

$$\begin{aligned} E_r^\mathrm{inc} &= E_0\sin\theta\cos\phi\mathrm{e}^{\mathrm{i}kr\cos\theta} \\ &= \frac{-\mathrm{i}E_0\cos\phi}{(kr)^2}\sum_{n=1}^{\infty}(-\mathrm{i})^{-n}(2n+1)\hat{\mathrm{J}}_n(kr)\mathrm{P}_n^1(\cos\theta) \end{aligned} \tag{6.2.35}$$

式中，

$$\hat{\mathrm{J}}_n(kr) = kr\mathrm{j}_n(kr) \tag{6.2.36}$$

由于 $\mathrm{P}_0^1(\cos\theta)=0$，因此式（6.2.35）从 $n=1$ 开始求和。德拜势 π_e 满足式（6.2.26）～式（6.2.28），可以表示为

$$\pi_\mathrm{e} = \frac{-E_0\cos\phi}{\omega\mu r}\sum_{n=1}^{\infty}\frac{(-\mathrm{i})^{-n}(2n+1)}{n(n+1)}\hat{\mathrm{J}}_n(kr)\mathrm{P}_n^1(\cos\theta) \tag{6.2.37}$$

依据对偶原理，可以得到德拜势 π_m 的表达式

$$\pi_\mathrm{m} = \frac{E_0\sin\phi}{kr}\sum_{n=1}^{\infty}\frac{(-\mathrm{i})^{-n}(2n+1)}{n(n+1)}\hat{\mathrm{J}}_n(kr)\mathrm{P}_n^1(\cos\theta) \tag{6.2.38}$$

散射场可以用德拜势表示，有

$$\pi_\mathrm{e}^\mathrm{sc} = \frac{-E_0\cos\phi}{\omega\mu r}\sum_{n=1}^{\infty}a_n\hat{\mathrm{H}}_n^{(1)}(kr)\mathrm{P}_n^1(\cos\theta) \tag{6.2.39}$$

$$\pi_m^{\mathrm{sc}} = \frac{E_0 \sin\phi}{kr} \sum_{n=1}^{\infty} b_n \hat{\mathrm{H}}_n^{(1)}(kr) \mathrm{P}_n^1(\cos\theta) \tag{6.2.40}$$

式中，$\hat{\mathrm{H}}_n^{(1)}(kr) = kr\mathrm{h}_n^{(1)}(kr)$。球体外的总场为入射场和散射场的叠加。球体内的场也可以用德拜势表示

$$\pi_{\mathrm{e}}^{\mathrm{int}} = \frac{-E_0 \cos\phi}{\omega\mu_{\mathrm{s}} r} \sum_{n=1}^{\infty} c_n \hat{\mathrm{J}}_n(k_{\mathrm{s}} r) \mathrm{P}_n^1(\cos\theta) \tag{6.2.41}$$

$$\pi_{\mathrm{m}}^{\mathrm{int}} = \frac{E_0 \sin\phi}{k_{\mathrm{s}} r} \sum_{n=1}^{\infty} d_n \hat{\mathrm{J}}_n(k_{\mathrm{s}} r) \mathrm{P}_n^1(\cos\theta) \tag{6.2.42}$$

式中，$k_{\mathrm{s}} = \omega(\mu_{\mathrm{s}}\varepsilon_{\mathrm{s}})^{1/2}$。根据 $r = a$ 处切向场 E_θ、E_ϕ、H_θ 和 H_ϕ 连续的边界条件，可以得到关于 a_n、b_n、c_n 和 d_n 的 4 个方程。根据式（6.2.26）～式（6.2.31），求解该四元一次方程组，最终可以确定这 4 个系数的表达式

$$a_n = \frac{(-\mathrm{i})^{-n}(2n+1)}{n(n+1)} \cdot \frac{-\sqrt{\mu\varepsilon_{\mathrm{s}}}\hat{\mathrm{J}}_n'(ka)\hat{\mathrm{J}}_n(k_{\mathrm{s}}a) + \sqrt{\mu_{\mathrm{s}}\varepsilon}\hat{\mathrm{J}}_n(ka)\hat{\mathrm{J}}_n'(k_{\mathrm{s}}a)}{\sqrt{\mu\varepsilon_{\mathrm{s}}}\hat{\mathrm{H}}_n^{(1)\prime}(ka)\hat{\mathrm{J}}_n(k_{\mathrm{s}}a) - \sqrt{\mu_{\mathrm{s}}\varepsilon}\hat{\mathrm{H}}_n^{(1)}(ka)\hat{\mathrm{J}}_n'(k_{\mathrm{s}}a)} \tag{6.2.43}$$

$$b_n = \frac{(-\mathrm{i})^{-n}(2n+1)}{n(n+1)} \cdot \frac{-\sqrt{\mu\varepsilon_{\mathrm{s}}}\hat{\mathrm{J}}_n(ka)\hat{\mathrm{J}}_n'(k_{\mathrm{s}}a) + \sqrt{\mu_{\mathrm{s}}\varepsilon}\hat{\mathrm{J}}_n'(ka)\hat{\mathrm{J}}_n(k_{\mathrm{s}}a)}{\sqrt{\mu\varepsilon_{\mathrm{s}}}\hat{\mathrm{H}}_n^{(1)}(ka)\hat{\mathrm{J}}_n'(k_{\mathrm{s}}a) - \sqrt{\mu_{\mathrm{s}}\varepsilon}\hat{\mathrm{H}}_n^{(1)\prime}(ka)\hat{\mathrm{J}}_n(k_{\mathrm{s}}a)} \tag{6.2.44}$$

$$c_n = \frac{(-\mathrm{i})^{-n}(2n+1)}{n(n+1)} \cdot \frac{\mathrm{i}\sqrt{\mu\varepsilon_{\mathrm{s}}}}{\sqrt{\mu\varepsilon_{\mathrm{s}}}\hat{\mathrm{H}}_n^{(1)\prime}(ka)\hat{\mathrm{J}}_n(k_{\mathrm{s}}a) - \sqrt{\mu_{\mathrm{s}}\varepsilon}\hat{\mathrm{H}}_n^{(1)}(ka)\hat{\mathrm{J}}_n'(k_{\mathrm{s}}a)} \tag{6.2.45}$$

$$d_n = \frac{(-\mathrm{i})^{-n}(2n+1)}{n(n+1)} \cdot \frac{-\mathrm{i}\sqrt{\mu_{\mathrm{s}}\varepsilon}}{\sqrt{\mu\varepsilon_{\mathrm{s}}}\hat{\mathrm{H}}_n^{(1)}(ka)\hat{\mathrm{J}}_n'(k_{\mathrm{s}}a) - \sqrt{\mu_{\mathrm{s}}\varepsilon}\hat{\mathrm{H}}_n^{(1)\prime}(ka)\hat{\mathrm{J}}_n(k_{\mathrm{s}}a)} \tag{6.2.46}$$

当球体半径很小，即 $ka \ll 1$、$k_{\mathrm{s}}a \ll 1$ 时，散射场将由 $n=1$ 这一项主导，此时 $a_n \to -(ka)^3(\varepsilon_{\mathrm{s}} - \varepsilon)/(\varepsilon_{\mathrm{s}} + 2\varepsilon)$，$b_n \to -(ka)^3(\mu_{\mathrm{s}} - \mu)/(\mu_{\mathrm{s}} + 2\mu)$。该结果与瑞利散射的求解结果相同。对于有限半径球体对电磁波的散射，当不满足瑞利散射的限制条件 $ka \ll 1$ 时，发生的散射现象称为米氏散射。

上述结果也可以简化为导体球的情况。对于完美电导体有 $\varepsilon_{\mathrm{s}} \to \infty$，导体球内部的电场为 $E^{\mathrm{inc}} = 0$。根据无源条件的安培定律 $\nabla \times \boldsymbol{H} = -\mathrm{i}\omega\varepsilon_{\mathrm{s}}\boldsymbol{E}$，将得到有限的 $\boldsymbol{H}$。根据法拉第定律 $\nabla \times \boldsymbol{E} = \mathrm{i}\omega\boldsymbol{B}$，有限磁场 $\boldsymbol{B}$ 可以产生有限电场 $\boldsymbol{E}$，这与完美电导体内部电场为零的要求相悖，因此 $\boldsymbol{B}$ 必须为零。但是，数学上没有明确要求 $\boldsymbol{H}$ 必须为零。如果令完美电导体的磁导率为 μ_{s}，根据本构关系 $\boldsymbol{B} = \mu_{\mathrm{s}}\boldsymbol{H}$，当 $\boldsymbol{H}$ 为有限值时，若 $\mu_{\mathrm{s}} = 0$，则 $\boldsymbol{B}$ 为零。因此完美电导体内部电场为零在数学上可转化为对导体介电常数和磁导率的要求，即 $\varepsilon_{\mathrm{s}} \to \infty$、$\mu_{\mathrm{s}} = 0$。将 $\varepsilon_{\mathrm{s}} \to \infty$、$\mu_{\mathrm{s}} = 0$ 代入式（6.2.43）和式（6.2.44），可以求解平面波入射到完美电导体的散射问题。根据对偶原理，完美磁导体需要满足内部磁场为零，在数学上可以转化为 $\mu_{\mathrm{s}} \to \infty$、$\varepsilon_{\mathrm{s}} = 0$。

6.2.3　分层介质球

考虑一个由 N 层介质构成的分层介质球，每一层的半径为 a_l，介电常数为 ε_l，磁导率为

μ_l，其中 l 表示对应的介质层，有 $l\in[1,N]$（图 6.2.3）。将米氏散射的求解进一步推广到分层介质球的情形。散射场可以用德拜势表示为

$$\pi_{\mathrm{e}}^{\mathrm{sc}}=\frac{-E_0\cos\phi}{\omega\mu r}\sum_{n=1}^{\infty}a_n\hat{\mathrm{H}}_n^{(1)}(kr)\mathrm{P}_n^1(\cos\theta) \tag{6.2.47}$$

$$\pi_{\mathrm{m}}^{\mathrm{sc}}=\frac{E_0\sin\phi}{kr}\sum_{n=1}^{\infty}b_n\hat{\mathrm{H}}_n^{(1)}(kr)\mathrm{P}_n^1(\cos\theta) \tag{6.2.48}$$

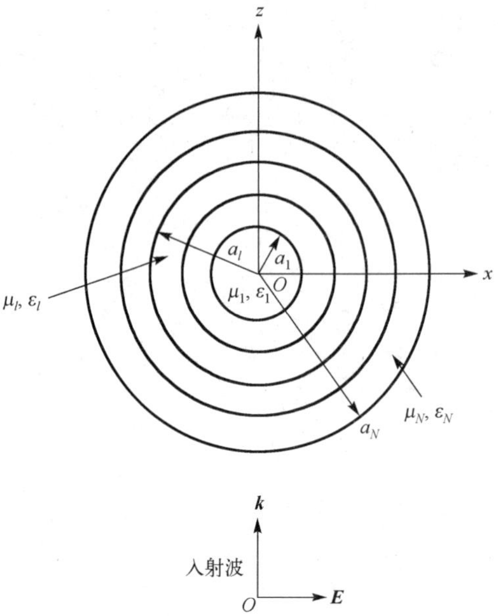

图 6.2.3 分层介质球对平面波的散射

第 l 层中场的德拜势为

$$\pi_{l\mathrm{e}}=\frac{-E_0\cos\phi}{\omega\mu_l r}\sum_{n=1}^{\infty}\left[c_{ln}\hat{\mathrm{H}}_n^{(1)}(k_l r)+d_{ln}\hat{\mathrm{H}}_n^{(2)}(k_l r)\right]\mathrm{P}_n^1(\cos\theta) \tag{6.2.49}$$

$$\pi_{l\mathrm{m}}=\frac{E_0\sin\phi}{k_l r}\sum_{n=1}^{\infty}\left[\tilde{c}_{ln}\hat{\mathrm{H}}_n^{(1)}(k_l r)+\tilde{d}_{ln}\hat{\mathrm{H}}_n^{(2)}(k_l r)\right]\mathrm{P}_n^1(\cos\theta) \tag{6.2.50}$$

式中，$k_l=\omega\sqrt{\mu_l\varepsilon_l}$，$\eta_l=\sqrt{\mu_l/\varepsilon_l}$。

应用 $r=a_l$ 处切向场连续的边界条件，有

$$\frac{1}{\mu_l}\left[c_{ln}\hat{\mathrm{H}}_n^{(1)}(k_l a_l)+d_{ln}\hat{\mathrm{H}}_n^{(2)}(k_l a_l)\right]=\frac{1}{\mu_{l+1}}\left[c_{(l+1)n}\hat{\mathrm{H}}_n^{(1)}(k_{l+1}a_l)+d_{(l+1)n}\hat{\mathrm{H}}_n^{(2)}(k_{l+1}a_l)\right] \tag{6.2.51}$$

$$\frac{1}{k_l}\left[c_{ln}\hat{\mathrm{H}}_n^{(1)\prime}(k_l a_l)+d_{ln}\hat{\mathrm{H}}_n^{(2)\prime}(k_l a_l)\right]=\frac{1}{k_{l+1}}\left[c_{(l+1)n}\hat{\mathrm{H}}_n^{(1)\prime}(k_{l+1}a_l)+d_{(l+1)n}\hat{\mathrm{H}}_n^{(2)\prime}(k_{l+1}a_l)\right] \tag{6.2.52}$$

$$\frac{1}{k_l}\left[\tilde{c}_{ln}\hat{\mathrm{H}}_n^{(1)}(k_l a_l)+\tilde{d}_{ln}\hat{\mathrm{H}}_n^{(2)}(k_l a_l)\right]=\frac{1}{k_{l+1}}\left[\tilde{c}_{(l+1)n}\hat{\mathrm{H}}_n^{(1)}(k_{l+1}a_l)+\tilde{d}_{(l+1)n}\hat{\mathrm{H}}_n^{(2)}(k_{l+1}a_l)\right] \tag{6.2.53}$$

$$\frac{1}{\mu_l}\left[\tilde{c}_{ln}\hat{\mathrm{H}}_n^{(1)\prime}(k_l a_l)+\tilde{d}_{ln}\hat{\mathrm{H}}_n^{(2)\prime}(k_l a_l)\right]=\frac{1}{\mu_{l+1}}\left[\tilde{c}_{(l+1)n}\hat{\mathrm{H}}_n^{(1)\prime}(k_{l+1}a_l)+\tilde{d}_{(l+1)n}\hat{\mathrm{H}}_n^{(2)\prime}(k_{l+1}a_l)\right] \tag{6.2.54}$$

求解上述方程组，可以得到递推公式

$$\hat{R}_{l\mathrm{H}}=\sqrt{\frac{\mu_{l+1}\varepsilon_l}{\varepsilon_{l+1}\mu_l}}\,\frac{\dfrac{c_{ln}}{d_{ln}}\hat{\mathrm{H}}_n^{(1)}(k_l a_l)+\hat{\mathrm{H}}_n^{(2)}(k_l a_l)}{\dfrac{c_{ln}}{d_{ln}}\hat{\mathrm{H}}_n^{(1)\prime}(k_l a_l)+\hat{\mathrm{H}}_n^{(2)\prime}(k_l a_l)} \tag{6.2.55}$$

$$\hat{R}_{l\mathrm{E}}=\sqrt{\frac{\varepsilon_{l+1}\mu_l}{\mu_{l+1}\varepsilon_l}}\,\frac{\dfrac{\tilde{c}_{ln}}{\tilde{d}_{ln}}\hat{\mathrm{H}}_n^{(1)}(k_l a_l)+\hat{\mathrm{H}}_n^{(2)}(k_l a_l)}{\dfrac{\tilde{c}_{ln}}{\tilde{d}_{ln}}\hat{\mathrm{H}}_n^{(1)\prime}(k_l a_l)+\hat{\mathrm{H}}_n^{(2)\prime}(k_l a_l)} \tag{6.2.56}$$

式中，$\varepsilon_{N+1}=\varepsilon$，$\mu_{N+1}=\mu$，以上两式对所有 $l\in[1,N]$ 均成立。此外

$$\frac{c_{ln}}{d_{ln}}=-\frac{\hat{\mathrm{H}}_n^{(2)}(k_l a_{l-1})-\hat{R}_{(l-1)\mathrm{H}}\hat{\mathrm{H}}_n^{(2)\prime}(k_l a_{l-1})}{\hat{\mathrm{H}}_n^{(1)}(k_l a_{l-1})-\hat{R}_{(l-1)\mathrm{H}}\hat{\mathrm{H}}_n^{(1)\prime}(k_l a_{l-1})}\qquad l\in[2,N] \tag{6.2.57}$$

$$\frac{\tilde{c}_{ln}}{\tilde{d}_{ln}}=-\frac{\hat{\mathrm{H}}_n^{(2)}(k_l a_{l-1})-\hat{R}_{\mathrm{E}}^{l-1}\hat{\mathrm{H}}_n^{(2)\prime}(k_l a_{l-1})}{\hat{\mathrm{H}}_n^{(1)}(k_l a_{l-1})-\hat{R}_{\mathrm{E}}^{l-1}\hat{\mathrm{H}}_n^{(1)\prime}(k_l a_{l-1})}\qquad l\in[2,N] \tag{6.2.58}$$

该递推算法的起始值为 c_{1n}/d_{1n} 和 $\tilde{c}_{1n}/\tilde{d}_{1n}$，它们的值由最内层的介质球决定。若最内层是均匀的（图 6.2.3），为保证场值在中心处有限且连续，有 $c_{1n}/d_{1n}=1$，$\tilde{c}_{1n}/\tilde{d}_{1n}=1$。

通过递推算法求得 $\hat{R}_{N\mathrm{H}}$ 和 $\hat{R}_{N\mathrm{E}}$，并应用 $r=a_N$ 处切向场连续的边界条件，可以得到

$$(-\mathrm{i})^{-n}\frac{2n+1}{n(n+1)}\hat{\mathrm{J}}_n(ka_N)+a_n\hat{\mathrm{H}}_n^{(1)}(ka_N)=\frac{\mu}{\mu_N}\left[c_{Nn}\hat{\mathrm{H}}_n^{(1)}(k_N a_N)+d_{Nn}\hat{\mathrm{H}}_n^{(2)}(k_N a_N)\right] \tag{6.2.59}$$

$$(-\mathrm{i})^{-n}\frac{2n+1}{n(n+1)}\hat{\mathrm{J}}_n'(ka_N)+a_n\hat{\mathrm{H}}_n^{(1)\prime}(ka_N)=\frac{k}{k_N}\left[c_{Nn}\hat{\mathrm{H}}_n^{(1)\prime}(k_N a_N)+d_{Nn}\hat{\mathrm{H}}_n^{(2)\prime}(k_N a_N)\right] \tag{6.2.60}$$

$$(-\mathrm{i})^{-n}\frac{2n+1}{n(n+1)}\hat{\mathrm{J}}_n(ka_N)+b_n\hat{\mathrm{H}}_n^{(1)}(ka_N)=\frac{k}{k_N}\left[\tilde{c}_{Nn}\hat{\mathrm{H}}_n^{(1)}(k_N a_N)+\tilde{d}_{Nn}\hat{\mathrm{H}}_n^{(2)}(k_N a_N)\right] \tag{6.2.61}$$

$$(-\mathrm{i})^{-n}\frac{2n+1}{n(n+1)}\hat{\mathrm{J}}_n'(ka_N)+b_n\hat{\mathrm{H}}_n^{(1)\prime}(ka_N)=\frac{\mu}{\mu_N}\left[\tilde{c}_{Nn}\hat{\mathrm{H}}_n^{(1)\prime}(k_N a_N)+\tilde{d}_{Nn}\hat{\mathrm{H}}_n^{(2)\prime}(k_N a_N)\right] \tag{6.2.62}$$

最终可以解得

$$a_n=(-\mathrm{i})^{-n}\frac{2n+1}{n(n+1)}\frac{\hat{\mathrm{J}}_n(ka_N)-\hat{R}_{N\mathrm{H}}\hat{\mathrm{J}}_n'(ka_N)}{\hat{\mathrm{H}}_n^{(1)}(ka_N)-\hat{R}_{N\mathrm{H}}\hat{\mathrm{H}}_n^{(1)\prime}(ka_N)} \tag{6.2.63}$$

$$b_n=(-\mathrm{i})^{-n}\frac{2n+1}{n(n+1)}\frac{\hat{\mathrm{J}}_n(ka_N)-\hat{R}_{\mathrm{E}}^{N}\hat{\mathrm{J}}_n'(ka_N)}{\hat{\mathrm{H}}_n^{(1)}(ka_N)-\hat{R}_{\mathrm{E}}^{N}\hat{\mathrm{H}}_n^{(1)\prime}(ka_N)} \tag{6.2.64}$$

求出 a_n 和 b_n 之后，就可以根据式（6.2.47）和式（6.2.48）计算散射场。对于介质球内部的场，则可以从第 N 层出发，利用在递推过程中求得的 a_n 和 b_n 的值，以及比值 c_{ln}/d_{ln} 和 $\tilde{c}_{ln}/\tilde{d}_{ln}$ 计算出每一层的系数 c_{ln}、d_{ln}、$\tilde{c}_{ln}$ 和 $\tilde{d}_{ln}$。

【扩展阅读】电磁隐身

电磁隐身作为一种使物体无法被电磁波探测器或者人眼识别的技术，在军事、航天、海洋等技术领域具有重要价值。在过去的二十多年，异向介质的出现为电磁隐身领域注入了新的生命力，迅速成为 21 世纪电磁领域的研究热点。根据电磁波调控的方式，电磁隐身大体可以分为以下三类：一是通过吸收电磁波或设计特殊外形来调节物体的散射截面，降低探测器所接收的散射能量；二是通过抑制物体的散射，使物体在任意方向既不散射也不吸收探测波，即散射为零；三是通过调节物体的散射，使其与背景类似。随着科技的发展，电磁隐身逐步从一种简单、朴素的视觉欺骗手段，走向一种精准化、系统化的现代技术体系。

【扩展阅读】电磁超散射

与电磁隐身的作用恰恰相反，电磁超散射是一种增强物体散射截面的方法，使物体的散射截面远大于其他同等尺寸的物体，这在生物传感、荧光成像和能量收集等领域有广泛的应用前景。在视觉效果上，人们有望探测到比物理尺寸更大的“像”，却无法看到几何光学意义上的“物”。电磁超散射的实现方法主要有三种：第一，利用补偿介质增大物体的散射截面；第二，通过谐振散射突破单通道散射极限；第三，利用近零介质增强物体的电磁散射。

6.3 周期性粗糙表面的散射

6.3.1 周期性波纹导体表面

考虑一个完美导电表面，具有周期性的矩形凹槽，凹槽的宽度为 w，深度为 d，周期为 p（图 6.3.1）。入射波矢量为 $\boldsymbol{k}=\hat{\boldsymbol{x}}k_x-\hat{\boldsymbol{z}}k_z$ 的平面波被周期性波纹导体表面散射，其散射波可以用周期性结构的特征波弗洛凯（Floquet）模式展开。对于 TM 波入射，导体表面上半空间的磁场为

$$\boldsymbol{H}=\hat{\boldsymbol{y}}H_0\left[\mathrm{e}^{\mathrm{i}k_x x-\mathrm{i}k_z z}+\sum_{n=-\infty}^{\infty}R_n\mathrm{e}^{\mathrm{i}(k_x+2n\pi/p)x+\mathrm{i}k_{zn}z}\right] \tag{6.3.1}$$

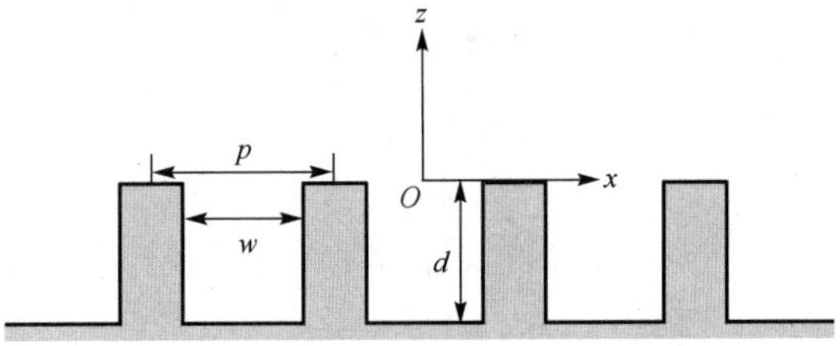

图 6.3.1 周期性波纹表面的散射

式中，

$$k_{zn}=\sqrt{k^2-(k_x+2n\pi/p)^2} \tag{6.3.2}$$

式（6.3.1）中，第一项表示入射波，求和项表示弗洛凯模式的叠加。电场可以由麦克斯韦方程 $\boldsymbol{E}=\dfrac{\mathrm{i}}{\omega\varepsilon}\nabla\times\boldsymbol{H}$ 求出，可以看到对于 $k^2<[k_x+(2n\pi/p)]^2$，弗洛凯模式是沿 $\hat{\boldsymbol{z}}$ 方向呈指数衰减的倏逝波，其中 $n=0$ 模式对应镜面反射波。

在矩形凹槽内，可以根据导波模式对场进行展开，有

$$\boldsymbol{H}=\hat{\boldsymbol{y}}H_0\sum_{m=0}^{\infty}G_m\cos\frac{m\pi(x+w/2)}{w}\frac{\cos\left[k_{zm}^{(2)}(z+d)\right]}{\cos\left[k_{zm}^{(2)}d\right]},\qquad z<0 \tag{6.3.3}$$

式中，

$$k_{zm}^{(2)}=\sqrt{k^2-(2m\pi/w)^2} \tag{6.3.4}$$

根据麦克斯韦方程 $\boldsymbol{E}=\dfrac{\mathrm{i}}{\omega\varepsilon}\nabla\times\boldsymbol{H}$，可以得到

$$
\begin{aligned}
\boldsymbol{E} &= \frac{\mathrm{i}}{\omega\varepsilon}\left(\hat{\boldsymbol{z}}\frac{\partial}{\partial x}H_y-\hat{\boldsymbol{x}}\frac{\partial}{\partial z}H_y\right)\\
&=\hat{\boldsymbol{x}}\frac{\mathrm{i}k_{zm}^{(2)}}{\omega\varepsilon}H_0\sum_{m=0}^{\infty}G_m\cos\frac{m\pi(x+w/2)}{w}\frac{\sin\left[k_{zm}^{(2)}(z+d)\right]}{\cos\left[k_{zm}^{(2)}d\right]}-\\
&\quad\hat{\boldsymbol{z}}\frac{\mathrm{i}m\pi}{\omega\varepsilon w}H_0\sum_{m=0}^{\infty}G_m\sin\frac{m\pi(x+w/2)}{w}\frac{\cos\left[k_{zm}^{(2)}(z+d)\right]}{\cos\left[k_{zm}^{(2)}d\right]}
\end{aligned}
\tag{6.3.5}
$$

从式（6.3.5）可以发现，矩形凹槽内的场满足完美导电表面切向电场为零的边界条件。

考虑垂直入射的特殊情况，即 $k_x=0$。在 $z=0$ 处，边界条件要求在 $-w/2\leqslant x\leqslant w/2$ 区间内切向磁场连续，故有

$$
1+\sum_{n=-\infty}^{\infty}R_n\mathrm{e}^{\mathrm{i}2n\pi x/p}=\sum_{m=0}^{\infty}G_m\cos\frac{m\pi(x+w/2)}{w}
\tag{6.3.6}
$$

切向电场在 $-w/2\leqslant x\leqslant w/2$ 区间内也是连续的，有

$$
1-\sum_{n=-\infty}^{\infty}\frac{k_{zn}}{k_z}R_n\mathrm{e}^{\mathrm{i}2n\pi x/p}=-\sum_{m=0}^{\infty}\frac{\mathrm{i}k_{zm}^{(2)}}{k_z}G_m\tan(k_{zm}^{(2)}d)\cos\frac{m\pi(x+w/2)}{w}
\tag{6.3.7}
$$

在 $w/2\leqslant|x|\leqslant p/2$ 区间内切向电场为零，有

$$
1-\sum_{n=-\infty}^{\infty}\frac{k_{zn}}{k_z}R_n\mathrm{e}^{\mathrm{i}2n\pi x/p}=0
\tag{6.3.8}
$$

根据方程（6.3.6）～方程（6.3.8），就可以确定 R_n 和 G_m。利用余弦函数的正交性质，在方程（6.3.6）的两侧乘以 $\cos[m\pi(x+w/2)/w]$，并在 $-w/2\leqslant x\leqslant w/2$ 区间进行积分，可以得到

$$
(1+\delta_{m0})\frac{w}{2}G_m=\int_{-w/2}^{w/2}\mathrm{d}x\cos\frac{m\pi(x+w/2)}{w}\left[1+\sum_{n=-\infty}^{\infty}R_n\mathrm{e}^{\mathrm{i}2n\pi x/p}\right]
\tag{6.3.9}
$$

在方程（6.3.7）两侧乘以 $\mathrm{e}^{-\mathrm{i}2n\pi x/p}$，并在 $-p/2\leqslant x\leqslant p/2$ 区间积分，根据方程（6.3.8）可以发现，式（6.3.9）右侧仅在 $-w/2\leqslant x\leqslant w/2$ 区间是非零的。因此，有

$$
p\left(\delta_{n0}-\frac{k_{zn}}{k_z}R_n\right)=-\mathrm{i}\int_{-w/2}^{w/2}\mathrm{d}x\mathrm{e}^{-\mathrm{i}2n\pi x/p}\cdot\sum_{m=0}^{\infty}\frac{k_{zm}^{(2)}}{k_z}G_m\tan(k_{zm}^{(2)}d)\cos\frac{m\pi(x+w/2)}{w}
\tag{6.3.10}
$$

定义

$$
\begin{aligned}
P_{nm}&=\int_{-w/2}^{w/2}\mathrm{d}x\mathrm{e}^{\mathrm{i}2m\pi x/p}\cos\frac{n\pi(x+w/2)}{w}\\
&=\begin{cases}
\dfrac{4m\pi/p}{(2m\pi/p)^2-(n\pi/w)^2}\sin\dfrac{m\pi w}{p}, & n\ \text{为偶数}\\
\mathrm{i}\dfrac{4m\pi/p}{(2m\pi/p)^2-(n\pi/w)^2}\cos\dfrac{m\pi w}{p}, & n\ \text{为奇数}\\
w\delta_{0m}, & n=0
\end{cases}
\end{aligned}
\tag{6.3.11}
$$

式（6.3.9）和式（6.3.10）可以写为

$$(1+\delta_{m0})\frac{w}{2}G_m = P_{0m} + \sum_{n=-\infty}^{\infty} P_{nm} R_n \tag{6.3.12}$$

$$R_n = \left[\frac{k_z}{k_{zn}}\delta_{n0} + \sum_{m=0}^{\infty}\frac{\mathrm{i}k_{zm}^{(2)}}{pk_{zn}}\tan(k_{zm}^{(2)}d)P_{nm}^* G_m\right] \tag{6.3.13}$$

这表明需要求解关于 R_n 的一系列矩阵方程。将式（6.3.13）代入式（6.3.12），可以得到

$$\sum_{l=0}^{\infty}\left[(1+\delta_{l0})\frac{w}{2}\delta_{ml} - \mathrm{i}\tan(k_{zl}^{(2)}d)Q_{ml}\right]G_l = 2P_{0m} \tag{6.3.14}$$

式中，

$$Q_{ml} = \sum_{n=-\infty}^{\infty}\frac{k_{zl}^{(2)}}{pk_{zn}}P_{nm}P_{nl}^* = \begin{cases}\dfrac{1}{p}\left[P_{0m}P_{0l}^* + 2\displaystyle\sum_{n=1}^{\infty}\frac{k_{zl}^{(2)}}{k_{zn}}P_{nm}P_{nl}^*\right], & m+l\ \text{为偶数}\\ 0, & m+l\ \text{为奇数}\end{cases} \tag{6.3.15}$$

模式幅度 G_l 可以直接通过求解逆矩阵得到。计算反射系数 R_n 所需的矩形凹槽模式数由矩形凹槽的宽度 w 决定。

对于足够窄的凹槽，$kw \ll 1$，可以用最低模式幅度 G_0 计算 R_n。当 $m=0$ 时，式（6.3.9）和式（6.3.10）变为

$$G_0 = 1 + \sum_{n=-\infty}^{\infty} R_n \frac{p}{n\pi w}\sin\frac{n\pi w}{p} \tag{6.3.16}$$

和

$$R_n = \frac{k_z}{k_{zn}}\delta_{n0} + \mathrm{i}\frac{k}{k_{zn}}\frac{\tan(kd)}{n\pi}\sin\left(\frac{n\pi w}{p}\right)G_0 \tag{6.3.17}$$

将式（6.3.17）代入式（6.3.16），可以得到

$$G_0 = 2\left[1 - \mathrm{i}\sum_{n=-\infty}^{\infty}\frac{kp\tan(kd)}{(n\pi)^2 k_{zn} w}\sin^2\frac{n\pi w}{p}\right]^{-1} \tag{6.3.18}$$

将式（6.3.18）代入式（6.3.17），就可以得到反射系数 R_n。

这种模式匹配的方法通常用于解决涉及周期结构的问题。应用弗洛凯模式也大大简化了对散射波的讨论。考虑一个类似的结构，该结构由宽度为 $(p-w)$、间隔距离为 w 的平行导电板组成，即图 6.3.1 中 $z=-d$ 处的导电平面被移除之后的结构。对于具有 $\hat{\boldsymbol{y}}$ 方向磁场的 TM 入射波，TEM 波导模式在平行板区域被激励。对于具有 $\hat{\boldsymbol{y}}$ 方向电场的 TE 入射波，在平行板区域激励的导波均为 TE 模式。因此，如果平板的间隔足够小，$kw<\pi$，所有的导波模式都将变成倏逝波，并且所有入射波都将被散射。

6.3.2 周期性波纹介质表面

考虑平面波入射到由 $f(x)=f(x+p)$ 表示的周期表面上，其中 p 表示该表面沿 $\hat{\boldsymbol{x}}$ 方向的周期（图 6.3.2）。令入射场为

$$\boldsymbol{E}_{\mathrm{i}}=\hat{\boldsymbol{y}}E_{\mathrm{i}y}(\boldsymbol{r})=\hat{\boldsymbol{y}}E_0\mathrm{e}^{\mathrm{i}\boldsymbol{k}_{\mathrm{i}}\cdot\boldsymbol{r}} \tag{6.3.19}$$

式中，$\boldsymbol{k}_{\mathrm{i}}=\hat{\boldsymbol{x}}k_{\mathrm{i}x}-\hat{\boldsymbol{z}}k_{\mathrm{i}z}$ 表示入射波矢量。

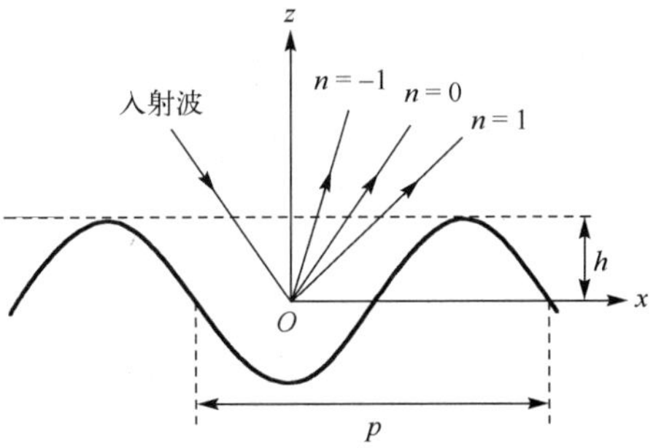

图 6.3.2 周期性粗糙表面的散射

利用惠更斯原理的标量形式，可以推导出解决该问题的消光定理。利用区域 0（$z>f(x)$）中的标量格林函数，可以得到区域 0 和区域 1（$z<f(x)$）中的总电场

$$E_{\mathrm{i}y}(\boldsymbol{r})+\iint_{-\infty}^{\infty}\mathrm{d}S'\left[E_y(\boldsymbol{r}')\hat{\boldsymbol{n}}\cdot\nabla_{\mathrm{s}}'g(\boldsymbol{r},\boldsymbol{r}')-g(\boldsymbol{r},\boldsymbol{r}')\hat{\boldsymbol{n}}\cdot\nabla_{\mathrm{s}}'E_y(\boldsymbol{r}')\right]=\begin{cases}E_y(\boldsymbol{r}), & z>f(x)\\ 0, & z<f(x)\end{cases} \tag{6.3.20}$$

式中，

$$\mathrm{d}S'\hat{\boldsymbol{n}}=\left[\hat{\boldsymbol{z}}-\hat{\boldsymbol{x}}\frac{\mathrm{d}}{\mathrm{d}x'}f(x')\right]\mathrm{d}x' \tag{6.3.21}$$

式（6.3.20）表明，区域 0 的总场等于入射场和周期表面感应面电流产生的散射场之和。根据惠更斯原理，区域 1 的入射场与散射场之和为零，这称为消光定理。

式（6.3.20）中的曲面积分是在无穷大区域上进行的，但是也可以将其压缩在一个周期上。由于表面场具有周期性

$$E_y(\boldsymbol{r}'+\hat{\boldsymbol{x}}np)=E_y(\boldsymbol{r}')\mathrm{e}^{\mathrm{i}k_{\mathrm{i}x}np} \tag{6.3.22}$$

因此，根据傅里叶级数理论，可以将狄拉克函数的周期序列用复指数的无限求和来表示，有

$$\sum_{m=-\infty}^{\infty}\mathrm{e}^{\mathrm{i}(k_{\mathrm{i}x}-k_x)mp}=\sum_{m=-\infty}^{\infty}\frac{2\pi}{p}\delta\left(k_x-k_{\mathrm{i}x}-\frac{2m\pi}{p}\right) \tag{6.3.23}$$

区域 0 的格林函数为

$$g(\boldsymbol{r},\boldsymbol{r}')=\frac{\mathrm{i}}{4}H_0^{(1)}(k|\boldsymbol{r}-\boldsymbol{r}'|)=\frac{\mathrm{i}}{4\pi}\int_{-\infty}^{\infty}\mathrm{d}k_x\frac{1}{k_z}\mathrm{e}^{\mathrm{i}k_x(x-x')+\mathrm{i}k_z|z-z'|} \tag{6.3.24}$$

为了将式（6.3.20）中的曲面积分简化为一个周期，利用以下由式（6.3.23）和式（6.3.24）导出的恒等式，并在格林函数中加入式（6.3.22）的平移相位因子 $\mathrm{e}^{\mathrm{i}k_{\mathrm{i}x}mp}$，有

$$\sum_{m=-\infty}^{\infty}g(\boldsymbol{r},\boldsymbol{r}'+\hat{\boldsymbol{x}}mp)\mathrm{e}^{\mathrm{i}k_{\mathrm{i}x}mp}=\frac{\mathrm{i}}{4\pi}\int_{-\infty}^{\infty}\mathrm{d}k_x\frac{1}{k_z}\mathrm{e}^{\mathrm{i}k_x(x-x')+\mathrm{i}k_z|z-z'|}\sum_m\mathrm{e}^{\mathrm{i}(k_{\mathrm{i}x}-k_x)mp}$$

$$= g_p(\boldsymbol{r},\boldsymbol{r}') = \frac{\mathrm{i}}{2p}\sum_n \frac{1}{k_{zn}} \mathrm{e}^{\mathrm{i}k_{xn}(x-x')+\mathrm{i}k_{zn}|z-z'|} \tag{6.3.25}$$

式中，

$$k_{xn} = k_{\mathrm{i}x} + n\frac{2\pi}{p} \tag{6.3.26}$$

$$k_{zn} = (k^2 - k_{xn}^2)^{1/2} \tag{6.3.27}$$

当 $k_{xp}^2 > k^2$ 时，选择 $k_{zn} = \mathrm{i}(k_{xn}^2 - k^2)^{1/2}$。在式（6.3.20）中应用式（6.3.22）和式（6.3.25），可以得到

$$\begin{aligned} &E_{\mathrm{i}y}(\boldsymbol{r}) + \int_p \mathrm{d}S'\left[E_y(\boldsymbol{r}')\hat{\boldsymbol{n}}\cdot\nabla'_{\mathrm{s}}g_p(\boldsymbol{r},\boldsymbol{r}') - g_p(\boldsymbol{r},\boldsymbol{r}')\hat{\boldsymbol{n}}\cdot\nabla'_{\mathrm{s}}E_y(\boldsymbol{r}')\right] \\ &= \begin{cases} E_y(\boldsymbol{r}), & z > f(x) \\ 0, & z < f(x) \end{cases} \end{aligned} \tag{6.3.28}$$

现在这个积分区间仅包含一个周期。

根据区域 1 的格林函数[式（6.3.28）]，可以得到类似于式（6.3.25）和式（6.3.28）的解，有

$$\begin{aligned} &\sum_{m=-\infty}^{\infty} g_1(\boldsymbol{r},\boldsymbol{r}' + \hat{\boldsymbol{x}}mp)\mathrm{e}^{\mathrm{i}k_{\mathrm{i}x}mp} = g_{1p}(\boldsymbol{r},\boldsymbol{r}') \\ &= \frac{\mathrm{i}}{2p}\sum_n \frac{1}{k_{1zn}}\mathrm{e}^{\mathrm{i}k_{xn}(x-x')+\mathrm{i}k_{1zn}|z-z'|} \end{aligned} \tag{6.3.29}$$

式中，

$$k_{1zn} = (k_1^2 - k_{xn}^2)^{1/2} \tag{6.3.30}$$

以及

$$\begin{aligned} &-\int_p \mathrm{d}S'\left[E_{1y}(\boldsymbol{r}')\hat{\boldsymbol{n}}\cdot\nabla'_{\mathrm{s}}g_{1p}(\boldsymbol{r},\boldsymbol{r}') - g_{1p}(\boldsymbol{r},\boldsymbol{r}')\hat{\boldsymbol{n}}\cdot\nabla'_{\mathrm{s}}E_{1y}(\boldsymbol{r}')\right] \\ &= \begin{cases} 0, & z > f(x) \\ E_{1y}(\boldsymbol{r}), & z < f(x) \end{cases} \end{aligned} \tag{6.3.31}$$

需要注意的是，积分前面的负号表示单位矢量 $\hat{\boldsymbol{n}}$ 由表面垂直指向区域 0，而惠更斯原理要求表面垂直向外指向场点。

根据式（6.3.25）和式（6.3.29）中周期格林函数的表达式，可以发现散射波以离散的弗洛凯模式传播，传播方向由式（6.3.26）、式（6.3.27）和式（6.3.30）决定。将 $\theta_{\mathrm{r}n}$ 定义为 n 阶反射弗洛凯模式的角度，$\theta_{\mathrm{t}n}$ 定义为 n 阶透射弗洛凯模式的角度，可以得到两者之间的关系为

$$k\sin\theta_{\mathrm{r}n} = k_{xn} = k\sin\theta_{\mathrm{i}} + n\frac{2\pi}{p} \tag{6.3.32}$$

$$K\sin\theta_{\mathrm{t}n} = k_1\sin\theta_{\mathrm{t}n}k_{\mathrm{t}xn} = k\sin\theta_{\mathrm{i}} + n\frac{2\pi}{p} \tag{6.3.33}$$

式（6.3.32）和式（6.3.33）的相位匹配结果如图 6.3.3 所示。给定如图所示的入射波矢量 $\boldsymbol{k}_0^-$，反射波和透射波的零阶模态与在平面上相同。

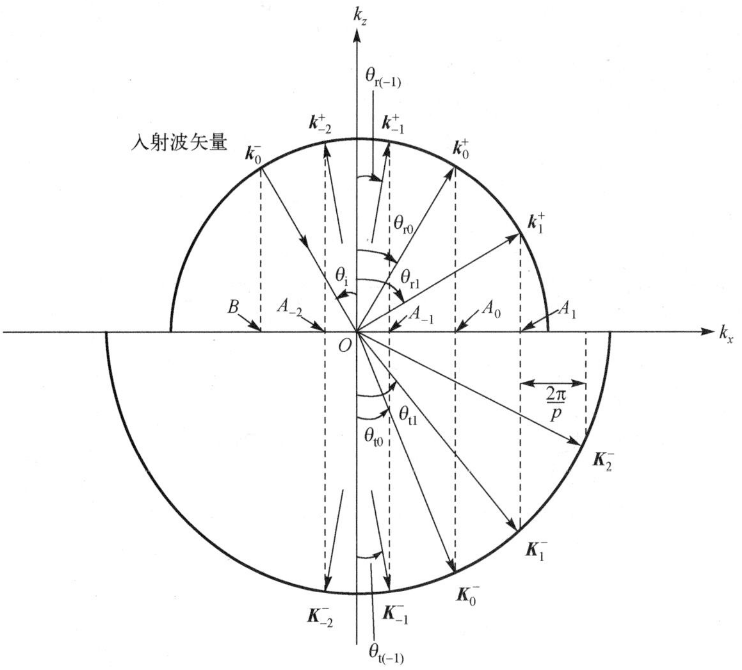

图 6.3.3　k 空间示意图

式（6.3.28）可以通过令 $z > f_{\max}$ 或 $z < f_{\min}$ 进行简化，其中 $f_{\max}$ 和 $f_{\min}$ 分别为表面轮廓 $f(x)$ 的最大值和最小值。对于 $z > f_{\max}$，$|z-z'|$ 变为 $z-z'$，对于 $z < f_{\min}$，$|z-z'|$ 变为 $-(z-z')$，故有

$$E_y(\boldsymbol{r}) = E_{iy}(\boldsymbol{r}) + \sum_n b_n \frac{e^{i\boldsymbol{k}_n^+ \cdot \boldsymbol{r}}}{\sqrt{k_{zn}}}, \qquad z > f_{\max} \tag{6.3.34}$$

$$0 = E_{iy}(\boldsymbol{r}) - \sum_n a_n \frac{e^{i\boldsymbol{k}_n^- \cdot \boldsymbol{r}}}{\sqrt{k_{zn}}}, \qquad z < f_{\min} \tag{6.3.35}$$

式中，

$$\boldsymbol{k}_n^{\pm} = \hat{\boldsymbol{x}}k_{xn} \pm \hat{\boldsymbol{z}}k_{zn} \tag{6.3.36}$$

是弗洛凯模式的波矢量。系数 b_n 和 a_n 可以通过以下积分与表面场联系

$$b_n = \frac{i}{2p}\int_p dS' \left[E_y(\boldsymbol{r}')\hat{\boldsymbol{n}} \cdot \nabla_s' \frac{e^{-i\boldsymbol{k}_n^+ \cdot \boldsymbol{r}'}}{\sqrt{k_{zn}}} - \frac{e^{-i\boldsymbol{k}_n^+ \cdot \boldsymbol{r}'}}{\sqrt{k_{zn}}} \hat{\boldsymbol{n}} \cdot \nabla_s' E_y(\boldsymbol{r}') \right] \tag{6.3.37}$$

$$a_n = -\frac{i}{2p}\int_p dS' \left[E_y(\boldsymbol{r}')\hat{\boldsymbol{n}} \cdot \nabla_s' \frac{e^{-i\boldsymbol{k}_n^- \cdot \boldsymbol{r}'}}{\sqrt{k_{zn}}} - \frac{e^{-i\boldsymbol{k}_n^- \cdot \boldsymbol{r}'}}{\sqrt{k_{zn}}} \hat{\boldsymbol{n}} \cdot \nabla_s' E_y(\boldsymbol{r}') \right] \tag{6.3.38}$$

类似地，利用式（6.3.31），可以得到

$$0 = -\sum_n B_n \frac{e^{i\boldsymbol{k}_{1n}^+ \cdot \boldsymbol{r}}}{\sqrt{k_{1zn}}}, \qquad z > f_{\max} \tag{6.3.39}$$

$$E_{1y}(\boldsymbol{r})=\sum_n A_n\frac{\mathrm{e}^{\mathrm{i}\boldsymbol{k}_{1n}^-\cdot\boldsymbol{r}}}{\sqrt{k_{1zn}}},\qquad z<f_{\min}\tag{6.3.40}$$

式中，

$$\boldsymbol{k}_{1n}^{\pm}=\hat{\boldsymbol{x}}k_{1xn}\pm\hat{\boldsymbol{z}}k_{1zn}\tag{6.3.41}$$

$$B_n=\frac{\mathrm{i}}{2p}\int_p \mathrm{d}S'\left[E_{1y}(\boldsymbol{r}')\hat{\boldsymbol{n}}\cdot\nabla_{\mathrm{s}}'\frac{\mathrm{e}^{-\mathrm{i}\boldsymbol{k}_{1n}^+\cdot\boldsymbol{r}'}}{\sqrt{k_{1zn}}}-\frac{\mathrm{e}^{-\mathrm{i}\boldsymbol{k}_{1n}^+\cdot\boldsymbol{r}'}}{\sqrt{k_{1zn}}}\hat{\boldsymbol{n}}\cdot\nabla_{\mathrm{s}}'E_{1y}(\boldsymbol{r}')\right]\tag{6.3.42}$$

$$A_n=-\frac{\mathrm{i}}{2p}\int_p \mathrm{d}S'\left[E_{1y}(\boldsymbol{r}')\hat{\boldsymbol{n}}\cdot\nabla_{\mathrm{s}}'\frac{\mathrm{e}^{-\mathrm{i}\boldsymbol{k}_{1n}^-\cdot\boldsymbol{r}'}}{\sqrt{k_{1zn}}}-\frac{\mathrm{e}^{-\mathrm{i}\boldsymbol{k}_{1n}^-\cdot\boldsymbol{r}'}}{\sqrt{k_{1zn}}}\hat{\boldsymbol{n}}\cdot\nabla_{\mathrm{s}}'E_{1y}(\boldsymbol{r}')\right]\tag{6.3.43}$$

式（6.3.35）和式（6.3.39）称为扩展边界条件。令观察点在周期表面凹槽区域之外，根据式（6.3.35），可以得到

$$E_{\mathrm{i}y}(\boldsymbol{r})=\sum_n a_n\frac{\mathrm{e}^{\mathrm{i}\boldsymbol{k}_n^-\cdot\boldsymbol{r}}}{\sqrt{k_{zn}}},\qquad z<f_{\min}\tag{6.3.44}$$

因此，有

$$a_n=\delta_{n0}\sqrt{k_{zn}}E_0\tag{6.3.45}$$

根据式（6.3.39），可以得到

$$B_n=0\tag{6.3.46}$$

在得到 a_n 和 B_n 之后，就可以从式（6.3.38）和式（6.3.42）中求解未知表面场，进而根据式（6.3.37）和式（6.3.43）确定散射场幅度 b_n 和 A_n。

在周期表面 S'，应用切向场的边界条件。切向电场满足

$$E_y(x,z=f(x))=E_{1y}(x,z=f(x))\tag{6.3.47}$$

切向磁场满足

$$\hat{\boldsymbol{n}}\times\nabla_{\mathrm{s}}\times\hat{\boldsymbol{y}}E_y=\hat{\boldsymbol{n}}\times\nabla_{\mathrm{s}}\times\hat{\boldsymbol{y}}E_{1y}\tag{6.3.48}$$

或等效为

$$\hat{\boldsymbol{n}}\cdot\nabla_{\mathrm{s}}E_y=\hat{\boldsymbol{n}}\cdot\nabla_{\mathrm{s}}E_{1y}\tag{6.3.49}$$

式中，

$$\hat{\boldsymbol{n}}=\frac{\hat{\boldsymbol{z}}-\hat{\boldsymbol{x}}\dfrac{\mathrm{d}f}{\mathrm{d}x}}{\sqrt{1+(\mathrm{d}f/\mathrm{d}x)^2}}\tag{6.3.50}$$

$$\hat{\boldsymbol{n}}\mathrm{d}S=\mathrm{d}x\left[\hat{\boldsymbol{z}}-\hat{\boldsymbol{x}}\frac{\mathrm{d}f(x)}{\mathrm{d}x}\right]\tag{6.3.51}$$

需要注意的是，表面场只与 x 有关，将未知场用傅里叶级数展开，其形式为

$$E_y(\boldsymbol{r}) = \sum_n 2\alpha_n^s \mathrm{e}^{\mathrm{i}(k_{\mathrm{i}x}+nK)x} \tag{6.3.52}$$

$$\mathrm{d}S\hat{\boldsymbol{n}} \cdot \nabla_{\mathrm{s}} E_y(\boldsymbol{r}) = -\mathrm{id}x \sum 2\beta_n^s \mathrm{e}^{\mathrm{i}(k_{\mathrm{i}x}+nK)x} \tag{6.3.53}$$

式中，$K = 2\pi/p$。这种基函数的选择是合适的，因为当表面场乘以 $\exp(-\mathrm{i}k_{\mathrm{i}x}x)$ 时，将变为 x 的周期函数。

将式（6.3.52）和式（6.3.53）代入式（6.3.38），并且定义 $Q_{\mathrm{D1}}^{\pm}$ 和 $Q_{\mathrm{N1}}^{\pm}$ 为狄利克雷和诺依曼矩阵，相应的矩阵元素为

$$\begin{aligned}[\bar{\bar{\boldsymbol{Q}}}_{\mathrm{D}}^{\pm}]_{mn} &= \pm\frac{1}{p}\int_p \mathrm{d}x \frac{\mathrm{e}^{-\mathrm{i}\boldsymbol{k}_m^{\pm}\cdot\boldsymbol{r}}}{\sqrt{k_{zm}}} \mathrm{e}^{\mathrm{i}(k_{\mathrm{i}x}+nK)x} \\ &= \pm\frac{1}{p\sqrt{k_{zm}}}\int_p \mathrm{d}x\mathrm{e}^{-\mathrm{i}[(m-n)Kx \pm k_{zm}f(x)]}\end{aligned} \tag{6.3.54}$$

$$\begin{aligned}[\bar{\bar{\boldsymbol{Q}}}_{\mathrm{N}}^{\pm}]_{mn} &= \pm\frac{(-\mathrm{i})}{p}\int_p \mathrm{d}S\hat{\boldsymbol{n}}\cdot\left(\nabla_{\mathrm{s}}\frac{\mathrm{e}^{-\mathrm{i}\boldsymbol{k}_m^{\pm}\cdot\boldsymbol{r}}}{\sqrt{k_{zm}}}\right)\mathrm{e}^{\mathrm{i}(k_{\mathrm{i}x}+nK)x} \\ &= \pm\frac{(-1)}{p\sqrt{k_{zm}}}\int_p \mathrm{d}x\left(k_{xm}\frac{\mathrm{d}f}{\mathrm{d}x} \mp k_{zm}\right)\mathrm{e}^{-\mathrm{i}[(m-n)Kx \pm k_{zm}f(x)]} \\ &= \pm\frac{(-1)}{p\sqrt{k_{zm}}}\int_p \mathrm{d}x\left[\frac{k_{xm}(m-n)K}{k_{zm}} \mp k_{zm}\right]\mathrm{e}^{-\mathrm{i}[(m-n)Kx \pm k_{zm}f(x)]} \\ &= \pm\frac{(-k^2 + k_{xm}k_{xn})}{k_{zm}p\sqrt{k_{zm}}}\int_p \mathrm{d}x\mathrm{e}^{-\mathrm{i}[(m-n)Kx \pm k_{zm}f(x)]}\end{aligned} \tag{6.3.55}$$

因此，可以得到矩阵方程

$$\boldsymbol{a} = -\bar{\bar{\boldsymbol{Q}}}_{\mathrm{D}}^{-}\cdot\boldsymbol{\beta}^s - \bar{\bar{\boldsymbol{Q}}}_{\mathrm{N}}^{-}\cdot\boldsymbol{\alpha}^s \tag{6.3.56}$$

类似地，根据式（6.3.42），可以得到矩阵方程

$$-\bar{\bar{\boldsymbol{Q}}}_{\mathrm{D1}}^{+}\cdot\boldsymbol{\beta}^s - \bar{\bar{\boldsymbol{Q}}}_{\mathrm{N1}}^{+}\cdot\boldsymbol{\alpha}^s = \boldsymbol{B} = \boldsymbol{0} \tag{6.3.57}$$

式中，

$$[\bar{\bar{\boldsymbol{Q}}}_{\mathrm{D1}}^{\pm}]_{mn} = \pm\frac{1}{p\sqrt{k_{1zm}}}\int_p \mathrm{d}x\mathrm{e}^{-\mathrm{i}[(m-n)Kx \pm k_{1zm}f(x)]} \tag{6.3.58}$$

$$[\bar{\bar{\boldsymbol{Q}}}_{\mathrm{N1}}^{\pm}]_{mn} = \pm\frac{(-k_1^2 + k_{1xm}k_{1xn})}{k_{1zm}p\sqrt{k_{1zm}}}\int_p \mathrm{d}x\mathrm{e}^{-\mathrm{i}[(m-n)Kx \pm k_{1zm}f(x)]} \tag{6.3.59}$$

结合式（6.3.57）～式（6.3.59），可以通过以下矩阵方程确定 $\boldsymbol{\alpha}^s$ 和 $\boldsymbol{\beta}^s$

$$-\begin{bmatrix}\bar{\bar{\boldsymbol{Q}}}_{\mathrm{N}}^{-} & \bar{\bar{\boldsymbol{Q}}}_{\mathrm{D}}^{-} \\ \bar{\bar{\boldsymbol{Q}}}_{\mathrm{N1}}^{+} & \bar{\bar{\boldsymbol{Q}}}_{\mathrm{D1}}^{+}\end{bmatrix}\begin{bmatrix}\boldsymbol{\alpha}^s \\ \boldsymbol{\beta}^s\end{bmatrix} = \begin{bmatrix}\boldsymbol{a} \\ 0\end{bmatrix} \tag{6.3.60}$$

需要注意的是，等式右侧的 $\boldsymbol{a}$ 已被计算出来，由式（6.3.45）给出。

由式（6.3.60）确定 $\boldsymbol{\alpha}^s$ 和 $\boldsymbol{\beta}^s$ 后，应用式（6.3.54）、式（6.3.55）、式（6.3.58）和式（6.3.59）定义的 $\bar{\bar{\boldsymbol{Q}}}$ 矩阵，就可以计算出式（6.3.37）和式（6.3.43）中的散射场幅度。向上传播的场的幅度为

$$\boldsymbol{b} = -\bar{\bar{\boldsymbol{Q}}}_{\mathrm{D}}^{+} \cdot \boldsymbol{\beta}^s - \bar{\bar{\boldsymbol{Q}}}_{\mathrm{N}}^{+} \cdot \boldsymbol{\alpha}^s \tag{6.3.61}$$

向下传播的场的幅度为

$$\boldsymbol{A} = -\bar{\bar{\boldsymbol{Q}}}_{\mathrm{D1}}^{-} \cdot \boldsymbol{\beta}^s - \bar{\bar{\boldsymbol{Q}}}_{\mathrm{N1}}^{-} \cdot \boldsymbol{\alpha}^s \tag{6.3.62}$$

至此，TE 波入射到介质周期表面的散射问题就完全解决了。对于 TM 入射波的情况也可以用类似的方式求解。

对于具有正弦变化的粗糙表面

$$f(x) = -h\cos\left(\frac{2\pi}{p}x\right) \tag{6.3.63}$$

$\bar{\bar{\boldsymbol{Q}}}^{\pm}$ 矩阵可以用式（6.3.54）、式（6.3.55）中的积分及式（6.3.60）计算得到。用贝塞尔函数形式表示，有

$$[\bar{\bar{\boldsymbol{Q}}}_{\mathrm{D}}^{\pm}]_{mn} = \pm\frac{1}{\sqrt{k_{zm}}}(\pm \mathrm{i})^{|m-n|}\mathrm{J}_{|m-n|}(k_{zm}h) \tag{6.3.64}$$

$$[\bar{\bar{\boldsymbol{Q}}}_{\mathrm{N}}^{\pm}]_{mn} = \frac{-k^2 + k_{xm}k_{xn}}{k_{zm}\sqrt{k_{zm}}}(\pm \mathrm{i})^{|m-n|}\mathrm{J}_{|m-n|}(k_{zm}h) \tag{6.3.65}$$

$$[\bar{\bar{\boldsymbol{Q}}}_{\mathrm{D1}}^{\pm}]_{mn} = \pm\frac{1}{\sqrt{k_{1zm}}}(\pm \mathrm{i})^{|m-n|}\mathrm{J}_{|m-n|}(k_{1zm}h) \tag{6.3.66}$$

$$[\bar{\bar{\boldsymbol{Q}}}_{\mathrm{N1}}^{\pm}]_{mn} = \frac{-k_1^2 + k_{xm}k_{xn}}{k_{1zm}\sqrt{k_{1zm}}}(\pm \mathrm{i})^{|m-n|}\mathrm{J}_{|m-n|}(k_{1zm}h) \tag{6.3.67}$$

对于由单值函数 $z = f(x)$ 定义的周期表面的一般轮廓，可以利用扩展边界条件对式（6.3.54）、式（6.3.55）、式（6.3.58）和式（6.3.59）进行数值积分来计算 $\bar{\bar{\boldsymbol{Q}}}^{\pm}$ 矩阵中的元素。在实际应用中，当表面波纹较深或波纹深度与周期的比值较大时，可能会出现病态矩阵的问题。

6.4 周期分布介质的散射

6.4.1 一阶耦合模态方程

周期分布介质的散射实际上研究的是电磁辐射与周期分布介质两个主体之间的相互作用。随着周期分布介质的结构形式和介质分布的不同，将产生多种多样的可能性。在研究周

期分布介质在全息、超声致光衍射及集成光学中各种有源和无源组件的应用时，耦合模方法（Coupled-Mode Approach）被证明是最简单的求解方法之一，可以产生易于在物理上解释的结果。考虑由以下介电常数描述的周期分布介质（图 6.4.1，不包含区域 1 和区域 3）

$$\varepsilon(x,z)=\varepsilon_2\left[1+\eta\cos(\boldsymbol{K}\cdot\boldsymbol{r})\right] \tag{6.4.1}$$

式中，$\boldsymbol{K}=K(\hat{\boldsymbol{x}}\sin\gamma+\hat{\boldsymbol{z}}\cos\gamma)$，$K=2\pi/\Lambda$，$\Lambda$ 为周期。对于 $\hat{\boldsymbol{y}}$ 方向极化的 TE 波，电场矢量 $\boldsymbol{E}$ 满足波动方程

$$\left[\nabla^2+\omega^2\mu\varepsilon(x,z)\right]E_y(x,z)=0 \tag{6.4.2}$$

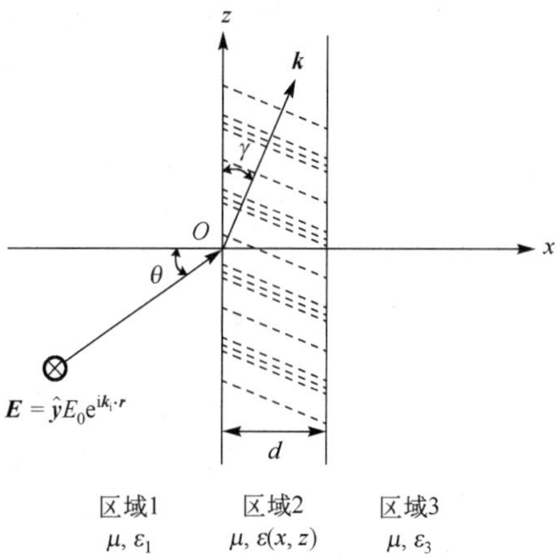

图 6.4.1　所讨论问题的几何结构

为了便于推导耦合模方程，令

$$E_y(x,z)=\sum_{m=-\infty}^{\infty}\phi_m(x)\mathrm{e}^{\mathrm{i}m\pi/2}\mathrm{e}^{\mathrm{i}k_{mx}x} \tag{6.4.3}$$

式中，

$$k_{mx}=k_{0x}+mK\cos\gamma \tag{6.4.4}$$

k_{0x} 是零阶弗洛凯模式波矢量的 x 分量。

将式（6.4.3）代入方程（6.4.2），并令 $\gamma=0$，有

$$\frac{\mathrm{d}^2\phi_m}{\mathrm{d}x^2}+(k_2^2-k_{mx}^2)\phi_m+\mathrm{i}\frac{\eta}{2}k_2^2(\phi_{m+1}-\phi_{m-1})=0 \tag{6.4.5}$$

式中，$k_2=\omega(\mu\varepsilon)^{1/2}$。式（6.4.5）表示一组耦合的二阶微分方程。

在第一个布拉格角附近，两个强耦合的弗洛凯模式为零阶和一阶。如果只保留这两个模式，方程（6.4.5）将变为

$$\frac{\mathrm{d}^2\phi_0}{\mathrm{d}x^2}+(k_2^2-k_{0x}^2)\phi_0=\mathrm{i}\frac{\eta}{2}k_2^2\phi_{-1} \tag{6.4.6}$$

$$\frac{\mathrm{d}^2\phi_{-1}}{\mathrm{d}x^2}+(k_2^2-k_{-1x}^2)\phi_{-1}=-\mathrm{i}\frac{\eta}{2}k_2^2\phi_0 \tag{6.4.7}$$

这组耦合方程可以变换为两个未耦合的亥姆霍兹方程。令

$$U_1=\phi_0+\mathrm{i}\alpha_1\phi_{-1} \tag{6.4.8}$$

$$U_2=\phi_0+\mathrm{i}\alpha_2\phi_{-1} \tag{6.4.9}$$

或等效为

$$\phi_0=\frac{\alpha_2U_1-\alpha_1U_2}{\alpha_2-\alpha_1} \tag{6.4.10}$$

$$\phi_{-1}=\mathrm{i}\frac{U_1-U_2}{\alpha_2-\alpha_1} \tag{6.4.11}$$

式中，α_1 和 α_2 是待确定的常数。根据方程（6.4.6）和方程（6.4.7），可以得到

$$\frac{\mathrm{d}^2U_j}{\mathrm{d}x^2}+\left(k_2^2-k_{0x}^2-\alpha_j\frac{\eta k_2^2}{2}\right)U_j=0 \tag{6.4.12}$$

以及

$$\alpha_j=\frac{1}{\eta k_2^2}\left\{k_{-1x}^2-k_{0x}^2\pm\left[(k_{-1x}^2-k_{0x}^2)^2+\eta^2k_2^4\right]^{1/2}\right\} \tag{6.4.13}$$

式中，$j=1,2$。在方括号前面的正号表示 α_1，负号表示 α_2。显然，指数函数是方程（6.4.12）的解。因此，方程（6.4.6）与方程（6.4.7）中两个耦合模态方程的 4 个独立解为

$$\phi_0=\frac{1}{\alpha_2-\alpha_1}\left[\alpha_2\begin{pmatrix}W\mathrm{e}^{\mathrm{i}k_{2x}^a x}\\ X\mathrm{e}^{-\mathrm{i}k_{2x}^a x}\end{pmatrix}-\alpha_1\begin{pmatrix}Y\mathrm{e}^{\mathrm{i}k_{2x}^b x}\\ Z\mathrm{e}^{-\mathrm{i}k_{2x}^b x}\end{pmatrix}\right] \tag{6.4.14}$$

$$\phi_{-1}=\frac{\mathrm{i}}{\alpha_2-\alpha_1}\left[\begin{pmatrix}W\mathrm{e}^{\mathrm{i}k_{2x}^a x}\\ X\mathrm{e}^{-\mathrm{i}k_{2x}^a x}\end{pmatrix}-\begin{pmatrix}Y\mathrm{e}^{\mathrm{i}k_{2x}^b x}\\ Z\mathrm{e}^{-\mathrm{i}k_{2x}^b x}\end{pmatrix}\right] \tag{6.4.15}$$

式中，

$$k_{2x}^a=\left[\left(1-\frac{\alpha_1\eta}{2}\right)k_2^2-k_{0z}^2\right]^{1/2} \tag{6.4.16}$$

$$k_{2x}^b=\left[\left(1-\frac{\alpha_2\eta}{2}\right)k_2^2-k_{0z}^2\right]^{1/2} \tag{6.4.17}$$

常数 W、X、Y 和 Z 由特定问题的边界条件确定。

令

$$\phi_m(x)=\psi_m(x)\mathrm{e}^{\mathrm{i}k_{mx}x} \tag{6.4.18}$$

根据方程（6.4.2）和式（6.4.3），可以得到一阶耦合模态方程，其中

$$k_{mx}=k_{0x}+mK\sin\gamma \tag{6.4.19}$$

$$k_{0x}^2+k_{0z}^2=k_2^2 \tag{6.4.20}$$

忽略二阶导数项，有

$$\frac{\mathrm{d}\psi_m(x)}{\mathrm{d}x}+\mathrm{i}\frac{mK}{2k_{mx}}\left[mK+2(k_{0x}\cos\gamma+k_{0x}\sin\gamma)\right]+\frac{\eta k_2^2}{4k_{mx}}\left[\psi_{m+1}(x)-\psi_{m-1}(x)\right]=0 \tag{6.4.21}$$

拉曼-纳斯条件由如下条件构成：$\gamma=0$、$k_{0x}=0$、$k_{mx}\approx k_2$，并且忽略方程（6.4.21）中的 ψ_m。当电磁波垂直入射到一个沿 $\hat{z}$ 方向具有周期性且 K 较小的周期分布介质上时，这些条件得以满足。因此，方程（6.4.21）变为

$$\frac{\mathrm{d}\psi_m(x)}{\mathrm{d}x}+\frac{\eta k_2}{4}\left[\psi_{m+1}(x)-\psi_{m-1}(x)\right]=0 \tag{6.4.22}$$

这个方程与贝塞尔函数的递归关系相同，故有

$$\psi_m(x) = \mathrm{J}_m(\eta k_2 x/2) \tag{6.4.23}$$

需要注意的是，$\mathrm{J}_0^2(x) + 2\sum_{m=1}^{\infty} \mathrm{J}_m^2(x) = 1$，这是对能量守恒定律的一种表述。

假设只有 $m = 0$ 和 $m = -1$ 两个模式存在，那么方程（6.4.21）变为

$$\frac{\mathrm{d}\psi_0}{\mathrm{d}x} - \frac{\eta k_2^2}{4k_{0x}}\psi_{-1} = 0 \tag{6.4.24}$$

$$\frac{\mathrm{d}\psi_{-1}}{\mathrm{d}x} - \frac{K}{4k_{-1x}}[K - 2(k_{0x}\cos\gamma + k_{0x}\sin\gamma)]\psi_{-1}(x) + \frac{\eta k_2^2}{4k_{-1x}}\psi_0 = 0 \tag{6.4.25}$$

由于上述方程只涉及一阶导数，因此只需要两个边界条件。当电磁波以布拉格角在沿 $\hat{z}$ 方向具有周期性的介质中传播时，将会发生 $\gamma = 0$ 和 $k_{0x} = K/2$ 的情况。根据式（6.4.4），有 $k_{-1x} = k_{0x}$，因此可以从方程（6.4.24）和方程（6.4.25）中得到

$$k_{0x}\frac{\mathrm{d}\psi_0(x)}{\mathrm{d}x} = \frac{\eta k_2^2}{4}\psi_{-1}(x) \tag{6.4.26}$$

$$k_{0x}\frac{\mathrm{d}\psi_{-1}(x)}{\mathrm{d}x} = -\frac{\eta k_2^2}{4}\psi_0(x) \tag{6.4.27}$$

结合边界条件 $\psi_0(x=0) = 1$ 和 $\psi_{-1}(x=0) = 1$，有

$$\psi_0(x) = \cos\frac{\eta k_2^2 x}{4k_{0x}} \tag{6.4.28}$$

$$\psi_{-1}(x) = \sin\frac{\eta k_2^2 x}{4k_{0x}} \tag{6.4.29}$$

由于 $\psi_0^2(x) + \psi_{-1}^2(x) = 1$，因此对所有的 x，能量守恒定律都成立。

6.4.2 周期性调制板的反射和透射

考虑厚度为 d 的周期性平板介质（图 6.4.1）。一波矢量为 $\boldsymbol{k} = \hat{\boldsymbol{x}}k_x + \hat{\boldsymbol{z}}k_{0z}$ 的平面波入射到平板上，其中 $k_{0z} = k_1\sin\theta$，$k_1 = \omega(\mu\varepsilon_1)^{1/2}$，$\theta$ 为入射角。反射波的电场采用以下形式

$$E_y = E_0\mathrm{e}^{\mathrm{i}k_{1x}^a x + \mathrm{i}k_{0z}z} + R_0\mathrm{e}^{-\mathrm{i}k_{1x}^a x + \mathrm{i}k_{0z}z} + R_{-1}\mathrm{e}^{-\mathrm{i}k_{1x}^b x + \mathrm{i}k_{-1x}z} \tag{6.4.30}$$

式中，

$$k_{1x}^a = (k_1^2 - k_{0z}^2)^{1/2} \tag{6.4.31}$$

$$k_{1x}^b = (k_1^2 - k_{-1z}^2)^{1/2} \tag{6.4.32}$$

R_0 和 R_{-1} 是零阶和一阶模式的反射系数。透射波的形式为

$$E_y = T_0\mathrm{e}^{\mathrm{i}k_{3x}^a x + \mathrm{i}k_{0z}z} + T_{-1}\mathrm{e}^{\mathrm{i}k_{3x}^b x + \mathrm{i}k_{-1z}z} \tag{6.4.33}$$

式中，

$$k_{3x}^a = (k_3^2 - k_{0z}^2)^{1/2} \tag{6.4.34}$$

$$k_{3x}^{b}=(k_{3}^{2}-k_{-1x}^{2})^{1/2} \tag{6.4.35}$$

T_0 和 T_{-1} 是零阶和一阶模式的透射系数。

在平板介质内，电场 E_y 的形式为

$$\begin{aligned}E_y&=\phi_0\mathrm{e}^{\mathrm{i}k_{0z}z}+\mathrm{i}\phi_{-1}\mathrm{e}^{\mathrm{i}k_{-z}z}\\&=[1/(\alpha_2-\alpha_1)]\cdot(\alpha_2W\mathrm{e}^{\mathrm{i}k_{2x}^{a}x}+\alpha_2X\mathrm{e}^{-\mathrm{i}k_{2x}^{a}x}-\alpha_1Y\mathrm{e}^{\mathrm{i}k_{2x}^{b}x}-\alpha_1Z\mathrm{e}^{-\mathrm{i}k_{2x}^{b}x})\mathrm{e}^{\mathrm{i}k_{0z}z}-\\&\quad[1/(\alpha_2-\alpha_1)](W\mathrm{e}^{\mathrm{i}k_{2x}^{a}x}+X\mathrm{e}^{-\mathrm{i}k_{2x}^{a}x}-Y\mathrm{e}^{\mathrm{i}k_{2x}^{b}x}-Z\mathrm{e}^{-\mathrm{i}k_{2x}^{b}x})\mathrm{e}^{\mathrm{i}k_{-1z}z}\end{aligned} \tag{6.4.36}$$

因此，共有 8 个未知常数 R_0、R_{-1}、T_0、T_{-1}、W、X、Y 和 Z 需要由边界条件确定，边界条件要求切向电场和磁场在边界 $x=0$ 和 $x=d$ 处是连续的。切向磁场 H_z 可以根据麦克斯韦方程由 E_y 确定

$$H_z=\frac{1}{\mathrm{i}\omega\mu}\frac{\partial}{\partial x}E_y \tag{6.4.37}$$

这 4 个边界条件对于所有的 z 都必须成立。为求得上述未知常数，需要联立 8 个线性方程进行求解

$$T_0=\frac{4(\alpha_2-\alpha_1)k_{1x}^{a}(\alpha_1A_{\mathrm{bb}}-\alpha_2B_{\mathrm{bb}})\mathrm{e}^{-\mathrm{i}k_{3x}^{a}d}}{(\alpha_2A_{\mathrm{aa}}-\alpha_1B_{\mathrm{aa}})(\alpha_1A_{\mathrm{bb}}-\alpha_2B_{\mathrm{bb}})-\alpha_1\alpha_2(A_{\mathrm{ab}}-B_{\mathrm{ab}})(A_{\mathrm{ba}}-B_{\mathrm{ba}})} \tag{6.4.38}$$

$$T_{-1}=\frac{4(\alpha_2-\alpha_1)k_{1x}^{a}(A_{\mathrm{ba}}-B_{\mathrm{ba}})\mathrm{e}^{-\mathrm{i}k_{3x}^{b}d}}{(\alpha_2A_{\mathrm{aa}}-\alpha_1B_{\mathrm{aa}})(\alpha_1A_{\mathrm{bb}}-\alpha_2B_{\mathrm{bb}})-\alpha_1\alpha_2(A_{\mathrm{ab}}-B_{\mathrm{ab}})(A_{\mathrm{ba}}-B_{\mathrm{ba}})} \tag{6.4.39}$$

$$R_0=\frac{\alpha_1\alpha_2(\alpha_{\mathrm{ab}}-\beta_{\mathrm{ab}})(A_{\mathrm{ba}}-B_{\mathrm{ba}})-(\alpha_2\alpha_{\mathrm{aa}}-\alpha_1\beta_{\mathrm{aa}})(\alpha_1A_{\mathrm{bb}}-\alpha_2B_{\mathrm{bb}})}{(\alpha_2A_{\mathrm{aa}}-\alpha_1B_{\mathrm{aa}})(\alpha_1A_{\mathrm{bb}}-\alpha_2B_{\mathrm{bb}})-\alpha_1\alpha_2(A_{\mathrm{ab}}-B_{\mathrm{ab}})(A_{\mathrm{ba}}-B_{\mathrm{ba}})} \tag{6.4.40}$$

$$R_{-1}=\frac{(\alpha_2A_{\mathrm{aa}}-\alpha_1B_{\mathrm{aa}})(\alpha_{\mathrm{ab}}-\beta_{\mathrm{ab}})-(A_{\mathrm{ab}}-B_{\mathrm{ab}})(\alpha_2\alpha_{\mathrm{aa}}-\alpha_1\beta_{\mathrm{aa}})}{(\alpha_2A_{\mathrm{aa}}-\alpha_1B_{\mathrm{aa}})(\alpha_1A_{\mathrm{bb}}-\alpha_2B_{\mathrm{bb}})-\alpha_1\alpha_2(A_{\mathrm{ab}}-B_{\mathrm{ab}})(A_{\mathrm{ba}}-B_{\mathrm{ba}})} \tag{6.4.41}$$

式中，

$$A_{\rho\sigma}=k_{2x}^{a}\left(1+\frac{k_{1x}^{\rho}}{k_{2x}^{a}}\right)\left(1+\frac{k_{3x}^{\rho}}{k_{2x}^{a}}\right)(\mathrm{e}^{-\mathrm{i}k_{2x}^{a}d}-R_{21}^{a\rho}R_{23}^{a\sigma}\mathrm{e}^{\mathrm{i}k_{2x}^{a}d}) \tag{6.4.42}$$

$$B_{\rho\sigma}=k_{2x}^{b}\left(1+\frac{k_{1x}^{\rho}}{k_{2x}^{b}}\right)\left(1+\frac{k_{3x}^{\rho}}{k_{2x}^{b}}\right)(\mathrm{e}^{-\mathrm{i}k_{2x}^{b}d}-R_{21}^{b\rho}R_{23}^{b\sigma}\mathrm{e}^{\mathrm{i}k_{2x}^{b}d}) \tag{6.4.43}$$

$$\alpha_{\rho\sigma}=k_{2x}^{a}\left(1+\frac{k_{1x}^{\rho}}{k_{2x}^{a}}\right)\left(1+\frac{k_{3x}^{\rho}}{k_{2x}^{a}}\right)(R_{21}^{a\rho}\mathrm{e}^{-\mathrm{i}k_{2x}^{a}d}-R_{23}^{a\sigma}\mathrm{e}^{\mathrm{i}k_{2x}^{a}d}) \tag{6.4.44}$$

$$\beta_{\rho\sigma}=k_{2x}^{b}\left(1+\frac{k_{1x}^{\rho}}{k_{2x}^{a}}\right)\left(1+\frac{k_{3x}^{\rho}}{k_{2x}^{b}}\right)(R_{21}^{b\rho}\mathrm{e}^{-\mathrm{i}k_{2x}^{a}d}-R_{23}^{b\sigma}\mathrm{e}^{\mathrm{i}k_{2x}^{b}d}) \tag{6.4.45}$$

$$R_{ij}^{\rho a}=\frac{k_{ix}^{\rho}-k_{jx}^{\sigma}}{k_{ix}^{\rho}+k_{jx}^{\sigma}} \tag{6.4.46}$$

式中，上标“ρ”和“σ”代表a或b，下标“i”和“j”代表 1、2 或 3。

式（6.4.38）～式（6.4.41）的解在平板没有调制的情况下可以简化为已知结果，其中$A_{\rho\sigma}=B_{\rho\sigma}$，$\alpha_{\rho\sigma}=\beta_{\rho\sigma}$，并且

$$R_{ij}^{\rho\sigma}=R_{ij}=\frac{1-k_{jx}/k_{ix}}{1+k_{jx}/k_{ix}}$$

因此，可以得到$R_{-1}=T_{-1}=0$，以及

$$R_0=\frac{-R_{21}+R_{23}\mathrm{e}^{\mathrm{i}2k_{2x}d}}{1-R_{21}R_{23}\mathrm{e}^{\mathrm{i}2k_{2x}^{a}d}} \tag{6.4.47}$$

$$T_0=\frac{4\mathrm{e}^{\mathrm{i}(k_{2x}-k_{3x})d}}{(1+k_{2x}/k_{1x})(1+k_{3x}/k_{2x})(1-R_{21}R_{23}\mathrm{e}^{\mathrm{i}2k_{2x}^{a}d})} \tag{6.4.48}$$

容易证明$|R_0|^2+k_{3x}|T_0|^2/k_{1x}=1$，符合能量守恒定律。

当平板存在周期性调制，并且电磁波的入射角正好为布拉格角时，有$K_{0z}=K/2$，$\alpha_1=-\alpha_2=1$。透射系数和反射系数的表达式可以简化为

$$R_0=\frac{1}{2}(R_{\mathrm{a}}+R_{\mathrm{b}}) \tag{6.4.49}$$

$$R_{-1}=\frac{1}{2}(R_{\mathrm{a}}-R_{\mathrm{b}}) \tag{6.4.50}$$

$$T_0=\frac{1}{2}(T_{\mathrm{a}}+T_{\mathrm{b}}) \tag{6.4.51}$$

$$T_{-1}=\frac{1}{2}(T_{\mathrm{a}}+T_{\mathrm{b}}) \tag{6.4.52}$$

式中，

$$R_{\mathrm{a}}=\frac{-R_{21}^{a}+R_{23}^{a}\mathrm{e}^{\mathrm{i}2k_{2x}^{a}d}}{1-R_{21}^{a}R_{23}^{a}\mathrm{e}^{\mathrm{i}2k_{2x}^{a}d}} \tag{6.4.53}$$

$$R_{\mathrm{b}}=\frac{-R_{21}^{b}+R_{23}^{b}\mathrm{e}^{\mathrm{i}2k_{2x}^{b}d}}{1-R_{21}^{b}R_{23}^{b}\mathrm{e}^{\mathrm{i}2k_{2x}^{b}d}} \tag{6.4.54}$$

$$T_{\mathrm{a}}=\frac{4\mathrm{e}^{\mathrm{i}(k_{2x}^{a}-k_{3x})d}}{(1+k_{2x}^{a}/k_{1x})(1+k_{3x}/k_{2x}^{a})(1-R_{21}^{a}R_{23}^{a}\mathrm{e}^{\mathrm{i}2k_{2x}^{a}d})} \tag{6.4.55}$$

$$T_{\mathrm{b}}=\frac{4\mathrm{e}^{\mathrm{i}(k_{2x}^{b}-k_{3x})d}}{(1+k_{2x}^{b}/k_{1x})(1+k_{3x}/k_{2x}^{b})(1-R_{21}^{b}R_{23}^{b}\mathrm{e}^{\mathrm{i}2k_{2x}^{b}d})} \tag{6.4.56}$$

$$R_{2j}^{\sigma}=\frac{k_{2x}^{\sigma}-k_{jx}}{k_{2x}^{\sigma}+k_{jx}} \tag{6.4.57}$$

$$k_{2x}^{a}=\left[\left(1-\frac{1}{2}\eta\right)k_2^2-\frac{1}{4}K^2\right]^{1/2} \tag{6.4.58}$$

$$k_{2x}^{b}=\left[\left(1+\frac{1}{2}\eta\right)k_2^2-\frac{1}{4}K^2\right]^{1/2} \tag{6.4.59}$$

可见，零阶反射和透射系数由类似式（6.4.47）和式（6.4.48）的两项组成，一项对应等效介电常数为 $(1-\eta/2)^{1/2}\varepsilon_2$ 的平板的反射和透射，另一项对应等效介电常数为 $(1+\eta/2)^{1/2}\varepsilon_2$ 的平板的反射和透射。

需要注意的是，由于

$$\begin{aligned}&|R_0|^2+|R_{-1}|^2+(k_{3x}/k_{1x})\left(|T_0|^2+|T_{-1}|^2\right)\\&=\frac{1}{2}\left[|R_{\rm a}|^2+(k_{3x}/k_{1x})|T_{\rm a}|^2+|R_{\rm b}|^2+(k_{3x}/k_{1x})|T_{\rm b}|^2\right]=1\end{aligned} \tag{6.4.60}$$

因此，式（6.4.53）～式（6.4.56）的解满足能量守恒定律。也可以通过要求 $\hat{\boldsymbol{x}}$ 方向的坡印廷功率密度时均值的空间导数为零，从式（6.4.3）、式（6.4.6）、式（6.4.7）和式（6.4.37）中观察到这个结果。

6.4.3 二维光子晶体

考虑一个光子晶体，介电常数为

$$\varepsilon/\varepsilon_0=1+\Gamma_P \mathrm{e}^{\mathrm{i}\boldsymbol{P}\cdot\boldsymbol{r}} \tag{6.4.61}$$

式中，$\boldsymbol{P}$ 是周期。电场的表达式可以写为

$$\boldsymbol{E}=\sum_P E_P \mathrm{e}^{\mathrm{i}\boldsymbol{P}\cdot\boldsymbol{r}}\mathrm{e}^{\mathrm{i}\boldsymbol{K}\cdot\boldsymbol{r}}\mathrm{e}^{-\mathrm{i}\omega t}=\sum_P \boldsymbol{E}_P \mathrm{e}^{\mathrm{i}\boldsymbol{K}_P\cdot\boldsymbol{r}}\mathrm{e}^{-\mathrm{i}\omega t} \tag{6.4.62}$$

$\boldsymbol{D}$ 和 $\boldsymbol{H}$ 具有相同的形式，其中 $\boldsymbol{K}_P=\boldsymbol{K}+\boldsymbol{P}$。注意到 $\boldsymbol{K}_{P'}+\boldsymbol{P}=\boldsymbol{K}_{P'+P}$，以及 $\sum_j\sum_k A_j B_k C_{j+k}=\sum_l\sum_k A_{l-k}B_k C_l$，可以得到

$$\begin{aligned}\sum_P \boldsymbol{D}_P \mathrm{e}^{\mathrm{i}\boldsymbol{K}_P\cdot\boldsymbol{r}}&=\varepsilon_0\left(1+\sum_{P'}\Gamma_{P'}\mathrm{e}^{\mathrm{i}\boldsymbol{P}'\cdot\boldsymbol{r}}\right)\sum_P \boldsymbol{E}_P \mathrm{e}^{\mathrm{i}\boldsymbol{K}_P\cdot\boldsymbol{r}}\\&=\varepsilon_0\sum_P \boldsymbol{E}_P \mathrm{e}^{\mathrm{i}\boldsymbol{K}_P\cdot\boldsymbol{r}}+\varepsilon_0\sum_{P'}\sum_N \Gamma_{P'}\boldsymbol{E}_N \mathrm{e}^{\mathrm{i}\boldsymbol{K}_{N+P'}\cdot\boldsymbol{r}}\\&=\varepsilon_0\sum_P \boldsymbol{E}_P \mathrm{e}^{\mathrm{i}\boldsymbol{K}_P\cdot\boldsymbol{r}}+\varepsilon_0\sum_P\sum_N \Gamma_{P-N}\boldsymbol{E}_N \mathrm{e}^{\mathrm{i}\boldsymbol{K}_P\cdot\boldsymbol{r}}\end{aligned} \tag{6.4.63}$$

因此，有

$$\begin{aligned}\boldsymbol{D}_P&=\varepsilon_0\boldsymbol{E}_P+\varepsilon_0\sum_N \Gamma_{P-N}\boldsymbol{E}_N\\&=\varepsilon_0(1+\Gamma_0)\boldsymbol{E}_P+\varepsilon_0\sum_{N\neq P}\Gamma_{P-N}\boldsymbol{E}_N\end{aligned} \tag{6.4.64}$$

根据麦克斯韦方程组，可以得到

$$\begin{aligned}\boldsymbol{K}_M \times (\boldsymbol{K}_M \times \boldsymbol{E}_M) &= \omega\mu_0(\boldsymbol{K}_M \times \boldsymbol{H}_M) = -\omega^2\mu_0\boldsymbol{D}_M \\ &= -\omega^2\mu_0\varepsilon_0\left[(1+\Gamma_0)\boldsymbol{E}_M + \sum_{N\neq M}\Gamma_{M-N}\boldsymbol{E}_N\right]\end{aligned} \tag{6.4.65}$$

$$[k^2(1+\Gamma_0) - \boldsymbol{K}_M \cdot \boldsymbol{K}_M]\boldsymbol{E}_M + \boldsymbol{K}_M(\boldsymbol{K}_M \cdot \boldsymbol{E}_M) = -k^2\sum_{M\neq N}\Gamma_{M-N}\boldsymbol{E}_N \tag{6.4.66}$$

考虑 TE 波的情况，有

$$[k^2(1+\Gamma_0) - \boldsymbol{K}_0 \cdot \boldsymbol{K}_0]\boldsymbol{E}_0 = -k^2\Gamma_{-P}\boldsymbol{E}_P \tag{6.4.67}$$

$$[k^2(1+\Gamma_0) - \boldsymbol{K}_P \cdot \boldsymbol{K}_P]\boldsymbol{E}_P = -k^2\Gamma_P\boldsymbol{E}_0 \tag{6.4.68}$$

将式（6.4.67）和式（6.4.68）的左侧写为

$$\begin{aligned}\left[k^2(1+\Gamma_0) - \boldsymbol{K}_0 \cdot \boldsymbol{K}_0\right] &= \left[k\sqrt{1+\Gamma_0} + (\boldsymbol{K}_0 \cdot \boldsymbol{K}_0)^{1/2}\right]\left[k\sqrt{1+\Gamma_0} - (\boldsymbol{K}_0 \cdot \boldsymbol{K}_0)^{1/2}\right] \\ &\approx \left[2k\sqrt{1+\Gamma_0}\right]\kappa_0\end{aligned} \tag{6.4.69}$$

$$\begin{aligned}\left[k^2(1+\Gamma_0) - \boldsymbol{K}_P \cdot \boldsymbol{K}_P\right] &= \left[k\sqrt{1+\Gamma_0} + (\boldsymbol{K}_P \cdot \boldsymbol{K}_P)^{1/2}\right]\left[k\sqrt{1+\Gamma_0} - (\boldsymbol{K}_P \cdot \boldsymbol{K}_P)^{1/2}\right] \\ &\approx \left[2k\sqrt{1+\Gamma_0}\right]\kappa_P\end{aligned} \tag{6.4.70}$$

式中，

$$k\sqrt{1+\Gamma_0} + (\boldsymbol{K}_0 \cdot \boldsymbol{K}_0)^{1/2} \approx k\sqrt{1+\Gamma_0} + (\boldsymbol{K}_P \cdot \boldsymbol{K}_P)^{1/2} \approx 2k\sqrt{1+\Gamma_0} \tag{6.4.71}$$

κ_0 是晶体中 $\boldsymbol{K}_0$ 与由介电常数平均值 $\sqrt{1+\Gamma_0}$ 修正的 k 之差。根据式（6.4.67）和式（6.4.68），可以得到

$$\kappa_0\kappa_P = \frac{k^2}{4}\frac{\Gamma_P\Gamma_{-P}}{1+\Gamma_0} \tag{6.4.72}$$

κ_0 和 κ_P 的乘积是一个常数，因此其轨迹为双曲线（图 6.4.2）。

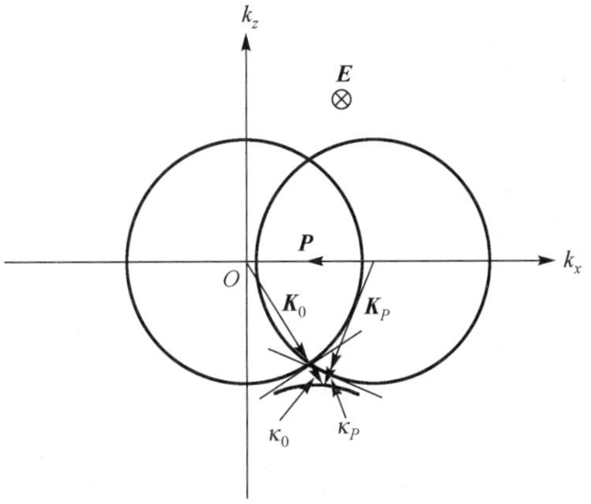

图 6.4.2　光子晶体的 k 表面

6.4.4　一维周期介质的带隙

考虑具有以下本构关系的介质

$$\varepsilon_0 \boldsymbol{E} = \kappa \boldsymbol{D} \tag{6.4.73}$$

式中，

$$\kappa = \kappa_0 + 2\kappa_1 \cos\left(\frac{2\pi}{a}z\right) \tag{6.4.74}$$

根据麦克斯韦方程组，有

$$\kappa \nabla \times \boldsymbol{H} = -\mathrm{i}\omega\varepsilon_0 \boldsymbol{E} \tag{6.4.75}$$

$$\nabla \times \boldsymbol{E} = \mathrm{i}\omega\mu_0 \boldsymbol{H} \tag{6.4.76}$$

可以得到

$$\frac{\omega^2}{c^2}\boldsymbol{E} = \kappa \nabla \times \nabla \times \boldsymbol{E} \tag{6.4.77}$$

故有

$$\frac{\omega^2}{c^2}E_y = -\kappa \frac{\partial^2}{\partial z^2}E_y \tag{6.4.78}$$

将 E_y 写为以下形式

$$E_y = \sum_{m=-\infty}^{\infty} E_m \mathrm{e}^{\mathrm{i}\left(k+\frac{2m\pi}{a}\right)z} \tag{6.4.79}$$

并代入式（6.4.78），可以得到

$$\frac{\omega^2}{c^2}E_y = \kappa\left(k+\frac{2m\pi}{a}\right)^2 \sum_{m=-\infty}^{\infty} E_m \mathrm{e}^{\mathrm{i}\left(k+\frac{2m\pi}{a}\right)z} \tag{6.4.80}$$

因此，有

$$\left[\frac{\omega^2}{c^2} - \kappa_0\left(k+\frac{2m\pi}{a}\right)^2\right]E_m = \kappa_1\left[k+\frac{2(m-1)\pi}{a}\right]^2 E_{m-1} + \kappa_1\left[k+\frac{2(m+1)\pi}{a}\right]^2 E_{m+1} \tag{6.4.81}$$

令 $m=-1,0,1$，可以得到

$$\left[\frac{\omega^2}{c^2} - \kappa_0\left(k-\frac{2\pi}{a}\right)^2\right]E_{-1} = \kappa_1\left(k-\frac{4\pi}{a}\right)^2 E_{-2} + \kappa_1 k^2 E_0 \tag{6.4.82}$$

$$\left(\frac{\omega^2}{c^2} - \kappa_0 k^2\right)E_0 = \kappa_1\left(k-\frac{2\pi}{a}\right)^2 E_{-1} + \kappa_1\left(k+\frac{2\pi}{a}\right)^2 E_1 \tag{6.4.83}$$

$$\left[\frac{\omega^2}{c^2} - \kappa_0\left(k+\frac{2\pi}{a}\right)^2\right]E_1 = \kappa_1 k^2 E_0 + \kappa_1\left(k+\frac{4\pi}{a}\right)^2 E_2 \tag{6.4.84}$$

考虑到 E_0 和 E_{-1} 的相互作用，只保留其中的两项可以得到

$$E_y = E_0\mathrm{e}^{\mathrm{i}kz} + E_{-1}\mathrm{e}^{\mathrm{i}\left(k-\frac{2\pi}{a}\right)z} \tag{6.4.85}$$

根据式（6.4.82）和式（6.4.83），可以得到

$$\left[\frac{\omega^2}{c^2}-\kappa_0\left(k-\frac{2\pi}{a}\right)^2\right]E_{-1}=\kappa_1 k^2 E_0 \tag{6.4.86}$$

$$\left(\frac{\omega^2}{c^2}-\kappa_0 k^2\right)E_0=\kappa_1\left(k-\frac{2\pi}{a}\right)^2 E_{-1} \tag{6.4.87}$$

对于 $k=\pi/a$，有

$$\left[\frac{\omega^2}{c^2}-\kappa_0\left(\frac{\pi}{a}\right)^2\right]E_{-1}=\kappa_1\left(\frac{\pi}{a}\right)^2 E_0 \tag{6.4.88}$$

$$\left[\frac{\omega^2}{c^2}-\kappa_0\left(\frac{\pi}{a}\right)^2\right]E_0=\kappa_1\left(\frac{\pi}{a}\right)^2 E_{-1} \tag{6.4.89}$$

由此可以得到 $\omega=\sqrt{\kappa_0\pm\kappa_1}\,c\pi/a$，并形成一个禁带隙（图 6.4.3）。因此，有 $E_{-1}=\pm E_0$，以及

$$E_y=E_0\left[e^{i\pi z/a}\pm e^{-i\pi z/a}\right]e^{-i\sqrt{\kappa_0\pm\kappa}\,\pi ct/a} \tag{6.4.90}$$

两个驻波在 $z=0$ 和 $z=a/2$ 处达到峰值。

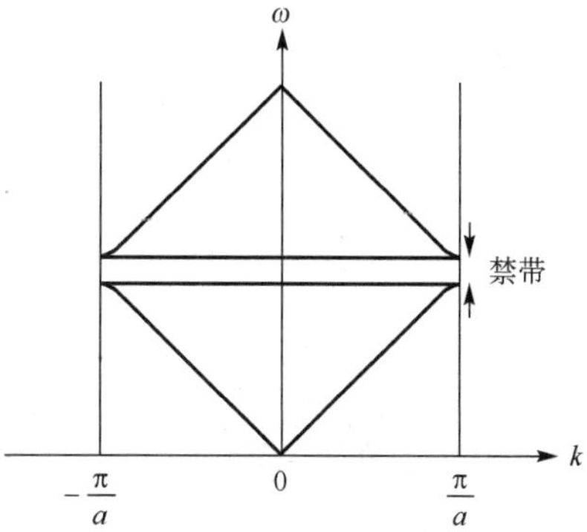

图 6.4.3　禁带隙的形成

6.5　体散射介质的等效介电常数

6.5.1　体散射介质的简化模型

电磁波在进入包含散射体或非均匀性的介质中时会发生散射，这种介质一般称为体散射介质。均匀介质用介电常数表示其电特性，而对于包含介质散射体的体散射介质，可以用等效介电常数来描述其散射效应。

考虑一个介电常数为 ε 的均匀介质，其中包含半径为 a、介电常数为 ε_s 的小球（图 6.5.1）。假设当不存在散射体时，电场的表达式为

$$\boldsymbol{E}^e=\hat{z}E^e=E^e(\hat{\boldsymbol{r}}\cos\theta-\hat{\boldsymbol{\theta}}\sin\theta) \tag{6.5.1}$$

在静态极限下，球体内外的总电场为

$$\boldsymbol{E}=\begin{cases}\boldsymbol{E}^e+\boldsymbol{E}^{sc}\left(\dfrac{a}{r}\right)^3(\hat{\boldsymbol{r}}2\cos\theta+\hat{\boldsymbol{\theta}}\sin\theta), & z\geqslant a\\ E^{int}(\hat{\boldsymbol{r}}\cos\theta-\hat{\boldsymbol{\theta}}\sin\theta), & z<a\end{cases} \tag{6.5.2}$$

根据 $r=a$ 处的边界条件，有

$$-E^e+E^{sc}=-E^{int} \tag{6.5.3}$$

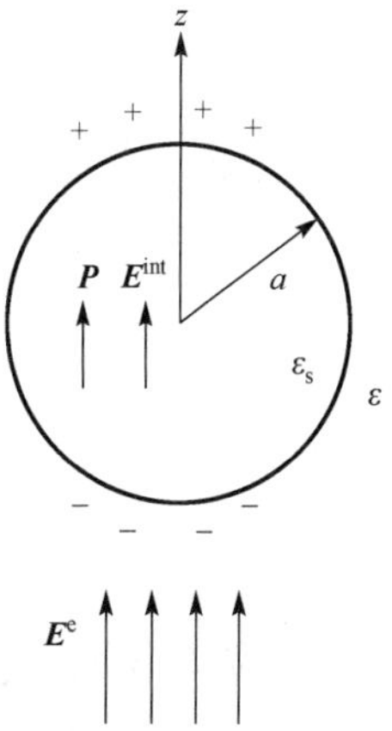

图 6.5.1　在 $\boldsymbol{E}^e$ 中半径为 a 的小球模型

$$2\varepsilon E^{\mathrm{e}} + \varepsilon E^{\mathrm{sc}} = \varepsilon_{\mathrm{s}} E^{\mathrm{int}} \tag{6.5.4}$$

因此，可以得到

$$E^{\mathrm{int}} = \frac{3\varepsilon}{\varepsilon_{\mathrm{s}} + 2\varepsilon} E^{\mathrm{e}} \tag{6.5.5}$$

$$E^{\mathrm{sc}} = \frac{\varepsilon_{\mathrm{s}} - \varepsilon}{\varepsilon_{\mathrm{s}} + 2\varepsilon} E^{\mathrm{e}} \tag{6.5.6}$$

球体的极化矢量为

$$\boldsymbol{P} = (\varepsilon_{\mathrm{s}} - \varepsilon)\boldsymbol{E}^{\mathrm{int}} = 3\varepsilon \frac{\varepsilon_{\mathrm{s}} - \varepsilon}{\varepsilon_{\mathrm{s}} + 2\varepsilon} \boldsymbol{E}^{\mathrm{e}} \tag{6.5.7}$$

球体的极化率为

$$\alpha = 3\varepsilon \frac{\varepsilon_{\mathrm{s}} - \varepsilon}{\varepsilon_{\mathrm{s}} + 2\varepsilon}\left(\frac{4\pi a^3}{3}\right) \tag{6.5.8}$$

球体内外总场的差可以认为是由极化矢量 $\boldsymbol{P}$ 造成的。根据式（6.5.5）和式（6.5.7），可以得到

$$\boldsymbol{E}^{\mathrm{e}} - \boldsymbol{E}^{\mathrm{int}} = \frac{1}{3\varepsilon} \boldsymbol{P} \tag{6.5.9}$$

需要注意的是，$\boldsymbol{E}^{\mathrm{e}}$ 是小球不存在时的电场，从式（6.5.2）可以看出它是球外部总电场的一部分，因此可以将 $\boldsymbol{E}^{\mathrm{e}}$ 称为激励电场。

对于单位体积中含有 n_0 个小球的体散射介质，极化矢量与激励电场的关系可以表示为

$$\boldsymbol{P} = n_0 \alpha \boldsymbol{E}^{\mathrm{e}} \tag{6.5.10}$$

用和式（6.5.9）相同的方式，可以将激励电场 $\boldsymbol{E}^{\mathrm{e}}$ 和宏观电场 $\boldsymbol{E}$ 联系起来，有

$$\boldsymbol{E} = \boldsymbol{E}^{\mathrm{e}} - \frac{1}{3\varepsilon} \boldsymbol{P} \tag{6.5.11}$$

如果用宏观电场 $\boldsymbol{E}$ 表示，根据式（6.5.10）和式（6.5.11），可以得到

$$\boldsymbol{P} = \frac{n_0 \alpha}{1 - n_0 \alpha / 3\varepsilon} \boldsymbol{E} \tag{6.5.12}$$

电位移矢量 $\boldsymbol{D}$ 为

$$\boldsymbol{D} = \varepsilon \boldsymbol{E} + \boldsymbol{P} = \frac{1 + 2n_0 \alpha / 3\varepsilon}{1 - n_0 \alpha / 3\varepsilon} \varepsilon \boldsymbol{E} \tag{6.5.13}$$

由此可见，等效介电常数 $\varepsilon_{\mathrm{eff}}$ 为

$$\varepsilon_{\mathrm{eff}} = \varepsilon \frac{1 + 2n_0 \alpha / 3\varepsilon}{1 - n_0 \alpha / 3\varepsilon} \tag{6.5.14}$$

球体在整个介质中所占的体积分数为

$$f_{\mathrm{s}} = n_0 \frac{4\pi a^3}{3} \tag{6.5.15}$$

从而得到

$$n_0\alpha = 3\varepsilon\frac{\varepsilon_s - \varepsilon}{\varepsilon_s + 2\varepsilon}f_s = 3\varepsilon S f_s \tag{6.5.16}$$

式中，

$$S = \frac{\varepsilon_s - \varepsilon}{\varepsilon_s + 2\varepsilon} \tag{6.5.17}$$

根据式（6.5.8），可以用体积分数 f_s 表示式（6.5.14），有

$$\varepsilon_{eff} = \varepsilon\frac{1 + 2f_s S}{1 - f_s S} \tag{6.5.18}$$

将式（6.5.14）写成一个更对称的形式

$$\frac{\varepsilon_{eff} - \varepsilon}{\varepsilon_{eff} + 2\varepsilon} = f_s S = f_s\frac{\varepsilon_s - \varepsilon}{\varepsilon_s + 2\varepsilon} \tag{6.5.19}$$

式（6.5.14）称为克劳修斯-莫索蒂（Clausius-Mossotti）公式，或称为洛伦兹-洛伦茨（Lorenz-Lorentz）公式。式（6.5.18）称为麦克斯韦-格内特（Maxwell-Garnett）混合公式，式（6.5.19）称为瑞利混合公式。

根据式（6.5.18），应该注意到，当 $f_s = 0$ 时，有 $\varepsilon_{eff} = \varepsilon$，当 $f_s = 1$ 时，有 $\varepsilon_{eff} = \varepsilon_s$。如果 ε_s 和 ε 都是实数，那么 ε_{eff} 也是实数。这是因为上述计算得到的 ε_{eff} 并没有考虑散射体的散射效应，而正是这种效应将产生等效介电常数的虚部。

6.5.2 随机离散散射体

在低频限制条件下，总的散射功率可以归因于小球的感应偶极子的散射功率。根据式（6.5.8）、式（6.5.10）和式（6.5.11），可以得到激励电场 $\boldsymbol{E}^e$ 与宏观电场 $\boldsymbol{E}$ 之间的关系为

$$\boldsymbol{E} = (1 - f_s S)\boldsymbol{E}^e \tag{6.5.20}$$

因此，小球的感应偶极矩为

$$\boldsymbol{p} = \alpha\boldsymbol{E}^e = \frac{4\pi a^3\varepsilon S}{1 - f_s S}\boldsymbol{E} \tag{6.5.21}$$

假设电磁波在波长尺度内的衰减很小，$\boldsymbol{E}$ 可以近似为

$$\boldsymbol{E} = \hat{\boldsymbol{e}}E_0 e^{i\boldsymbol{K}_R\cdot\boldsymbol{r}} \tag{6.5.22}$$

式中，K_R 是 $K = \omega(\mu_0\varepsilon_{eff})^{1/2} = K_R + iK_I$ 的实部。复等效介电常数与 K_R 和 K_I 满足以下关系

$$\begin{aligned}\varepsilon_{effR} + i\varepsilon_{effI} &= \frac{1}{\omega^2\mu_0}(K_R^2 + i2K_R K_I - K_I^2) \\ &\approx \frac{1}{\omega^2\mu_0}(K_R^2 + i2K_R K_I)\end{aligned} \tag{6.5.23}$$

为了确定 ε_{effI}，可以通过感应偶极子的散射功率计算 K_I。

以 $\boldsymbol{r}_i$ 为中心的第 i 个散射体的感应偶极矩 $\boldsymbol{p}_i$ 为

$$\boldsymbol{p}_i=\hat{\boldsymbol{e}}\frac{4\pi a^3\varepsilon S}{1-f_{\mathrm{s}}S}E_0\mathrm{e}^{\mathrm{i}\boldsymbol{K}_{\mathrm{R}}\cdot\boldsymbol{r}_i} \tag{6.5.24}$$

第i个偶极子的散射场为

$$\boldsymbol{E}_i^{\mathrm{sc}}(\boldsymbol{r})=\frac{\omega^2\mu_0\mathrm{e}^{\mathrm{i}kR_i}}{4\pi R_i}(\hat{\boldsymbol{R}}_i\times\boldsymbol{p}_i)\times\hat{\boldsymbol{R}}_i \tag{6.5.25}$$

式中，$\boldsymbol{R}_i=\boldsymbol{r}-\boldsymbol{r}_i$是第$i$个偶极子指向观察点的矢量。对于$r\gg r_i$，可以近似得到$R_i\approx r-\hat{\boldsymbol{r}}\cdot\boldsymbol{r}_i$、$\hat{\boldsymbol{R}}_i=\hat{\boldsymbol{r}}$和$\hat{\boldsymbol{r}}k=\boldsymbol{k}$。因此，式（6.5.25）近似为

$$\boldsymbol{E}_i^{\mathrm{sc}}(\boldsymbol{r})\approx\boldsymbol{A}\mathrm{e}^{\mathrm{i}(\boldsymbol{K}_{\mathrm{R}}-\boldsymbol{k})\cdot\boldsymbol{r}_i} \tag{6.5.26}$$

式中，

$$\boldsymbol{A}=\frac{\omega^2\mu_0\mathrm{e}^{\mathrm{i}kr}}{4\pi r}(\hat{\boldsymbol{r}}\times\hat{\boldsymbol{e}})\times\hat{\boldsymbol{r}}\frac{4\pi a^3\varepsilon S}{1-f_{\mathrm{s}}S}E_0 \tag{6.5.27}$$

总的散射场$\boldsymbol{E}^{\mathrm{sc}}(\boldsymbol{r})$是所有偶极子引起的散射场的和，有

$$\boldsymbol{E}^{\mathrm{sc}}(\boldsymbol{r})=\sum_{i=1}^{N}\boldsymbol{A}\mathrm{e}^{\mathrm{i}(\boldsymbol{K}_{\mathrm{R}}-\boldsymbol{k})\cdot\boldsymbol{r}_i} \tag{6.5.28}$$

式中，N为散射体的总数。

总的散射强度为

$$I_{\mathrm{s}}=\frac{\left|\boldsymbol{E}^{\mathrm{sc}}\right|^2}{2\eta}=\frac{\left|\boldsymbol{A}\right|^2}{2\eta}\left\{N+\sum_{i=1}^{N}\sum_{j\neq i}2\,\mathrm{Re}[\mathrm{e}^{\mathrm{i}\boldsymbol{K}\cdot(\boldsymbol{r}_i-\boldsymbol{r}_j)}]\right\} \tag{6.5.29}$$

式中，$\boldsymbol{K}=\boldsymbol{K}_{\mathrm{R}}-\boldsymbol{k}$。

需要注意的是，位置矢量$\boldsymbol{r}_i$和$\boldsymbol{r}_j$是空间中的随机变量。令$P_N(\boldsymbol{r}_1,\cdots,\boldsymbol{r}_N)$为散射体中心位于$\boldsymbol{r}_1,\cdots,\boldsymbol{r}_N$处的$N$个粒子的概率密度函数。对式（6.5.29）取平均，并假设所有的散射体都是相同的，可以得到

$$\langle I_{\mathrm{s}}\rangle=\frac{\left|\boldsymbol{A}\right|^2}{2\eta}(N+L) \tag{6.5.30}$$

式中，

$$\begin{aligned}L&=\sum_{i=1}^{N}\sum_{j\neq i}2\mathrm{Re}\left[\int\mathrm{d}\boldsymbol{r}_1\cdots\int\mathrm{d}\boldsymbol{r}_N P_N(\boldsymbol{r}_1,\cdots,\boldsymbol{r}_N)\mathrm{e}^{\mathrm{i}\boldsymbol{K}\cdot(\boldsymbol{r}_i-\boldsymbol{r}_j)}\right]\\&=N(N-1)\mathrm{Re}\left[\int\mathrm{d}\boldsymbol{r}_i\int\mathrm{d}\boldsymbol{r}_j P_2(\boldsymbol{r}_i,\boldsymbol{r}_j)\mathrm{e}^{\mathrm{i}\boldsymbol{K}\cdot(\boldsymbol{r}_i-\boldsymbol{r}_j)}\right]\end{aligned} \tag{6.5.31}$$

根据贝叶斯规则，两个散射体的概率密度函数是$P_2(\boldsymbol{r}_i,\boldsymbol{r}_j)=P(\boldsymbol{r}_i\,|\,\boldsymbol{r}_j)P(\boldsymbol{r}_j)$，其中$P(\boldsymbol{r}_i\,|\,\boldsymbol{r}_j)$为给定$\boldsymbol{r}_j$处存在第$j$个散射体条件时，在$\boldsymbol{r}_i$处存在第$i$个散射体的条件概率。假设体积散射介质均匀分布，则$P(\boldsymbol{r}_j)=1/V$，$P(\boldsymbol{r}_i\,|\,\boldsymbol{r}_j)=g_2(\boldsymbol{r}_i,\boldsymbol{r}_j)/V$，其中$V$为包含散射体的体积，$g_2(\boldsymbol{r}_i,\boldsymbol{r}_j)$为两点分布函数。对于径向对称问题，有$g_2(\boldsymbol{r}_i,\boldsymbol{r}_j)=g(\boldsymbol{r}_i-\boldsymbol{r}_j)$，其中$g$称为对分布函数。因此，可以得到

$$L = n_0 N \mathrm{Re}\left[\iiint \mathrm{d}\boldsymbol{r} g(\boldsymbol{r}) \mathrm{e}^{\mathrm{i}\boldsymbol{K}\cdot\boldsymbol{r}}\right] \tag{6.5.32}$$

式中，$n_0 = N/V$。

总的散射功率可以通过对式（6.5.30）在 4π 立体角上积分确定。不失一般性，令 $\hat{\boldsymbol{e}} = \hat{\boldsymbol{z}}$，可以得到

$$P^{\mathrm{sc}} = \frac{E_0^{\ 2}}{2\eta}\frac{8\pi}{3}k^4 a^6 \left|\frac{(\varepsilon_{\mathrm{s}}-\varepsilon)/(\varepsilon_{\mathrm{s}}+2\varepsilon)}{1-f_{\mathrm{s}}(\varepsilon_{\mathrm{s}}-\varepsilon)/(\varepsilon_{\mathrm{s}}+2\varepsilon)}\right|^2 (N+L) \tag{6.5.33}$$

考虑一个底面积为 A、高度为 l 的圆柱体，其中单位体积包含 n_0 个散射体。输入功率 $P^{\mathrm{int}} = A(E_0^2/2)\sqrt{\varepsilon_{\mathrm{eff}}/\mu_0} \approx AK_{\mathrm{R}}E_0^2/(2\eta k)$，其中 $\varepsilon_{\mathrm{eff}}$ 表示等效介电常数。散射功率由式（6.5.33）给出，其中 $N = n_0 A l$。散射引起的衰减率为

$$2K_{\mathrm{I}} = \frac{P^{\mathrm{sc}}}{lP^{\mathrm{int}}} = 2f_{\mathrm{s}}\frac{k^5 a^3}{K_{\mathrm{R}}}\left|\frac{(\varepsilon_{\mathrm{s}}-\varepsilon)/(\varepsilon_{\mathrm{s}}+2\varepsilon)}{1-f_{\mathrm{s}}(\varepsilon_{\mathrm{s}}-\varepsilon)/(\varepsilon_{\mathrm{s}}+2\varepsilon)}\right|^2 (1+L/N) \tag{6.5.34}$$

对于 $K_{\mathrm{I}} \ll K_{\mathrm{R}}$，有 $K^2 = \omega^2\mu_0(\varepsilon_{\mathrm{effR}} + \mathrm{i}\varepsilon_{\mathrm{effI}}) \approx K_{\mathrm{R}}^2 + \mathrm{i}2K_{\mathrm{R}}K_{\mathrm{I}}$，其中实部由式（6.5.18）得到，虚部由式（6.5.34）得到。因此，新的复等效介电常数为

$$\begin{aligned}\varepsilon_{\mathrm{eff}} = \varepsilon\Bigg\{&\left[\frac{1+2f_{\mathrm{s}}(\varepsilon_{\mathrm{s}}-\varepsilon)/(\varepsilon_{\mathrm{s}}+2\varepsilon)}{1-f_{\mathrm{s}}(\varepsilon_{\mathrm{s}}-\varepsilon)/(\varepsilon_{\mathrm{s}}+2\varepsilon)}\right] + \\ &\mathrm{i}2f_{\mathrm{s}}k^3a^3\left|\frac{(\varepsilon_{\mathrm{s}}-\varepsilon)/(\varepsilon_{\mathrm{s}}+2\varepsilon)}{1-f_{\mathrm{s}}(\varepsilon_{\mathrm{s}}-\varepsilon)/(\varepsilon_{\mathrm{s}}+2\varepsilon)}\right|^2 (1+L/N)\Bigg\}\end{aligned} \tag{6.5.35}$$

$K = K_{\mathrm{R}} + \mathrm{i}K_{\mathrm{I}}$ 的虚部可以用于解释散射效应。因为 $K^2 = \omega^2\mu_0(\varepsilon_{\mathrm{effR}} + \mathrm{i}\varepsilon_{\mathrm{effI}})$，复等效介电常数 $\varepsilon_{\mathrm{effI}}$ 的虚部依赖于对分布函数 $g(\boldsymbol{r})$，这也可以从式（6.5.32）得到。

对于单次散射，对分布函数 $g(\boldsymbol{r}) = 1$，并且式（6.5.32）可以变换为一个在无限大范围内包含所有散射体的曲面积分。由于散射波的解满足波动方程和辐射条件，因此积分的结果为零

$$\iiint \mathrm{d}\boldsymbol{r}\mathrm{e}^{\mathrm{i}\boldsymbol{K}\cdot\boldsymbol{r}} = 0 \tag{6.5.36}$$

由于 $L = 0$，因此根据式（6.5.35），可以得到

$$\begin{aligned}\varepsilon_{\mathrm{eff}} = \varepsilon\Bigg\{&\left[\frac{1+2f_{\mathrm{s}}(\varepsilon_{\mathrm{s}}-\varepsilon)/(\varepsilon_{\mathrm{s}}+2\varepsilon)}{1-f_{\mathrm{s}}(\varepsilon_{\mathrm{s}}-\varepsilon)/(\varepsilon_{\mathrm{s}}+2\varepsilon)}\right] + \\ &\mathrm{i}2f_{\mathrm{s}}k^3a^3\left|\frac{(\varepsilon_{\mathrm{s}}-\varepsilon)/(\varepsilon_{\mathrm{s}}+2\varepsilon)}{1-f_{\mathrm{s}}(\varepsilon_{\mathrm{s}}-\varepsilon)/(\varepsilon_{\mathrm{s}}+2\varepsilon)}\right|^2\Bigg\}\end{aligned} \tag{6.5.37}$$

实部为麦克斯韦-格内特公式的结果，虚部与由瑞利散射得到的结果相同。

小孔校正近似通常用于稀疏分布的不可穿透散射体（$f_{\mathrm{s}} \ll 1$）。这个近似条件要求

$$\begin{aligned} g(\boldsymbol{r}) &= 0, \quad r < b \\ g(\boldsymbol{r}) &= 1, \quad r > b \end{aligned} \tag{6.5.38}$$

式中，$b = 2a$ 为两个散射球体中心之间的距离，因此当给出一个球体的位置时，另一个球体

位于距离 b 内的概率为零。但在半径为 b 的球体体积之外，因为它们是稀疏分布的，所以其他球体可以以相同的概率位于任何地方。在这种近似下，式（6.5.32）变为

$$L = n_0 N \operatorname{Re}\left\{\iiint_{r>b} \mathrm{d}\boldsymbol{r}\mathrm{e}^{\mathrm{i}\boldsymbol{K}\cdot\boldsymbol{r}}\right\} \tag{6.5.39}$$

该积分可以通过将其变换为曲面积分，并忽略包含所有散射体的无穷远处的曲面进行计算。因此，可以得到

$$\begin{aligned} L &= n_0 N \operatorname{Re}\left\{\frac{1}{K^2}\iint \mathrm{d}\boldsymbol{s}\cdot\nabla(\mathrm{e}^{\mathrm{i}\boldsymbol{K}\cdot\boldsymbol{r}})\right\} \\ &= -\frac{n_0 N}{K} 2\pi b^2 \int_0^{\pi} \mathrm{d}\theta \sin\theta\cos\theta(Kb\cos\theta) \\ &= -n_0 N \frac{4\pi}{3} b^3 = -8Nf_\mathrm{s} \end{aligned} \tag{6.5.40}$$

在求解上述结果时采取了低频限制条件，$Kb \ll 1$，有 $\sin(Kb\cos\theta) \approx Kb\cos\theta$。

小孔校正的结果也可以通过将式（6.5.36）代入式（6.5.32）得到，有

$$L = n_0 N \operatorname{Re}\left\{\iiint \mathrm{d}\boldsymbol{r}\left[g(r)-1\right]\mathrm{e}^{\mathrm{i}\boldsymbol{K}\cdot\boldsymbol{r}}\right\} \approx n_0 N \operatorname{Re}\left\{\iiint \mathrm{d}\boldsymbol{r}\left[g(r)-1\right]\right\} \tag{6.5.41}$$

这里再次假设了低频限制条件，指数项近似等于 1，因为当距离 r 较大时，有 $g(r)\approx 1$。利用式（6.5.38）中的小孔校正近似，得到 $L = -n_0 N(4\pi b^3/3) = -8Nf_\mathrm{s}$，这与式（6.5.40）中的结果相同。

将式（6.5.40）代入式（6.5.37），可以得到在小孔校正近似下的等效介电常数为

$$\begin{aligned} \varepsilon_\mathrm{eff} = \varepsilon\Bigg\{&\left[\frac{1+2f_\mathrm{s}(\varepsilon_\mathrm{s}-\varepsilon)/(\varepsilon_\mathrm{s}+2\varepsilon)}{1-f_\mathrm{s}(\varepsilon_\mathrm{s}-\varepsilon)/(\varepsilon_\mathrm{s}+2\varepsilon)}\right] + \\ &\mathrm{i}2f_\mathrm{s}k^3a^3\left|\frac{(\varepsilon_\mathrm{s}-\varepsilon)/(\varepsilon_\mathrm{s}+2\varepsilon)}{1-f_\mathrm{s}(\varepsilon_\mathrm{s}-\varepsilon)/(\varepsilon_\mathrm{s}+2\varepsilon)}\right|^2 (1-8f_\mathrm{s})\Bigg\} \end{aligned} \tag{6.5.42}$$

显然，小孔校正近似结果只适用于较小的体积分数。对于 $f > 1/8$ 的情况，可以从式（6.5.42）中观察到虚部将是负的，在物理上这是一个不可以被接受的结果。

珀卡斯-耶维克（Percus-yevick）积分方程是对分布函数的一种更现实的近似，当将其应用于式（6.5.41）时，可以得到

$$L = N\left[\frac{(1-f_\mathrm{s})^4}{(1+2f_\mathrm{s})^2} - 1\right] \tag{6.5.43}$$

将式（6.5.43）代入式（6.5.35），可以得到

$$\begin{aligned} \varepsilon_\mathrm{eff} = \varepsilon\Bigg\{&\left[\frac{1+2f_\mathrm{s}(\varepsilon_\mathrm{s}-\varepsilon)/(\varepsilon_\mathrm{s}+2\varepsilon)}{1-f_\mathrm{s}(\varepsilon_\mathrm{s}-\varepsilon)/(\varepsilon_\mathrm{s}+2\varepsilon)}\right] + \\ &\mathrm{i}2f_\mathrm{s}k^3a^3\left|\frac{(\varepsilon_\mathrm{s}-\varepsilon)/(\varepsilon_\mathrm{s}+2\varepsilon)}{1-f_\mathrm{s}(\varepsilon_\mathrm{s}-\varepsilon)/(\varepsilon_\mathrm{s}+2\varepsilon)}\right|^2 \frac{(1-f_\mathrm{s})^4}{(1+2f_\mathrm{s})^2}\Bigg\} \end{aligned} \tag{6.5.44}$$

需要注意的是，对于 $f_s \ll 1$ 的情况，式（6.5.44）可以简化为式（6.5.42）。从式（6.5.44）可以发现，当 $f_s = 0$ 时，有 $\varepsilon_{\text{eff}} = \varepsilon$；当 $f_s = 1$ 时，有 $\varepsilon_{\text{eff}} = \varepsilon_s$。

习　题　6

6.1　试推导下列波变换

$$\cos(\rho\sin\phi) = \sum_{n=0}^{\infty} \varepsilon_n \mathrm{J}_{2n}(\rho)\cos(2n\phi)$$

$$\sin(\rho\sin\phi) = 2\sum_{n=0}^{\infty} \mathrm{J}_{2n+1}(\rho)\sin\left[(2n+1)\phi\right]$$

式中，当 $n=0$ 时，$\varepsilon_n = 1$；当 $n \neq 0$ 时，$\varepsilon_n = 2$。

6.2　（1）对于电流矩为 $Il = -\mathrm{i}\omega p$ 的赫兹电偶极子的电磁场解，如果 $\omega \to 0$，当 $\boldsymbol{H} = \boldsymbol{0}$ 时，求电偶极矩为 p 的静态偶极子的电场 $\boldsymbol{E}$。

（2）考虑尺寸比波长小得多的粒子对电磁波的瑞利散射，如空气分子对阳光的散射，假设该粒子是半径为 a、介电常数为 ε_{p} 的介质小球，当粒子受到电场场强为 E_0 的光照射时，光沿 $\hat{z}$ 方向极化，求感应偶极矩 p。

（3）求该粒子作为赫兹偶极子时辐射的总功率 P_s，求由 $2\eta P/E_0^2$ 定义的散射截面。上面的结果通常用来解释为什么天空是蓝色的。(但为什么不是紫色的呢？)

（4）考虑截面面积为 A 的光纤，光纤内部的电磁波被组成光纤的原子和分子散射。因为散射粒子的尺寸比导波的波长小得多，所以该过程同样可用瑞利散射进行描述。假设导波的强度为 E_0，波长为 $10^{-6}\,\text{m}$，粒子半径 $a = 10^{-10}\,\text{m}$，磁导率 $\mu = \mu_0$，介电常数 $\varepsilon = 2\varepsilon_0$。求长度为 1km 的光纤的导波功率（以 W 为单位）和总散射功率。光纤的固有损耗由散射功率与导波功率的比值决定，无论光纤的纯度如何，这都是一个下限。根据上面给出的数值，计算由瑞利散射导致的每千米光纤损耗（dB/km)。

（5）雨滴对微波的散射是瑞利散射的另一个例子。假定一个频率为 10GHz 的平面波入射到一个半径为 1mm 的雨滴上，雨滴的介电常数为 $\varepsilon + \mathrm{i}\sigma/\omega$，其中 $\sigma = \omega\varepsilon$，$\varepsilon = 40\varepsilon_0$。除粒子散射的功率外，由于介电常数虚部 $\mathrm{i}\sigma/\omega$ 的存在，粒子也吸收了功率。吸收功率可以计算为

$$P_{\text{diss}} = \frac{1}{2}\int \mathrm{d}V \sigma \left|E_0\right|^2$$

试分析散射和吸收哪个是微波中主要的功率损耗。

6.3　考虑半径为 a 的导体圆柱对入射波的散射，磁场 $\boldsymbol{H}$ 平行于圆柱体的轴线

$$\boldsymbol{H}^{\text{inc}} = \hat{z}H_0\mathrm{e}^{-\mathrm{i}kz} = \hat{z}H_0\mathrm{e}^{-\mathrm{i}k\rho\cos\phi}$$

应用波变换

$$\boldsymbol{H}^{\text{inc}} = \hat{z}H_0\sum_{n=-\infty}^{\infty} \mathrm{J}_n(k\rho)\mathrm{e}^{\mathrm{i}n\phi - \mathrm{i}n\pi/2}$$

求入射波的电场。散射波可以表示为汉开尔函数的叠加

$$\boldsymbol{H}^{\mathrm{sc}}=\hat{z}\sum_{n=-\infty}^{\infty}A_n\mathrm{H}_n^{(1)}(k\rho)\mathrm{e}^{\mathrm{i}n\phi-\mathrm{i}n\pi/2}$$

求散射波电场。在 $\rho=a$ 处电场的切向分量为零，证明

$$\boldsymbol{H}^{\mathrm{sc}}=-\hat{z}H_0\sum_{n=-\infty}^{\infty}\frac{\mathrm{J}_n'(ka)}{\mathrm{H}_n^{(1)\prime}(ka)}\mathrm{H}_n^{(1)}(k\rho)\mathrm{e}^{\mathrm{i}n\phi-\mathrm{i}n\pi/2}$$

对于 $ka\ll1$，当 $x\to0$ 时，应用贝塞尔函数和汉开尔函数的近似

$$\frac{\mathrm{J}_0'(x)}{\mathrm{H}_0^{(1)\prime}(x)}=0$$

$$\frac{\mathrm{J}_n'(x)}{\mathrm{H}_n^{(1)\prime}(x)}=\mathrm{i}\frac{\pi x^{2n}}{2^{2n}(n-1)!n!}$$

求 $ka\ll1$ 时远场的散射场。

6.4 根据公式 $\sigma(\theta,\phi)=\lim\limits_{r\to\infty}4\pi r^2\dfrac{\left|E^{\mathrm{sc}}\right|^2}{\left|E^{\mathrm{inc}}\right|^2}$，求半径为 a 的导体球的散射截面。

6.5 试分析丁达尔效应产生的原因。

6.6 考虑导体球外包裹介质的散射问题。导体球的半径为 a，介质层的厚度为 d，介电常数为 ε，磁导率为 μ，求散射场和散射截面。

6.7 如题 6.7 图所示，半径为 a 的导体球顶部有一个垂直电偶极子，求辐射场。

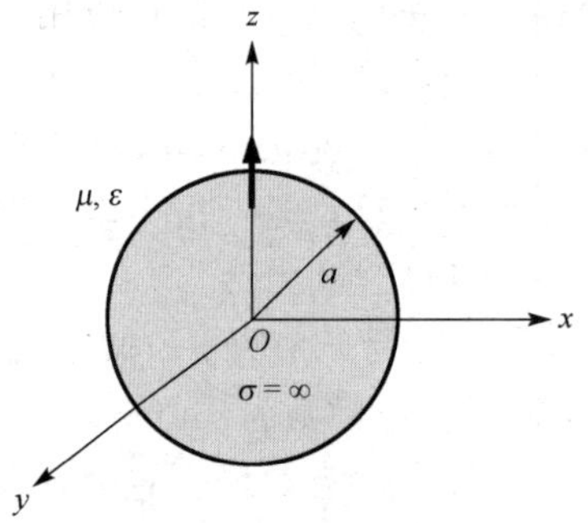

题 6.7 图

6.8 计算满足以下周期表面的 $\bar{\bar{\boldsymbol{Q}}}_{\mathrm{D}}^{\pm}$、$\bar{\bar{\boldsymbol{Q}}}_{\mathrm{N}}^{\pm}$、$\bar{\bar{\boldsymbol{Q}}}_{\mathrm{D1}}^{\pm}$ 和 $\bar{\bar{\boldsymbol{Q}}}_{\mathrm{N1}}^{\pm}$。

$$f(x)=\begin{cases}h/2, & 0\leqslant x<p/2\\ -h/2, & p/2\leqslant x<p\end{cases}$$

6.9 如题 6.9 图所示，考虑 TM 波在晶体中的传播，晶体的介电常数为

$$\varepsilon/\varepsilon_0=1-\frac{\omega_{\mathrm{p}}^2}{\omega^2}=1-\frac{e^2\rho(\boldsymbol{r})}{m\varepsilon_0\omega^2}=1-\Gamma\sum_H F_{\mathrm{H}}\exp(-\mathrm{i}2\pi\boldsymbol{H}\cdot\boldsymbol{r})$$

式中，$\Gamma=\dfrac{e^2}{m\varepsilon_0\omega^2V}$，电子密度为

$$\rho(\boldsymbol{r}) = (1/V)\sum_H F_{\mathrm{H}} \exp(-\mathrm{i}2\pi \boldsymbol{H} \cdot \boldsymbol{r})$$

且

$$F_{\mathrm{H}} = \sum_n f_n \exp(-\mathrm{i}2\pi \boldsymbol{H} \cdot \boldsymbol{r}_n)$$

求一个类似 $\kappa_0\kappa_P = \dfrac{k^2}{4}\dfrac{\Gamma_P\Gamma_{-P}}{1+\Gamma_0}$ 的表达式。

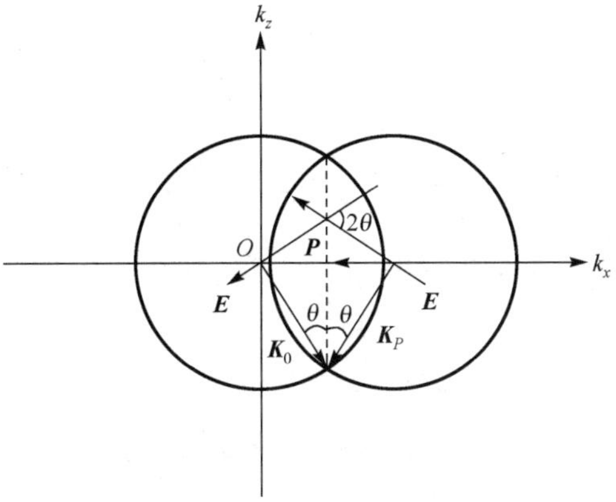

题 6.9 图

6.10　考虑光子晶体在布拉格入射角的衍射。在出口平面上的两条衍射射线取决于平板的厚度，并由 $\boldsymbol{K}_0$ 和 $\boldsymbol{K}_P$ 确定。如题 6.10 图所示，利用 $\kappa_0\kappa_P = \dfrac{k^2}{4}\dfrac{\Gamma_P\Gamma_{-P}}{1+\Gamma_0}$ 确定平板的厚度单位，使光线在 $\boldsymbol{K}_0$ 和 $\boldsymbol{K}_P$ 之间变化。

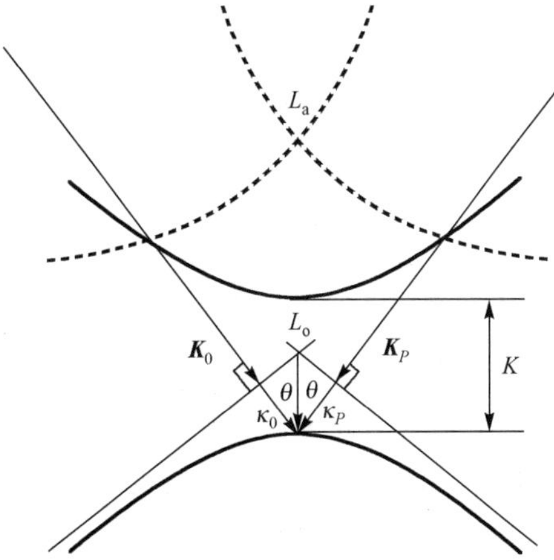

题 6.10 图

6.11　考虑一个具有以下本构关系的介质

$$\boldsymbol{E} = \kappa \boldsymbol{D}$$

$$\kappa = \kappa_0 + 2\kappa\cos\left(\frac{2\pi}{a}z\right)$$

根据麦克斯韦方程组可以得到

$$\nabla \times \kappa \nabla \times \boldsymbol{H} = \frac{\omega^2}{c^2}\boldsymbol{H}$$

将 H_y 写成以下形式

$$H_y = \sum_{m=-\infty}^{\infty} H_m \exp\left\{\mathrm{i}\left[\left(k + \frac{2m\pi}{a}\right)z - \omega t\right]\right\}$$

确定在 $k = \pi/a$ 处电磁波的行为。

6.12 本构关系 $\boldsymbol{D} = \bar{\bar{\varepsilon}} \cdot \boldsymbol{E}$ 也可以用“自由空间”部分 $\varepsilon_0 \boldsymbol{E}$ 和描述介质性质的极化矢量 $\boldsymbol{P}$ 来表示，可以写为

$$\boldsymbol{D} = \varepsilon_0 \boldsymbol{E} + \boldsymbol{P}$$

在感应偶极矩的情况下，极化矢量 $\boldsymbol{P}$ 与单位体积 $N\alpha$ 的极化率成正比，其中 N 是偶极子的数量，α 是每个偶极子的极化率

$$\boldsymbol{P} = N\alpha \boldsymbol{E}^{\mathrm{loc}}$$

感应偶极子附近的局域电场 $\boldsymbol{E}^{\mathrm{loc}}$ 包括外加场 $\boldsymbol{E}$ 和周围偶极子产生的场。在准静态近似下，局域电场为

$$\boldsymbol{E}^{\mathrm{loc}} = \boldsymbol{E} + \frac{\boldsymbol{P}}{3\varepsilon_0}$$

证明著名的克劳修斯-莫索蒂公式

$$\frac{\varepsilon}{\varepsilon_0} = \frac{1 + 2N\alpha/3\varepsilon_0}{1 - N\alpha/3\varepsilon_0}$$

第 7 章　电磁定理和原理

从麦克斯韦方程组出发推导的公式和方程可以揭示电磁场与电磁波的客观规律及物理概念。其中，对电磁客观规律的定量描述可归纳为电磁定理，而对物理概念的定性描述则归纳为电磁原理。当然，“定理”和“原理”的界定并不是绝对的，部分电磁定理或原理既有严格的数学表达，又有明确的物理概念。在前几章中，已或多或少地涉及唯一性定理、镜像原理、互易定理、等效原理、惠更斯原理、对偶原理等知识，但尚未对这些电磁定理和原理进行综合系统的描述和论证。深入掌握电磁定理和原理的内涵、分析和应用，有助于提高解决电磁理论问题的能力。

7.1　唯一性定理

当物理状态确定时，总能推导出一个且仅有一个物理解。然而，当用数学公式进行表述时，如果处理不当，可能会因为边界条件不足而得到多个解，或因为边界条件过度规定而导致无解的情况。唯一性定理将指明如何正确地建立数学模型，以确保问题有且仅有一个解。对于电磁场问题，唯一性定理指出，当给定区域中的源和整个边界面上的切向电场或磁场都确定时，此区域内的解是唯一的。因此，唯一性定理是最有效的定理之一，也是镜像原理、等效原理、惠更斯原理、对偶原理、巴比涅原理及电磁理论中常用方法的基础。

对于给定区域中源的多种选择，需要首先明确磁源的概念，尽管在现实中它们可能不存在。在法拉第定律中引入等效磁流源 $\boldsymbol{M}$，麦克斯韦方程组变为

$$\nabla\times\boldsymbol{E}=\mathrm{i}\omega\boldsymbol{B}-\boldsymbol{M} \tag{7.1.1}$$

$$\nabla\times\boldsymbol{H}=-\mathrm{i}\omega\boldsymbol{D}+\boldsymbol{J} \tag{7.1.2}$$

与切向磁场的边界条件 $\hat{\boldsymbol{n}}\times(\boldsymbol{H}_1-\boldsymbol{H}_2)=\boldsymbol{J}_\mathrm{s}$ 类似，切向电场的边界条件变为 $\hat{\boldsymbol{n}}\times(\boldsymbol{E}_1-\boldsymbol{E}_2)=-\boldsymbol{M}_\mathrm{s}$。

考虑由闭合曲面 S 所包围的区域 V，区域内包含电流源和磁流源，并填充介电常数为 ε 和磁导率为 μ 的均匀介质（图 7.1.1）。欲证明唯一性定理，可以假设源产生两组不同的解，这两组解分别为 $(\boldsymbol{E}_1,\boldsymbol{H}_1)$ 和 $(\boldsymbol{E}_2,\boldsymbol{H}_2)$，满足麦克斯韦方程组

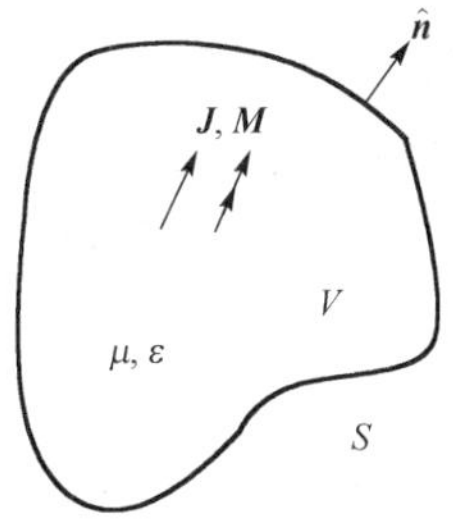

图 7.1.1　区域 V 内的电流源和磁流源

$$\nabla\times\boldsymbol{E}_1=\mathrm{i}\omega\mu\boldsymbol{H}_1-\boldsymbol{M} \tag{7.1.3}$$

$$\nabla\times\boldsymbol{H}_1=-\mathrm{i}\omega\varepsilon\boldsymbol{E}_1+\boldsymbol{J} \tag{7.1.4}$$

和

$$\nabla\times\boldsymbol{E}_2=\mathrm{i}\omega\mu\boldsymbol{H}_2-\boldsymbol{M} \tag{7.1.5}$$

$$\nabla\times\boldsymbol{H}_2=-\mathrm{i}\omega\varepsilon\boldsymbol{E}_2+\boldsymbol{J} \tag{7.1.6}$$

从第一组方程中减去第二组方程，由于两组方程中的源相同，因此可以消去源对应的项，结果为

$$\nabla \times \Delta \boldsymbol{E} = \mathrm{i}\omega\mu\Delta \boldsymbol{H} \tag{7.1.7}$$

$$\nabla \times \Delta \boldsymbol{H} = -\mathrm{i}\omega\varepsilon\Delta \boldsymbol{E} \tag{7.1.8}$$

式中，$\Delta \boldsymbol{E} = \boldsymbol{E}_1 - \boldsymbol{E}_2$ 和 $\Delta \boldsymbol{H} = \boldsymbol{H}_1 - \boldsymbol{H}_2$ 表示两组场的差值。证明场的唯一性等价于证明差值为零。为了分析这个场的差值，假设介质有一定的损耗，即介电常数 ε 和磁导率 μ 都有一个小的正虚部，有

$$\varepsilon = \varepsilon_{\mathrm{R}} + \mathrm{i}\varepsilon_{\mathrm{I}} \tag{7.1.9}$$

$$\mu = \mu_{\mathrm{R}} + \mathrm{i}\mu_{\mathrm{I}} \tag{7.1.10}$$

式中，ε_{R}、ε_{I}、μ_{R} 和 μ_{I} 均为实数。根据式（7.1.7）和式（7.1.8），可以得到

$$\nabla \cdot (\Delta \boldsymbol{E} \times \Delta \boldsymbol{H}^*) = \mathrm{i}\omega\mu|\Delta \boldsymbol{H}|^2 - \mathrm{i}\omega\varepsilon^*|\Delta \boldsymbol{E}|^2 \tag{7.1.11}$$

式（7.1.11）的复共轭为

$$\nabla \cdot (\Delta \boldsymbol{E}^* \times \Delta \boldsymbol{H}) = -\mathrm{i}\omega\mu^*|\Delta \boldsymbol{H}|^2 + \mathrm{i}\omega\varepsilon|\Delta \boldsymbol{E}|^2 \tag{7.1.12}$$

将式（7.1.11）与式（7.1.12）相加，并在曲面 S 所包围的区域 V 内积分，可以得到

$$\oiint_S \mathrm{d}\boldsymbol{S} \cdot (\Delta \boldsymbol{E} \times \Delta \boldsymbol{H}^* + \Delta \boldsymbol{E}^* \times \Delta \boldsymbol{H}) = -2\omega \iiint_V \mathrm{d}V(\mu_{\mathrm{I}}|\Delta \boldsymbol{H}|^2 + \varepsilon_{\mathrm{I}}|\Delta \boldsymbol{E}|^2) \tag{7.1.13}$$

式（7.1.13）右侧为一负数。只有当区域 V 中的 $\Delta \boldsymbol{H}$ 和 $\Delta \boldsymbol{E}$ 同时为零时，式（7.1.13）右侧才为零。

当式（7.1.13）左侧为零时，有

$$\oiint_S \mathrm{d}\boldsymbol{S} \cdot (\Delta \boldsymbol{E} \times \Delta \boldsymbol{H}^* + \Delta \boldsymbol{E}^* \times \Delta \boldsymbol{H}) = 0 \tag{7.1.14}$$

则解唯一，并且有 $\boldsymbol{E}_1 = \boldsymbol{E}_2$，$\boldsymbol{H}_1 = \boldsymbol{H}_2$。由此得出，若闭合曲面 S 上的 $\Delta \boldsymbol{H}$ 和 $\Delta \boldsymbol{E}$ 同时为零，则解唯一，于是边界条件可用以下几种方式规定：①整个闭合曲面 S 的切向电场；②整个闭合曲面 S 的切向磁场；③闭合曲面 S 任一部分的切向电场和其余部分的切向磁场。需要注意的是，如果对任一部分闭合曲面 S 的切向电场和切向磁场都做了规定，则它们必须是互相兼容的。

7.2 镜像原理

镜像原理是电磁场理论中的一个重要概念，它指出当一个源位于某一区域时，可以在该区域的镜像平面上产生一个等效镜像源。这一原理常用于解决电磁场问题中的边界条件问题，特别是在处理无限大平面的反射问题时。通过应用镜像原理，可以将复杂问题简化为易于处理的形式，从而方便求解。

考虑放在完美电导体（Perfect Electric Conductor，PEC）平面前的基本偶极子，如图 7.2.1（a）所示。通过求解 PEC 前半空间的麦克斯韦方程组和 PEC 界面的边界条件，可以得到前半空间中的辐射场，但是这个过程相对复杂。

对于电偶极子，可以用起始于负电荷、终止于正电荷的单箭头表示，正电荷的镜像为负电荷，反之亦然。对于磁偶极子，通常用沿着电流环磁场方向的双箭头表示。一个运动的正

电荷的镜像是一个运动的负电荷。图 7.2.1（a）所示的 4 个偶极子，其镜像如图 7.2.1（b）所示。需要注意的是，借助镜像源得到的解仅在感兴趣的区域内有效，而在解为零的镜像区内无效，因为镜像区被 PEC 占据。

作为对偶情况，可以定义切向磁场趋于零的完美磁导体（Perfect Magnetic Conductor，PMC）平面。图 7.2.2（a）中用摆动线表示 PMC，其基本偶极子的镜像如图 7.2.2（b）所示。

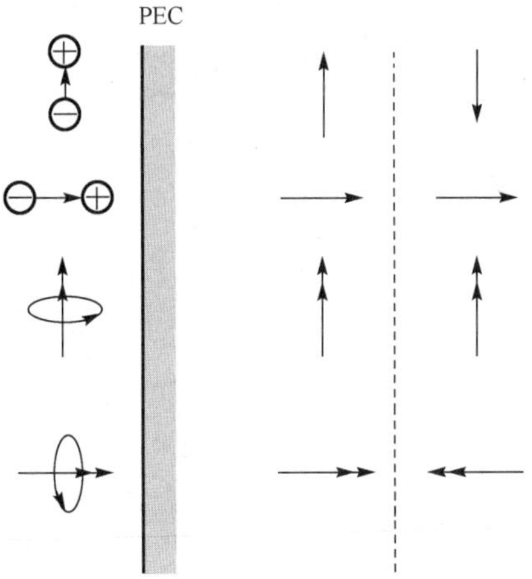

（a）PEC平面前的基本偶极子　（b）镜像源

图 7.2.1　PEC 平面前的基本偶极子和镜像源

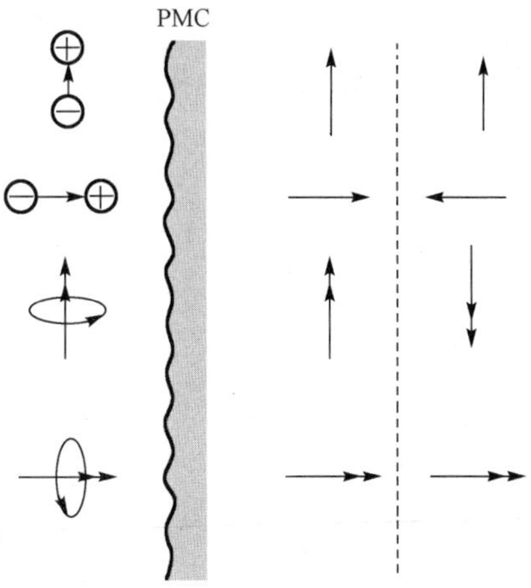

（a）PMC平面前的基本偶极子　（b）镜像源

图 7.2.2　PMC 平面前的基本偶极子和镜像源

作为镜像法的最后一个例子，考虑一个放置在一对平行导电板之间的电偶极子，如图 7.2.3（a）所示。为了满足两个平板表面的边界条件，必须有多个镜像源，如图 7.2.3（b）所示，由此得到的解仅在两块板之间的区域内有效。

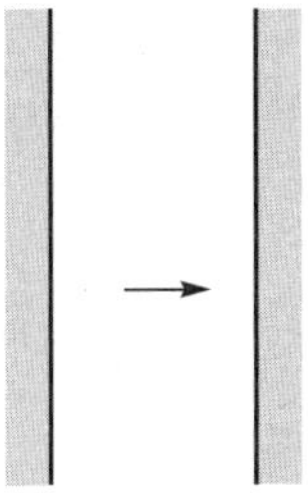

（a）平行导电板之间的基本电偶极子

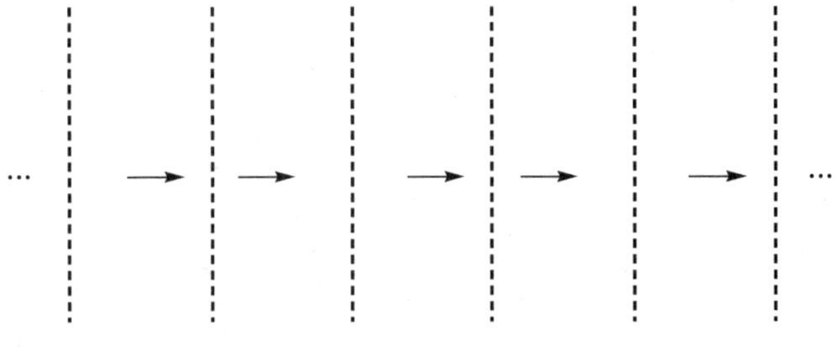

（b）镜像源

图 7.2.3　平行导电板之间的基本电偶极子和镜像源

7.3 互易定理

互易定理描述了同一空间中两组相互独立的场与源之间的互易关系，在电磁理论中处于极其重要的地位。互易定理具有多种数学描述，可以将两组独立的电磁场联系起来。之所以存在这样的联系，是因为两组电磁场都遵循同样的麦克斯韦方程组。

7.3.1 一般形式的互易定理

考虑闭合曲面S所包围的区域V内的一组源$(\boldsymbol{J}_1,\boldsymbol{M}_1)$产生的场$(\boldsymbol{E}_1,\boldsymbol{H}_1)$，如图7.3.1所示。该场满足麦克斯韦方程组

$$\nabla\times\boldsymbol{E}_1=\mathrm{i}\omega\mu\boldsymbol{H}_1-\boldsymbol{M}_1 \tag{7.3.1}$$

$$\nabla\times\boldsymbol{H}_1=-\mathrm{i}\omega\varepsilon\boldsymbol{E}_1+\boldsymbol{J}_1 \tag{7.3.2}$$

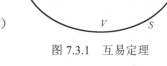

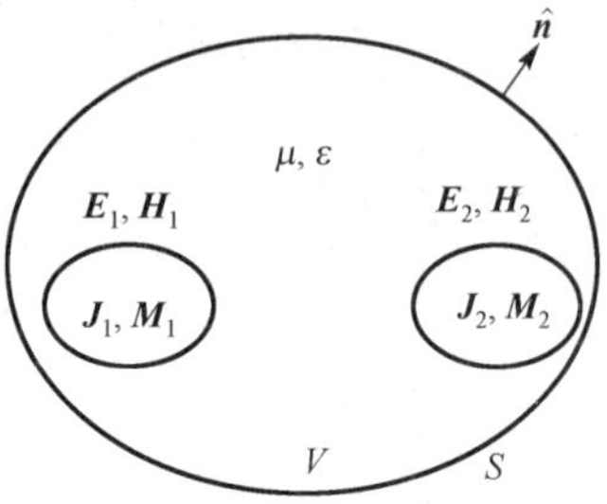

图 7.3.1 互易定理

再考虑相同区域V内的另一组源$(\boldsymbol{J}_2,\boldsymbol{M}_2)$产生的场$(\boldsymbol{E}_2,\boldsymbol{H}_2)$，满足相同的麦克斯韦方程组

$$\nabla\times\boldsymbol{E}_2=\mathrm{i}\omega\mu\boldsymbol{H}_2-\boldsymbol{M}_2 \tag{7.3.3}$$

$$\nabla\times\boldsymbol{H}_2=-\mathrm{i}\omega\varepsilon\boldsymbol{E}_2+\boldsymbol{J}_2 \tag{7.3.4}$$

经过运算，可以从上述两组方程中得到

$$\begin{aligned}\nabla\cdot(\boldsymbol{H}_2\times\boldsymbol{E}_1)&=\boldsymbol{E}_1\cdot\nabla\times\boldsymbol{H}_2-\boldsymbol{H}_2\cdot\nabla\times\boldsymbol{E}_1\\&=-\mathrm{i}\omega\varepsilon\boldsymbol{E}_1\cdot\boldsymbol{E}_2-\mathrm{i}\omega\mu\boldsymbol{H}_2\cdot\boldsymbol{H}_1+\boldsymbol{E}_1\cdot\boldsymbol{J}_2+\boldsymbol{H}_2\cdot\boldsymbol{M}_1\end{aligned} \tag{7.3.5}$$

$$\begin{aligned}\nabla\cdot(\boldsymbol{H}_1\times\boldsymbol{E}_2)&=\boldsymbol{E}_2\cdot\nabla\times\boldsymbol{H}_1-\boldsymbol{H}_1\cdot\nabla\times\boldsymbol{E}_2\\&=-\mathrm{i}\omega\varepsilon\boldsymbol{E}_2\cdot\boldsymbol{E}_1-\mathrm{i}\omega\mu\boldsymbol{H}_1\cdot\boldsymbol{H}_2+\boldsymbol{E}_2\cdot\boldsymbol{J}_1+\boldsymbol{H}_1\cdot\boldsymbol{M}_2\end{aligned} \tag{7.3.6}$$

将以上两式相减，有

$$\nabla\cdot(\boldsymbol{H}_2\times\boldsymbol{E}_1-\boldsymbol{H}_1\times\boldsymbol{E}_2)=\boldsymbol{E}_1\cdot\boldsymbol{J}_2+\boldsymbol{H}_2\cdot\boldsymbol{M}_1-\boldsymbol{E}_2\cdot\boldsymbol{J}_1-\boldsymbol{H}_1\cdot\boldsymbol{M}_2 \tag{7.3.7}$$

式（7.3.7）称为微分形式的互易定理。需要注意的是，在计算式（7.3.7）的过程中，运用了介质互易的条件。将上述公式作用于有限体积V，并根据高斯定理，可以得到

$$\oiint_S \mathrm{d}\boldsymbol{S}\cdot(\boldsymbol{H}_2\times\boldsymbol{E}_1-\boldsymbol{H}_1\times\boldsymbol{E}_2)=\iiint_V \mathrm{d}V(\boldsymbol{E}_1\cdot\boldsymbol{J}_2+\boldsymbol{H}_2\cdot\boldsymbol{M}_1-\boldsymbol{E}_2\cdot\boldsymbol{J}_1-\boldsymbol{H}_1\cdot\boldsymbol{M}_2) \tag{7.3.8}$$

S为包围体积V的闭合曲面，式(7.3.8)称为积分形式的互易定理。需要注意的是，在式(7.3.7)的推导过程中，涉及介质参数的项将相互抵消。这种抵消在非均匀介质和互易的各向异性介质中同样成立。此外，对于V内包含PEC或PMC的情况，式（7.3.8）仍然是成立的，因为面积分项的被积函数在PEC或PMC界面为零。因此，式（7.3.7）和式（7.3.8）表示的互易定理描述了两组频率相同的源及其产生的电磁场之间应满足的关系。如果已知其中一组源及其产生的场，利用互易定理即可求出另一组源及其产生的场。应该特别注意，互易定理对任何不包含非互易介质的电磁空间均成立。

1. 洛伦兹互易定理

考虑式（7.3.7）和式（7.3.8）的几种特殊情况。对于区域V内无源的情况，式（7.3.7）变为

$$\nabla\cdot(\boldsymbol{H}_2\times\boldsymbol{E}_1-\boldsymbol{H}_1\times\boldsymbol{E}_2)=0 \tag{7.3.9}$$

类似地，在无源区域中，式（7.3.8）变为

$$\oiint_S \mathrm{d}\boldsymbol{S}\cdot(\boldsymbol{H}_2\times\boldsymbol{E}_1-\boldsymbol{H}_1\times\boldsymbol{E}_2)=0 \tag{7.3.10}$$

以上两式称为洛伦兹互易定理。事实上，如果闭合曲面S包围的空间内包含所有的源，那么式（7.3.10）也成立，因为这种情况下曲面S的外部就成为无源区域，可以把曲面S看成外空间的边界。因此，洛伦兹互易定理对于无源区域和包含所有源的区域均成立。而当区域内和区域外都存在源时，面积分项不为零。例如，若区域V_1中只包含源$(\boldsymbol{J}_1,\boldsymbol{M}_1)$，则式（7.3.8）变为

$$\oiint_{S_1}\mathrm{d}\boldsymbol{S}\cdot(\boldsymbol{H}_2\times\boldsymbol{E}_1-\boldsymbol{H}_1\times\boldsymbol{E}_2)=\iiint_{V_1}\mathrm{d}V(\boldsymbol{H}_2\cdot\boldsymbol{M}_1-\boldsymbol{E}_2\cdot\boldsymbol{J}_1) \tag{7.3.11}$$

S_1为包含V_1的闭合曲面。

2. 瑞利-卡森互易定理

当区域内包含所有的源时，式（7.3.8）的左侧为零，因此方程的右侧也为零，有

$$\iiint_V \mathrm{d}V(\boldsymbol{E}_1\cdot\boldsymbol{J}_2+\boldsymbol{H}_2\cdot\boldsymbol{M}_1-\boldsymbol{E}_2\cdot\boldsymbol{J}_1-\boldsymbol{H}_1\cdot\boldsymbol{M}_2)=0 \tag{7.3.12}$$

或者

$$\iiint_V \mathrm{d}V(\boldsymbol{E}_1\cdot\boldsymbol{J}_2-\boldsymbol{H}_1\cdot\boldsymbol{M}_2)=\iiint_V \mathrm{d}V(\boldsymbol{E}_2\cdot\boldsymbol{J}_1-\boldsymbol{H}_2\cdot\boldsymbol{M}_1) \tag{7.3.13}$$

式（7.3.13）称为瑞利-卡森互易定理，是由卡森推导得到的，也称为卡森形式的互易定理。为了便于理解该定理，考虑一个以$\boldsymbol{J}_2$和$\boldsymbol{M}_2$表示的时谐源“2”，处于以$\boldsymbol{J}_1$和$\boldsymbol{M}_1$表示的源“1”产生的场“1”中，场“1”与源“2”的相互作用可写作$\langle 1,2\rangle$，即为场“1”对源“2”的反应，定义为

$$\langle 1,2\rangle=\iiint_V \mathrm{d}V(\boldsymbol{E}_1\cdot\boldsymbol{J}_2-\boldsymbol{H}_1\cdot\boldsymbol{M}_2) \tag{7.3.14}$$

场“2”对源“1”的反应为

$$\langle 2,1\rangle=\iiint_V \mathrm{d}V(\boldsymbol{E}_2\cdot\boldsymbol{J}_1-\boldsymbol{H}_2\cdot\boldsymbol{M}_1) \tag{7.3.15}$$

注意，在$\langle 1,2\rangle$的表示式中，字符“1”与场相联系，字符“2”与源相联系。在包含源的区域上的积分中，源可能是体电流密度，也可能是面电流密度。在源为面电流密度的情况下，体积分变为面积分。反应$\langle 1,2\rangle$可以解释为源“2”对源“1”产生的场的“灵敏度”或“探测能力”；对反应$\langle 2,1\rangle$也可按类似方式解释。根据式（7.3.8），有

$$\langle 1,2\rangle-\langle 2,1\rangle=\oiint_S \mathrm{d}\boldsymbol{S}\cdot(\boldsymbol{H}_2\times\boldsymbol{E}_1-\boldsymbol{H}_1\times\boldsymbol{E}_2) \tag{7.3.16}$$

根据洛伦兹互易定理[式(7.3.10)]，可以得到瑞利-卡森互易定理，表示为

$$\langle 1,2\rangle = \langle 2,1\rangle \tag{7.3.17}$$

因此，互易定理可以表述为：在互易介质中，源“1”探测到源“2”的能力等于源“2”探测到源“1”的能力。

7.3.2 互易定理的应用

接下来介绍互易定理的一个简单应用：考虑外加于 PEC 表面的切向电流的辐射问题（图 7.3.2）。假设 PEC 表面电流为源“1”，所产生的辐射场为 $\boldsymbol{E}_1$。为求出这个场，可以在任意点 $\boldsymbol{r}$ 放置一个无限小电流元 Il，其方向任意，用 $\hat{\boldsymbol{a}}$ 表示，这个电流元为源“2”，可以得到

$$\langle 1,2\rangle = \iiint_V \mathrm{d}V\boldsymbol{E}_1 \cdot \boldsymbol{J}_2 = \boldsymbol{E}_1(\boldsymbol{r}) \cdot \hat{\boldsymbol{a}}Il \tag{7.3.18}$$

由于源“2”产生的场在 PEC 表面满足切向为零的边界条件，因此有

$$\langle 2,1\rangle = \iiint_V \mathrm{d}V\boldsymbol{E}_2 \cdot \boldsymbol{J}_1 = 0 \tag{7.3.19}$$

根据瑞利-卡森互易定理[式(7.3.17)]，有 $\boldsymbol{E}_1(\boldsymbol{r}) \cdot \hat{\boldsymbol{a}} = 0$。由于 $\boldsymbol{r}$ 和 $\hat{\boldsymbol{a}}$ 是任意的，因此在任何位置均有 $\boldsymbol{E}_1(\boldsymbol{r}) = \boldsymbol{0}$，这表明放置于 PEC 表面的切向电流不产生辐射场。类似地，可以证明放置于 PMC 表面的切向磁流将不会产生辐射场。

考虑另一个例子。图 7.3.3 表示单位幅度电流元激励的天线在自由空间中的辐射，可以通过在远场区域直接测量其辐射场来确定天线的方向图。另一种方法是，在观察点放置一个小偶极子 Il 辐射，然后测量天线激励端的接收电压。如果把天线激励端看成源“1”，把观察点的偶极子看成源“2”，则反应 $\langle 1,2\rangle$ 为式（7.3.18），反应 $\langle 2,1\rangle$ 为

$$\langle 2,1\rangle = \iiint_V \mathrm{d}V\boldsymbol{E}_2 \cdot \boldsymbol{J}_1 = E_2 l_1 = -V_2 \tag{7.3.20}$$

式中，V_2 为接收电压，它取决于源“2”的位置和取向，因此可以表示为 $V_2(\boldsymbol{r},\hat{\boldsymbol{a}})$。根据互易定理，有

$$\boldsymbol{E}_1(\boldsymbol{r}) \cdot \hat{\boldsymbol{a}} = -\frac{V_2(\boldsymbol{r},\hat{\boldsymbol{a}})}{Il} \tag{7.3.21}$$

显然，为得到天线的辐射方向图，可以通过改变偶极子的位置 $\boldsymbol{r}$ 和取向 $\hat{\boldsymbol{a}}$，然后记录天线的接收电压。如果把 $V_2(\boldsymbol{r},\hat{\boldsymbol{a}})/Il$ 称为天线的接收方向图，那么互易定理表明在互易介质中，天线的辐射方向图与天线的接收方向图相同。

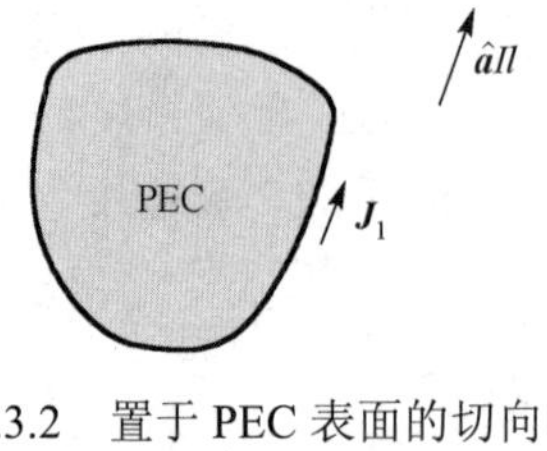

图 7.3.2 置于 PEC 表面的切向电流

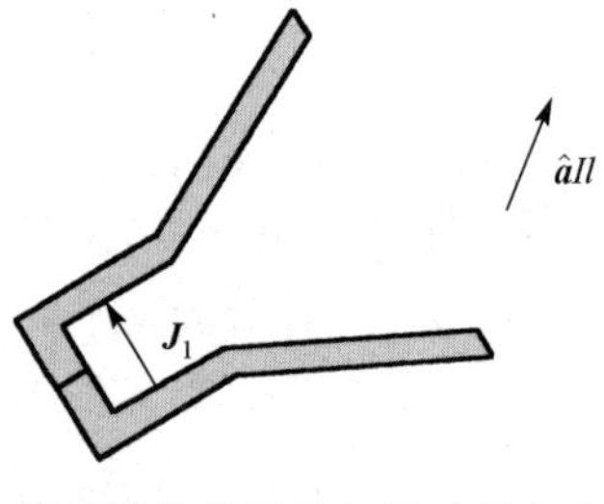

图 7.3.3 电流元激励的天线与置于观察点处的偶极子

7.3.3　互易条件和修正

在前面关于互易定理的证明过程中，介质是各向同性的。当介质为双各向异性时，采用与式（7.3.1）～式（7.3.8）相同的步骤，可以得到

$$\langle 1,2\rangle - \langle 2,1\rangle = \mathrm{i}\omega\iiint_V \mathrm{d}V(\boldsymbol{E}_1\cdot\boldsymbol{D}_2 - \boldsymbol{E}_2\cdot\boldsymbol{D}_1 + \boldsymbol{H}_2\cdot\boldsymbol{B}_1 - \boldsymbol{H}_1\cdot\boldsymbol{B}_2) \tag{7.3.22}$$

如果式（7.3.22）右侧为零，介质就是互易的。对于双各向异性介质，其本构关系为

$$\boldsymbol{D} = \bar{\bar{\boldsymbol{\varepsilon}}}\cdot\boldsymbol{E} + \bar{\bar{\boldsymbol{\xi}}}\cdot\boldsymbol{H} \tag{7.3.23}$$

$$\boldsymbol{B} = \bar{\bar{\boldsymbol{\mu}}}\cdot\boldsymbol{H} + \bar{\bar{\boldsymbol{\zeta}}}\cdot\boldsymbol{E} \tag{7.3.24}$$

代入式（7.3.22），可以得到

$$\begin{aligned}\langle 1,2\rangle - \langle 2,1\rangle = \mathrm{i}\omega\iiint_V \mathrm{d}V[&\boldsymbol{E}_1\cdot(\bar{\bar{\boldsymbol{\varepsilon}}} - \bar{\bar{\boldsymbol{\varepsilon}}}^{\mathrm{T}})\cdot\boldsymbol{E}_2 + \boldsymbol{H}_2\cdot(\bar{\bar{\boldsymbol{\mu}}} - \bar{\bar{\boldsymbol{\mu}}}^{\mathrm{T}})\cdot\boldsymbol{H}_1 + \\ &\boldsymbol{E}_1\cdot(\bar{\bar{\boldsymbol{\xi}}} + \bar{\bar{\boldsymbol{\zeta}}}^{\mathrm{T}})\cdot\boldsymbol{H}_2 - \boldsymbol{H}_1\cdot(\bar{\bar{\boldsymbol{\zeta}}} + \bar{\bar{\boldsymbol{\xi}}}^{\mathrm{T}})\cdot\boldsymbol{E}_2]\end{aligned} \tag{7.3.25}$$

因此，如果满足

$$\bar{\bar{\boldsymbol{\varepsilon}}} = \bar{\bar{\boldsymbol{\varepsilon}}}^{\mathrm{T}} \tag{7.3.26}$$

$$\bar{\bar{\boldsymbol{\mu}}} = \bar{\bar{\boldsymbol{\mu}}}^{\mathrm{T}} \tag{7.3.27}$$

$$\bar{\bar{\boldsymbol{\xi}}} = -\bar{\bar{\boldsymbol{\zeta}}}^{\mathrm{T}} \tag{7.3.28}$$

介质就是互易的。式（7.3.26）～式（7.3.28）是介质互易的条件。因此，各向同性介质及介电常数和磁导率具有对称张量形式的各向异性介质是互易的。对于双各向异性介质，若满足式（7.3.26）和式（7.3.27），$\bar{\bar{\boldsymbol{\xi}}}$ 和 $\bar{\bar{\boldsymbol{\zeta}}}$ 为纯虚数矩阵且满足对称性条件 $\bar{\bar{\boldsymbol{\xi}}} = \bar{\bar{\boldsymbol{\zeta}}}^{+}$，则该介质是互易的。

互易定理可以按照以下方式进一步拓展。对于源“1”，有

$$\nabla\times\boldsymbol{E}_1 = \mathrm{i}\omega(\bar{\bar{\boldsymbol{\mu}}}\cdot\boldsymbol{H}_1 + \bar{\bar{\boldsymbol{\zeta}}}\cdot\boldsymbol{E}_1) - \boldsymbol{M}_1 \tag{7.3.29}$$

$$\nabla\times\boldsymbol{H}_1 = -\mathrm{i}\omega(\bar{\bar{\boldsymbol{\varepsilon}}}\cdot\boldsymbol{E}_1 + \bar{\bar{\boldsymbol{\xi}}}\cdot\boldsymbol{H}_1) + \boldsymbol{J}_1 \tag{7.3.30}$$

介质可以用 $\bar{\bar{\boldsymbol{\mu}}}$、$\bar{\bar{\boldsymbol{\varepsilon}}}$、$\bar{\bar{\boldsymbol{\xi}}}$ 和 $\bar{\bar{\boldsymbol{\zeta}}}$ 表征。对于源“2”，可以用本构关系 $\bar{\bar{\boldsymbol{\mu}}}^{\mathrm{C}}$、$\bar{\bar{\boldsymbol{\varepsilon}}}^{\mathrm{C}}$、$\bar{\bar{\boldsymbol{\xi}}}^{\mathrm{C}}$ 和 $\bar{\bar{\boldsymbol{\zeta}}}^{\mathrm{C}}$ 表征，有

$$\bar{\bar{\boldsymbol{\varepsilon}}}^{\mathrm{C}} = \bar{\bar{\boldsymbol{\varepsilon}}}^{\mathrm{T}} \tag{7.3.31}$$

$$\bar{\bar{\boldsymbol{\mu}}}^{C} = \bar{\bar{\boldsymbol{\mu}}}^{\mathrm{T}} \tag{7.3.32}$$

$$\bar{\bar{\boldsymbol{\xi}}}^{\mathrm{C}} = -\bar{\bar{\boldsymbol{\zeta}}}^{\mathrm{T}} \tag{7.3.33}$$

$$\bar{\bar{\boldsymbol{\zeta}}}^{\mathrm{C}} = -\bar{\bar{\boldsymbol{\xi}}}^{\mathrm{T}} \tag{7.3.34}$$

这种介质称为互补介质，在互补介质中，源“2”的麦克斯韦方程组变为

$$\nabla\times\boldsymbol{E}_2^{\mathrm{C}}=\mathrm{i}\omega(\overline{\overline{\boldsymbol{\mu}}}^{\mathrm{C}}\cdot\boldsymbol{H}_2^{\mathrm{C}}+\overline{\overline{\boldsymbol{\zeta}}}^{\mathrm{C}}\cdot\boldsymbol{E}_2^{\mathrm{C}})-\boldsymbol{M}_2 \tag{7.3.35}$$

$$\nabla\times\boldsymbol{H}_2^{\mathrm{C}}=-\mathrm{i}\omega(\overline{\overline{\boldsymbol{\varepsilon}}}^{\mathrm{C}}\cdot\boldsymbol{E}_2^{\mathrm{C}}+\overline{\overline{\boldsymbol{\xi}}}^{\mathrm{C}}\cdot\boldsymbol{H}_2^{\mathrm{C}})+\boldsymbol{J}_2 \tag{7.3.36}$$

式中，$\boldsymbol{E}_2^{\mathrm{C}}$ 和 $\boldsymbol{H}_2^{\mathrm{C}}$ 表示由 $\boldsymbol{J}_2$ 和 $\boldsymbol{M}_2$ 在互补介质中产生的场。如果定义一个新的反应

$$\langle 2,1\rangle^{\mathrm{C}}=\iiint_V \mathrm{d}V(\boldsymbol{E}_2^{\mathrm{C}}\cdot\boldsymbol{J}_1-\boldsymbol{H}_2^{\mathrm{C}}\cdot\boldsymbol{M}_1) \tag{7.3.37}$$

则可以根据方程（7.3.29）～方程（7.3.30）和方程（7.3.35）～方程（7.3.36），得到修正的互易定理

$$\langle 1,2\rangle=\langle 2,1\rangle^{\mathrm{C}} \tag{7.3.38}$$

该定理说明，在双各向异性介质中，源“2”对源“1”的反应 $\langle 1,2\rangle$ 等于在互补介质中源“1”对源“2”的反应 $\langle 2,1\rangle^{\mathrm{C}}$。如果互补介质与初始介质相同，则介质是互易的。

7.4 等效原理

电磁问题的解是由麦克斯韦方程组和边界条件决定的。如果保持区域中的源和介质的分布，以及区域的边界条件不变，则电磁场分布不变，这便是等效原理的基础。在 7.2 节的镜像原理中已经提到利用镜像源简化复杂问题的方法，这种方法可以进一步扩展到更一般的电磁问题。当只研究一个有限的空间区域时，可以应用等效源来置换空间以外不感兴趣的全部区域。这时既可以把等效源放置在不感兴趣的区域内，也可以把等效源放置在感兴趣区域的边界上。这样的等效源并不是唯一的，有很多不同的构造方法。所构造的等效源需要保证所有边界条件都满足，并使感兴趣区域内的场和源保持不变。如此建立的等效问题虽然不一定有现成可用的解，但它为获得原问题的解提供了一种不同的途径。和镜像原理一致，等效原理的基础仍然是唯一性定理。

7.4.1 面等效原理

考虑虚拟闭合曲面 S 包围的一组源 $(\boldsymbol{J},\boldsymbol{M})$，其产生的场用 $(\boldsymbol{E},\boldsymbol{H})$ 表示，如图 7.4.1（a）所示。如果只对曲面 S 外部区域的场感兴趣，则可以构造另一个虚拟闭合曲面 S，外部区域的场相等，而内部区域的场为零，如图 7.4.1（b）所示。显然，曲面 S 上场的切向分量是不连续的，将产生面电（磁）流

$$\boldsymbol{J}_{\mathrm{s}}=\hat{\boldsymbol{n}}\times\boldsymbol{H} \tag{7.4.1}$$

$$\boldsymbol{M}_{\mathrm{s}}=\boldsymbol{E}\times\hat{\boldsymbol{n}} \tag{7.4.2}$$

根据唯一性定理，在这两种情况下，$\hat{\boldsymbol{n}}\times\boldsymbol{H}$ 和 $\boldsymbol{E}\times\hat{\boldsymbol{n}}$ 在曲面 S 的外部区域相等。因此，只有 $\hat{\boldsymbol{n}}\times\boldsymbol{H}$ 和 $\boldsymbol{E}\times\hat{\boldsymbol{n}}$ 中的一个相等，才能保证曲面 S 外部区域的场在图 7.4.1 所示的两种情况下相等。

如果只对曲面 S 内部区域的场感兴趣，则可以构造另一个虚拟闭合曲面 S，内部区域的场在图 7.4.2 所示的两种情况下相等，但是对于图 7.4.2（b）表示的情况，外部区域的场为零。

显然，曲面 S 上场的切向分量是不连续的，将产生面电（磁）流

$$\boldsymbol{J}_{\mathrm{s}} = \hat{\boldsymbol{n}} \times \boldsymbol{H}_{\mathrm{i}} \tag{7.4.3}$$

$$\boldsymbol{M}_{\mathrm{s}} = \boldsymbol{E}_{\mathrm{i}} \times \hat{\boldsymbol{n}} \tag{7.4.4}$$

类似地，只有 $\boldsymbol{E}_{\mathrm{i}} \times \hat{\boldsymbol{n}}$ 和 $\hat{\boldsymbol{n}} \times \boldsymbol{H}_{\mathrm{i}}$ 中的一个相等，才能保证曲面 S 内部区域的场在图 7.4.2 所示的两种情况下相等。

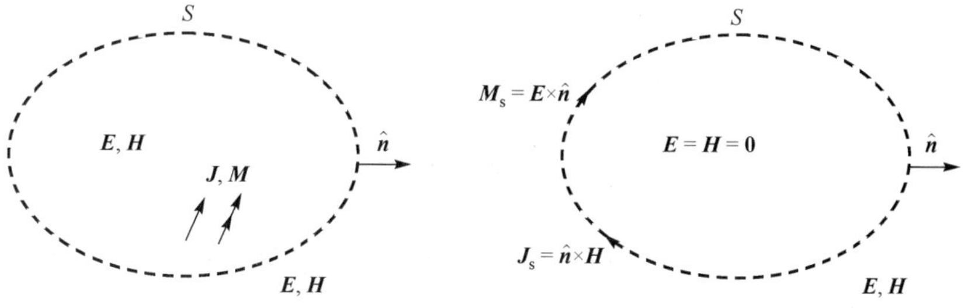

图 7.4.1　在曲面 S 施加等效面电（磁）流使外部区域产生相同的场

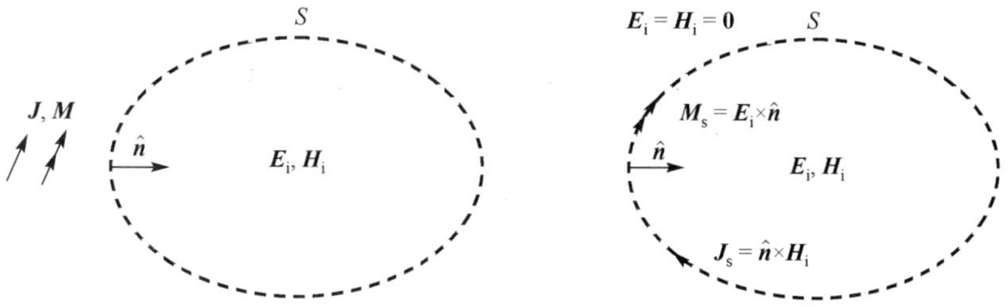

图 7.4.2　在曲面 S 施加等效面电（磁）流使内部区域产生相同的场

根据上述两种情况，可以进一步拓展到更为一般的情况，即两种情况的线性叠加，如图 7.4.3 所示。考虑虚拟闭合曲面 S 包围的一组源 $(\boldsymbol{J},\boldsymbol{M})$，其产生的场用 $(\boldsymbol{E},\boldsymbol{H})$ 表示。如果只对外部区域的场感兴趣，可以考虑在曲面 S 内放置场 $(\boldsymbol{E}_{\mathrm{i}},\boldsymbol{H}_{\mathrm{i}})$ 来代替原场。新引入的场也需满足麦克斯韦方程组。曲面 S 上场的切向分量是不连续的，将产生面电（磁）流

$$\boldsymbol{J}_{\mathrm{s}} = \hat{\boldsymbol{n}} \times (\boldsymbol{H} - \boldsymbol{H}_{\mathrm{i}}) \tag{7.4.5}$$

$$\boldsymbol{M}_{\mathrm{s}} = (\boldsymbol{E} - \boldsymbol{E}_{\mathrm{i}}) \times \hat{\boldsymbol{n}} \tag{7.4.6}$$

根据边界条件，这些面电（磁）流在曲面 S 的外表面上将产生切向场 $\hat{\boldsymbol{n}} \times \boldsymbol{H}$ 和 $\hat{\boldsymbol{n}} \times \boldsymbol{E}$。现在考虑新问题中的外部区域，如图 7.4.3（b）所示，它与原问题有相同的源（均为无源），在边界面上与原问题有相同的切向场。根据唯一性定理，新问题中的外部区域场与原问题相同。新的问题称为等效问题，引入的面电（磁）流称为等效面电（磁）流。上面描述的就是一般情况下的面等效原理。

对于曲面 S 内部区域的场，除需要满足麦克斯韦方程组外并没有其他限制条件，因此可以设定内部区域的场为零(零场显然满足麦克斯韦方程组)。这种设定下的等效问题如图 7.4.4 所示。此时，等效面电（磁）流简化为式（7.4.3）和式（7.4.4）的情况。由于内部区域为零

场，因此可以在曲面 S 内部填充任何介质而不会对外区域产生任何影响。若内部区域填充 PEC，如图 7.4.4（b）所示，PEC 表面的切向电流不会辐射场，因此只有面磁流 $\boldsymbol{M}_{\mathrm{s}}=\boldsymbol{E}\times\hat{\boldsymbol{n}}$ 会辐射场。若内部区域填充 PMC，如图 7.4.4（c）所示，PMC 表面的切向磁流不会辐射场，因此只有面电流 $\boldsymbol{J}_{\mathrm{s}}=\hat{\boldsymbol{n}}\times\boldsymbol{E}$ 会辐射场。

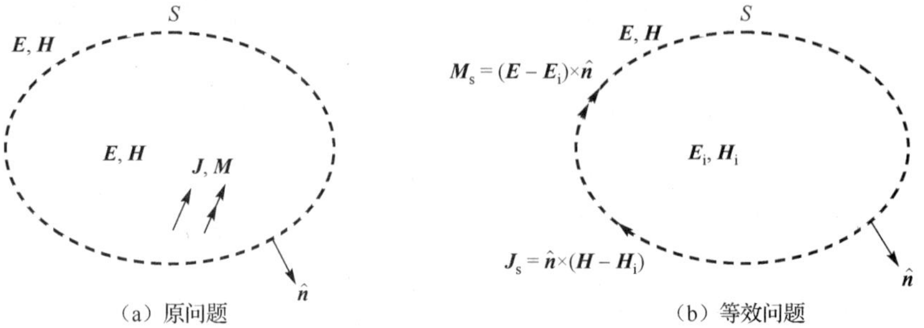

（a）原问题　　（b）等效问题

图 7.4.3　一般情况下的面等效原理

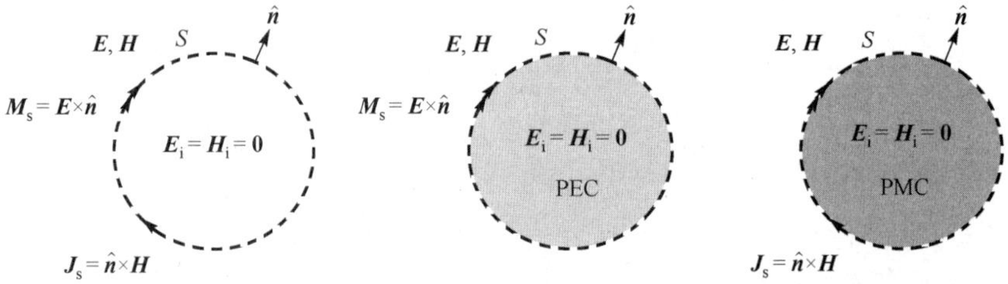

（a）原问题　　（b）内部填充PEC　　（c）内部填充PMC

图 7.4.4　等效问题

前面介绍的面等效原理对于闭合曲面 S 内外区域的介质没有任何限制。如果曲面 S 外是介电常数为 ε 和磁导率为 μ 的无界均匀介质，则可以在图 7.4.4（a）中的曲面 S 内填充相同的介质，这样整个空间填充的就是无限大的均匀介质。因此，可以得到曲面 S 外部区域的电场和磁场

$$\boldsymbol{E}(\boldsymbol{r})=\mathrm{i}\omega\mu\oiint_S \mathrm{d}S'\overline{\overline{\boldsymbol{G}}}_{\mathrm{e}}(\boldsymbol{r},\boldsymbol{r}')\cdot\boldsymbol{J}_{\mathrm{s}}(\boldsymbol{r}')-\oiint_S \mathrm{d}S'\overline{\overline{\boldsymbol{G}}}_{\mathrm{m}}(\boldsymbol{r},\boldsymbol{r}')\cdot\boldsymbol{M}_{\mathrm{s}}(\boldsymbol{r}') \tag{7.4.7}$$

$$\boldsymbol{H}(\boldsymbol{r})=\oiint_S \mathrm{d}S'\overline{\overline{\boldsymbol{G}}}_{\mathrm{m}}(\boldsymbol{r},\boldsymbol{r}')\cdot\boldsymbol{J}_{\mathrm{s}}(\boldsymbol{r}')+\mathrm{i}\omega\varepsilon\oiint_S \mathrm{d}S'\overline{\overline{\boldsymbol{G}}}_{\mathrm{e}}(\boldsymbol{r},\boldsymbol{r}')\cdot\boldsymbol{M}_{\mathrm{s}}(\boldsymbol{r}') \tag{7.4.8}$$

而在内部区域满足 $\boldsymbol{E}(\boldsymbol{r})=\boldsymbol{H}(\boldsymbol{r})=\boldsymbol{0}$。$\overline{\overline{\boldsymbol{G}}}_{\mathrm{e}}(\boldsymbol{r},\boldsymbol{r}')$ 和 $\overline{\overline{\boldsymbol{G}}}_{\mathrm{m}}(\boldsymbol{r},\boldsymbol{r}')$ 为并矢格林函数，用于确定电流源 $\boldsymbol{J}_{\mathrm{s}}$ 和磁流源 $\boldsymbol{M}_{\mathrm{s}}$ 引起的场。将式（7.4.5）代入式（7.4.7）和式（7.4.8），有

$$\boldsymbol{E}(\boldsymbol{r})=\mathrm{i}\omega\mu\oiint_S \mathrm{d}S'\overline{\overline{\boldsymbol{G}}}_{\mathrm{e}}(\boldsymbol{r},\boldsymbol{r}')\cdot\left[\hat{\boldsymbol{n}}'\times\boldsymbol{H}(\boldsymbol{r}')\right]+\oiint_S \mathrm{d}S'\overline{\overline{\boldsymbol{G}}}_{\mathrm{m}}(\boldsymbol{r},\boldsymbol{r}')\cdot\left[\hat{\boldsymbol{n}}'\times\boldsymbol{E}(\boldsymbol{r}')\right] \tag{7.4.9}$$

$$\boldsymbol{H}(\boldsymbol{r})=\oiint_S \mathrm{d}S'\overline{\overline{\boldsymbol{G}}}_{\mathrm{m}}(\boldsymbol{r},\boldsymbol{r}')\cdot\left[\hat{\boldsymbol{n}}'\times\boldsymbol{H}(\boldsymbol{r}')\right]-\mathrm{i}\omega\varepsilon\oiint_S \mathrm{d}S'\overline{\overline{\boldsymbol{G}}}_{\mathrm{e}}(\boldsymbol{r},\boldsymbol{r}')\cdot\left[\hat{\boldsymbol{n}}'\times\boldsymbol{E}(\boldsymbol{r}')\right] \tag{7.4.10}$$

以上两式表明，对于一个包围源的闭合曲面，外部区域的场可以由曲面上的切向场分量完全确定，实际上这就是惠更斯原理（详见 7.4.3 节）的数学表示。相反，对于图 7.4.4（b）和（c）中的等效问题，由于存在 PEC 或 PMC，因此将不能用上面的方法计算外区域的场。只有当曲面 S 是某种特殊形状，如圆柱或球时，等效面电（磁）流的辐射场才有解析解。

7.4.2　体等效原理

考虑介电常数为 $\tilde{\varepsilon}$ 和磁导率为 $\tilde{\mu}$ 的物体存在时电流源和磁流源 $(\boldsymbol{J},\boldsymbol{M})$ 的辐射问题。辐射源和物体处于介电常数为 ε_0 和磁导率为 μ_0 的自由空间。辐射场满足麦克斯韦方程组

$$\nabla\times\boldsymbol{E}=\mathrm{i}\omega\mu(\boldsymbol{r})\boldsymbol{H}-\boldsymbol{M} \tag{7.4.11}$$

$$\nabla\times\boldsymbol{H}=-\mathrm{i}\omega\varepsilon(\boldsymbol{r})\boldsymbol{E}+\boldsymbol{J} \tag{7.4.12}$$

式中，$\varepsilon(\boldsymbol{r})$ 和 $\mu(\boldsymbol{r})$ 表示与位置有关的介电常数和磁导率。在物体内部，$\varepsilon(\boldsymbol{r})=\tilde{\varepsilon}$，$\mu(\boldsymbol{r})=\tilde{\mu}$；而在物体外部，$\varepsilon(\boldsymbol{r})=\varepsilon_0$，$\mu(\boldsymbol{r})=\mu_0$。介电常数和磁导率在整个空间中不一致，导致麦克斯韦方程组难以求解。但是，可以将这些方程改写为

$$\nabla\times\boldsymbol{E}=\mathrm{i}\omega\mu\boldsymbol{H}-\boldsymbol{M}_{\mathrm{eq}}-\boldsymbol{M} \tag{7.4.13}$$

$$\nabla\times\boldsymbol{H}=-\mathrm{i}\omega\varepsilon\boldsymbol{E}+\boldsymbol{J}_{\mathrm{eq}}+\boldsymbol{J} \tag{7.4.14}$$

式中，

$$\boldsymbol{M}_{\mathrm{eq}}=-\mathrm{i}\omega\left[\mu(\boldsymbol{r})-\mu_0\right]\boldsymbol{H} \tag{7.4.15}$$

$$\boldsymbol{J}_{\mathrm{eq}}=-\mathrm{i}\omega\left[\varepsilon(\boldsymbol{r})-\varepsilon_0\right]\boldsymbol{E} \tag{7.4.16}$$

方程（7.4.13）和方程（7.4.14）表示自由空间 $(\boldsymbol{J},\boldsymbol{M},\boldsymbol{J}_{\mathrm{eq}},\boldsymbol{M}_{\mathrm{eq}})$ 中辐射场的麦克斯韦方程组，其解可以由场和源的关系得到。现在，物体的散射效应被两个等效源 $(\boldsymbol{J}_{\mathrm{eq}},\boldsymbol{M}_{\mathrm{eq}})$ 取代，分别称为等效电流和等效磁流，它们只存在于物体内。上面描述的方法称为体等效原理。

考虑麦克斯韦方程组中存在磁流源的情况，根据 5.1.1 节中场和源的关系，可以得到电场和磁场的表达式为

$$\begin{aligned}\boldsymbol{E}(\boldsymbol{r})=&\,\mathrm{i}\omega\mu_0\iiint_{V_\mathrm{s}}\mathrm{d}V'\overline{\overline{\boldsymbol{G}}}_\mathrm{e}(\boldsymbol{r},\boldsymbol{r}')\cdot\boldsymbol{J}(\boldsymbol{r}')-\iiint_{V_\mathrm{s}}\mathrm{d}V'\overline{\overline{\boldsymbol{G}}}_\mathrm{m}(\boldsymbol{r},\boldsymbol{r}')\cdot\boldsymbol{M}(\boldsymbol{r}')+\\&\mathrm{i}\omega\mu_0\iiint_{V_\mathrm{o}}\mathrm{d}V'\overline{\overline{\boldsymbol{G}}}_\mathrm{e}(\boldsymbol{r},\boldsymbol{r}')\cdot\boldsymbol{J}_{\mathrm{eq}}(\boldsymbol{r}')-\iiint_{V_\mathrm{o}}\mathrm{d}V'\overline{\overline{\boldsymbol{G}}}_\mathrm{m}(\boldsymbol{r},\boldsymbol{r}')\cdot\boldsymbol{M}_{\mathrm{eq}}(\boldsymbol{r}')\end{aligned} \tag{7.4.17}$$

$$\begin{aligned}\boldsymbol{H}(\boldsymbol{r})=&\iiint_{V_\mathrm{s}}\mathrm{d}V'\overline{\overline{\boldsymbol{G}}}_\mathrm{m}(\boldsymbol{r},\boldsymbol{r}')\cdot\boldsymbol{J}(\boldsymbol{r}')+\mathrm{i}\omega\varepsilon_0\iiint_{V_\mathrm{s}}\mathrm{d}V'\overline{\overline{\boldsymbol{G}}}_\mathrm{e}(\boldsymbol{r},\boldsymbol{r}')\cdot\boldsymbol{M}(\boldsymbol{r}')+\\&\iiint_{V_\mathrm{o}}\mathrm{d}V'\overline{\overline{\boldsymbol{G}}}_\mathrm{m}(\boldsymbol{r},\boldsymbol{r}')\cdot\boldsymbol{J}_{\mathrm{eq}}(\boldsymbol{r}')+\mathrm{i}\omega\varepsilon_0\iiint_{V_\mathrm{o}}\mathrm{d}V'\overline{\overline{\boldsymbol{G}}}_\mathrm{e}(\boldsymbol{r},\boldsymbol{r}')\cdot\boldsymbol{M}_{\mathrm{eq}}(\boldsymbol{r}')\end{aligned} \tag{7.4.18}$$

式中，V_s 是源所占的体积，V_o 是物体的体积。如前所述，以上两个公式中的前两项代表 $(\boldsymbol{J},\boldsymbol{M})$ 在自由空间中产生的场，通常称为入射场，分别表示为 $\boldsymbol{E}^{\mathrm{inc}}$ 和 $\boldsymbol{H}^{\mathrm{inc}}$。将式（7.4.15）和式（7.4.16）代入式（7.4.17）和式（7.4.18），有

$$\begin{aligned}\boldsymbol{E}(\boldsymbol{r})=&\,\boldsymbol{E}^{\mathrm{inc}}(\boldsymbol{r})+\omega^2\mu_0\iiint_{V_\mathrm{o}}\mathrm{d}V'\overline{\overline{\boldsymbol{G}}}_\mathrm{e}(\boldsymbol{r},\boldsymbol{r}')\cdot(\tilde{\varepsilon}-\varepsilon_0)\boldsymbol{E}(\boldsymbol{r}')+\\&\mathrm{i}\omega\iiint_{V_\mathrm{o}}\mathrm{d}V'\overline{\overline{\boldsymbol{G}}}_\mathrm{m}(\boldsymbol{r},\boldsymbol{r}')\cdot(\tilde{\mu}-\mu_0)\boldsymbol{H}(\boldsymbol{r}')\end{aligned} \tag{7.4.19}$$

$$\begin{aligned}\boldsymbol{H}(\boldsymbol{r})=&\,\boldsymbol{H}^{\mathrm{inc}}(\boldsymbol{r})-\mathrm{i}\omega\iiint_{V_\mathrm{o}}\mathrm{d}V'\overline{\overline{\boldsymbol{G}}}_\mathrm{m}(\boldsymbol{r},\boldsymbol{r}')\cdot(\tilde{\varepsilon}-\varepsilon_0)\boldsymbol{E}(\boldsymbol{r}')+\\&\omega^2\varepsilon_0\iiint_{V_\mathrm{o}}\mathrm{d}V'\overline{\overline{\boldsymbol{G}}}_\mathrm{e}(\boldsymbol{r},\boldsymbol{r}')\cdot(\tilde{\mu}-\mu_0)\boldsymbol{H}(\boldsymbol{r}')\end{aligned} \tag{7.4.20}$$

以上两式称为体积分方程。由于 $\boldsymbol{E}$ 和 $\boldsymbol{H}$ 在 V_o 内部仍然是未知的，因此式（7.4.19）和式（7.4.20）并没有直接给出求解场的公式。然而，它们提供了两个积分方程，可以用近似方法或矩量

法之类的数值方法求解。例如，如果物体是一个弱散射体，则意味着它的介电常数和磁导率非常接近于自由空间的介电常数和磁导率，即从数学上讲$|\tilde{\varepsilon}-\varepsilon|/\varepsilon_0 \ll 1$且$|\tilde{\mu}-\mu|/\mu_0 \ll 1$。那么入射场可以近似代替物体内部的场。在这种近似下，式（7.4.19）和式（7.4.20）可以写为

$$\begin{aligned}\boldsymbol{E}(\boldsymbol{r}) \approx \boldsymbol{E}^{\text{inc}}(\boldsymbol{r})+\omega^2\mu_0 \iiint_{V_o} \mathrm{d}V'\overline{\overline{\boldsymbol{G}}}_{\mathrm{e}}(\boldsymbol{r},\boldsymbol{r}')\cdot(\tilde{\varepsilon}-\varepsilon_0)\boldsymbol{E}^{\text{inc}}(\boldsymbol{r}')+\\ \mathrm{i}\omega\iiint_{V_o} \mathrm{d}V'\overline{\overline{\boldsymbol{G}}}_{\mathrm{m}}(\boldsymbol{r},\boldsymbol{r}')\cdot(\tilde{\mu}-\mu_0)\boldsymbol{H}^{\text{inc}}(\boldsymbol{r}')\end{aligned} \tag{7.4.21}$$

$$\begin{aligned}\boldsymbol{H}(\boldsymbol{r}) \approx \boldsymbol{H}^{\text{inc}}(\boldsymbol{r})-\mathrm{i}\omega \iiint_{V_o} \mathrm{d}V'\overline{\overline{\boldsymbol{G}}}_{\mathrm{m}}(\boldsymbol{r},\boldsymbol{r}')\cdot(\tilde{\varepsilon}-\varepsilon_0)\boldsymbol{E}^{\text{inc}}(\boldsymbol{r}')+\\ \omega^2\varepsilon_0\iiint_{V_o} \mathrm{d}V'\overline{\overline{\boldsymbol{G}}}_{\mathrm{e}}(\boldsymbol{r},\boldsymbol{r}')\cdot(\tilde{\mu}-\mu_0)\boldsymbol{H}^{\text{inc}}(\boldsymbol{r}')\end{aligned} \tag{7.4.22}$$

这种近似称为一阶博恩近似（First-order Born Approximation）。

最后注意到，在讨论的所有公式中，没有对$\tilde{\varepsilon}$和$\tilde{\mu}$的形式加以限制。因此，这些公式适用于不均匀的物体，即$\tilde{\varepsilon}$和$\tilde{\mu}$具有空间变化，也适用于各向异性的物体，即$\tilde{\boldsymbol{\varepsilon}}$和$\tilde{\boldsymbol{\mu}}$是张量。与面积分方程相比，体积分方程更为通用，但由于其包含体积分，因此求解代价也更高。

7.4.3 等效原理的应用

接下来将探索等效原理在电磁散射问题中的应用。对于一般的电磁散射问题，由于源的分布是未知的，而散射体的结构往往非常复杂，因此求解散射场的过程十分困难。为此，考虑引入等效源简化计算步骤。

1. 导体散射

考虑等效原理在导体散射问题中的应用。求解源$(\boldsymbol{J},\boldsymbol{M})$对自由空间中 PEC 的散射场，如图 7.4.5（a）所示。为了便于求解，可以构建这样一个等效问题：将 PEC 用自由空间介质替代，并假设内部区域为零场。为了保证外部区域场与原问题相同，在外部区域保留源$(\boldsymbol{J},\boldsymbol{M})$，并在曲面$S$的表面引入等效面电流$\boldsymbol{J}_{\mathrm{s}}=\hat{\boldsymbol{n}}\times\boldsymbol{H}$。需要注意的是，无须在曲面$S$的表面引入等效面磁流，因为原问题中$\hat{\boldsymbol{n}}\times\boldsymbol{E}=\boldsymbol{0}$。建立的等效问题如图 7.4.5（b）所示，源$(\boldsymbol{J},\boldsymbol{M})$对 PEC 的散射问题等效为源$(\boldsymbol{J},\boldsymbol{M})$和面电流$\boldsymbol{J}_{\mathrm{s}}$在自由空间的辐射问题。

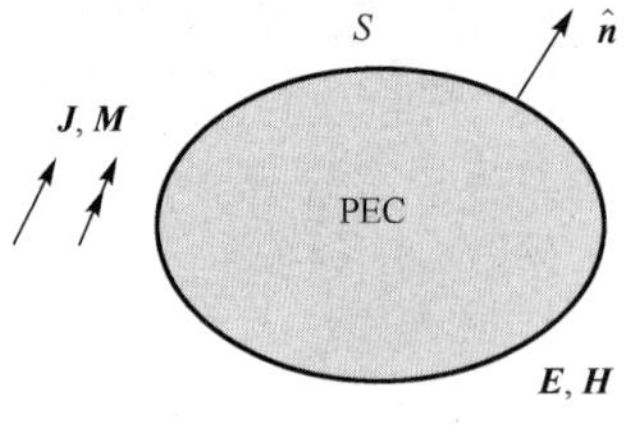

（a）原问题

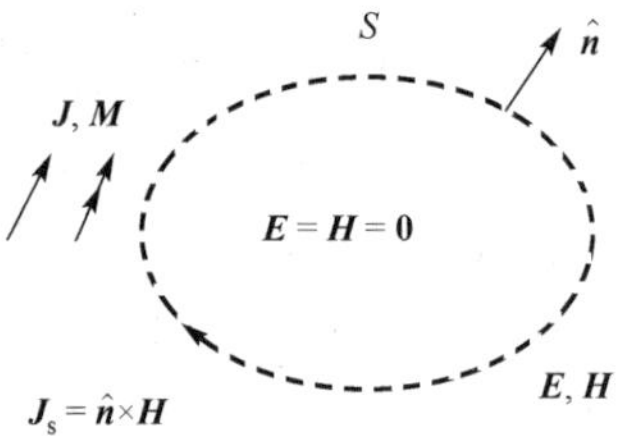

（b）等效问题

图 7.4.5 PEC 散射的等效示意图

同样地，考虑存在磁流源时场和源的关系，可以得到等效源产生的电场为

$$\begin{aligned}\boldsymbol{E}(\boldsymbol{r})=\mathrm{i}\omega\mu_0\iiint_{V_s}\mathrm{d}V'\overline{\overline{\boldsymbol{G}}}_{\mathrm{e}}(\boldsymbol{r},\boldsymbol{r}')\cdot\boldsymbol{J}(\boldsymbol{r}')-\iiint_{V_s}\mathrm{d}V'\overline{\overline{\boldsymbol{G}}}_{\mathrm{m}}(\boldsymbol{r},\boldsymbol{r}')\cdot\boldsymbol{M}(\boldsymbol{r}')+\\ \mathrm{i}\omega\mu_0\oiint_S \mathrm{d}S'\overline{\overline{\boldsymbol{G}}}_{\mathrm{e}}(\boldsymbol{r},\boldsymbol{r}')\cdot\boldsymbol{J}_{\mathrm{s}}(\boldsymbol{r}')\end{aligned} \tag{7.4.23}$$

式中，V_s 为源存在的区域。式（7.4.23）右侧的前两项代表 $(\boldsymbol{J},\boldsymbol{M})$ 在自由空间中产生的电场，通常称其为入射场，用 $\boldsymbol{E}^{\text{inc}}$ 表示。式（7.4.23）可以写为

$$\boldsymbol{E}(\boldsymbol{r})=\boldsymbol{E}^{\text{inc}}(\boldsymbol{r})+\mathrm{i}\omega\mu_0\oiint_S \mathrm{d}S'\overline{\overline{\boldsymbol{G}}}_{\mathrm{e}}(\boldsymbol{r},\boldsymbol{r}')\cdot\left[\hat{\boldsymbol{n}}'\times\boldsymbol{H}(\boldsymbol{r}')\right] \tag{7.4.24}$$

式（7.4.24）右侧的第二项为总场和入射场的差值，通常将其称为散射场。类似地，可以得到磁场的公式为

$$\boldsymbol{H}(\boldsymbol{r})=\boldsymbol{H}^{\text{inc}}(\boldsymbol{r})+\oiint_S \mathrm{d}S'\overline{\overline{\boldsymbol{G}}}_{\mathrm{m}}(\boldsymbol{r},\boldsymbol{r}')\cdot\left[\hat{\boldsymbol{n}}'\times\boldsymbol{H}(\boldsymbol{r}')\right] \tag{7.4.25}$$

式中，

$$\boldsymbol{H}^{\text{inc}}(\boldsymbol{r})=\iiint_{V_s}\mathrm{d}V'\overline{\overline{\boldsymbol{G}}}_{\mathrm{m}}(\boldsymbol{r},\boldsymbol{r}')\cdot\boldsymbol{J}(\boldsymbol{r}')+\mathrm{i}\omega\varepsilon_0\iiint_{V_s}\mathrm{d}V'\overline{\overline{\boldsymbol{G}}}_{\mathrm{e}}(\boldsymbol{r},\boldsymbol{r}')\cdot\boldsymbol{M}(\boldsymbol{r}') \tag{7.4.26}$$

表示 $(\boldsymbol{J},\boldsymbol{M})$ 在自由空间中产生的磁场。由于被积函数中曲面 S 的场实际是未知的，因此并不能通过式（7.4.24）和式（7.4.25）直接计算出电场和磁场。

需要指出的是，在导体表面，$\hat{\boldsymbol{n}}\times\boldsymbol{H}$ 代表的是实际的感应面电流。虽然对于一般问题并不能用式（7.4.24）和式（7.4.25）直接求解，但当物体尺寸与入射波波长相比很大时，可以由它们求得近似解。当平面波入射到无限大 PEC 平面时，其表面的感应电流为 $\boldsymbol{J}_s=2\hat{\boldsymbol{n}}\times\boldsymbol{H}^{\text{inc}}$。当入射场的源距离散射体很远时，入射波可以看成平面波。当物体尺寸远大于波长时，对于一个场点，散射体表面可以看成无限大平面。

在上面介绍的等效问题中，等效面电流由总场决定，因而是未知的。而如果要保留导体，则可以构建另一类等效问题，其等效面电（磁）流仅由入射场决定，因而是已知的。为了构造这类等效问题，需要保证等效面电（磁）流产生的场与原问题的散射场相同。散射场为总场与入射场的差值

$$\boldsymbol{E}^{\text{sc}}(\boldsymbol{r})=\boldsymbol{E}(\boldsymbol{r})-\boldsymbol{E}^{\text{inc}}(\boldsymbol{r}) \tag{7.4.27}$$

$$\boldsymbol{H}^{\text{sc}}(\boldsymbol{r})=\boldsymbol{H}(\boldsymbol{r})-\boldsymbol{H}^{\text{inc}}(\boldsymbol{r}) \tag{7.4.28}$$

散射场由导体上的感应电（磁）流辐射产生。为了产生这样的散射场，需要引入的等效面电（磁）流为

$$\boldsymbol{J}_s=\hat{\boldsymbol{n}}\times\boldsymbol{H}^{\text{sc}} \tag{7.4.29}$$

$$\boldsymbol{M}_s=\boldsymbol{E}^{\text{sc}}\times\hat{\boldsymbol{n}} \tag{7.4.30}$$

由于 $\boldsymbol{J}_s$ 在 PEC 表面不辐射，因此辐射场仅来自 $\boldsymbol{M}_s$。另一方面，根据 PEC 的边界条件，可以知道电场总场的切向分量 $\hat{\boldsymbol{n}}\times\boldsymbol{E}$ 在 PEC 表面为零，可以得到

$$\boldsymbol{M}_s=(\boldsymbol{E}-\boldsymbol{E}^{\text{inc}})\times\hat{\boldsymbol{n}}=\hat{\boldsymbol{n}}\times\boldsymbol{E}^{\text{inc}} \tag{7.4.31}$$

式（7.4.31）中的等效磁流仅与入射场有关。需要注意的是，此等效磁流存在于整个导体表面。上面介绍的这种特殊的面等效原理也称为感应定理，如图 7.4.6 所示。对于这个等效问题，虽然等效磁流已知，但由于存在导体，这并不是一个自由空间问题，因此其辐射场一般不能直接求出。当物体和入射波的波长相比很大时，可以由此得到近似解。注意，这个近似解与用物理光学法得到的近似解一般是不同的。而当导体尺寸较大时，对于其表面的磁流来

说，导体表面可以近似看成无限大平面，因而可以应用镜像源将问题转换为自由空间问题。如图 7.4.7 所示，观察点一侧表面上的等效磁流将变为 $\boldsymbol{M}_{\mathrm{s}} \approx 2\hat{\boldsymbol{n}} \times \boldsymbol{E}^{\mathrm{inc}}$，而位于观察点另一侧表面上的等效磁流辐射可以忽略不计。因此，场近似为

$$\boldsymbol{E}(\boldsymbol{r}) \approx \boldsymbol{E}^{\mathrm{inc}}(\boldsymbol{r}) - 2\oiint_{S_{\mathrm{obs}}} \mathrm{d}S' \overline{\overline{\boldsymbol{G}}}_{\mathrm{m}}(\boldsymbol{r},\boldsymbol{r}') \cdot \left[\hat{\boldsymbol{n}}' \times \boldsymbol{E}^{\mathrm{inc}}(\boldsymbol{r}')\right] \tag{7.4.32}$$

$$\boldsymbol{H}(\boldsymbol{r}) \approx \boldsymbol{H}^{\mathrm{inc}}(\boldsymbol{r}) + \mathrm{i}2\omega\varepsilon_0 \oiint_{S_{\mathrm{obs}}} \mathrm{d}S' \overline{\overline{\boldsymbol{G}}}_{\mathrm{e}}(\boldsymbol{r},\boldsymbol{r}') \cdot \left[\hat{\boldsymbol{n}}' \times \boldsymbol{E}^{\mathrm{inc}}(\boldsymbol{r}')\right] \tag{7.4.33}$$

式中，S_{obs} 为 S 在观察点 $\boldsymbol{r}$ 一侧能看到的部分。需要注意的是，对于不同的观察点，S_{obs} 是不同的。

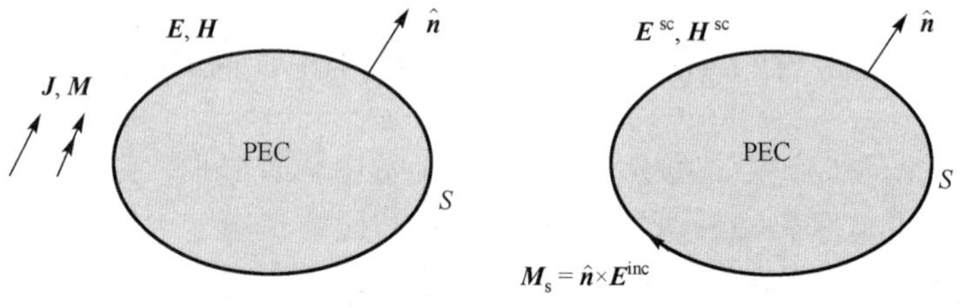

（a）原问题　　（b）等效问题

图 7.4.6　导体散射的感应定理示意图

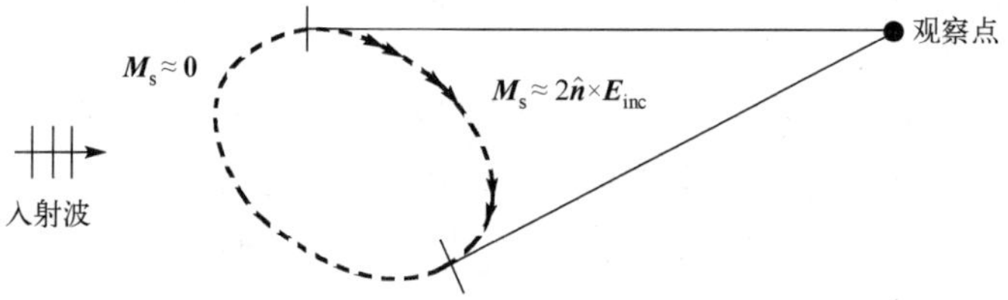

图 7.4.7　感应定理的镜像原理近似示意图

2. 介质散射

考虑等效原理在介质散射问题中的应用，其中介质外部区域的介电常数为 ε_1，磁导率为 μ_1，内部介质的介电常数为 ε_2，磁导率为 μ_2，如图 7.4.8（a）所示。首先，应用面等效原理构建外部区域的等效问题。假定内部区域为零场，外部区域的场与原问题相同，如图 7.4.8（b）所示。等效面电（磁）流由式（7.4.1）和式（7.4.2）给出。由于内部场为零，因此可以用介电常数为 ε_1、磁导率为 μ_1 的介质代替原内部介质。如果 ε_1 和 μ_1 为常数，原问题就成为等效面电（磁）流在均匀无界空间的辐射问题。此时外部区域电场为

$$\begin{aligned}\boldsymbol{E}(\boldsymbol{r}) = \boldsymbol{E}^{\mathrm{inc}}(\boldsymbol{r}) + \mathrm{i}\omega\mu_1 \oiint_S \mathrm{d}S' \overline{\overline{\boldsymbol{G}}}_{\mathrm{e}}(\boldsymbol{r},\boldsymbol{r}';k_1) \cdot \boldsymbol{J}_{\mathrm{s}}(\boldsymbol{r}') - \\ \oiint_S \mathrm{d}S' \overline{\overline{\boldsymbol{G}}}_{\mathrm{m}}(\boldsymbol{r},\boldsymbol{r}';k_1) \cdot \boldsymbol{M}_{\mathrm{s}}(\boldsymbol{r}')\end{aligned} \tag{7.4.34}$$

式中，$\overline{\overline{\boldsymbol{G}}}_{\mathrm{e}}(\boldsymbol{r},\boldsymbol{r}';k_1)$ 和 $\overline{\overline{\boldsymbol{G}}}_{\mathrm{m}}(\boldsymbol{r},\boldsymbol{r}';k_1)$ 为 $k_1 = \omega\sqrt{\mu_1\varepsilon_1}$ 的自由空间并矢格林函数。外部区域磁场为

$$\begin{aligned}\boldsymbol{H}(\boldsymbol{r}) = \boldsymbol{H}^{\mathrm{inc}}(\boldsymbol{r}) + \oiint_S \mathrm{d}S' \overline{\overline{\boldsymbol{G}}}_{\mathrm{m}}(\boldsymbol{r},\boldsymbol{r}';k_1) \cdot \boldsymbol{J}_{\mathrm{s}}(\boldsymbol{r}') + \\ \mathrm{i}\omega\varepsilon_1 \oiint_S \mathrm{d}S' \overline{\overline{\boldsymbol{G}}}_{\mathrm{e}}(\boldsymbol{r},\boldsymbol{r}';k_1) \cdot \boldsymbol{M}_{\mathrm{s}}(\boldsymbol{r}')\end{aligned} \tag{7.4.35}$$

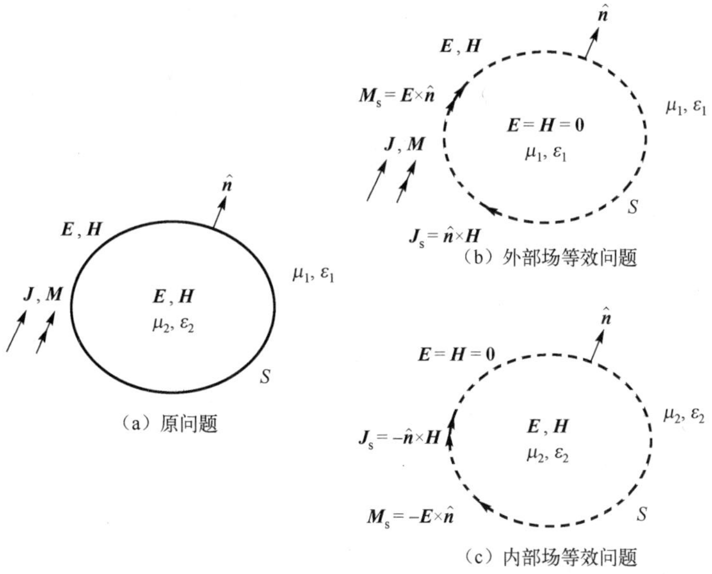

（a）原问题　（b）外部场等效问题　（c）内部场等效问题

图 7.4.8　介质散射的等效示意图

对于介质内部的电磁场，为了使内部场等效问题是一个自由空间问题，可以设定外部区域为零场，然后把外部区域的介质替换成内部区域的介质，即 ε_2 和 μ_2。为保证内部场与原问题相同，需引入等效面电（磁）流

$$\tilde{\boldsymbol{J}}_{\mathrm{s}} = -\hat{\boldsymbol{n}} \times \boldsymbol{H} = -\boldsymbol{J}_{\mathrm{s}} \tag{7.4.36}$$

$$\tilde{\boldsymbol{M}}_{\mathrm{s}} = -\boldsymbol{E} \times \hat{\boldsymbol{n}} = -\boldsymbol{M}_{\mathrm{s}} \tag{7.4.37}$$

如果 ε_2 和 μ_2 为常数，如此构建的等效问题就是 $(\tilde{\boldsymbol{J}}_{\mathrm{s}}, \tilde{\boldsymbol{M}}_{\mathrm{s}})$ 在介电常数为 ε_2 和磁导率为 μ_2 的均匀无界介质中的辐射问题，如图 7.4.8（c）所示。因此，$(\tilde{\boldsymbol{J}}_{\mathrm{s}}, \tilde{\boldsymbol{M}}_{\mathrm{s}})$ 在内部区域产生的场为

$$\boldsymbol{E}(\boldsymbol{r}) = \mathrm{i}\omega\mu_2 \oiint_S \mathrm{d}S' \overline{\overline{\boldsymbol{G}}}_{\mathrm{e}}(\boldsymbol{r}, \boldsymbol{r}'; k_2) \cdot \tilde{\boldsymbol{J}}_{\mathrm{s}}(\boldsymbol{r}') - \oiint_S \mathrm{d}S' \overline{\overline{\boldsymbol{G}}}_{\mathrm{m}}(\boldsymbol{r}, \boldsymbol{r}'; k_2) \cdot \tilde{\boldsymbol{M}}_{\mathrm{s}}(\boldsymbol{r}') \tag{7.4.38}$$

$$\boldsymbol{H}(\boldsymbol{r}) = \oiint_S \mathrm{d}S' \overline{\overline{\boldsymbol{G}}}_{\mathrm{m}}(\boldsymbol{r}, \boldsymbol{r}'; k_2) \cdot \tilde{\boldsymbol{J}}_{\mathrm{s}}(\boldsymbol{r}') + \mathrm{i}\omega\varepsilon_2 \oiint_S \mathrm{d}S' \overline{\overline{\boldsymbol{G}}}_{\mathrm{e}}(\boldsymbol{r}, \boldsymbol{r}'; k_2) \cdot \tilde{\boldsymbol{M}}_{\mathrm{s}}(\boldsymbol{r}') \tag{7.4.39}$$

式中，$\overline{\overline{\boldsymbol{G}}}_{\mathrm{e}}(\boldsymbol{r}, \boldsymbol{r}'; k_2)$ 和 $\overline{\overline{\boldsymbol{G}}}_{\mathrm{m}}(\boldsymbol{r}, \boldsymbol{r}'; k_2)$ 为 $k_2 = \omega\sqrt{\mu_2\varepsilon_2}$ 的自由空间并矢格林函数。与导体散射的情况类似，式（7.4.34）～式（7.4.35）和式（7.4.38）～式（7.4.39）并不能用于直接计算场，因为等效面电流 $\boldsymbol{J}_{\mathrm{s}}$ 和等效面磁流 $\boldsymbol{M}_{\mathrm{s}}$ 未知，但是它们可以用于构建积分方程，并由此求解 $\boldsymbol{J}_{\mathrm{s}}$ 和 $\boldsymbol{M}_{\mathrm{s}}$。

7.4.4　惠更斯原理

惠更斯原理指出含辐射源的区域 V' 所产生的场，完全由包围 V' 的闭合曲面 S' 上的切向场决定（图 7.4.9）。从数学术语上，惠更斯原理表述了闭合曲面外任一观察点的电磁场与边界面上的场之间的关系。在包围辐射源的闭合曲面 S' 之外，电场和磁场具有以下形式

$$\boldsymbol{E}(\boldsymbol{r}) = \oiint_{S'} \mathrm{d}S' \left\{ \mathrm{i}\omega\mu \overline{\overline{\boldsymbol{G}}}(\boldsymbol{r}, \boldsymbol{r}') \cdot [\hat{\boldsymbol{n}} \times \boldsymbol{H}(\boldsymbol{r}')] + \nabla \times \overline{\overline{\boldsymbol{G}}}(\boldsymbol{r}, \boldsymbol{r}') \cdot [\hat{\boldsymbol{n}} \times \boldsymbol{E}(\boldsymbol{r}')] \right\} \tag{7.4.40}$$

$$\boldsymbol{H}(\boldsymbol{r}) = \oiint_{S'} \mathrm{d}S' \left\{ -\mathrm{i}\omega\varepsilon \overline{\overline{\boldsymbol{G}}}(\boldsymbol{r}, \boldsymbol{r}') \cdot [\hat{\boldsymbol{n}} \times \boldsymbol{E}(\boldsymbol{r}')] + \nabla \times \overline{\overline{\boldsymbol{G}}}(\boldsymbol{r}, \boldsymbol{r}') \cdot [\hat{\boldsymbol{n}} \times \boldsymbol{H}(\boldsymbol{r}')] \right\} \tag{7.4.41}$$

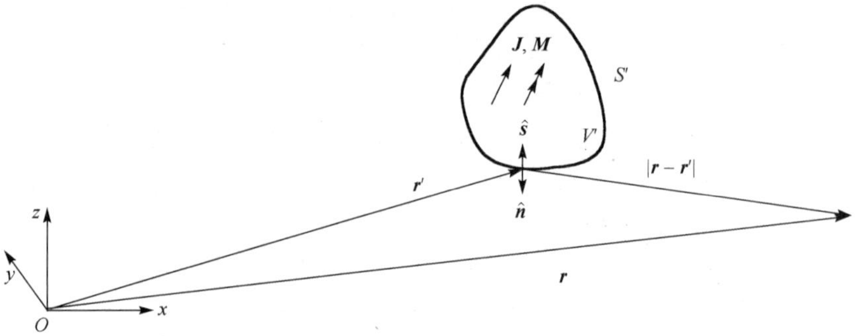

图 7.4.9　包含辐射源的体积 V'

式中，$\hat{\boldsymbol{n}}$ 是闭合曲面 S' 向外的法线。并矢格林函数为

$$\bar{\bar{\boldsymbol{G}}}(\boldsymbol{r},\boldsymbol{r}')=\left(\bar{\bar{\boldsymbol{I}}}+\frac{1}{k^2}\nabla\nabla\right)g(\boldsymbol{r},\boldsymbol{r}') \tag{7.4.42}$$

标量格林函数 $g(\boldsymbol{r},\boldsymbol{r}')$ 满足亥姆霍兹方程

$$(\nabla^2+k^2)g(\boldsymbol{r},\boldsymbol{r}')=-\delta(\boldsymbol{r}-\boldsymbol{r}') \tag{7.4.43}$$

对于三维问题，球坐标系下各向同性介质的标量格林函数 $g(\boldsymbol{r},\boldsymbol{r}')$ 的形式可以写为

$$g(\boldsymbol{r},\boldsymbol{r}')=\frac{\mathrm{e}^{\mathrm{i}k|\boldsymbol{r}-\boldsymbol{r}'|}}{4\pi|\boldsymbol{r}-\boldsymbol{r}'|} \tag{7.4.44}$$

对于二维问题，柱坐标系下各向同性介质的标量格林函数 $g(\boldsymbol{r},\boldsymbol{r}')$ 的形式可以写为

$$g(\boldsymbol{\rho},\boldsymbol{\rho}')=\frac{\mathrm{i}}{4}\mathrm{H}_0^{(1)}(k|\boldsymbol{\rho}-\boldsymbol{\rho}'|) \tag{7.4.45}$$

式中，$\mathrm{H}_0^{(1)}$ 为第一类零阶汉开尔函数。

根据麦克斯韦方程组，对于给定的电流源 $\boldsymbol{J}(\boldsymbol{r})$，电场 $\boldsymbol{E}(\boldsymbol{r})$ 的方程为

$$\nabla\times\nabla\times\boldsymbol{E}(\boldsymbol{r})-k^2\boldsymbol{E}(\boldsymbol{r})=\mathrm{i}\omega\mu\boldsymbol{J}(\boldsymbol{r}) \tag{7.4.46}$$

应用并矢格林函数 $\bar{\bar{\boldsymbol{G}}}(\boldsymbol{r},\boldsymbol{r}')$，可以得到用 $\boldsymbol{J}(\boldsymbol{r})$ 表示的 $\boldsymbol{E}(\boldsymbol{r})$ 的解

$$\boldsymbol{E}(\boldsymbol{r})=\mathrm{i}\omega\mu\iiint\mathrm{d}^3\boldsymbol{r}'\bar{\bar{\boldsymbol{G}}}(\boldsymbol{r},\boldsymbol{r}')\cdot\boldsymbol{J}(\boldsymbol{r}') \tag{7.4.47}$$

需要注意的是，应用三维狄拉克函数 $\delta(\boldsymbol{r}-\boldsymbol{r}')$，可以得到

$$\boldsymbol{J}(\boldsymbol{r})=\iiint\mathrm{d}^3\boldsymbol{r}'\delta(\boldsymbol{r}-\boldsymbol{r}')\bar{\bar{\boldsymbol{I}}}\cdot\boldsymbol{J}(\boldsymbol{r}') \tag{7.4.48}$$

式中，$\bar{\bar{\boldsymbol{I}}}$ 为单位并矢。将式（7.4.47）和式（7.4.48）代入式（7.4.46），可以得到并矢格林函数 $\bar{\bar{\boldsymbol{G}}}(\boldsymbol{r},\boldsymbol{r}')$ 的方程

$$\nabla\times\nabla\times\bar{\bar{\boldsymbol{G}}}(\boldsymbol{r},\boldsymbol{r}')-k^2\bar{\bar{\boldsymbol{G}}}(\boldsymbol{r},\boldsymbol{r}')=\bar{\bar{\boldsymbol{I}}}\delta(\boldsymbol{r}-\boldsymbol{r}') \tag{7.4.49}$$

惠更斯原理并矢形式的推导需要用到以下矢量恒等式

$$\begin{aligned}&\boldsymbol{E}\cdot\left[\nabla\times\nabla\times(\bar{\bar{\boldsymbol{G}}}\cdot\boldsymbol{a})\right]-[\nabla\times\nabla\times\boldsymbol{E}]\cdot(\bar{\bar{\boldsymbol{G}}}\cdot\boldsymbol{a})\\&=-\nabla\cdot\left[\boldsymbol{E}\times\nabla\times(\bar{\bar{\boldsymbol{G}}}\cdot\boldsymbol{a})+(\nabla\times\boldsymbol{E})\times(\bar{\bar{\boldsymbol{G}}}\cdot\boldsymbol{a})\right]\end{aligned} \tag{7.4.50}$$

式中，$\boldsymbol{a}$ 为任意常数矢量。对闭合曲面 S' 和无穷远处曲面所包围的体积 V 积分，有

$$\begin{aligned}&\iiint_V \mathrm{d}^3\boldsymbol{r}\left\{\boldsymbol{E}(\boldsymbol{r})\cdot\left[\nabla\times\nabla\times(\overline{\overline{\boldsymbol{G}}}(\boldsymbol{r},\boldsymbol{r}')\cdot\boldsymbol{a})\right]-\left[\nabla\times\nabla\times\boldsymbol{E}(\boldsymbol{r})\right]\cdot\overline{\overline{\boldsymbol{G}}}(\boldsymbol{r},\boldsymbol{r}')\cdot\boldsymbol{a}\right\}\\&=-\oiint_S \mathrm{d}S\left\{\hat{\boldsymbol{s}}\cdot\left[\nabla\times\boldsymbol{E}(\boldsymbol{r})\right]\times\overline{\overline{\boldsymbol{G}}}(\boldsymbol{r},\boldsymbol{r}')\cdot\boldsymbol{a}+\hat{\boldsymbol{s}}\cdot\boldsymbol{E}(\boldsymbol{r})\times\nabla\times\overline{\overline{\boldsymbol{G}}}(\boldsymbol{r},\boldsymbol{r}')\cdot\boldsymbol{a}\right\}\end{aligned}\tag{7.4.51}$$

将式（7.4.46）和式（7.4.47）应用于式（7.4.51）的左侧，并假设体积 V 内有 $\boldsymbol{J}(\boldsymbol{r})=\boldsymbol{0}$，可以得到

$$\boldsymbol{E}(\boldsymbol{r}')\cdot\boldsymbol{a}=-\oiint_S \mathrm{d}S\left\{\hat{\boldsymbol{s}}\times\left[\nabla\times\boldsymbol{E}(\boldsymbol{r})\right]\cdot\overline{\overline{\boldsymbol{G}}}(\boldsymbol{r},\boldsymbol{r}')\cdot\boldsymbol{a}+\left[\hat{\boldsymbol{s}}\times\boldsymbol{E}(\boldsymbol{r})\right]\cdot\nabla\times\overline{\overline{\boldsymbol{G}}}(\boldsymbol{r},\boldsymbol{r}')\cdot\boldsymbol{a}\right\}\tag{7.4.52}$$

注意，积分公式左侧的 $\boldsymbol{r}$ 和 $\boldsymbol{r}'$ 都在体积 V 内部。应用 $\nabla\times\boldsymbol{E}(\boldsymbol{r})=\mathrm{i}\omega\mu\boldsymbol{H}(\boldsymbol{r})$，并交换带有上标“′”和不带上标“′”的变量。因为 $\boldsymbol{a}$ 为任意常数矢量，所以可以把它从等式两侧消去，于是有

$$\boldsymbol{E}(\boldsymbol{r})=-\oiint_{S'}\mathrm{d}S'\{\mathrm{i}\omega\mu\overline{\overline{\boldsymbol{G}}}(\boldsymbol{r},\boldsymbol{r}')\cdot[\hat{\boldsymbol{s}}\times\boldsymbol{H}(\boldsymbol{r}')]+\nabla\times\overline{\overline{\boldsymbol{G}}}(\boldsymbol{r},\boldsymbol{r}')\cdot[\hat{\boldsymbol{s}}\times\boldsymbol{E}(\boldsymbol{r}')]\}\tag{7.4.53}$$

在等式右侧，$\boldsymbol{r}'$ 的积分是在闭合曲面 S' 上进行的。在推导式（7.4.53）的过程中，还利用了并矢格林函数的对称关系

$$\overline{\overline{\boldsymbol{G}}}(\boldsymbol{r},\boldsymbol{r}')=\left[\overline{\overline{\boldsymbol{G}}}(\boldsymbol{r}',\boldsymbol{r})\right]^{\mathrm{T}}\tag{7.4.54}$$

及

$$\nabla\times\overline{\overline{\boldsymbol{G}}}(\boldsymbol{r},\boldsymbol{r}')=\left[\nabla'\times\overline{\overline{\boldsymbol{G}}}(\boldsymbol{r}',\boldsymbol{r})\right]^{\mathrm{T}}\tag{7.4.55}$$

式中，上标“T”表示转置。鉴于式（7.4.42）和式（7.4.44）或式（7.4.45），式（7.4.54）显然是正确的。注意到

$$\begin{aligned}\left[\nabla\times\overline{\overline{\boldsymbol{G}}}(\boldsymbol{r},\boldsymbol{r}')\right]_{il}&=\varepsilon_{ijk}\partial_j\left(\delta_{kl}+\frac{1}{k^2}\partial_k\partial_l\right)g(\boldsymbol{r}-\boldsymbol{r}')\\&=-\varepsilon_{ijl}\partial'_j g(\boldsymbol{r}-\boldsymbol{r}')\\&=\varepsilon_{ljk}\partial'_j\delta_{ki}g(\boldsymbol{r}-\boldsymbol{r}')\\&=\left[\nabla'\times\overline{\overline{\boldsymbol{G}}}(\boldsymbol{r},\boldsymbol{r}')\right]_{li}\end{aligned}\tag{7.4.56}$$

因此，式（7.4.55）也是正确的。式（7.4.56）中应用了关系式 $\varepsilon_{ijk}\partial_j\partial_k=0$ 和 $\partial_j g=-\partial'_j g$。另外，还可以证明对满足规定边界条件的一般并矢格林函数，对称关系[式（7.4.54）和式（7.4.55）]也成立。

惠更斯原理是通过包围无穷大半径球体的闭合曲面 S 和包围全部辐射源的闭合曲面 S' 来描述的（图 7.4.9）。需要注意的是，无穷远处的曲面对面积分没有贡献，由电磁场的辐射条件和并矢格林函数可以得到

$$\lim_{r\to\infty} r\left[\boldsymbol{H}-\hat{\boldsymbol{r}}\times\frac{\boldsymbol{E}}{\eta}\right]=0\tag{7.4.57}$$

$$\lim_{r\to\infty}\boldsymbol{r}\cdot\boldsymbol{E}=0\tag{7.4.58}$$

$$\lim_{r\to\infty} r\left[\nabla\times\overline{\overline{G}} - \mathrm{i}k\hat{r}\times\overline{\overline{G}}\right]=0 \tag{7.4.59}$$

需要注意的是，在式（7.4.53）中，$\hat{r}=\hat{s}$，因此$\hat{s}\times\boldsymbol{H}(\boldsymbol{r}')$将变为$\hat{r}\times(\hat{r}\times\boldsymbol{E}/\eta)$，并且被积函数变为$\left[-\mathrm{i}k\hat{r}\times\overline{\overline{G}}+\nabla\times\overline{\overline{G}}\right]\cdot[\hat{r}\times\boldsymbol{E}]$，其在无穷远的曲面上趋于零。由于$\boldsymbol{E}(\boldsymbol{r})$完全取决于曲面$S'$（图7.4.9），注意到$\hat{s}=-\hat{n}$，因此可以得到式（7.4.40）和式（7.4.41），它们用边界面S'上电场和磁场的切向分量表示。

【扩展阅读】惠更斯超构表面

惠更斯超构表面作为一种新型人工电磁表面，在结构组成上包含电谐振器和磁谐振器两部分，能够单独对电场和磁场进行调控，极大地提高了超构表面调控电磁波的自由度。根据惠更斯原理可知，只需要通过合理设计超构表面的结构单元，令入射场在超构表面上激励起满足要求的面电（磁）流，则电磁波与超构表面相互作用后的反射波和透射波就能满足预先设定的要求。

7.5 对偶性和互补性

对应于安培定律中的电流源$\boldsymbol{J}$和电场高斯定律中的电荷ρ，可以在法拉第定律和磁场高斯定律中分别引入等效磁流源$\boldsymbol{M}$和磁荷ρ_{m}。包含电流源$\boldsymbol{J}$、电荷ρ、磁流源$\boldsymbol{M}$和磁荷ρ_{m}的麦克斯韦方程组有以下对称形式

$$\nabla\times\boldsymbol{E}=\mathrm{i}\omega\boldsymbol{B}-\boldsymbol{M} \tag{7.5.1}$$

$$\nabla\times\boldsymbol{H}=-\mathrm{i}\omega\boldsymbol{D}+\boldsymbol{J} \tag{7.5.2}$$

$$\nabla\cdot\boldsymbol{D}=\rho \tag{7.5.3}$$

$$\nabla\cdot\boldsymbol{B}=\rho_{\mathrm{m}} \tag{7.5.4}$$

电流和磁流的连续性方程可以写为

$$\nabla\cdot\boldsymbol{J}-\mathrm{i}\omega\rho=0 \tag{7.5.5}$$

$$\nabla\cdot\boldsymbol{M}-\mathrm{i}\omega\rho_{\mathrm{m}}=0 \tag{7.5.6}$$

相应的边界条件为

$$\hat{n}\times(\boldsymbol{H}_1-\boldsymbol{H}_2)=\boldsymbol{J}_{\mathrm{s}} \tag{7.5.7}$$

$$\hat{n}\times(\boldsymbol{E}_1-\boldsymbol{E}_2)=-\boldsymbol{M}_{\mathrm{s}} \tag{7.5.8}$$

$$\hat{n}\cdot(\boldsymbol{B}_1-\boldsymbol{B}_2)=\rho_{\mathrm{ms}} \tag{7.5.9}$$

$$\hat{n}\cdot(\boldsymbol{D}_1-\boldsymbol{D}_2)=\rho_{\mathrm{s}} \tag{7.5.10}$$

式中，ρ_{ms}表示表面磁荷密度，ρ_{s}表示表面电荷密度。由于麦克斯韦方程组具有对称性，因此从其出发推导出的公式和方程均有对偶形式存在。例如，从电偶极子辐射的场的解出发，通过对偶关系可以求得磁偶极子辐射的场的解。考虑任何形式的麦克斯韦方程组，无论是微分形式或积分形式，还是时域或频域，若把表 7.5.1 中第一列的变量用第二列的变量代替，

就会得到完全相同的麦克斯韦方程组。根据表 7.5.2，对于任何一个从麦克斯韦方程推导出的表达式，可以通过变量的替换，得到另一个满足麦克斯韦方程的表达式。通常把第二个表达式称为第一个表达式的对偶表达式。

表 7.5.1　对偶场量的变换

原始场量	对偶场量	原始场量	对偶场量
$\boldsymbol{E}$	$\boldsymbol{H}$	ε	μ
$\boldsymbol{H}$	$-\boldsymbol{E}$	μ	ε
$\boldsymbol{J}$	$\boldsymbol{M}$	ρ	ρ_{m}
$\boldsymbol{M}$	$-\boldsymbol{J}$	ρ_{m}	ρ

表 7.5.2　对偶公式的变换

原始公式	对偶公式	原始公式	对偶公式
$\nabla\times\boldsymbol{E}=\mathrm{i}\omega\boldsymbol{B}-\boldsymbol{M}$	$\nabla\times\boldsymbol{H}=-\mathrm{i}\omega\boldsymbol{D}+\boldsymbol{J}$	$\nabla\cdot\boldsymbol{D}=\rho$	$\nabla\cdot\boldsymbol{B}=\rho_{\mathrm{m}}$
$\nabla\times\boldsymbol{H}=-\mathrm{i}\omega\boldsymbol{D}+\boldsymbol{J}$	$\nabla\times\boldsymbol{E}=\mathrm{i}\omega\boldsymbol{B}-\boldsymbol{M}$	$\nabla\cdot\boldsymbol{B}=\rho_{\mathrm{m}}$	$\nabla\cdot\boldsymbol{D}=\rho$

以上介绍的对偶关系在实际中有两种用途：第一是用来验证公式推导的正确性。在很多情况下，通过交叉检验可以迅速发现潜在的错误；第二是可以利用对偶关系直接得到对偶方程的解，当然必须确保原始的公式是正确的。需要注意的是，对偶方程对于对偶问题是成立的，而对偶问题与原问题可能不同。例如，$\hat{\boldsymbol{n}}\times\boldsymbol{E}=\boldsymbol{0}$ 描述的是 PEC 表面的边界条件，其对偶公式 $\hat{\boldsymbol{n}}\times\boldsymbol{H}=\boldsymbol{0}$ 描述的是 PMC 表面的边界条件。因此，存在 PEC 时上方半空间场和源之间的关系，与存在 PMC 时上方半空间场和源之间的关系互为对偶表达式。

在对偶原理中，通过表 7.5.1 的置换可以将方程（7.5.1）与方程（7.5.2）互相变换。如果令置换的符号数值相等，则可以对符号进一步量化。但是，建立这样的对偶关系后，自由空间的对偶变为介电常数为 $4\pi\times10^{-7}$ F/m 和磁导率为 8.854×10^{-12} H/m 的介质，这是研究天线问题时不希望出现的情况。

适用于自由空间天线和辐射问题的对偶原理由以下等式建立

$$\boldsymbol{E}\to\eta\boldsymbol{H}\tag{7.5.11}$$

$$\boldsymbol{H}\to-\frac{\boldsymbol{E}}{\eta}\tag{7.5.12}$$

$$\boldsymbol{J}\to\frac{\boldsymbol{M}}{\eta}\tag{7.5.13}$$

$$\boldsymbol{M}\to-\eta\boldsymbol{J}\tag{7.5.14}$$

式中，$\eta=\sqrt{\mu/\varepsilon}$ 。通过这样的置换，方程（7.5.1）与方程（7.5.2）之间的变换不再需要使用不同的介质来替换自由空间。需要注意的是，这一对偶形式不适用于各向异性和双各向异性等复杂介质。

作为对偶原理的应用举例，考虑图 7.5.1 所示的互补结构。从金属板中割去图 7.5.1（a）所示的部分，图 7.5.1（b）对应剩余的部分。如果在图 7.5.1（a）所示的金属板上切割一条窄缝，并在图中的 ab 之间馈电，则形成一个金属天线，其产生的辐射场记为$(\boldsymbol{E}_{\mathrm{m}},\boldsymbol{H}_{\mathrm{m}})$。如果在 cd 之间馈电，则图 7.5.1（b）的结构就成为一个口径天线，其产生的辐射场记为$(\boldsymbol{E}_{\mathrm{a}},\boldsymbol{H}_{\mathrm{a}})$。金属天线的输入阻抗为

$$Z_{\mathrm{m}}=-\frac{\int_{b}^{a}\mathrm{d}\boldsymbol{l}\cdot\boldsymbol{E}_{\mathrm{m}}}{\oint_{cd}\mathrm{d}\boldsymbol{l}\cdot\boldsymbol{H}_{\mathrm{m}}}=-\frac{\int_{b}^{a}\mathrm{d}\boldsymbol{l}\cdot\boldsymbol{E}_{\mathrm{m}}}{2\int_{c}^{d}\mathrm{d}\boldsymbol{l}\cdot\boldsymbol{H}_{\mathrm{m}}} \tag{7.5.15}$$

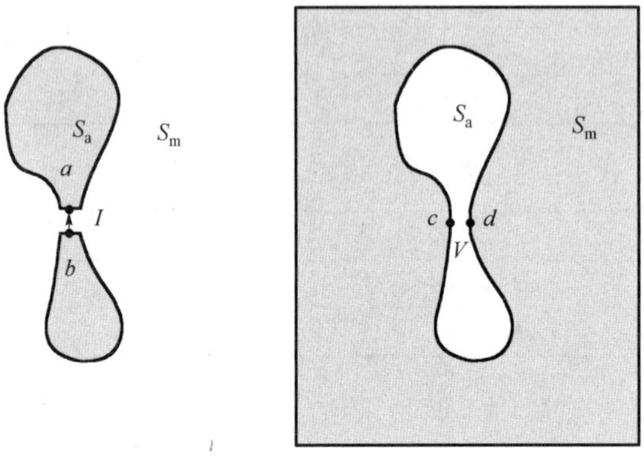

（a）金属天线　　　　（b）口径天线

图 7.5.1　互补结构

假设 $\boldsymbol{E}_{\mathrm{m}}$ 从 a 指向 b，$\boldsymbol{H}_{\mathrm{m}}$ 从 c 指向 d。等式第二部分分母中的因子 2 来自路径 cd 两侧大小相等、方向相反的切向磁场。类似地，口径天线的输入阻抗为

$$Z_{\mathrm{a}}=-\frac{\int_{c}^{d}\mathrm{d}\boldsymbol{l}\cdot\boldsymbol{E}_{\mathrm{a}}}{\oint_{ab}\mathrm{d}\boldsymbol{l}\cdot\boldsymbol{H}_{\mathrm{a}}}=\frac{\int_{c}^{d}\mathrm{d}\boldsymbol{l}\cdot\boldsymbol{E}_{\mathrm{a}}}{2\int_{b}^{a}\mathrm{d}\boldsymbol{l}\cdot\boldsymbol{H}_{\mathrm{a}}} \tag{7.5.16}$$

式中，$\boldsymbol{H}_{\mathrm{a}}$ 从 a 指向 b，$\boldsymbol{E}_{\mathrm{a}}$ 从 d 指向 c。

对于金属天线，如图 7.5.1（a）所示，满足边界条件

$$\hat{\boldsymbol{n}}\times\boldsymbol{E}_{\mathrm{m}}=\boldsymbol{0}，在 S_{\mathrm{a}} 上 \tag{7.5.17}$$

$$\hat{\boldsymbol{n}}\times\boldsymbol{H}_{\mathrm{m}}=\boldsymbol{0}，在 S_{\mathrm{m}} 上 \tag{7.5.18}$$

对于口径天线，如图 7.5.1（b）所示，满足边界条件

$$\hat{\boldsymbol{n}}\times\boldsymbol{H}_{\mathrm{a}}=\boldsymbol{0}，在 S_{\mathrm{a}} 上 \tag{7.5.19}$$

$$\hat{\boldsymbol{n}}\times\boldsymbol{E}_{\mathrm{a}}=\boldsymbol{0}，在 S_{\mathrm{m}} 上 \tag{7.5.20}$$

因此，除了周围的介质，图 7.5.1（a）中的天线辐射和图 7.5.1（b）中的口径辐射是完全对偶的两个问题，这两组辐射场之间满足式（7.5.11）和式（7.5.13）的关系。若将式（7.5.11）和式（7.5.13）代入式（7.5.15），可以得到

$$Z_{\mathrm{m}}=-\frac{\int_{b}^{a}\mathrm{d}\boldsymbol{l}\cdot\boldsymbol{E}_{\mathrm{m}}}{2\int_{c}^{d}\mathrm{d}\boldsymbol{l}\cdot\boldsymbol{H}_{\mathrm{m}}}=\frac{\eta^{2}\int_{b}^{a}\mathrm{d}\boldsymbol{l}\cdot\boldsymbol{H}_{\mathrm{a}}}{2\int_{c}^{d}\mathrm{d}\boldsymbol{l}\cdot\boldsymbol{E}_{\mathrm{a}}}=\frac{\eta^{2}}{4Z_{\mathrm{a}}} \tag{7.5.21}$$

或者

$$Z_m Z_a = \frac{\eta^2}{4} \tag{7.5.22}$$

因此，两个互补天线输入阻抗的乘积是自由空间特征阻抗平方的四分之一。若两个天线的形状相同，则它们的输入阻抗也相同，并且等于自由空间特征阻抗的一半。该结论可以进一步应用于宽带天线的设计。

7.6　巴比涅原理

巴比涅原理是与孔径天线设计密切相关的一项重要原理，它将孔径天线的绕射问题与其互补结构的散射问题联系起来。该原理最初在光学领域提出，并由布克（Henry George Booker，1910—1988）推广到电磁理论中。考虑图 7.6.1（a）中带有孔径 S_a 的无限大导体平面，以及图 7.6.1（b）中该导体平面的互补结构。假设在图 7.6.1（a）和图 7.6.1（b）的左侧有对偶的源，在没有金属屏的情况下，它们产生的入射场满足

$$\boldsymbol{E}_2^{\text{inc}} = \eta \boldsymbol{H}_1^{\text{inc}} \tag{7.6.1}$$

$$\boldsymbol{H}_2^{\text{inc}} = -\boldsymbol{E}_1^{\text{inc}} / \eta \tag{7.6.2}$$

需要注意的是，在有金属屏的情况下，源位于金属屏的左侧。

现在列出金属屏右侧的场。对于图 7.6.1（a）所示的问题，电磁场满足麦克斯韦方程组

$$\nabla \times \boldsymbol{E}_1 = \mathrm{i}\omega\mu \boldsymbol{H}_1 \tag{7.6.3}$$

$$\nabla \times \boldsymbol{H}_1 = -\mathrm{i}\omega\varepsilon \boldsymbol{E}_1 \tag{7.6.4}$$

边界条件为

$$\hat{\boldsymbol{n}} \times \boldsymbol{E}_1 = \boldsymbol{0}，\ 在\ S_m\ 上 \tag{7.6.5}$$

$$\hat{\boldsymbol{n}} \times \boldsymbol{H}_1 = \hat{\boldsymbol{n}} \times \boldsymbol{H}_1^{\text{inc}}，\ 在\ S_a\ 上 \tag{7.6.6}$$

式中，$\hat{\boldsymbol{n}}$ 是金属屏所在平面的法线方向。边界条件[式(7.6.5)]表示金属屏表面的切向电场为零。边界条件[式(7.6.6)]表示金属屏上的感应面电流没有在口径空间产生切向磁场分量。金属屏右侧的场是由 S_a 上的等效面电流源产生的。

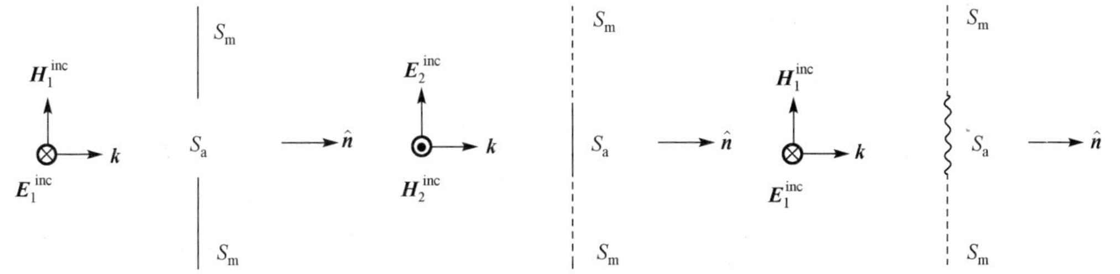

（a）电磁源通过孔径为S_a的无限大导体平面　（b）对偶源通过金属屏S_a　（c）电磁源通过磁导体S_a

图 7.6.1　巴比涅原理的互补性和对偶性

对于图 7.6.1（b）所示的问题，金属屏右侧的场满足麦克斯韦方程组

$$\nabla\times\boldsymbol{E}_2=\mathrm{i}\omega\mu\boldsymbol{H}_2 \tag{7.6.7}$$

$$\nabla\times\boldsymbol{H}_2=-\mathrm{i}\omega\varepsilon\boldsymbol{E}_2 \tag{7.6.8}$$

边界条件为

$$\hat{\boldsymbol{n}}\times\boldsymbol{E}_2=\boldsymbol{0}\text{，在 }S_\mathrm{a}\text{ 上} \tag{7.6.9}$$

$$\hat{\boldsymbol{n}}\times\boldsymbol{H}_2=\hat{\boldsymbol{n}}\times\boldsymbol{H}_2^{\mathrm{inc}}\text{，在 }S_\mathrm{m}\text{ 上} \tag{7.6.10}$$

总场 $\boldsymbol{E}_2$ 和 $\boldsymbol{H}_2$ 由以下两部分叠加：

（1）没有金属屏时的入射场 $\boldsymbol{E}_2^{\mathrm{inc}}$ 和 $\boldsymbol{H}_2^{\mathrm{inc}}$，对右半空间，它们满足无源麦克斯韦方程组；

（2）由金属屏上感应电流产生的散射场，用 $\boldsymbol{E}_2^{\mathrm{sc}}$ 和 $\boldsymbol{H}_2^{\mathrm{sc}}$ 表示。

散射场分别表示为 $\boldsymbol{E}_2^{\mathrm{sc}}=\boldsymbol{E}_2-\boldsymbol{E}_2^{\mathrm{inc}}$ 和 $\boldsymbol{H}_2^{\mathrm{sc}}=\boldsymbol{H}_2-\boldsymbol{H}_2^{\mathrm{inc}}$，满足

$$\nabla\times\boldsymbol{E}_2^{\mathrm{sc}}=\mathrm{i}\omega\mu\boldsymbol{H}_2^{\mathrm{sc}} \tag{7.6.11}$$

$$\nabla\times\boldsymbol{H}_2^{\mathrm{sc}}=-\mathrm{i}\omega\varepsilon\boldsymbol{E}_2^{\mathrm{sc}} \tag{7.6.12}$$

边界条件为

$$\hat{\boldsymbol{n}}\times\boldsymbol{E}_2^{\mathrm{sc}}=-\hat{\boldsymbol{n}}\times\boldsymbol{E}_2^{\mathrm{inc}}=-\hat{\boldsymbol{n}}\times\eta\boldsymbol{H}_1^{\mathrm{inc}}\text{，在 }S_\mathrm{a}\text{ 上} \tag{7.6.13}$$

$$\hat{\boldsymbol{n}}\times\boldsymbol{H}_2^{\mathrm{sc}}=\boldsymbol{0}\text{，在 }S_\mathrm{m}\text{ 上} \tag{7.6.14}$$

比较式（7.6.11）～式（7.6.12）和式（7.6.3）～式（7.6.4），式（7.6.13）～式（7.6.14）和式 （7.6.5）～式（7.6.6），可以发现当满足置换关系

$$\boldsymbol{H}_2^{\mathrm{sc}}=\boldsymbol{E}_1/\eta \tag{7.6.15}$$

$$\boldsymbol{E}_2^{\mathrm{sc}}=-\eta\boldsymbol{H}_1 \tag{7.6.16}$$

时，上述两个问题在数学上对偶。总场可以表示为

$$\boldsymbol{E}_2=\boldsymbol{E}_2^{\mathrm{sc}}+\boldsymbol{E}_2^{\mathrm{inc}}=\eta(-\boldsymbol{H}_1+\boldsymbol{H}_1^{\mathrm{inc}}) \tag{7.6.17}$$

$$\boldsymbol{H}_2=\boldsymbol{H}_2^{\mathrm{sc}}+\boldsymbol{H}_2^{\mathrm{inc}}=\frac{1}{\eta}(\boldsymbol{E}_1-\boldsymbol{E}_1^{\mathrm{inc}}) \tag{7.6.18}$$

这就是巴比涅原理。需要注意的是，对于图 7.6.1（a）中孔径 S_a 无限大，没有金属屏的情况，结果为 $\boldsymbol{E}_1=\boldsymbol{E}_1^{\mathrm{inc}}$，$\boldsymbol{H}_1=\boldsymbol{H}_1^{\mathrm{inc}}$；其互补情况为有一个完整的金属屏，结果为 $\boldsymbol{E}_2=\boldsymbol{H}_2=\boldsymbol{0}$。相反，当图 7.6.1（a）中孔径 S_a 为零时，对应无孔径的全金属，结果为 $\boldsymbol{E}_1=\boldsymbol{H}_1=\boldsymbol{0}$。图 7.6.1（b）中的结果变为 $\boldsymbol{E}_2=\eta\boldsymbol{H}_1^{\mathrm{inc}}$ 和 $\boldsymbol{H}_2=-\boldsymbol{E}_1^{\mathrm{inc}}/\eta$，正好与对偶源产生的场一致。

为了进一步探究巴比涅原理的含义，考虑图 7.6.1（b）的对偶问题，金属屏 S_a 替换为磁导体，源与图 7.6.1（a）的相同，如图 7.6.1（c）所示。磁导体右侧的场满足麦克斯韦方程组

$$\nabla\times\boldsymbol{E}_\mathrm{d}=\mathrm{i}\omega\mu\boldsymbol{H}_\mathrm{d} \tag{7.6.19}$$

$$\nabla\times\boldsymbol{H}_\mathrm{d}=-\mathrm{i}\omega\varepsilon\boldsymbol{E}_\mathrm{d} \tag{7.6.20}$$

边界条件为

$$\hat{\boldsymbol{n}}\times\boldsymbol{E}_{\rm d}=\hat{\boldsymbol{n}}\times\boldsymbol{E}_1^{\rm inc}\text{，在 }S_{\rm m}\text{ 上} \tag{7.6.21}$$

$$\hat{\boldsymbol{n}}\times\boldsymbol{H}_{\rm d}=\boldsymbol{0}\text{，在 }S_{\rm a}\text{ 上} \tag{7.6.22}$$

式中，$\boldsymbol{E}_{\rm d}$ 和 $\boldsymbol{H}_{\rm d}$ 表示图 7.6.1（c）的场。根据式（7.6.3）～式（7.6.6）和式（7.6.19）～式（7.6.22），$\boldsymbol{E}=\boldsymbol{E}_1+\boldsymbol{E}_{\rm d}$ 与 $\boldsymbol{H}=\boldsymbol{H}_1+\boldsymbol{H}_{\rm d}$ 满足以下关系

$$\nabla\times(\boldsymbol{E}_1+\boldsymbol{E}_{\rm d})={\rm i}\omega\mu(\boldsymbol{H}_1+\boldsymbol{H}_{\rm d}) \tag{7.6.23}$$

$$\nabla\times(\boldsymbol{H}_1+\boldsymbol{H}_{\rm d})=-{\rm i}\omega\varepsilon(\boldsymbol{E}_1+\boldsymbol{E}_{\rm d}) \tag{7.6.24}$$

边界条件为

$$\hat{\boldsymbol{n}}\times(\boldsymbol{E}_1+\boldsymbol{E}_{\rm d})=\hat{\boldsymbol{n}}\times\boldsymbol{E}_1^{\rm inc}\text{，在 }S_{\rm m}\text{ 上} \tag{7.6.25}$$

$$\hat{\boldsymbol{n}}\times(\boldsymbol{H}_1+\boldsymbol{H}_{\rm d})=\hat{\boldsymbol{n}}\times\boldsymbol{H}_1^{\rm inc}\text{，在 }S_{\rm a}\text{ 上} \tag{7.6.26}$$

因此，根据唯一性定理，$S_{\rm m}$ 和 $S_{\rm a}$ 上的切向场与 $\boldsymbol{E}_1^{\rm inc}$ 和 $\boldsymbol{H}_1^{\rm inc}$ 的切向场相同，可以得到

$$\boldsymbol{E}_1+\boldsymbol{E}_{\rm d}=\boldsymbol{E}_1^{\rm inc} \tag{7.6.27}$$

$$\boldsymbol{H}_1+\boldsymbol{H}_{\rm d}=\boldsymbol{H}_1^{\rm inc} \tag{7.6.28}$$

这与式（7.6.17）和式（7.6.18）描述的巴比涅原理一致，可以通过对偶原理的置换关系 $\boldsymbol{E}_2=\eta\boldsymbol{H}_{\rm d}$ 和 $\boldsymbol{H}_2=-\boldsymbol{E}_{\rm d}/\eta$ 得到。

习　题　7

7.1　证明静磁场的唯一性定理，并得出使静磁场有唯一解的必要边界条件。

7.2　试讨论泊松方程 $\nabla^2\varphi=-\rho/\varepsilon$ 解的唯一性问题。

7.3　考虑平面波从介电常数为 ε 和磁导率为 μ 的区域 0 垂直入射到介电常数为 ε_1 和磁导率为 μ_1 的半空间介质区域 1。分界面在 $z=0$ 处，入射场为

$$E_x=E_0{\rm e}^{-{\rm i}kz}$$

$$H_y=-\frac{1}{\eta}E_0{\rm e}^{-{\rm i}kz}$$

（1）求区域 0 和区域 1 内总的电场和磁场。确定 $z=0^+$ 和 $z=0^-$ 处的面电流和面磁流的大小。

（2）若将求得的面电流和面磁流都放置于 $z=0^+$ 处，求区域 0 的总电场。证明在区域 1 内由面电流和面磁流所产生的场与入射场相加后为零。

（3）若将求得的面电流和面磁流都放置于 $z=0^-$ 处，求区域 0 和区域 1 的总电场。证明在区域 0 内由面电流和面磁流所产生的场与入射场相加后为零。

7.4　下列介质中哪些是无损的？哪些是互易的？对非互易的介质，其互补介质是什么？

（1）具有实数本构参数的双轴介质；

（2）手征介质；

（3）具有实数 χ 的双各向同性介质；

（4）在直流磁场中的铁氧体。

7.5 对于时域中的电磁场，唯一性定理的陈述为：对于一体积中给定的源，如果 $t=0$ 时场的初始值给定，$t\geqslant 0$ 时包围该体积的表面上的电场或磁场的切向分量给定，那么电场和磁场在该体积内是唯一的。证明此唯一性定理。

7.6 考虑一个位于 xOy 平面的无限大 PEC 平面，其上有一孔径，表示为 S_{a}。电流源 $\boldsymbol{J}_1$ 放置于上半空间，其产生的场为 $(\boldsymbol{E}_1,\boldsymbol{H}_1)$。另一组源位于 PEC 平面下方，其在孔径上产生的场为 $(\boldsymbol{E}_{\mathrm{a}},\boldsymbol{H}_{\mathrm{a}})$，在上半空间产生的场为 $(\boldsymbol{E}_2,\boldsymbol{H}_2)$。这两组源的频率相同，且上半空间的介质是各向同性的。用互易原理求这两组源与场之间的关系。

7.7 考虑一各向异性介质，其介电常数张量为 $\bar{\bar{\boldsymbol{\varepsilon}}}$，磁导率张量为 $\bar{\bar{\boldsymbol{\mu}}}$，电导率张量为 $\bar{\bar{\boldsymbol{\sigma}}}$。证明当所有张量为对称张量时，互易定理成立。

7.8 考虑尺寸为 $A\times B$ 的 PEC 平板的平面波散射问题。假定 PEC 平板的厚度为零，位于 xOy 平面，入射场为

$$\boldsymbol{E}^{\mathrm{inc}}=\hat{\boldsymbol{y}}E_0\mathrm{e}^{-\mathrm{i}kz},\boldsymbol{H}^{\mathrm{inc}}=\hat{\boldsymbol{x}}H_0\mathrm{e}^{-\mathrm{i}kz}$$

且 $E_0=\eta H_0$。应用等效原理求解散射电场和磁场。

7.9 重新考虑上述问题，使用镜像原理近似求解散射电场和磁场。把求解结果和上一题的结果进行比较。

7.10 若电流源 $\boldsymbol{J}$ 和磁流源 $\boldsymbol{M}$ 位于闭合曲面 S 外，试求在曲面 S 内产生原场的等效源，并证明该等效源在闭合曲面 S 外产生的辐射场为零。

7.11 （1）证明位于任意形状完美电导体附近的垂直磁流元的空间辐射场为零。

（2）证明位于任意形状完美磁导体附近的平行磁流元的空间辐射场为零。

（3）证明位于任意形状完美磁导体附近的垂直电流元的空间辐射场为零。

7.12 一个平行电流元 $\boldsymbol{Il}$ 位于无限大的完美导体平面附近，距离为 d，如题 7.12 图所示。试求空间辐射场。

7.13 长度为 l、宽度为 w 的裂缝天线位于无限大的完美导体平面，如题 7.13 图所示。若缝隙中的电场强度为

$$E_x=E_0\sin\left[k(l/2-|z|)\right]$$

利用对偶原理，根据对称天线的结果直接导出其空间辐射场。

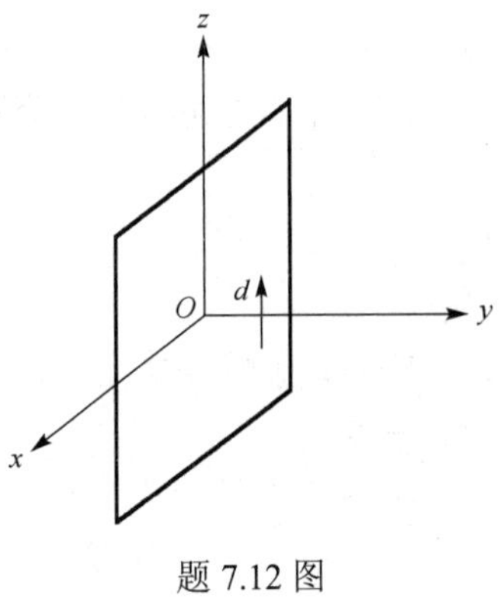

题 7.12 图

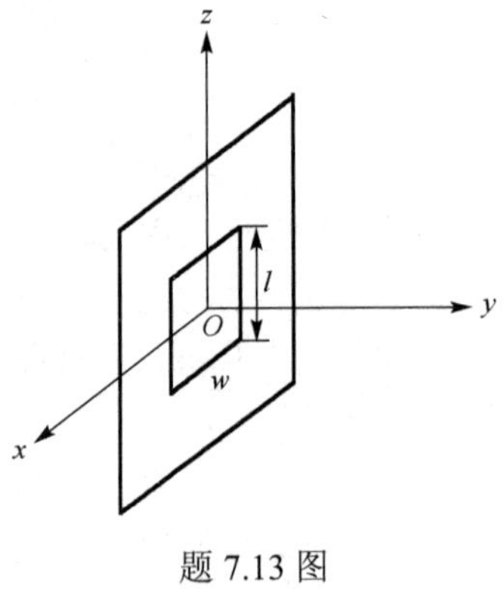

题 7.13 图

7.14　已知平面波的电场强度为 $\boldsymbol{E} = \hat{\boldsymbol{x}} E_0 \mathrm{e}^{\mathrm{i}kz}$，垂直投射到具有矩形孔径（$2a \times 2b$）的无限大完美导电平面，如题 7.14 图所示。利用惠更斯原理，求解 $z > 0$ 空间的辐射场。

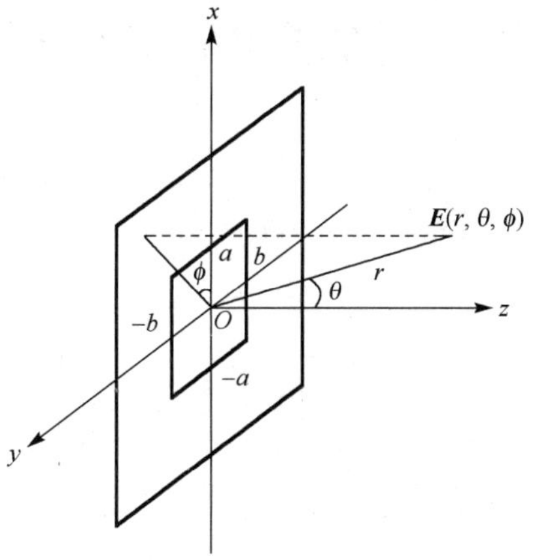

题 7.14 图

第 8 章　电磁学的相对论效应

由于历史的原因，人们对电磁理论的认知是从电场和磁场两个侧面分别进行的。随着认知过程的深化，逐步完成由局部到整体、由片面到全面的提高，而对电磁场和电磁波在不同参照系之间转换的考察是认知过程中必不可少的一环。1905 年，爱因斯坦（Albert Einstein，1879—1955）发表了《论动体的电动力学》论文，首次提出了狭义相对论。虽然狭义相对论推翻了经典力学下的绝对时空观，但是经典电磁理论具有洛伦兹协变性，与相对论的时空观是一致的。作为电磁理论和工科物理的结合和延伸，掌握电磁学的相对论效应的内涵，理解经典电磁学与狭义相对论之间的联系，有助于进一步提高对电磁理论的认知。

8.1　麦克斯韦-闵可夫斯基理论

狭义相对论原理可以描述为：在遵循洛伦兹变换的时空坐标中，物理定律对于做匀速运动的观察者而言，其形式保持不变。因此，麦克斯韦方程组将具有相同的形式，与观察者所在的参照系无关，只是所有场量的数值不同。在这个假设的前提下，光速恒定不变是真空中麦克斯韦方程组形式不变的直接结果。物理定律在洛伦兹时空变换下的形式不变性称为洛伦兹协变性。1908 年，闵可夫斯基（Hermann Minkowski，1864—1909）正式指出，介质中的宏观麦克斯韦方程组具有洛伦兹协变性。利用他的假设及洛伦兹时空变换，可以得到场矢量的变换公式，并由此推导出各种运动介质的本构关系。

假设从观察者 S 的角度，宏观电动力学可以用以下麦克斯韦方程组描述

$$\nabla \times \boldsymbol{E} + \frac{\partial \boldsymbol{B}}{\partial t} = 0 \tag{8.1.1}$$

$$\nabla \cdot \boldsymbol{B} = 0 \tag{8.1.2}$$

$$\nabla \times \boldsymbol{H} - \frac{\partial \boldsymbol{D}}{\partial t} = \boldsymbol{J} \tag{8.1.3}$$

$$\nabla \cdot \boldsymbol{D} = \rho \tag{8.1.4}$$

$$\nabla \cdot \boldsymbol{J} + \frac{\partial \rho}{\partial t} = 0 \tag{8.1.5}$$

从相对于 S 运动的另一观察者 S' 的角度，麦克斯韦方程组具有相同的形式

$$\nabla' \times \boldsymbol{E}' + \frac{\partial \boldsymbol{B}'}{\partial t'} = 0 \tag{8.1.6}$$

$$\nabla' \cdot \boldsymbol{B}' = 0 \tag{8.1.7}$$

$$\nabla' \times \boldsymbol{H}' - \frac{\partial \boldsymbol{D}'}{\partial t'} = \boldsymbol{J}' \tag{8.1.8}$$

$$\nabla' \cdot \boldsymbol{D}' = \rho' \tag{8.1.9}$$

$$\nabla' \cdot \boldsymbol{J}' + \frac{\partial \rho'}{\partial t'} = 0 \tag{8.1.10}$$

式中，上标“′”表示与S'有关的量，$\boldsymbol{E}$、$\boldsymbol{B}$、$\boldsymbol{D}$和$\boldsymbol{H}$为基本场量。目前使用最广泛的麦克斯韦方程组是闵可夫斯基公式[式（8.1.1）～式（8.1.4）或式（8.1.6）～式（8.1.9）]。这组方程以数学形式揭示了电场和磁场相互作用过程中的对称性，符合电磁场基本实验定律，同时包含对微观现象的描述，因此不管是在教科书中还是在工程应用中都被广泛采用。闵可夫斯基公式选择了两组变量，即$(\boldsymbol{E},\boldsymbol{B})$和$(\boldsymbol{D},\boldsymbol{H})$，分别描述了电磁场的性质与介质的微观规律。在各向同性介质中，它们之间由以下本构关系相联系

$$\boldsymbol{D} = \varepsilon \boldsymbol{E} \tag{8.1.11}$$

$$\boldsymbol{H} = \frac{\boldsymbol{B}}{\mu} \tag{8.1.12}$$

根据索末菲（Arnold Johannes Wilhelm Sommerfeld，1868—1951）的结论，在四维闵可夫斯基空间中，$\boldsymbol{E}$和$\boldsymbol{B}$表示二阶场张量，$\boldsymbol{D}$和$\boldsymbol{H}$表示二阶激励张量。在闵可夫斯基假设下，可以从时间和空间的洛伦兹变换中找到所有场量的变换定律。

另一个使用较为广泛的麦克斯韦方程组是由朱兰成（Lan-Jen Chu，1913—1973）在 20 世纪 50 年代末提出的介质电磁学理论公式，或称为朱公式。这组公式与闵可夫斯基公式不完全相同，在基本变量上，闵可夫斯基公式选择了$\boldsymbol{E}$、$\boldsymbol{B}$、$\boldsymbol{D}$和$\boldsymbol{H}$，而朱公式选择了$\boldsymbol{E}$、$\boldsymbol{H}$、$\boldsymbol{M}$和$\boldsymbol{P}$。朱兰成从微观的角度讨论了介质速度对极化和磁化的修正，从而得到运动介质中的麦克斯韦方程组

$$\nabla \times \boldsymbol{E}_{\mathrm{C}} = -\frac{\partial}{\partial t}(\mu_0 \boldsymbol{H}_{\mathrm{C}} + \mu_0 \boldsymbol{M}_{\mathrm{C}}) - \nabla \times (\mu_0 \boldsymbol{M}_{\mathrm{C}} \times \boldsymbol{v}) \tag{8.1.13}$$

$$\nabla \times \boldsymbol{H}_{\mathrm{C}} = \frac{\partial}{\partial t}(\varepsilon_0 \boldsymbol{E}_{\mathrm{C}} + \boldsymbol{P}_{\mathrm{C}}) + \nabla \times (\boldsymbol{P}_{\mathrm{C}} \times \boldsymbol{v}) + \boldsymbol{J}_{\mathrm{C}} \tag{8.1.14}$$

$$\nabla \cdot \varepsilon_0 \boldsymbol{E}_{\mathrm{C}} = -\nabla \cdot \boldsymbol{P}_{\mathrm{C}} + \rho_{\mathrm{C}} \tag{8.1.15}$$

$$\nabla \cdot \mu_0 \boldsymbol{H}_{\mathrm{C}} = -\nabla \cdot \mu_0 \boldsymbol{M}_{\mathrm{C}} \tag{8.1.16}$$

式中，下标“C”表示朱公式。这些变量通过

$$\boldsymbol{E} = \boldsymbol{E}_{\mathrm{C}} + \mu_0 \boldsymbol{M}_{\mathrm{C}} \times \boldsymbol{v} \tag{8.1.17}$$

$$\boldsymbol{B} = \mu_0 \boldsymbol{H}_{\mathrm{C}} + \mu_0 \boldsymbol{M}_{\mathrm{C}} \tag{8.1.18}$$

$$\boldsymbol{H} = \boldsymbol{H}_{\mathrm{C}} - \boldsymbol{P}_{\mathrm{C}} \times \boldsymbol{v} \tag{8.1.19}$$

$$\boldsymbol{D} = \varepsilon_0 \boldsymbol{E}_{\mathrm{C}} + \boldsymbol{P}_{\mathrm{C}} \tag{8.1.20}$$

$$\boldsymbol{J} = \boldsymbol{J}_{\mathrm{C}},\quad \rho = \rho_{\mathrm{C}} \tag{8.1.21}$$

与闵可夫斯基公式中的变量相联系。与此类似，许多其他的电磁学模型（如 Boffi 公式、Amperian 公式等）也引入了含有速度$\boldsymbol{v}$的项，有兴趣的读者可以自行查阅相关文献。

在各种公式中，麦克斯韦方程组是以不确定的形式出现的，尚需给出介质的本构关系。一旦本构关系确定，所有公式就都是等价的。朱公式是在微观极化和磁化的基础上考虑介质的运动效应得到的，包含介质的运动速度 $\boldsymbol{v}$，而实际所造成的观测效应非常小（偶极矩效应、四极矩效应等），因此介质运动的额外效果可以统一并入本构关系中，麦克斯韦方程组的形式保持不变。虽然介质在电磁场作用下的微观极化和磁化对介质电磁学模型的构建有帮助，但其并不是电磁理论真正关心的内容。电磁理论的主要目标是电磁波在介质中的传播行为，这也是麦克斯韦-闵可夫斯基理论相较于其他电磁波模型，被更为广泛应用的主要原因之一。

8.2 洛伦兹变换

8.2.1 洛伦兹时空变换

相对性原理要求任意参照系下观察者所描述的物理定律都是形式不变的，这是构建自然法则的基础。时间和空间构成了描述物理现象的坐标系。经典时空观下的伽利略变换曾一度作为推导相对运动中观察者之间变换定律的基础。建立在伽利略变换基础上的相对性原理被称为伽利略相对论。在伽利略变换下，牛顿力学定律的形式是不变的，但电磁定律的形式会发生变化。1904 年，洛伦兹（Hendrik Antoon Lorentz，1853—1928）对相互做匀速运动的观察者之间的麦克斯韦方程组形式不变的条件进行了研究。1905 年，爱因斯坦基于真空中光速是一个普适常数的前提，以及真空是线性、各向同性和均匀的假设，推导出洛伦兹变换定律。建立在洛伦兹变换基础上的爱因斯坦相对性原理就是狭义相对论。在洛伦兹变换下形式不变的物理定律具有洛伦兹协变性。

考虑一种简单的情形，观察者 S 和 S' 的坐标轴平行，并且在时间 $t=0$ 时两坐标原点重合。观察者 S' 相对于 S 以速度 $\boldsymbol{v}$ 做匀速运动（图 8.2.1），两个运动的观察者之间的洛伦兹时空变换（LT）用并矢符号表示，有

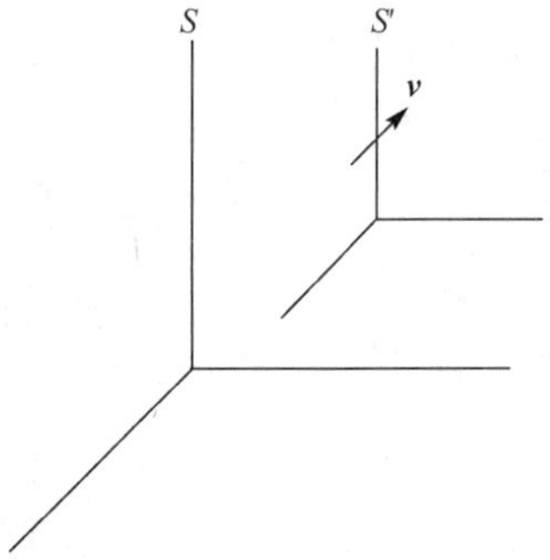

图 8.2.1　观察者 S' 相对于观察者 S 以速度 $\boldsymbol{v}$ 运动

$$\text{LT}\quad \begin{cases} ct' = \gamma ct - \gamma\boldsymbol{\beta}\cdot\boldsymbol{r} \\ \boldsymbol{r}' = \bar{\bar{\boldsymbol{\alpha}}}\cdot\boldsymbol{r} - \gamma\boldsymbol{\beta}ct \end{cases} \tag{8.2.1}$$

式中，

$$\bar{\bar{\boldsymbol{\alpha}}} = \bar{\bar{\boldsymbol{I}}} + (\gamma-1)\frac{\boldsymbol{\beta\beta}}{\beta^2} \tag{8.2.2}$$

$$\gamma = \frac{1}{\sqrt{1-\beta^2}} \tag{8.2.3}$$

$$\beta^2 = \boldsymbol{\beta}\cdot\boldsymbol{\beta} \tag{8.2.4}$$

$$\boldsymbol{\beta} = \frac{\boldsymbol{v}}{c} \tag{8.2.5}$$

$c = 3\times10^8\,\text{m/s}$ 为真空中的光速。在矩阵符号中，单位并矢 $\bar{\bar{\boldsymbol{I}}}$ 为一对角矩阵

$$\bar{\bar{I}} = \begin{bmatrix} 1 & 0 & 0 \\ 0 & 1 & 0 \\ 0 & 0 & 1 \end{bmatrix} \tag{8.2.6}$$

根据式（8.2.2），有

$$\bar{\bar{\alpha}} = \begin{bmatrix} 1+(\gamma-1)\dfrac{\beta_x\beta_x}{\beta^2} & (\gamma-1)\dfrac{\beta_x\beta_y}{\beta^2} & (\gamma-1)\dfrac{\beta_x\beta_z}{\beta^2} \\ (\gamma-1)\dfrac{\beta_y\beta_x}{\beta^2} & 1+(\gamma-1)\dfrac{\beta_y\beta_y}{\beta^2} & (\gamma-1)\dfrac{\beta_y\beta_z}{\beta^2} \\ (\gamma-1)\dfrac{\beta_z\beta_x}{\beta^2} & (\gamma-1)\dfrac{\beta_z\beta_y}{\beta^2} & 1+(\gamma-1)\dfrac{\beta_z\beta_z}{\beta^2} \end{bmatrix} \tag{8.2.7}$$

式中，β_x、β_y 和 β_z 是 $\boldsymbol{\beta}$ 在 $\hat{\boldsymbol{x}}$、$\hat{\boldsymbol{y}}$ 和 $\hat{\boldsymbol{z}}$ 方向的分量。显然，由于 $\bar{\bar{\boldsymbol{\alpha}}}$ 是对称的，因此位置矢量 $\boldsymbol{r} = \hat{\boldsymbol{x}}x + \hat{\boldsymbol{y}}y + \hat{\boldsymbol{z}}z$ 可以视为受 $\bar{\bar{\boldsymbol{\alpha}}}$ 作用的列矩阵，从而产生另一个列矩阵。

当速度 $\boldsymbol{v}$ 沿 $\hat{\boldsymbol{z}}$ 方向时，$\boldsymbol{\beta} = \hat{\boldsymbol{z}}\beta$，$\beta_x = \beta_y = 0$，$\beta_z = \beta$。$\bar{\bar{\boldsymbol{\alpha}}}$ 矩阵简化为

$$\bar{\bar{\alpha}} = \begin{bmatrix} 1 & 0 & 0 \\ 0 & 1 & 0 \\ 0 & 0 & \gamma \end{bmatrix} \tag{8.2.8}$$

根据式（8.2.1），有

$$ct' = \gamma(ct - \beta z) \tag{8.2.9}$$

$$x' = x \tag{8.2.10}$$

$$y' = y \tag{8.2.11}$$

$$z' = \gamma(z - \beta ct) \tag{8.2.12}$$

从上述公式可以发现，时间坐标并非普适常数，在 S' 中同时发生的两个物理事件在 S 中将不再是同时的。

假设沿 S 的 $\hat{\boldsymbol{z}}$ 方向运动的 S' 中有一个时钟，S' 读取时钟的时间间隔 $\Delta t' = t_2' - t_1'$ 称为固有时（间隔），S 的时间间隔 $\Delta t = t_2 - t_1$ 称为坐标时（间隔）。根据洛伦兹时空变换，有

$$c\Delta t' = \gamma(c\Delta t - \beta\Delta z) \tag{8.2.13}$$

$$\Delta z' = \gamma(\Delta z - \beta c\Delta t) \tag{8.2.14}$$

由于时钟相对于 S' 是静止的，因此 $\Delta z' = 0$。根据以上两式及式（8.2.3）和式（8.2.5），固有时 $\Delta t'$ 和坐标时 Δt 满足

$$\Delta t = \gamma\Delta t' \tag{8.2.15}$$

由于 $\gamma > 1$，因此式（8.2.15）表明坐标时 Δt 始终大于固有时 $\Delta t'$，该现象称为时间膨胀。

根据洛伦兹变换[式(8.2.1)]，还可以推导出一个重要的恒等式

$$|\boldsymbol{r}'|^2 - |ct'|^2 = |\boldsymbol{r}|^2 - |ct|^2 \tag{8.2.16}$$

式（8.2.16）与 S 和 S' 之间的相对速度 $\boldsymbol{v}$ 无关。在洛伦兹变换下，等式左右两侧均表示不变的常数，其平方根可以视为表示物理事件的时间和空间坐标的四维矢量的长度。显然，在闵可夫斯基四维空间中，矢量的长度可以是虚数，也可以是实数。

8.2.2 场矢量的洛伦兹变换

场矢量的变换公式是洛伦兹时空变换及闵可夫斯基关于麦克斯韦方程组洛伦兹协变性假设的直接结果。根据式（8.2.1）的洛伦兹变换，可以推导出以下变换公式

$$\text{LT}\quad \begin{bmatrix} c\boldsymbol{D}' \\ \boldsymbol{H}' \end{bmatrix} = \gamma \begin{bmatrix} \bar{\bar{\boldsymbol{\alpha}}}^{-1} & \bar{\bar{\boldsymbol{\beta}}} \\ -\bar{\bar{\boldsymbol{\beta}}} & \bar{\bar{\boldsymbol{\alpha}}}^{-1} \end{bmatrix} \cdot \begin{bmatrix} c\boldsymbol{D} \\ \boldsymbol{H} \end{bmatrix} \tag{8.2.17}$$

$$\text{LT}\quad \begin{bmatrix} \boldsymbol{E}' \\ c\boldsymbol{B}' \end{bmatrix} = \gamma \begin{bmatrix} \bar{\bar{\boldsymbol{\alpha}}}^{-1} & \bar{\bar{\boldsymbol{\beta}}} \\ -\bar{\bar{\boldsymbol{\beta}}} & \bar{\bar{\boldsymbol{\alpha}}}^{-1} \end{bmatrix} \cdot \begin{bmatrix} \boldsymbol{E} \\ c\boldsymbol{B} \end{bmatrix} \tag{8.2.18}$$

式中，$\bar{\bar{\boldsymbol{\alpha}}}^{-1}$ 是 $\bar{\bar{\boldsymbol{\alpha}}}$ 的逆矩阵，有

$$\begin{aligned} \bar{\bar{\boldsymbol{\alpha}}}^{-1} &= \bar{\bar{\boldsymbol{I}}} + \left(\frac{1}{\gamma}-1\right)\frac{\boldsymbol{\beta\beta}}{\beta^2} \\ &= \begin{bmatrix} 1+\left(\frac{1}{\gamma}-1\right)\frac{\beta_x\beta_x}{\beta^2} & \left(\frac{1}{\gamma}-1\right)\frac{\beta_x\beta_y}{\beta^2} & \left(\frac{1}{\gamma}-1\right)\frac{\beta_x\beta_z}{\beta^2} \\ \left(\frac{1}{\gamma}-1\right)\frac{\beta_y\beta_x}{\beta^2} & 1+\left(\frac{1}{\gamma}-1\right)\frac{\beta_y\beta_y}{\beta^2} & \left(\frac{1}{\gamma}-1\right)\frac{\beta_y\beta_z}{\beta^2} \\ \left(\frac{1}{\gamma}-1\right)\frac{\beta_z\beta_x}{\beta^2} & \left(\frac{1}{\gamma}-1\right)\frac{\beta_z\beta_y}{\beta^2} & 1+\left(\frac{1}{\gamma}-1\right)\frac{\beta_z\beta_z}{\beta^2} \end{bmatrix} \\ &= \bar{\bar{\boldsymbol{\alpha}}} - \gamma\boldsymbol{\beta\beta} \end{aligned} \tag{8.2.19}$$

定义 3×3 矩阵 $\bar{\bar{\boldsymbol{\beta}}}$，对于任意矢量 $\boldsymbol{A}$，有

$$\bar{\bar{\boldsymbol{\beta}}} \cdot \boldsymbol{A} \equiv \boldsymbol{\beta} \times \boldsymbol{A} \tag{8.2.20}$$

其显式矩阵形式为

$$\bar{\bar{\boldsymbol{\beta}}} = \begin{bmatrix} 0 & -\beta_z & \beta_y \\ \beta_z & 0 & -\beta_x \\ -\beta_y & \beta_x & 0 \end{bmatrix} \tag{8.2.21}$$

根据 $\bar{\bar{\boldsymbol{\beta}}}^2 \cdot \boldsymbol{A} = \boldsymbol{\beta} \times (\boldsymbol{\beta} \times \boldsymbol{A}) = \boldsymbol{\beta\beta} \cdot \boldsymbol{A} - \beta^2 \boldsymbol{A}$，可以得到

$$\bar{\bar{\boldsymbol{\beta}}}^2 = \boldsymbol{\beta\beta} - \beta^2 \bar{\bar{\boldsymbol{I}}} \tag{8.2.22}$$

需要注意的是，虽然 $\bar{\bar{\boldsymbol{\alpha}}}$ 和 $\bar{\bar{\boldsymbol{\alpha}}}^{-1}$ 具有对称性，但 $\bar{\bar{\boldsymbol{\beta}}}$ 是斜对称的。

根据式（8.2.1），可以得到对时空求导的洛伦兹变换。运用微分中的链式法则，有

$$\frac{\partial}{\partial ct} = \left(\frac{\partial ct'}{\partial ct}\right)\frac{\partial}{\partial ct'} + \left(\frac{\partial x_i'}{\partial ct}\right)\frac{\partial}{\partial x_i'} \tag{8.2.23}$$

$$\frac{\partial}{\partial x_i}=\left(\frac{\partial ct'}{\partial x_i}\right)\frac{\partial}{\partial ct'}+\left(\frac{\partial x'_j}{\partial x_i}\right)\frac{\partial}{\partial x'_j} \tag{8.2.24}$$

将式（8.2.1）代入以上两个公式，并考虑到$\bar{\bar{\boldsymbol{\alpha}}}$的对称性，可以得到

$$\frac{\partial}{\partial ct}=\gamma\frac{\partial}{\partial ct'}-\gamma\boldsymbol{\beta}\cdot\nabla' \tag{8.2.25}$$

$$\nabla=\bar{\bar{\boldsymbol{\alpha}}}\cdot\nabla'-\gamma\boldsymbol{\beta}\frac{\partial}{\partial ct'} \tag{8.2.26}$$

为了推导所有场矢量的变换定律，可以把以上两式代入S中的麦克斯韦方程组，并要求它们有与S'相同的形式。首先考虑电流连续性方程（8.1.5），根据S与S'之间的变换，可以得到

$$\left(\bar{\bar{\boldsymbol{\alpha}}}\cdot\nabla'-\gamma\boldsymbol{\beta}\frac{\partial}{\partial ct'}\right)\cdot\boldsymbol{J}+\gamma\left(\frac{\partial}{\partial ct'}-\boldsymbol{\beta}\cdot\nabla'\right)c\rho=0 \tag{8.2.27}$$

将式（8.2.27）与方程（8.1.10）进行比较可以发现，若满足以下关系

$$c\rho'=\gamma(c\rho-\boldsymbol{\beta}\cdot\boldsymbol{J}) \tag{8.2.28}$$

$$\boldsymbol{J}'=\bar{\bar{\boldsymbol{\alpha}}}\cdot\boldsymbol{J}-\gamma\boldsymbol{\beta}c\rho \tag{8.2.29}$$

则电流连续性方程是洛伦兹协变的。因此，在S中呈静态分布的电荷，在S'中必然产生电流，而S中的均匀电流源也会在S'中产生电荷分布。

接下来将式（8.2.25）与式（8.2.26）代入安培定律和电场高斯定律，有

$$\left(\bar{\bar{\boldsymbol{\alpha}}}\cdot\nabla'-\gamma\frac{\partial}{\partial ct'}\boldsymbol{\beta}\right)\times\boldsymbol{H}-\left(\gamma\frac{\partial}{\partial ct'}-\gamma\boldsymbol{\beta}\cdot\nabla'\right)c\boldsymbol{D}=\boldsymbol{J} \tag{8.2.30}$$

$$\left(\bar{\bar{\boldsymbol{\alpha}}}\cdot\nabla'-\gamma\frac{\partial}{\partial ct'}\boldsymbol{\beta}\right)\cdot c\boldsymbol{D}=c\rho \tag{8.2.31}$$

为了得到$\boldsymbol{D}'$和$\boldsymbol{H}'$的变换定律，可以将以上两式整理成以下形式

$$\nabla'\cdot\boldsymbol{D}'=\rho' \tag{8.2.32}$$

$$\nabla'\times\boldsymbol{H}'-\frac{\partial}{\partial t'}\boldsymbol{D}'=\boldsymbol{J}' \tag{8.2.33}$$

根据式（8.2.28）、式（8.2.30）和式（8.2.31），有

$$\gamma\left[(\bar{\bar{\boldsymbol{\alpha}}}\cdot\nabla')\cdot c\boldsymbol{D}-\boldsymbol{\beta}\cdot(\bar{\bar{\boldsymbol{\alpha}}}\cdot\nabla')\times\boldsymbol{H}-\gamma(\boldsymbol{\beta}\cdot\nabla')(\boldsymbol{\beta}\cdot c\boldsymbol{D})\right]=c\rho' \tag{8.2.34}$$

应用

$$\begin{aligned}\boldsymbol{\beta}\cdot\left[(\bar{\bar{\boldsymbol{\alpha}}}\cdot\nabla')\times\boldsymbol{H}\right]&=\boldsymbol{\beta}\cdot\left\{\left[\nabla'+(\gamma-1)\frac{\boldsymbol{\beta}\cdot\nabla'}{\beta^2}\boldsymbol{\beta}\right]\times\boldsymbol{H}\right\}\\&=\boldsymbol{\beta}\cdot\nabla'\times\boldsymbol{H}=-\nabla'\cdot(\boldsymbol{\beta}\times\boldsymbol{H})\end{aligned} \tag{8.2.35}$$

可以得到

$$\nabla'\cdot\left\{\gamma\left[\bar{\bar{\boldsymbol{\alpha}}}-\gamma\boldsymbol{\beta}\boldsymbol{\beta}\right]\cdot c\boldsymbol{D}+\gamma\boldsymbol{\beta}\times\boldsymbol{H}\right\}=c\rho' \tag{8.2.36}$$

同样地，根据式（8.2.29）、式（8.2.30）和式（8.2.31），可以得到

$$\begin{aligned}&\bar{\bar{\boldsymbol{\alpha}}}\cdot(\bar{\bar{\boldsymbol{\alpha}}}\cdot\nabla')\times\boldsymbol{H}+\gamma\bar{\bar{\boldsymbol{\alpha}}}\cdot(\boldsymbol{\beta}\cdot\nabla')c\boldsymbol{D}-\gamma\boldsymbol{\beta}(\bar{\bar{\boldsymbol{\alpha}}}\cdot\nabla')c\boldsymbol{D}+\\&\frac{\partial}{\partial ct'}\left[-\gamma\bar{\bar{\boldsymbol{\alpha}}}\cdot(\boldsymbol{\beta}\times\boldsymbol{H})-\gamma(\bar{\bar{\boldsymbol{\alpha}}}\cdot c\boldsymbol{D})+\gamma^2\boldsymbol{\beta}\boldsymbol{\beta}\cdot c\boldsymbol{D}\right]=\boldsymbol{J}'\end{aligned}\tag{8.2.37}$$

根据

$$\begin{aligned}\bar{\bar{\boldsymbol{\alpha}}}\cdot[(\boldsymbol{\alpha}\cdot\nabla')\times\boldsymbol{H}]&=\nabla\times\boldsymbol{H}+\frac{\gamma-1}{\beta^2}\cdot\left[(\boldsymbol{\beta}\cdot\nabla')\boldsymbol{\beta}\times\boldsymbol{H}-\boldsymbol{\beta}\nabla'\cdot(\boldsymbol{\beta}\times\boldsymbol{H})\right]\\&=\nabla'\times\left\{\boldsymbol{H}-\frac{\gamma-1}{\beta^2}[\boldsymbol{\beta}\times(\boldsymbol{\beta}\times\boldsymbol{H})]\right\}=\nabla'\times\left\{\gamma\left[\bar{\bar{\boldsymbol{I}}}+\left(\frac{1}{\gamma}-1\right)\frac{\boldsymbol{\beta}\boldsymbol{\beta}}{\beta^2}\right]\cdot\boldsymbol{H}\right\}\end{aligned}\tag{8.2.38}$$

和

$$\begin{aligned}&\bar{\bar{\boldsymbol{\alpha}}}\cdot(\boldsymbol{\beta}\cdot\nabla')c\boldsymbol{D}-\boldsymbol{\beta}\left[(\bar{\bar{\boldsymbol{\alpha}}}\cdot\nabla')c\boldsymbol{D}\right]\\&=(\boldsymbol{\beta}\times\nabla')c\boldsymbol{D}-\boldsymbol{\beta}(\nabla'\cdot c\boldsymbol{D})=-\nabla'\times(\boldsymbol{\beta}\times c\boldsymbol{D})\end{aligned}\tag{8.2.39}$$

可以得到

$$\begin{aligned}&\nabla'\times\left\{\gamma\left[\bar{\bar{\boldsymbol{I}}}+\left(\frac{1}{\gamma}-1\right)\frac{\boldsymbol{\beta}\boldsymbol{\beta}}{\beta^2}\right]\cdot\boldsymbol{H}-\gamma\boldsymbol{\beta}\times c\boldsymbol{D}\right\}-\\&\frac{\partial}{\partial ct'}\left[\gamma(\bar{\bar{\boldsymbol{\alpha}}}-\gamma\boldsymbol{\beta}\boldsymbol{\beta})\cdot c\boldsymbol{D}+\gamma\boldsymbol{\beta}\times\boldsymbol{H}\right]=\boldsymbol{J}'\end{aligned}\tag{8.2.40}$$

比较式（8.2.32）和式（8.2.36），以及式（8.2.33）和式（8.2.40），可以得到 $\boldsymbol{D}$ 和 $\boldsymbol{H}$ 的变换公式

$$c\boldsymbol{D}'=\gamma\left[\bar{\bar{\boldsymbol{\alpha}}}-\gamma\boldsymbol{\beta}\boldsymbol{\beta}\right]\cdot c\boldsymbol{D}+\gamma\boldsymbol{\beta}\times\boldsymbol{H}\tag{8.2.41}$$

$$\boldsymbol{H}'=\gamma\left[\bar{\bar{\boldsymbol{I}}}+\left(\frac{1}{\gamma}-1\right)\frac{\boldsymbol{\beta}\boldsymbol{\beta}}{\beta^2}\right]\cdot\boldsymbol{H}-\gamma\boldsymbol{\beta}\times c\boldsymbol{D}\tag{8.2.42}$$

容易证明以上两个公式方括号内的并矢等于 $\bar{\bar{\boldsymbol{\alpha}}}$ 的逆矩阵，有

$$\bar{\bar{\boldsymbol{\alpha}}}^{-1}=\bar{\bar{\boldsymbol{I}}}+\left(\frac{1}{\gamma}-1\right)\frac{\boldsymbol{\beta}\boldsymbol{\beta}}{\beta^2}=\bar{\bar{\boldsymbol{\alpha}}}-\gamma\boldsymbol{\beta}\boldsymbol{\beta}\tag{8.2.43}$$

这可以通过证明

$$\bar{\bar{\boldsymbol{\alpha}}}\cdot\bar{\bar{\boldsymbol{\alpha}}}^{-1}=\left[\bar{\bar{\boldsymbol{I}}}+(\gamma-1)\frac{\boldsymbol{\beta}\boldsymbol{\beta}}{\beta^2}\right]\cdot\left[\bar{\bar{\boldsymbol{I}}}+\left(\frac{1}{\gamma}-1\right)\frac{\boldsymbol{\beta}\boldsymbol{\beta}}{\beta^2}\right]=\bar{\bar{\boldsymbol{I}}}\tag{8.2.44}$$

并根据 $1/\gamma^2=1-\beta^2$ 和 $\bar{\bar{\boldsymbol{\alpha}}}^{-1}\cdot\bar{\bar{\boldsymbol{\alpha}}}=\bar{\bar{\boldsymbol{I}}}$ 得到。

对于式（8.2.18）中 $\boldsymbol{E}$ 和 $c\boldsymbol{B}$ 的变换，场矢量可以分解为平行于和垂直于速度 $\boldsymbol{v}$ 的分量。有趣的是，平行于速度方向的场分量保持不变

$$\boldsymbol{E}'_{\parallel}=\boldsymbol{E}_{\parallel}\tag{8.2.45}$$

$$\boldsymbol{B}'_{\parallel}=\boldsymbol{B}_{\parallel}\tag{8.2.46}$$

$$\boldsymbol{D}'_{\parallel}=\boldsymbol{D}_{\parallel}\tag{8.2.47}$$

$$\boldsymbol{H}'_{\parallel} = \boldsymbol{H}_{\parallel} \tag{8.2.48}$$

而垂直于速度方向的场分量变为

$$\boldsymbol{E}'_{\perp} = \gamma(\boldsymbol{E}_{\perp} + \boldsymbol{\beta} \times c\boldsymbol{B}_{\perp}) \tag{8.2.49}$$

$$c\boldsymbol{B}'_{\perp} = \gamma(c\boldsymbol{B}_{\perp} - \boldsymbol{\beta} \times \boldsymbol{E}_{\perp}) \tag{8.2.50}$$

$$c\boldsymbol{D}'_{\perp} = \gamma(c\boldsymbol{D}_{\perp} + \boldsymbol{\beta} \times \boldsymbol{H}_{\perp}) \tag{8.2.51}$$

$$\boldsymbol{H}'_{\perp} = \gamma(\boldsymbol{H}_{\perp} - \boldsymbol{\beta} \times c\boldsymbol{D}_{\perp}) \tag{8.2.52}$$

8.2.3　洛伦兹不变量

式（8.2.17）与式（8.2.18）等号右侧第一项为 6×6 矩阵，可以用 $\bar{\bar{\boldsymbol{L}}}_6$ 表示，有

$$\bar{\bar{\boldsymbol{L}}}_6(\boldsymbol{\beta}) = \gamma \begin{bmatrix} \bar{\bar{\boldsymbol{\alpha}}}^{-1} & \bar{\bar{\boldsymbol{\beta}}} \\ -\bar{\bar{\boldsymbol{\beta}}} & \bar{\bar{\boldsymbol{\alpha}}}^{-1} \end{bmatrix} \tag{8.2.53}$$

当速度 $\boldsymbol{v}$ 沿 $\hat{\boldsymbol{z}}$ 方向时，矩阵 $\bar{\bar{\boldsymbol{L}}}_6$ 变为

$$\bar{\bar{\boldsymbol{L}}}_6 = \gamma \begin{bmatrix} 1 & 0 & 0 & 0 & -\beta & 0 \\ 0 & 1 & 0 & \beta & 0 & 0 \\ 0 & 0 & 1/\gamma & 0 & 0 & 0 \\ 0 & \beta & 0 & 1 & 0 & 0 \\ -\beta & 0 & 0 & 0 & 1 & 0 \\ 0 & 0 & 0 & 0 & 0 & 1/\gamma \end{bmatrix} \tag{8.2.54}$$

洛伦兹逆变换可以由 $\bar{\bar{\boldsymbol{L}}}_6(\boldsymbol{\beta})$ 的逆矩阵确定。根据矩阵 $\bar{\bar{\boldsymbol{L}}}_6(\boldsymbol{\beta})$ 的定义[式(8.2.53)]及式(8.2.20)，可以证明

$$\bar{\bar{\boldsymbol{L}}}_6^{-1}(\boldsymbol{\beta}) = \bar{\bar{\boldsymbol{L}}}_6(-\boldsymbol{\beta}) = \gamma \begin{bmatrix} \bar{\bar{\boldsymbol{\alpha}}}^{-1} & -\bar{\bar{\boldsymbol{\beta}}} \\ \bar{\bar{\boldsymbol{\beta}}} & \bar{\bar{\boldsymbol{\alpha}}}^{-1} \end{bmatrix} \tag{8.2.55}$$

通过理论推导，洛伦兹逆变换等于改变速度的方向。

由于 $\bar{\bar{\boldsymbol{\alpha}}}$ 具有对称性，$\bar{\bar{\boldsymbol{\beta}}}$ 具有斜对称性，因此有

$$\bar{\bar{\boldsymbol{L}}}_6^{\mathrm{T}} = \gamma \begin{bmatrix} (\bar{\bar{\boldsymbol{\alpha}}}^{-1})^{\mathrm{T}} & (-\bar{\bar{\boldsymbol{\beta}}})^{\mathrm{T}} \\ \bar{\bar{\boldsymbol{\beta}}}^{\mathrm{T}} & (\bar{\bar{\boldsymbol{\alpha}}}^{-1})^{\mathrm{T}} \end{bmatrix} = \bar{\bar{\boldsymbol{L}}}_6 \tag{8.2.56}$$

式中，上标“T”表示矩阵的转置，因此 $\bar{\bar{\boldsymbol{L}}}_6$ 是对称的 6×6 矩阵。此外，还可以证明

$$\bar{\bar{\boldsymbol{L}}}_6^{\mathrm{T}} \cdot \begin{bmatrix} \bar{\bar{\boldsymbol{I}}} & \bar{\bar{\boldsymbol{0}}} \\ \bar{\bar{\boldsymbol{0}}} & -\bar{\bar{\boldsymbol{I}}} \end{bmatrix} \cdot \bar{\bar{\boldsymbol{L}}}_6 = \begin{bmatrix} \bar{\bar{\boldsymbol{I}}} & \bar{\bar{\boldsymbol{0}}} \\ \bar{\bar{\boldsymbol{0}}} & -\bar{\bar{\boldsymbol{I}}} \end{bmatrix} \tag{8.2.57}$$

$$\bar{\bar{\boldsymbol{L}}}_6^{\mathrm{T}} \cdot \begin{bmatrix} \bar{\bar{\boldsymbol{0}}} & \bar{\bar{\boldsymbol{I}}} \\ \bar{\bar{\boldsymbol{I}}} & \bar{\bar{\boldsymbol{0}}} \end{bmatrix} \cdot \bar{\bar{\boldsymbol{L}}}_6 = \begin{bmatrix} \bar{\bar{\boldsymbol{0}}} & \bar{\bar{\boldsymbol{I}}} \\ \bar{\bar{\boldsymbol{I}}} & \bar{\bar{\boldsymbol{0}}} \end{bmatrix} \tag{8.2.58}$$

还可以推导出许多关于矩阵 $\bar{\bar{L}}_6$ 和 $\bar{\bar{\alpha}}$ 的恒等式，在此不一一列举。

利用式（8.2.18）和式（8.2.57），可以得到洛伦兹变换不变量的关系式，有

$$[\boldsymbol{E}', c\boldsymbol{B}'] \cdot \begin{bmatrix} \bar{\bar{I}} & \bar{\bar{0}} \\ \bar{\bar{0}} & -\bar{\bar{I}} \end{bmatrix} \cdot \begin{bmatrix} \boldsymbol{E}' \\ c\boldsymbol{B}' \end{bmatrix} = [\boldsymbol{E}, c\boldsymbol{B}] \cdot \bar{\bar{L}}_6^{\mathrm{T}} \cdot \begin{bmatrix} \bar{\bar{I}} & \bar{\bar{0}} \\ \bar{\bar{0}} & -\bar{\bar{I}} \end{bmatrix} \cdot \bar{\bar{L}}_6 \begin{bmatrix} \boldsymbol{E} \\ c\boldsymbol{B} \end{bmatrix} \tag{8.2.59}$$

根据式（8.2.56）和式（8.2.59），有

$$|\boldsymbol{E}'|^2 - |c\boldsymbol{B}'|^2 = |\boldsymbol{E}|^2 - |c\boldsymbol{B}|^2 \tag{8.2.60}$$

观察者 S 和 S' 的相对运动速度并没有在式（8.2.60）中出现，因此 $\boldsymbol{E}$ 和 $c\boldsymbol{B}$ 模的平方差是一个与运动无关的常数。任何在洛伦兹变换下不发生变化的量都称为洛伦兹不变量。应注意洛伦兹不变量和洛伦兹协变性的区别，前者指的是标量，后者指的是物理定律。根据式（8.2.18）与式(8.2.58)，有

$$[\boldsymbol{E}', c\boldsymbol{B}'] \cdot \begin{bmatrix} \bar{\bar{0}} & \bar{\bar{I}} \\ \bar{\bar{I}} & \bar{\bar{0}} \end{bmatrix} \cdot \begin{bmatrix} \boldsymbol{E}' \\ c\boldsymbol{B}' \end{bmatrix} = [\boldsymbol{E}, c\boldsymbol{B}] \cdot \bar{\bar{L}}_6^{\mathrm{T}} \cdot \begin{bmatrix} \bar{\bar{0}} & \bar{\bar{I}} \\ \bar{\bar{I}} & \bar{\bar{0}} \end{bmatrix} \cdot \bar{\bar{L}}_6 \cdot \begin{bmatrix} \boldsymbol{E} \\ c\boldsymbol{B} \end{bmatrix} \tag{8.2.61}$$

因此，可以得到另一个洛伦兹不变量

$$\boldsymbol{E}' \cdot \boldsymbol{B}' = \boldsymbol{E} \cdot \boldsymbol{B} \tag{8.2.62}$$

8.2.4 频率和波矢量的变换

考虑具有相对运动的 S'（接收机）和 S（发射机），并假设 S' 接收 S 发出的平面波。S 发出的平面波表示为

$$\begin{bmatrix} \boldsymbol{E}(\boldsymbol{r},t) \\ c\boldsymbol{B}(\boldsymbol{r},t) \end{bmatrix} = \begin{bmatrix} \boldsymbol{E}_0 \\ c\boldsymbol{B}_0 \end{bmatrix} \cos(\boldsymbol{k} \cdot \boldsymbol{r} - \omega t) \tag{8.2.63}$$

S' 接收的平面波表示为

$$\begin{bmatrix} \boldsymbol{E}'(\boldsymbol{r}',t') \\ c\boldsymbol{B}'(\boldsymbol{r}',t') \end{bmatrix} = \begin{bmatrix} \boldsymbol{E}_0' \\ c\boldsymbol{B}_0' \end{bmatrix} \cos(\boldsymbol{k}' \cdot \boldsymbol{r}' - \omega t') \tag{8.2.64}$$

式中，上标“′”表示与 S' 有关的量。令接收机 S' 以均匀速度 $\boldsymbol{v}$ 相对发射机 S 运动，根据洛伦兹变换[式(8.2.18)]，有

$$\begin{bmatrix} \boldsymbol{E}_0 \\ c\boldsymbol{B}_0 \end{bmatrix} = \begin{bmatrix} \bar{\bar{\alpha}}^{-1} & -\bar{\bar{\beta}} \\ \bar{\bar{\beta}} & \bar{\bar{\alpha}}^{-1} \end{bmatrix} \cdot \begin{bmatrix} \boldsymbol{E}_0' \\ c\boldsymbol{B}_0' \end{bmatrix} \tag{8.2.65}$$

和

$$\boldsymbol{r} = \bar{\bar{\alpha}} \cdot \boldsymbol{r}' + \gamma \boldsymbol{\beta} c t' \tag{8.2.66}$$

$$ct = \gamma\left(ct' + \boldsymbol{\beta} \cdot \boldsymbol{r}'\right) \tag{8.2.67}$$

式（8.2.63）中的相位变化为

$$\boldsymbol{k} \cdot \boldsymbol{r} - \frac{\omega}{c} ct = \left(\boldsymbol{k} \cdot \bar{\bar{\alpha}} - \gamma \boldsymbol{\beta} \frac{\omega}{c}\right) \cdot \boldsymbol{r}' - \gamma\left(\frac{\omega}{c} - \boldsymbol{\beta} \cdot \boldsymbol{k}\right) ct' \tag{8.2.68}$$

将式（8.2.68）与式（8.2.64）比较，可以得到

$$\boldsymbol{k}' = \bar{\bar{\boldsymbol{\alpha}}} \cdot \boldsymbol{k} - \gamma\boldsymbol{\beta}\frac{\omega}{c} \tag{8.2.69}$$

$$\frac{\omega'}{c} = \gamma\left(\frac{\omega}{c} - \boldsymbol{\beta}\cdot\boldsymbol{k}\right) \tag{8.2.70}$$

以上两式与 $\boldsymbol{k}$ 代替 $\boldsymbol{r}$ 、ω/c 代替 ct 的时空坐标变换公式相同。从上述公式可以发现，不同参照系中平面波的相位是不变量。相位的不变性也称为相位不变性原理，能够用于推导上述变换公式。

8.3　运动介质中的波

8.3.1　本构关系的变换

在场矢量变换中，将 $\boldsymbol{E}$ 和 $c\boldsymbol{B}$ 、$\boldsymbol{H}$ 和 $c\boldsymbol{D}$ 一起变换，可在闵可夫斯基空间中形成一个四维二阶张量。因此，可以将本构关系写成用 $\boldsymbol{E}$ 、$\boldsymbol{B}$ 表示的形式

$$\begin{bmatrix} c\boldsymbol{D} \\ \boldsymbol{H} \end{bmatrix} = \bar{\bar{\boldsymbol{C}}} \cdot \begin{bmatrix} \boldsymbol{E} \\ c\boldsymbol{B} \end{bmatrix} \tag{8.3.1}$$

式中，

$$\bar{\bar{\boldsymbol{C}}} = \begin{bmatrix} \bar{\bar{\boldsymbol{P}}} & \bar{\bar{\boldsymbol{L}}} \\ \bar{\bar{\boldsymbol{M}}} & \bar{\bar{\boldsymbol{Q}}} \end{bmatrix} \tag{8.3.2}$$

是本构矩阵，矩阵的元素是本构参数。这个表达式描述了本构关系的洛伦兹协变。

电磁场矢量的洛伦兹变换公式可以用于推导本构关系的变换定律。在某一参照系中相对静止的介质，若从另一具有相对运动的参照系观察时将变为运动介质。反之，对于某一参照系中运动的介质，可以找到另一个参照系，其中的介质相对静止。与运动介质相关的问题总可以通过介质相对静止的参照系求解，并将所得结果通过洛伦兹变换方法变换回运动介质的参照系。在实践中，当涉及两个以上相对运动的介质时，洛伦兹变换方法将不再适用，因为若其中一个参照系中的介质是相对静止的，则除了该参照系，其余参照系中的介质都是运动的。

1. 运动各向同性介质

考虑具有相对匀速运动的两个参照系 S 和 S' 。在参照系 S' 内，有一介电常数为 ε' 和磁导率为 μ' 的各向同性介质。本构矩阵采用以下形式

$$\bar{\bar{\boldsymbol{C}}}' = \begin{bmatrix} c\varepsilon'\bar{\bar{\boldsymbol{I}}} & \bar{\bar{\boldsymbol{0}}} \\ \bar{\bar{\boldsymbol{0}}} & \dfrac{1}{c\mu'}\bar{\bar{\boldsymbol{I}}} \end{bmatrix} \tag{8.3.3}$$

在 S 中，可以得到运动各向同性介质的本构矩阵

$$\bar{\bar{\boldsymbol{C}}} = \bar{\bar{\boldsymbol{L}}}_6^{-1} \cdot \bar{\bar{\boldsymbol{C}}}' \cdot \bar{\bar{\boldsymbol{L}}}_6$$

$$=\frac{\gamma^2}{c\mu'}\begin{bmatrix}(n^2-\beta^2)\bar{\bar{I}}-(n^2-1)\boldsymbol{\beta\beta} & (n^2-1)\bar{\bar{\boldsymbol{\beta}}}\\ (n^2-1)\bar{\bar{\boldsymbol{\beta}}} & (1-n^2\beta^2)\bar{\bar{I}}+(n^2-1)\boldsymbol{\beta\beta}\end{bmatrix} \tag{8.3.4}$$

式中，$n^2=c^2\mu'\varepsilon'$，n 为静止参照系内运动介质的折射率。显然，当 $\beta=0$ 时，式（8.3.4）简化为式（8.3.3）。对于运动中的各向同性介质，本构矩阵将变为双各向异性。

当速度 $\boldsymbol{v}$ 沿 $\hat{z}$ 方向时，可以得到

$$\bar{\bar{C}}=\frac{\gamma^2}{c\mu'}\begin{bmatrix}n^2-\beta^2 & 0 & 0 & 0 & -(n^2-1)\beta & 0\\ 0 & n^2-\beta^2 & 0 & (n^2-1)\beta & 0 & 0\\ 0 & 0 & n^2(1-\beta^2) & 0 & 0 & 0\\ 0 & -(n^2-1)\beta & 0 & 1-n^2\beta^2 & 0 & 0\\ (n^2-1)\beta & 0 & 0 & 0 & 1-n^2\beta^2 & 0\\ 0 & 0 & 0 & 0 & 0 & 1/\gamma^2\end{bmatrix} \tag{8.3.5}$$

需要注意的是，即便 ε' 和 μ' 不是标量，上述推导仍然有效。ε' 和 μ' 的测量是在介质相对静止的参照系内进行的。如果介质与其相对静止的参照系的参数有关，则必须对这些参数进行正确的变换。例如，当介质在静止参照系内为一等离子体时，则需对等离子体频率进行相应的变换。

运动各向同性介质的本构关系也可以写为用 $\boldsymbol{E}$ 和 $\boldsymbol{H}$ 表示的 $\boldsymbol{B}$ 和 $\boldsymbol{D}$ 形式

$$\boldsymbol{B}=\mu'\bar{\bar{\boldsymbol{A}}}\cdot\boldsymbol{H}-\boldsymbol{\Omega}\times\boldsymbol{E} \tag{8.3.6}$$

$$\boldsymbol{D}=\varepsilon'\bar{\bar{\boldsymbol{A}}}\cdot\boldsymbol{E}+\boldsymbol{\Omega}\times\boldsymbol{H} \tag{8.3.7}$$

式中，

$$\bar{\bar{\boldsymbol{A}}}=\frac{1-\beta^2}{1-n^2\beta^2}\left(\bar{\bar{\boldsymbol{I}}}-\frac{n^2-1}{1-\beta^2}\boldsymbol{\beta\beta}\right) \tag{8.3.8}$$

$$\boldsymbol{\Omega}=\frac{n^2-1}{1-n^2\beta^2}\boldsymbol{\beta}/c \tag{8.3.9}$$

当速度 $\boldsymbol{v}$ 沿 $\hat{z}$ 方向时，$\bar{\bar{\boldsymbol{A}}}$ 变为一个对角矩阵。

2. 运动双各向异性介质

考虑处于运动状态的双各向异性介质，其本构关系具有如式（8.3.1）所示的形式。假设速度 $\boldsymbol{v}$ 沿 $\hat{z}$ 方向，运用电磁场矢量的洛伦兹变换，本构矩阵为

$$\bar{\bar{\boldsymbol{P}}}=\begin{bmatrix}\gamma^2[p_{xx}-\beta(l_{xy}-m_{yx})-\beta^2q_{yy}] & \gamma^2[p_{xy}-\beta(l_{xx}+m_{yy})+\beta^2q_{yx}] & \gamma(p_{xz}+\beta m_{yz})\\ \gamma^2[p_{yx}+\beta(l_{yy}+m_{xx})+\beta^2q_{xy}] & \gamma^2[p_{yy}+\beta(l_{yx}-m_{yx})-\beta^2q_{xx}] & \gamma(p_{yz}-\beta m_{xz})\\ \gamma(p_{zx}-\beta l_{zy}) & \gamma(p_{zy}+\beta l_{zx}) & p_{zz}\end{bmatrix} \tag{8.3.10}$$

$$\bar{\bar{\boldsymbol{Q}}}=\begin{bmatrix}\gamma^2[q_{xx}+\beta(m_{xy}-l_{yx})-\beta^2p_{yy}] & \gamma^2[q_{xy}-\beta(m_{xx}+l_{yy})+\beta^2p_{yx}] & \gamma(q_{xz}-\beta l_{yz})\\ \gamma^2[q_{yx}+\beta(m_{yy}+l_{xx})+\beta^2p_{xy}] & \gamma^2[q_{yy}-\beta(m_{yx}-l_{xy})-\beta^2p_{xx}] & \gamma(q_{yz}+\beta l_{xz})\\ \gamma(q_{zx}+\beta m_{zy}) & \gamma(q_{zy}-\beta m_{zx}) & q_{zz}\end{bmatrix} \tag{8.3.11}$$

$$\bar{\bar{L}}=\begin{bmatrix}\gamma^2[l_{xx}+\beta(p_{xy}+q_{yx})+\beta^2 m_{yy}] & \gamma^2[l_{xy}-\beta(p_{xx}-q_{yy})-\beta^2 m_{yx}] & \gamma(l_{xz}+\beta q_{yz})\\ \gamma^2[l_{yx}+\beta(p_{yy}-q_{xx})-\beta^2 m_{xy}] & \gamma^2[l_{yy}-\beta(p_{yx}+q_{yx})+\beta^2 q_{xx}] & \gamma(l_{yz}-\beta q_{xz})\\ \gamma(l_{zx}+\beta p_{zy}) & \gamma(l_{zy}-\beta p_{zx}) & l_{zz}\end{bmatrix} \quad (8.3.12)$$

$$\bar{\bar{M}}=\begin{bmatrix}\gamma^2[m_{xx}-\beta(q_{xy}+p_{yx})+\beta^2 l_{yy}] & \gamma^2[m_{xy}+\beta(q_{xx}-p_{yy})-\beta^2 l_{yx}] & \gamma(m_{xz}-\beta p_{yz})\\ \gamma^2[m_{yx}-\beta(q_{yy}-p_{xx})-\beta^2 l_{xy}] & \gamma^2[m_{yy}+\beta(q_{yx}+p_{yx})+\beta^2 l_{xx}] & \gamma(m_{yz}+\beta p_{xz})\\ \gamma(m_{zx}-\beta q_{zy}) & \gamma(m_{zy}+\beta q_{zx}) & m_{zz}\end{bmatrix} \quad (8.3.13)$$

需要注意的是，若双各向异性介质在静止参照系中满足对称条件，则对应的运动的双各向异性介质也满足该条件。

3．运动单轴介质

运动单轴介质的本构关系可以由式（8.3.10）～式（8.3.13）推导而来的。假设在 S' 中相对静止的介质的本构关系为

$$\bar{\bar{\varepsilon}}=\begin{bmatrix}\varepsilon' & 0 & 0\\ 0 & \varepsilon' & 0\\ 0 & 0 & \varepsilon'_z\end{bmatrix} \quad (8.3.14)$$

$$\bar{\bar{\mu}}=\begin{bmatrix}\mu' & 0 & 0\\ 0 & \mu' & 0\\ 0 & 0 & \mu'_z\end{bmatrix} \quad (8.3.15)$$

z 轴与光轴重合。应注意，各向同性介质及电或磁单轴介质都是以上两式的特例。在 S 中，介质以速度 $\boldsymbol{v}$ 沿 $\hat{z}$ 方向匀速运动，可以确定介质的本构矩阵为

$$\bar{\bar{C}}=\begin{bmatrix}p & 0 & 0 & 0 & -l & 0\\ 0 & p & 0 & l & 0 & 0\\ 0 & 0 & p_z & 0 & 0 & 0\\ 0 & -l & 0 & q & 0 & 0\\ l & 0 & 0 & 0 & q & 0\\ 0 & 0 & 0 & 0 & 0 & q_z\end{bmatrix} \quad (8.3.16)$$

应注意，p、q、p_z 和 q_z 都是无量纲的，上述本构矩阵也可以变换为 $\boldsymbol{E}$、$\boldsymbol{H}$ 和 $\boldsymbol{D}$、$\boldsymbol{B}$ 的表达式

$$\bar{\bar{C}}_{\mathrm{EH}}=\begin{bmatrix}\varepsilon & 0 & 0 & 0 & \xi & 0\\ 0 & \varepsilon & 0 & -\xi & 0 & 0\\ 0 & 0 & \varepsilon_z & 0 & 0 & 0\\ 0 & -\xi & 0 & \mu & 0 & 0\\ \xi & 0 & 0 & 0 & \mu & 0\\ 0 & 0 & 0 & 0 & 0 & \mu_z\end{bmatrix} \quad (8.3.17)$$

$$\bar{\bar{C}}_{\mathrm{DB}}=\begin{bmatrix}\kappa & 0 & 0 & 0 & \chi & 0\\ 0 & \kappa & 0 & -\chi & 0 & 0\\ 0 & 0 & \kappa_z & 0 & 0 & 0\\ 0 & -\chi & 0 & \nu & 0 & 0\\ \chi & 0 & 0 & 0 & \nu & 0\\ 0 & 0 & 0 & 0 & 0 & \nu_z\end{bmatrix} \tag{8.3.18}$$

表 8.3.1 总结了本构矩阵在不同表达形式下各个元素的值。上标“′”表示与介质相对静止的参照系 S' 相关的量。从表 8.3.1 可以发现，当 $\mu'\varepsilon'=1/c^2$（$n=1$）时，本构矩阵将变成对角形式，可以通过各向异性等离子体外加强磁场实现。这是一个非双各向异性运动介质的例子。在静止参照系内，无论运动介质是各向同性的介质，还是磁或电的单轴介质，本构关系都是式（8.3.16）～式（8.3.18）的形式。

表 8.3.1 运动介质的本构参数

E、***B*** 表达式	$p=\dfrac{n^2-\beta^2}{c\mu'(1-\beta^2)}$，$p_z=c\varepsilon_z'$，$q=\dfrac{1-n^2\beta^2}{c\mu'(1-\beta^2)}$，$q_z=\dfrac{1}{c\mu_z'}$，$l=\dfrac{\beta(n^2-1)}{c\mu'(1-\beta^2)}$
E、***H*** 表达式	$\varepsilon=\dfrac{(qp+l^2)}{q}=\dfrac{\varepsilon'(1-\beta^2)}{(1-n^2\beta^2)}$，$\varepsilon_z=\varepsilon_z'$，$\mu=\dfrac{1}{cq}=\dfrac{\mu'(1-\beta^2)}{(1-n^2\beta^2)}$，$\mu_z=\mu_z'$，$\xi=\dfrac{-l}{cq}=\dfrac{-\beta(n^2-1)}{c(1-n^2\beta^2)}$
D、***B*** 表达式	$\kappa=\dfrac{c}{p}=\dfrac{c^2\mu'(1-\beta^2)}{(n^2-\beta^2)}$，$\kappa_z=\dfrac{1}{\varepsilon_z'}$，$\nu=\dfrac{c\mu'(qp+l^2)}{p}=\dfrac{c^2\varepsilon'(1-\beta^2)}{(n^2-\beta^2)}$，$\nu_z=\dfrac{1}{\mu_z'}$，$\chi=\dfrac{cl}{p}=\dfrac{c\beta(n^2-1)}{(n^2-\beta^2)}$

4．运动回旋介质

式（8.3.10）～式（8.3.13）描述了沿 $\hat{z}$ 方向运动的双各向异性介质的特性。当介质处于运动状态时，它将变成双各向异性。对于磁导率为 μ、介电常数张量为

$$\bar{\bar{\varepsilon}}=\begin{bmatrix}\varepsilon & -\mathrm{i}\varepsilon_{\mathrm{g}} & 0\\ \mathrm{i}\varepsilon_{\mathrm{g}} & \varepsilon & 0\\ 0 & 0 & \varepsilon_z\end{bmatrix} \tag{8.3.19}$$

的运动回旋介质，有

$$\bar{\bar{C}}=\frac{\gamma^2}{c\mu}\begin{bmatrix}n^2-\beta^2 & -\mathrm{i}n_{\mathrm{g}}^2 & 0 & -\mathrm{i}\beta n_{\mathrm{g}}^2 & -(n^2-1)\beta & 0\\ \mathrm{i}n_{\mathrm{g}}^2 & n^2-\beta^2 & 0 & (n^2-1)\beta & -\mathrm{i}\beta n_{\mathrm{g}}^2 & 0\\ 0 & 0 & n_z^2/\gamma^2 & 0 & 0 & 0\\ -\mathrm{i}\beta n_{\mathrm{g}}^2 & -(n^2-1)\beta & 0 & 1-n^2\beta^2 & \mathrm{i}\beta n_{\mathrm{g}}^2 & 0\\ (n^2-1)\beta & -\mathrm{i}\beta n_{\mathrm{g}}^2 & 0 & -\mathrm{i}\beta n_{\mathrm{g}}^2 & 1-n^2\beta^2 & 0\\ 0 & 0 & 0 & 0 & 0 & 1/\gamma^2\end{bmatrix} \tag{8.3.20}$$

式中，$n_{\mathrm{g}}^2=c^2\mu\varepsilon_{\mathrm{g}}$ 和 $n_z^2=c^2\mu\varepsilon_z$。对于调控介质回旋特性的参数，必须谨慎地进行变换。例如，等离子体频率是洛伦兹不变量，有 $\omega_{\mathrm{p}}'=\omega_{\mathrm{p}}$，若静磁场平行于运动的方向，则回旋频率变为 $\omega_{\mathrm{c}}'=\gamma\omega_{\mathrm{c}}$；若静磁场垂直于运动的方向，则回旋频率变为 $\omega_{\mathrm{c}}'=\gamma^2\omega_{\mathrm{c}}$。另外，等离子体的工作频率 ω 也需要进行相应的变换。

8.3.2　运动单轴介质中的波

利用 *kDB* 坐标系研究平面波在运动单轴介质中的传播。用 **D**、**B** 表示的本构关系具有以下形式

$$\boldsymbol{E}=\bar{\bar{\boldsymbol{\kappa}}}\cdot\boldsymbol{D}+\bar{\bar{\boldsymbol{\chi}}}\cdot\boldsymbol{B} \tag{8.3.21}$$

$$\boldsymbol{H}=\bar{\bar{\boldsymbol{\gamma}}}\cdot\boldsymbol{D}+\bar{\bar{\boldsymbol{\nu}}}\cdot\boldsymbol{B} \tag{8.3.22}$$

式中，

$$\bar{\bar{\boldsymbol{\kappa}}}=\begin{bmatrix}\kappa & 0 & 0\\ 0 & \kappa & 0\\ 0 & 0 & \kappa_z\end{bmatrix} \tag{8.3.23}$$

$$\bar{\bar{\boldsymbol{\nu}}}=\begin{bmatrix}\nu & 0 & 0\\ 0 & \nu & 0\\ 0 & 0 & \nu_z\end{bmatrix} \tag{8.3.24}$$

$$\bar{\bar{\boldsymbol{\chi}}}=\bar{\bar{\boldsymbol{\gamma}}}^{+}=\begin{bmatrix}0 & \chi & 0\\ -\chi & 0 & 0\\ 0 & 0 & 0\end{bmatrix} \tag{8.3.25}$$

其中，上标“+”表示复矩阵的转置的复共轭。本构参数 κ 、 κ_z 、 ν 、 ν_z 和 χ 如表 8.3.1 所示。

在 *kDB* 坐标系中，本构矩阵变为

$$\bar{\bar{\boldsymbol{\kappa}}}_{\mathrm{k}}=\begin{bmatrix}\kappa & 0 & 0\\ 0 & \kappa\cos^2\theta+\kappa_z\sin^2\theta & (\kappa-\kappa_z)\sin\theta\cos\theta\\ 0 & (\kappa-\kappa_z)\sin\theta\cos\theta & \kappa\sin^2\theta+\kappa_z\cos^2\theta\end{bmatrix} \tag{8.3.26}$$

$$\bar{\bar{\boldsymbol{\nu}}}_{\mathrm{k}}=\begin{bmatrix}\nu & 0 & 0\\ 0 & \nu\cos^2\theta+\nu_z\sin^2\theta & (\nu-\nu_z)\sin\theta\cos\theta\\ 0 & (\nu-\nu_z)\sin\theta\cos\theta & \nu\sin^2\theta+\nu_z\cos^2\theta\end{bmatrix} \tag{8.3.27}$$

$$\bar{\bar{\boldsymbol{\chi}}}_{\mathrm{k}}=\bar{\bar{\boldsymbol{\gamma}}}_{\mathrm{k}}^{+}=\begin{bmatrix}0 & \chi\cos\theta & \chi\sin\theta\\ -\chi\cos\theta & 0 & 0\\ -\chi\sin\theta & 0 & 0\end{bmatrix} \tag{8.3.28}$$

将上述公式代入

$$\begin{bmatrix}\kappa_{11} & \kappa_{12}\\ \kappa_{21} & \kappa_{22}\end{bmatrix}\begin{bmatrix}D_1\\ D_2\end{bmatrix}=-\begin{bmatrix}\chi_{11} & \chi_{12}-u\\ \chi_{21}+u & \chi_{22}\end{bmatrix}\begin{bmatrix}B_1\\ B_2\end{bmatrix} \tag{8.3.29}$$

$$\begin{bmatrix}\nu_{11} & \nu_{12}\\ \nu_{21} & \nu_{22}\end{bmatrix}\begin{bmatrix}B_1\\ B_2\end{bmatrix}=-\begin{bmatrix}\gamma_{11} & \gamma_{12}+u\\ \gamma_{21}-u & \gamma_{22}\end{bmatrix}\begin{bmatrix}D_1\\ D_2\end{bmatrix} \tag{8.3.30}$$

并消去 $\boldsymbol{B}$ ，可以得到关于 $\boldsymbol{D}$ 的方程

$$\begin{bmatrix} 1-\dfrac{(u-\chi\cos\theta)^2}{\kappa(\nu\cos^2\theta+\nu_z\sin^2\theta)} & 0 \\ 0 & 1-\dfrac{(u-\chi\cos\theta)^2}{\nu(\kappa\cos^2\theta+\kappa_z\sin^2\theta)} \end{bmatrix}\begin{bmatrix} D_1 \\ D_2 \end{bmatrix}=0 \tag{8.3.31}$$

其余场分量见式（8.3.26）～式（8.3.28）。相应的本构关系列于表 8.3.2 中。根据波矢量 $\boldsymbol{k}$ 的分量 $k_z^2=k^2\cos^2\theta$ 和 $k_x^2+k_y^2=k^2\sin^2\theta$，可以得到 I 型波的色散关系为

$$k_x^2+k_y^2+\frac{\nu k_z^2}{\nu_z}-\frac{(\omega-\chi k_z)^2}{\kappa\nu_z}=0 \tag{8.3.32}$$

传播速度为

$$u=\chi\cos\theta\pm\sqrt{\kappa(\nu\cos^2\theta+\nu_z\sin^2\theta)} \tag{8.3.33}$$

II 型波的色散关系为

$$k_x^2+k_y^2+\frac{\kappa k_z^2}{\kappa_z}-\frac{(\omega-\chi k_z)^2}{\nu\kappa_z}=0 \tag{8.3.34}$$

传播速度为

$$u=\chi\cos\theta\pm\sqrt{\nu(\kappa\cos^2\theta+\kappa_z\sin^2\theta)} \tag{8.3.35}$$

表 8.3.2　运动单轴介质中的特征波

波的特征	模式	
	I 型波	II 型波
$\boldsymbol{D}_\mathrm{k}$	$\begin{pmatrix}1\\0\\0\end{pmatrix}$	$\begin{pmatrix}0\\1\\0\end{pmatrix}$
$\boldsymbol{B}_\mathrm{k}$	$\begin{pmatrix}0\\\kappa/(u-\chi\cos\theta)\\0\end{pmatrix}$	$\begin{pmatrix}-(u-\chi\cos\theta)/\nu\\0\\0\end{pmatrix}$
$\boldsymbol{E}_\mathrm{k}$	$\begin{pmatrix}\kappa u/(\nu-\chi\cos\theta)\\0\\0\end{pmatrix}$	$\begin{pmatrix}0\\(u-\chi\cos\theta)/\nu\\\left[\frac{\chi}{\nu}(u-\chi\cos\theta)+(\kappa_z-\kappa)\cos\theta\right]\sin\theta\end{pmatrix}$
$\boldsymbol{H}_\mathrm{k}$	$\begin{pmatrix}0\\u\\-\chi+\frac{\kappa(\nu_z-\nu)\cos\theta}{u-\chi\cos\theta}\sin\theta\end{pmatrix}$	$\begin{pmatrix}-u\\0\\0\end{pmatrix}$
u	$\chi\cos\theta\pm\sqrt{\kappa(\nu\cos^2\theta+\nu_z\sin^2\theta)}$	$\chi\cos\theta\pm\sqrt{\nu(\kappa\cos^2\theta+\kappa_z\sin^2\theta)}$
色散关系	$k_x^2+k_y^2+\frac{\nu k_z^2}{\nu_z}-\frac{(\omega-\chi k_z)^2}{\kappa\nu_z}=0$	$k_x^2+k_y^2+\frac{\kappa k_z^2}{\kappa_z}-\frac{(\omega-\chi k_z)^2}{\nu\kappa_z}=0$

注意，式（8.3.33）和式（8.3.35）中的“+”表示介质的运动方向与波的传播方向一致，“−”表示介质的运动方向与波的传播方向相反。对于同类型的波，不同方向的传播速度将不同。

为了便于讨论，根据表 8.3.2 中的结果，将式（8.3.32）和式（8.3.34）写成与 β 相关的表达式

$$k_x^2 + k_y^2 + b\frac{1-n^2\beta^2}{1-\beta^2}\left(k_z - \frac{n+\beta}{n\beta+1}\frac{\omega}{c}\right)\cdot\left(k_z - \frac{n-\beta}{n\beta-1}\frac{\omega}{c}\right) = 0 \tag{8.3.36}$$

$$k_x^2 + k_y^2 + a\frac{1-n^2\beta^2}{1-\beta^2}\left(k_z - \frac{n+\beta}{n\beta+1}\frac{\omega}{c}\right)\cdot\left(k_z - \frac{n-\beta}{n\beta-1}\frac{\omega}{c}\right) = 0 \tag{8.3.37}$$

式中，$a = \varepsilon_z'/\varepsilon'$，$b = \mu_z'/\mu'$。图 8.3.1 中绘制了静止参照系中 $n=2$ 的运动各向同性介质的 k 表面和 $n=2$、$a=b=2$ 的运动单轴介质的 k 表面。对于这两种介质，都有以下结论：对于非相对论的情形，β 较小，有 $1-n^2\beta^2>0$，则 k 表面为椭圆；而对于相对论的情形，β 较大，有 $1-n^2\beta^2<0$，则 k 表面变为双曲线。将介质运动速度满足 $1-n^2\beta^2<0$ 条件的区域称为切伦科夫区。区分非相对论区和切伦科夫区的临界运动速度为 $\beta=\pm 1/n$，与运动介质相对静止参照系内的光速相等。

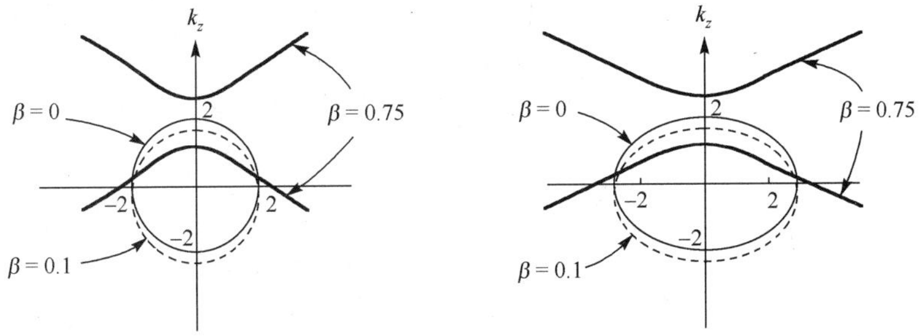

（a）$n=2$ 的运动各向同性介质　　（b）$n=2$、$a=b=2$ 的运动单轴介质

图 8.3.1　运动单轴介质的 k 表面

接下来考虑两种情况。首先考虑垂直于介质速度在 $\hat{\boldsymbol{x}}$ 方向上波的传播，$k_z=0$，波矢量 $\boldsymbol{k}$ 变为

$$\boldsymbol{k} = \hat{\boldsymbol{x}}k_x = \pm\hat{\boldsymbol{x}}\frac{\omega}{c}\left(b\frac{n^2-\beta^2}{1-\beta^2}\right)^{1/2} \tag{8.3.38}$$

$$\boldsymbol{k} = \hat{\boldsymbol{x}}k_x = \pm\hat{\boldsymbol{x}}\frac{\omega}{c}\left(a\frac{n^2-\beta^2}{1-\beta^2}\right)^{1/2} \tag{8.3.39}$$

式中，“±”表示沿正和负 $\hat{\boldsymbol{x}}$ 方向上波的传播。当 β 从 0 增大到 1 时，k 从 $\omega n\sqrt{b}/c$ 或 $\omega n\sqrt{a}/c$ 增大到无穷大。因此，当介质速度接近真空中的光速时，沿 $\hat{\boldsymbol{z}}$ 方向的速度为 0。

其次考虑波传播方向与速度方向平行的情况，$k_x=k_y=0$。两种类型的波退化为一种，波矢量 $\boldsymbol{k}$ 变为

$$\boldsymbol{k} = \hat{\boldsymbol{z}}\frac{n+\beta}{n\beta+1}\frac{\omega}{c} \tag{8.3.40}$$

$$\boldsymbol{k} = \hat{\boldsymbol{z}}\frac{n-\beta}{n\beta-1}\frac{\omega}{c} \tag{8.3.41}$$

以上两式分别对应沿正和负 $\hat{\boldsymbol{z}}$ 方向上波的传播。对于沿 $+\hat{\boldsymbol{z}}$ 方向传播的波，当 β 从 0 增大到 1 时，k 从 $n\omega/c$ 减小为 ω/c，对应的波的传播速度从 c/n 增大到 c；对于沿 $-\hat{\boldsymbol{z}}$ 方向传播的波，

当 β 从 0 增大到 $1/n$ 时，k 从 $-n\omega/c$ 变为 $-\infty$，波的传播速度从 $-c/n$ 变为 0。当 β 进一步从 $1/n$ 增大到 1 时，k 改变符号并从无穷大减小到 ω/c。在切伦科夫区，$1-n^2\beta^2<0$，沿 $-\hat{z}$ 方向传播的波将变为沿 $+\hat{z}$ 方向传播，当 β 接近 1 时，速度接近光速 c。上述情况描述了运动介质对电磁波的拖曳作用，称为菲佐-菲涅耳拖曳（Fizeau-Fresnel Drag）。

8.3.3 运动边界条件和相位匹配

1. 运动边界条件

考虑区域 1 和区域 2 的分界面（图 8.3.2），假设界面上有一个小的扁圆柱，在该扁圆柱上应用积分形式的麦克斯韦方程组，可以得到

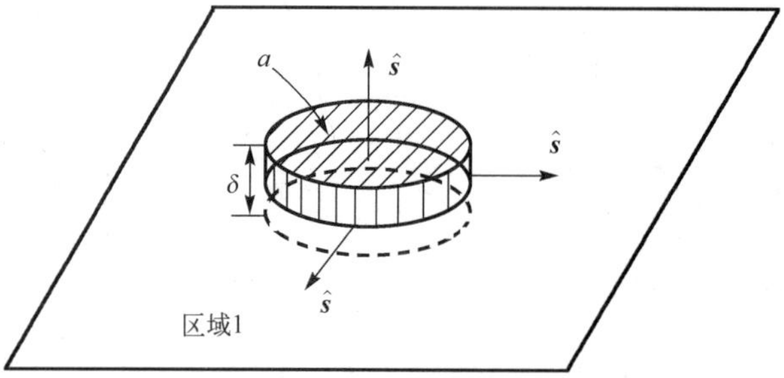

图 8.3.2 利用扁圆柱推导边界条件

$$\oiint \mathrm{d}S\hat{s}\times \boldsymbol{E}=-\iiint \mathrm{d}V\frac{\partial}{\partial t}\boldsymbol{B} \tag{8.3.42}$$

$$\oiint \mathrm{d}S\hat{s}\times \boldsymbol{H}=\iiint \mathrm{d}V\frac{\partial}{\partial t}\boldsymbol{D}+\iiint \mathrm{d}V\boldsymbol{J} \tag{8.3.43}$$

$$\oiint \mathrm{d}S\hat{\boldsymbol{s}}\cdot \boldsymbol{B}=0 \tag{8.3.44}$$

$$\oiint \mathrm{d}S\hat{\boldsymbol{s}}\cdot \boldsymbol{D}=\iiint \mathrm{d}V\rho \tag{8.3.45}$$

为了推导运动边界的边界条件，令扁圆柱随分界面运动。根据运动学理论，对于速度为 $\boldsymbol{v}$ 的扁圆柱，有

$$\begin{aligned}\frac{\mathrm{d}}{\mathrm{d}t}\iiint \mathrm{d}V\boldsymbol{A}&=\lim_{\Delta t\to 0}\frac{1}{\Delta t}\left\{\iiint_{t+\Delta t}\mathrm{d}V\boldsymbol{A}(t+\Delta t)-\iiint_{t}\mathrm{d}V\boldsymbol{A}(t)\right\}\\&=\lim_{\Delta t\to 0}\frac{1}{\Delta t}\left\{\left[\iiint_{t}\mathrm{d}V+\oiint \mathrm{d}S(\hat{\boldsymbol{s}}\cdot\boldsymbol{v}\Delta t)\right]\left[\boldsymbol{A}(t)+\frac{\partial \boldsymbol{A}}{\partial t}\Delta t\right]-\iiint_{t}\mathrm{d}V\boldsymbol{A}(t)\right\}\\&=\iiint \mathrm{d}V\frac{\partial}{\partial t}\boldsymbol{A}+\oiint \mathrm{d}S(\hat{\boldsymbol{s}}\cdot\boldsymbol{v})\boldsymbol{A}\end{aligned} \tag{8.3.46}$$

式中，$\boldsymbol{A}$ 表示任意矢量场。表面积分项解释了分界面的运动，对于运动边界，积分形式的麦克斯韦方程组[方程（8.3.42）～方程（8.3.45）]变为

$$\oiint \mathrm{d}S[\hat{\boldsymbol{s}}\times \boldsymbol{E}-(\hat{\boldsymbol{s}}\cdot\boldsymbol{v})\boldsymbol{B}]=-\frac{\mathrm{d}}{\mathrm{d}t}\iiint_{V}\mathrm{d}V\boldsymbol{B} \tag{8.3.47}$$

$$\oiint dS[\hat{\boldsymbol{s}}\times\boldsymbol{H}+(\hat{\boldsymbol{s}}\cdot\boldsymbol{v})\boldsymbol{D}]=\frac{d}{dt}\iiint_V dV\boldsymbol{D}+\iiint_V dV\boldsymbol{J} \tag{8.3.48}$$

$$\oiint dS(\hat{\boldsymbol{s}}\cdot\boldsymbol{B})=0 \tag{8.3.49}$$

$$\oiint dS(\hat{\boldsymbol{s}}\cdot\boldsymbol{D})=\iiint dV\rho \tag{8.3.50}$$

类似地，进一步减小扁圆柱，边界条件将变为

$$\hat{\boldsymbol{n}}\times(\boldsymbol{E}_1-\boldsymbol{E}_2)-(\hat{\boldsymbol{n}}\cdot\boldsymbol{v})(\boldsymbol{B}_1-\boldsymbol{B}_2)=0 \tag{8.3.51}$$

$$\hat{\boldsymbol{n}}\times(\boldsymbol{H}_1-\boldsymbol{H}_2)+(\hat{\boldsymbol{n}}\cdot\boldsymbol{v})(\boldsymbol{D}_1-\boldsymbol{D}_2)=\boldsymbol{J}_s \tag{8.3.52}$$

$$\hat{\boldsymbol{n}}\cdot(\boldsymbol{B}_1-\boldsymbol{B}_2)=0 \tag{8.3.53}$$

$$\hat{\boldsymbol{n}}\cdot(\boldsymbol{D}_1-\boldsymbol{D}_2)=\rho_s \tag{8.3.54}$$

注意到$(\hat{\boldsymbol{n}}\cdot\boldsymbol{v})(\boldsymbol{D}_1-\boldsymbol{D}_2)=-\hat{\boldsymbol{n}}\times\boldsymbol{v}\times(\boldsymbol{D}_1-\boldsymbol{D}_2)+\boldsymbol{v}\hat{\boldsymbol{n}}\cdot(\boldsymbol{D}_1-\boldsymbol{D}_2)$，式（8.3.52）可以写为

$$\hat{\boldsymbol{n}}\times\left[(\boldsymbol{H}_1-\boldsymbol{H}_2)-\boldsymbol{v}\times(\boldsymbol{D}_1-\boldsymbol{D}_2)\right]=\boldsymbol{J}_s-\boldsymbol{v}\rho_s \tag{8.3.55}$$

当速度与分界面平行时，$\hat{\boldsymbol{n}}\cdot\boldsymbol{v}=0$，运动边界的边界条件与静止边界的边界条件相同。

2．运动边界的相位匹配

当分界面运动时，令分界面的速度为

$$\boldsymbol{v}=\hat{\boldsymbol{x}}v_x+\hat{\boldsymbol{y}}v_y+\hat{\boldsymbol{z}}v_z \tag{8.3.56}$$

在$t=0$时，分界面位于$x=0$处。其他时刻，分界面位于$x=v_xt$。入射波、反射波、透射波具有以下时空关系

入射波：$e^{ik_xx+ik_yy+ik_zz-i\omega t}$

反射波：$e^{ik_{rx}x+ik_{ry}y+ik_{rz}z-i\omega_r t}$

透射波：$e^{ik_{tx}x+ik_{ty}y+ik_{tz}z-i\omega_t t}$

相互之间可以通过频率ω、ω_r和ω_t进行区分。若满足边界条件[式（8.3.51）～式（8.3.54）]，有

$$\begin{aligned}&k_x(v_xt)+k_y(y+v_yt)+k_z(z+v_zt)-\omega t\\&=k_{rx}(v_xt)+k_{ry}(y+v_yt)+k_{rz}(z+v_zt)-\omega_r t\\&=k_{tx}(v_xt)+k_{ty}(y+v_yt)+k_{tz}(z+v_zt)-\omega_t t\end{aligned} \tag{8.3.57}$$

由于这些等式对所有的y、z和t都成立，可以得到以下结论

$$k_y=k_{ry}=k_{ty} \tag{8.3.58}$$

$$k_z=k_{rz}=k_{tz} \tag{8.3.59}$$

$$k_xv_x-\omega=k_{rx}v_x-\omega_r=k_{tx}v_x-\omega_t \tag{8.3.60}$$

因此，运动边界的相位匹配条件和静止边界的情况相同，即波矢量的切向分量连续。在这种情况下，入射波、反射波和透射波的频率不同，它们仅取决于速度的法向分量。

考虑电磁波从一各向同性介质垂直入射到沿 $\hat{\boldsymbol{x}}$ 方向朝电磁波运动的另一各向同性介质的简单情况。入射波矢量为

$$\boldsymbol{k} = \hat{\boldsymbol{x}}k_x = -\hat{\boldsymbol{x}}n\frac{\omega}{c} \tag{8.3.61}$$

反射波矢量为

$$\boldsymbol{k}_{\mathrm{r}} = \hat{\boldsymbol{x}}k_{\mathrm{r}x} = \hat{\boldsymbol{x}}n\frac{\omega_{\mathrm{r}}}{c} \tag{8.3.62}$$

将以上两式代入式（8.3.60），可以得到

$$\omega_{\mathrm{r}} = \omega\frac{1+n\beta}{1-n\beta} \tag{8.3.63}$$

$$k_{\mathrm{r}} = -k\frac{1+n\beta}{1-n\beta} = n\frac{\omega}{c}\frac{1+n\beta}{1-n\beta} \tag{8.3.64}$$

式中，$\beta = v_x/c$。从以上两式可以发现，反射波向高频一侧发生多普勒频移，其波数也将相应增大。另外，若给出运动介质的本构关系，则可以进一步确定透射波的波数和频率。

8.3.4 运动介质的导波

1. 运动平板介质

考虑平板介质波导结构，平板介质在两个相同的静止各向同性介质之间运动，导波模式为 TE 模式，并令导波方向与平板介质运动方向平行。运动介质的本构关系已经在前面的章节中给出。利用色散关系，波导内的横向波数 k_{1x} 可以整理为以下形式

$$k_{1x}^2 = p_1k_0^2 - 2l_1k_zk_0 - q_1k_z^2 \tag{8.3.65}$$

式中，下标“1”表示与运动平板介质波导有关的参数，$k_0 = \omega/c$，$k_z = k_0\left[n^2 + \left(\dfrac{\alpha_x}{k_0}\right)^2\right]^{1/2}$。

导波条件变为

$$\begin{aligned}(\alpha_xd)^2 + (k_{1x}d)^2 &= (k_x^2 - k^2)d^2 + (pk_0^2 - 2lk_0k_z - qk_z^2)d^2 \\ &= (k_0d)^2\left\{\frac{n_1^2-\beta^2}{1-\beta^2} - n^2 - 2\beta\frac{n_1^2-1}{1-\beta^2}\sqrt{n^2+\left(\frac{\alpha_x}{k_0}\right)^2} + \right. \\ &\qquad \left.\beta^2\frac{n_1^2-1}{1-\beta^2}\left[n^2+\left(\frac{\alpha_x}{k_0}\right)^2\right]\right\}\end{aligned} \tag{8.3.66}$$

上述方程所描述的曲线形状是平板速度的函数。当 $\beta = 0$ 时，曲线为一圆弧，这是静止平板介质的预期结果。当平板周围的各向同性介质为自由空间时，$n = 1$，式（8.3.66）变为

$$(\alpha_x d)^2 + (k_{1x} d)^2 = (k_0 d)^2 \left(\frac{n_1^2 - 1}{1 - \beta^2} \right) \left[1 - \beta \sqrt{1 + (\alpha_x / k_0)^2} \right]^2 \tag{8.3.67}$$

这个结果可以通过直接应用洛伦兹变换得到。在截止状态，有

$$k_0 d = m\pi \sqrt{(1+\beta)/(1-\beta)} \sqrt{n_1^2 - 1} \tag{8.3.68}$$

截止波数随 β 的增大而增大。一般情况下，当 β 增大时， α_x 和 k_x 变小。因此，导波具有更高的截止频率，并以较大的相速传播。对于 TM 模式，可以用同样的分析得出类似的结论。

接下来考虑完美导电金属平板间运动的各向同性介质。TE 模式和 TM 模式的导波条件均为

$$\frac{m\pi}{d} = k_{1x} = \gamma \sqrt{(n_1^2 - \beta^2) k_0^2 - 2\beta (n_1^2 - 1) k_0 k_z - (1 - n_1^2 \beta^2) k_x^2} \tag{8.3.69}$$

注意 $m\pi/d$ 是介质静止时第 m 个模式的截止波数。求解 k_z，有

$$k_z = \frac{k_0}{1 - n_1^2 \beta^2} \left\{ -\beta (n_1^2 - 1) \pm (1 - \beta^2) \sqrt{n_1^2 - \left(\frac{1 - n_1^2 \beta^2}{1 - \beta^2} \right) \left(\frac{m\pi}{k_0 d} \right)^2} \right\} \tag{8.3.70}$$

可以观察到，当 k_z 为虚数时出现截止。在切伦科夫区， $n_1 \beta > 1$，对于实数 n_1， k_z 总为实数，并且不会发生截止。传播常数 k_z 将总为正值，条件是

$$\beta (n_1^2 - 1) \geqslant \left[n_1^2 (1 - \beta^2)^2 - (1 - \beta^2)^2 (1 - n_1^2 \beta^2) \frac{m\pi}{k_0 d} \right]^{1/2} \tag{8.3.71}$$

或者等价为

$$k_0 d \geqslant m\pi \left[\frac{m\pi (1 - \beta^2)}{n_1^2 - \beta^2} \right]^{1/2} \tag{8.3.72}$$

在 $n_1 \beta < 1$ 的低速区，当满足 $k_0 d \leqslant m\pi (1 - n_1^2 \beta^2) / [(1 - \beta^2) n_1^2]$ 时，将发生截止。将其与静止情况 $k_c d = m\pi / n_1^2$ 进行比较，可以发现介质的运动将会减小波数。对高于截止频率且式（8.3.70）中的平方根项小于第一项的情况，导波的相速都沿 $-\hat{z}$ 方向。当满足 $k_0 d \geqslant m\pi [(1 - \beta^2)/(n_1^2 - \beta^2)]^{1/2}$ 时，相速将有可能沿两个方向。

接下来研究波导中各个模式所携带的功率流。考虑 TE 模式，有

$$E_y = E_\mathrm{m} \sin \frac{m\pi x}{d} \mathrm{e}^{\mathrm{i} k_z z} \tag{8.3.73}$$

磁场分量由麦克斯韦方程组和运动介质的本构关系确定，有

$$\boldsymbol{B} = \frac{1}{\mathrm{i}\omega} \nabla \times \boldsymbol{E} = \left(-\hat{\boldsymbol{x}} \frac{k_z}{\omega} E_\mathrm{m} \sin \frac{m\pi x}{d} - \hat{\boldsymbol{z}} \mathrm{i} \frac{m\pi}{\omega d} E_\mathrm{m} \cos \frac{m\pi x}{d} \right) \mathrm{e}^{\mathrm{i} k_z z} \tag{8.3.74}$$

$$\begin{aligned} \boldsymbol{H} &= \frac{1}{c\mu'} \left[\hat{\boldsymbol{x}} (-l E_y + q c \beta_x) + \hat{\boldsymbol{z}} (c \beta_z) \right] \\ &= \hat{\boldsymbol{x}} \frac{1}{c\mu'} \left(-l - \frac{q c k_z}{\omega} \right) E_y - \hat{\boldsymbol{z}} \mathrm{i} \frac{m\pi}{\omega \mu' d} E_\mathrm{m} \cos \frac{m\pi x}{d} \mathrm{e}^{\mathrm{i} k_z z} \end{aligned} \tag{8.3.75}$$

通过对波导截面积分，可以得到 $\hat{z}$ 方向的功率流

$$
\begin{aligned}
P_z &= -\int_0^d \mathrm{d}x \frac{1}{2}\mathrm{Re}\{E_y H_x^*\} = \mathrm{Re}\sum_{m=1}^{\infty}\frac{d}{2c\mu'}\left[l+\frac{qk_z}{k_0}\right]^* |E_\mathrm{m}|^2 \\
&= \mathrm{Re}\sum_{m=1}^{\infty}\frac{d}{2c\mu'}\left[\pm\sqrt{n_1^2-\left[\frac{1-n_1^2\beta^2}{1-\beta^2}\right]\left[\frac{m\pi}{k_0 d}\right]^2}\right]^* |E_\mathrm{m}|^2
\end{aligned}
\tag{8.3.76}
$$

因此，每种模式都单独携带能量，总功率为所有单个模式分量的和。当 $\beta=0$ 时，该结果简化为静止介质的情形。当 $n_1\beta>1$ 时，平方根项总为实数，所有模式均携带能量。当 $n_1\beta<1$ 时，对低于截止频率的模式将不携带能量。在所有情况下，平方根前面的“±”表示功率可以沿 $\hat{z}$ 的正、负两个方向传播，与在某些情况下只能沿一个方向传播的相速相反。因此，在这个速度范围内，运动介质中将有可能产生后向导波。

2．运动回旋介质

对于各向异性和双各向同性介质中的导波，E_z 和 H_z 的波动方程通常是耦合的，接下来将通过分析运动回旋介质中的导波来说明这一点。回旋介质在静止参照系 S' 中的介电常数张量为

$$
\bar{\bar{\boldsymbol{\varepsilon}}}' = \begin{bmatrix} \varepsilon' & -\mathrm{i}\varepsilon_\mathrm{g}' & 0 \\ \mathrm{i}\varepsilon_\mathrm{g}' & \varepsilon' & 0 \\ 0 & 0 & \varepsilon_z' \end{bmatrix}
\tag{8.3.77}
$$

在参照系 S 中，根据式（8.3.19）可得到相应的本构矩阵。若将其转换为用 $\boldsymbol{E}$、$\boldsymbol{H}$ 表示，则有

$$
\boldsymbol{D} = \bar{\bar{\boldsymbol{\varepsilon}}}_\mathrm{s}\cdot\boldsymbol{E}_\mathrm{s} + \varepsilon_z'\boldsymbol{E}_z + \bar{\bar{\boldsymbol{\xi}}}_\mathrm{s}\cdot\boldsymbol{H}_\mathrm{s}
\tag{8.3.78}
$$

$$
\boldsymbol{B} = \bar{\bar{\boldsymbol{\mu}}}_\mathrm{s}\cdot\boldsymbol{E}_\mathrm{s} + \mu_z'\boldsymbol{E}_z - \bar{\bar{\boldsymbol{\xi}}}_\mathrm{s}\cdot\boldsymbol{H}_\mathrm{s}
\tag{8.3.79}
$$

式中，

$$
\begin{aligned}
\bar{\bar{\boldsymbol{\varepsilon}}}_\mathrm{s} &= \varepsilon'\begin{bmatrix} a & -\mathrm{i}a_\mathrm{g} \\ \mathrm{i}a_\mathrm{g} & a \end{bmatrix} \\
&= \frac{(1-\beta^2)\varepsilon^2}{n^2[(1-n^2\beta^2)^2-n_\mathrm{g}^4\beta^4]}\cdot\begin{bmatrix} n^2(1-n^2\beta^2)+n_\mathrm{g}^4\beta^2 & -\mathrm{i}n_\mathrm{g}^2 \\ \mathrm{i}n_\mathrm{g}^2 & n^2(1-n^2\beta^2)+n_\mathrm{g}^4\beta^2 \end{bmatrix}
\end{aligned}
\tag{8.3.80}
$$

$$
\begin{aligned}
\bar{\bar{\boldsymbol{\mu}}}_\mathrm{s} &= \mu'\begin{bmatrix} b & -\mathrm{i}b_\mathrm{g} \\ \mathrm{i}b_\mathrm{g} & b \end{bmatrix} \\
&= \frac{(1-\beta^2)\mu'}{(1-n^2\beta^2)^2-n_\mathrm{g}^4\beta^4}\begin{bmatrix} 1-n^2\beta^2 & -\mathrm{i}n_\mathrm{g}^2\beta^2 \\ \mathrm{i}n_\mathrm{g}^2\beta^2 & 1-n^2\beta^2 \end{bmatrix}
\end{aligned}
\tag{8.3.81}
$$

$$
\begin{aligned}
\bar{\bar{\boldsymbol{\xi}}}_\mathrm{s} &= \frac{1}{c}\begin{bmatrix} -\mathrm{i}\xi_\mathrm{g} & -\xi \\ \xi & -\mathrm{i}\xi_\mathrm{g} \end{bmatrix} \\
&= \frac{(1-\beta^2)/c}{(1-n^2\beta^2)^2-n_\mathrm{g}^4\beta^4}\cdot
\end{aligned}
$$

$$\begin{bmatrix} -n_g^2\beta & -\gamma^2\beta\left[(n^2-1)(1-n^2\beta^2)+n_g^4\beta^2\right] \\ \gamma^2\beta\left[(n^2-1)(1-n^2\beta^2)+n_g^4\beta^2\right] & -\mathrm{i}n_g^2\beta \end{bmatrix} \tag{8.3.82}$$

当 $\beta=0$ 时，式（8.3.80）简化为式（8.3.77），$\bar{\bar{\boldsymbol{\mu}}}_s=\mu'\bar{\bar{\boldsymbol{I}}}$，$\bar{\bar{\boldsymbol{\xi}}}_s=\boldsymbol{0}$，回旋介质处于静止状态。

横向分量可以由纵向分量 E_z 和 H_z 表示，也可以用于推导 E_z 和 H_z 的波动方程，有

$$\nabla_s\times\boldsymbol{E}_z=\mathrm{i}\omega\bar{\bar{\boldsymbol{\mu}}}_s\cdot\boldsymbol{H}_s\cdot\bar{\bar{\boldsymbol{d}}}\cdot\boldsymbol{E}_s \tag{8.3.83}$$

$$\nabla_s\times\boldsymbol{H}_z=-\mathrm{i}\omega\bar{\bar{\boldsymbol{\varepsilon}}}_s\cdot\boldsymbol{H}_s-\bar{\bar{\boldsymbol{d}}}\cdot\boldsymbol{H}_s \tag{8.3.84}$$

$$\nabla_s\times\boldsymbol{E}_s=\mathrm{i}\omega\mu_z'\boldsymbol{H}_z \tag{8.3.85}$$

$$\nabla_s\times\boldsymbol{H}_s=-\mathrm{i}\omega\varepsilon_z'\boldsymbol{E}_z \tag{8.3.86}$$

式中，

$$\bar{\bar{\boldsymbol{d}}}=\begin{bmatrix} d_g & -\mathrm{i}d \\ \mathrm{i}d & d_g \end{bmatrix}=\begin{bmatrix} \omega\xi_g/c & -\mathrm{i}(k_z+\omega\xi/c) \\ \mathrm{i}(k_z+\omega\xi/c) & \omega\xi_g/c \end{bmatrix} \tag{8.3.87}$$

根据 E_z 和 H_z，可以得到横向分量

$$\boldsymbol{E}_s=\left(\bar{\bar{\boldsymbol{I}}}-\omega^2\bar{\bar{\boldsymbol{d}}}^{-1}\cdot\bar{\bar{\boldsymbol{\mu}}}_s\cdot\bar{\bar{\boldsymbol{d}}}^{-1}\cdot\bar{\bar{\boldsymbol{\varepsilon}}}_s\right)^{-1}\cdot\left[-\bar{\bar{\boldsymbol{d}}}^{-1}\cdot\left(\nabla_s\times\boldsymbol{E}_z\right)-\mathrm{i}\omega\bar{\bar{\boldsymbol{d}}}^{-1}\cdot\bar{\bar{\boldsymbol{\mu}}}_s\cdot\bar{\bar{\boldsymbol{d}}}^{-1}\left(\nabla\times\boldsymbol{H}_z\right)\right] \tag{8.3.88}$$

$$\boldsymbol{H}_s=\left(\bar{\bar{\boldsymbol{I}}}-\omega^2\bar{\bar{\boldsymbol{d}}}^{-1}\cdot\bar{\bar{\boldsymbol{\varepsilon}}}_s\cdot\bar{\bar{\boldsymbol{d}}}^{-1}\cdot\bar{\bar{\boldsymbol{\mu}}}_s\right)^{-1}\cdot\left[-\bar{\bar{\boldsymbol{d}}}^{-1}\cdot\left(\nabla_s\times\boldsymbol{H}_z\right)-\mathrm{i}\omega\bar{\bar{\boldsymbol{d}}}^{-1}\cdot\bar{\bar{\boldsymbol{\varepsilon}}}_s\cdot\bar{\bar{\boldsymbol{d}}}^{-1}\left(\nabla\times\boldsymbol{E}_z\right)\right] \tag{8.3.89}$$

经过计算，可以得到纵向场分量的波动方程

$$\left[\nabla_s^2+\frac{\varepsilon_z'}{\varepsilon'}k^2e\right]E_z=\mathrm{i}\omega\mu'h_gH_z \tag{8.3.90}$$

$$[\nabla_s^2+k^2h]H_z=-\mathrm{i}\omega\varepsilon_z'e_gE_z \tag{8.3.91}$$

式中，

$$e=\frac{1}{b}\left[b^2-b_g^2+\frac{(bd-b_gd_g)^2}{d_g^2-k^2ab}\right] \tag{8.3.92}$$

$$h=\frac{1}{a}\left[a^2-a_g^2+\frac{(ad-a_gd_g)^2}{d_g^2-k^2ab}\right] \tag{8.3.93}$$

$$e_g=\frac{1}{a}\left[ab_g-a_gd-\frac{(ad-a_gd_g)(dd_g-kab_g)^2}{d_g^2-k^2ab}\right] \tag{8.3.94}$$

$$h_g=\frac{1}{b}\left[bb_g-b_gd-\frac{(bd-b_gd_g)(dd_g-ka_gb)^2}{d_g^2-k^2ab}\right] \tag{8.3.95}$$

方程（8.3.90）和方程（8.3.91）中的 E_z 和 H_z 是耦合的。由于波动方程是耦合的，因此导波

模式是混合的。在静止情况下，$\beta=0$，波动方程是解耦的，混合模式是边界条件的结果。

通过将方程（8.3.90）和方程（8.3.91）转换为解耦的齐次亥姆霍兹方程，可以很容易地获得这些方程的解。定义

$$\psi_j = E_z - \mathrm{i}\alpha_j H_z,\quad j=1,2 \tag{8.3.96}$$

将方程（8.3.91）乘以$\mathrm{i}\alpha_j$后减去方程（8.3.90）的解，利用式（8.3.96）消去E_z，并且令H_z的系数为零，可以得到关于α_j的二阶方程

$$\omega\varepsilon_z e_j\alpha_j^2 - k^2\left(h-\frac{\varepsilon_z'}{\varepsilon'}e\right)\alpha_j - \omega\mu h_{\mathrm{g}} = 0 \tag{8.3.97}$$

α_1和α_2是方程（8.3.97）的两个根。在满足方程（8.3.97）的情况下，联立方程（8.3.90）和方程（8.3.91）可以得到一个简单的二阶二维标量齐次亥姆霍兹方程

$$\nabla_{\mathrm{s}}^2\psi_j + q_j^2\psi_j = 0 \tag{8.3.98}$$

式中，

$$q_j = \frac{\varepsilon_z'}{\varepsilon'}k^2 e + \alpha_j\omega\varepsilon_z' e_{\mathrm{g}} = k^2 h + \frac{1}{\alpha_j}\omega\mu h_{\mathrm{g}} \tag{8.3.99}$$

对于常规横截面（矩形或圆形）波导，ψ_j可以在适当的坐标系中由方程（8.3.98）确定。已知ψ_1和ψ_2，可以根据式（8.3.96）得到

$$E_z = \frac{1}{\alpha_1-\alpha_2}(\alpha_2\psi_1 - \alpha_1\psi_2) \tag{8.3.100}$$

$$H_z = -\frac{1}{\alpha_1-\alpha_2}(\psi_1-\psi_2) \tag{8.3.101}$$

横向场分量可以通过式（8.3.88）和式（8.3.89）推导得到，并使其满足边界条件。显然，对于运动回旋介质中的导波，模式是混合的。即使回旋介质是静止的，E_z和H_z的两个波方程仍然是耦合的，其模式是混合的。如果是单轴介质，不管介质静止还是运动，两个波方程都将是解耦的，因为此时$\varepsilon_{\mathrm{g}}=0$，所有带下标“g”的参数将消失。

8.4 张量形式的麦克斯韦方程组

8.4.1 麦克斯韦方程组的张量形式

在张量形式中，麦克斯韦方程组可以写为

$$\boldsymbol{F}_{\alpha\beta,\gamma} + \boldsymbol{F}_{\beta\gamma,\alpha} + \boldsymbol{F}_{\gamma\alpha,\beta} = \mathbf{0} \tag{8.4.1}$$

$$\boldsymbol{G}_{,\alpha}^{\alpha\mu} = \boldsymbol{J}^{\mu} \tag{8.4.2}$$

将与张量形式相关的书写规则及上标和下标符号规则总结如下。

（1）二阶或更高阶张量统一使用黑斜体表示，张量中的具体分量元素使用斜体表示。

（2）当符号为希腊字母时，变化范围为0～3；当符号为罗马字母时，变化范围为1～3。

（3）当张量的符号升高或降低时，矢量的第 0 个分量变号，其余分量保持不变。

（4）当符号在方程同一侧重复时，意味着对该符号求和。求和总是对逆变符号及其对应的协变符号进行的。

（5）方程一侧的自由（非重复）符号必须和方程另一侧的相同标号平衡。

（6）张量的逆变分量用上标符号表示，而协变分量用下标符号表示。

电磁场张量 $\boldsymbol{F}_{\alpha\beta}$ 和激励张量 $\boldsymbol{G}^{\mu\nu}$ 用矩阵表示定义如下

$$\boldsymbol{F}_{\alpha\beta}=\begin{bmatrix} 0 & E_x & E_y & E_z \\ -E_x & 0 & -cB_z & cB_y \\ -E_y & cB_z & 0 & -cB_x \\ -E_z & -cB_y & cB_x & 0 \end{bmatrix} \tag{8.4.3}$$

$$\boldsymbol{G}^{\mu\nu}=\begin{bmatrix} 0 & -cD_x & -cD_y & -cD_z \\ cD_x & 0 & -H_z & H_y \\ cD_y & H_z & 0 & -H_x \\ cD_z & -H_y & H_x & 0 \end{bmatrix} \tag{8.4.4}$$

三维场矢量与场张量和激励张量之间的联系满足

$$E_i = F_{0i} \tag{8.4.5}$$

$$cB_i = -\frac{1}{2}\varepsilon_{ijk}F_{jk} \tag{8.4.6}$$

$$cD_i = -G^{0i} \tag{8.4.7}$$

$$H_i = -\frac{1}{2}\varepsilon_{ijk}G^{jk} \tag{8.4.8}$$

接下来论证方程（8.4.1）和方程（8.4.2）与麦克斯韦方程组等价。如果方程（8.4.1）中，α、β 和 γ 都不为零，可以得到磁场高斯定律

$$\nabla\cdot\boldsymbol{B}=0 \tag{8.4.9}$$

如果 α、β 和 γ 有一个为零，可以根据方程（8.4.1）得到法拉第定律

$$\nabla\times\boldsymbol{E}+\frac{\partial\boldsymbol{B}}{\partial t}=0 \tag{8.4.10}$$

如果方程（8.4.2）中 $\mu=0$，可以得到电场高斯定律

$$\nabla\cdot\boldsymbol{D}=\rho \tag{8.4.11}$$

对于 $\mu\neq 0$ 的情况，可以根据方程（8.4.2）得到含位移电流项 $\partial\boldsymbol{D}/\partial t$ 的安培定律

$$\nabla\times\boldsymbol{H}-\frac{\partial\boldsymbol{D}}{\partial t}=\boldsymbol{J} \tag{8.4.12}$$

电流连续性方程表明

$$J^{\alpha}_{,\alpha}=0 \tag{8.4.13}$$

电荷电流密度为

$$\boldsymbol{J}^{\alpha}=(c\rho,\boldsymbol{J}) \tag{8.4.14}$$

$\boldsymbol{J}^{\alpha}$ 的时空导数

$$J^{\alpha}_{,\alpha}=\frac{\partial\rho}{\partial t}+\nabla\cdot\boldsymbol{J} \tag{8.4.15}$$

变为标量。

根据方程（8.4.1），也可以用矢量势和标量势来表示场矢量。若

$$\boldsymbol{F}_{\alpha\beta}=\boldsymbol{A}_{\alpha,\beta}-\boldsymbol{A}_{\beta,\alpha} \tag{8.4.16}$$

则方程（8.4.1）得到满足。式中，$\boldsymbol{A}_{\alpha}$ 为协变四维矢量，其第 0 个逆变分量为标量势 ϕ，空间分量为矢量势 $\boldsymbol{A}$ 乘以 c

$$\boldsymbol{A}_{\alpha}=\begin{bmatrix}-\phi\\ c\boldsymbol{A}\end{bmatrix},\quad \boldsymbol{A}^{\alpha}=\begin{bmatrix}\phi\\ c\boldsymbol{A}\end{bmatrix} \tag{8.4.17}$$

将式（8.4.16）写成三维标记形式，就可以得到熟悉的表达式

$$\boldsymbol{E}=-\frac{\partial\boldsymbol{A}}{\partial t}-\nabla\phi \tag{8.4.18}$$

$$\boldsymbol{B}=\nabla\times\boldsymbol{A} \tag{8.4.19}$$

若做 $\boldsymbol{A}_{\alpha}$ 到 $\boldsymbol{A}'_{\alpha}$ 的规范变换，使

$$\boldsymbol{A}_{\alpha}=\boldsymbol{A}'_{\alpha}+\psi_{,\alpha} \tag{8.4.20}$$

则可以得到

$$\boldsymbol{F}_{\alpha\beta}=\boldsymbol{A}_{\alpha,\beta}-\boldsymbol{A}_{\beta,\alpha}=\boldsymbol{A}'_{\alpha,\beta}-\boldsymbol{A}'_{\beta,\alpha} \tag{8.4.21}$$

式中，ψ 为方程（8.4.1）中引入式（8.4.20）的任意时空标量函数。式（8.4.21）表明，$\boldsymbol{A}_{\alpha}$ 和 $\boldsymbol{A}'_{\alpha}$ 产生相同的场张量。这种任意性可以由规范条件确定，其中洛伦兹规范为

$$\boldsymbol{A}^{\mu}_{,\mu}=\boldsymbol{0} \tag{8.4.22}$$

式（8.4.22）采用了和电流与电荷密度连续性方程相同的形式。与库仑规范不同，洛伦兹规范具有相对论协变性。

8.4.2 逆变和协变矢量

假设有一个由时间和三维空间坐标组成的四维空间，一个物理事件的时空坐标具有四维空间矢量的性质，用下面的公式表示事件的 4 个分量

$$x^0=ct\,,\quad x^1=x\,,\quad x^2=y\,,\quad x^3=z \tag{8.4.23}$$

式中，上标“0”表示时间分量，“1”“2”“3”表示空间分量。狭义相对论中通常的习惯是用下标“4”表示时间分量，并指定它为虚数。需要将它与量子理论和波动理论中使用虚数标记的方式区分开来。此处所用到的标记方式虽然没有用到虚数符号，但必须将上标符号和下标符号进行区分。

从一个观察者至另一个观察者的时空坐标矢量变换由洛伦兹变换给出。根据洛伦兹变

换，有

$$x^2+y^2+z^2-c^2t^2=x'^2+y'^2+z'^2-c^2t'^2 \tag{8.4.24}$$

式（8.4.24）是与速度无关的不变量，其平方根的值表示四维空间矢量的大小，并定义了变换关系。尽管其他物理量数值从一个参照系到另一个参照系发生改变，但式（8.4.24）表示的数值在所有参照系中都保持不变。需要注意的是，在四维空间中，矢量的大小既可以是实数，也可以是虚数。一个四维矢量依照它是实数、零、虚数，分别称为类空矢量、零矢量、类时矢量。两个物理事件的时空坐标（ct_1,x_1,y_1,z_1）和（ct_2,x_2,y_2,z_2）根据坐标的平方构成四维矢量

$$(X_1-X_2)^2=-c^2(t_1-t_2)^2+(x_1-x_2)^2+(y_1-y_2)^2+(z_1-z_2)^2 \tag{8.4.25}$$

式（8.4.25）表示的是一个洛伦兹不变量。若矢量为类时矢量，则$(X_1-X_2)^2$为负。在这种情况下，总可以找到一个运动的观察者，在其相对静止的参照系中，两个事件发生的位置相同，而发生的时间不同。观察者会在时间t_1'和t_2'目睹两个事件，有

$$-c(t_1'-t_2')^2=(X_1-X_2)^2 \tag{8.4.26}$$

若矢量为零矢量，则$|r_1-r_2|^2-c^2(t_1-t_2)^2=0$，观察者必须以光速$c$运动才能亲眼看到两个事件。当矢量为类空矢量时，总可以找到一个运动的观察者，在其参照系中，两个事件发生的时间相同，而发生的位置不同。坐标遵循洛伦兹变换定律的四维空间称为闵可夫斯基空间。

为了使四维空间形象化，设想这个四维空间由 4 个单位基矢量构成

$$\hat{\boldsymbol{e}}_\alpha=(\hat{\boldsymbol{e}}_0,\hat{\boldsymbol{e}}_1,\hat{\boldsymbol{e}}_2,\hat{\boldsymbol{e}}_3) \tag{8.4.27}$$

任意四维空间矢量$\boldsymbol{X}$都可以用$\hat{\boldsymbol{e}}_\alpha$表示，有

$$\boldsymbol{X}=\boldsymbol{x}^\alpha\hat{\boldsymbol{e}}_\alpha=x^0\hat{\boldsymbol{e}}_0+x^1\hat{\boldsymbol{e}}_1+x^2\hat{\boldsymbol{e}}_2+x^3\hat{\boldsymbol{e}}_3 \tag{8.4.28}$$

对式（8.4.28）运用爱因斯坦求和约定：重复的希腊字符α表示 0～3 的和。用希腊字母表示 0～3，用罗马字母表示 1～3，$\boldsymbol{X}$长度的平方可以定义为$\boldsymbol{X}$与自身的标量积，有

$$X^2=\hat{\boldsymbol{e}}_\alpha\cdot\hat{\boldsymbol{e}}_\beta\boldsymbol{x}^\alpha\boldsymbol{x}^\beta \tag{8.4.29}$$

根据式（8.4.24），有

$$X^2=x^2+y^2+z^2-c^2t^2 \tag{8.4.30}$$

因此，可以得到

$$\hat{\boldsymbol{e}}_\alpha\cdot\hat{\boldsymbol{e}}_\beta=0,\quad \alpha\neq\beta \tag{8.4.31}$$

$$\hat{\boldsymbol{e}}_1\cdot\hat{\boldsymbol{e}}_1=\hat{\boldsymbol{e}}_2\cdot\hat{\boldsymbol{e}}_2=\hat{\boldsymbol{e}}_3\cdot\hat{\boldsymbol{e}}_3=1 \tag{8.4.32}$$

$$\hat{\boldsymbol{e}}_0\cdot\hat{\boldsymbol{e}}_0=-1 \tag{8.4.33}$$

根据式（8.4.31）和式（8.4.32）可以发现，4 个基矢量相互正交且三维空间的基矢量通常具有单位模值。根据式（8.4.33）可以发现，描述第 0 维（或第 4 维）的基矢量的模的平方为−1，这说明第 0 维基矢量的长度为虚数。这 4 个基矢量可以称为逆变基矢量。用逆变基矢量表示的矢量称为逆变矢量。

定义一组协变基矢量$\hat{\boldsymbol{e}}^0$、$\hat{\boldsymbol{e}}^1$、$\hat{\boldsymbol{e}}^2$和$\hat{\boldsymbol{e}}^3$，满足

$$\hat{\boldsymbol{e}}^0 = -\hat{\boldsymbol{e}}_0 \tag{8.4.34}$$

$$\hat{\boldsymbol{e}}^i = \hat{\boldsymbol{e}}_i, \quad i = 1,2,3 \tag{8.4.35}$$

根据式(8.4.33)，有 $\hat{\boldsymbol{e}}^0 \cdot \hat{\boldsymbol{e}}_0 = -\hat{\boldsymbol{e}}_0 \cdot \hat{\boldsymbol{e}}_0 = 1$。根据式(8.4.34)和式(8.4.35)的定义，有 $\hat{\boldsymbol{e}}_0 \cdot \hat{\boldsymbol{e}}_0 = \hat{\boldsymbol{e}}^0 \cdot \hat{\boldsymbol{e}}^0$，因此矢量 $\hat{\boldsymbol{e}}^0$ 的模的平方也是–1。这 4 个基矢量 $\hat{\boldsymbol{e}}^\alpha$ 称为协变基矢量，用于描述一个协变的四维空间。用协变基矢量表示的矢量称为协变矢量，记为

$$\boldsymbol{X} = \boldsymbol{x}_\alpha \hat{\boldsymbol{e}}^\alpha \tag{8.4.36}$$

在新的矢量基中，$\boldsymbol{X}$ 的分量表示为 $\boldsymbol{x}_\alpha$，根据式（8.4.34）和式（8.4.35），可以得到与 $\boldsymbol{x}^\alpha$ 相关的表达式

$$x^0 = -x_0 \tag{8.4.37}$$

$$x^i = x_i \tag{8.4.38}$$

$\boldsymbol{X}$ 的逆变分量用上标符号表示，协变分量用下标符号表示，定义

$$\boldsymbol{\eta}_{\alpha\beta} = \hat{\boldsymbol{e}}_\alpha \hat{\boldsymbol{e}}_\beta = \begin{bmatrix} -1 & 0 & 0 & 0 \\ 0 & 1 & 0 & 0 \\ 0 & 0 & 1 & 0 \\ 0 & 0 & 0 & 1 \end{bmatrix} \tag{8.4.39}$$

和

$$\boldsymbol{\eta}^{\alpha\beta} = \hat{\boldsymbol{e}}^\alpha \hat{\boldsymbol{e}}^\beta = \begin{bmatrix} -1 & 0 & 0 & 0 \\ 0 & 1 & 0 & 0 \\ 0 & 0 & 1 & 0 \\ 0 & 0 & 0 & 1 \end{bmatrix} \tag{8.4.40}$$

表示两组基矢量之间的变换，以及矢量的逆变分量与协变分量之间的变换，有

$$\hat{\boldsymbol{e}}^\alpha = \boldsymbol{\eta}^{\alpha\beta} \hat{\boldsymbol{e}}_\beta, \quad \hat{\boldsymbol{e}}_\alpha = \boldsymbol{\eta}_{\alpha\beta} \hat{\boldsymbol{e}}^\beta \tag{8.4.41}$$

$$\hat{\boldsymbol{x}}^\alpha = \boldsymbol{\eta}^{\alpha\beta} \hat{\boldsymbol{x}}_\beta, \quad \hat{\boldsymbol{x}}_\alpha = \boldsymbol{\eta}_{\alpha\beta} \hat{\boldsymbol{x}}^\beta \tag{8.4.42}$$

以上两式等价于式（8.4.34）～式（8.4.35）和式（8.4.37）～式（8.4.38）。两个矢量的标量积定义为一个矢量的逆变分量及相应的另一矢量的协变分量的和。因此，根据式（8.4.42）可以得到，$\boldsymbol{x}^\alpha$ 的平方为

$$x^2 = \boldsymbol{x}^\alpha \boldsymbol{x}_\alpha = \boldsymbol{\eta}_{\alpha\beta} \boldsymbol{x}^\alpha \boldsymbol{x}^\beta \tag{8.4.43}$$

应注意，矢量的逆变分量用上标符号表示，协变分量用下标符号表示。而基矢量的标记方式正好相反，下标符号表示逆变基矢量，上标符号表示协变基矢量。

以上讨论了逆变和协变表达式之间的变换，接下来研究逆变或协变矢量从一参照系到另一参照系的变换。当两个参照系相对匀速运动时，其变换由洛伦兹变换确定。用逆变或协变矢量来表示物理事件的时空坐标，从一参照系到另一参照系（用上标符号表示）的变换可以表示为

$$x'^{\alpha} = P^{\alpha}_{\beta} x^{\beta} \tag{8.4.44}$$

或

$$x'_{\alpha} = Q^{\beta}_{\alpha} x_{\beta} \tag{8.4.45}$$

P^{α}_{β} 可以看作矩阵 $\overline{\overline{P}}$，其作用于列矩阵 x^{β}，从而得到列矩阵 x'^{α}。类似地，Q^{β}_{α} 可以看作矩阵 $\overline{\overline{Q}}$，其作用于列矩阵 x_{β}，从而得到列矩阵 x'_{α}。根据式（8.2.1），可以得到变换矩阵 $\overline{\overline{P}}$ 和 $\overline{\overline{Q}}$

$$\overline{\overline{P}} = \begin{bmatrix} \gamma & -\gamma\beta_x & -\gamma\beta_y & -\gamma\beta_z \\ -\gamma\beta_x & 1+(\gamma-1)\beta_x^2/\beta^2 & (\gamma-1)\beta_x\beta_y/\beta^2 & (\gamma-1)\beta_x\beta_z/\beta^2 \\ -\gamma\beta_y & (\gamma-1)\beta_y\beta_x/\beta^2 & 1+(\gamma-1)\beta_y^2/\beta^2 & (\gamma-1)\beta_y\beta_z/\beta^2 \\ -\gamma\beta_z & (\gamma-1)\beta_z\beta_x/\beta^2 & (\gamma-1)\beta_z\beta_y/\beta^2 & 1+(\gamma-1)\beta_z^2/\beta^2 \end{bmatrix} \tag{8.4.46}$$

$$\overline{\overline{Q}} = \begin{bmatrix} \gamma & \gamma\beta_x & \gamma\beta_y & \gamma\beta_z \\ \gamma\beta_x & 1+(\gamma-1)\beta_x^2/\beta^2 & (\gamma-1)\beta_x\beta_y/\beta^2 & (\gamma-1)\beta_x\beta_z/\beta^2 \\ \gamma\beta_y & (\gamma-1)\beta_y\beta_x/\beta^2 & 1+(\gamma-1)\beta_y^2/\beta^2 & (\gamma-1)\beta_y\beta_z/\beta^2 \\ \gamma\beta_z & (\gamma-1)\beta_z\beta_x/\beta^2 & (\gamma-1)\beta_z\beta_y/\beta^2 & 1+(\gamma-1)\beta_z^2/\beta^2 \end{bmatrix} \tag{8.4.47}$$

$\overline{\overline{P}}$ 和 $\overline{\overline{Q}}$ 的一些性质可以由式（8.4.44）和式（8.4.45）得出。x^{α} 大小的平方为洛伦兹不变量，根据

$$x'^{\mu} x'_{\mu} = P^{u}_{\alpha} Q^{\beta}_{\mu} x^{\alpha} x_{\beta} \tag{8.4.48}$$

可以得到

$$P^{\mu}_{\alpha} Q^{\beta}_{\mu} = \delta^{\beta}_{\alpha} \tag{8.4.49}$$

是对 μ 进行求和。根据矩阵形式，有

$$\overline{\overline{P}}^{\mathrm{T}} \cdot \overline{\overline{Q}} = \overline{\overline{I}} \tag{8.4.50}$$

式中，$\overline{\overline{I}}$ 为 4×4 单位矩阵。显然，$\overline{\overline{P}}^{\mathrm{T}}$ 是 $\overline{\overline{Q}}$ 的逆矩阵

$$\overline{\overline{P}}^{\mathrm{T}} = \overline{\overline{Q}}^{-1} \tag{8.4.51}$$

$\overline{\overline{P}}$ 的逆矩阵是 $\overline{\overline{Q}}$ 的转置矩阵

$$\overline{\overline{P}}^{-1} = \overline{\overline{Q}}^{\mathrm{T}} \tag{8.4.52}$$

根据式（8.4.51）和式（8.4.52），从一参照系（用上标符号表示）到另一参照系的逆变换可以表示为

$$x^{\alpha} = Q^{\alpha}_{\beta} x'^{\beta} \tag{8.4.53}$$

$$x_{\alpha} = P^{\beta}_{\alpha} x'_{\beta} \tag{8.4.54}$$

若将式（8.4.53）～式（8.4.54）和式（8.4.44）～式（8.4.45）进行比较，并利用式（8.4.51），可以证明二者是等价的。

通常来说，逆变矢量定义为用变换矩阵 $\overline{\overline{P}}$ 做类似式（8.4.44）的矢量变换，协变矢量则

定义为用矩阵 $\bar{\bar{\boldsymbol{Q}}}$ 做类似式（8.4.45）的矢量变换。接下来对定义进一步扩展，第 n 阶逆变张量定义为矩阵 $\bar{\bar{\boldsymbol{P}}}$ 从一洛伦兹参照系到另一参照系的 n 次矢量变换，第 n 阶协变张量定义为矩阵 $\bar{\bar{\boldsymbol{Q}}}$ 从一洛伦兹参照系到另一参照系的 n 次矢量变换。第 n 阶的逆变张量和第 n 阶的协变张量的标量积为洛伦兹不变量。例如，时空导数 $(\partial/\partial ct,\nabla)$ 构成一协变四维矢量，这一变换与式（8.4.45）和式（8.4.54）类似。如果用

$$\boldsymbol{\chi}_{,\alpha}=(\partial\chi/\partial ct,\nabla\chi) \tag{8.4.55}$$

表示标量函数 $\chi(x)$ 的导数，可以得到

$$\boldsymbol{\chi}'_{,\alpha}=\boldsymbol{Q}_{\alpha}^{\beta}\boldsymbol{\chi}_{,\beta} \tag{8.4.56}$$

电荷电流密度

$$\boldsymbol{J}^{\alpha}=(c\rho,\boldsymbol{J}) \tag{8.4.57}$$

可以认为是一个逆变矢量，因为它的变换类似于式（8.4.44）和式（8.4.53）。$\boldsymbol{J}^{\alpha}$ 的时空导数

$$J_{,\alpha}^{\alpha}=\frac{\partial\rho}{\partial t}+\nabla\cdot\boldsymbol{J} \tag{8.4.58}$$

变为一个标量。电荷电流守恒定律表明

$$J_{,\alpha}^{\alpha}=0 \tag{8.4.59}$$

根据式（8.4.39）和式（8.4.40）可以证明，$\boldsymbol{\eta}_{\alpha\beta}$ 为二阶协变张量，$\boldsymbol{\eta}^{\alpha\beta}$ 为二阶逆变张量，它们都称为规范张量。

8.4.3 场张量和激励张量

为了简化麦克斯韦方程组的张量形式，定义场张量 $\boldsymbol{F}_{\alpha\beta}$ 和激励张量 $\boldsymbol{G}^{\mu\nu}$，并用矩阵表示，有

$$\boldsymbol{F}_{\alpha\beta}=\begin{bmatrix}0 & E_x & E_y & E_z\\ -E_x & 0 & -cB_z & cB_y\\ -E_y & cB_z & 0 & -cB_x\\ -E_z & -cB_y & cB_x & 0\end{bmatrix} \tag{8.4.60}$$

$$\boldsymbol{G}^{\mu\nu}=\begin{bmatrix}0 & cD_x & cD_y & cD_z\\ -cD_x & 0 & -H_z & H_y\\ -cD_y & H_z & 0 & -H_x\\ -cD_z & -H_y & H_x & 0\end{bmatrix} \tag{8.4.61}$$

$\boldsymbol{F}_{\alpha\beta}$ 和 $\boldsymbol{G}^{\mu\nu}$ 对应的逆变张量可以用矩阵张量 $\boldsymbol{\eta}^{\alpha\beta}$ 得到，例如

$$\boldsymbol{G}^{\mu\nu}=\boldsymbol{\eta}^{\mu\alpha}\boldsymbol{\eta}^{\nu\beta}\boldsymbol{G}_{\alpha\beta}=\begin{bmatrix}0 & -cD_x & -cD_y & -cD_z\\ cD_x & 0 & -H_z & H_y\\ cD_y & H_z & 0 & -H_x\\ cD_z & -H_y & H_x & 0\end{bmatrix} \tag{8.4.62}$$

三维矢量与场张量和激励张量满足以下关系

$$E_i = F_{0i} = -F^{0i} \tag{8.4.63}$$

$$cB_i = -\frac{1}{2}\varepsilon_{ijk}F_{jk} = -\frac{1}{2}\varepsilon_{ijk}F^{jk} \tag{8.4.64}$$

$$cD_i = G_{0i} = -G^{0i} \tag{8.4.65}$$

$$H_i = -\frac{1}{2}\varepsilon_{ijk}G_{jk} = -\frac{1}{2}\varepsilon_{ijk}G^{jk} \tag{8.4.66}$$

这个结果可以通过升高和降低上标符号和下标符号的方式得到。逆变分量 G^{0i} 为其对应协变分量的负值。

场张量和激励张量是斜对称的，有

$$\boldsymbol{F}_{\alpha\beta} = -\boldsymbol{F}_{\beta\alpha} \tag{8.4.67}$$

$$\boldsymbol{G}^{\mu\nu} = -\boldsymbol{G}^{\nu\mu} \tag{8.4.68}$$

它们是二阶协变张量，相应的变换满足

$$\boldsymbol{F}'_{\mu\nu} = \boldsymbol{Q}_{\mu}^{\alpha}\boldsymbol{Q}_{\nu}^{\beta}\boldsymbol{F}_{\alpha\beta} \tag{8.4.69}$$

$$\boldsymbol{G}'^{\mu\nu} = \boldsymbol{Q}_{\mu}^{\alpha}\boldsymbol{Q}_{\nu}^{\beta}\boldsymbol{G}^{\alpha\beta} \tag{8.4.70}$$

应用矩阵标记，可以写为

$$\bar{\bar{\boldsymbol{F}}}' = \bar{\bar{\boldsymbol{Q}}}\cdot\bar{\bar{\boldsymbol{F}}}\cdot\bar{\bar{\boldsymbol{Q}}}^{\mathrm{T}} \tag{8.4.71}$$

$$\bar{\bar{\boldsymbol{G}}}' = \bar{\bar{\boldsymbol{Q}}}\cdot\bar{\bar{\boldsymbol{G}}}\cdot\bar{\bar{\boldsymbol{Q}}}^{\mathrm{T}} \tag{8.4.72}$$

对于观察者 S' 相对于观察者 S 以速度 $\boldsymbol{\beta} = \hat{\boldsymbol{z}}\beta$ 沿 $\hat{\boldsymbol{z}}$ 方向运动的情况，可以写为显式矩阵的形式，有

$$\begin{aligned}
\begin{bmatrix} 0 & E'_x & E'_y & E'_z \\ -E'_x & 0 & -cB'_z & cB'_y \\ -E'_y & cB'_z & 0 & -cB'_x \\ -E'_z & -cB'_y & cB'_x & 0 \end{bmatrix} &= \bar{\bar{\boldsymbol{Q}}}\cdot\bar{\bar{\boldsymbol{F}}}\cdot\bar{\bar{\boldsymbol{Q}}}^{\mathrm{T}} \\
&= \begin{bmatrix} \gamma & 0 & 0 & \beta\gamma \\ 0 & 1 & 0 & 0 \\ 0 & 0 & 1 & 0 \\ \beta\gamma & 0 & 0 & \gamma \end{bmatrix}\begin{bmatrix} 0 & E_x & E_y & E_z \\ -E_x & 0 & -cB_z & cB_y \\ -E_y & cB_z & 0 & -cB_x \\ -E_z & -cB_y & cB_x & 0 \end{bmatrix}\begin{bmatrix} \gamma & 0 & 0 & \beta\gamma \\ 0 & 1 & 0 & 0 \\ 0 & 0 & 1 & 0 \\ \beta\gamma & 0 & 0 & \gamma \end{bmatrix} \\
&= \begin{bmatrix} 0 & \gamma(E_x-\beta cB_y) & \gamma(E_y+\beta cB_x) & E_z \\ -\gamma(E_x-\beta cB_y) & 0 & -cB_z & \gamma(cB_y-\beta E_x) \\ -\gamma(E_y+\beta cB_x) & cB_z & 0 & -\gamma(cB_x+\beta E_y) \\ \beta\gamma & -\gamma(cB_y-\beta E_x) & \gamma(cB_x+\beta E_y) & 0 \end{bmatrix}
\end{aligned} \tag{8.4.73}$$

这个变换结果与用三维标记方式得到的洛伦兹变换相同。

8.4.4 本构关系的张量形式

张量标记中的本构关系给出了激励张量$\boldsymbol{G}^{\alpha\beta}$和场张量$\boldsymbol{F}_{\rho\sigma}$的关系，有

$$\boldsymbol{G}^{\alpha\beta}=\frac{1}{2}\boldsymbol{C}^{\alpha\beta\rho\sigma}\boldsymbol{F}_{\rho\sigma} \tag{8.4.74}$$

四阶张量$\boldsymbol{C}^{\alpha\beta\rho\sigma}$称为本构张量。由于$\boldsymbol{F}_{\rho\sigma}$和$\boldsymbol{G}^{\alpha\beta}$具有斜对称性，因此可以得到

$$\boldsymbol{C}^{\alpha\beta\rho\sigma}=-\boldsymbol{C}^{\beta\alpha\rho\sigma}=-\boldsymbol{C}^{\alpha\beta\sigma\rho}=\boldsymbol{C}^{\beta\alpha\sigma\rho} \tag{8.4.75}$$

本构张量关于第一对、第二对标号斜对称。一般来说，四维空间中的一个四阶张量包含 256 个元素。由于具有斜对称性，第一对和第二对标号分别有 6 个独立元素，共有 36 个独立元素，因此，可以利用 6×6 的本构矩阵$\bar{\bar{\boldsymbol{C}}}$表示本构张量。

接下来利用式(8.4.60)～式(8.4.66)，建立$\boldsymbol{C}^{\alpha\beta\rho\sigma}$的张量元素和$\bar{\bar{\boldsymbol{C}}}$的矩阵元素[式(8.3.2)]的关系。由于 $cD_i=-G^{0i}=-C^{0i0j}F_{0j}-\frac{1}{2}C^{0ilm}F_{lm}=-C^{0i0j}E_{0j}+\frac{1}{2}C^{0ilm}\varepsilon_{jlm}cB_j=p_{ij}E_j+l_{ij}cB_j$ 和 $H_i=-\frac{1}{2}\varepsilon_{ijk}G^{jk}=-\frac{1}{2}\varepsilon_{ijk}C^{lk0j}F_{0j}-\frac{1}{4}\varepsilon_{ijk}C^{jklm}F_{lm}=-\frac{1}{2}\varepsilon_{ijk}C^{lk0j}E_j+\frac{1}{4}\varepsilon_{ijk}C^{lkpq}\varepsilon_{jpq}cB_j=m_{ij}E_j+q_{ij}cB_j$，可以得到

$$p_{ij}=-C^{0i0j} \tag{8.4.76}$$

$$l_{ij}=\frac{1}{2}\varepsilon_{jkl}C^{0ikl} \tag{8.4.77}$$

$$m_{ij}=-\frac{1}{2}\varepsilon_{ikl}C^{kl0j} \tag{8.4.78}$$

$$q_{ij}=\frac{1}{4}\varepsilon_{ilk}C^{lkpq}\varepsilon_{jpq} \tag{8.4.79}$$

同样地，由于 $G^{0i}=C^{0i0j}F_{0j}+\frac{1}{2}C^{0ipq}F_{pq}=-cD_i=-p_{ij}E_j-l_{ij}cB_j=-p_{ij}E_j+\frac{1}{2}l_{ij}\varepsilon_{jpq}F_{pq}$ 和 $G^{kl}=C^{kl0j}F_{0j}+\frac{1}{2}C^{klpq}F_{pq}=-\varepsilon_{ikl}H_i=-\varepsilon_{ikl}m_{ij}E_j-\varepsilon_{ikl}q_{ij}cB_j=-\varepsilon_{ikl}m_{ij}E_j+\frac{1}{2}\varepsilon_{ikl}q_{ij}\varepsilon_{jpq}F_{pq}$，可以得到

$$C^{0i0j}=-p_{ij} \tag{8.4.80}$$

$$C^{0ipq}=l_{ij}\varepsilon_{jpq} \tag{8.4.81}$$

$$C^{kl0j}=-m_{ij}\varepsilon_{ikl} \tag{8.4.82}$$

$$C^{klpq}=q_{ij}\varepsilon_{ikl}\varepsilon_{jpq} \tag{8.4.83}$$

习 题 8

8.1 考虑时间间隔的变换。假设S'中有一个时钟，该时钟沿着S的$\hat{z}$方向运动。S'读取

时钟的时间间隔为 $\Delta t' = t_2' - t_1'$，称为固有时（间隔）。S 的时间间隔为 $\Delta t = t_2 - t_1$，称为坐标时（间隔）。证明

$$\Delta z' = \gamma(\Delta z - \beta c\Delta t)$$

$$c\Delta t' = \gamma(c\Delta t - \beta\Delta z)$$

8.2　假设参照系 S' 和 S'' 以速度 v_1 和 v_2 相对于参照系 S 的 $\hat{z}$ 方向运动。S'' 和 S 之间及 S 和 S' 之间的洛伦兹变换分别为

$$\text{LT}\quad \begin{cases} ct'' = \gamma_2(ct - \beta_2 z) \\ z'' = \gamma_2(z - \beta^2 ct) \end{cases}$$

$$\text{LT}\quad \begin{cases} ct = \gamma_1(ct' + \beta_1 z') \\ z = z' + \gamma_1\beta_1 ct' \end{cases}$$

试根据 S' 的坐标

$$ct'' = \gamma_2\gamma_1(1 - \beta_2\beta_1)\left(ct' - z'\frac{\beta_2 - \beta_1}{1 - \beta_1\beta_2}\right)$$

证明 S'' 相对于 S' 的速度为

$$\beta_{21} = \frac{\beta_2 - \beta_1}{1 - \beta_1\beta_2}$$

且

$$\gamma_{21} = \gamma_1\gamma_2(1 - \beta_1\beta_2)$$

这是沿同一方向两个速度的加法定律。对此定律做进一步推广，并推导出不同方向上两个矢量速度的加法定律。

8.3　试证明洛伦兹收缩现象，即沿长度方向以速度 $\boldsymbol{v}$ 运动的刚性杆将变短。令该杆在参照系 S' 内处于静止状态。两端点为 $z' = 0$ 和 $z' = l'$。在参照系 S 内，杆沿 $\hat{z}$ 方向以速度 $\boldsymbol{v}$ 运动。其长度用同时记录两端点的位置来测量，$t_2 = t_1 = 0$。

（1）试证明在 S 内，在给定的测量时间，两端点的时空坐标如下表所示。

事件	观察者	
	S	S'
1	$[0, 0]$	$[0, 0]$
2	$[0, l'/\gamma]$	$[-\beta l', l']$

（2）计算在参照系 S 内测得的杆长 l。需要注意，从 S' 的角度看，S 中的观察者并没有同时测量两个端点。对于从左端向右端运动的杆，当 S 在同一时间 $t = 0$ 测量其两端时，试证明从 S' 的角度看，S 首先在 $ct' = -\beta l'$ 时测量右端，然后在 $ct' = 0$ 时测量左端，因而 S' 将预测到 S 中刚性杆长度变短的现象。

8.4　某参照系中，一均匀静电场 E_0 平行于 z 轴，一均匀静磁场 $cB_0 = 2E_0$ 与 z 轴的夹角为 30°，求电场和磁场平行的参照系的相对速度。

8.5　观察者 S 在 $\hat{\boldsymbol{x}}$ 方向观察到一个均匀电场，$\boldsymbol{E} = \hat{\boldsymbol{x}}E_0$，在 $\hat{\boldsymbol{y}}$ 方向观察到一均匀磁场，

$\boldsymbol{B}=\hat{\boldsymbol{y}}B_0$。令 $E_0>cB_0$，试找出一个观察者 S'，它相对于 S 以速度 $\boldsymbol{v}$ 向 $\hat{\boldsymbol{z}}$ 方向运动且只能观察到电场，并求出电场强度和速度 $\boldsymbol{v}$。

8.6　运动双各向同性介质的本构关系为

$$\begin{bmatrix} c\boldsymbol{D}' \\ \boldsymbol{H}' \end{bmatrix}=\begin{bmatrix} p'\bar{\bar{\boldsymbol{I}}} & l'\bar{\bar{\boldsymbol{I}}} \\ -l'\bar{\bar{\boldsymbol{I}}} & q'\bar{\bar{\boldsymbol{I}}} \end{bmatrix}\begin{bmatrix} \boldsymbol{E}' \\ c\boldsymbol{B}' \end{bmatrix}$$

（1）确定其在静止参照系中的本构关系。

（2）求沿主轴运动的双轴介质的本构关系。

8.7　考察一光轴在 $\hat{\boldsymbol{z}}$ 方向上的运动单轴介质的反射和透射，假定入射面平行于运动方向。

（1）试证明 TE 波的色散关系为

$$k_x^2+\frac{\mu_z}{\mu}(k_z-\omega\xi)^2=\omega^2\mu_z\varepsilon$$

TM 波的色散关系为

$$k_x^2+\frac{\varepsilon_z}{\varepsilon}(k_z-\omega\xi)^2=\omega^2\mu\varepsilon_z$$

（2）假设入射区域 0 也是一运动介质，当透射波消失时出现全反射。令 $k_{tx}^2\leqslant 0$，求临界角。全反射的条件为

$$(\omega-\chi_1 k_z)^2-\kappa_1\nu_1 k_z^2\leqslant 0$$

考虑运动各向同性介质，并且 $\kappa\nu\approx c^2/n^2$，$\kappa_1\nu_1\approx c^2/n_1^2$，$\chi\approx c\beta(1-1/n^2)$ 和 $\chi_1\approx c\beta_1(1-1/n_1^2)$ 仅保留 β 的一次项。对非相对论速度 $\omega=\chi k_z+ck/n$，试证明

$$\sin\theta\geqslant\frac{n_1/n}{1+n_1\beta_1(1-1/n_1^2)-n_1\beta(1-1/n^2)}\approx n_1\beta(1-1/n^2)$$

最后两项是介质在区域 0 和区域 1 的运动导致的，介质在区域 1 运动得越快，临界角越小。介质在区域 0 运动产生的作用相反。

（3）试证明层状运动介质和静止介质的反射系数形式相同。对于以非相对论速度运动的两各向同性介质，$\omega\approx\chi k_z+ck/n$。令菲涅耳系数等于 0，计算布儒斯特角。

8.8　利用图 8.3.2 的扁圆柱推导静止介质和运动介质的边界条件。

8.9　证明当 α、β、ρ、σ 是 0、1、2、3 的偶数排列时，$\eta^{\alpha\beta\rho\sigma}=1$；当 α、β、ρ、σ 是 0、1、2、3 的奇数排列时，$\eta^{\alpha\beta\rho\sigma}=-1$；当 α、β、ρ、σ 中任意两个相等时，$\eta^{\alpha\beta\rho\sigma}=0$。

8.10　证明对应非零特征值的反对称张量的特征矢量为零。

8.11　一般来说，电磁场张量 $\boldsymbol{F}^{\mu\nu}$ 有两个实零特征向量，当 $\boldsymbol{F}^{\mu\nu}$ 退化时，只有一个实零特征矢量。证明

$$\boldsymbol{p}[_\alpha \boldsymbol{F}_\mu]_\nu \boldsymbol{p}^\nu=\boldsymbol{0}$$

$$\boldsymbol{F}^{\mu\nu}\boldsymbol{p}_\nu=\boldsymbol{0}$$

8.12　考虑在 t 时刻由一边界 C_1 包围的曲面 S_1，如题 8.12 图所示。令 $\boldsymbol{v}$ 表示面积元 $\mathrm{d}\boldsymbol{S}$ 移动的瞬时速度。曲面 S_1 连同其边界 C_1 可能会随时间而改变其形状，因此 $\boldsymbol{v}$ 对所有面积元都不是常数，在时刻 $t+\Delta t$，S_1 和 C_1 变为 S_2 和 C_2。

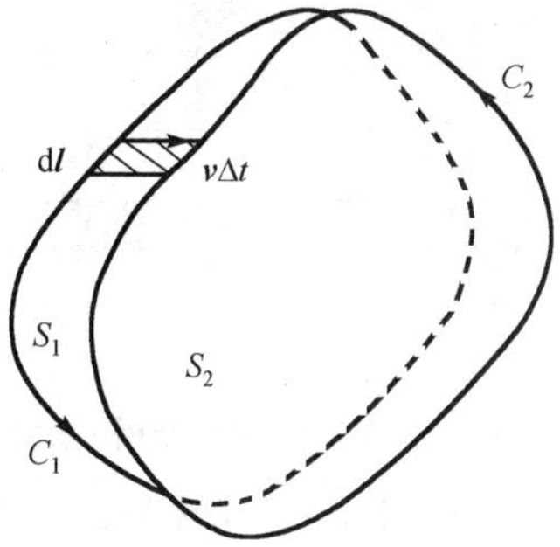

题 8.12 图

（1）将散度定理应用于由 S_1 、S_2 围成的体积和由 C_1 、C_2 构成的微分条带的面积 $\mathrm{d}\boldsymbol{l}\times\boldsymbol{v}\Delta t$

$$\iint_S (\mathrm{d}\boldsymbol{S}\cdot\boldsymbol{v}\Delta t)(\nabla\cdot\boldsymbol{A}) = \iint_{S_2}\mathrm{d}\boldsymbol{S}_2\cdot\boldsymbol{A} - \iint_{S_1}\mathrm{d}\boldsymbol{S}_1\cdot\boldsymbol{A} + \oint_C (\mathrm{d}\boldsymbol{l}\times\boldsymbol{v}\Delta t)\cdot\boldsymbol{A}$$

证明矢量场 $\boldsymbol{A}$ 的曲面积分的全时间微分为

$$\frac{\mathrm{d}}{\mathrm{d}t}\iint_S \mathrm{d}\boldsymbol{S}\cdot\boldsymbol{A} = \iint_S \mathrm{d}\boldsymbol{S}\cdot\left[\frac{\partial\boldsymbol{A}}{\partial t} + \nabla\cdot(\boldsymbol{A}\times\boldsymbol{v}) + \boldsymbol{v}\nabla\cdot\boldsymbol{A}\right]$$

（2）将 $\boldsymbol{A}$ 用矢量场 $\boldsymbol{B}$ 和 $\boldsymbol{D}$ 代替，并应用法拉第定律和安培定律得到

$$\oint \mathrm{d}\boldsymbol{l}\cdot(\boldsymbol{E} + \boldsymbol{v}\times\boldsymbol{B}) = -\frac{\mathrm{d}}{\mathrm{d}t}\iint \mathrm{d}S\hat{\boldsymbol{s}}\cdot\boldsymbol{B}$$

$$\oint \mathrm{d}\boldsymbol{l}\cdot(\boldsymbol{H} - \boldsymbol{v}\times\boldsymbol{D}) = \frac{\mathrm{d}}{\mathrm{d}t}\iint \mathrm{d}S\hat{\boldsymbol{s}}\cdot\boldsymbol{D} + \iint \mathrm{d}S\hat{\boldsymbol{s}}\cdot(\boldsymbol{J} - \boldsymbol{v}\rho)$$

将这些积分应用于带状区域，其随着边界的移动而移动。确定区域 1 中 $\boldsymbol{E}_1$ 和 $\boldsymbol{H}_1$ 之间的关系和区域 2 中 $\boldsymbol{E}_2$ 和 $\boldsymbol{H}_2$ 之间的关系。

参考文献

[1] ADAMS A T. Electromagnetics for engineers[M]. New York: Renold Press, 1971.

[2] ALÙ A, ENGHETA N. Achieving transparency with plasmonic and metamaterial coatings[J]. Phys. Rev. E., 2005, 72: 016623.

[3] ASTROV D N. The magnetoelectric effect in antiferromagnetics[J]. Sov. Phys. JETP., 1960, 38, 984-985.

[4] BAKER B B, COPSON E T. The mathematical theory of huygens' principle[M]. London: Oxford University Press, 1953.

[5] BALANIS C A. Balanis' advanced engineering electromagnetics[M]. 3rd ed. Hoboken: John Wiley & Sons, 2024.

[6] BARUT A O. Electrodynamics and classical theory of fields and particles[M]. New York: Dover Publications, 1980.

[7] BIRSS R R, SHRUBSALL R G. The propagation of EM waves in magnetoelectric crystals[J]. Phil. Mag., 1967, 15: 687-700.

[8] BOOKER H G. Energy in electromagnetism[M]. New York: Peter Peregrinus, 1982.

[9] BORN M, WOLF E. Principles of optics: electromagnetic theory of propagation, interference and diffraction of light[M]. 7th ed. Cambridge: Cambridge University Press, 1999.

[10] BREKHOVSKIKH L M. Waves in layered media[M]. 2nd ed. New York: Academic Press, 1980.

[11] CARSON J R. Reciprocal theorems in radio communications[J]. Proc. IRE., 1929, 17: 952-956.

[12] CERENKOV P A. Visible radiation produced by electrons moving in a medium with velocities exceeding that of light[J]. Phys. Rev., 1937, 52: 378-379.

[13] CHEN H C. Theory of electromagnetic waves[M]. New York: McGraw-Hill, 1983.

[14] CHEN H, CHEN M. Flipping photons backward: reversed cherenkov radiation[J]. Materials Today, 2011, 14: 34-41.

[15] CHEN H, WU B I, ZHANG B, et al. Electromagnetic wave interactions with a metamaterial cloak[J]. Phys. Rev. Lett., 2007, 99: 063903.

[16] CHEN X, GRZEGORCZYK T M, WU B I, et al. Robust method to retrieve the constitutive effective parameters of metamaterials[J]. Phys. Rev. E., 2004, 70(1): 016608.

[17] CHENG D K. Field and wave electromagnetics[M]. Redding: Addison-Wesley, 1983.

[18] CHEW W C. Waves and fields in inhomogeneous media[M]. New York: Van Nostrand Reinfold, 1990.

[19] CHUANG S L, KONG J A. Wave scattering and guidance by dielectric waveguides with periodic surface[J]. J. Opt. Soc. Am., 1983, 73: 669-679.

[20] CLEMMOW P C. An introduction to electromagnetic theory[M]. Cambridge: Cambridge University Press, 1973.

[21] COLLIER J R, TAI C T. Guided waves in moving media[J]. IEEE Transactions on Microwave Theory and

Techniques, 1965, 13(4): 441-445.

[22] COLLIN R E. Field theory of guided waves[M]. New York: McGraw-Hill, 1960.

[23] COLLIN R E, ZUCKER F J. Antenna Theory [M]. New York: McGraw-Hill, 1969.

[24] COWAN E W. Basic electromagnetism[M]. New York: Academic Press, 1968.

[25] DZYALOSHINSKII I E. On the magnetoelectrical effect in antiferromagnets[J]. Soviet Phys. JETP, 1960, 10: 628-629.

[26] EINSTEIN A. On the electrodynamics of moving bodies[J]. Annalen Phys., 1905, 17: 891-921.

[27] FANO F M, CHU L J, ADLER R B. Electromagnetic fields, energy, and forces[M]. New York: Wiley, 1960.

[28] FELSEN L B, MARCUWITZ N. Radiation and scattering of electromagnetic waves[M]. New York: Wiley-IEEE Press, 1994.

[29] FELSON L B. Transient electromagnetic fields[M]. New York, Berlin and Heidelbeg: Springer-Verlag, 1976.

[30] FRANK I, TAMM I G. Coherent visible radiation of fast electrons passing through matter[J]. Comptes Rendus(Doklady), 1937, 14:109-114.

[31] GEIM A K, NOVOSELOV K S. The rise of graphene[J]. Nature Materials, 2007, 6: 183-191.

[32] GINZBURG V L. Radiation of an electron moving in a crystal with a constant velocity exceeding that of light[J]. J. Phys., 1940, 3: 101-106.

[33] GRIFFITHS D J. Introduction to electrodynamics[M]. 5th ed. Cambridge: Cambridge University Press, 2023.

[34] HARRINGTON R F. Time-harmonic electromagnetic fields[M]. New York: McGraw-Hill, 1961.

[35] HEALD M A, MARION J B. Classical electromagnetic radiation[M]. 3rd ed. Fort Worth: Saunders College Publishing, 1995.

[36] HEAVISIDE O. Electromagnetic theory[M]. New York: American Mathematical Soc, 1971.

[37] HERTZ H. Electric waves: being researches on the propagation of electric action with finite velocity through space[M]. New York: Dover Publications, 1962.

[38] INDENBOM V L. Irreducible representations of the magnetic groups and allowance for magnetic symmetry[J]. Soviet Phys. Crystallogr., 1960, 5: 493.

[39] ISHIMARU A. Wave propagation and scattering in random media[M]. New York: Wiley-IEEE Press, 1999.

[40] JACKSON J D. Classical electrodynamics[M]. 3rd ed. New York: Wiley, 1999.

[41] JIN J M. Theory and computation of electromagnetic field[M]. Hoboken: John Wiley & Sons, 2015.

[42] KAPANY N S, BURKE J J. Optical waveguides[M]. New York: Academic, 1972.

[43] KILDISHEV A V, BOLTASSEVA A, SHALAEV V M. Planar photonics with metasurfaces[J]. Science, 2013, 339: 1232009.

[44] KOGELNIK H, SHANK C V. Coupled-wave theory of distributed feedback lasers[J]. J. Appl. Phys., 1972, 43:2327-2335.

[45] KONG J A, CHENG D K. Reflection and refraction of electromagnetic waves by a moving uniaxially

anisotropic slab[J]. J. Appl. Phys., 1969, 40, 2206-2212.

[46] KONG J A. Dispersion analysis of reflection and transmission by a plane boundary-a graphical approach[J]. Am. J. Phys., 1975, 43:73-76.

[47] KONG J A. Electromagnetic wave theory[M]. 2rd ed. New York: Wiley, 1990.

[48] KONG J A. Electromagnetic waves in moving media[D]. New York: Syracuse University, 1968.

[49] KONG J A. Theorem of bianisotropic media[J]. Proc. IEEE, 1972, 60: 1036-1046.

[50] KRAUS J D, FLEISCH D A. Electromagnetics: with Applications[M]. 5th ed. Boston: McGraw-Hill, 1999.

[51] LANDAU L D, LIFSHITZ E M. The classical theory of fields[M]. Oxford: Butterworth-Heinemann, 1980.

[52] LANDAU L D, LIFSHITZ E M. Electrodynamics of continuous media[M]. 2nd ed. Oxford: Butterworth-Heinemann, 1984.

[53] LEE K S H, PAPAS C H. Electromagnetic radiation in the presence of moving simple media[J]. J. Math. Phys., 1964: 5, 1668-1672.

[54] LORENTZ H A. Electromagnetic phenomena in a system moving with any velocity smaller than that of light[J]. Amsterdam: Proc. Acad. Sci., 1904, 6: 809.

[55] MAXWELL J C. A dynamic theory of the electromagnetic field[J]. Philosophical transactions of the Royal Society of London, 1865(155): 459-512.

[56] MAXWELL J C. A treatise on electricity and magnetism[M]. Oxford: Oxford University Press, 1873.

[57] MINKOWSKI H. The fundamental equations for electromagnetic processes in moving bodies[J]. Math. Ann., 1910, 68: 472-525.

[58] MUSHIAKE Y. Self-complementary antennas: principle of self-complementarity for constant impedance[M]. London: Springer-Verlag, 1996.

[59] OKAMOTO K. Fundamentals of optical waveguides[M]. Burlington: Academic Press, 2005.

[60] PANOFSKY W K H, PHILLIPS M. Classical electricity and magnetism[M]. 2nd ed. Redding: Addison-Wesley, 1962.

[61] PAUL C R, WHITES K W, NASAR S A. Introduction to electromagnetic fields[M]. New York: McGraw-Hill, 1998.

[62] POLDER D, VAN SANTEN J H. The effective permeability of mixtures of solids[J]. Physica, 1946, 12: 257-271.

[63] RADO G T. Observation and possible mechanisms of magnetoelectric effects in a ferromagnet[J]. Phys. Rev. Lett., 1964, 13: 355.

[64] RAMO S, WHINNERY J R, VAN DUZER T. Fields and waves in communication electronics[M]. New York: John Wiley & Sons, 1994.

[65] READ F H. Electromagnetic radiation[M]. New York: John Wiley & Sons, 1980.

[66] ROTHWELL E J, CLOUD M J. Electromagnetics[M]. Boca Raton: CRC Press, 2009.

[67] SCHELKUNOFF S A. Advanced antenna theory[M]. New York: John Wiley & Sons, 1952.

[68] SCHELKUNOFF S A. Electromagnetic waves[M]. New York: D. Van Nostrand, 1943.

[69] SCHELKUNOFF S A. Some equivalence theorems of electromagnetics and their application to radiation problems[J]. Bell System Tech. J., 1936 15: 92-112.

[70] SERBEST A H, CLOUDE S R. Direct and inverse electromagnetic scattering[M]. Essex: Longman, 1996.

[71] SHEN L, LIN X, SHALAGINOV M, et al. Broadband enhancement of on-chip single-photon extraction via tilted hyperbolic metamaterials[J]. Appl. Phys. Rev., 2020, 7: 021403.

[72] LINDELL I V, SIHVOLA A H, TRETYAKOV S A, et al. Electromagnetic waves in chiral and bi-isotropic media[M]. Boston: Artech House, 1994.

[73] SILVER S. Microwave antenna theory and design[M]. New York: Dover Publications, 1949.

[74] SMITH D R, SCHURIG D. Electromagnetic wave propagation in media with indefinite permittivity and permeability tensors[J]. Phys. Rev. Lett., 2003, 90: 077405.

[75] SMITH S J, PURCELL E M. Visible light from localized surface charges moving across a grating[J]. Phys. Rev., 1953, 92: 1069.

[76] SNYDER A W, LOVE J D. Optical waveguide theory[J]. London: Chapman and Hall, 1983.

[77] SOMEDA C G. Electromagnetic waves[M]. Boca Raton: CRC Press, 2006.

[78] SOMMERFELD A. Electrodynamics[M]. New York: Academic Press, 1949.

[79] SOMMERFELD A. Partial differential equations[M]. New York: Academic Press, 1962.

[80] STRATTON J A. Electromagnetic theory[M]. New York: McGraw-Hill, 1941.

[81] TAI C T. Generalized vector and dyadic analysis[M]. New Jersey: IEEE Press, 1997.

[82] TELLEGEN B D H. The gyrator, a new electric network element[J]. Phillips Res. Rept., 1948,3: 81-101.

[83] TSANG L, KONG J A, Ding K H. Scattering of electromagnetic waves: theories and applications[M]. New York: Wiley-Interscience, 2000.

[84] TSANG L, KONG J A, SHIN R T. Theory of microwave remote sensing[M]. New York: Wiley-Interscience, 1985.

[85] ULABY F T. Fundamentals of applied electromagnetics[M]. New Jersey: Pearson Prentice Hall, 2007.

[86] VAN BLADEL J. Electromagnetic fields[M]. Hoboken: Wiley & Sons, 2007.

[87] VAN BLADEL J. Singular electromagnetic fields and sources[M]. New York: IEEE Press, 1996.

[88] VESELAGO V G. The electrodynamics of substances with simultaneously negative values of ε and μ[J]. Sov. Phys. Usp., 1968, 10: 509.

[89] WAIT J R. Electromagnetic wave theory[M]. New York: Harper & Row, 1985.

[90] WALDRON R A. Theory of guided electromagnetic waves[M]. London: van Nostrand Reinhold, 1969.

[91] WERTHEIM M S. Exact solution of the percus-yevick integral equation for hard spheres[J]. Phys. Rev. Lett., 1963, 20: 321-323.

[92] WILSON H A. On the electric effect of a rotating dielectric in a magnetic field[J]. Phil. Trans. Roy. Soc., 1905, 204A: 121-137.

[93] XI S, CHEN H, JIANG T, et al. Experimental verification of reversed Cherenkov radiation in left-handed metamaterial[J]. Phys. Rev. Lett., 2009, 103: 194801.

[94] YEH C. Reflection and transmission of electromagnetic waves by a moving dielectric medium[J]. J. Appl. Phys., 1965, 36: 3513-3517.

[95] YU N, GENEVET P, KATS M A, et al. Light propagation with phase discontinuities: generalized laws of reflection and refraction[J]. Science, 2011, 334: 333-337.

[96] 曹昌祺. 经典电动力学[M]. 北京：科学出版社，2009.
[97] 陈抗生. 电磁场与电磁波[M]. 北京：高等教育出版社，2007.
[98] 冯慈璋. 极化与磁化[M]. 北京：高等教育出版社，1986.
[99] 傅君眉，冯恩信. 高等电磁理论[M]. 西安：西安交通大学出版社，2000.
[100] 龚中麟，徐承和. 近代电磁理论[M]. 北京：北京大学出版社，1990.
[101] 郭硕鸿. 电动力学[M]. 北京：高等教育出版社，2008.
[102] 胡友秋，程福臻，叶邦角. 电磁学与电动力学[M]. 北京：科学出版社，2008.
[103] 焦其祥. 电磁场与电磁波[M]. 北京：科学出版社，2021.
[104] 金亚秋. 电磁散射信息与定量遥感[M]. 上海：复旦大学出版社，2000.
[105] 黎滨洪. 表面电磁波和介质波导[M]. 上海：上海交通大学出版社，1990.
[106] 李宗谦，余京兆，高葆新. 微波工程基础[M]. 北京：清华大学出版社，2004.
[107] 林为干. 微波理论与技术[M]. 北京：科学出版社，1979.
[108] 刘辽，费保俊，张允中. 相对论[M]. 北京：科学出版社，2008.
[109] 刘鹏程. 工程电磁场简明手册[M]. 北京：高等教育出版社，1991.
[110] 倪光正. 工程电磁场原理[M]. 北京：高等教育出版社，2002.
[111] 任朗. 天线理论基础[M]. 北京：人民邮电出版社，1980.
[112] 沈致远. 微波技术[M]. 北京：国防工业出版社，1980.
[113] 屠德雍. 运动系统中的电磁场[M]. 北京：高等教育出版社，1986.
[114] 王先冲. 电磁场理论及其应用[M]. 北京：科学出版社，1986.
[115] 谢处方. 近代天线理论[M]. 成都：成都电讯工程学院出版社，1987.
[116] 杨儒贵. 电磁定理和原理及其应用[M]. 成都：西南交通大学出版社，2002.
[117] 张克潜，李德杰. 微波与光电子学中的电磁理论[M]. 北京：电子工业出版社，1994.
[118] 赵克玉，许福永. 微波原理与技术[M]. 北京：高等教育出版社，2006.

反侵权盗版声明

举报电话：（010）88254396；（010）88258888

传　　真：（010）88254397

E-mail：　dbqq@phei.com.cn

通信地址：北京市海淀区万寿路173信箱

　　　　　电子工业出版社总编办公室

邮　　编：100036